"十二五"普通高等教育本科国家级规划教材

普通高等教育"十一五"国家级规划教材

清华大学985名优教材立项资助

普通高等院校基础力学系列教材

材料力学

（第3版）

范钦珊 殷雅俊 唐靖林 编著

清华大学出版社
北京

内容简介

本书分为基础篇和专题篇，共17章。基础篇包括反映材料力学基本要求的轴向载荷杆件、材料的力学性能、连接件强度的工程假定计算、圆轴扭转、弯曲强度与刚度、应力状态与应变状态、强度设计准则、压杆稳定等教学内容，共13章；专题篇包括能量法、简单静不定系统、动载荷与动应力、疲劳强度与构件寿命等内容，共4章，供不同院校选用。根据不同院校的实际情况，基础篇所需教学时数为32～48课时；专题篇所需教学时数16～24课时。

本书注重基本概念，而不追求冗长的理论推导与烦琐的数字运算，引入了大量涉及广泛领域的工程实例以及与工程有关的例题和习题。

本教材可作为高等院校理工科各专业材料力学课程的教材。

图书在版编目(CIP)数据

材料力学/范钦珊，殷雅俊，唐靖林编著. —3版. —北京：清华大学出版社，2014（2025.1重印）
普通高等院校基础力学系列教材
ISBN 978-7-302-37375-9

Ⅰ. ①材… Ⅱ. ①范… ②殷… ③唐… Ⅲ. ①材料力学－高等学校－教材 Ⅳ. ①TB301

中国版本图书馆CIP数据核字(2014)第163169号

责任编辑：佟丽霞
封面设计：常雪影
责任校对：赵丽敏
责任印制：刘 菲

出版发行：清华大学出版社
网 址：https://www.tup.com.cn，https://www.wqxuetang.com
地 址：北京清华大学学研大厦A座 邮 编：100084
社 总 机：010-83470000 邮 购：010-62786544
投稿与读者服务：010-62776969，c-service@tup.tsinghua.edu.cn
质 量 反 馈：010-62772015，zhiliang@tup.tsinghua.edu.cn
印 装 者：三河市人民印务有限公司
经 销：全国新华书店
开 本：185mm×260mm **印 张**：25 **字 数**：607千字
版 次：2004年9月第1版 2014年10月第3版 **印 次**：2025年1月第12次印刷
定 价：72.00元

产品编号：057137-05

普通高等院校基础力学系列教材

编委会名单

编委会名单

主编简介

范钦珊 清华大学教授，博士生导师。享受政府特殊津贴。首届国家级教学名师奖获得者。历任教育部工科力学课程教学指导委员会副主任、基础力学课程指导组组长。

长期从事“非线性屈曲理论与应用”、“反应堆结构力学”等方面的研究。同时从事“材料力学”、“工程力学”等课程本科生教学工作与教学软件研制。在高等教育的岗位上已经工作47年，现在仍然活跃在本科教学第一线，为清华大学、北京交通大学、南京航空航天大学、河海大学、南京工业大学等院校的本科生讲授“材料力学”和“工程力学”课程。

主持教育部面向21世纪“力学系列课程改革项目”，2000年通过鉴定；在全国26个省、市、自治区作300多场关于教学改革的报告与示范教学。主持全国性研讨会、培训班15次，培训青年教师150多人。主持清华大学“211”工程、世行贷款项目、“985”力学教学项目建设，取得了一批创新性成果，受到国内评审专家和世行官员的一致好评。

创建清华大学材料力学精品课程，以及国家工科基础课程（力学）教学基地。

在国内外发表论文70余篇。出版教材、专著与译著30余部，课堂教学软件10多套；研制“新世纪网络课程”——工程力学（1）、（2）；创建我国第一个多媒体“工程力学”教学资源库；建立了清华大学力学教学基地网站。

获全国优秀科技图书奖1项；国家级优秀教学成果奖2项；北京市优秀教学成果奖2项；省部级科技进步二等奖2项，一等奖1项；优秀教材二等奖2项，一等奖1项；全国高校自然科学二等奖1项；国家科技进步二等奖1项。

目前从事江苏省科技成果转化基金项目——“高强度高韧性球墨铸铁的产业化”，以及“锂离子动力电池产业化”研究。同时致力于教育部“高等学校教学质量与教学改革工程项目——在内容与体系改革的基础上推进课程的研究型教学”的研究与实践，取得了一些阶段性成果，受到力学界与教育界同行专家的认同。

殷雅俊 清华大学航天航空学院力学系教授、博士生导师。清华大学国家基础课程力学教学基地负责人、清华大学国家精品课程“材料力学”负责人、清华大学国家级力学实验教学示范中心常务副主任、教育部力学基础课程教学指导委员会秘书长。

1993—1994年，作为Research Fellowship访问荷兰Delft大学。2000—2001年，受Japan Trust基金会和Japan Key Technology Center的资助，任日本石川岛重工（IHI）基础技术研究所海外研究员。先后获清华大学教学优秀奖、宝钢教育基金会优秀教师奖、北京市高等教育教学成果一等奖和国家级高等教育教学优秀成果二等奖。主要从事固体力学和生物力学研究。1998—2003年，从事细观损伤力学研究，主攻研究方向为材料的细观损伤本构理论及其应用。2003年至今，从事生物力学研究，主攻研究方向为微纳米生物力学与几何学和超级碳纳米管力学与分形几何学。在国际刊物上发表SCI论文30多篇。

第3版前言

本书第2版自2008年问世至今已经走过6个年头，承蒙很多高校材料力学教学第一线的老师和同学以及业余读者的关爱和支持，已经连续印刷了10次。2012年获得清华大学优秀教材特等奖；同年，相应的教学成果获得北京市高等学校优秀教学成果一等奖。2012年本书第3版被列入“十二五”普通高等教育本科国家级规划教材；2013年被批准为清华大学“985”三期名优教材建设项目立项。

最近的6年里，著者秉承不断提高课程质量、着力培养学生创新思维能力的教育与教学理念，先后在清华大学、南京航空航天大学、北京工业大学以及北京邮电大学从事“材料力学”研究型教学的研究与实践，坚持全过程讲授这门课程，授课对象每年约200名。在同事和同学们的支持与帮助下，对于教育和教学改革又有了一些新的体会和收获。材料力学(第3版)将着重反映6年来我们在研究型教学方面所取得的成果。主要有：怎样在基于普遍提高教学质量的基础上，培养学生的创新思维能力；怎样提高课程的吸引力，增强课程教学的学术性；怎样挖掘基本教学内容的深度；怎样对传统内容中的某些概念、理论和方法加以改革和更新，突出挑战性。基于此，本书第3版修订的主要内容有以下几方面。

第一，调整了部分章节，将材料的力学性能从“第2章 轴向载荷作用下杆件的材料力学问题”中独立出来，形成“第3章 常温静载下材料的力学性能”；重写了“剪力图与弯矩图”作为第6章；将原来的第6章分为3章：“第7章 平面弯曲正应力分析与强度设计”和“第8章 弯曲剪应力分析与弯曲中心的概念”以及“第9章 斜弯曲、弯曲与拉伸或压缩同时作用时的应力计算与强度设计”；将原来的第8章分为：“ 应力状态与应变状态分析”和“一般应力状态下的强度设计准则及其工程应用”，分别列为第11章和12章；将原来的12章也分为两章：“动载荷与动应力概述”和“疲劳强度与构件寿命估算概述”，分别列为第16章和第17章。

第二，增加了部分教学内容，主要有：部分非金属材料的力学性能；梁的位移叠加法中的逐段刚化法；应变分析；细长压杆实验结果；线性累积损伤与疲劳寿命估算等。

第三，将力系简化的方法引入横截面的内力分析，改革传统剪力图与弯矩图的画法。

第四，正确处理变形与位移概念的联系与区别，将确定梁的转角和挠度的章节名改为“梁的位移分析与刚度设计”。

第五，在部分章节引入“反问题”：相对于正问题，反问题的解答不是唯一的，通过对于反问题的思考，一方面可以加深对于正问题的理解；另一方面可以激励创新思维。

第六，在部分章节设计了“开放式思维案例”作为学生课外学习和研究的资源。最近几年的教学实践表明，这对于刺激思维鼓励创新是一种有效的措施。

第七,增加了若干工程案例以及灾难性工程事故的力学解析。

第八,增加和改变了部分例题和习题。

随着课程研究型教学在更多高校开展、深入和发展,材料力学的课程教学以及教材建设还会遇到一些新问题,我们将一如既往地坚持“在教学中研究,在研究中教学”,以不断提高人才培养质量为己任,在教学实践的基础上,不断提高材料力学教材的质量。

这一版的初稿于2012年下半年—2013年上半年在国内完成;2013年7—8月在加拿大多伦多定稿。定稿期间,得到旅加的赵渊先生和范心明女士的大力支持和协助,在本书出版之际,著者谨表诚挚谢意。

诚挚地感谢广大读者对本书的关爱,希望大家对本书的缺点和不足提出宝贵意见。

范钦珊

2014.1.11

FOREWORD

第2版前言

本书第1版自2004年出版以来受到很多教学第一线的教师和同学以及业余读者的厚爱，已连续印刷了6次。同时，广大读者也提出了一些宝贵的修改要求和具体意见。

著者最近几年在全国7个大区（东北在哈尔滨工业大学、西北在西北工业大学、华北在北京交通大学、中南在华中科技大学、西南在重庆大学、华南在华南理工大学、华东在南京航空航天大学）讲学的同时，对我国高等学校"材料力学"的教学状况和对"材料力学"教材的需求进行了大量调研，与全国500多名基础力学教师以及近2000名同学交换关于"材料力学"教材使用和修改的意见。通过上述调研，我们进一步认识到，当初编写教材的理念基本上是正确的，这就是：在面向21世纪课程教学内容与体系改革的基础上，进一步对教学内容加以精选，尽量压缩教材篇幅，同时进行包括主教材、教学参考书——教师用书和学生用书、电子教材——电子教案与电子书等在内的教学资源一体化的设计，努力为教学第一线的教师和同学提供高水平、全方位的服务。

本书是在上述调研的基础上，根据新的培养计划和教学基本要求，从一般院校的实际情况出发，删去大部分院校不需要的教学内容。在面向21世纪课程教学内容与体系改革的基础上，对于传统内容进一步加以精选，大大压缩教材篇幅，以满足60学时左右"材料力学"课程的教学要求。

修订的主要内容有三个方面：第一，删去了"新材料的材料力学概述"一章；新增"简单的静不定系统"一章；将原来的第2、3两章合并为一章，新增加"连接件的剪切与挤压强度计算"作为第3章；将"梁的强度问题"一章分解为两章——"梁的剪力图与弯矩图"和"梁的应力分析与强度计算"。第二，改写了部分章节，主要有："材料力学概述"一章中，增加了内力分量以及内力分量与应力的关系等内容；"梁的应力分析与强度计算"一章中增加了弯曲剪应力的分析过程；"材料力学中的能量方法"一章中重写了虚位移一节。第三，替换了部分例题和习题，进一步降低了难度。

修订后本书依然分为基础篇与专题篇，共12章。基础篇共9章，包括：第1章材料力学概述，第2章轴向载荷作用下杆件的材料力学问题，第3章连接件的剪切与挤压强度计算，第4章圆轴扭转时的强度与刚度计算，第5章梁的剪力图与弯矩图，第6章梁的应力分析与强度计算，第7章梁的变形分析与刚度问题，第8章应力状态与强度理论及其工程应用，第9章压杆的稳定问题；专题篇共3章，包括：第10章材料力学中的能量方法，第11章简单的静不定系统，第12章动载荷与疲劳强度概述。其中带*的章节教师可根据情况选用。

为了保持教材建设的连续性，本书第2版由清华大学航天航空学院殷雅俊教授担任第

2主编。殷雅俊教授系清华大学"国家基础课程力学教学基地"负责人、"国家力学实验教学示范中心"副主任、国家精品课程"材料力学"负责人,长期坚持教学与科研结合,坚持教学内容与教学方法改革,在教学与科学研究领域取得了一些创新性成果。他的加入将会确保不断提高本书质量,不断反映"材料力学"教学的最新成果。同时,还邀请南京航空航天大学虞伟建副教授参与第2版的编著工作,因此,本书第2版也反映了最近几年南京航空航天大学力学教育与教学的成果。

21世纪新事物层出不穷,没有也不应该有一成不变的教材,我们将努力跟上时代的步伐,以不断提高"材料力学"课程教学质量为己任,不断地从理念、内容、方法与技术等方面对"材料力学"教材加以修订,使之日臻完善。

衷心希望关爱本书的广大读者继续对本书的缺点和不足提出宝贵意见。

范钦珊

2007年7月

于清华大学,南京航空航天大学

第1版序

普通高等院校基础力学系列教材包括“理论力学”、“材料力学”、“结构力学”、“工程力学(静力学+材料力学)”。这套教材是根据我国高等教育改革的形势和教学第一线的实际需求,由清华大学出版社组织编写的。

从2002年秋季学期开始,全国普通高等学校新一轮培养计划进入实施阶段。新一轮培养计划的特点是:加强素质教育、培养创新精神。根据新一轮培养计划,课程的教学总学时数大幅度减少,学生自主学习的空间进一步增大。相应地,课程的教学时数都要压缩,基础力学课程也不例外。

怎样在有限的教学时数内,使学生既能掌握力学的基本知识,又能了解一些力学的最新进展,既能培养和提高学生力学学习的能力,又能加强学生的工程概念,这是很多力学教育工作者所共同关心的问题。

现有的基础力学教材大部分都是根据在比较多的学时内进行教学而编写的,因而篇幅都比较大。教学第一线迫切需要适用于学时压缩后教学要求的小篇幅的教材。

根据“有所为、有所不为”的原则,这套教材更注重基本概念,而不追求冗长的理论推导与烦琐的数字运算。这样做不仅可以满足一些专业对于力学基础知识的要求,而且可以切实保证教育部颁布的基础力学课程教学基本要求的教学质量。

为了让学生更快地掌握最基本的知识,本套教材在概念、原理的叙述方面作了一些改进。一方面从提出问题、分析问题和解决问题等方面作了比较详尽的论述与讨论;另一方面通过较多的例题分析,特别是新增加了关于一些重要概念的例题分析。著者相信这将有助于读者加深对于基本内容的了解和掌握。

此外,为了帮助学生学习和加深理解以及方便教师备课和授课,与每门课程主教材配套出版了学习指导、教师用书(习题详细解答)和供课堂教学使用的电子教案。

本套教材内容的选取以教育部颁布的相关课程的“教学基本要求”为依据,同时根据各院校的具体情况,作了灵活的安排,绝大部分为必修内容,少部分为选修内容。

范钦珊

2004年7月于清华大学

主要符号表

符号	量的含义
A	面积
a	间距
b	宽度
d	直径、距离、力偶臂
D	直径
e	偏心距
E	弹性模量、杨氏模量
$\boldsymbol{F}$	力
$\boldsymbol{F}_{Ax}$、$\boldsymbol{F}_{Ay}$	A 处铰约束力
$\boldsymbol{F}_{N}$	法向约束力、轴力
$\boldsymbol{F}_{Nx}$	轴力
$\boldsymbol{F}_{P}$	载荷
$\boldsymbol{F}_{Pcr}$	临界载荷、分叉载荷
$\boldsymbol{F}_{Q}$	剪力
$\boldsymbol{F}_{R}$	合力、主矢
$\boldsymbol{F}_{S}$	牵引力、拉力
$\boldsymbol{F}_{T}$	拉力
$\boldsymbol{F}_x$、$\boldsymbol{F}_y$、$\boldsymbol{F}_z$	力在 x、y、z 轴上的分量
G	切变模量
h	高度
I	惯性矩
I_p	极惯性矩
I_{yz}	惯性积
K_f	有效应力集中系数
K_t	理论应力集中系数
k	弹簧刚度系数
l	长度、跨度
M、M_y、M_z	弯矩
M_e	外加扭力矩
M_x	扭矩
m	质量
$\boldsymbol{M}_O$	力系对点 O 的主矩
$\boldsymbol{M}_O(\boldsymbol{F})$	力 $\boldsymbol{F}$ 对点 O 之矩
$\boldsymbol{M}$	力偶矩
M_x、M_y、M_z	力对 x、y、z 轴之矩
n	转速
$[n]_{st}$	稳定安全因数
p	内压力
P	功率
q	均布载荷集度
R、r	半径

符号	量的含义
s	路程、弧长
u	水平位移、轴向位移
$[u]$	许用轴向位移
v_d	畸变能密度
v_V	体积改变能密度
v	应变能密度
V_ε	应变能
W	功、重量、弯曲截面模量
W_p	扭转截面模量
w	挠度
α	倾角、线膨胀系数
β	角、表面加工质量系数
θ	梁横截面的转角、单位长度相对扭转角
φ	相对扭转角
γ	剪应变
Δ	变形、位移
δ	厚度
ε	正应变、尺寸系数
ε_e	弹性应变
ε_p	塑性应变
ε_V	体积应变
λ	长细比
μ	长度系数
ν	泊松比
ρ	密度、曲率半径
σ	正应力
σ^+	拉应力
σ^-	压应力
$\bar{\sigma}$	平均应力
σ_b	强度极限
σ_c	挤压应力
$[\sigma]$	许用应力
$[\sigma]^+$	拉伸许用应力
$[\sigma]^-$	压缩许用应力
σ_{cr}	临界应力
σ_e	弹性极限
σ_p	比例极限
$\sigma_{0.2}$	条件屈服应力
σ_s	屈服应力
τ	剪应力
$[\tau]$	许用剪应力
σ_{-1}	对称循环时的疲劳极限

CONTENTS

普通高等院校基础力学系列教材

目录

基 础 篇

第 1 章　导论 …… 3

1.1　“材料力学”的研究内容 …… 3

1.2　工程设计中的材料力学问题 …… 3

1.3　杆件的受力与变形形式 …… 5

1.4　关于材料的基本假定 …… 7

1.5　弹性体受力与变形特征 …… 7

1.6　应力与应变及其相互关系 …… 10

1.7　杆件横截面上的内力与内力分量 …… 12

1.8　应力与内力分量之间的关系 …… 13

1.9　材料力学的分析方法 …… 14

1.10　结论与讨论 …… 15

习题 …… 16

第 2 章　轴向载荷作用下杆件的材料力学问题 …… 18

2.1　工程中承受拉伸与压缩的杆件 …… 18

2.2　轴力与轴力图 …… 20

2.3　拉伸与压缩时杆件的应力与变形分析 …… 22

2.4　拉伸与压缩杆件的强度设计 …… 27

2.5　简单的拉压静不定问题 …… 30

2.6　结论与讨论 …… 33

习题 …… 37

第 3 章　常温静载下材料的力学性能 …… 42

3.1　两种典型材料拉伸时的力学性能 …… 42

3.2　两种典型材料压缩时的应力-应变曲线与力学性能 …… 47

3.3　混凝土拉伸与压缩时的应力-应变全曲线 …… 48

3.4　结论与讨论 …… 48

习题 …… 49

第4章 连接件强度的工程假定计算 …… 51
4.1 铆接件的强度失效形式及相应的强度计算方法 …… 51
4.2 连接件的剪切破坏及剪切假定计算 …… 51
4.3 连接件的挤压破坏及挤压强度计算 …… 52
4.4 连接板的拉伸强度计算 …… 53
4.5 连接件后面的连接板的剪切计算 …… 53
4.6 机械与建筑结构连接件的剪切强度计算 …… 54
4.7 结论与讨论 …… 55
习题 …… 56

第5章 圆轴扭转时的强度与刚度设计 …… 58
5.1 圆轴在工程中的应用 …… 58
5.2 外加扭力矩、扭矩与扭矩图 …… 59
5.3 剪应力互等定理 …… 61
5.4 圆轴扭转时横截面上的剪应力分析 …… 62
5.5 圆轴扭转时的强度设计 …… 66
5.6 相对扭转角计算与刚度设计 …… 69
5.7 结论与讨论 …… 71
习题 …… 76

第6章 剪力图与弯矩图 …… 79
6.1 承弯构件的力学模型与工程中的承弯构件 …… 79
6.2 梁的内力及其与外力的相依关系 …… 82
6.3 应用力系简化方法确定梁横截面上的剪力与弯矩 …… 83
6.4 剪力方程与弯矩方程 …… 86
6.5 剪力、弯矩与载荷集度之间的微分关系 …… 88
6.6 梁的剪力图与弯矩图 …… 90
6.7 刚架的内力与内力图 …… 93
6.8 结论与讨论 …… 96
习题 …… 98

第7章 平面弯曲正应力分析与强度设计 …… 103
7.1 与应力分析相关的截面图形几何性质 …… 103
7.2 平面弯曲时梁横截面上的正应力 …… 112
7.3 梁的强度计算 …… 120
7.4 结论与讨论 …… 125
习题 …… 132

第8章 弯曲剪应力分析与弯曲中心的概念 …… 138
8.1 弯曲剪应力分析方法 …… 138
8.2 开口薄壁梁的弯曲剪应力分析 …… 140

8.3 开口薄壁截面梁弯曲时横截面上的剪应力流 …… 142
8.4 实心截面梁的弯曲剪应力公式 …… 146
8.5 薄壁截面梁弯曲时的特有现象 …… 148
8.6 结论与讨论 …… 151
习题…… 153

第9章 斜弯曲、弯曲与拉伸或压缩同时作用时的应力计算与强度设计 …… 156
9.1 斜弯曲的应力计算与强度设计 …… 156
9.2 弯曲与拉伸或压缩同时作用时的应力计算与强度计算 …… 161
9.3 结论与讨论 …… 164
习题…… 167

第10章 梁的位移分析与刚度设计 …… 171
10.1 基本概念…… 171
10.2 小挠度微分方程及其积分…… 174
10.3 工程中的叠加法…… 177
10.4 梁的刚度设计…… 184
10.5 简单的静不定梁…… 187
10.6 结论与讨论…… 191
习题…… 194

第11章 应力状态与应变状态分析 …… 198
11.1 基本概念与分析方法…… 198
11.2 平面应力状态分析——任意方向面上应力的确定 …… 200
11.3 一点应力状态中的主应力与最大剪应力…… 202
11.4 分析应力状态的应力圆方法…… 206
11.5 三向应力状态的特例分析…… 210
11.6 复杂应力状态下的应力-应变关系 应变能密度 …… 212
11.7 平面应变状态分析…… 216
11.8 承受内压薄壁容器的应力分析…… 224
11.9 结论与讨论…… 226
习题…… 228

第12章 一般应力状态下的强度设计准则及其工程应用 …… 232
12.1 强度设计的新问题…… 232
12.2 关于脆性断裂的设计准则…… 233
12.3 关于屈服的设计准则…… 235
12.4 圆轴承受弯曲与扭转共同作用时的强度设计…… 238
12.5 圆柱形薄壁容器强度设计简述…… 243
12.6 结论与讨论…… 244
习题…… 246

第13章 压杆(柱)的稳定性分析与稳定性设计 …… 250
13.1 工程结构中的压杆(柱) …… 250
13.2 基本概念 …… 252
13.3 两端铰支压杆的临界载荷 欧拉公式 …… 254
13.4 不同刚性支承对压杆临界载荷的影响 …… 256
13.5 临界应力与临界应力总图 …… 257
13.6 压杆稳定性设计的安全因数法 …… 262
13.7 结论与讨论 …… 264
习题 …… 269

专 题 篇

第14章 材料力学中的能量方法 …… 275
14.1 基本概念 …… 275
14.2 互等定理 …… 278
14.3 莫尔方法 …… 281
14.4 计算直杆莫尔积分的图乘法 …… 286
14.5 卡氏定理 …… 291
14.6 结论与讨论 …… 295
习题 …… 298
第15章 简单的静不定系统 …… 302
15.1 静不定问题的概念与方法 …… 302
15.2 力法与正则方程 …… 306
15.3 对称性与反对称性在求解静不定问题中的应用 …… 315
15.4 空间静不定结构的特殊情形 …… 321
15.5 结论与讨论 …… 322
习题 …… 326
第16章 动载荷与动应力概述 …… 330
16.1 达朗贝尔原理(动静法) …… 330
16.2 等加速度直线运动时构件上的惯性力与动应力 …… 331
16.3 旋转构件的受力分析与动应力计算 …… 332
16.4 构件上的冲击载荷与冲击应力计算 …… 335
16.5 结论与讨论 …… 339
习题 …… 341
第17章 疲劳强度与构件寿命估算概述 …… 344
17.1 疲劳强度概述 …… 344
17.2 疲劳失效特征 …… 347
17.3 疲劳极限与应力-寿命曲线 …… 349

17.4 影响疲劳寿命的因素…… 350
17.5 基于无限寿命的疲劳强度设计方法…… 351
17.6 基于累积损伤概念的有限寿命估算…… 353
17.7 结论与讨论…… 357
习题…… 358

附录 A 型钢规格表 …… 360

附录 B 习题答案 …… 371

附录 C 索引 …… 378

主要参考书目…… 382

基础篇

第 1 章　导论

第 2 章　轴向载荷作用下杆件的材料力学问题

第 3 章　常温静载下材料的力学性能

第 4 章　连接件强度的工程假定计算

第 5 章　圆轴扭转时的强度与刚度设计

第 6 章　剪力图与弯矩图

第 7 章　平面弯曲正应力分析与强度设计

第 8 章　弯曲剪应力分析与弯曲中心的概念

第 9 章　斜弯曲、弯曲与拉伸或压缩同时作用时的应力计算与强度设计

第 10 章　梁的位移分析与刚度设计

第 11 章　应力状态与应变状态分析

第 12 章　一般应力状态下的强度设计准则及其工程应用

第 13 章　压杆(柱)的稳定性分析与稳定性设计

第1章 导论

材料力学主要研究变形体受力后发生的变形；研究由于变形而产生的附加内力；研究由此而产生的失效以及失效控制。在此基础上导出工程构件静力学设计准则与设计方法。

材料力学与理论力学在分析方法上也不完全相同。材料力学的分析方法是在实验基础上，对于问题作一些科学的假定，将复杂的问题加以简化，从而得到便于工程应用的理论成果与数学公式。

本章介绍材料力学的基础知识、分析方法以及材料力学对于工程设计的重要意义。

1.1 "材料力学"的研究内容

材料力学(mechanics of materials)的研究内容分属于两个学科。第一个学科是**固体力学**(solid mechanics)，即研究物体在外力作用下的应力、变形和能量，统称为**应力分析**(stress analysis)。但是，材料力学所研究的仅限于杆、轴、梁等物体，其几何特征是纵向尺寸(长度)远大于横向(横截面)尺寸，这类物体统称为**杆或杆件**(bars 或 rods)。大多数工程结构的构件或机器的零部件都可以简化为杆件。第二个学科是**材料科学**(materials science)中的**材料的力学行为**(behaviors of materials)，即研究材料在外力和温度作用下所表现出的**力学性能**(mechanical properties)和**失效**(failure)行为。但是，材料力学所研究的仅限于材料的宏观力学行为，不涉及材料的微观机理。

以上两方面的结合使材料力学成为**工程设计**(engineering design)的重要组成部分，即设计出杆状构件或零部件的合理形状和尺寸，以保证它们具有足够的**强度**(strength)、**刚度**(stiffness)和**稳定性**(stability)。

1.2 工程设计中的材料力学问题

工程设计的任务之一就是保证结构和构件具有足够的强度、刚度和稳定性，这些都与材料力学有关。

所谓**强度**(strength)是指构件或零部件在确定的外力作用下，不发生破裂或过量塑性变形的能力。

所谓**刚度**(stiffness)是指构件或零部件在确定的外力作用下，其弹性变形或位移不超过工程允许范围的能力。

所谓**稳定性**(stability)是指构件或零部件在某些受力形式(例如轴向压力)下其平衡形

式不会发生突然转变的能力。

例如,各种桥梁的桥面结构(图 1-1),采取什么形式才能保证不发生破坏,也不发生过大的弹性变形,即不仅保证桥梁具有足够的强度,而且具有足够的刚度,同时还要具有重量轻、节省材料等优点。

图 1-1 大型桥梁

各种建筑物从单个构件到整体结构(图 1-2)不仅需要有足够的强度和刚度,而且还要保证有足够的稳定性。

图 1-3 中为机械加工用钻床的受力与变形示意图,如果钻床立柱的强度不足,就会折断(断裂)或折弯(塑性变形);如果刚度不够,立柱即使不发生断裂或者折弯,也会产生过大弹性变形(图中虚线所示为夸大的弹性变形),从而影响钻孔的精度,甚至产生振动,影响钻床的在役寿命。

图 1-2 "鸟巢"具有足够的强度、刚度和稳定性

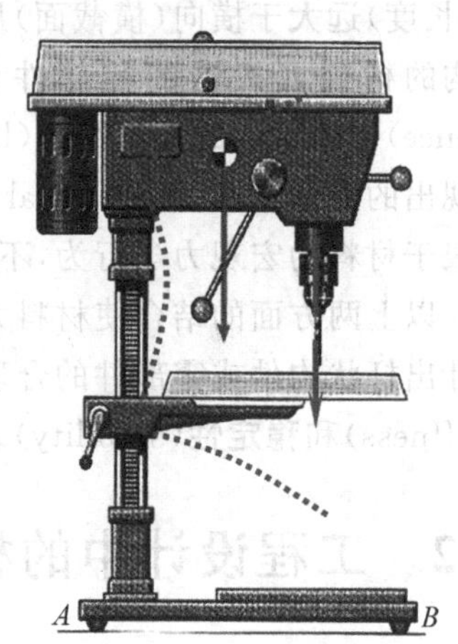

图 1-3 钻床的受力与变形

工程结构以及机械装置中承受轴向压缩的构件或部件(图 1-4)通常称为"压杆",细长压杆都存在稳定性问题。

图 1-5 中所示之建筑施工的脚手架,如果没有足够的稳定性,在施工过程中会由于局部杆件或整体结构的不稳定性而导致整个脚手架的倾覆与坍塌,给人民生命和国家财产造成巨大的损失。

图 1-4 工程机械中的压杆

图 1-5 建筑物施工脚手架的强度、刚度和稳定性问题

此外,各种大型水利设施、核反应堆容器(图 1-6)以及航空航天器及其发射装置(图 1-7)等也都有大量的强度、刚度和稳定性问题。

图 1-6 核反应堆中的压力容器

图 1-7 我国的长征系列火箭

1.3 杆件的受力与变形形式

实际杆件的受力可以是各式各样的,但都可以归纳为 4 种基本受力和变形形式:轴向拉伸(或压缩)、剪切、扭转和弯曲,以及由两种或两种以上基本受力和变形形式叠加而成的组合受力与变形形式。

(1) **拉伸或压缩**(tension or compression)。当杆件两端承受沿轴线方向的拉力或压力载荷时,杆件将产生轴向伸长或压缩变形,分别如图 1-8(a)、(b)所示。

(2) **剪切**(shearing)。在平行于杆横截面的两个相距很近的平面内,方向相对地作用着两个横向力(力的作用线垂直于杆件的轴线),当这两个力相互错动并保持二者之间的距离

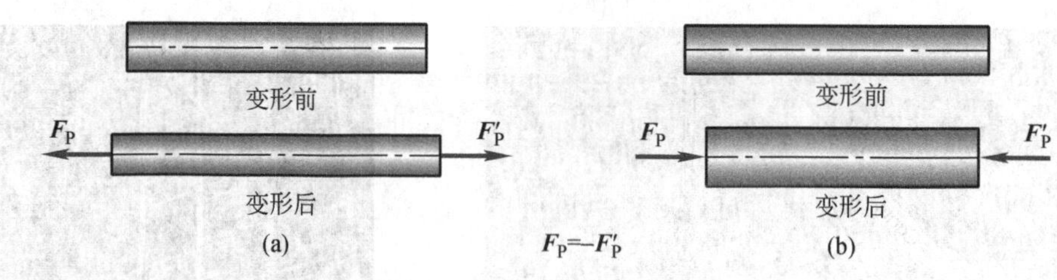

图 1-8 承受拉伸与压缩杆件

不变时,杆件将产生剪切变形,如图 1-9 所示。

(3) **扭转**(torsion)。当作用在杆件上的力组成作用在垂直于杆轴平面内的力偶 M_e 时,杆件将产生扭转变形,即杆件的横截面绕杆的轴线相互转动,如图 1-10 所示。

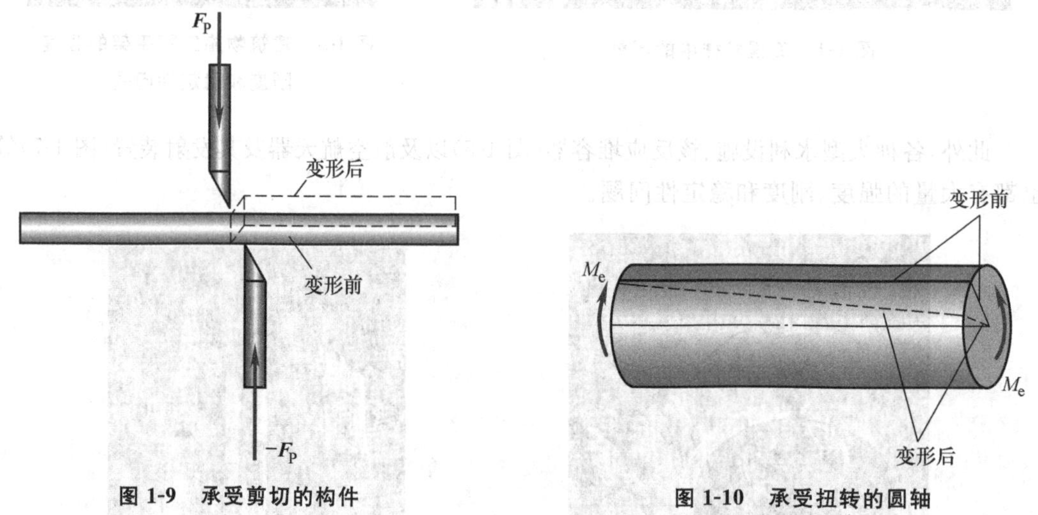

图 1-9 承受剪切的构件

图 1-10 承受扭转的圆轴

(4) **弯曲**(bending)。当外加力偶 M(图 1-11(a))或外力作用于杆件的纵向平面内且垂直于杆的轴线(图 1-11(b))时,杆件将发生弯曲变形,其轴线将变成曲线。

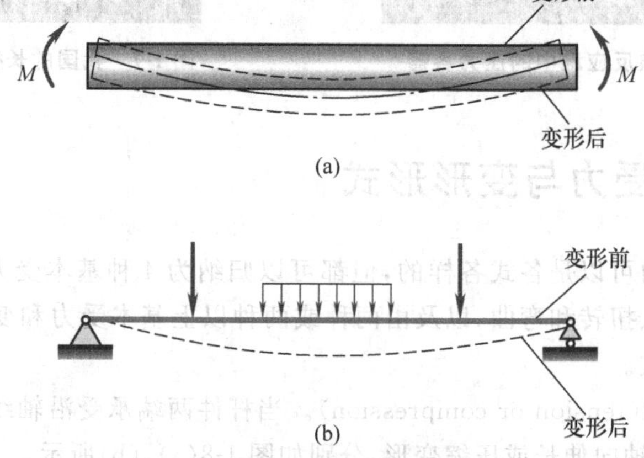

图 1-11 承受弯曲的梁

(5) **组合受力与变形**(complex loads and deformation)。由上述基本受力形式中的两种或两种以上所共同形成的受力与变形形式即为组合受力与变形,例如图1-12中杆件的变形,即为拉伸与弯曲的组合(其中力偶 M 作用在纸平面内)。组合受力形式中,杆件将产生两种或两种以上的基本变形。

图1-12 组合受力的杆件

实际杆件的受力不管多么复杂,在一定的条件下,都可以简化为基本受力形式的组合。

工程上将承受拉伸的杆件统称为**拉杆**,简称杆;受压杆件称为**压杆或柱**(column);承受扭转或主要承受扭转的杆件统称为**轴**(shaft);承受弯曲的杆件统称为**梁**(beam)。

1.4 关于材料的基本假定

1.4.1 各向同性假定

在所有方向上均具有相同的物理和力学性能的材料,称为**各向同性**(isotropy)材料。

如果材料在不同方向上具有不同的物理和力学性能,则称这种材料为**各向异性**(anisotropy)材料。

大多数工程材料虽然微观上不是各向同性的,例如金属材料,其单个晶粒呈**结晶各向异性**(anisotropy of crystallographic),但当它们形成多晶聚集体的金属时,呈随机取向,因而在宏观上表现为各向同性。"材料力学"中所涉及的金属材料都假定为各向同性材料。这一假定称为**各向同性假定**(isotropy assumption)。就总体的力学性能而言,这一假定也适用于混凝土材料。

1.4.2 各向同性材料的均匀连续性假定

实际材料的微观结构并不处处都是均匀连续的,但是,当所考察的物体几何尺度足够大,而且所考察的物体上的点都是宏观尺度上的点,则可以假定所考察的物体的全部体积内,材料在各处是均匀、连续分布的。这一假定称为**均匀连续性假定**(homogenization and continuity assumption)。

根据这一假定,物体内因受力和变形而产生的内力和位移都将是连续的,因而可以表示为各点坐标的连续函数,从而有利于建立相应的数学模型。所得到的理论结果便于应用于工程设计。

1.5 弹性体受力与变形特征

弹性体受力后,由于变形,其内部将产生相互作用的内力。这种内力不同于物体固有的内力,而是一种由于变形而产生的附加内力,利用一假想截面将弹性体截开,这种附加内力即可显示出来,如图1-13所示。

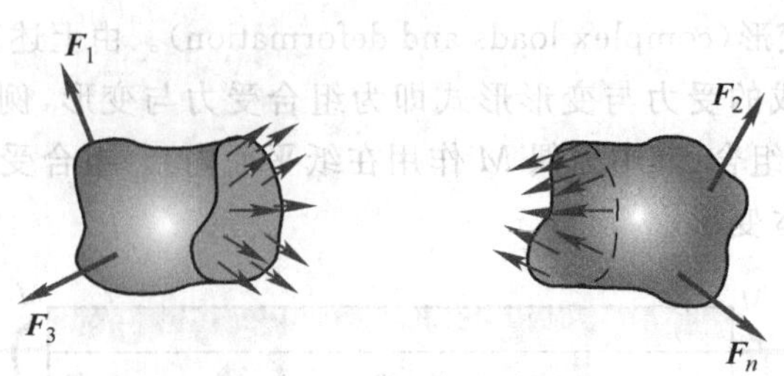

图 1-13 弹性体的分布内力

根据连续性假定，一般情形下，杆件横截面上的内力组成一分布力系。

由于整体平衡的要求，对于截开的每一部分也必须是平衡的。因此，作用在每一部分上的外力必须与截面上分布内力相平衡。这表明，弹性体由变形引起的内力不能是任意的。这是弹性体受力、变形的第一个特征。

应用假想截面将弹性体截开，分成两部分，考虑其中任意一部分平衡，从而确定横截面上内力的方法，称为**截面法**。

弹性体受力、变形的第二个特征是变形必须协调：整体和局部变形都必须协调。

以一端固定，另一端自由的悬臂梁为例，图 1-14(a)中为变形协调的情形——梁变形后，整体为一连续光滑曲线；在固定端处曲线具有水平切线(无折点)。图 1-14(b)和(c)中分别为整体变形不协调和局部不协调的情形。

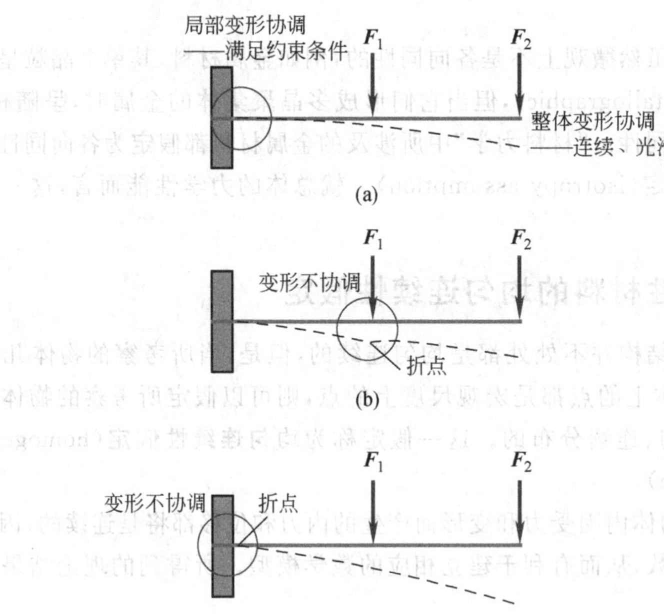

图 1-14 弹性体变形协调与不协调情形

变形协调在弹性体内部则表现为：各相邻部分则既不能断开，也不能发生重叠。图 1-15 中为从一弹性体中取出的两相邻部分的三种变形状况，其中图 1-15(a)、(b)中的两种变形不协调因而是不正确的，只有图 1-15(c)中的情形是正确的。

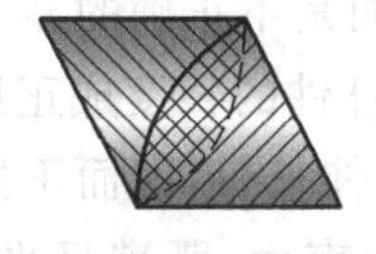

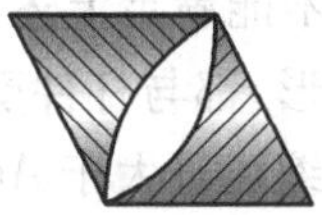

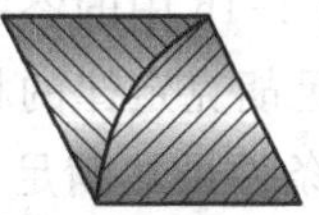

图 1-15 弹性体变形后各相邻部分之间的相互关系

此外,弹性体受力后发生的变形还与物性有关,这表明,受力与变形之间存在确定的关系,称为物性关系。

【例题 1-1】 等截面直杆 AB 两端固定,C 截面处承受沿杆件轴线方向的力 $\boldsymbol{F}_{\mathrm{P}}$,如图 1-16 所示。关于 A、B 两端的约束力有(A)、(B)、(C)、(D)四种答案,请判断哪一种是正确的。

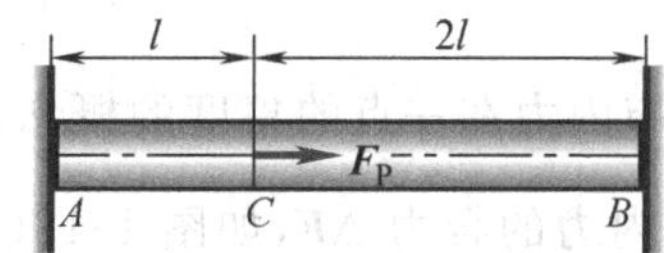

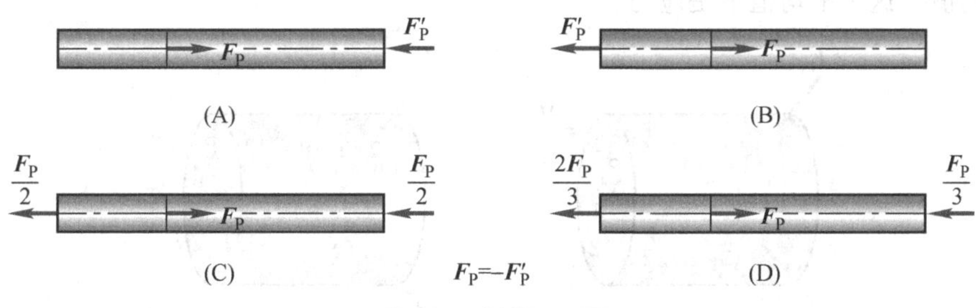

图 1-16 例题 1-1 图

解:根据约束的性质,以及外力 $\boldsymbol{F}_{\mathrm{P}}$ 作用线沿着杆件轴线方向的特点,A、B 两端只有沿杆件轴线方向的约束力,分别用 $\boldsymbol{F}_A$ 和 $\boldsymbol{F}_B$ 表示,如图 1-17 所示。

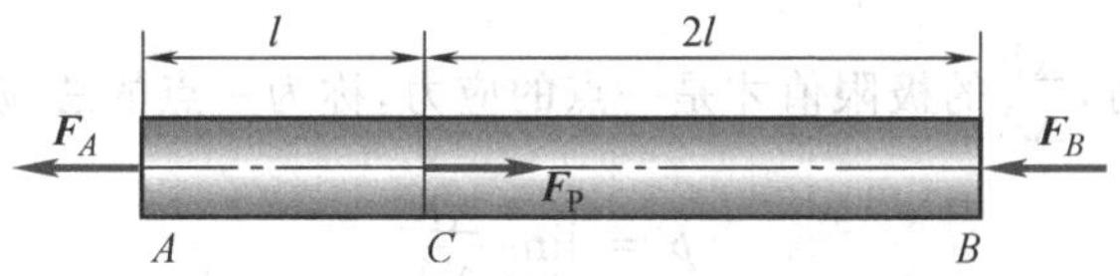

图 1-17 例题 1-1 解图

根据平衡条件 $\sum F_x = 0$,有

$$F_A + F_B = F_{\mathrm{P}}$$

其中 F_A 和 F_B 都是未知量,仅由平衡方程不可能求出两个未知量。对于刚体模型,这个问题是无法求解的。但是,对于弹性体,这个问题是有解的。

作用在弹性体上的力除了满足平衡条件外,还必须使其所产生的变形满足变形协调的要求。本例中,AC 段杆将发生伸长变形,CB 段杆则发生缩短变形,由于 AB 杆两端固定,杆件的总变形量必须等于零。

显然,图1-16中的答案(A)和(B)都不能满足上述条件,因而是不正确的。

对于满足胡克定律的材料,其弹性变形,都与杆件受力以及杆件的长度成正比。在答案(C)中,平衡条件虽然满足,但CB段杆的缩短量大于AC段杆的伸长量,因而不能满足总变形量等于零的变形协调要求,所以也是不正确的。答案(D)的约束力,既满足平衡条件,也满足变形协调的要求,因此,答案(D)是正确的。

1.6 应力与应变及其相互关系

1.6.1 应力

分布内力在一点的集度,称为**应力**(stresses)。作用线垂直于截面的应力称为**正应力**(normal stress),用希腊字母σ表示;作用线位于截面内的应力称为**剪应力**(shearing stress)或**切应力**,用希腊字母τ表示。应力的单位记号为Pa或MPa,工程上多用MPa。$1\text{MPa}=1\text{N/mm}^2=1\text{MN/m}^2$。

为了认识和理解应力是分布内力在一点的集度的概念,可以设想在横截面上有一有限小的面积ΔA,其上作用有分布内力的合力$\Delta \boldsymbol{F}$,如图1-18(a)所示,$\dfrac{\Delta F}{\Delta A}$称为面积上分布内力的平均值。这一平均值不是应力。

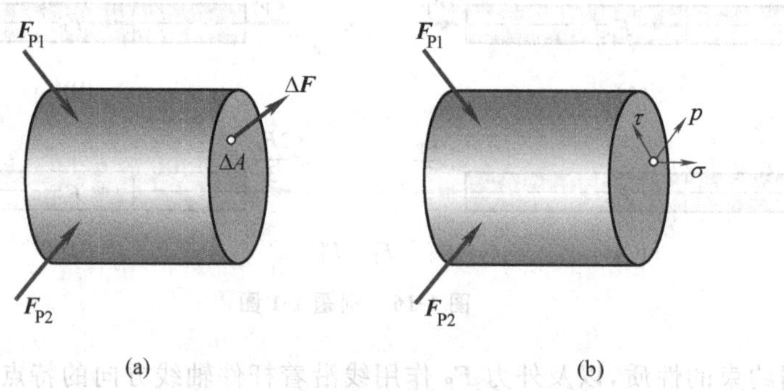

图1-18 杆件横截面上的应力

只有当$\Delta A\to 0$时,$\dfrac{\Delta F}{\Delta A}$的极限值才是一点的应力,称为一点的总应力,用$p$表示:

$$p=\lim_{\Delta A\to 0}\frac{\Delta F}{\Delta A} \tag{1-1}$$

总应力在横截面的法线和切线方向的分量,就是上面所讲的正应力和剪应力,如图1-18(b)所示。

需要指出的是,上述极限表达式的引入只是为了说明应力的概念,二者在应力计算中没有实际意义。

1.6.2 应变

如果将弹性体看作由许多微单元体(简称微元体或微元)所组成,弹性体整体的变形则是所有微元体变形累加的结果。而单元体的变形则与作用在其上的应力有关。

围绕受力弹性体中的任意点截取微元体(通常为正六面体),一般情形下微元体的各个面上均有应力作用。下面考察两种最简单的情形,分别如图 1-19(a)、(b)所示。

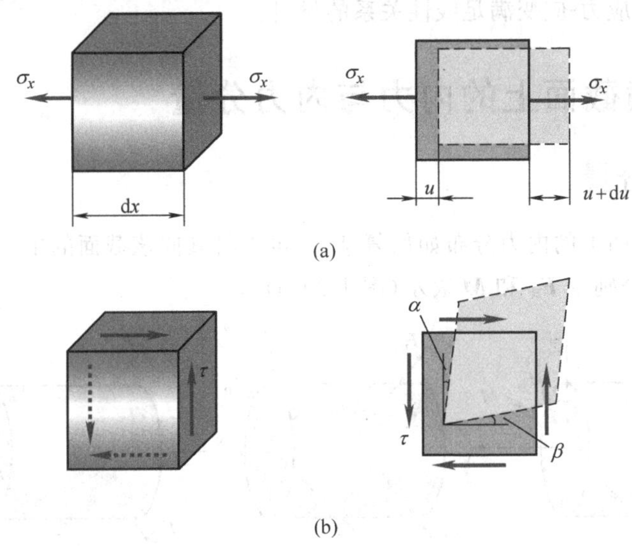

图 1-19　正应变与剪应变

对于正应力作用下的微元体(图 1-19(a)),沿着正应力方向和垂直于正应力方向将产生伸长和缩短,这种变形称为线变形。描写弹性体在各点处线变形程度的量,称为**正应变**或**线应变**(normal strain),用 ε_x 表示。根据微元体变形前、后 x 方向长度 dx 的相对改变量,有

$$\varepsilon_x = \frac{\mathrm{d}u}{\mathrm{d}x} \tag{1-2}$$

式中,dx 为变形前微元体在正应力作用方向的长度;du 为微元体变形后相距 dx 的两截面沿正应力方向的相对位移;ε_x 的下标 x 表示应变方向。

剪应力作用下的微元体将发生剪切变形,剪切变形程度用微元体直角的改变量度量。微元直角改变量称为**剪应变**或**切应变**(shearing strain),用 γ 表示。在图 1-19(b)中,$\gamma=\alpha+\beta$。γ 的单位为 rad。

关于正应力和正应变的正负号,一般约定:拉应变为正;压应变为负。产生拉应变的应力(拉应力)为正;产生压应变的应力(压应力)为负。关于剪应力和剪应变的正负号将在以后介绍。

1.6.3　应力与应变之间的物性关系

对于工程中常用材料,实验结果表明:若在弹性范围内加载(应力小于某一极限值),对于只承受单方向正应力或承受剪应力的微元体,正应力与正应变以及剪应力与剪应变之间存在着线性关系:

$$\sigma_x = E\varepsilon_x \quad 或 \quad \varepsilon_x = \frac{\sigma_x}{E} \tag{1-3}$$

$$\tau_x = G\gamma_x \quad 或 \quad \gamma_x = \frac{\tau_x}{G} \tag{1-4}$$

上述二式统称为**胡克定律**(Hooke's law)。式中,E 和 G 为与材料有关的弹性常数:E 称为

弹性模量(modulus of elasticity)或**杨氏模量**(Young's modulus);G 称为**切变模量**(shear modulus)。式(1-3)和式(1-4)即为描述线弹性材料物性关系的方程。所谓线弹性材料是指弹性范围内加载时应力-应变满足线性关系的材料。

1.7 杆件横截面上的内力与内力分量

1.7.1 内力分量

无论杆件横截面上的内力分布如何复杂,总可以将其向该截面的中心简化,得到一合力和一合力偶,二者分别用 $\boldsymbol{F}_{\mathrm{R}}$ 和 $\boldsymbol{M}$ 表示(图 1-20(a))。

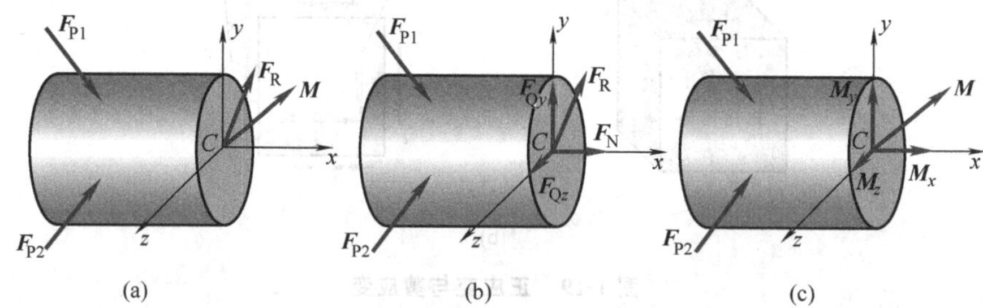

图 1-20 杆件横截面上的内力与内力分量

工程计算中有意义的是内力和合力与合力偶在确定的坐标方向上的分量,称为**内力分量**(components of internal forces)。

以杆件横截面中心 C 为坐标原点,建立 $Cxyz$ 坐标系,如图 1-20 所示,其中 x 沿杆件的轴线方向,y 和 z 分别沿着横截面的主轴(对于有对称轴的截面,对称轴即为主轴)方向(参见 7.1 节)。

图 1-20(b)和(c)中所示分别为合力和合力偶矩在 x、y、z 轴方向上的分量,分别用 $\boldsymbol{F}_{\mathrm{N}}$、$\boldsymbol{F}_{\mathrm{Q}y}$、$\boldsymbol{F}_{\mathrm{Q}z}$ 和 M_x、M_y、M_z 表示。其中:

$\boldsymbol{F}_{\mathrm{N}}$ 称为**轴力**(normal force),它将使杆件产生轴向变形(伸长或缩短)。

$\boldsymbol{F}_{\mathrm{Q}y}$、$\boldsymbol{F}_{\mathrm{Q}z}$ 称为**剪力**(shearing force),二者均将使杆件产生剪切变形。

M_x 称为**扭矩**(twist moment),它将使杆件产生绕杆轴转动的扭转变形。

M_y、M_z 称为**弯矩**(bending moment),二者均使杆件产生弯曲变形。

为简单起见,本书在以后的叙述中,如果没有特别说明,凡是内力均指内力分量。

1.7.2 确定内力分量的截面法

为了确定杆件横截面上的内力分量,采用假想横截面在任意处将杆件截为两部分,考察其中任意部分的受力,由平衡条件,即可得到该截面上的内力分量。这种方法称为**截面法**(section-method)。

以平面载荷作用情形(图 1-21(a))为例,为确定坐标为 x 的任意横截面上的内力分量,用假想截面从 x 处将杆件截开,考察截开后的左边(或右边)部分的受力和平衡,其受力如图 1-21(b)所示。因为所有外力都处于同一平面内,所以横截面上只有 $\boldsymbol{F}_{\mathrm{N}}$、$\boldsymbol{F}_{\mathrm{Q}y}$ 和 M_z 三个

内力分量(z 坐标垂直于 xy 平面,书中未画出)。平面力系的三个平衡方程为

$$\sum F_x = 0$$

$$\sum F_y = 0$$

$$\sum M_C = 0$$

其中 C 为截面中心。据此,即可求得全部内力分量。

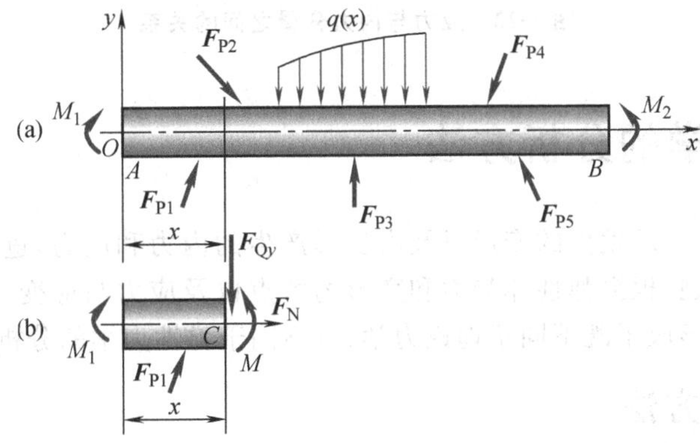

图 1-21 截面法确定内力分量

1.8 应力与内力分量之间的关系

应力作为分布内力在一点的集度,与内力分量有着密切的关系。

杆件横截面上的应力与其作用的微面积 dA 的乘积,称为应力作用在微面积 dA 上的内力。通过积分可以建立横截面上的应力与内力分量之间的关系。

考察图 1-22(a)、(b)中所示作用在杆件横截面的微元面积 dA 上正应力 σ 和剪应力 τ_{xy}、τ_{xz},将它们分别乘以微元面积,得到微元面积上的内力:$\sigma \mathrm{d}A$、$\tau_{xy}\mathrm{d}A$、$\tau_{xz}\mathrm{d}A$。将这些内力分别对 $Cxyz$ 坐标系中的 x、y 和 z 轴投影和取矩,并且沿整个横截面积分,即可得到应力与6个内力分量之间的关系式:

$$\left.\begin{aligned}
&\int_A \sigma \mathrm{d}A = F_{\mathrm{N}} \\
&\int_A z(\sigma \mathrm{d}A) = M_y \\
&\int_A y(\sigma \mathrm{d}A) = -M_z \\
&\int_A \tau_{xy} \mathrm{d}A = F_{\mathrm{Q}y} \\
&\int_A \tau_{xz} \mathrm{d}A = F_{\mathrm{Q}z} \\
&-\int_A (\tau_{xy} \mathrm{d}A) z + \int_A (\tau_{xz} \mathrm{d}A) y = M_x
\end{aligned}\right\} \tag{1-5}$$

应力与内力分量之间的关系称为静力学关系,上述方程称为静力学方程,其中,A 为横截面面积。式中的负号表示内力分量的矢量指向与坐标轴正向相反。

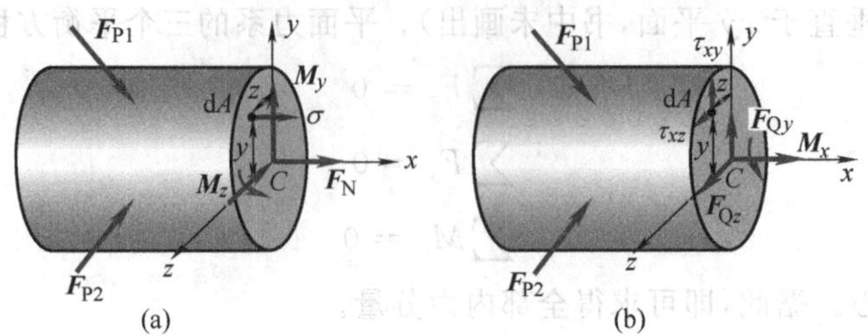

图 1-22 应力与内力分量之间的关系

1.9 材料力学的分析方法

为了确定杆件受力后发生的变形以及由变形产生的内力和应力，进而解决工程构件的强度、刚度和稳定问题，根据弹性体受力和变形的特点以及应力与应变、应力与内力分量之间的关系，材料力学形成了既不同于理论力学、也不同于弹性力学的分析方法。

1.9.1 平衡的方法

分析构件受力后发生的变形，以及由于变形而产生的内力，需要采用平衡的方法。主要解决的问题是：在不同的外力作用下，构件横截面上将产生什么样的内力，以及这些内力的大小和方向。此外，在应力状态分析(参见第 11 章)以及稳定性分析(参见第 13 章)中所采用的也是平衡的方法。

1.9.2 变形分析方法

采用平衡的方法，只能确定横截面上内力的合力，并不能确定横截面上各点内力的大小。研究构件的强度、刚度与稳定性，不仅需要确定内力的合力，还需要知道内力的分布。

内力是不可见的，而变形却是可见的，并且各部分的变形相互协调，变形通过物性关系与内力相联系。所以，确定内力的分布，除了考虑平衡，还需要考虑变形协调与物性关系。

例如，对于图 1-23(a)所示承受轴向载荷的等截面直杆，应用平衡的方法，可以确定杆件横截面上只有一个内力分量——轴力 $F_N=F_P$(图 1-23(b))，并不能确定横截面上各点应力，因为横截面上的不同的应力分布(图 1-23(c)和(d))都可以组成同一轴力。

如果轴向变形是均匀的(图 1-24(a))，则可以判断横截面上应力均匀分布(图 1-24(b))，根据应力与内力分量之间的静力学关系，即可确定横截面上各点的正应力大小。

1.9.3 简化假定分析方法

对于工程构件，所能观察到的变形，只是构件外部表面的。内部的变形状况，必须根据所观察到的表面变形作一些合理的推测，这种推测通常也称为假定。对于杆状的构件，考察相距很近的两个横截面之间微段的变形，这种假定是不难作出的。

解决实际工程问题的力学问题，需要建立力学分析模型，这时，简化分析方法显得更加重要。例如，高速公路上行驶的汽车与护栏发生碰撞(图 1-25(a))，为了估算作用在汽车上的冲击力，可以将护栏简化为梁，汽车可以简化为具有一定质量的物块、以确定的速度撞击到梁上(图 1-25(b))，进而应用机械能守恒定律，即可求得问题的解答。

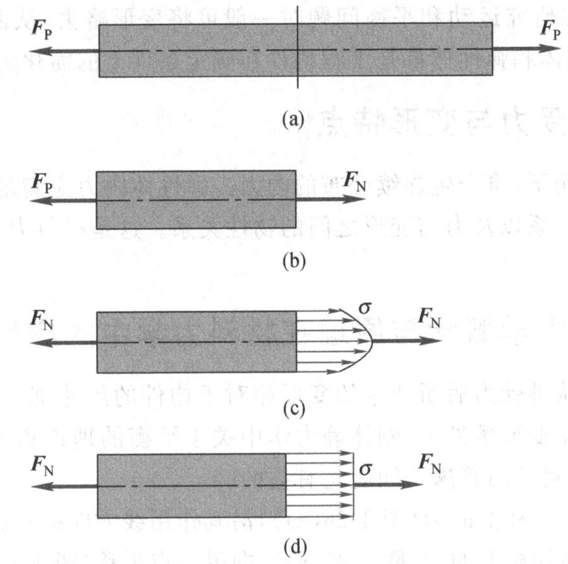

图 1-23 平衡方法与变形分析方法 1

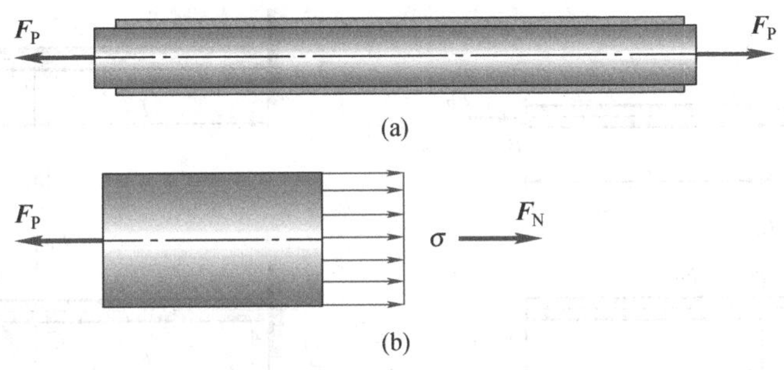

图 1-24 平衡方法与变形分析方法 2

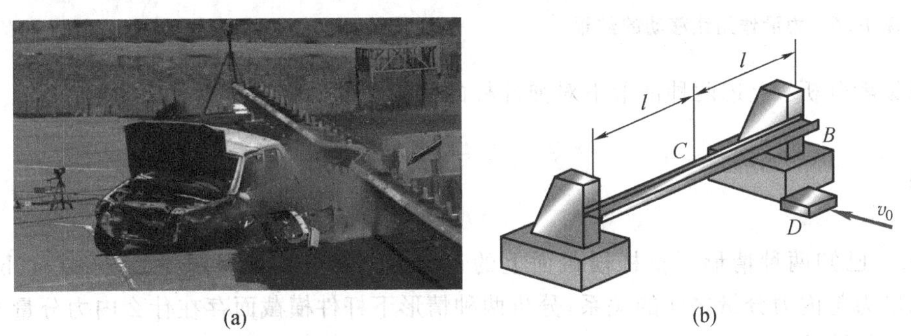

图 1-25 简化假定分析方法

1.10 结论与讨论

1.10.1 刚体模型与弹性体模型

所有工程结构的构件，实际上都是可变形的弹性体，当变形很小时，变形对物体运动效应的影响甚小,因而在研究运动和平衡问题时一般可将变形略去,从而将弹性体抽象为刚体。从这一意义讲,刚体和弹性体都是工程构件在确定条件下的简化力学模型。

1.10.2 弹性体受力与变形特点

弹性体在载荷作用下,将产生连续分布的内力。弹性体内力应满足与外力的平衡关系、弹性体自身变形协调关系以及力与变形之间的物性关系。这是材料力学与理论力学的重要区别。

1.10.3 刚体静力学概念与原理在材料力学中的应用

工程中绝大多数构件受力后所产生的变形相对于构件的尺寸都是很小的,这种变形通常称为“小变形”。在小变形条件下,刚体静力学中关于平衡的理论和方法能否应用于材料力学,下列问题的讨论对于回答这一问题是有益的。

(1) 若将作用在弹性杆上的力(图 1-26(a)),沿其作用线方向移动(图 1-26(b))。

(2) 若将作用在弹性杆上的力(图 1-27(a)),向另一点平移(图 1-27(b))。

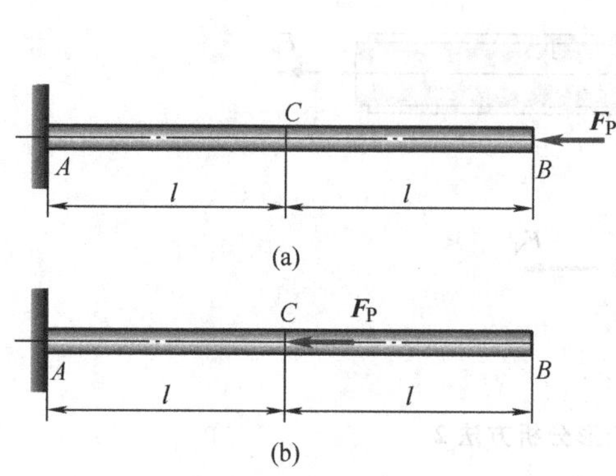

图 1-26 力沿作用线移动的结果

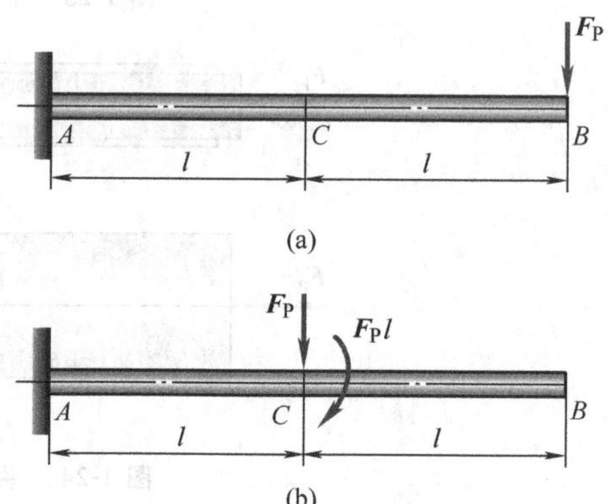

图 1-27 力沿作用线向一点平移的结果

请读者分析:上述两种情形下对弹性杆的平衡和变形将会产生什么影响?

习题

1-1 已知两种情形下直杆横截面上的正应力分布分别如习题 1-1 图(a)和(b)所示。请根据应力与内力分量之间的关系,分析两种情形下杆件横截面存在什么内力分量?(不要求进行具体计算)。

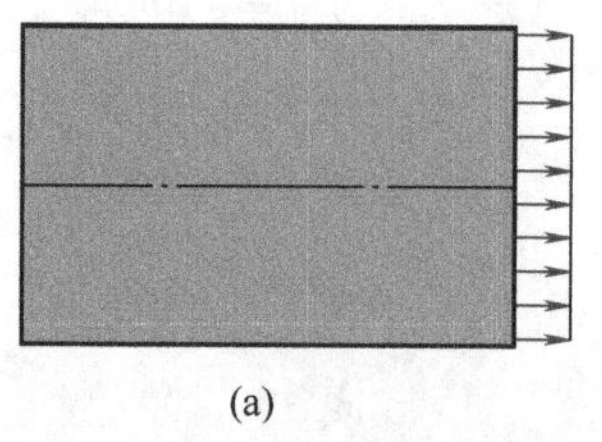

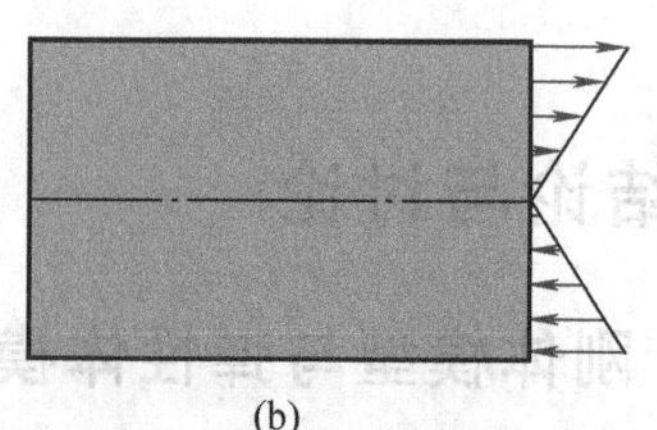

习题 1-1 图

1-2　微元在两种情形下受力后的变形分别如习题 1-2 图(a)和(b)中所示，请根据剪应变的定义确定两种情形下微元的剪应变。

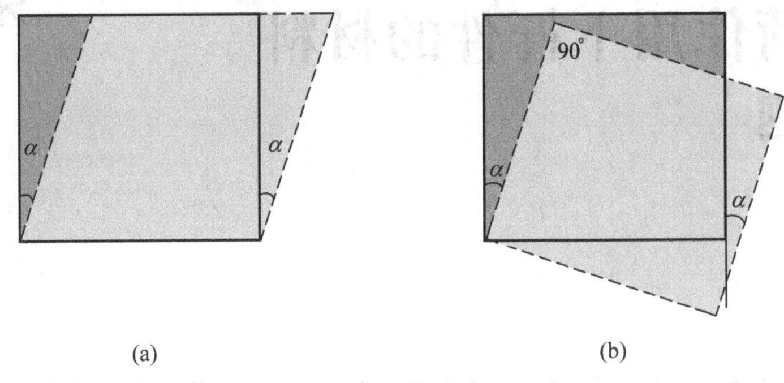

习题 1-2 图

1-3　由金属丝弯成的弹性圆环，直径为 d（习题 1-3 图中的实线），受力变形后变成直径为$d+\Delta d$ 的圆（图中的虚线）。如果 d 和 Δd 都是已知的，请应用正应变的定义确定：

(1) 圆环直径的相对改变量；

(2) 圆环沿圆周方向的正应变。

1-4　微元受力前形状如习题 1-4 图中实线 $ABCD$ 所示，其中$\angle ABC$ 为直角，$\mathrm{d}x=\mathrm{d}y$。受力变形后各边的长度尺寸不变，如图中虚线 $A'B'C'D'$ 所示。

(1) 请分析微元的四边可能承受什么样的应力才会产生这样的变形？

(2) 如果已知 $CC'=\dfrac{\mathrm{d}x}{1000}$，求 AC 方向上的正应变。

(3) 如果已知图中变形后的角度 α，求微元的剪应变。

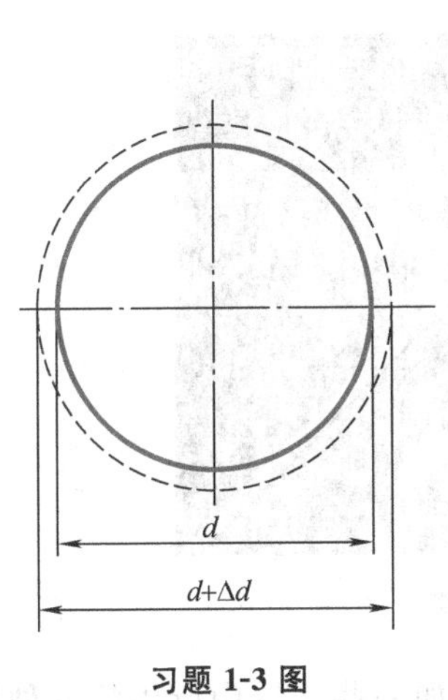

习题 1-3 图

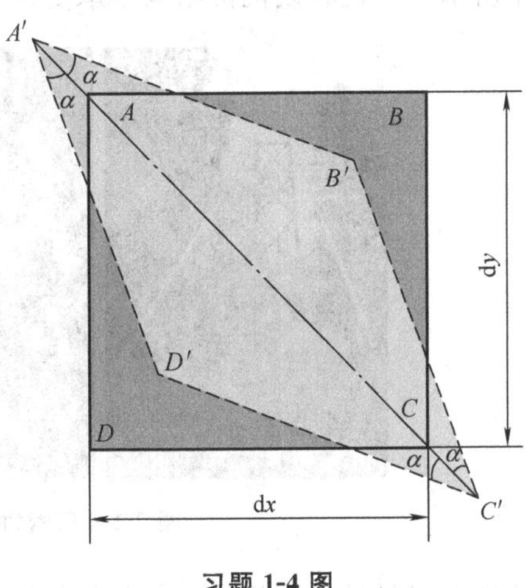

习题 1-4 图

第2章 轴向载荷作用下杆件的材料力学问题

工程结构中的桅杆、旗杆、活塞杆，悬索桥、斜拉桥、网架式结构中的杆件或缆索，以及桥梁结构桁架中的杆件大都承受沿着杆件轴线方向的载荷，这种载荷简称为轴向载荷。

承受轴向载荷的杆件将产生拉伸或压缩变形。

承受轴向载荷杆件的材料力学问题包括：杆件横截面上的内力、应力及变形分析与计算；材料的力学行为的实验结果；强度计算以及应变能计算。

这些问题虽然比较简单，但其中的基本概念与基本分析方法则具有普遍意义。

2.1 工程中承受拉伸与压缩的杆件

承受轴向载荷的拉(压)杆在工程中的应用非常广泛。

图 2-1 中所示为悬索桥上承受拉力的钢缆。现代建筑物结构中广泛使用拉压杆件，图 2-2 中所示为一机场候机楼结构中承受拉伸和压缩的杆件。

图 2-1 悬索桥承受拉力的钢缆

几乎所有机械结构与机构中，都离不开拉压杆件。例如一些机器中所用的各种紧固螺栓(图 2-3)作为连接件，将两件零件或部件装配在一起，需要对螺栓施加预紧力，这时螺栓承受轴向拉力，并将发生伸长变形。图 2-4 中所示为发动机中由汽缸、活塞、连杆所组成的机构，当发动机工作时，不仅连接汽缸缸体和汽缸盖的螺栓承受轴向拉力，带动活塞运动的连杆由于两端都是铰链约束，因而也承受轴向载荷。

图 2-2　建筑物结构中的拉压杆件

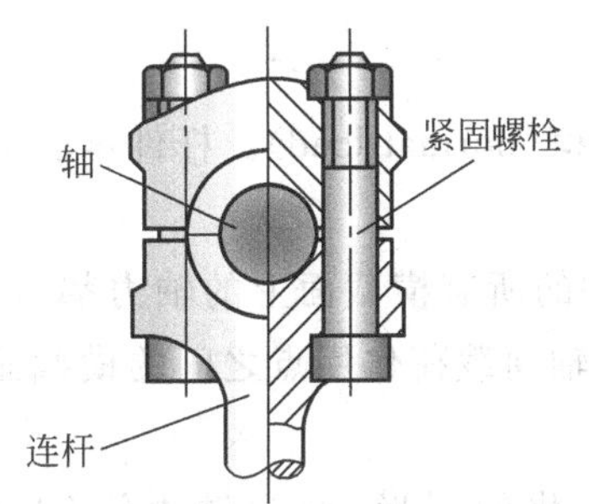

图 2-3　承受轴向拉伸的紧固螺栓

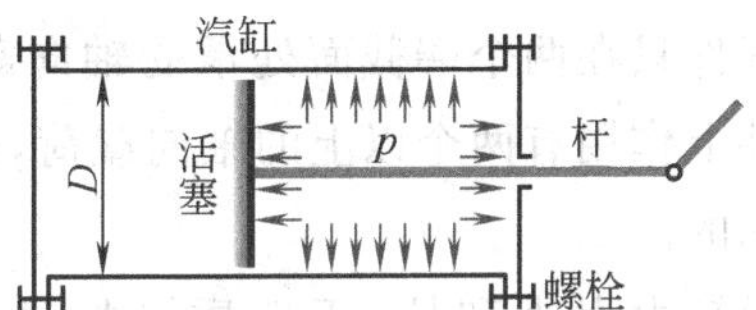

图 2-4　承受轴向拉伸的连杆和螺栓

各种操纵和控制系统中拉压杆也是不可或缺的。图 2-5 中所示为舰载火炮操纵系统中的拉压杆件。

图 2-5　舰载火炮操纵机构中的拉压杆

需要指出的是，静力学中，承受拉伸和压缩的直杆都是二力杆或二力构件。但是，不是所有二力构件都只承受拉伸或压缩变形。例如，图 2-6(a)所示之二力构件虽然承受一对拉伸载荷作用，但是，根据截面法和平衡条件，其横截面上不仅有轴力而且还有弯矩的作用(图 2-6(b))，因而除了拉伸变形外还将产生弯曲变形。

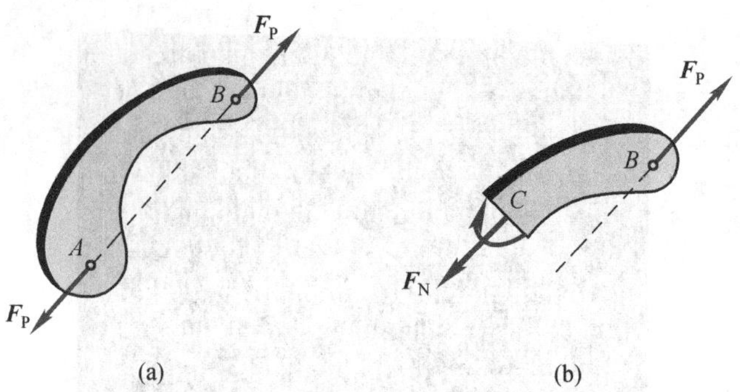

图 2-6 二力构件不一定仅承受轴向拉伸或压缩变形

2.2 轴力与轴力图

沿着杆件轴线方向作用的载荷，通常称为**轴向载荷**(normal load)。杆件承受轴向载荷作用时，横截面上只有轴力 $\boldsymbol{F}_N$ 一种内力分量。

当杆件只在两个端截面处承受轴向载荷时，杆件的所有横截面上的轴力都是相同的。如果杆件上作用有两个以上的轴向载荷，就只有两个轴向载荷作用点之间的横截面上的轴力是相同的。

表示轴力大小和拉、压性质沿杆件轴线方向变化的图形，称为**轴力图**(diagram of normal force)。

为了绘制轴力图，首先，需要规定轴力的正负号。规定内力正负号的原则是：*用一个假想截面将杆截开，同一截面的两侧的轴力必须具有相同的正负号——同一截面两侧截面上的轴力互为作用与反作用力，大小相等、方向相反，但正负号却是相同的*。在轴向拉伸和压缩的情形下，规定：凡是产生伸长变形的轴力为正；产生缩短变形的轴力为负。

其次，需要根据外力的作用位置，判断轴力的大致变化趋势，从而确定轴力图要不要分段，分几段，以及在哪些截面处需要分段？根据截面法和平衡条件，可以确定：当外力发生改变时，轴力图也随之变化，但是在两个集中力作用处的截面之间的所有截面都具有相同的轴力。因此，集中力作用处的两侧截面即为**控制面**(contral section)。

综上所述，绘制轴力图的方法为：

(1) *确定约束力。*

(2) *根据杆件上作用的载荷及约束力确定控制面，也就是轴力图的分段点。*

(3) *应用截面法，用假想截面从控制面处将杆件截开，在截开的截面上，画出未知轴力，并假设为正方向；对截开的部分杆件建立平衡方程，确定控制面上的轴力数值。*

(4) *建立 $\boldsymbol{F}_N$-x 坐标系，将所求得的轴力值标在坐标系中，画出轴力图。*

下面举例说明轴力图的画法。

【例题 2-1】 如图 2-7(a)中所示，在直杆 B、C 两处作用有集中载荷 $\boldsymbol{F}_1$ 和 $\boldsymbol{F}_2$，其中 $F_1=5\ \text{kN}$，$F_2=10\ \text{kN}$。试画出杆件的轴力图。

解：(1) 确定约束力

A 处虽然是固定端约束，但由于杆件只有轴向载荷作用，所以只有一个轴向的约束力 $\boldsymbol{F}_A$。由平衡方程

$$\sum F_x = 0$$

求得

$$F_A = 5\ \text{kN}$$

方向如图 2-7(a)所示。

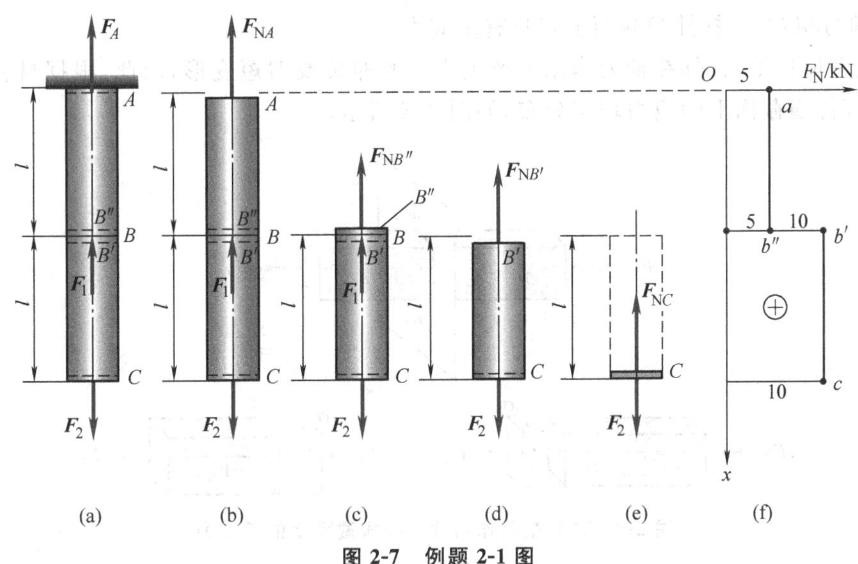

图 2-7　例题 2-1 图

(2) 确定控制面

在集中载荷 $\boldsymbol{F}_2$、约束力 $\boldsymbol{F}_A$ 作用处的 A、C 截面，以及集中载荷 $\boldsymbol{F}_1$ 作用点 B 处的上、下两侧横截面 B''、B' 都是控制面，如图 2-7(a)中虚线所示。

(3) 应用截面法

用假想截面分别从控制面 A、B''、B'、C 处将杆截开，假设横截面上的轴力均为正方向(拉力)，并考察截开后下面部分的平衡，如图 2-7(b)、(c)、(d)、(e)所示。

根据平衡方程

$$\sum F_x = 0$$

求得各控制面上的轴力分别为

$$A\ 截面：F_{NA} = F_2 - F_1 = 5\ \text{kN}$$
$$B''\ 截面：F_{NB''} = F_2 - F_1 = 5\ \text{kN}$$
$$B'\ 截面：F_{NB'} = F_2 = 10\ \text{kN}$$
$$C\ 截面：F_{NC} = F_2 = 10\ \text{kN}$$

(4) 建立 F_N-x 坐标系，画轴力图

F_N-x 坐标系中 x 坐标轴沿着杆件的轴线方向，F_N 坐标轴垂直于 x 轴。将所求得的各控制面上的轴力标在 F_N-x 坐标系中，得到 a、b''、b' 和 c 四点。因为在 A、B''之间以及 B'、C 之间，没有其他外力作用，故这两段中的轴力分别与 A(或 B'')截面以及 C(或 B')截面相同。

这表明点 a 与点 b'' 之间以及点 b' 与点 c 之间的轴力图为平行于 x 轴的直线。于是，得到杆的轴力图如图 2-7(f)所示。

2.3 拉伸与压缩时杆件的应力与变形分析

2.3.1 应力计算

当外力或其合力沿着杆件的轴线作用时，其横截面上只有轴力一个内力分量：轴力 F_N。与轴力相对应，杆件横截面上将只有正应力。

在很多情形下，杆件在轴力作用下产生均匀的伸长或缩短变形，因此，根据材料均匀性的假定，杆件横截面上的应力均匀分布，如图 2-8 所示。

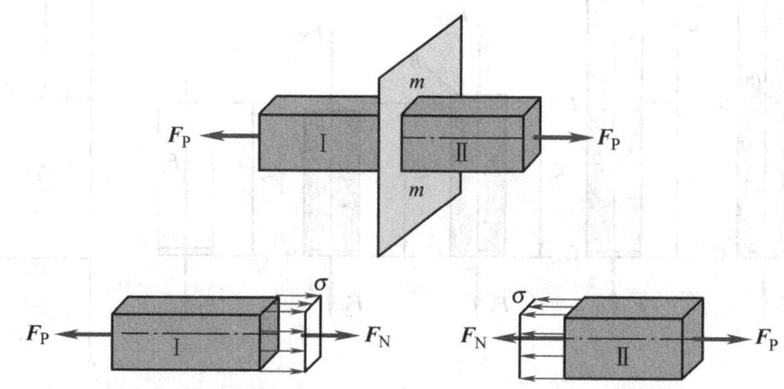

图 2-8 轴向载荷作用件下杆横截面上的正应力

这时横截面上的正应力为

$$\sigma = \frac{F_N}{A} \tag{2-1}$$

其中，F_N 为横截面上的轴力，由截面法求得；A 为横截面面积。

2.3.2 变形计算

1. 绝对变形 弹性模量

设一长度为 l、横截面面积为 A 的等截面直杆，承受轴向载荷后，其长度变为 $l+\Delta l$，其中 Δl 为杆的伸长量(图 2-9(a))。实验结果表明：如果所施加的载荷使杆件的变形处于弹性范围内，杆的伸长量 Δl 与杆所承受的轴向载荷成正比，如图 2-9(b)所示。写成关系式为

$$\Delta l = \pm \frac{F_N l}{EA} \tag{2-2}$$

这是描述弹性范围内杆件承受轴向载荷时力与变形的**胡克定律**(Hooke's law)。其中，F_N 为杆横截面上的轴力，当杆件只在两端承受轴向载荷 F_P 作用时，$F_N = F_P$；E 为杆材料的弹性模量，它与正应力具有相同的单位；EA 称为杆件的**拉伸(或压缩)刚度**(tensile or compression stiffness)；式中"+"号表示伸长变形，"−"号表示缩短变形。

当拉、压杆有两个以上的外力作用时，需要先画出轴力图，然后按式(2-2)分段计算各段的变形，各段变形的代数和即为杆的总伸长量(或缩短量)：

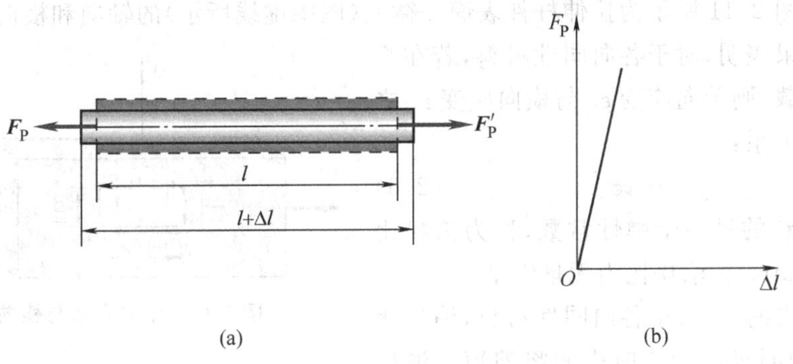

图 2-9 轴向载荷作用下杆件的变形

$$\Delta l = \sum_i \frac{F_{Ni} l_i}{(EA)_i} \tag{2-3}$$

2. 相对变形 正应变

对于杆件沿长度方向均匀变形的情形,其相对伸长量 $\Delta l/l$ 表示轴向变形的程度,这种情形下杆件的正应变为

$$\varepsilon_x = \frac{\Delta l}{l} \tag{2-4}$$

将式(2-2)代入上式,考虑到 $\sigma_x = F_N/A$,得到

$$\varepsilon_x = \frac{\Delta l}{l} = \frac{\frac{F_N l}{EA}}{l} = \frac{\sigma_x}{E} \tag{2-5}$$

这是以应力与应变表示的胡克定律。

需要指出的是,上述关于正应变的表达式(2-5)只适用于杆件各处均匀变形的情形。对于各处变形不均匀的情形(图 2-10),则必须考察杆件上沿轴向的微段 dx 的变形,并以微段 dx 的相对变形表示杆件局部的变形程度。这时

$$\varepsilon_x = \frac{\Delta dx}{dx} = \frac{\frac{F_N dx}{EA(x)}}{dx} = \frac{\sigma_x}{E}$$

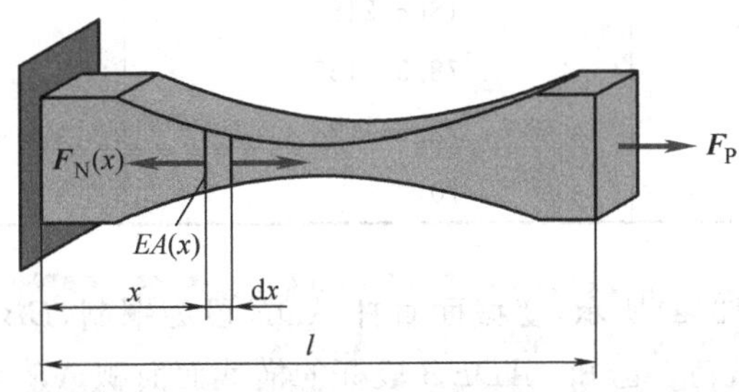

图 2-10 杆件轴向变形不均匀的情形

3. 横向变形 泊松比

杆件承受轴向载荷时,除了轴向变形外,在垂直于杆件轴线方向也同时产生变形,称为

横向变形。图 2-11 所示为拉伸杆件表面一微元(图中虚线所示)的轴向和横向变形的情形。

实验结果表明,对于各向同性材料,若在弹性范围内加载,则轴向应变 ε_x 与横向应变 ε_y 之间存在下列关系:

$$\varepsilon_y = -\nu\varepsilon_x \tag{2-6}$$

式中,ν 为材料的另一个弹性常数,称为**泊松比**(Poisson's ratio)。泊松比为无量纲量。

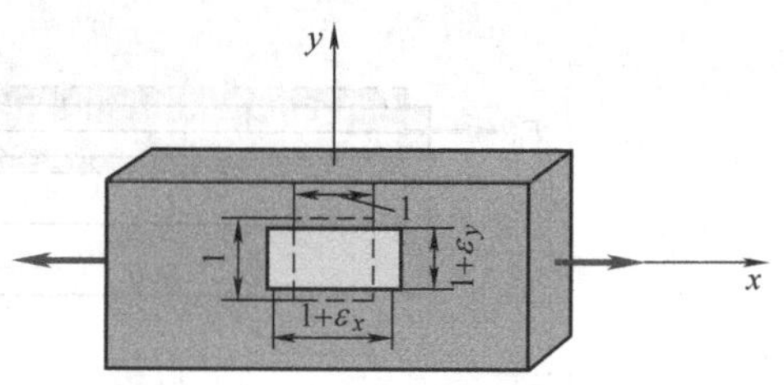

图 2-11 轴向变形与横向变形

需要指出的是,对于各向同性材料,泊松比恒为正,这表明纵向伸长时横向将缩短。泊松比可能为负吗?材料的泊松比为负意味着什么?20 世纪 50 年代我国科学家钱伟长院士提出,某种(非各向同性)材料的泊松比会小于零。这意味着,纵向伸长时,横向发生膨胀。1987 年《科学》杂志刊载了论文"泊松比为负的蜂窝结构材料"(Foam structures with a negative Poisson's ratio, Science, 235 1038-1040 (1987))(图 2-12)。

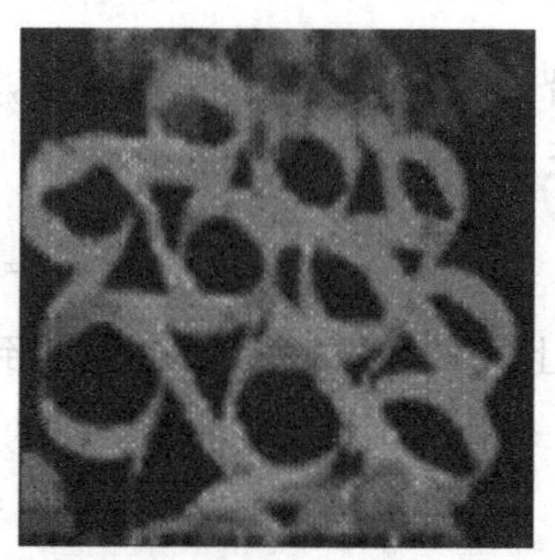

图 2-12 泊松比为负的蜂窝结构材料

表 2-1 中给出了几种常用金属材料之 E、ν 的数值。

表 2-1 常用金属材料的 E、ν 值

材 料	E/GPa	ν
低碳钢	196~216	0.25~0.33
合金钢	186~216	0.24~0.33
灰铸铁	78.5~157	0.23~0.27
铜及其合金	72.6~128	0.32~0.42
铝合金	70	0.33

【例题 2-2】 图 2-13(a)所示,变截面直杆 ADE 段为铜制,EBC 段为钢制;在 A、D、B、C 等 4 处承受轴向载荷。已知:$ADEB$ 段杆的横截面面积 $A_{AB}=10\times10^4\ \text{mm}^2$,$BC$ 段杆的横截面面积 $A_{BC}=5\times10^4\ \text{mm}^2$;$F_P=60\ \text{kN}$;铜的弹性模量 $E_c=100\ \text{GPa}$,钢的弹性模量 $E_s=210\ \text{GPa}$;各段杆的长度如图中所示,单位为 mm。试求:

(1) 直杆横截面上的绝对值最大的正应力 $|\sigma|_{\max}$;

(2) 直杆的总变形量 Δl_{AC}。

解：(1) 作轴力图

由于直杆上作用有 4 个轴向载荷，而且 AB 段与 BC 段杆横截面面积不相等，为了确定直杆横截面上的最大正应力和杆的总变形量，必须首先确定各段杆的横截面上的轴力。

应用截面法可以确定 AD、DEB、BC 段杆横截面上的轴力分别为

$$F_{NAD}=-2F_P=-120\ \text{kN}$$

$$F_{NDE}=F_{NEB}=-F_P=-60\ \text{kN}$$

$$F_{NBC}=F_P=60\ \text{kN}$$

于是，在 F_N-x 坐标系可以画出轴力图，如图 2-13(b)所示。

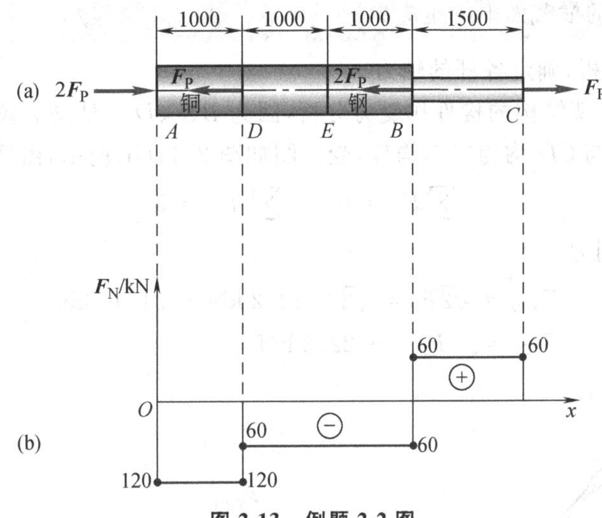

图 2-13　例题 2-2 图

(2) 计算直杆横截面上绝对值最大的正应力

根据式(2-1)，横截面上绝对值最大的正应力将发生在轴力绝对值最大的横截面，或者横截面面积最小的横截面上。本例中，AD 段轴力最大；BC 段横截面面积最小。所以，最大正应力将发生在这两段杆的横截面上：

$$\sigma_{AD}=\frac{F_{NAD}}{A_{AD}}=-\frac{120\times10^3\ \text{N}}{10\times10^4\times10^{-6}\ \text{m}^2}=-1.2\times10^6\ \text{Pa}=-1.2\ \text{MPa}$$

$$\sigma_{BC}=\frac{F_{NBC}}{A_{BC}}=\frac{60\times10^3\ \text{N}}{5\times10^4\times10^{-6}\ \text{m}^2}=1.2\times10^6\ \text{Pa}=1.2\ \text{MPa}$$

于是，直杆中绝对值最大的正应力：

$$|\sigma|_{max}=|\sigma_{AD}|=\sigma_{BC}=1.2\ \text{MPa}$$

(3) 计算直杆的总变形量

直杆的总变形量等于各段杆变形量的代数和。根据式(2-3)，有

$$\Delta l=\sum_i\frac{F_{Ni}l_i}{(EA)_i}=\Delta l_{AD}+\Delta l_{DE}+\Delta l_{EB}+\Delta l_{BC}$$

$$=\frac{F_{NAD}l_{AD}}{E_cA_{AD}}+\frac{F_{NDE}l_{DE}}{E_cA_{DE}}+\frac{F_{NEB}l_{EB}}{E_sA_{EB}}+\frac{F_{NBC}l_{BC}}{E_sA_{BC}}$$

$$=-\frac{120\times10^3\ \text{N}\times1000\times10^{-3}\ \text{m}}{100\times10^9\,\text{Pa}\times10\times10^{-2}\,\text{m}^2}-\frac{60\times10^3\ \text{N}\times1000\times10^{-3}\ \text{m}}{100\times10^9\,\text{Pa}\times10\times10^{-2}\,\text{m}^2}$$

$$-\frac{60\times10^3\ \text{N}\times1000\times10^{-3}\ \text{m}}{210\times10^9\ \text{Pa}\times10\times10^{-2}\ \text{m}^2}+\frac{60\times10^3\ \text{N}\times1500\times10^{-3}\ \text{m}}{210\times10^9\ \text{Pa}\times5\times10^{-2}\ \text{m}^2}$$

$$=-1.2\times10^{-5}\ \text{m}-0.6\times10^{-5}\ \text{m}-0.286\times10^{-5}\ \text{m}+0.857\times10^{-5}\ \text{m}$$

$$=-1.229\times10^{-5}\ \text{m}=-1.229\times10^{-2}\ \text{mm}$$

上述计算中，DE 和 EB 段杆的横截面面积以及轴力虽然都相同，但由于材料不同，所以需要分段计算变形量。

【例题 2-3】 三角架结构尺寸及受力如图 2-14(a)所示，不计结构自重。其中 $F_P=22.2\ \text{kN}$，钢杆 BD 的直径 $d_1=25.4\ \text{mm}$，钢梁 CD 的横截面面积 $A_2=2.32\times10^3\ \text{mm}^2$。试求杆 BD 与 CD 的横截面上的正应力。

解：(1) 受力分析，确定各杆的轴力

首先对组成三角架结构的构件作受力分析，因为 B、C、D 三处均为铰链连接，BD 与 CD 仅两端受力，故 BD 与 CD 均为二力构件，受力图如图 2-14(b)所示，由平衡方程

$$\sum F_x=0,\quad \sum F_y=0$$

解得二者的轴力分别为

$$F_{NBD}=\sqrt{2}F_P=\sqrt{2}\times22.2\ \text{kN}=31.40\ \text{kN}$$

$$F_{NCD}=-F_P=-22.2\ \text{kN}$$

其中负号表示压力。

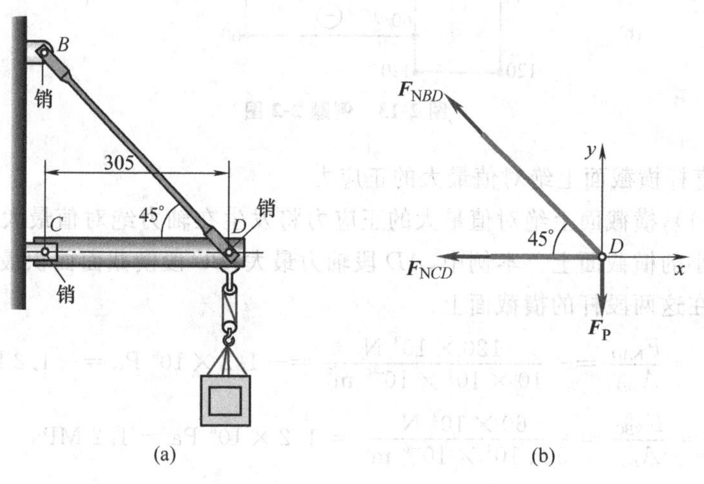

图 2-14 例题 2-3 图

(2) 计算各杆的应力

应用拉、压杆件横截面上的正应力公式(2-1)，杆 BD 与杆 CD 横截面上的正应力分别为

杆 BD：

$$\sigma_x=\frac{F_{NBD}}{A_{BD}}=\frac{F_{NBD}}{\frac{\pi d_1^2}{4}}=\frac{4\times31.4\times10^3}{\pi\times25.4^2\times10^{-6}}$$

$$=62.0\times10^6\ \text{Pa}=62.0\ \text{MPa}$$

杆 CD：

$$\sigma_x = \frac{F_{NCD}}{A_{CD}} = \frac{F_{NCD}}{A_2} = \frac{-22.2 \times 10^3}{2.32 \times 10^3 \times 10^{-6}} = -9.57 \times 10^6 \text{ Pa} = -9.57 \text{ MPa}$$

其中负号表示压应力。

2.4　拉伸与压缩杆件的强度设计

2.3 节中分析了轴向载荷作用下杆件中的应力和变形，以后的几章中还将对其他载荷作用下的构件作应力和变形分析。但是，在工程应用中，确定应力很少是最终目的，而只是工程师借助于完成下列主要任务的中间过程：

(1) 分析已有的或设想中的机器或结构，确定它们在特定载荷条件下的性态；

(2) 设计新的机器或新的结构，使之安全而经济地实现特定的功能。

例如，例题 2-3 中所示之三角架结构，已经计算出拉杆 BD 和压杆 CD 横截面上的正应力，但是，对于工程设计，还需要解决以下几方面的问题：

(1) 在这样的应力水平下，二杆分别选用什么材料，才能保证三角架结构可以安全可靠地工作？

(2) 在给定载荷和材料的情形下，怎样判断三角架结构能否安全可靠地工作？

(3) 在给定杆件截面尺寸和材料的情形下，怎样确定三角架结构所能承受的最大载荷？

为了回答上述问题，需要引入强度设计的概念。

2.4.1　强度设计准则、安全因数与许用应力

所谓**强度设计**(strength design)是指将杆件中的最大应力限制在允许的范围内，以保证杆件正常工作，不仅不发生强度失效，而且还要具有一定的安全裕度。为此，对于拉伸与压缩杆件，杆件中的最大正应力应满足：

$$\sigma_{max} \leqslant [\sigma] \tag{2-7}$$

这一表达式称为拉伸与压缩杆件的**强度设计准则**(criterion for strength design)，又称为**强度条件**。其中$[\sigma]$称为**许用应力**(allowable stress)，与杆件的材料力学性能以及工程对杆件安全裕度的要求有关，由下式确定：

$$[\sigma] = \frac{\sigma^0}{n} \tag{2-8}$$

式中，σ^0 为材料的**极限应力或危险应力**(critical stress)，由材料的拉伸实验确定；n 为安全因数，对于不同的机器或结构，在相应的设计规范中都有不同的规定。

2.4.2　三类强度问题

应用强度条件，可以解决 3 类强度问题：

(1) 强度校核——已知杆件的几何尺寸、受力大小以及许用应力，校核杆件或结构的强度是否安全，也就是验证强度条件(2-7)是否满足。如果满足，则杆件或结构的强度是安全的；否则，是不安全的。

(2) 尺寸设计——已知杆件的受力大小以及许用应力，根据设计准则，计算所需要的杆

件横截面面积,进而设计出合理的横截面尺寸。根据式(2-7)可得

$$\sigma_{\max} \leqslant [\sigma] \Rightarrow \frac{F_N}{A} \leqslant [\sigma] \Rightarrow A \geqslant \frac{F_N}{[\sigma]} \tag{2-9}$$

式中,F_N 和 A 分别为产生最大正应力的横截面上的轴力和面积。

(3) 确定杆件或结构所能承受的**许用载荷**(allowable load)——根据强度条件(2-7),确定杆件或结构所能承受的最大轴力,进而求得所能承受的外加载荷。

$$\sigma_{\max} \leqslant [\sigma] \Rightarrow \frac{F_N}{A} \leqslant [\sigma] \Rightarrow F_N \leqslant [\sigma]A \Rightarrow [F_P] \tag{2-10}$$

式中,$[F_P]$为许用载荷。

2.4.3 强度设计准则应用举例

【例题 2-4】 螺纹内径 d=15 mm 的螺栓(图 2-15),紧固时所承受的预紧力为 F_P=20 kN。若已知螺栓的许用应力$[\sigma]$=150 MPa,试校核螺栓的强度是否安全。

解:(1) 确定螺栓所受轴力

应用截面法,很容易求得螺栓所受的轴力即为预紧力:

$$F_N = F_P = 20 \text{ kN} \quad (压)$$

(2) 计算螺栓横截面上的正应力

根据拉伸与压缩杆件横截面上的正应力公式(2-1),螺栓在预紧力作用下,横截面上的正应力

$$\sigma = \frac{F_N}{A} = \frac{F_P}{\frac{\pi d^2}{4}} = \frac{4F_P}{\pi d^2} = \frac{4 \times 20 \times 10^3 \text{ N}}{\pi \times (15 \times 10^{-3} \text{ m})^2}$$

$$= 113.2 \times 10^6 \text{ Pa} = 113.2 \text{ MPa} \quad (压)$$

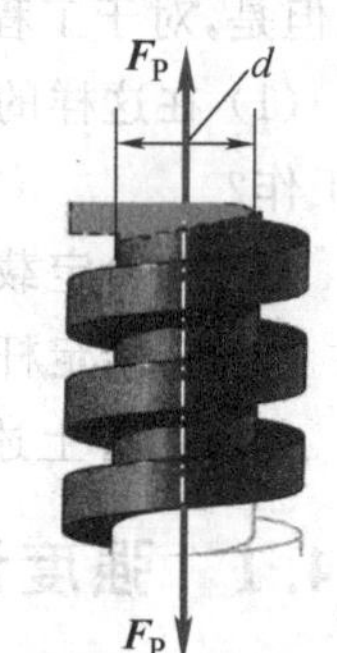

图 2-15 例题 2-4 图

(3) 应用强度条件进行强度校核

已知许用应力

$$[\sigma] = 150 \text{ MPa}$$

而上述计算结果表明螺栓横截面上的实际应力

$$\sigma = 113.2 \text{ MPa} < [\sigma] = 150 \text{ MPa}$$

所以,螺栓的强度是安全的。

【例题 2-5】 图 2-16(a)所示为可以绕铅垂轴 OO_1 旋转的吊车简图,其中斜拉杆 AC 由两根 50 mm×50 mm×5 mm 的等边角钢组成,水平横梁 AB 由两根 10 号槽钢组成。杆 AC 和梁 AB 的材料都是 Q235 钢,许用应力$[\sigma]$=120 MPa。当行走小车位于 A 点时(小车的两个轮子之间的距离很小,小车作用在横梁上的力可以看作是作用在 A 点的集中力),试求允许的最大起吊重量 F_W(包括行走小车和电动机的自重)。杆和梁的自重忽略不计。

解:(1) 受力分析

由题意,可将梁 AB 与杆 AC 的两端都简化为铰链连接,则吊车的计算模型可以简化为图 2-16(b)中所示。因为杆和梁的自重均忽略不计,于是梁 AB 和杆 AC 都是二力杆。

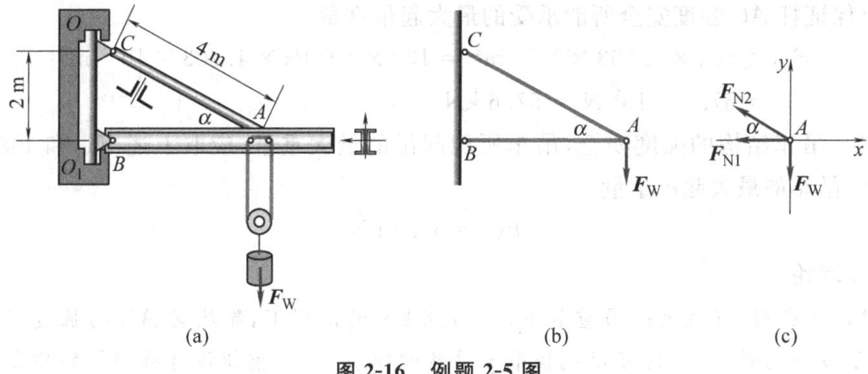

图 2-16　例题 2-5 图

(2) 确定二杆的轴力

以节点 A 为研究对象，并设梁 AB 和杆 AC 的轴力均为拉力，分别为 F_{N1} 和 F_{N2}。于是节点 A 的受力如图 2-16(c)所示。由平衡条件

$$\sum F_x = 0: \quad -F_{N1} - F_{N2}\cos\alpha = 0$$

$$\sum F_y = 0: \quad -F_W + F_{N2}\sin\alpha = 0$$

根据图 2-16(a)中的几何尺寸，有

$$\sin\alpha = \frac{1}{2}, \quad \cos\alpha = \frac{\sqrt{3}}{2}$$

于是，由平衡方程解得

$$F_{N1} = -1.73F_W, \quad F_{N2} = 2F_W$$

(3) 确定最大起吊重量

对于梁 AB，由型钢表查得单根 10 号槽钢的横截面面积为 12.74 cm^2，注意到梁 AB 由两根槽钢组成，因此，杆横截面上的正应力

$$\sigma_{AB} = \frac{|F_{N1}|}{A_1} = \frac{1.73\ F_W}{2 \times 12.74\ cm^2}$$

将其代入强度条件，得到

$$\sigma_{AB} = \frac{|F_{N1}|}{A_1} = \frac{1.73\ F_W}{2 \times 12.74\ cm^2} \leqslant [\sigma]$$

由此解出保证杆 AB 强度安全所能承受的最大起吊重量

$$\begin{aligned} F_{W1} &\leqslant \frac{2 \times [\sigma] \times 12.74 \times 10^{-4}\ m^2}{1.73} \\ &= \frac{2 \times 120 \times 10^6\ Pa \times 12.74 \times 10^{-4}\ m^2}{1.73} \\ &= 176.7 \times 10^3\ N = 176.7\ kN \end{aligned}$$

对于杆 AC，由型钢表查得单根 50 mm×50 mm×5 mm 等边角钢的横截面面积为 4.803 cm^2，注意到杆 AC 由两根角钢组成，杆横截面上的正应力

$$\sigma_{AC} = \frac{F_{N2}}{A_2} = \frac{2F_W}{2 \times 4.803\ cm^2}$$

将其代入强度条件，得到

$$\sigma_{AC} = \frac{F_{N2}}{A_2} = \frac{F_W}{4.803\ cm^2} \leqslant [\sigma]$$

由此解出保证杆 AC 强度安全所能承受的最大起吊重量

$$F_{W2} \leqslant [\sigma] \times 4.803 \times 10^{-4}\ \mathrm{m}^2 = 120 \times 10^6\ \mathrm{Pa} \times 4.803 \times 10^{-4}\ \mathrm{m}^2 = 57.6 \times 10^3\ \mathrm{N} = 57.6\ \mathrm{kN}$$

为保证整个吊车结构的强度安全,吊车所能起吊的最大重量,应取上述 F_{W1} 和 F_{W2} 中较小者。于是,吊车的最大起吊重量

$$F_W = 57.6\ \mathrm{kN}$$

本例讨论

根据以上分析,在最大起吊重量 $F_W=57.6\ \mathrm{kN}$ 的情形下,显然梁 AB 的强度尚有富裕。因此,为了节省材料,同时还可以减轻吊车结构的重量,可以重新设计梁 AB 的横截面尺寸。

根据强度条件,有

$$\sigma_{AB} = \frac{|F_{N1}|}{A_1} = \frac{1.73F_W}{2 \times A_1'} \leqslant [\sigma]$$

其中,A_1' 为单根槽钢的横截面面积。于是,有

$$A_1' \geqslant \frac{1.73F_W}{2[\sigma]} = \frac{1.73 \times 57.6 \times 10^3}{2 \times 120 \times 10^6} = 4.2 \times 10^{-4}\ \mathrm{m}^2 = 4.2 \times 10^2\ \mathrm{mm}^2 = 4.2\ \mathrm{cm}^2$$

由型钢表可以查得,5 号槽钢即可满足这一要求。

这种设计实际上是一种等强度的设计,是保证构件与结构安全的前提下,最经济合理的设计。

另外,本例中只分析了外载荷施加在 A 点的情形。如果,牵引载荷的小车可以在横梁上移动,上述设计将会发生什么变化? 这个问题留给读者思考。

2.5 简单的拉压静不定问题

前面几节讨论的问题中,作用在杆件上的外力或杆件横截面上的内力,都能够由静力平衡方程直接确定,这类问题称为静定问题。

工程实际中,为了提高结构的强度、刚度,或者为了满足构造及其他工程技术要求,常常在静定结构中再附加某些约束(包括添加杆件)。这时,由于未知力的个数多于所能提供的独立的平衡方程的数目,因而仅仅依靠静力平衡方程无法确定全部未知力。这类问题称为静不定问题。

未知力个数与独立的平衡方程数之差,称为**静不定次数**(degree of statically indeterminate problem)。在静定结构上附加的约束称为**多余约束**(redundant constraint),这种"多余"只是对保证结构的平衡与几何不变性而言的,对于提高结构的强度、刚度则是需要的。

在静力学中,由于所涉及的是刚体模型,所以无法求解静不定问题。现在,研究了拉伸和压缩杆件的受力与变形后,通过变形体模型,就可以求解静不定问题。

多余约束使结构由静定变为静不定,问题由静力平衡可解变为静力平衡不可解,这只是问题的一方面。问题的另一方面是,多余约束对结构或构件的变形起着一定的限制作用,而结构或构件的变形又是与受力密切相关的,这就为求解静不定问题提供了补充条件。

因此,求解静不定问题,除了根据静力平衡条件列出平衡方程外,还必须在多余约束处

寻找各构件变形之间的关系，或者构件各部分变形之间的关系，这种变形之间的关系称为**变形协调关系或变形协调条件**(compatibility relations of deformation)，进而根据弹性范围内的力和变形之间关系(胡克定律)，即物理条件，建立补充方程。总之，求解静不定问题需要综合考察平衡、变形和物理三方面，这是分析静不定问题的基本方法。现举例说明求解静不定问题的一般过程以及静不定结构的特性。

【例题 2-6】 图 2-17(a)所示由 3 根直杆组成的简单结构，A、B、C、D 四处均为铰链。各杆的拉伸刚度分别为 E_1A_1、E_2A_2、E_3A_3；长度为 l_1、l_2、l_3；且 $E_2A_2=E_3A_3$、$l_2=l_3$。桁架受力如图所示。若 E_1A_1、E_2A_2、l_1、l_2、F_P 和 α 等均为已知，试求：各杆受力。

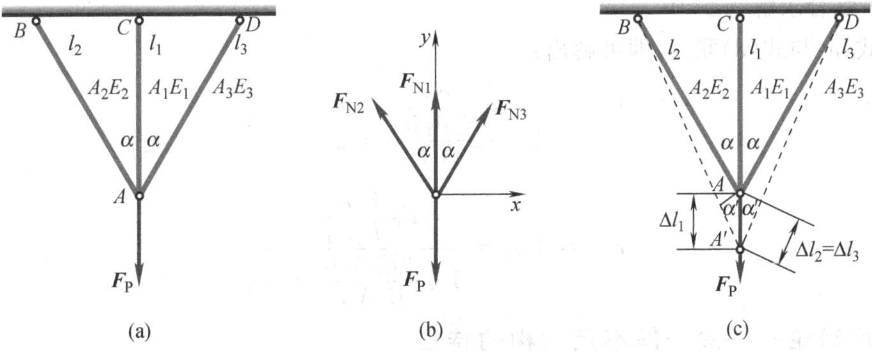

图 2-17　例题 2-6 图

解：因为 A、B、C、D 四处均为铰链，故三根杆均为二力杆，设其轴力分别为 $\boldsymbol{F}_{N1}$、$\boldsymbol{F}_{N2}$、$\boldsymbol{F}_{N3}$。由图 2-17(b)受力图可知，其中有三个力是未知的，而独立的平衡方程只有两个，故为一次静不定结构。

(1) 平衡方程

根据图 2-17(b)所示之受力图，在直角坐标系中汇交力系的平衡方程为

$$\sum F_x = 0$$

$$\sum F_y = 0$$

由此有

$$F_{N3}\sin\alpha - F_{N2}\sin\alpha = 0$$

$$F_{N1} + F_{N2}\cos\alpha + F_{N3}\cos\alpha - F_P = 0$$

整理后得

$$\left.\begin{aligned} F_{N2} &= F_{N3} \\ F_{N1} + 2F_{N2}\cos\alpha &= F_P \end{aligned}\right\} \tag{a}$$

(2) 变形协调方程

因为结构左右对称，故受力后点 A 将沿铅垂方向移至点 A'，各杆变形后的位置如图 2-17(c)中虚线所示，以保证各杆变形后仍连接于点 A'。于是，三根杆的轴向变形必须满足下列变形协调方程：

$$\Delta l_2 = \Delta l_3 = \Delta l_1\cos\alpha' = \Delta l_1\cos\alpha \tag{b}$$

式中，$\alpha'=\alpha$ 是应用小变形条件的结果。

(3) 物性关系方程

根据弹性范围内,各杆的轴力与轴向变形之间的关系,建立物理方程

$$\left.\begin{aligned}\Delta l_1 &= \frac{F_{N1} l_1}{E_1 A_1}\\ \Delta l_2 &= \frac{F_{N2} l_2}{E_2 A_2}\end{aligned}\right\} \tag{c}$$

(4) 补充方程

将式(c)代入式(b),便得到求解静不定问题的补充方程:

$$\frac{F_{N2} l_2}{E_2 A_2} = \frac{F_{N1} l_1}{E_1 A_1}\cos\alpha \tag{d}$$

(5) 综合求解

将式(a)与式(d)联立,即可解出:

$$\left.\begin{aligned}F_{N1} &= \frac{F_P}{1+\dfrac{2E_2 A_2 l_1}{E_1 A_1 l_2}\cos^2\alpha}\\ F_{N2} = F_{N3} &= \frac{F_P \dfrac{E_2 A_2 l_1}{E_1 A_1 l_2}}{1+\dfrac{2E_2 A_2 l_1}{E_1 A_1 l_2}\cos^2\alpha}\end{aligned}\right\} \tag{e}$$

本例讨论——关于静不定结构的特性

(1) 静不定结构中各构件的受力与各构件的刚度比值有关

上述结果中,$E_i A_i (i=1,2,3)$为各杆的刚度。式(e)表明,静不定结构中各杆的受力与各杆线刚度的比值有关。这是静不定结构的一个重要特性。在极端情形下,例如,当中间杆的刚度$E_1 A_1 \to \infty$时,$F_{N1}=F_P$。这时中间杆变成刚性杆,在载荷作用下F_P不会发生变形,点A因而不产生向下的位移,故两侧的杆也不发生变形,当然其受力为零。当两侧杆的刚度$E_2 A_2 = E_3 A_3 \to \infty$时,$F_{N1}=0$;同时,应用洛必达法则,可以确定

$$F_{N2} = F_{N3} = \frac{F_P}{2\cos\alpha}$$

这时两侧杆变成刚性杆,点A虽然不产生向下的位移,但二杆仍然受力,并且与外加载荷F_P组成平衡力系以满足刚体静力学的平衡条件。

(2) 静不定结构中的热应力

静不定结构的第二个特点是由于温度的变化将产生热应力。以图2-18(a)中的结构为例,当中间杆的温度升高T℃时,将发生热膨胀,致使两侧的构件产生伸长变形因而产生拉应力,同时中间杆由于温度升高杆的热膨胀受到两侧杆的限制,因而将产生压应力。这时点A将移至点A',据此同样可以建立3根变形协调方程,与平衡和物性关系方程一起求得各杆中的热应力。

(3) 静不定结构中的装配应力

当静不定结构中的某个构件的几何尺寸与设计尺寸存在误差时,例如,图2-18(b)中的中间杆比装配要求的长度短了Δ时,为了将3根杆装配在一起,必须先将中间杆拉长,装配后点A将移至点A'。从图中不难看出,中间杆将要伸长因而产生拉应力;两侧的构件则由于缩短变形而产生压应力,这种应力称为装配应力,这是静不定结构的又一个特点。应用平

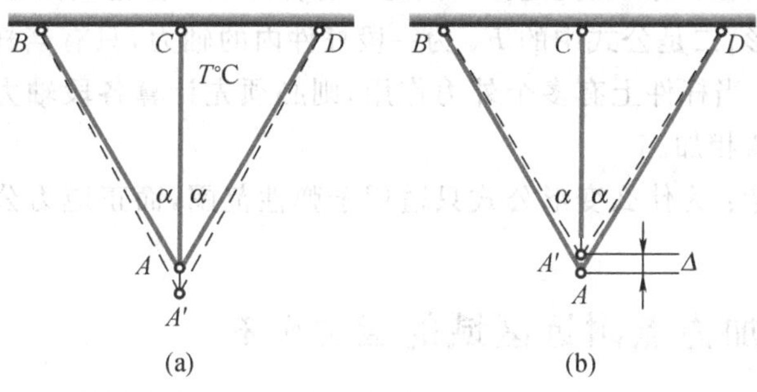

图 2-18　静不定结构中的热应力与装配应力

衡、变形协调以及物性关系也可以求得各杆中由于制造误差引起的装配应力。

2.6　结论与讨论

2.6.1　关于应力和变形公式的应用条件

本章得到了承受拉伸或压缩时杆件横截面上的正应力公式与变形公式

$$\sigma=\frac{F_N}{A}$$

$$\Delta l=\frac{F_N l}{EA}$$

其中，正应力公式只有杆件沿轴向方向均匀变形时，才是适用的。怎样从受力或内力分析中判断杆件沿轴向变形是否均匀的呢？这一问题请读者对图 2-19 中所示之二杆加以比较、分析和总结。

图 2-19(a)中所示之直杆，载荷作用线沿着杆件的轴线方向，所有横截面上的轴力作用线都通过横截面的中心。因此，这一杆件的所有横截面上的应力都是均匀分布的，这表明：正应力公式 $\sigma=\frac{F_N}{A}$ 对图中所有横截面都是适用的。

图 2-19(b)中所示的直杆则不然。这种情形下，对于某些横截面(上、下无缺口部分)上轴力的作用线通过横截面中心；而另外的一些横截面(中间有缺口部分)，当将外力向这些截面中心简化时，不仅得到一个轴力，而且还有一个弯矩。请读者想一想，这些横截面将会发生什么变形？哪些横截面上的正应力可以应用 $\sigma=\frac{F_N}{A}$ 计算？哪些横截面则不能应用上述公式。

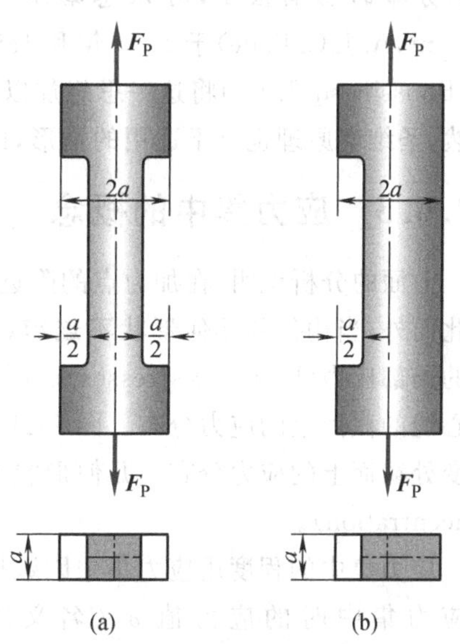

图 2-19　拉伸与压缩正应力公式的适用性

对于变形公式 $\Delta l=\frac{F_N l}{EA}$，应用时有两点必须注意：一是因为导出这一公式时应用了弹性范围内力与变形之间的线性关系(胡克定律),因此只有杆件在弹性范围内加载时,才能应用上述公式计算杆件的变形;二是公式中的 F_N 为一段杆件内的轴力,只有当杆件仅在两端受力时 F_N 才等于外力 F_P。当杆件上有多个外力作用,则必须先计算各段轴力,再分段计算变形,然后把变形按代数值相加。

读者还可以思考:为什么变形公式只适用于弹性范围,而正应力公式就没有弹性范围的限制呢?

*2.6.2 关于加力点附近区域的应力分布

前面已经提到拉伸和压缩时的正应力公式,只有在杆件沿轴线方向的变形均匀时,横截面上正应力均匀分布才是正确的。因此,对杆件端部的加载方式有一定的要求。

当杆端承受集中载荷或其他非均匀分布载荷时,杆件并非所有横截面都能保持平面,从而产生均匀的轴向变形。这种情形下,上述正应力公式不是对杆件上的所有横截面都适用。

考察图 2-20(a)中所示的橡胶拉杆模型,为观察各处的变形大小,加载前在杆表面画上小方格。当集中力通过刚性平板施加于杆件时,若平板与杆端面的摩擦极小,这时杆的各横截面均发生均匀轴向变形,如图 2-20(b)所示。若载荷通过尖楔块施加于杆端,则在加力点附近区域的变形是不均匀的:一是横截面不再保持平面;二是越接近加力点的小方格变形越大,如图 2-20(c)所示。但是,距加力点稍远处,轴向变形依然是均匀的,因此在这些区域,正应力公式仍然成立。

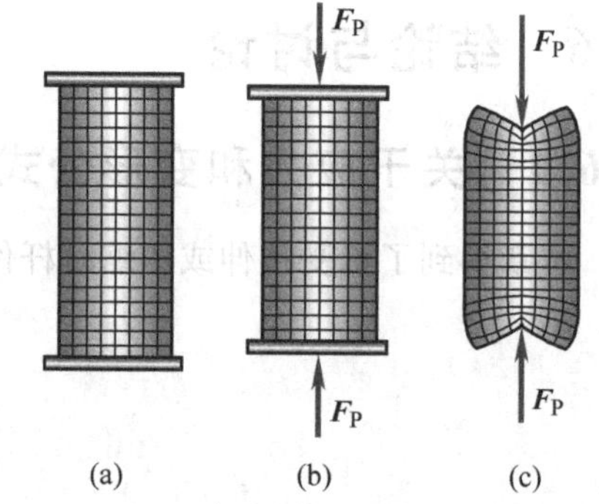

图 2-20 加力点附近局部变形的不均匀性

上述分析表明:*如果杆端两种外加力静力学等效,则距离加力点稍远处,静力学等效对应力分布的影响很小,可以忽略不计。*这一思想最早是由法国科学家圣维南(Saint-Venant, A. J. C. B. de)于 1855 年和 1856 年研究弹性力学问题时提出的。1885 年布森涅斯克(Boussinesq, J. V.)将这一思想加以推广,并称之为圣维南原理(Saint-Venant principle)。当然,圣维南原理也有不适用的情形,这已超出本书的范围。

*2.6.3 应力集中的概念

上面的分析说明,在加力点的附近区域,由于局部变形,应力的数值会比一般截面上大。除此而外,当构件的几何形状**不连续**(discontinuity),如开孔或截面突变等处,也会产生很高的**局部应力**(localized stresses)。图 2-21(a)中所示为开孔板条承受轴向载荷时,通过孔中心线的截面上的应力分布。图 2-21(b)所示为轴向加载的变宽度矩形截面板条,在宽度突变处截面上的应力分布。几何形状不连续处应力局部增大的现象,称为**应力集中**(stress concentration)。

应力集中的程度用应力集中因数描述。应力集中处横截面上的应力最大值 σ_{max} 与不考虑应力集中时的应力值 σ_n(名义应力)之比,称为**应力集中因数**(factor of stress concentration),用 K 表示:

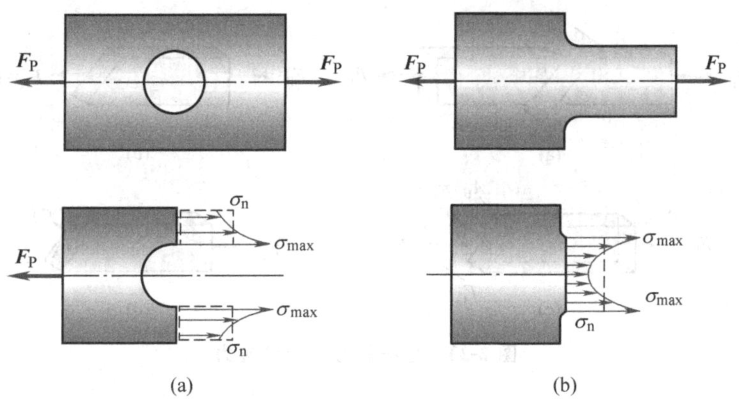

图 2-21　几何形状不连续处的应力集中现象

$$K = \frac{\sigma_{max}}{\sigma_n} \tag{2-11}$$

2.6.4　拉伸与压缩杆件斜截面上的应力

考察一橡皮拉杆模型，其表面画有一正置小方格和一斜置小方格，分别如图 2-22(a)和(b)所示。

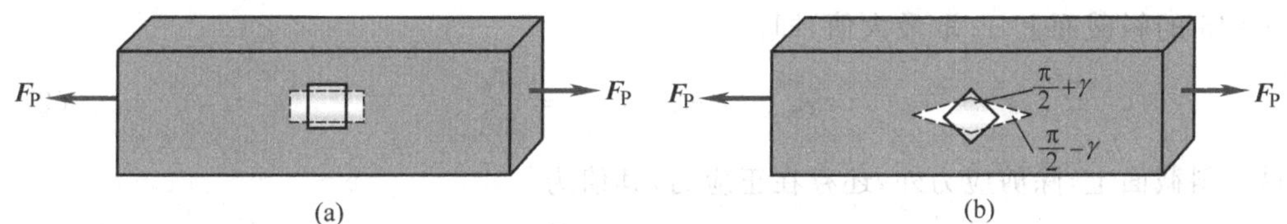

图 2-22　拉杆中的剪切变形

受力后，正置小方块的直角并未发生改变，而斜置小方格变成了菱形，直角发生变化。这种现象表明，在拉、压杆件中，虽然横截面上只有正应力，但在斜截面方向却产生剪切变形，这种剪切变形必然与斜截面上的剪应力有关。

为确定拉(压)杆斜截面上的应力，可以用假想截面沿斜截面方向将杆截开(图 2-23(a))，斜截面法线与杆轴线的夹角设为 θ。考察截开后任意部分的平衡，求得该斜截面上的总内力为 $F_R = F_P$，如图 2-23(b)所示。力 F_R 对斜截面而言，既非轴力又非剪力，故需将其分解为沿斜截面法线和切线方向上的分量：F_N 和 F_Q(图 2-23(c))：

$$\left.\begin{aligned} F_N &= F_P\cos\theta \\ F_Q &= F_P\sin\theta \end{aligned}\right\} \tag{2-12}$$

$\boldsymbol{F}_N$ 和 $\boldsymbol{F}_Q$ 分别由整个斜截面上的正应力和剪应力所组成(图 2-23(d))。在轴向均匀拉伸或压缩的情形下，两个相互平行的相邻斜截面之间的变形也是均匀的，因此，可以认为斜截面上的正应力和剪应力都是均匀分布的。于是斜截面上正应力和剪应力分别为

$$\left.\begin{aligned} \sigma_\theta &= \frac{F_N}{A_\theta} = \frac{F_P\cos\theta}{A_\theta} = \sigma_x\cos^2\theta \\ \tau_\theta &= \frac{F_Q}{A_\theta} = \frac{F_P\sin\theta}{A_\theta} = \frac{1}{2}\sigma_x\sin(2\theta) \end{aligned}\right\} \tag{2-13}$$

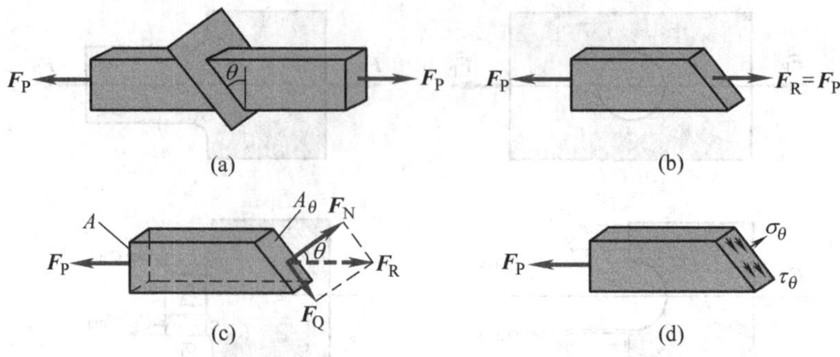

图 2-23 拉杆斜截面上的应力

其中，σ_x 为杆横截面上的正应力，由式(2-1)确定。A_θ为斜截面面积，

$$A_\theta = \frac{A}{\cos\theta}$$

上述结果表明，杆件承受拉伸或压缩时，横截面上只有正应力；斜截面上则既有正应力又有剪应力。而且，对于不同倾角的斜截面，其上的正应力和剪应力各不相同。

根据式(2-13)，在 $\theta=0$ 的截面(即横截面)上，σ_θ 取最大值，即

$$\sigma_{\theta\max} = \sigma_x = \frac{F_P}{A} \tag{2-14}$$

在 $\theta=45^\circ$的斜截面上，τ_θ 取最大值，即

$$\tau_{\theta\max} = \tau_{45^\circ} = \frac{\sigma_x}{2} = \frac{F_P}{2A} \tag{2-15}$$

在这一斜截面上，除剪应力外，还存在正应力，其值为

$$\sigma_{45^\circ} = \frac{\sigma_x}{2} = \frac{F_P}{2A} \tag{2-16}$$

2.6.5 开放式思维案例

案例 1 两等截面直杆均承受沿轴线方向的一对大小相等、方向相反的集中力作用，分别如图 2-24(a)和(b)所示。图 2-24(a)中杆的两端自由，无约束；图 2-24(b)中杆的两端为固定端约束。假设杆件各段的拉伸与压缩刚度均为 EA，其中 E 为材料的弹性模量，A 为杆件的横截面面积。

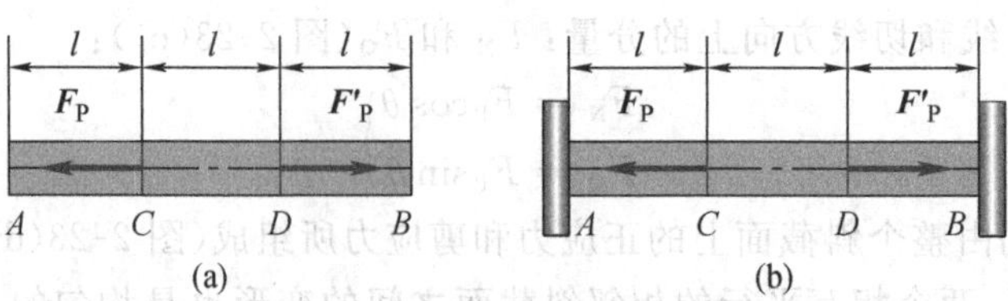

图 2-24 开放式思维案例 1 图

(1) 试分别画出二杆的轴力图；

(2) 请分别分析两种情形下：如果杆 CD 段的刚度为 $2EA$；AC 和 DB 段刚度为 EA，上述结果会不会发生变化？结果又如何？

案例 2　两种不同材料组成的复合材料等截面直杆承受轴向载荷如图 2-25 所示，已知组成杆的两种材料的弹性模量分别为 E_1 和 E_2，而且 $E_1>E_2$；假设在图示载荷作用下复合材料杆产生均匀拉伸变形。

(1) 试画出杆件横截面上的正应力分布；

(2) 确定载荷作用点与右侧面之间的距离；

(3) 导出两部分横截面上的应力表达式。

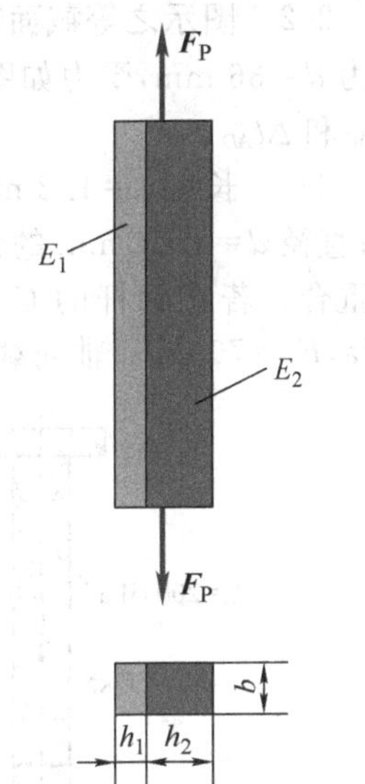

图 2-25　开放式思维案例 2 图

案例 3　由两种材料组成的直杆(截面宽度相等、高度不等)，左端固定，右端与刚性块固接，刚性块上安装有 4 个轮子，从而可以在固定的刚性导轨间沿水平方向移动(图 2-26)。两根直杆均为矩形截面，宽度均为 b，高度分别为 h_1 和 h_2，弹性模量分别为 E_1 和 E_2，(假设 $E_1>E_2$)。

(1) 当载荷 F_P 的作用线与两根杆接触面(图 2-26 中为直线)一致、且通过截面宽度中间处时，分析 4 个轮子与导轨之间的约束力。

(2) 分析、研究有没有可能在水平方向载荷 F_P 的作用下，4 个轮子与导轨之间的约束力为零。

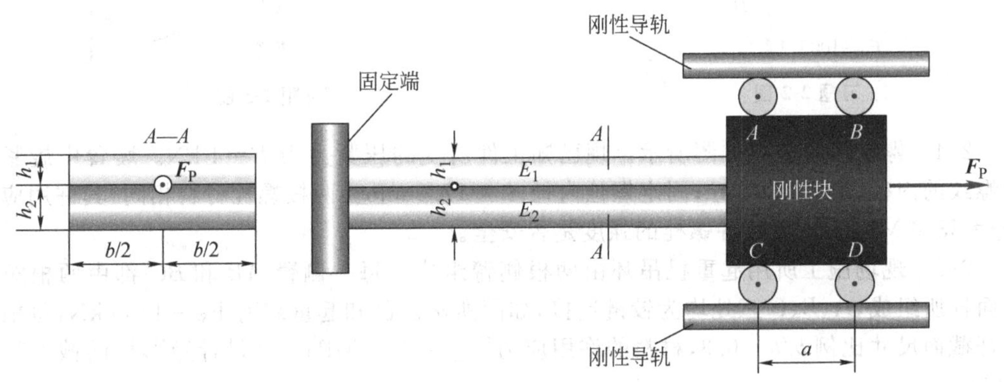

图 2-26　开放式思维案例 3 图

习题

2-1　计算图示杆件各段的轴力，并画轴力图。

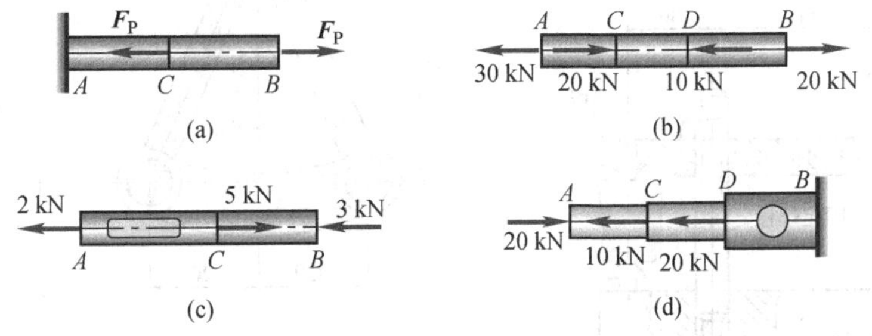

习题 2-1 图

2-2 图示之等截面直杆由钢杆 ABC 与铜杆 CD 在 C 处粘接而成。直杆各部分的直径均为 $d=36$ mm，受力如图所示。若不考虑杆的自重，试求 AC 段和 AD 段杆的轴向变形量 Δl_{AC} 和 Δl_{AD}。

2-3 长度 $l=1.2$ m、横截面面积为 1.10×10^{-3} m^2 的铝制圆筒放置在固定的刚性块上；直径 $d=15.0$ mm 的钢杆 BC 悬挂在铝筒顶端的刚性板上；铝制圆筒的轴线与钢杆的轴线重合。若在钢杆的 C 端施加轴向拉力 $\boldsymbol{F}_P$，且已知钢和铝的弹性模量分别为 $E_s=200$ GPa，$E_a=70$ GPa；轴向载荷 $F_P=60$ kN，试求钢杆 C 端向下移动的距离。

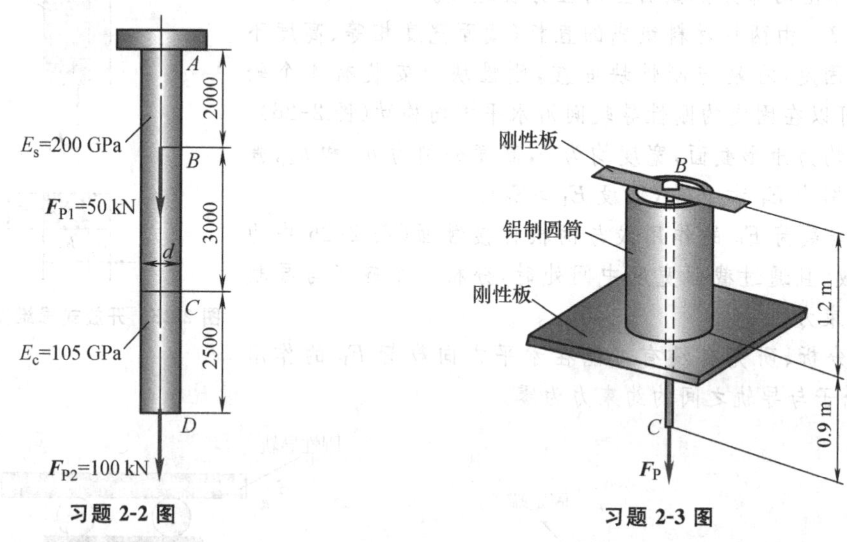

习题 2-2 图　　习题 2-3 图

2-4 螺旋压紧装置如图所示。现已知工件所受的压紧力为 $F=4$ kN。装置中旋紧螺栓螺纹的内径 $d_1=13.8$ mm；固定螺栓内径 $d_2=17.3$ mm。两根螺栓材料相同，其许用应力 $[\sigma]=53.0$ MPa。试校核各螺栓的强度是否安全。

2-5 现场施工所用起重机吊环由两根侧臂组成。每一侧臂 AB 和 BC 都由两根矩形截面杆所组成，A、B、C 三处均为铰链连接，如图所示。已知起重载荷 $F_W=1200$ kN，每根矩形杆截面尺寸比例 $b/h=0.3$，材料的许用应力 $[\sigma]=78.5$ MPa。试设计矩形杆的截面尺寸 b 和 h。

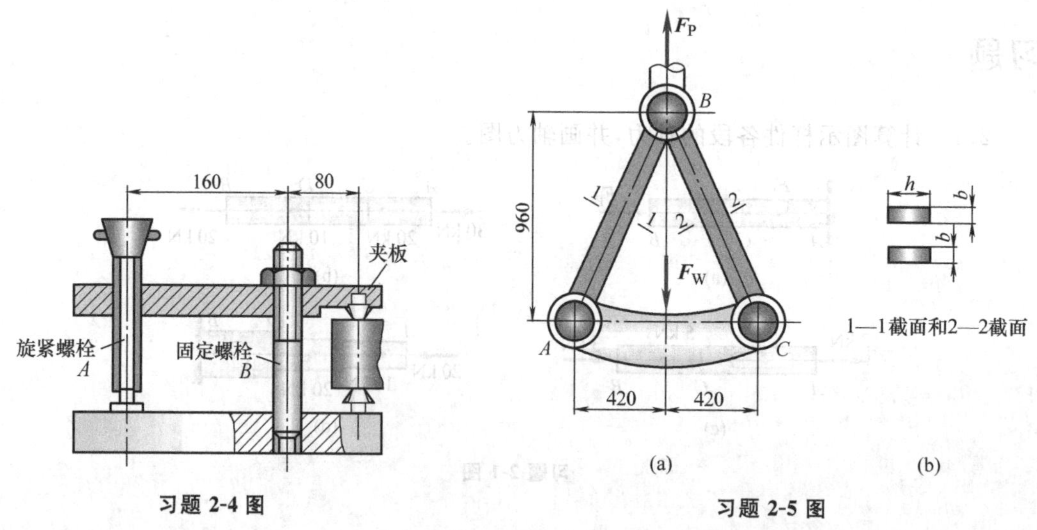

习题 2-4 图　　习题 2-5 图

2-6　图示结构中 BC 和 AC 都是圆截面直杆，直径均为 $d=20$ mm，材料都是 Q235 钢，其许用应力$[\sigma]=157$ MPa。试求该结构的许用载荷。

2-7　图示的杆件结构中①、②杆为木制，③、④杆为钢制。已知①、②杆的横截面面积 $A_1=A_2=4000\ \text{mm}^2$，③、④杆的横截面面积 $A_3=A_4=800\ \text{mm}^2$；①、②杆的许用应力$[\sigma_W]=20$ MPa，③、④杆的许用应力$[\sigma_s]=120$ MPa。试求结构的许用载荷$[F_P]$。

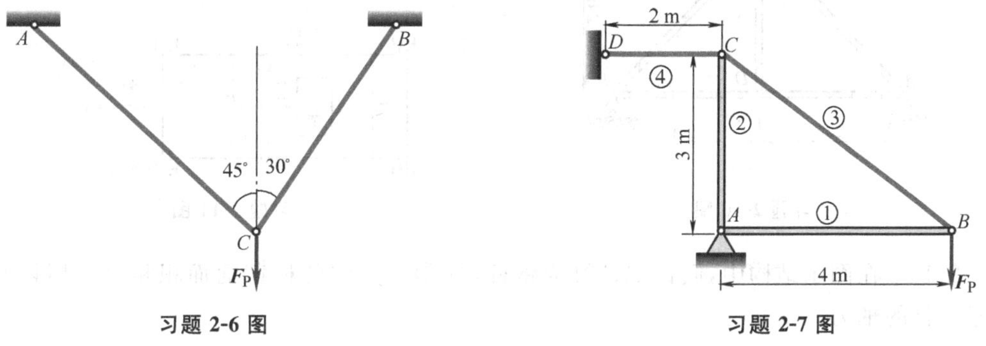

习题 2-6 图　　习题 2-7 图

2-8　电线杆由钢缆通过螺旋张紧器施加拉力使之稳固。已知钢缆的横截面面积为 $1\times10^3\text{mm}^2$，$E=200$ GPa，$[\sigma]=300$ MPa；输电导线张力为 $F_T=10$ kN。欲使电线杆对基础的铅垂作用力为 100 kN，张紧器的螺杆需相对移动多少？并校核此时钢缆的强度是否安全。

2-9　图示小车上作用着力 $F_P=15$ kN，它可以在悬架的梁 AC 上移动，设小车对梁 AC 的作用可简化为集中力。斜杆 AB 的横截面为圆形（直径 $d=20$ mm），钢质，许用应力$[\sigma]=160$ MPa。试校核杆 AB 是否安全。

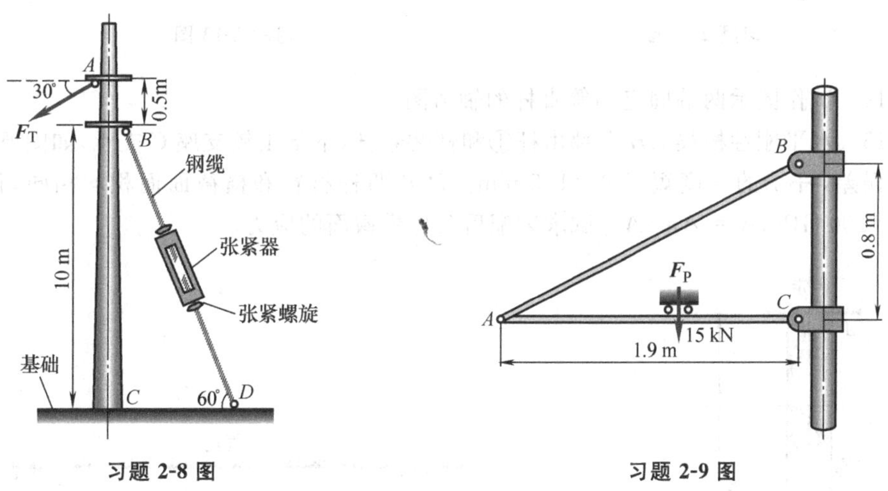

习题 2-8 图　　习题 2-9 图

2-10　桁架受力及尺寸如图所示。$F_P=30$ kN，材料的抗拉许用应力$[\sigma]^+=120$ MPa，抗压许用应力$[\sigma]^-=60$ MPa。试设计杆 AC 及杆 AD 所需之等边角钢钢号。（提示：利用型钢表。）

2-11　蒸汽机的汽缸如图所示。汽缸内径 $D=560$ mm，内压强 $p=2.5$ MPa，活塞杆直径 $d=100$ mm。所有材料的屈服极限 $\sigma_s=300$ MPa。(1)试求活塞杆的正应力及工作安全因数。(2)若连接汽缸和汽缸盖的螺栓直径为 30 mm，其许用应力$[\sigma]=60$ MPa，试求连接每个汽缸盖所需的螺栓数。

2-12 图示支架中的三根杆件材料相同，杆①的横截面面积为 100 mm^2，杆②为 150 mm^2，杆③为 100 mm^2。若 $F_P=10$ kN，试求各杆轴力。

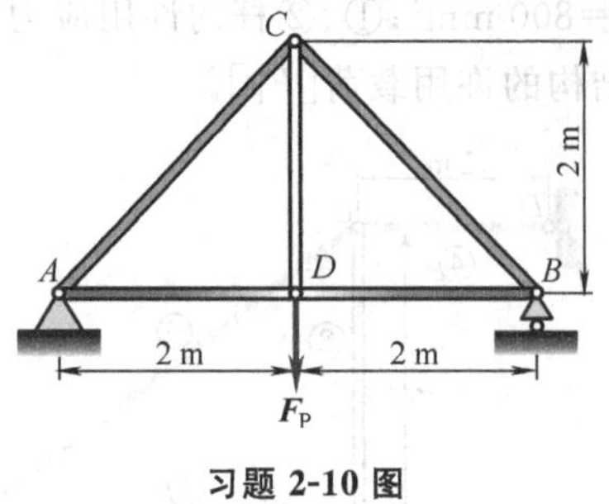

习题 2-10 图

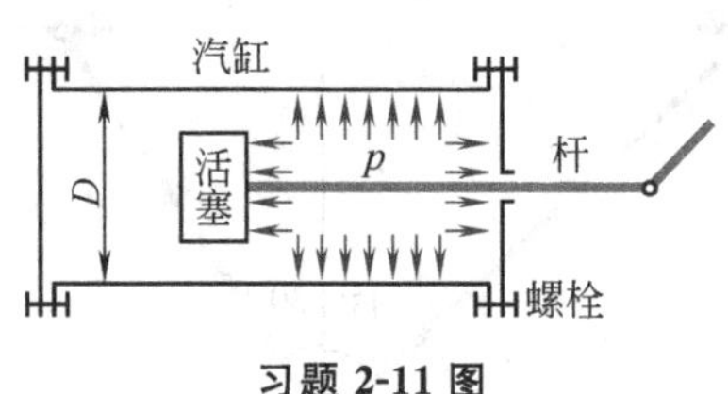

习题 2-11 图

2-13 在图示结构中，假设 AC 梁为钢杆，杆①、②、③的横截面面积相等，材料相同。试求三杆的轴力。

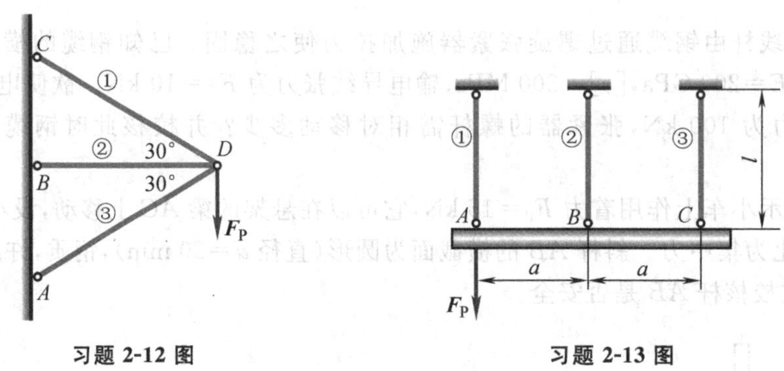

习题 2-12 图　　习题 2-13 图

2-14 试作图示两端固定的等直杆的轴力图。

2-15 水平刚性横梁 AB 上部由杆①和杆②悬挂，下部由铰支座 C 支承，如图所示。由于制造误差，杆①的长度短了 $\delta=1.5$ mm。已知两杆材料和横截面面积均相同，且 $E_1=E_2=E=200$ GPa，$A_1=A_2=A$。试求装配后两杆横截面的应力。

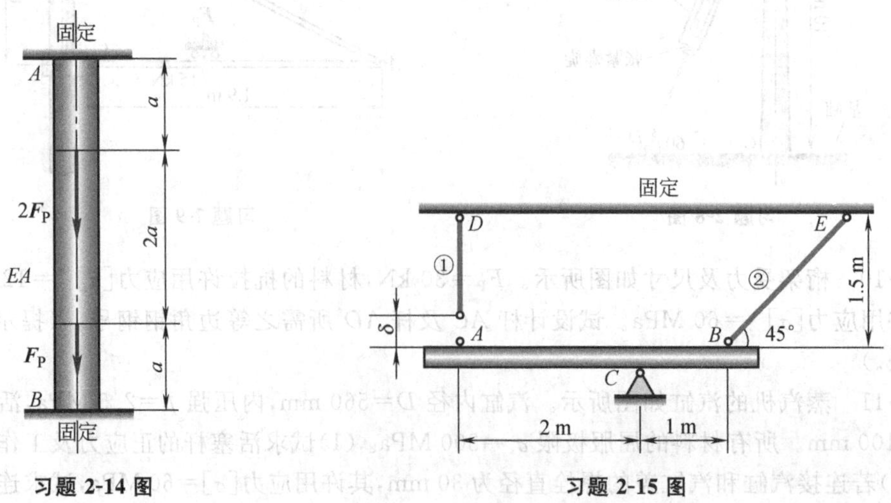

习题 2-14 图　　习题 2-15 图

2-16　两端固定的阶梯杆如图示。已知 AC 段和 BD 段的横截面面积为 A，CD 段的横截面面积为 $2A$。杆材料的弹性模量 $E=210$ GPa，线膨胀系数 $\alpha=12\times10^{-6}/℃$。试求：当温度升高 30℃后，该杆各段横截面内的应力。

2-17　由铝板和钢板组成的复合柱，通过刚性板承受纵向载荷 $F_P=385$ kN，其作用线沿着复合柱的轴线方向，图中单位为 mm。已知 $E_{钢}=200$ GPa，$E_{铝}=70$ GPa，试求：铝板和钢板横截面上的正应力。

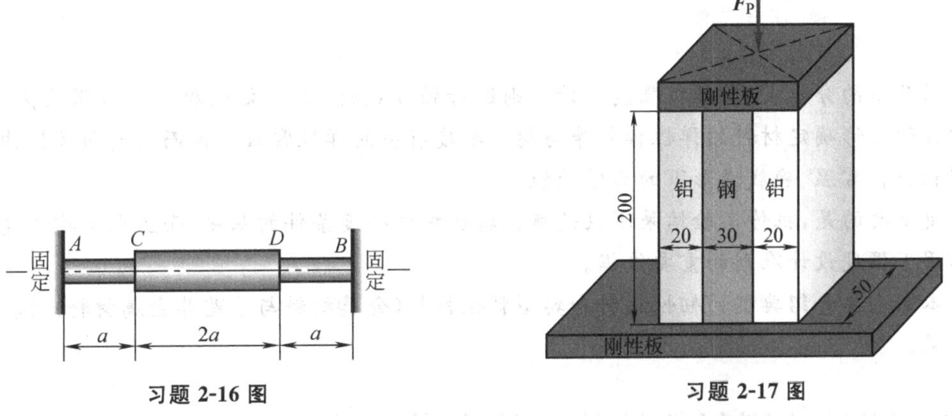

习题 2-16 图　　　　习题 2-17 图

2-18　铜芯与铝壳组成的复合棒材如图所示，轴向载荷通过两端刚性板加在棒材上。现已知结构总长减少了 0.24 mm。试求：

(1) 所加轴向载荷的大小；

(2) 铜芯横截面上的正应力。

2-19　图示组合柱由钢和铸铁制成，组合柱横截面为边长为 $2b$ 的正方形，钢和铸铁各占横截面的一半($h\times2b$)。载荷 $\boldsymbol{F}_P$ 通过刚性板沿铅垂方向加在组合柱上。已知钢和铸铁的弹性模量分别为 $E_s=196$ GPa，$E_i=98.0$ GPa。今欲使刚性板保持水平位置，试求：加力点的位置 $x=?$

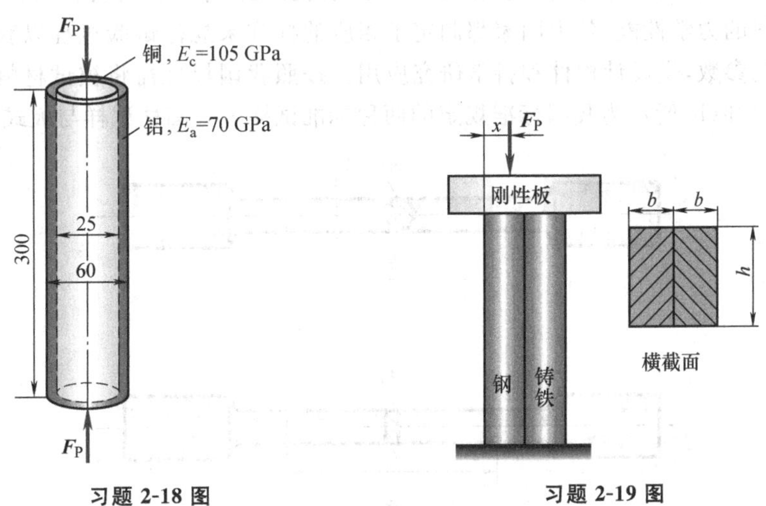

习题 2-18 图　　　　习题 2-19 图

第3章 常温静载下材料的力学性能

第 2 章的分析表明，根据强度设计准则进行强度设计，必须知道材料的极限应力值；分析构件的变形确定材料的弹性模量等与材料刚度有关的弹性常数。因而需要通过拉伸实验确定材料在常温、静载情形下的力学性能。

更重要的是，拉伸实验结果不仅是建立拉压杆件强度条件的基础，而且也是建立复杂载荷作用下强度设计准则的重要依据。

本章主要介绍典型的韧性材料和典型脆性材料(金属材料与某些非金属材料)的拉伸实验结果。

3.1 两种典型材料拉伸时的力学性能

通过拉伸与压缩实验，可以测得材料在轴向载荷作用下，从开始受力到最后破坏的全过程中应力和应变之间的关系曲线，称为应力-应变曲线。应力-应变曲线全面描述了材料从开始受力到最后破坏过程中的力学性态。从而确定不同材料发生强度失效时的应力值，称为强度指标，以及表征材料塑性变形能力的韧性指标。

3.1.1 标准试样与试验装置

杆件受拉或受压将产生伸长或缩短，二者之间的变化关系显然与杆件的材料性质有关，为了得到材料的力学性能，各个国家都制定了相应的标准来规范试验过程以获得统一的公认的材料性能参数，供设计构件和科学研究应用。按照我国标准需将被试材料制成标准试样。图 3-1(a)和(b)所示为我国标准规定的两种标准试样——圆柱试样与板式试样。

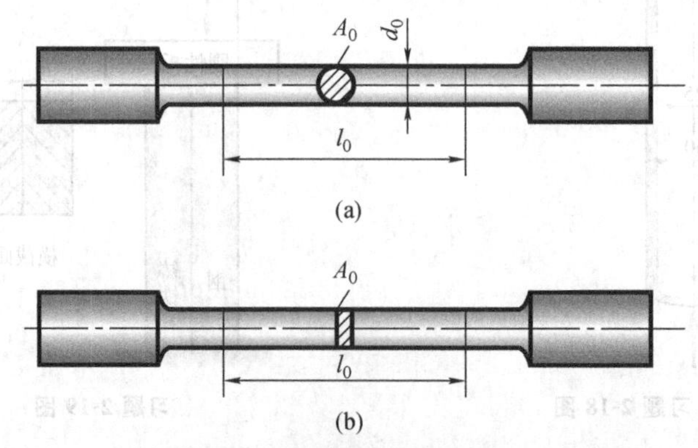

图 3-1 圆柱试样与板式试样

将标准试样安装在经过国家计量部门标定合格的试验机上(图 3-2(a)和(b)),进行单向拉伸试验。

试验过程中自动记录试样所受的载荷及相应的变形,直至试样被拉断,最后得到试验全过程的载荷-变形(F_P-Δl)曲线,通过轴向载荷作用下的应力公式可换算出应力 σ_x 和应变 ε_x,从而得到全过程的**应力-应变曲线**(σ-ε **曲线**)(stress-strain curve)(图 3-2(c))。

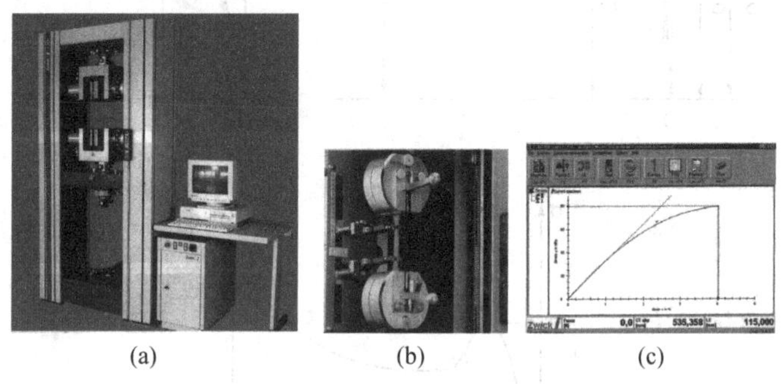

(a)　(b)　(c)

图 3-2　材料试验机与试样的装卡装置

3.1.2　应力-应变曲线

1. 韧性材料的应力-应变曲线

不同的应力-应变曲线表征着不同材料的特定的力学行为。图 3-3 所示为三种韧性材料的 σ-ε 曲线。其中(a)、(b)、(c)图分别为低碳钢、铝合金、高分子塑料拉伸时的 σ-ε 曲线。韧性材料的 σ-ε 曲线大致可以分为直线、屈服、应变硬化、颈缩和断裂几个阶段。低碳钢与铝合金的屈服阶段的差异在于:低碳钢屈服是在较宽的应变范围内,应力保持不变,因而这一段应力-应变曲线也称为屈服平台;而铝合金则没有明显的屈服平台。

2. 脆性材料的应力-应变曲线

灰铸铁、玻璃、石料等脆性材料的 σ-ε 曲线与韧性材料有着明显的区别。图 3-4 中所示为典型脆性材料的拉伸 σ-ε 曲线。可以看出:与韧性材料相比,脆性材料的拉伸 σ-ε 曲线第一,没有明显的直线阶段;第二,没有屈服和颈缩过程;第三,断裂前没有明显的变形,直接发生断裂。

由 σ-ε 曲线的某些特征可得到材料的若干**特征性能**(characteristic properties),如弹性模量、比例极限、弹性极限、屈服应力、强度极限等。

3.1.3　弹性力学性能

1. 弹性模量

σ-ε 曲线上的初始阶段通常都有一直线段,称为线性弹性区,在这一区段内应力与应变成正比关系,其比例常数,即直线的斜率称为材料的**弹性模量**(**杨氏模量**)(modulus of elasticity or Young modulus),用 E 来表示(图 3-5)。

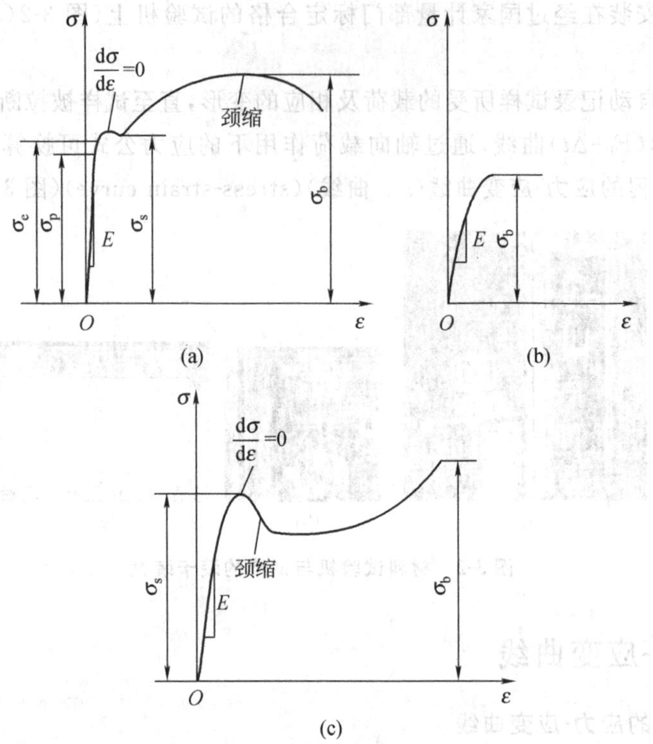

图 3-3　韧性材料的应力-应变曲线

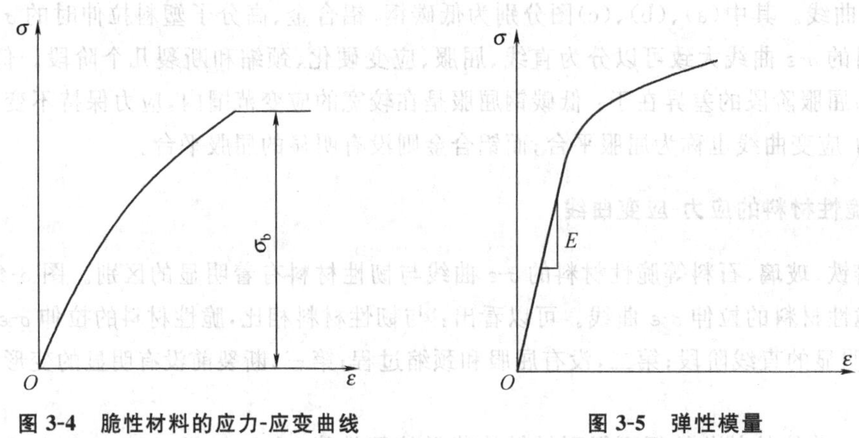

图 3-4　脆性材料的应力-应变曲线　　　图 3-5　弹性模量

对于一般结构钢都有明显而较长的线性弹性区段;高强钢、铸钢、有色金属等的线性段较短;某些非金属材料,如混凝土,其 σ-ε 曲线的线弹性区不明显。

2. 比例极限

σ-ε 曲线上线弹性区的最高应力值称为**比例极限**(proportional limit),用 σ_p 表示。当应力小于或等于比例极限时,应力与应变成正比。

3. 弹性极限

载荷作用于试样而产生变形，反映在 σ-ε 曲线上就是加载路径，如加载到某些加载点(图 3-6(a))，当载荷卸除后，变形随之消失，试样恢复到其未受载荷的初始状态，在 σ-ε 曲线上将沿曲线(加载路径)回复到原点，材料的这种特性称为**弹性**(elasticity)，这种随载荷的卸除完全恢复至初始状态的变形称为**弹性变形**(elastic deformation)。弹性变形区的最高应力值称为**弹性极限**(elastic limit)，用 σ_e 表示(图 3-6(a))。

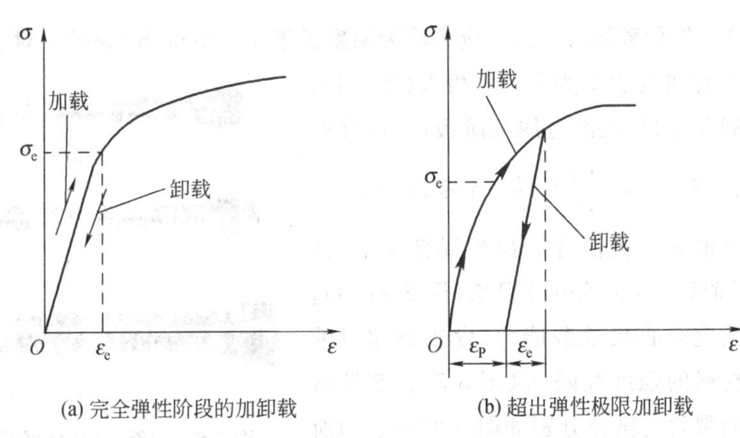

图 3-6　弹性极限内与超出弹性极限加载与卸载

应力超过弹性极限后，卸载时 σ-ε 曲线不能原路返回，而是沿着平行于 σ-ε 曲线上的直线段，当载荷完全卸除后，只有一部分变形随之恢复，这部分为弹性变形用 ε_e 表示，但仍有一部分变形不能恢复，这部分变形称为**永久变形**(permanent deformation)或**塑性变形**(plastic deformation)，用 ε_p 表示(图 3-6(b))。

3.1.4　极限应力值——强度指标

1. 屈服应力

一些材料，特别是常用的结构钢的应力-应变曲线中存在一段水平的台阶(图 3-3(a))，此阶段的特点是 $\frac{d\sigma}{d\varepsilon}=0$，即应力不增加而应变继续增加，这种现象称为材料的**屈服**(yield)，或者称为流动。σ-ε 曲线上的平台称为屈服平台，这时的应力称为**屈服应力**(yield stress)或**屈服强度**，用 σ_s 表示，屈服应力或屈服强度是判别材料是否进入塑性状态的重要参数。

2. 条件屈服应力

对于没有明显屈服平台的材料，工程上通常规定产生 0.2%塑性应变($\varepsilon_p=0.002$)所对应的应力值作为屈服应力，称为**条件屈服应力**(conditional yield stress)，用 $\sigma_{0.2}$ 表示(图 3-7)。确定 $\sigma_{0.2}$ 的方法是：在 ε 轴上取

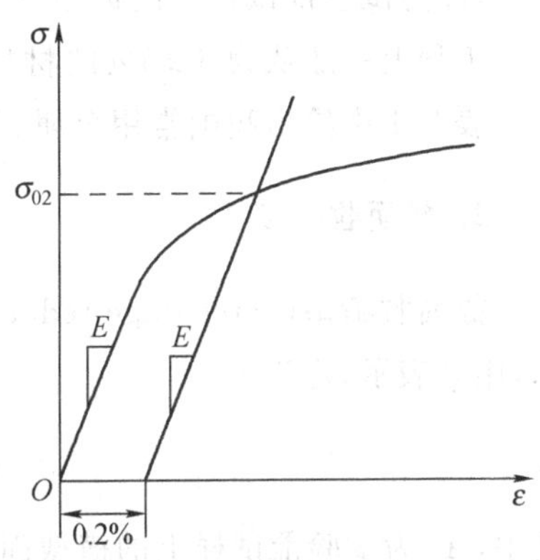

图 3-7　条件屈服应力

0.2%的点，对此点作平行于 σ-ε 曲线的直线段的直线(斜率亦为 E)，与 σ-ε 曲线相交点对应的应力即为 $\sigma_{0.2}$。

具有明显屈服阶段或破断时有明显的塑性变形的材料称为**韧性材料**(ductile materials)，某些材料，如铸铁、陶瓷等发生断裂前没有明显的塑性变形，这类材料称为**脆性材料**(brittle materials)。

3. 强度极限 σ_b

使材料完全丧失承载能力的最大应力称为**强度极限** σ_b(strength limit)。对于铸铁等脆性材料，试样发生破断的应力即为其强度极限(图 3-4)；对于结构钢等韧性材料，在经过屈服阶段后，还会有一强化阶段(图 3-3(a))，即$\frac{d\sigma}{d\varepsilon}$不再等于零而大于零，此后在拉伸试件的某一截面开始出现局部变形、截面变细，出现所谓**颈缩**(necking)现象(图 3-8(a))。颈缩后的材料已完全丧失承载能力，发生颈缩时的应力即为韧性材料的强度极限 σ_b(图 3-3)。韧性材料和脆性材料断裂后的试样分别如图 3-8(b)、(c)所示。在应力-应变曲线上还有$\frac{d\sigma}{d\varepsilon}<0$ 的阶段，称为材料的**软化阶段**(softing stage)，这个阶段通常较为复杂，材料表现出不稳定状态。

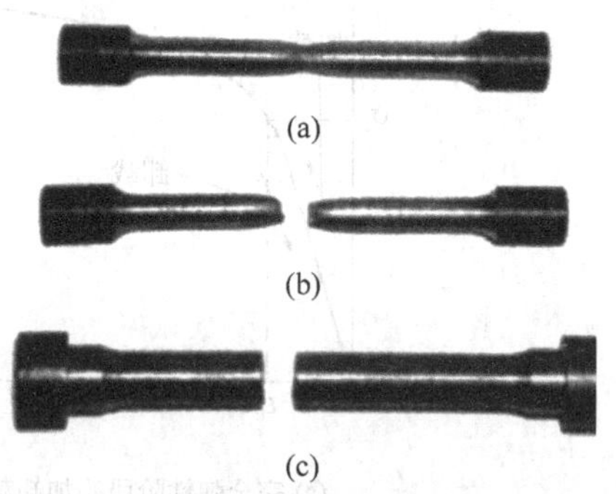

图 3-8 颈缩、韧性材料断裂试样和脆性材料断裂后的试样

3.1.5 韧性指标

1. 伸长率

伸长率(percentage elongation)是度量材料韧性的重要指标，用 δ 表示，定义为

$$\delta=\frac{\Delta l}{l_0}=\frac{l_b-l_0}{l_0}\times 100\% \tag{3-1}$$

其中，l_0 为试验前试样上的标距；l_b 为试样破断后的长度。

工程上一般认为 $\delta\geqslant 5\%$的材料为韧性材料，$\delta\leqslant 5\%$的材料为脆性材料。

表 3-1 中给出我国常用金属材料的力学性能，其中 δ 是 $l_0=5d_0$ 试样的试验结果。

2. 截面收缩率

截面收缩率(percentage reduction in area of cross-section)也是度量材料韧性的一种指标，用 ψ 表示，定义为

$$\psi=\frac{A_0-A_b}{A_0}\times 100\% \tag{3-2}$$

其中，A_0 为试验前试样上的横截面面积；A_b 为试样破断后的横截面面积。

表 3-1　常用金属材料的力学性能

材料名称	牌号	屈服强度σ_s/MPa	强度极限σ_b/MPa	δ_5/%
普通碳素钢	Q216 Q235 Q274	186～216 216～235 255～274	333～412 373～461 490～608	31 25～27 19～21
优质碳素结构钢	15 40 45	225 333 353	373 569 598	27 19 16
普通低合金结构钢	12Mn 16Mn 15MnV 18MnMoNb	274～294 274～343 333～412 441～510	432～441 471～510 490～549 588～637	19～21 19～21 17～19 16～17
合金结构钢	40Cr 50Mn2	785 785	981 932	9 9
碳素铸钢	ZG15 ZG35	196 274	392 490	25 16
可锻铸铁	KTZ45-5 KTZ70-2	274 539	441 687	5 2
球墨铸铁	QT40-10 QT45-5 QT60-2	294 324 412	392 441 588	10 5 2
灰铸铁	HT15-33 HT30-54		98.1～274(压) 255～294(压)	

注：表中 δ_5 是指 $l_0=5d_0$ 时标准试样的延伸率。

3.2　两种典型材料压缩时的应力-应变曲线与力学性能

3.2.1　韧性材料压缩实验结果

大多数韧性材料在单向压缩时，其 σ-ε 曲线与单向拉伸时具有相同的弹性模量和屈服应力。但是对于低碳钢这样的韧性材料，压缩 σ-ε 曲线与拉伸 σ-ε 曲线在屈服应力之后有很大差异(图 3-9(a))。压缩时由于横截面面积不断增加，试样横截面上的真实应力很难达到材料的强度极限，因而不会发生颈缩和断裂。

3.2.2　脆性材料压缩实验结果

对于脆性材料，如铸铁、陶瓷等，由于在压缩载荷作用下试样内部缺陷(裂纹和空洞)将被闭合，不易发生断裂，所以这类材料具有比拉伸强度高得多的压缩强度极限。而且还会出现明显的塑性变形，其破坏也不再是脆性断裂，如灰铸铁试样压缩后会变成鼓形，最后沿着与轴线约成 55°角的斜面剪断，如图 3-9(b)所示。

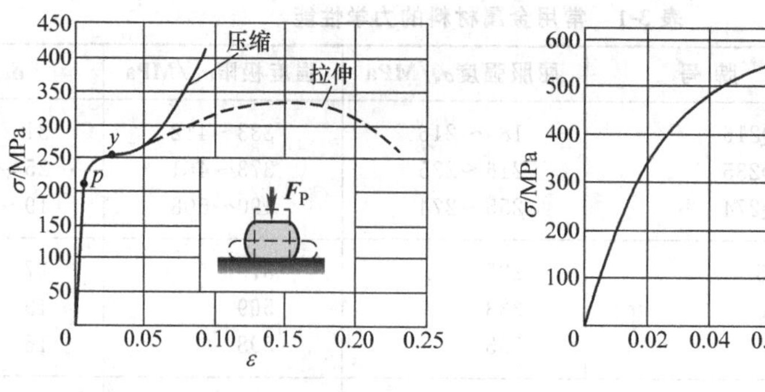

(a) 低碳钢压缩时的应力-应变曲线　　(b) 铸铁压缩时的应力-应变曲线

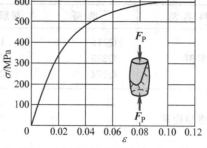

图 3-9　两种材料压缩时应力-应变曲线

3.3　混凝土拉伸与压缩时的应力-应变全曲线

混凝土是拉伸和压缩力学性能不相等的建筑材料。图 3-10 中所示为混凝土拉伸与压缩实验所得到的 σ-ε 全曲线。

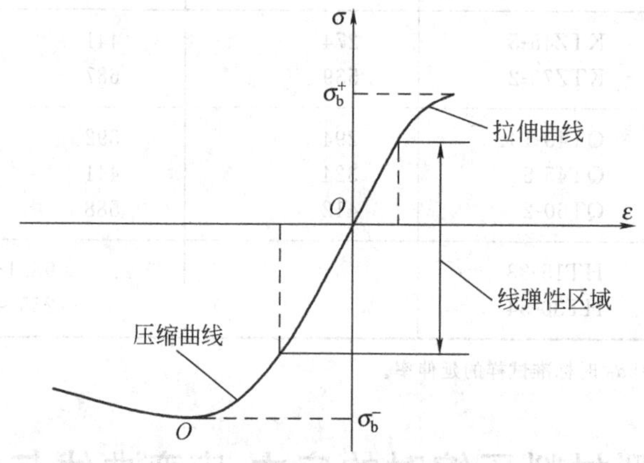

图 3-10　混凝土拉伸与压缩时的应力-应变全曲线

从全曲线可以看出：在拉伸区存在弹性范围，在这一范围内，应力与应变成比例，所以称为线弹性区。到达屈服点之后，应变增加的速度快于应力增加的速度，并很快发生断裂。

压缩区域的 σ-ε 曲线具有以下特点：第一，弹性范围明显大于拉伸的弹性范围；第二，线弹性范围内直线部分具有拉伸时直线部分相同的斜率，亦即拉伸和压缩弹性模量相等；第三，当应力达到最大值时并不发生破坏，而是应力减小、应变继续增加，直至断裂。

这些也是绝大多数脆性材料所具有的特点。

3.4　结论与讨论

3.4.1　失效原因的初步分析

低碳钢试样拉伸至屈服时，如果试样表面具有足够的光洁度，将会在试样表面出现与轴线夹角为 45°的花纹，称为滑移线。通过拉、压杆件斜截面上的应力分析，在与轴线夹角为 45°的斜截面上剪应力取最大值。因此，可以认为，这种材料的屈服是由于剪应力最大的斜截面相互错动产生滑移，导致应力虽然不增加、但应变继续增加。

灰铸铁拉伸至最后将沿横截面断开，显然这是由于拉应力拉断的。但是，灰铸铁压缩至破坏时，却是沿着约 55°的斜截面错动破坏的，而且断口处有明显的由于相互错动引起的痕迹。这显然不是由于正应力所致，而是与剪应力有关。

3.4.2 卸载、再加载时材料的力学行为

韧性材料拉伸实验时，当载荷超过弹性范围后，例如达到应力-应变曲线上的 K 点后卸载，如图 3-11 所示(图中曲线 $OAKDE$ 为没有卸载过程的应力-应变曲线)。这时，应力-应变曲线将沿着直线 KK_1 卸载至 ε 轴上的点 K_1。直线 KK_1 平行于初始线弹性阶段的直线 OA。

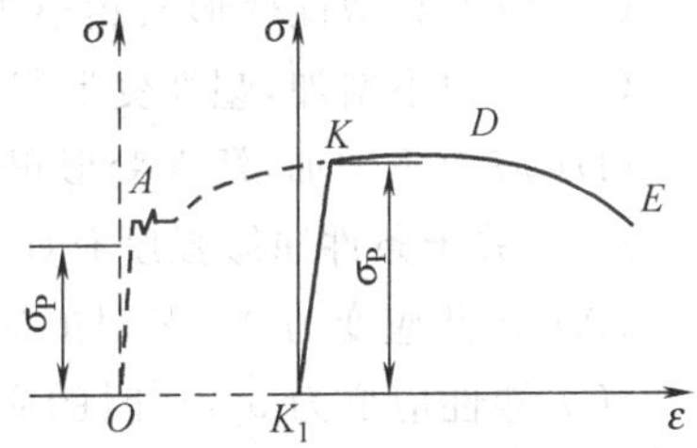

图 3-11　韧性材料的加载-卸载再加载曲线

卸载后，如果再重新加载，应力-应变曲线将沿着 K_1K 上升，到达点 K 后开始出现塑性变形，应力-应变曲线继续沿曲线 KDE 变化，直至拉断。

卸载再加载曲线与原来的应力-应变曲线比较(图 3-11 中曲线 $OAKDE$ 上的虚线所示)，可以看出：K 点的应力数值远远高于 A 点的应力数值，即比例极限有所提高；而断裂时的塑性变形却有所降低。这种现象称为**应变硬化**(strain hard)。工程上常利用应变硬化来提高某些构件在弹性范围内的承载能力。

习题

3-1　韧性材料应变硬化后卸载，然后再加载，直至发生破坏，发现材料的力学性能发生了变化。试判断以下结论哪一个是正确的。(　　)

(A) 屈服应力提高，弹性模量降低。　　(B) 屈服应力提高，韧性降低。

(C) 屈服应力不变，弹性模量不变。　　(D) 屈服应力不变，韧性不变。

3-2　关于材料的力学一般性能，有如下结论，请判断哪一个是正确的。(　　)

(A) 脆性材料的抗拉能力低于其抗压能力

(B) 脆性材料的抗拉能力高于其抗压能力

(C) 韧性材料的抗拉能力高于其抗压能力

(D) 脆性材料的抗拉能力等于其抗压能力

3-3　低碳钢材料在拉伸实验过程中，不发生明显的塑性变形时，承受的最大应力应当小于的数值，有以下 4 种答案，请判断哪一个是正确的。(　　)

(A) 比例极限　　(B) 屈服强度　　(C) 强度极限　　(D) 许用应力

3-4　根据图示三种材料拉伸时的应力-应变曲线，得出的如下四种结论，请判断哪一种是正确的。(　　)

(A) 强度极限 $\sigma_b(1)=\sigma_b(2)>\sigma_b(3)$，弹性模量 $E(1)>E(2)>E(3)$，伸长率 $\delta(1)>$

$\delta(2)>\delta(3)$

(B) 强度极限 $\sigma_b(2)>\sigma_b(1)>\sigma_b(3)$，弹性模量 $E(2)>E(1)>E(3)$，伸长率 $\delta(1)>\delta(2)>\delta(3)$

(C) 强度极限 $\sigma_b(3)<\sigma_b(1)<\sigma_b(2)$，弹性模量 $E(3)>E(1)>E(2)$，伸长率 $\delta(3)>\delta(2)>\delta(1)$

(D) 强度极限 $\sigma_b(1)>\sigma_b(2)>\sigma_b(3)$，弹性模量 $E(2)>E(1)>E(3)$，伸长率 $\delta(2)>\delta(1)>\delta(3)$

3-5 关于低碳钢试样拉伸至屈服时，有以下结论，请判断哪一个是正确的。(　　)

(A) 应力和塑性变形很快增加，因而认为材料失效

(B) 应力和塑性变形虽然很快增加，但不意味着材料失效

(C) 应力不增加，塑性变形很快增加，因而认为材料失效

(D) 应力不增加，塑性变形很快增加，但不意味着材料失效

3-6 关于条件屈服强度有如下四种论述，请判断哪一种是正确的。(　　)

(A) 弹性应变为0.2%时的应力值　　(B) 总应变为0.2%时的应力值

(C) 塑性应变为0.2%时的应力值　　(D) 塑性应变为0.2时的应力值

3-7 低碳钢加载→卸载→再加载路径有以下四种，请判断哪一种是正确的。(　　)

(A) $OAB\to BC\to COAB$　　(B) $OAB\to BD\to DOAB$

(C) $OAB\to BAO\to ODB$　　(D) $OAB\to BD\to DB$

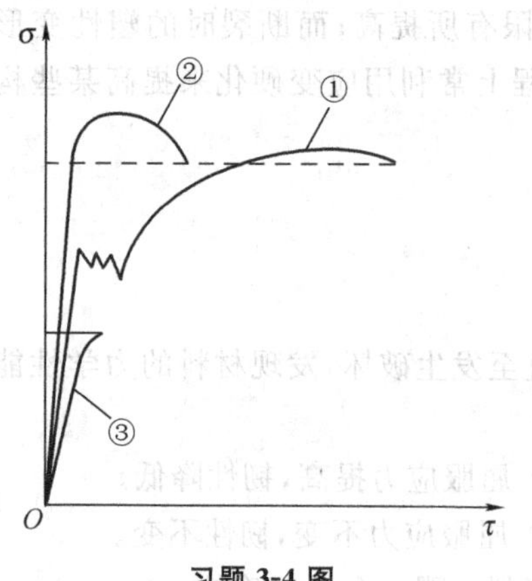

习题 3-4 图

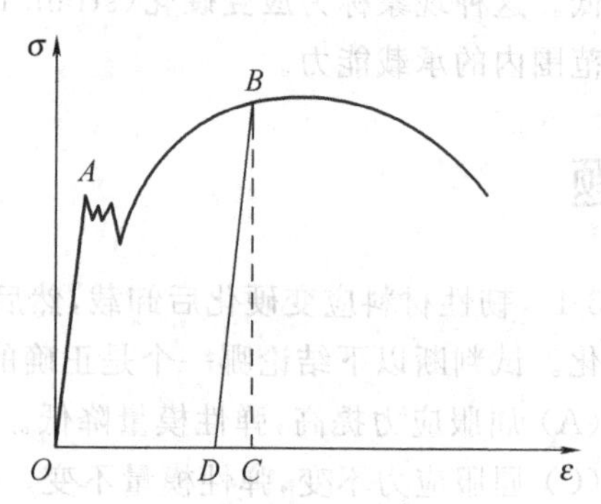

习题 3-7 图

第4章 连接件强度的工程假定计算

螺栓、销钉和铆钉等工程上常用的连接件以及被连接的构件在连接处的应力，都属于所谓"加力点附近局部应力"。这些局部区域，在一般杆件的应力分析与强度计算中是不予考虑的。

由于应力的局部性质，连接件横截面上或被连接构件在连接处的应力分布是很复杂的，很难作出精确的理论分析。因此，在工程设计中大都采取假定计算方法，一是假定应力分布规律，由此计算应力；二是根据实物或模拟实验，由前面所述应力公式计算，得到连接件破坏时的应力值；然后，再根据上述两方面得到的结果，建立设计准则，作为连接件设计的依据。本章除介绍螺栓、销钉和铆钉的剪切、挤压假定计算外，还将介绍焊缝的假定计算。

4.1 铆接件的强度失效形式及相应的强度计算方法

铆接件的强度失效形式主要有以下四种：剪切破坏、挤压破坏、连接板拉断以及铆钉后面连接板的剪切破坏，分别如图 4-1(a)、(b)、(c)、(d)所示。

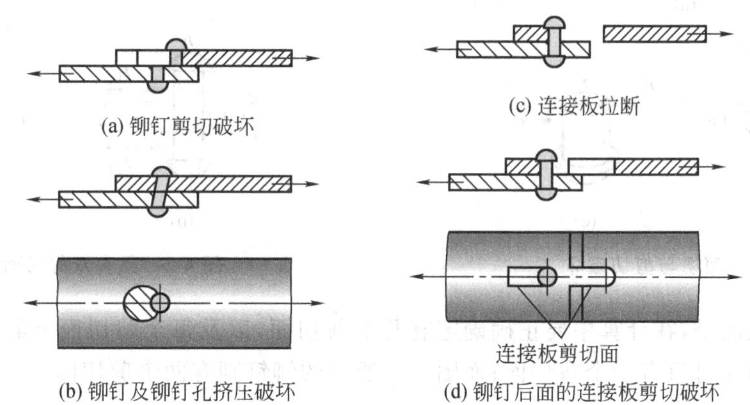

图 4-1 铆接件失效形式

现将各种失效形式及相应的强度计算方法简述如下。

4.2 连接件的剪切破坏及剪切假定计算

当作为连接件的铆钉、销钉、键等零件承受一对大小相等、方向相反、作用线互相平行且相距很近的力作用时，这时在剪切面上既有弯矩又有剪力，但弯矩极小，故主要是剪力引起的剪切破坏(图4-2)。利用平衡方程不难求得剪切面上的剪力。

这种情形下,剪切面上的剪应力分布是比较复杂的。工程假定计算中,假定剪应力在截面上均匀分布。于是,有

$$\tau = \frac{F_Q}{A} \tag{4-1}$$

式中,A为剪切面面积;F_Q为作用在剪切面上的剪力。

$$\tau = \frac{F_Q}{A} = \frac{F_Q}{\frac{\pi d^2}{4}} \quad 或 \quad \tau = \frac{F_Q}{0.785d^2} \tag{4-2}$$

其中,A为铆钉的横截面面积;d为铆钉直径。相应的强度条件为

$$\tau = \frac{F_Q}{0.785d^2} \leqslant [\tau] \tag{4-3}$$

这是铆钉剪切计算的依据。其中$[\tau]$为铆钉剪切许用应力,$\tau=\tau_b/n$。τ_b为铆钉实物与模拟剪切实验确定的剪切强度极限;n为安全系数。通常τ_b与σ_b、$[\tau]$与$[\sigma]$存在下列关系:

$$\tau_b = (0.75 \sim 0.80)\sigma_b$$
$$[\tau] = (0.75 \sim 0.80)[\sigma]$$

式中,σ_b、$[\sigma]$均为轴向拉伸数据。

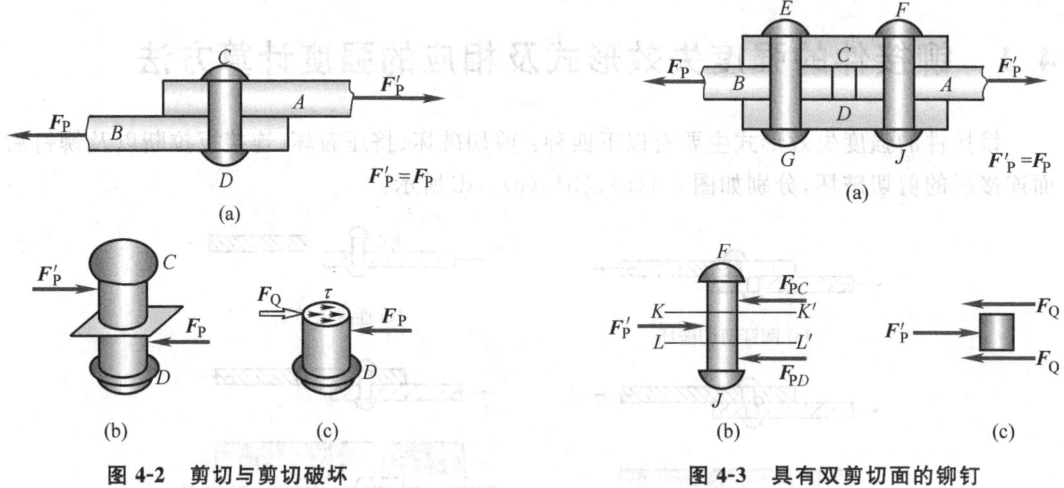

图4-2 剪切与剪切破坏　　　图4-3 具有双剪切面的铆钉

需要注意的是,在计算中要正确确定有几个剪切面,以及每个剪切面上的剪力。例如,图4-2所示的铆钉只有一个剪切面;而图4-3所示的铆钉则有两个剪切面。

4.3 连接件的挤压破坏及挤压强度计算

在承载的情况下,铆钉与连接板接触并挤压,因而在两者接触面的局部地区产生较大的接触应力,称为**挤压应力**(bearing stresses),用σ_c表示。挤压应力是垂直于接触面的正应力而不是切应力。这种挤压应力过大时也能在两者接触的局部地区产生过量的塑性变形,从而导致铆接件丧失承载能力。

挤压接触面上的应力分布是很复杂的。在工程计算中,同样采用简化方法,即假定挤压

应力在“有效挤压面”上均匀分布。所谓有效挤压面是指挤压面积在垂直于总挤压力方向上的投影(图 4-4)。于是,挤压应力为

$$\sigma_c = \frac{F_{Pc}}{A} \tag{4-4}$$

式中,A 为有效挤压面的面积;F_{Pc}为作用在有效挤压面上的挤压力。

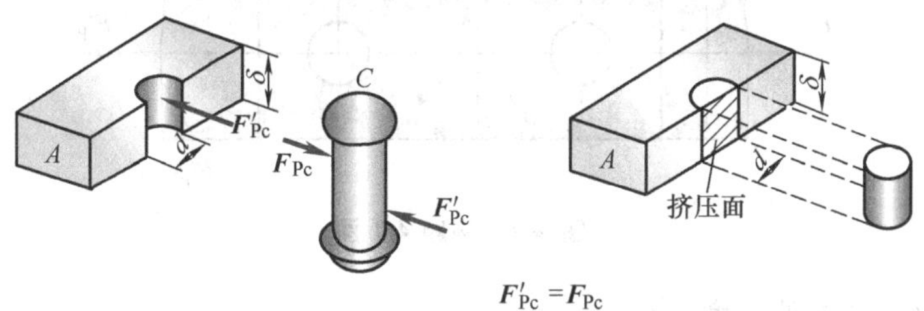

图 4-4　挤压与挤压面

挤压力过大,连接件会在承受挤压的局部区域产生塑性变形,从而导致失效,如图 4-1(b)所示。为了保证连接件具有足够的挤压强度,必须将挤压应力限制在一定的范围内。

假定了挤压应力在有效挤压面上均匀分布之后,保证连接件可靠工作的挤压强度条件为

$$\sigma_c = \frac{F_{Pc}}{A} = \frac{F_{Pc}}{d \times \delta} \leqslant [\sigma_c] \tag{4-5}$$

其中 F_{Pc}为作用在铆钉上的总挤压力;$[\sigma_c]$为板材的挤压许用应力。对于钢材$[\sigma_c]=(1.7\sim 2.0)[\sigma]$。当铆钉与连接板材料强度不同时,应对强度较低者进行挤压强度计算。

4.4　连接板的拉伸强度计算

连接板由于铆钉孔削弱了横截面积而使其强度降低,在承受外载作用时,有可能产生拉伸破坏。如图 4-1(c)所示。其强度计算方法与第 2 章中拉、压杆件的强度计算相同。

4.5　连接件后面的连接板的剪切计算

如图 4-1(d)所示,若铆钉孔后面自其中心线至连接板端部的距离很小时,其抗剪面积很小,因而有可能使铆钉后面的连接板沿纵向剪断。但是,当上述距离较大时(一般大于铆钉孔直径的 2 倍),这种破坏即可避免。

【例题 4-1】　图 4-5 所示的钢板铆接件中,已知钢板的拉伸许用应力$[\sigma]=98$ MPa,挤压许用应力$[\sigma_c]=196$ MPa,钢板厚度 $\delta=10$ mm,宽度 $b=100$ mm,铆钉直径 $d=17$ mm,铆钉许用剪应力$[\tau]=137$ MPa,挤压许用应力$[\sigma_c]=314$ MPa。若铆接件承受的载荷 $F_P=23.5$ kN,试校核钢板与铆钉的强度。

解:对于钢板,由于自铆钉孔边缘线至板端部的距离比较大,该处钢板纵向承受剪切的面积较大,因而具有较高的抗剪切强度。因此,本例中只需校核钢板的拉伸强度和挤压强度,以及铆钉的挤压和剪切强度。现分别计算如下。

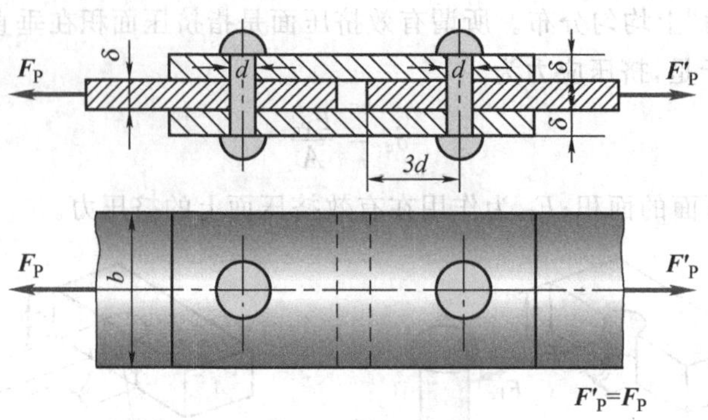

图 4-5　例题 4-1 图

(1) 校核钢板的拉伸强度

拉伸强度：考虑到铆钉孔对钢板的削弱，有

$$\sigma=\frac{F_N}{A}=\frac{F_P}{(b-d)\delta}=\frac{23.5\times10^3}{(100-17)\times10^{-3}\times10\times10^{-3}}\text{Pa}$$
$$=28.3\times10^6\text{Pa}=28.3\text{MPa}<[\sigma]=98\text{ MPa}$$

钢板的拉伸强度是安全的。

挤压强度：在图 4-5 所示的受力情形下，钢板所受的总挤压力为 F_P；有效挤压面面积为 δd。于是有

$$\sigma_c=\frac{F_P}{\delta d}=\frac{23.5\times10^3}{17\times10^{-3}\times10\times10^{-3}}\text{Pa}$$
$$=138\times10^6\text{Pa}=138\text{MPa}<[\sigma_c]=196\text{ MPa}$$

钢板的挤压强度也是安全的。

(2) 对于铆钉

剪切强度：在图 4-5 所示情形下，铆钉有两个剪切面，每个剪切面上的剪力 $F_Q=F_P/2$，于是有

$$\tau=\frac{F_Q}{A}=\frac{\frac{F_P}{2}}{\frac{\pi d^2}{4}}=\frac{2F_P}{\pi d^2}=\frac{2\times23.5\times10^3}{\pi\times17^2\times10^{-6}}\text{Pa}$$
$$=51.8\times10^6\text{Pa}=51.8\text{MPa}<[\tau]=137\text{ MPa}$$

铆钉的剪切强度是安全的。

挤压强度：铆钉的总挤压力与有效挤压面面积均与钢板相同，而且挤压许用应力较钢板为高，因钢板的挤压强度已校核是安全的，故无需重复计算。

由此可见，整个连接结构的强度都是安全的。

4.6 机械与建筑结构连接件的剪切强度计算

对于机械连接件——键，及木结构中的榫连接，它们主要也承受剪切与挤压作用，其强度计算方法与铆钉剪切与挤压假定计算相似。因此，掌握铆接剪切与挤压假定计算方法，可以举一反三，其他的剪切与挤压计算问题不难解决。

【例题 4-2】 图 4-6 所示木制矩形截面拉杆，中间用钢板卡子连接。已知轴向载荷 $F_P=60$ kN；截面宽度 $b=150$ mm；木材的拉伸许用应力$[\sigma]=8$ MPa，顺纹剪切许用应力$[\tau]_1=1$ MPa，顺纹方向挤压许用应力$[\sigma]_1=10$ MPa。求截面高度 h 及接头处尺寸 a 和 l。

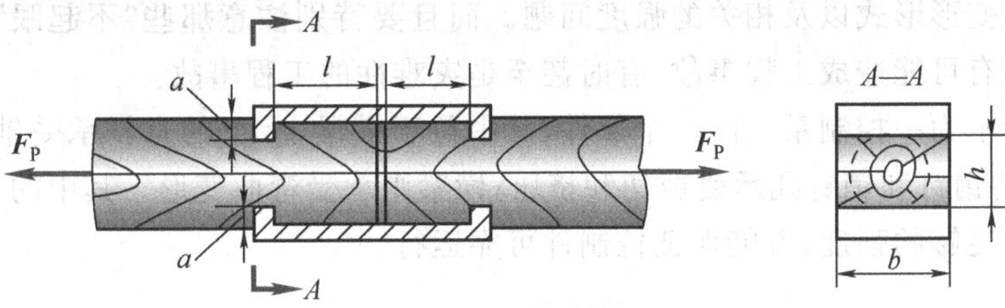

图 4-6　例题 4-2 图

解：(1) A—A 处截面高度 h 由拉伸强度确定，即

$$\sigma=\frac{F_N}{A}=\frac{F_P}{bh}\leqslant[\sigma]$$

$$h\geqslant\frac{F_P}{b[\sigma]}=\frac{60\times10^3\,\mathrm{N}}{150\times10^{-3}\,\mathrm{m}\times8\times10^6\,\mathrm{Pa}}=50\ \mathrm{mm}$$

(2) 接头处尺寸 a、l 分别由木材剪切和挤压强度决定

根据剪切强度

$$\tau=\frac{F_Q}{A}=\frac{F_P/2}{bl}\leqslant[\tau]_1$$

由此解得

$$l\geqslant\frac{F_P}{2b[\tau]_1}=\frac{60\times10^3\,\mathrm{N}}{2\times150\times10^{-3}\,\mathrm{m}\times10^6\,\mathrm{Pa}}=200\ \mathrm{mm}$$

根据挤压强度

$$\sigma_c=\frac{F_P/2}{A}=\frac{F_P/2}{ab}\leqslant[\sigma_c]_1$$

解得

$$a\geqslant\frac{F_P}{2b[\sigma_c]}=\frac{60\times10^3\,\mathrm{N}}{2\times150\times10^{-3}\,\mathrm{m}\times10\times10^6\,\mathrm{Pa}}=20\ \mathrm{mm}$$

4.7　结论与讨论

4.7.1　剪切强度计算中应当着重注意的问题

(1) 根据结构及其受力情况，正确判断构件是否主要承受剪切(或挤压)，并正确确定其承受剪切的作用面(或挤压面)。

(2) 根据平衡条件，确定剪切面上所承受的剪力。

4.7.2 注意综合应用基本概念与基本理论处理工程构件的强度问题

实际工程结构的受力大多数情形下都不是单一的,因此处理这些问题时必须考虑结构构件的受力与变形形式以及相关的强度问题。而且要特别注意那些"不起眼"小零件,这些小零件的失效有可能造成工程事故,有时甚至是灾难性的工程事故。

图4-7所示为一控制系统的一个部件,其中位于横梁上、下的直杆承受轴向拉伸载荷;B、C、D三处的销钉和销钉孔承受剪切和挤压;横梁则承受弯曲变形。其中的每一个零件都必须保证具有足够的强度,方能保证控制件可靠运行。

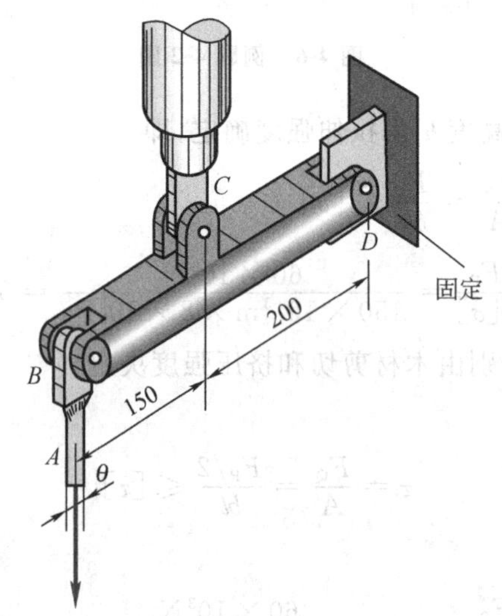

图4-7 控制系统部件各部分的强度问题

习题

4-1 图示杠杆机构中B处为螺栓联接,若螺栓材料的许用剪应力$[\tau]=98$ MPa,试按剪切强度确定螺栓的直径。

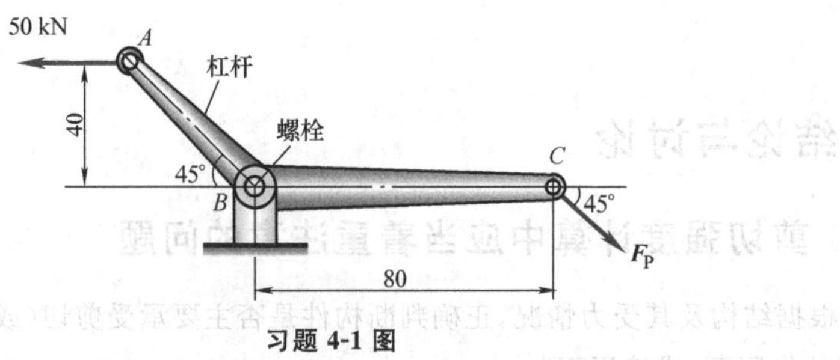

习题4-1图

4-2 图示的铆接件中,已知铆钉直径$d=19$ mm,钢板宽$b=127$ mm,厚度$\delta=12.7$ mm;铆钉的许用剪应力$[\tau]=137$ MPa,挤压许用应力$[\sigma_c]=314$ MPa;钢板的拉伸许用

应力$[\sigma]=98.0$ MPa，挤压许用应力$[\sigma_c]=196$ MPa。假设 4 个铆钉所受剪力相等。试求此连接件的许可载荷。

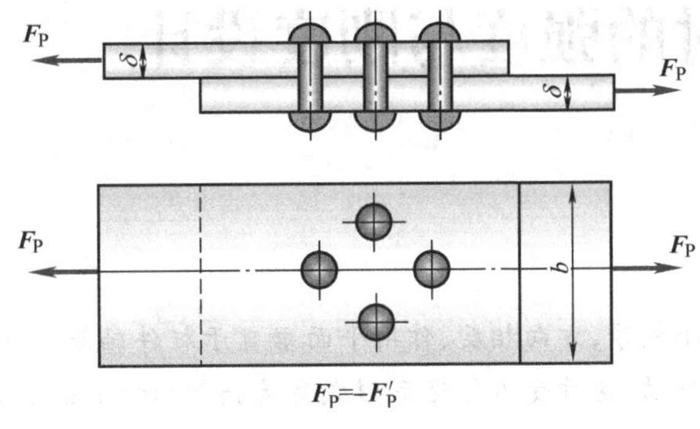

习题 4-2 图

4-3 木梁由柱支承如图所示，今测得柱中的轴向压力为 $F_P=75$ kN，已知木梁所能承受的许用挤压应力$[\sigma_c]=3.0$ MPa。试确定柱与木梁之间垫板的尺寸。

4-4 图示承受轴向压力 $F_P=40$ kN 的木柱由混凝土底座支承，底座静置在平整的土壤上。已知土壤的挤压许用应力$[\sigma_c]=145$ kPa。试：

(1) 确定混凝土底座中的平均挤压应力；

(2) 确定底座的尺寸。

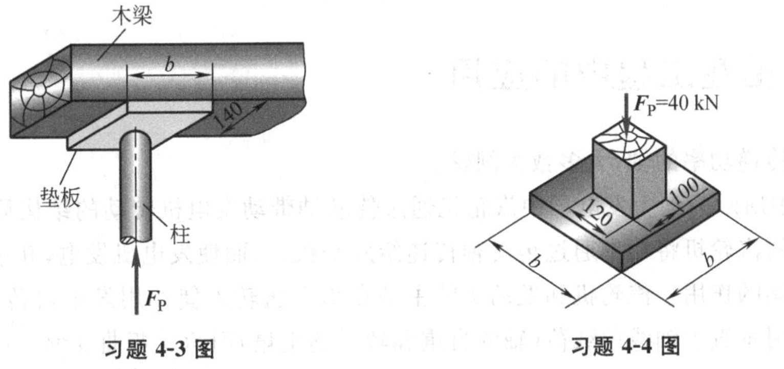

习题 4-3 图 习题 4-4 图

4-5 矩形截面木拉杆的榫接头如图所示。已知轴向拉力 $F=10$ kN，截面宽度 $b=100$ mm，木材的许用挤压应力$[\sigma_c]=10$ MPa，许用剪应力$[\tau]=1$ MPa。试求：按剪切与挤压强度确定接头的尺寸 l 和 a。

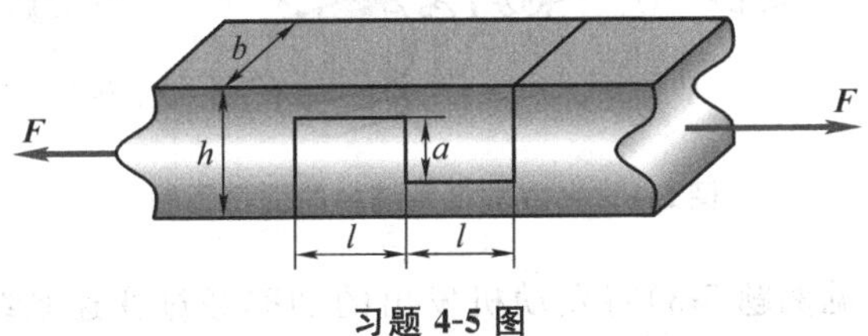

习题 4-5 图

第5章 圆轴扭转时的强度与刚度设计

杆的两端承受大小相等、方向相反、作用平面垂直于杆件轴线的两个力偶，杆的任意两横截面将绕轴线相对转动，这种受力与变形形式称为**扭转**(torsion)。工程上将主要承受扭转的杆件称为轴。

当轴的横截面上仅有扭矩(M_x)作用时，与扭矩相对应的分布内力的作用面与横截面重合。这种分布内力在一点处的集度，即为剪应力。圆截面轴与非圆截面轴扭转时横截面上的剪应力分布有着很大的差异。

本章主要分析圆轴扭转时横截面上的剪应力以及两相邻横截面的相对扭转角，同时介绍圆轴扭转时的强度与刚度设计方法。

分析圆轴扭转时的应力和变形的方法与分析拉伸和压缩时的应力和变形的方法不同。除了平衡条件外，还必须借助于变形协调与物性关系。

5.1 圆轴在工程中的应用

工程上传递功率的轴，大多数为圆轴。

图 5-1 中所示为火力发电厂中汽轮机通过传动轴带动发电机转动的结构简图。高温高压气体推动的汽轮机将功率通过传动轴传递给发动机，从而使发电机发电，其中传动轴两端承受扭转力偶的作用。汽轮机和发动机的主轴在承受扭转力偶作用发生扭转变形的同时，还会由于作用垂直于轴线的载荷(轴的自重和转子的重量)而承受弯曲变形。

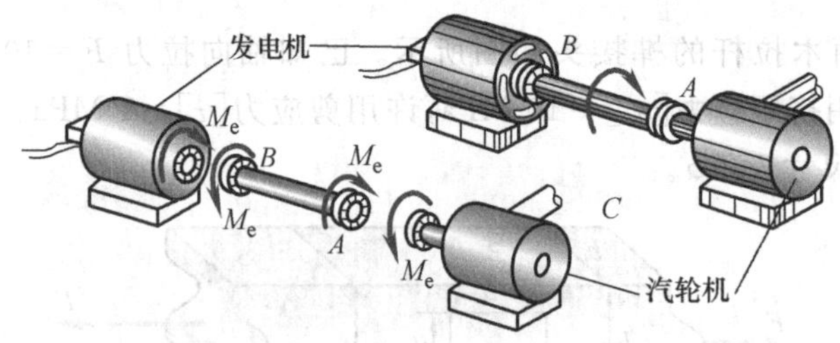

图 5-1　火力发电系统中的受扭圆轴

汽车的传动轴(参见例题 5-3)将发动机发出的功率经过变速系统传给后桥，带动两侧的驱动轮产生驱动力，驱动车辆前行。变速系统中的齿轮轴大都同时承受扭转与弯曲的共同作用。

图 5-2 中所示之风力发电机的叶片在风载的作用下产生动力，叶轮主轴通过变速器（非直驱式）或者直接（直驱式）将功率传给发电机发电。叶轮的主轴主要承受扭矩作用。

图 5-2　风力发电机中传递功率的圆轴

此外，水力发电系统中水轮机的主轴，以及各种搅拌机械中的主轴和其他传递功率的旋转零部件，大都承受扭转力偶的作用。

5.2　外加扭力矩、扭矩与扭矩图

5.2.1　功率、转速与外加扭力矩的关系

作用于构件的外扭矩与机器的转速、功率有关。在传动轴计算中，通常给出传动功率 P 和转速 n，则传动轴所受的外加扭力矩 M_e 可用下式计算：

$$M_e = 9549 \frac{P[\mathrm{kW}]}{n[\mathrm{r/min}]} \quad [\mathrm{N \cdot m}] \tag{5-1}$$

其中，P 为功率，单位为千瓦（kW）；n 为轴的转速，单位为转/分（r/min）。如功率 P 单位用马力（1 马力＝735.5 N · m/s），则

$$M_e = 7024 \frac{P[\text{马力}]}{n[\mathrm{r/min}]} \quad [\mathrm{N \cdot m}] \tag{5-2}$$

5.2.2　扭矩与扭矩图

外加扭力矩 M_e 确定后，应用截面法可以确定横截面上的内力——扭矩，圆轴两端受外加扭力矩 M_e 作用时，横截面上将产生分布剪应力，这些剪应力将组成对横截面中心的合力矩，称为**扭矩**（twist moment），用 M_x 表示。

扭矩正负号规则与轴力类似，其原则是：从同一截面处截开的两侧截面上必须具有相

同的正负号。基于此,采用右手螺旋定则规定扭矩的正负号,右手握拳,4 指与扭矩的转动方向一致,拇指指向为扭矩矢量 $\boldsymbol{M}_x$ 方向,若扭矩矢量方向与截面外法线(n)方向一致则扭矩为正(图 5-3(a));若扭矩矢量方向与截面外法线方向相反,则扭矩为负(图 5-3(b))。

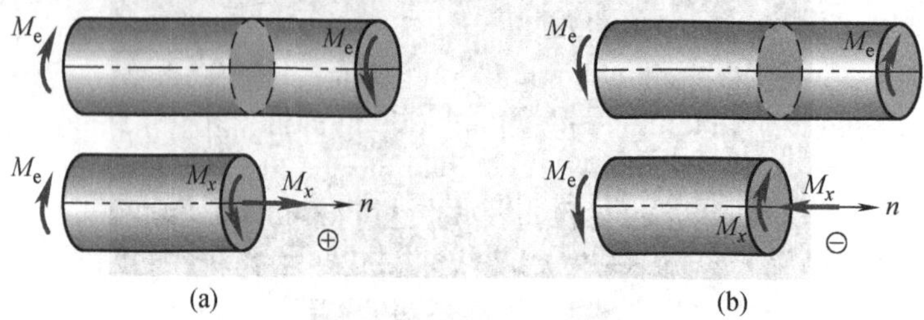

图 5-3 扭矩的正负号规则

扭矩沿杆轴线方向变化的图形,称为**扭矩图**(diagram of torsion moment)。绘制扭矩图的方法与绘制轴力图的方法相似:以平行于圆轴轴线方向为横轴 x,扭矩 M_x 为纵轴。

当轴上作用有两个以上的外力偶时,其各段横截面上的扭矩一般不相等,这时需分段应用截面法,确定各段的扭矩。

以图 5-4(a)中所示圆轴为例,圆轴受有四个绕轴线转动的外力偶,由于在截面 B、C 处作用有外力偶,因而应将杆分为 AB、BC 和 CD 三段。各力偶的力偶矩的大小和方向均示于图中,其中力偶矩的单位为 N·m,尺寸单位为 mm。分段应用截面法,由平衡方程 $\sum M_x = 0$ 确定各段圆轴内的扭矩。

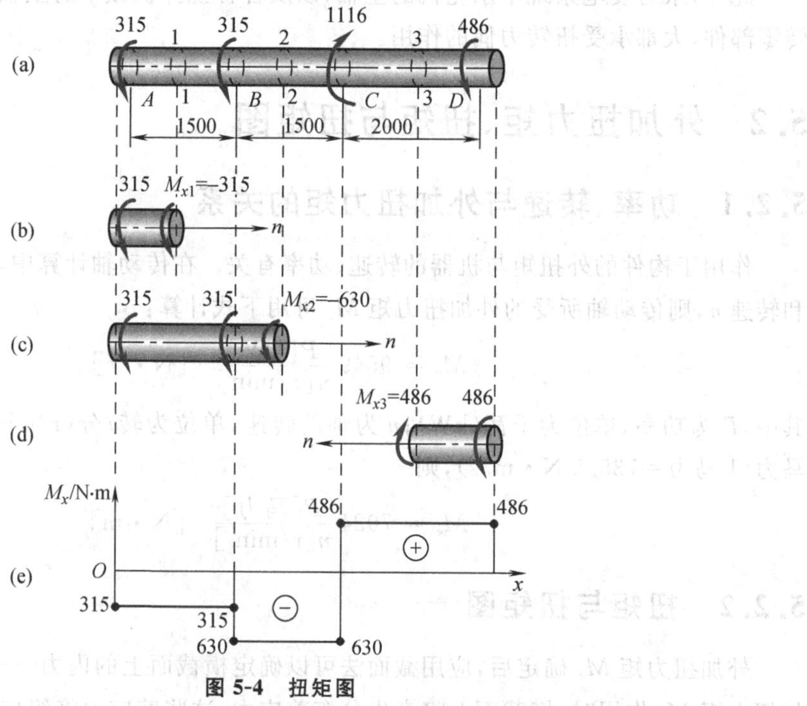

图 5-4 扭矩图

用假想截面分别从 AB 段、BC 段、CD 段任一位置处将圆轴截开(图 5-4(b)、(c)、(d)),假设截面上的扭矩均为正方向,并考察部分左或部分右的平衡,求得各段的扭矩分别为

$$AB\text{ 段：}\quad M_{x1}=-315\ \text{N}\cdot\text{m}$$

$$BC\text{ 段：}\quad M_{x2}=-630\ \text{N}\cdot\text{m}$$

$$CD\text{ 段：}\quad M_{x3}=486\ \text{N}\cdot\text{m}$$

建立 M_x-x 坐标系，将所求得的各段的扭矩值，标在 M_x-x 坐标系中，得到圆轴的扭矩图如图 5-4(e)所示。

5.3 剪应力互等定理

圆轴(图 5-5(a))受扭后，将产生**扭转变形**(twist deformation)，如图 5-5(b)所示。圆轴上的每个微元(例如图 5-5(a)中的 $ABCD$)的直角均发生变化，这种直角的改变量即为剪应变，如图 5-5(c)所示。这表明，圆轴横截面和纵截面上都将出现剪应力(图中 AB 和 CD 边对应着横截面；AC 和 BD 边则对应着纵截面)，分别用 τ 和 τ' 表示。

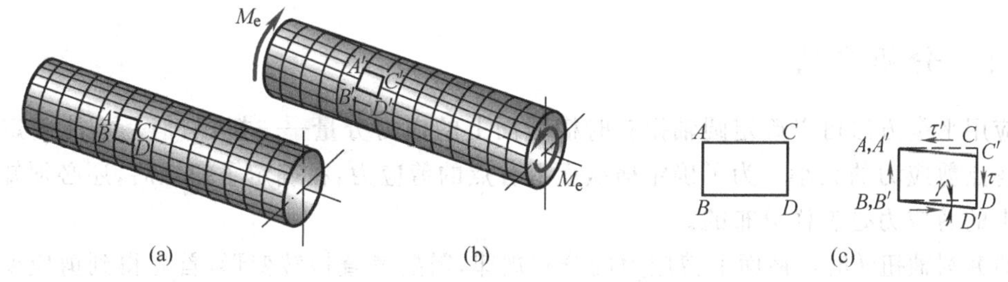

图 5-5　圆轴扭转时微元的变形

圆轴扭转时，微元的剪切变形现象表明，圆轴不仅在横截面上存在剪应力，而且在通过轴线的纵截面上也将存在剪应力。这是平衡所要求的。

如果用圆轴的相距很近的一对横截面、一对纵截面以及一对圆柱面，从受扭的圆轴上截取一微元(可近似视为正六面体微元)，如图 5-6 所示，微元与横截面对应的一对面上存在剪应力 τ，这一对面上的剪应力与其作用面的面积相乘后组成一绕 z 轴的力偶，其力偶矩为 $(\tau\mathrm{d}y\mathrm{d}z)\mathrm{d}x$。为了保持微元的平衡，在微元与纵截面对应的一对面上，必然存在剪应力 τ'，这一对面上的剪应力也组成一个力偶矩为 $(\tau'\mathrm{d}x\mathrm{d}z)\mathrm{d}z$ 的力偶。这两个力偶的力偶矩大小相等、方向相反，才能使微元保持平衡。

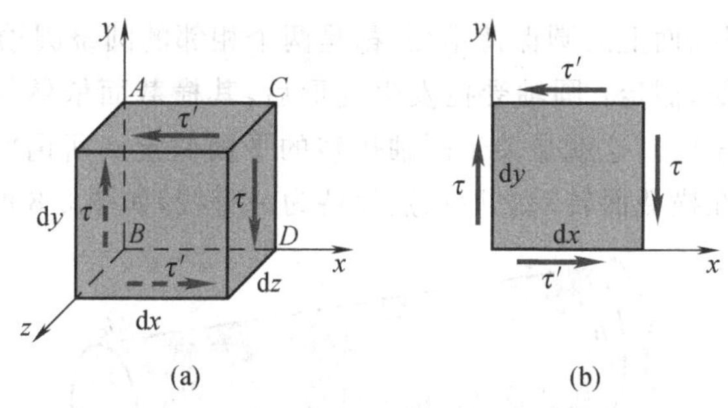

图 5-6　剪应力互等定理

应用对 z 轴之矩的平衡方程，可以写出

$$\sum M_z = 0: \quad -(\tau \mathrm{d}y\mathrm{d}z)\mathrm{d}x + (\tau' \mathrm{d}x\mathrm{d}z)\mathrm{d}z = 0$$

由此解出

$$\tau = \tau' \tag{5-3}$$

这一结果表明,如果在微元的一对面上存在剪应力,与此剪应力作用线互相垂直的另一对面上必然存在与其大小相等、方向或相对(两剪应力的箭头相对)或相背(两剪应力的箭尾相对)的剪应力,以使微元保持平衡。微元上剪应力的这种相互关系称为**剪应力互等定理或剪应力成对定理**(theorem of conjugate shearing stress)。

木材试样的扭转实验的破坏现象,可以证明圆轴扭转时纵截面上确实存在剪应力:沿木材顺纹方向截取的圆截面试样,承受扭矩发生破坏时,将沿纵截面发生破坏,这种破坏就是由于剪应力所致。

5.4 圆轴扭转时横截面上的剪应力分析

5.4.1 分析方法

应用平衡方法可以确定圆轴扭转时横截面上的内力分量——扭矩,但是不能确定横截面上各点剪应力的大小。为了确定横截面上各点的剪应力,在确定了扭矩后,还必须知道横截面上的剪应力是怎样分布的。

研究圆轴扭转时横截面上剪应力的分布规律,需要考查扭转变形,首先得到剪应变的分布;然后应用剪切胡克定律,即可得到剪应力在截面上的分布规律;最后,利用静力方程可建立扭矩与剪应力的关系,从而得到确定横截面上各点剪应力的表达式。这是分析扭转剪应力的基本方法,也是分析弯曲正应力的基本方法。这一方法可以用图5-7中的框图加以概述。

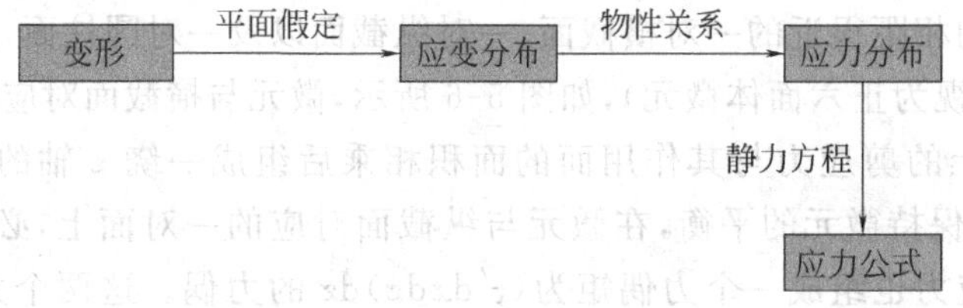

图5-7 应力分析方法与过程

圆轴扭转时,其圆柱面上的圆保持不变,都是两个相邻的圆绕圆轴的轴线相互转过一角度。根据这一变形特征,假定:圆轴受扭发生变形后,其横截面依然保持平面,并且绕圆轴的轴线刚性地转过一角度。这就是关于圆轴扭转的平面假定。所谓"刚性地转过一角度",就是横截面上的直径在横截面转动之后依然保持为一直线,如图5-8所示。

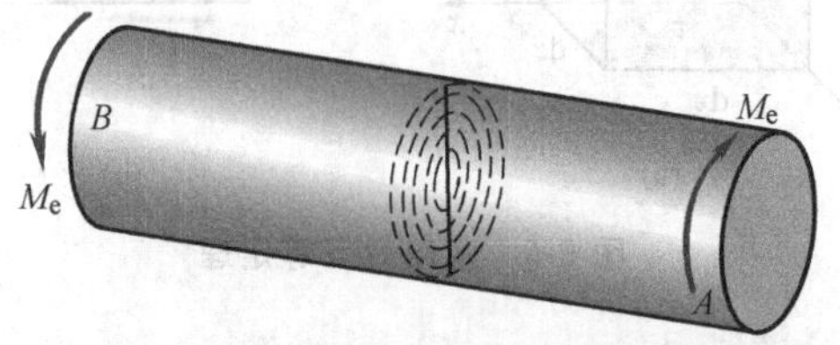

图5-8 圆轴扭转时横截面保持平面

5.4.2　变形协调方程

若将圆轴用同轴柱面分割成许多半径不等的圆柱，根据上述结论，在 $\mathrm{d}x$ 长度上，虽然所有圆柱的两端面均转过相同的角度 $\mathrm{d}\varphi$，但半径不等的圆柱上产生的剪应变各不相同，半径越小者剪应变越小，如图 5-9(a)、(b)、(c)所示。

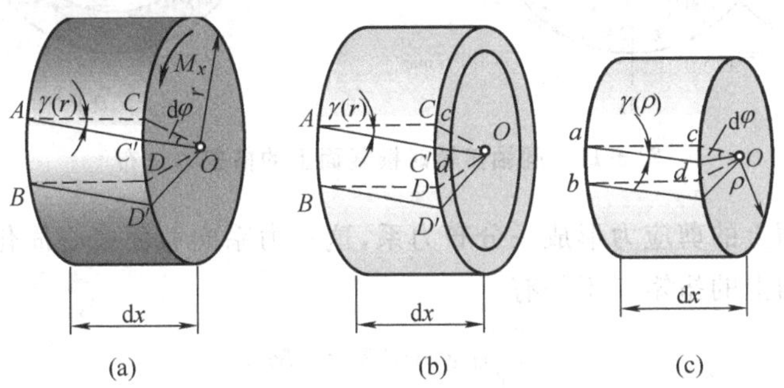

图 5-9　圆轴扭转时的变形协调关系

设到轴线任意远 ρ 处的剪应变为 $\gamma(\rho)$，则从图 5-9 中可得到如下几何关系：

$$\gamma(\rho)=\rho\frac{\mathrm{d}\varphi}{\mathrm{d}x} \tag{5-4}$$

式中，$\frac{\mathrm{d}\varphi}{\mathrm{d}x}$称为**单位长度相对扭转角**(angle of twist per unit length of the shaft)。对于两个相邻的横截面，$\frac{\mathrm{d}\varphi}{\mathrm{d}x}$为常量，故式(5-4)表明：圆轴扭转时，其横截面上任意点处的剪应变与该点至截面中心之间的距离成正比。式(5-4)即为圆轴扭转时的变形协调方程。

5.4.3　弹性范围内的剪应力-剪应变关系

若在弹性范围内加载，即剪应力小于某一极限值时，对于大多数各向同性材料，剪应力与剪应变之间存在线性关系，如图 5-10 所示。于是，有

$$\tau=G\gamma \tag{5-5}$$

此即为**剪切胡克定律**(Hooke's law in shearing)，式中，G 为比例常数，称为**剪切弹性模量**或**切变模量**(shearing modulus)。

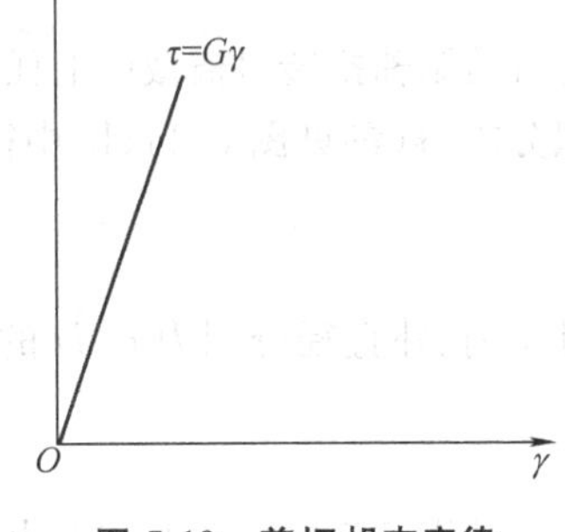

图 5-10　剪切胡克定律

5.4.4　静力学方程

将式(5-2)代入式(5-3)，得到

$$\tau(\rho)=G\gamma(\rho)=\left(G\frac{\mathrm{d}\varphi}{\mathrm{d}x}\right)\rho \tag{5-6}$$

其中，$\left(G\frac{\mathrm{d}\varphi}{\mathrm{d}x}\right)$对于确定的横截面是一个不变的量。

于是，上式表明，横截面上各点的剪应力与点到横截面中心的距离成正比，即剪应力沿横截面的半径呈线性分布，方向如图 5-11(a)所示。在同一半径上剪应力大小相等，方向垂直于半径，并与扭矩方向一致(图 5-11(b))。

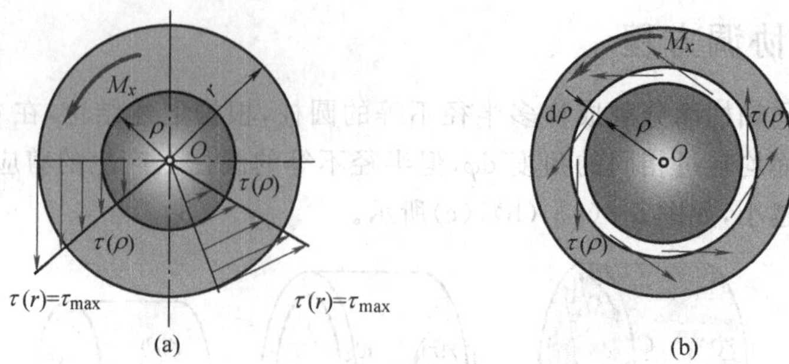

图 5-11 圆轴扭转时横截面上的剪应力分布

作用在横截面上的剪应力形成一分布力系，这一力系向截面中心简化结果为一力偶，其力偶矩即为该截面上的扭矩。于是有

$$\int_A \rho[\tau(\rho)\mathrm{d}A] = M_x \tag{5-7}$$

此即静力学方程。

将式(5-6)代入式(5-7)，积分后得到

$$\frac{\mathrm{d}\varphi}{\mathrm{d}x} = \frac{M_x}{GI_p} \tag{5-8}$$

其中

$$I_p = \int_A \rho^2 \mathrm{d}A \tag{5-9}$$

是圆截面对其中心的极惯性矩(详细分析见第 7 章)。式(5-8)中的 GI_p 称为圆轴的**扭转刚度**(torsional stiffness)。

5.4.5 圆轴扭转时横截面上的剪应力表达式

将式(5-8)代入式(5-6)，得到

$$\tau(\rho) = \frac{M_x \rho}{I_p} \tag{5-10}$$

这就是圆轴扭转时横截面上任意点的剪应力表达式，其中 M_x 由平衡条件确定；I_p 由式(5-9)积分求得(参见图 5-11(b)中微元面积的取法)。对于直径为 d 的实心截面圆轴：

$$I_p = \frac{\pi d^4}{32} \tag{5-11}$$

对于内、外直径分别为 d、D 的空心截面圆轴，极惯性矩 I_p 为

$$I_p = \frac{\pi D^4}{32}(1-\alpha^4), \quad \alpha = \frac{d}{D} \tag{5-12}$$

从图 5-11(a)中不难看出，最大剪应力发生在横截面边缘上各点，其值由下式确定：

$$\tau_{max} = \frac{M_x \rho_{max}}{I_p} = \frac{M_x}{W_p} \tag{5-13}$$

其中，

$$W_p = \frac{I_p}{\rho_{max}} \tag{5-14}$$

称为圆截面的**扭转截面模量**(section modulus in torsion)。

对于直径为 d 的实心圆截面

$$W_p = \frac{\pi d^3}{16} \tag{5-15}$$

对于内、外直径分别为 d、D 的空心截面圆轴

$$W_p = \frac{\pi D^3}{16}(1-\alpha^4),\quad \alpha = \frac{d}{D} \tag{5-16}$$

【例题 5-1】 实心圆轴与空心圆轴通过牙嵌式离合器相联，并传递功率，如图 5-12 所示。已知轴的转速 $n=100\ \mathrm{r/min}$，传递的功率 $P=7.5\ \mathrm{kW}$。若已知实心圆轴的直径 $d_1=45\ \mathrm{mm}$；空心圆轴的内、外直径之比 $(d_2/D_2)=\alpha=0.5$，$D_2=46\ \mathrm{mm}$。试确定实心轴与空心圆轴横截面上的最大剪应力。

解：由于两传动轴的转速与传递的功率相等，故二者承受相同的外加扭转力偶矩，横截面上的扭矩也因而相等。根据外加力偶矩与轴所传递的功率以及转速之间的关系，求得横截面上的扭矩

$$M_x = M_e = \left(9549 \times \frac{7.5}{100}\right)\ \mathrm{N\cdot m} = 716.2\ \mathrm{N\cdot m}$$

对于实心轴：根据式(5-13)、式(5-15)和已知条件，横截面上的最大剪应力为

$$\tau_{\max} = \frac{M_x}{W_p} = \frac{16M_x}{\pi d_1^3} = \frac{16\times 716.2\mathrm{N\cdot m}}{\pi(45\times 10^{-3}\mathrm{m})^3} = 40\times 10^6\mathrm{Pa} = 40\ \mathrm{MPa}$$

对于空心轴：根据式(5-13)、式(5-15)和已知条件，横截面上的最大剪应力为

$$\tau_{\max} = \frac{M_x}{W_p} = \frac{16M_x}{\pi D_2^3(1-\alpha^4)} = \frac{16\times 716.2\mathrm{N\cdot m}}{\pi(46\times 10^{-3}\mathrm{m})^3\ (1-0.5^4)} = 40\times 10^6\mathrm{Pa} = 40\ \mathrm{MPa}$$

本例讨论

上述计算结果表明，本例中的实心轴与空心轴横截面上的最大剪应力数值相等。但是二轴的横截面面积之比为

$$\frac{A_1}{A_2} = \frac{d_1^2}{D_2^2\ (1-\alpha^2)} = \left(\frac{45\times 10^{-3}}{46\times 10^{-3}}\right)^2 \times \frac{1}{1-0.5^2} = 1.28$$

可见，如果轴的长度相同，在最大剪应力相同的情形下，实心轴所用材料要比空心轴多。

【例题 5-2】 图 5-13 所示传动机构中，功率从轮 B 输入，通过锥形齿轮将一半传递给铅垂 C 轴，另一半传递给 H 水平轴。已知输入功率 $P_1=14\ \mathrm{kW}$，水平轴(E 和 H)转速 $n_1=n_2=120\ \mathrm{r/min}$；锥齿轮 A 和 D 的齿数分别为 $z_1=36$，$z_2=12$；各轴的直径分别为 $d_1=70\ \mathrm{mm}$，$d_2=50\ \mathrm{mm}$，$d_3=35\ \mathrm{mm}$。试确定各轴横截面上的最大剪应力。

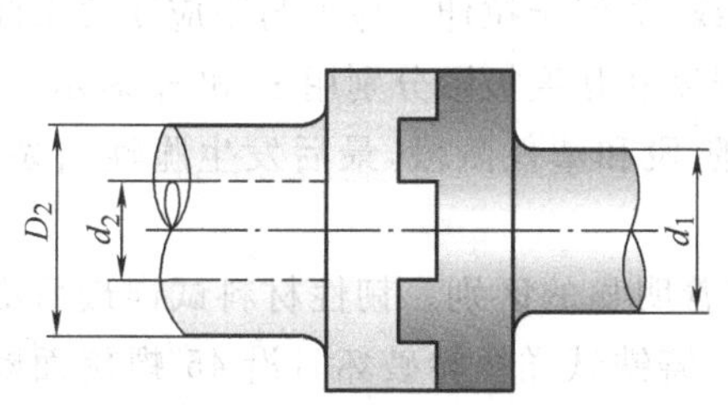

图 5-12　例题 5-1 图

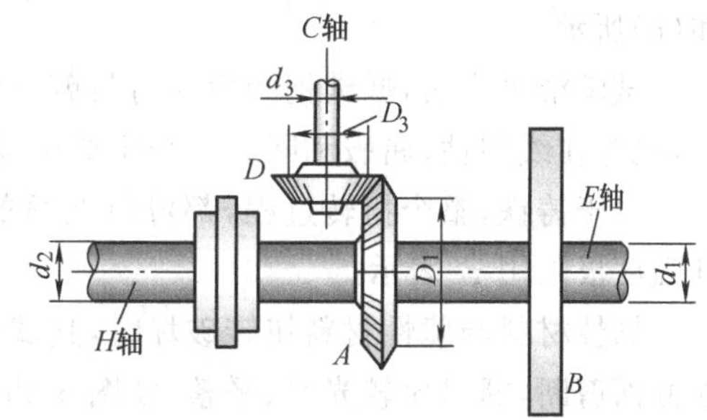

图 5-13　例题 5-2 图

解：(1) 各轴所承受的扭矩

各轴所传递的功率分别为

$$P_1 = 14\ \text{kW},\quad P_2 = P_3 = P_1/2 = 7\ \text{kW}$$

各轴转速不完全相同。E 轴和 H 轴的转速均为 120 r/min，即

$$n_1 = n_2 = 120\ \text{r/min}$$

E 轴和 C 轴的转速与齿轮 A 和齿轮 D 的齿数成反比，由此得到 C 轴的转速

$$n_3 = n_1 \times \frac{z_1}{z_3} = \left(120 \times \frac{36}{12}\right)\text{r/min} = 360\ \text{r/min}$$

据此，算得各轴承受的扭矩：

$$M_{x1} = M_{e1} = \left(9549 \times \frac{14}{120}\right)\text{N}\cdot\text{m} = 1114\ \text{N}\cdot\text{m}$$

$$M_{x2} = M_{e2} = \left(9549 \times \frac{7}{120}\right)\text{N}\cdot\text{m} = 557\ \text{N}\cdot\text{m}$$

$$M_{x3} = M_{e3} = \left(9549 \times \frac{7}{360}\right)\text{N}\cdot\text{m} = 185.7\ \text{N}\cdot\text{m}$$

(2) 计算最大剪应力

E、H、C 轴横截面上的最大剪应力分别为

$$\tau_{\max}(E) = \frac{M_{x1}}{W_{p1}} = \left(\frac{16 \times 1114}{\pi \times 70^3 \times 1^{-9}}\right)\text{Pa} = 16.54 \times 10^6\,\text{Pa} = 16.54\ \text{MPa}$$

$$\tau_{\max}(H) = \frac{M_{x2}}{W_{p2}} = \left(\frac{16 \times 557}{\pi \times 50^3 \times 10^{-9}}\right)\text{Pa} = 22.69 \times 10^6\,\text{Pa} = 22.69\ \text{MPa}$$

$$\tau_{\max}(C) = \frac{M_{x3}}{W_{p3}} = \left(\frac{16 \times 185.7}{\pi \times 35^3 \times 10^{-9}}\right)\text{Pa} = 22.06 \times 10^6\,\text{Pa} = 22.06\ \text{MPa}$$

5.5 圆轴扭转时的强度设计

5.5.1 扭转实验与扭转破坏现象

为了测定剪切时材料的力学性能，需将材料制成扭转试样在扭转试验机上进行试验。对于低碳钢，采用薄壁圆管或圆筒进行试验，使薄壁截面上的剪应力接近均匀分布，这样才能得到反映剪应力与剪应变关系的曲线。对于铸铁这样的脆性材料由于基本上不发生塑性变形，所以采用实圆截面试样也能得到反映剪应力与剪应变关系的曲线。

扭转时，韧性材料(低碳钢)和脆性材料(铸铁)的试验应力-应变曲线分别如图 5-14(a)和(b)所示。

试验结果表明，低碳钢的剪应力与剪应变关系曲线，类似于拉伸正应力与正应变关系曲线，也存在线弹性、屈服和断裂三个主要阶段。屈服强度和强度极限分别用 τ_s 和 τ_b 表示。

对于铸铁，整个扭转过程，都没有明显的线弹性阶段和塑性阶段，最后发生脆性断裂。其强度极限用 τ_b 表示。

韧性材料与脆性材料扭转破坏时，其试样断口有着明显的区别。韧性材料试样最后沿横截面剪断，断口比较光滑、平整，如图 5-15(a)所示。铸铁试样扭转破坏时沿 45°螺旋面断开，断口呈细小颗粒状，如图 5-15(b)所示。

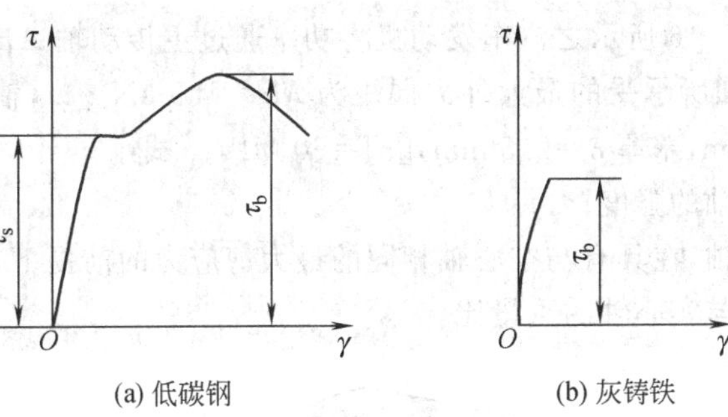

(a) 低碳钢　　(b) 灰铸铁

图 5-14　扭转实验的应力-应变曲线

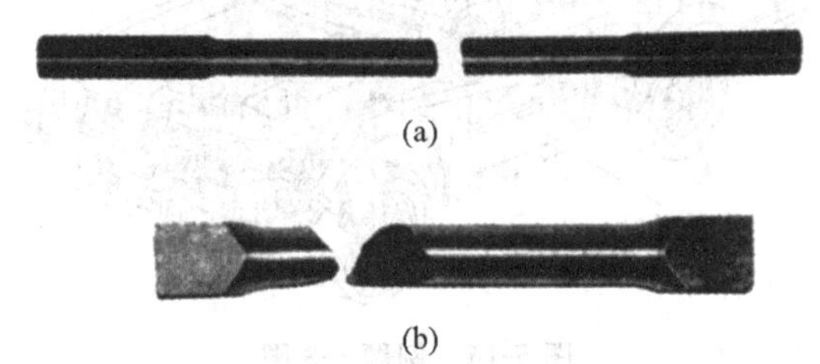
(a)

(b)

图 5-15　扭转实验的破坏现象

5.5.2　圆轴扭转时的强度设计

与拉伸、压缩强度设计相类似，扭转强度设计时，首先需要根据扭矩图和横截面的尺寸判断可能的危险截面；然后根据危险截面上的应力分布确定危险点(即最大剪应力作用点)；最后利用试验结果直接建立扭转时的强度条件。

圆轴扭转时的强度条件为

$$\tau_{\max} \leqslant [\tau] \tag{5-17}$$

其中，$[\tau]$为许用剪应力。

对于脆性材料，

$$[\tau] = \frac{\tau_b}{n_b} \tag{5-18}$$

对于韧性材料，

$$[\tau] = \frac{\tau_s}{n_s} \tag{5-19}$$

上述各式中，许用剪应力与许用正应力之间存在一定的关系。

对于脆性材料，

$$[\tau] = [\sigma]$$

对于韧性材料，

$$[\tau] = (0.5 \sim 0.577)[\sigma]$$

如果设计中不能提供$[\tau]$值时，可根据上述关系由$[\sigma]$值求得$[\tau]$值。

【例题 5-3】 图 5-16 所示之汽车发动机将功率通过主传动轴 AB 传递给后桥，驱动车轮行驶。设主传动轴所承受的最大外力偶矩为 $M_e = 1.5\ \text{kN}\cdot\text{m}$，轴由 45 号无缝钢管制成，外直径 $D = 90\ \text{mm}$，壁厚 $\delta = 2.5\ \text{mm}$，$[\tau] = 60\ \text{MPa}$。试：

(1) 校核主传动轴的强度；

(2) 若改用实心轴，在具有与空心轴相同的最大剪应力的前提下，确定实心轴的直径；

(3) 确定空心轴与实心轴的重量比。

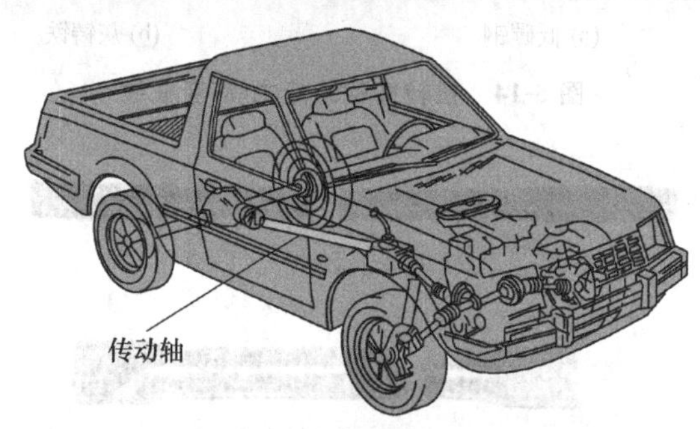

图 5-16 例题 5-3 图

解：(1) 校核空心轴的强度

根据已知条件，主传动轴横截面上的扭矩 $M_x = M_e = 1.5\ \text{kN}\cdot\text{m}$，轴的内直径与外直径之比

$$\alpha = \frac{d}{D} = \frac{D - 2\delta}{D} = \frac{90\text{mm} - 2\times 2.5\text{mm}}{90\text{mm}} = 0.944$$

因为轴只在两端承受外加力偶，所以轴各横截面的危险程度相同，轴的所有横截面上的最大剪应力均为

$$\tau_{\max} = \frac{M_x}{W_p} = \frac{16M_x}{\pi D^3\ (1-\alpha^4)} = \frac{16\times 1.5\times 10^3\text{N}\cdot\text{m}}{\pi(90\times 10^{-3}\text{m})^3\ (1-0.944^4)}$$
$$= 50.9\times 10^6\text{Pa} = 50.9\text{MPa} < [\tau]$$

由此可以得出结论：主传动轴的强度是安全的。

(2) 确定实心轴的直径

根据实心轴与空心轴具有同样数值的最大剪应力的要求，实心轴横截面上的最大剪应力也必须等于 50.9 MPa。若设实心轴直径为 d_1，则有

$$\tau_{\max} = \frac{M_x}{W_p} = \frac{16M_x}{\pi d_1^3} = \frac{16\times 1.5\times 10^3\ \text{N}\cdot\text{m}}{\pi d_1^3} = 50.9\ \text{MPa} = 50.9\times 10^6\ \text{Pa}$$

据此，实心轴的直径

$$d_1 = \sqrt[3]{\frac{16\times 1.5\times 10^3\text{N}\cdot\text{m}}{\pi\times 50.9\times 10^6\text{Pa}}} = 53.1\times 10^{-3}\text{m} = 53.1\ \text{mm}$$

(3) 计算空心轴与实心轴的重量比

由于二者长度相等、材料相同，所以重量比即为横截面的面积比，即

$$\eta = \frac{W_1}{W_2} = \frac{A_1}{A_2} = \frac{\dfrac{\pi(D^2-d^2)}{4}}{\dfrac{\pi d_1^2}{4}} = \frac{D^2-d^2}{d_1^2} = \frac{90^2-85^2}{53.1^2} = 0.31$$

本例讨论

上述结果表明，空心轴远比实心轴轻，即采用空心圆轴比采用实心圆轴合理。这是由于圆轴扭转时横截面上的剪应力沿半径方向非均匀分布，截面中心附近区域的剪应力比截面边缘各点的剪应力小得多，当最大剪应力达到许用剪应力$[\tau]$时，中心附近的剪应力远小于许用剪应力值。将受扭杆件做成空心圆轴，使得横截面中心附近的材料得到较充分利用。

【例题 5-4】 木制圆轴受扭如图 5-17(a)所示，圆轴的轴线与木材的顺纹方向一致。轴的直径为 150 mm，圆轴沿木材顺纹方向的许用剪应力$[\tau]_{顺}=2$ MPa；沿木材横纹方向的许用剪应力$[\tau]_{横}=8$ MPa。试求轴的许用扭转力偶的力偶矩。

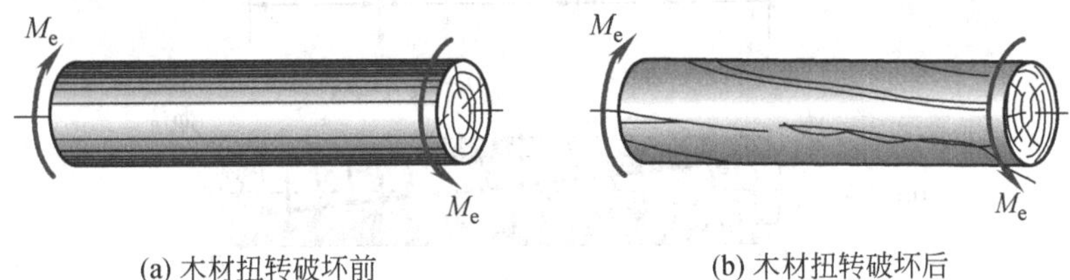

(a) 木材扭转破坏前　　(b) 木材扭转破坏后

图 5-17　例题 5-4 图

解：木材的许用剪应力沿顺纹（纵截面内）和横纹（横截面内）具有不同的数值。圆轴受扭后，根据剪应力互等定理，不仅横截面上产生剪应力，而且包含轴线的纵截面上也会产生剪应力。所以需要分别校核木材沿顺纹和沿横纹方向的强度。

横截面上的剪应力沿径向线性分布，纵截面上的剪应力亦沿径向线性分布，而且二者具有相同的最大值，即

$$(\tau_{max})_{顺}=(\tau_{max})_{横}$$

而木材沿顺纹方向的许用剪应力低于沿横纹方向的许用剪应力，因此本例中的圆轴扭转破坏时将沿纵向截面裂开，如图 5-17(b)所示。故本例只需要按圆轴沿顺纹方向的强度计算许用外加力偶的力偶矩。于是，由顺纹方向的强度条件：

$$(\tau_{max})_{顺}=\frac{M_x}{W_p}=\frac{16M_x}{\pi d^3}\leqslant[\tau]_{顺}$$

得到

$$[M_e]=M_x=\frac{\pi d^3[\tau]_{顺}}{16}=\frac{\pi(150\times10^{-3}\ \mathrm{m})^3\times2\times10^6\ \mathrm{Pa}}{16}$$
$$=1.33\times10^3\ \mathrm{N\cdot m}=1.33\ \mathrm{kN\cdot m}$$

5.6　相对扭转角计算与刚度设计

5.6.1　相对扭转角计算

对于传递功率的圆轴，大多数没有限制其绕轴线转动的固定约束，故均采用“相对位移”的概念，即一截面相对于另一截面绕轴线转过的角度，称为**相对扭转角**(relative angle of twist)。

对于仅在两端承受扭转力偶的圆轴(图 5-18(a))，两端截面的相对扭转角

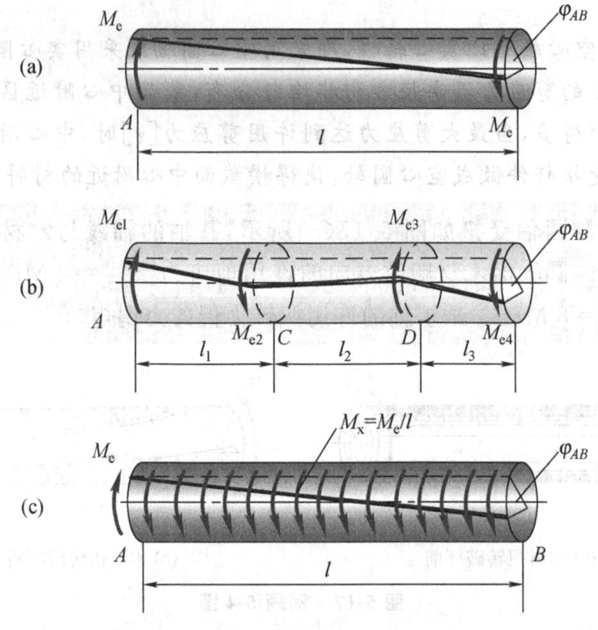

图 5-18 受扭圆轴的相对扭转角

$$\varphi_{AB}=\frac{M_x l}{GI_p} \tag{5-20}$$

对于沿轴线方向有多个扭转力偶作用的圆轴(图 5-18(b)),需要分段计算相对扭转角然后将各段的相对扭转角的代数值相加,得到两端截面的相对扭转角为

$$\varphi_{AB}=\varphi_{AC}+\varphi_{CD}+\varphi_{DB}=\sum_{i=1}^{n}\frac{M_{xi}l_i}{GI_{Pi}} \tag{5-21}$$

对于沿轴线方向承受均匀分布扭转力偶作用的圆轴(图 5-18(c)),因为扭矩沿轴线方向变化:$M_x=M_x(x)$,所以需要根据 $\mathrm{d}x$ 微段的相对扭转角,采用积分的方法计算两端截面的相对扭转角

$$\varphi_{AB}=\int_0^l \frac{M_x(x)}{GI_p}\mathrm{d}x \tag{5-22}$$

5.6.2 圆轴扭转时的刚度设计

对于主要承受扭转的圆轴,刚度设计主要是使轴上最大单位长度相对扭转角满足扭转**刚度设计准则**:

$$\theta=\frac{\mathrm{d}\varphi}{\mathrm{d}x}=\frac{M_x}{GI_p}\leqslant[\theta] \tag{5-23}$$

式中$[\theta]$称为许用单位长度相对扭转角。对于不同的轴,其许用单位长度相对扭转角的数值可在相关的设计手册中查到。例如,精密机械的轴$[\theta]=(0.25\sim0.5)(°)/\mathrm{m}$;一般传动轴$[\theta]=(0.5\sim1.0)(°)/\mathrm{m}$;刚度要求不高的轴$[\theta]=2(°)/\mathrm{m}$。

需要注意的是:刚度设计中要注意单位的一致性。上式不等号左边的单位为 rad/m;而右边通常所用的单位为(°)/m。因此,在实际设计中,若不等式两边均采用 rad/m,则必须在不等式右边乘以(π/180°);若两边均采用(°)/m,则必须在左边乘以(180°/π)。

需要指出的是，刚度设计与强度设计的重要区别是，它不是以应力是否达到屈服应力或强度极限作为设计的依据，而是以限制弹性位移的大小作为设计的依据。

【例题 5-5】 钢制空心圆轴的外直径 $D=100\ \mathrm{mm}$，内直径 $d=50\ \mathrm{mm}$。若要求轴在 2 m 长度内的最大相对扭转角不超过 1.5°，材料的切变模量 $G=80.4\ \mathrm{GPa}$。

(1) 求该轴所能承受的最大扭矩；

(2) 确定此时轴横截面上的最大剪应力。

解：(1) 确定轴所能承受的最大扭矩

根据刚度条件，有

$$\theta=\frac{\mathrm{d}\varphi}{\mathrm{d}x}=\frac{M_x}{GI_\mathrm{p}}\leqslant[\theta]$$

由已知条件，许用的单位长度上相对扭转角为

$$[\theta]=\frac{1.5^\circ}{2\ \mathrm{m}}=\frac{1.5^\circ}{2}\times\frac{\pi}{180^\circ}\ \mathrm{rad/m} \tag{a}$$

空心圆轴截面的极惯性矩

$$I_\mathrm{p}=\frac{\pi D^4}{32}(1-\alpha^4),\quad \alpha=\frac{d}{D} \tag{b}$$

将式(a)和式(b)一并代入刚度条件，得到轴所能承受的最大扭矩为

$$\begin{aligned}M_x\leqslant[\theta]\times GI_\mathrm{p}&=\frac{1.5^\circ}{2}\times\frac{\pi}{180^\circ}\ \mathrm{rad/m}\times G\times\frac{\pi D^4}{32}(1-\alpha^4)\\&=\frac{1.5\times\pi^2\times80.4\times10^9\ \mathrm{Pa}\times(100\times10^{-3})^4\left[1-\left(\dfrac{50\ \mathrm{mm}}{100\ \mathrm{mm}}\right)^4\right]}{2\times180\times32}\\&=9.686\times10^3\ \mathrm{N\cdot m}=9.686\ \mathrm{kN\cdot m}\end{aligned}$$

(2) 计算轴在承受最大扭矩时，横截面上的最大剪应力

轴在承受最大扭矩时，横截面上的最大剪应力为

$$\begin{aligned}\tau_{\max}=\frac{M_x}{W_\mathrm{p}}&=\frac{16\times9.686\times10^3\ \mathrm{N\cdot m}}{\pi(100\times10^{-3}\ \mathrm{m})^3\left[1-\left(\dfrac{50\ \mathrm{mm}}{100\ \mathrm{mm}}\right)^4\right]}\\&=52.6\times10^6\ \mathrm{Pa}=52.6\ \mathrm{MPa}\end{aligned}$$

5.7　结论与讨论

5.7.1　圆轴强度与刚度设计的一般过程

圆轴是很多工程中常见的零件之一，其强度设计和刚度设计的一般过程如下：

(1) 根据轴传递的功率以及轴每分钟的转数，确定作用在轴上的外加力偶的力偶矩。

(2) 应用截面法确定轴的横截面上的扭矩，当轴上同时作用有两个以上的绕轴线转动的外加扭力矩时，需要画出扭矩图。

(3) 根据轴的扭矩图，确定可能的危险面以及危险面上的扭矩数值。

(4) 计算危险截面上的最大剪应力或单位长度上的相对扭转角。

(5) 根据需要，应用强度设计准则与刚度设计准则对圆轴进行强度与刚度校核、设计轴

的直径以及确定许用载荷。

需要指出的是,工程结构与机械中有些传动轴都是通过与之连接的零件或部件承受外力作用的。这时需要首先将作用在零件或部件上的力向轴线简化,得到轴的受力图。这种情形下,圆轴将同时承受扭转与弯曲,而且弯曲可能是主要的。这一类圆轴的强度设计比较复杂。此外,还有一些圆轴所受的外力(大小或方向)随着时间的改变而变化。这些问题将在以后的章节中介绍。

5.7.2 矩形截面杆扭转时横截面上的剪应力

试验结果表明:非圆(正方形、矩形、三角形、椭圆形等)截面杆扭转时,横截面外周线将改变原来的形状,并且不再位于同一平面内。由此推定,杆横截面将不再保持平面,而发生**翘曲**(warping)。图5-19(a)中所示为一矩形截面杆受扭后发生翘曲的情形。

由于翘曲,非圆截面杆扭转时横截面上的剪应力将与圆截面杆有很大差异。

应用剪应力互等定理可以得到以下结论:

(1) 非圆截面杆扭转时,横截面上周边各点的剪应力沿着周边切线方向。

(2) 对于有凸角的多边形截面杆,横截面上凸角点处的剪应力等于零。

考察图5-19(a)中所示的受扭矩形截面杆上位于角点的微元(图5-19(b))。假定微元各面上的剪应力如图5-19(c)中所示。由于垂直于y、z坐标轴的杆表面均为自由表面(无外力作用),故微元上与之对应的面上的剪应力均为零,即

$$\tau_{yz}=\tau_{yx}=\tau_{zy}=\tau_{zx}=0$$

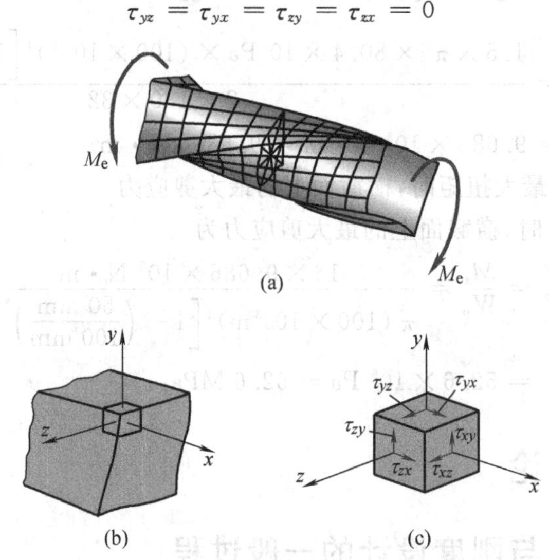

图5-19 非圆截面杆扭转时的翘曲变形

剪应力的第一个小标表示其作用面的法线方向;第二个小标表示剪应力方向。

角点微元垂直于x轴的面(对应于杆横截面)上,由前述剪应力互等定理,剪应力也必然为零,即

$$\tau_{xy}=\tau_{xz}=0$$

采用类似方法,读者不难证明,杆件横截面上沿周边各点的剪应力必与周边相切。

由弹性力学理论以及实验方法可以得到矩形截面构件扭转时横截面上的剪应力分布以

及剪应力计算公式，现将结果介绍如下。

剪应力分布如图 5-20 所示。从图中可以看出，最大剪应力发生在矩形截面的长边中点处，其值为

$$\tau_{\max} = \frac{M_x}{C_1 hb^2} \tag{5-24}$$

在短边中点处，剪应力

$$\tau = C_1' \tau_{\max} \tag{5-25}$$

式中，C_1 和 C_1' 为与长、短边尺寸之比 h/b 有关的因数。表 5-1 中所示为若干 h/b 值下的 C_1 和 C_1' 数值。

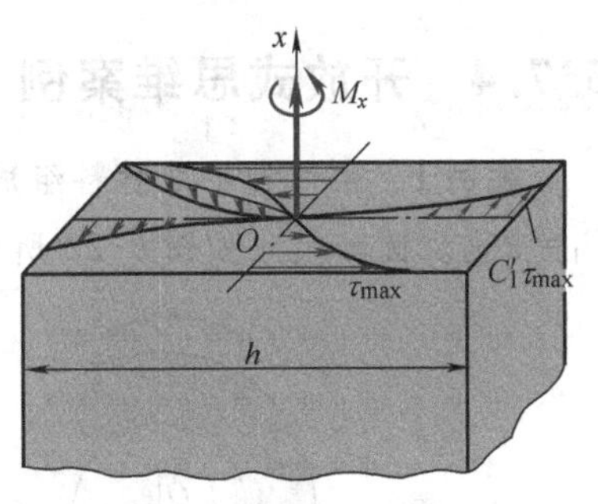

图 5-20　矩形截面扭转时横截面上的应力分布

表 5-1　矩形截面杆扭转剪应力公式中的系数

	C_1	C_1'
1.0	0.208	1.000
1.5	0.231	0.895
2.0	0.246	0.795
3.0	0.267	0.766
4.0	0.282	0.750
6.0	0.299	0.745
8.0	0.307	0.743
10.0	0.312	0.743
∞	0.333	0.743

矩形截面杆横截面单位扭转角由下式计算：

$$\theta = \frac{M_x}{Ghb^3\left[\frac{1}{3} - 0.21\frac{b}{h}\left(1 - \frac{b^4}{12h^4}\right)\right]} \tag{5-26}$$

式中，G 为材料的切变模量。

5.7.3　狭长矩形截面杆的扭转时的剪应力

当 $h/b>10$ 时，截面变得狭长，这时 $C_1=0.333\approx1/3$，于是，式(5-24)变为

$$\tau_{\max} = \frac{3M_x}{hb^2} \tag{5-27}$$

这时，沿宽度 b 方向的剪应力可近似视为线性分布，如图 5-21 所示。

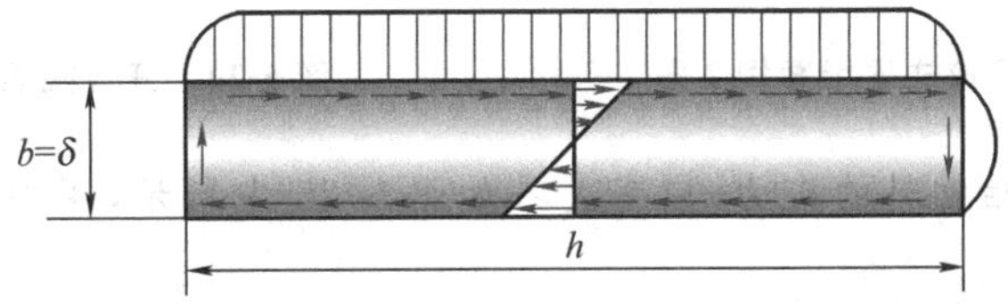

图 5-21　狭长矩形截面杆扭转时横截面上的剪应力分布

5.7.4 开放式思维案例

案例1 由两种不同材料组成的圆轴,里层和外层材料的切变模量分别为 G_1 和 G_2,且 $G_1=2G_2$。圆轴尺寸如图 5-22 所示。圆轴受扭时,里、外层之间无相对滑动。

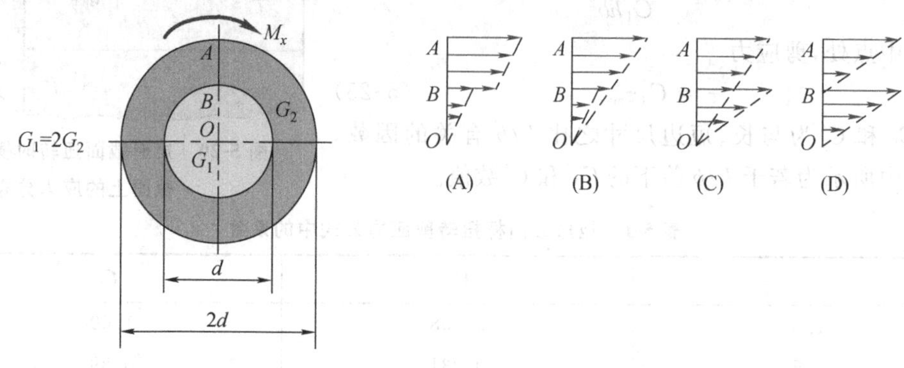

图 5-22 开放式思维案例 1 图

关于横截面上的剪应力分布,有图中(A)、(B)、(C)、(D)所示的四种结论,请判断哪一种是正确的?

案例2 已知承受扭转的圆轴,横截面直径为 d,截面上的扭矩为 M_x(图 5-23)。如果在扭矩 M_x 的作用下,圆轴的变形都是弹性的:

(1) 请写出 B 点的剪应力与扭矩 M_x 的关系式;

(2) 请采用最简单的方法确定以 OB 为半径的圆面积上剪应力所组成的扭矩。

案例3 已知承受扭转的圆轴,横截面直径为 d,截面上的扭矩为 M_x(图 5-24)。如果已经知道横截面上的最大剪应力为 $\tau_{\max}$。请分析:能不能确定扭矩 M_x 与最大剪应力 $\tau_{\max}$ 之间的关系?如果能,请写出二者之间关系的表达式;如果不能,请简单说明理由。

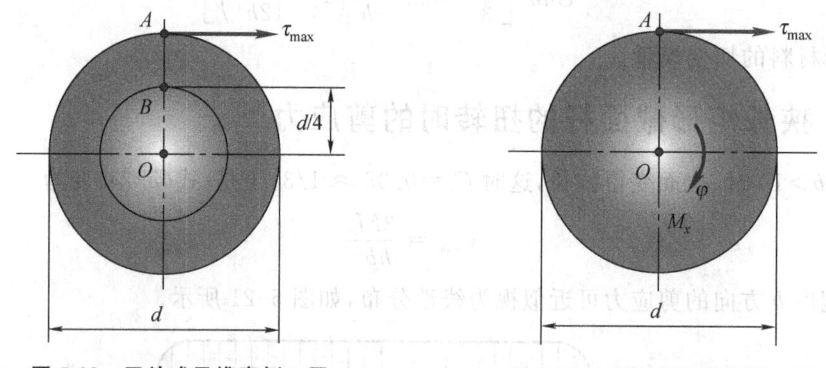

图 5-23 开放式思维案例 2 图　　图 5-24 开放式思维案例 3 图

案例4 受扭圆轴材料的应力-应变关系如图 5-25 中所示,图中 τ_s 为剪切屈服应力。试分析研究:

(1) B、C 两点的剪应力分别达到 τ_s 时,画出横截面上的扭转剪应力分布图。

(2) B、C 两点的剪应力分别达到 τ_s 时,计算 A 点的剪应力。

(3) B、C 两点的剪应力分别达到 τ_s 时,计算 A 点以内圆截面上的内力偶矩。

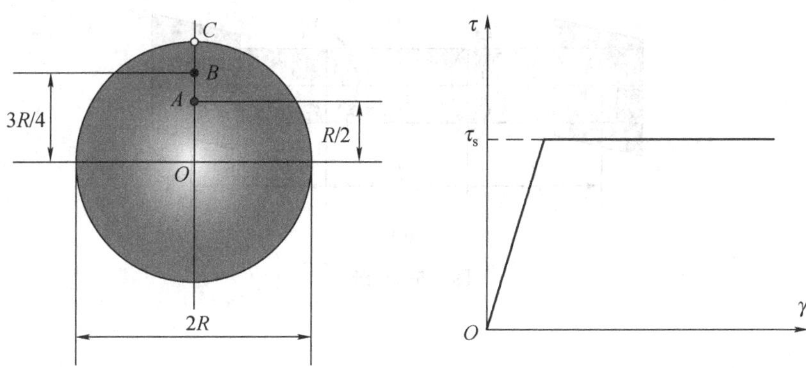

图 5-25　开放式思维案例 4 图

案例 5　闭口和开口薄壁圆管的平均直径(厚度中线的直径)均为 D，壁厚均为 δ。二管都承受纯扭转分别如图 5-26(a)和(b)所示。

(1) 分析研究两种情形下圆管横截面上的剪应力沿厚度方向是怎样分布的？画出沿厚度方向的剪应力分布图。

(2) 试用简化分析方法确定两种情形下横截面上的最大剪应力与平均直径 D 和 δ 之间的关系式。

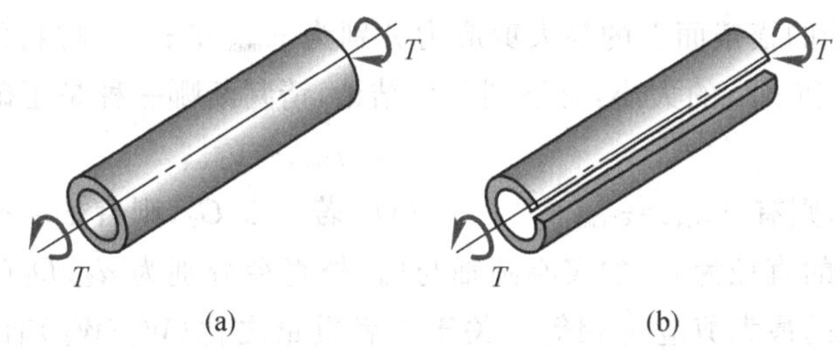

图 5-26　开放式思维案例 5 图

案例 6　两端固定的圆轴承受扭转载荷分别如图 5-27(a)、(b)、(c)所示。试应用最简单的平衡和变形分析方法，不通过具体运算，确定固定端的压缩力偶，并画出扭矩图。

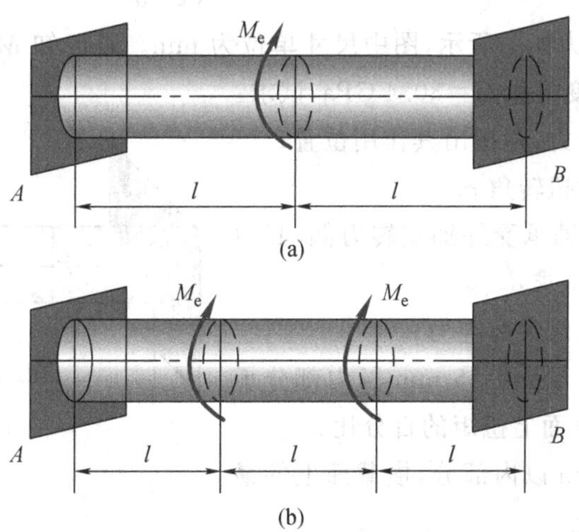

图 5-27　开放式思维案例 6 图

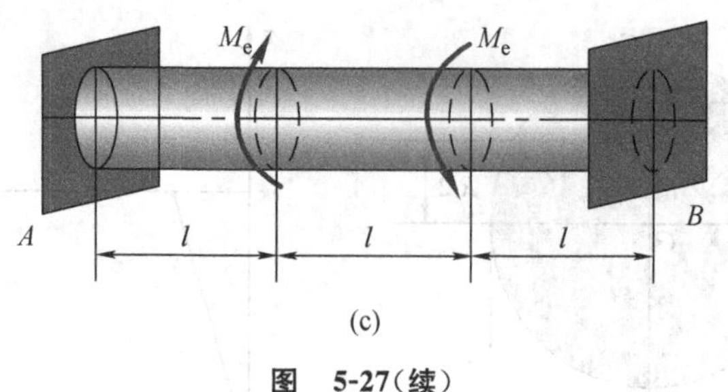

(c)

图 5-27(续)

习题

5-1 关于扭转剪应力公式 $\tau(\rho)=\dfrac{M_x\rho}{I_p}$ 的应用范围,有以下几种答案,请试判断哪一种是正确的。( )

(A) 等截面圆轴,弹性范围内加载　　(B) 等截面圆轴

(C) 等截面圆轴与椭圆轴　　(D) 等截面圆轴与椭圆轴,弹性范围内加载

5-2 两根长度相等、直径不等的圆轴受扭后,轴表面上母线转过相同的角度。设直径大的轴和直径小的轴的横截面上的最大剪应力分别为 $\tau_{1\max}$ 和 $\tau_{2\max}$,材料的切变模量分别为 G_1 和 G_2。关于 $\tau_{1\max}$ 和 $\tau_{2\max}$ 的大小,有下列四种结论,请判断哪一种是正确的。( )

(A) $\tau_{1\max}>\tau_{2\max}$　　(B) $\tau_{1\max}<\tau_{2\max}$

(C) 若 $G_1>G_2$,则有 $\tau_{1\max}>\tau_{2\max}$　　(D) 若 $G_1>G_2$,则有 $\tau_{1\max}<\tau_{2\max}$

5-3 长度相等的直径为 d_1 的实心圆轴与内、外直径分别为 d_2、D_2 ($\alpha=d_2/D_2$) 的空心圆轴,二者横截面上的最大剪应力相等。关于二者重量之比(W_1/W_2)有如下结论,请判断哪一种是正确的。( )

(A) $(1-\alpha^4)^{\frac{3}{2}}$　　(B) $(1-\alpha^4)^{\frac{3}{2}}(1-\alpha^2)$

(C) $(1-\alpha^4)(1-\alpha^2)$　　(D) $\dfrac{(1-\alpha^4)^{\frac{2}{3}}}{(1-\alpha^2)}$

5-4 变截面轴受力如图所示,图中尺寸单位为 mm。若已知 $M_{e1}=1765\ \text{N}\cdot\text{m}$,$M_{e2}=1171\ \text{N}\cdot\text{m}$,材料的切变模量 $G=80.4\ \text{GPa}$,试求:

(1) 轴内最大剪应力,并指出其作用位置;

(2) 轴内最大相对扭转角 $\varphi_{\max}$。

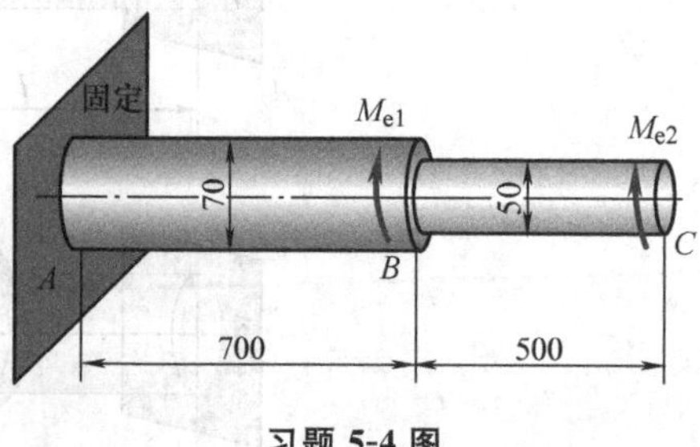

习题 5-4 图

5-5 图示实心圆轴承受外加扭转力偶,其力偶矩 $M_e=3\ \text{kN}\cdot\text{m}$。试求:

(1) 轴横截面上的最大剪应力;

(2) 轴横截面上半径 $r=15$ mm 以内部分承受的扭矩所占全部横截面上扭矩的百分比;

(3) 去掉 $r=15$ mm 以内部分,横截面上的最大剪应力增加的百分比。

5-6　同轴线的芯轴 AB 与轴套 CD，在 D 处二者无接触，而在 C 处焊成一体。轴的 A 端承受扭转力偶作用，如图所示。已知轴直径 $d=66$ mm，轴套外直径 $D=80$ mm，厚度 $\delta=6$ mm；材料的许用剪应力$[\tau]=60$ MPa。试求结构所能承受的最大外力偶矩。

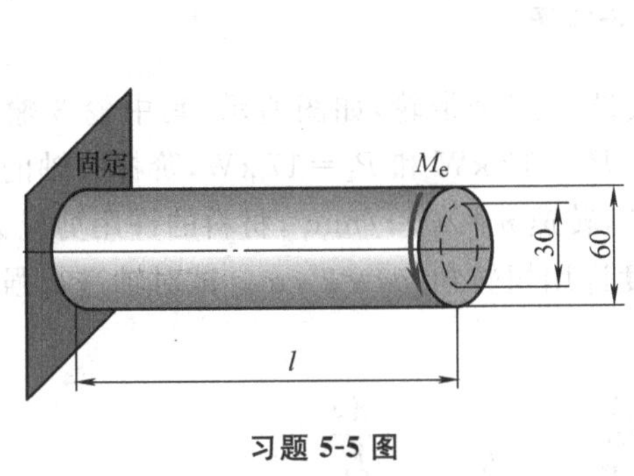

习题 5-5 图

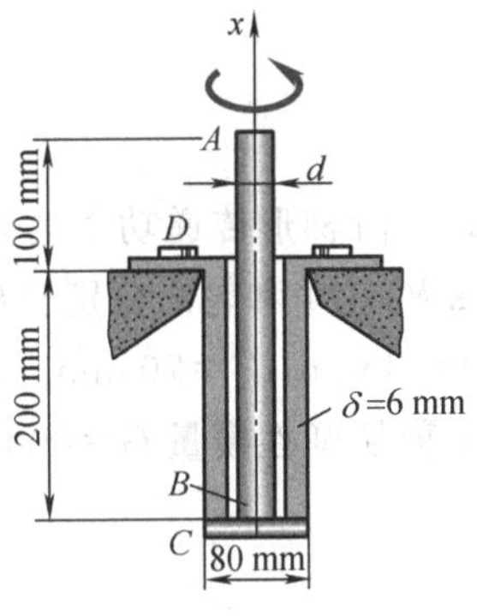

习题 5-6 图

5-7　由同一材料制成的实心和空心圆轴，二者长度和质量均相等。设实心轴半径为 R_0，空心圆轴的内、外半径分别为 R_1 和 R_2，且 $R_1/R_2=n$；二者所承受的外加扭转力偶矩分别为 M_{es} 和 M_{eh}。若二者横截面上的最大剪应力相等，试证明：

$$\frac{M_{es}}{M_{eh}}=\frac{\sqrt{1-n^2}}{1+n^2}$$

5-8　图示圆轴的直径 $d=50$ mm，外力偶矩 $M_e=1$ kN·m，材料的 $G=82$ GPa。试求：

(1) 横截面上 A 点处($\rho_A=d/4$)的剪应力和相应的剪应变；

(2) 最大剪应力和单位长度相对扭转角。

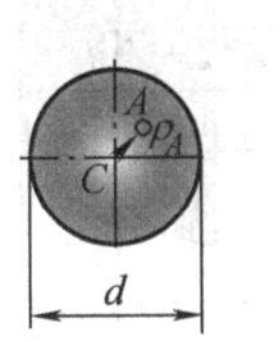

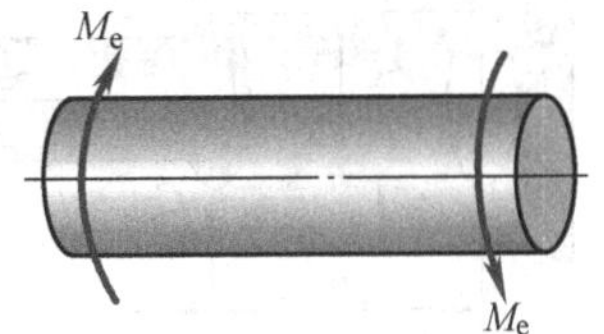

习题 5-8 图

5-9　已知圆轴的转速 $n=300$ r/min，传递功率 450 马力，材料的 $[\tau]=60$ MPa，$G=82$ GPa。要求在 2 m 长度内的相对扭转角不超过 1°，试求该轴的直径。

5-10　钢制实心轴和铝制空心轴(内外径比值 $\alpha=0.6$)的横截面面积相等。$[\tau]_{钢}=80$ MPa，$[\tau]_{铝}=50$ MPa。若仅从强度条件考虑，哪一根轴能承受较大的扭矩？

5-11　化工反应器的搅拌轴由功率 $P=6$ kW 的电动机带动，转速 $n=30$ r/min，轴由外直径 $D=89$ mm、壁厚 $t=10$ mm 的钢管制成，材料的许用切应力$[\tau]=50$ MPa。试校核轴的扭转强度。

5-12　功率为 150 kW、转速为 15.4 r/s(转/秒)的电机轴如图所示。其中 $d_1=135$ mm，$d_2=75$ mm，$d_3=90$ mm，$d_4=70$ mm，$d_5=65$ mm。轴外伸端装有胶带轮。试对轴的扭转强度进行校核。

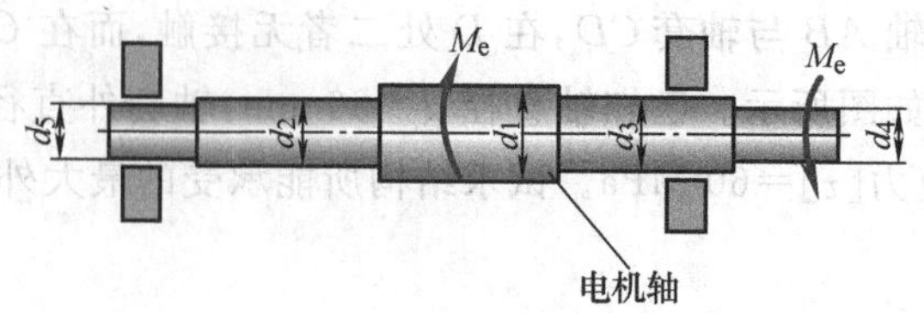

习题 5-12 图

5-13 阶梯形传递功率的阶梯圆轴上安装有三个带轮，如图所示，其中轮 3 输入功率 $P_3=30\text{ kW}$，轮 1 和轮 2 分别输出功率分别为 $P_1=13\text{ kW}$ 和 $P_2=17\text{ kW}$，阶梯圆轴的直径分别为 $d_1=40\text{ mm}$，$d_2=70\text{ mm}$。轴作匀速转动，转速 $n=200\text{ r/min}$，材料的许用剪应力 $[\tau]=60\text{ MPa}$；剪切弹性模量 $G=80\text{ GPa}$，单位长度许用扭转角 $[\theta]=2°/\text{m}$。试对轴进行强度和刚度校核。

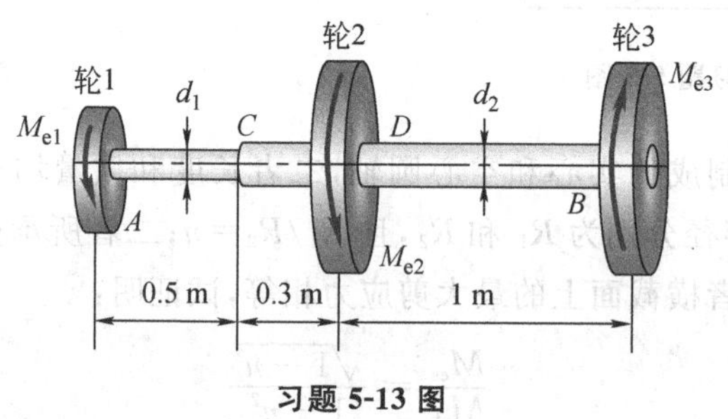

习题 5-13 图

5-14 图示为一两端固定的阶梯状圆轴，在截面突变处受外力偶矩 M_e。若 $d_1=2d_2$。试求固定端的支反力偶 M_A 和 M_B。

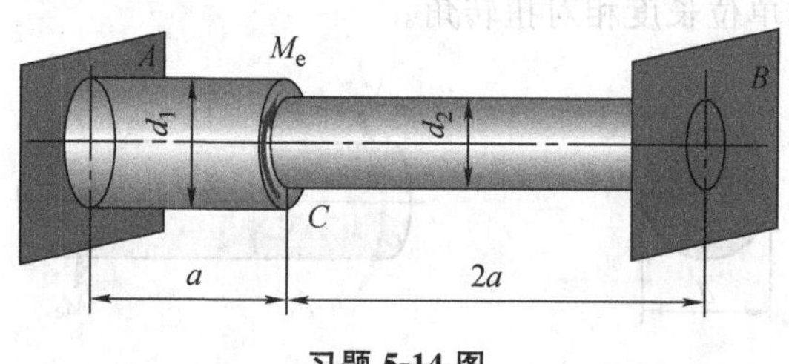

习题 5-14 图

第6章 剪力图与弯矩图

杆件承受垂直于其轴线的外力或位于其轴线所在平面内的力偶作用时，其轴线将弯曲成曲线，这种受力与变形形式称为**弯曲**(bending)。主要承受弯曲的杆件称为**梁**(beam)。

在外力作用下，梁的横截面上将产生剪力和弯矩两种内力分量。在很多情形下，剪力和弯矩沿梁长度方向的分布不是均匀的。对梁进行强度计算，需要知道哪些横截面可能最先发生失效，这些横截面称为危险面。弯矩和剪力最大的横截面就是首先需要考虑的危险面。研究梁的位移和刚度设计虽然没有危险面的问题，但是也必须知道弯矩沿梁长度方向是怎样变化的。

本章首先介绍怎样利用力系简化的方法确定梁横截面上的剪力和弯矩，以此为基础建立剪力方程和弯矩方程；然后导出讨论载荷、剪力、弯矩之间的微分关系；在上述两方面的基础上，介绍绘制剪力图与弯矩图的方法与过程。此外，本章还将计算刚架内力图的绘制方法。

6.1 承弯构件的力学模型与工程中的承弯构件

材料力学中将主要承受弯曲的杆件简化为梁，可以说梁就是承受弯曲的杆件的力学模型。有些结构或者结构的局部，形式上不属于杆件，但是，进行总体结构设计时，有时也需要将其视为梁。从这个意义上讲，梁又是一个广义的概念——泛指主要承受弯曲的构件、部件以及结构整体等。

根据梁的支承形式和支承位置不同，梁可以分为：悬臂梁(图 6-1(a))、简支梁(图 6-1(b))、外伸梁(图 6-1(c)、(d))。

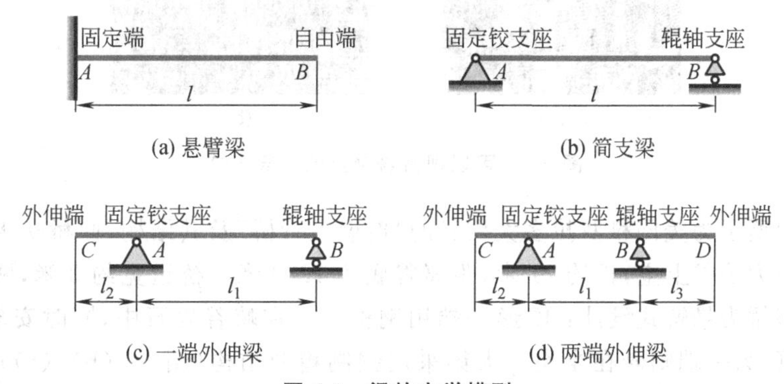

图 6-1 梁的力学模型

悬臂梁的一端固定、另一端自由(没有支承或约束)。简支梁的一端为固定铰支座、另一端为辊轴支座。外伸梁有一个固定铰支座和一个辊轴支座,这两个支座中有一个不在梁的端点、或者两个都不在梁的端点,分别称为一端外伸梁和两端外伸梁。

工程结构的设计中,可以看作梁的对象很多。

图 6-2 中,直升机旋翼的桨叶可以看成一端固定、另一端自由的悬臂梁,在重力和空气动力作用下桨叶将发生弯曲变形。

图 6-2 可以简化为悬臂梁的直升机旋翼的桨叶

高层建筑(图 6-3(a)、(b))和古塔(图 6-4)在风载的作用下将发生弯曲变形,总体设计时,可以看作下端固定、上端自由的悬臂梁。

(a)

(b)

图 6-3 可以视为悬臂梁的高层建筑

图 6-5(a)所示为美国科罗拉多大峡谷的"玻璃人行桥"及其结构,此桥从大峡谷南端的飞鹰峰延伸至大峡谷上空,长约 21 米,距离谷底约 1220 米。桥道宽约 3 米,两边由强化玻璃包围。这座桥为悬臂式设计:U 形一端用钢桩固定在峡谷岩石中,同时安放了重达 220 吨左右的钢管;另一端则悬在半空。大梁采用钢制箱型结构(图 6-5(b)、(c)),总重约 485 吨,相当于 4 架波音 757 喷气式飞机的总重量。除了钢梁的自重外,还将承受两万游客的重

图 6-4　可简化为悬臂梁的古塔

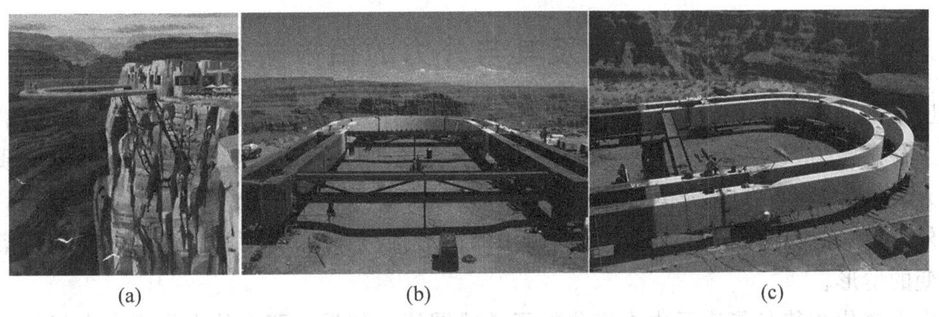

(a)　(b)　(c)

图 6-5　架在空中的悬臂梁

量以及时速 160 公里的大风的风载。因此，可以说这是架在“空中的巨型悬臂梁”。

图 6-6 所示为大自然中的“悬臂梁”——独根草，多年生草本植物，具有粗壮的根状茎，生长在山谷和悬崖石缝处，为我国特有。

工厂车间内的行车(图 6-7)的大梁，通过行走轮支承在车间两侧的轨道上，可以看作为简支梁。大梁设计中除了考虑起吊设备(马达)和起吊重物的重量外，还有考虑大梁自身的质量，前者为集中力，后者为均布载荷。

图 6-6　大自然中的“悬臂梁”——独根草

图 6-7　工厂车间内的行车可以简化为简支梁

工程中可以简化为外伸梁的对象也不少见。例如图 6-8 中所示的整装待运的化工容器，可以简化为承受均匀分布载荷(自重和装载物质量)的两端外伸梁；图 6-9 中为正在吊装的风力发电机叶片，这时的叶片可以简化为在自重作用下的两端外伸梁，不过这时作用在叶片上的自重载荷不是均匀分布载荷，而是非均匀分布载荷。

图 6-8 静置的化工容器可以简化为承受均布载荷的外伸梁

图 6-9 吊装中风电叶片可以简化为承受非均匀分布载荷的外伸梁

6.2 梁的内力及其与外力的相依关系

6.2.1 梁横截面上的内力及其与外力的相依关系

应用截面法将梁截开,应用平衡的概念和方法,不难证明:在平面载荷作用下,梁的横截面上存在剪力($\boldsymbol{F}_\mathrm{Q}$)和弯矩($M$)两个内力分量。还可以证明:当梁上的外力(包括载荷与约束力)沿梁的轴线方向发生突变时,剪力($\boldsymbol{F}_\mathrm{Q}$)和弯矩($M$)的变化规律也将发生变化。

外力突变是指有集中力、集中力偶作用的情形,或是分布载荷间断以及分布载荷集度发生突变的情形。

内力变化规律是指表示内力变化的函数或图线。如果在两个外力作用点之间的杆件上没有其他外力作用,则这一段杆件所有横截面上的内力可以用同一个数学方程或者同一图线描述。

例如,图 6-10(a)中所示平面载荷作用的杆,其上的 A—B、C—D、E—F、F—G、H—I、I—J、K—L、M—N 等各段内力分别按不同的函数规律变化。

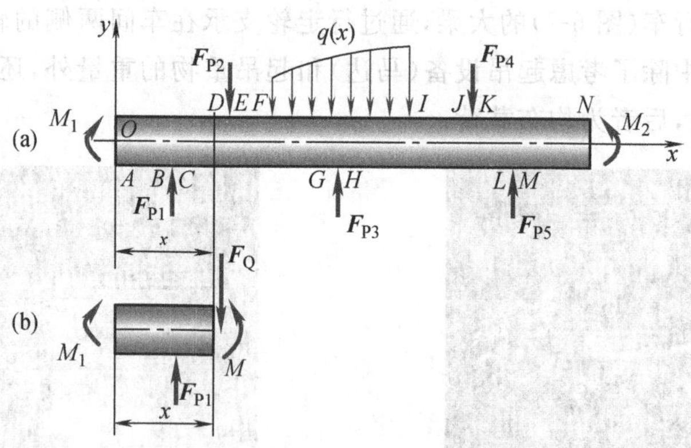

图 6-10 杆件内力与外力的变化有关

6.2.2 剪力和弯矩的正负号规则

确定反映梁上剪力和弯矩变化的函数或方程,都必须首先约定二者的正负号规则。

约定剪力和弯矩的正负号规则的原则是:必须保证梁的同一处两侧截面上的剪力或弯

矩具有相同的正负号。

据此对剪力和弯矩的正负号作如下规定：

使梁的截开部分产生顺时针方向转动趋势的剪力为正，使截开部分产生逆时针方向转动趋势的剪力为负。

梁在弯矩作用下发生弯曲后，一部分受拉；另一部分受压。使梁的上面受压、下面受拉的弯矩为正；使梁的上面受拉、下面受压的弯矩为负，图 6-11 中所示之剪力和弯矩都是正的。

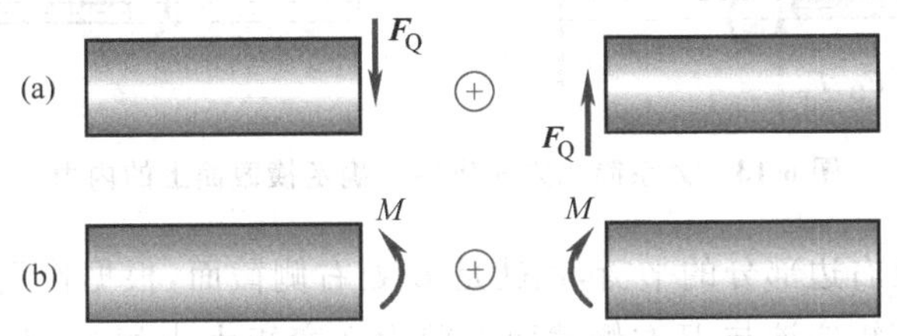

图 6-11　内力分量的正负号规则

6.2.3　控制面

根据以上分析，在一段梁上，内力按一种函数规律变化，这一段梁的两个端截面称为**控制面**(control cross-section)。控制面也就是函数定义域的两个端点。据此，下列截面均可能为控制面：

(1) 集中力作用点两侧截面。

(2) 集中力偶作用点两侧截面。

(3) 集度相同的均布载荷起点和终点处截面。

图 6-12 中所示杆件上的 A、B、C、D、E、F、G、H、I、J、K、L、M、N 等截面都是控制面。

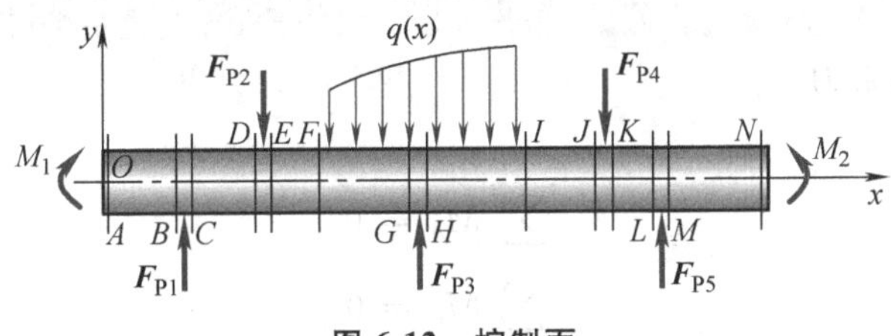

图 6-12　控制面

6.3　应用力系简化方法确定梁横截面上的剪力与弯矩

上一节介绍了应用截面法和平衡条件确定梁横截面上剪力和弯矩的方法。实际操作过程过于烦琐和复杂。为了简便、快速而正确地确定梁任意横截面上的剪力和弯矩，采用力系简化方法，是一种很好的选择。

以图 6-13(a)中的悬臂梁为例：为求 B 截面上的剪力和弯矩，可以将梁从 B 处截开，考察左边部分平衡，将作用在 A 点外力 $\boldsymbol{F}_P$ 向 B 处简化，得到一力和一力偶，其值分别 F_P 和 F_Pa，但是，二者仍然是外力，而不是 B 截面上的剪力和弯矩。横截面上剪力 $\boldsymbol{F}_Q$ 和弯矩 M 分别与二者大小相等、方向相反，如图 6-13(b)所示。这样还显得不方便。

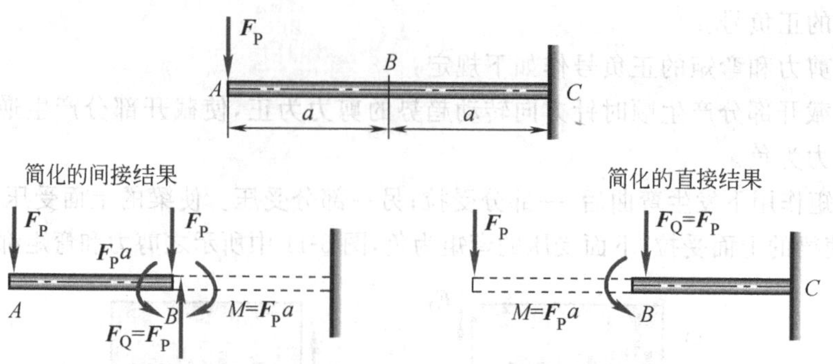

图 6-13 力系简化方法应用于确定横截面上的内力

如果考察截开处右边部分的平衡,也就是 B 处右侧截面,根据作用与反作用关系,这一侧截面上的剪力和弯矩应该与 B 左侧截面上剪力和弯矩大小相等、方向相反如图 6-13(c)所示,而这就是外力 $\boldsymbol{F}_P$ 由 A 向 B 简化的结果。

于是,可以作出下列重要结论:将外力向所要求内力的截面简化时,对于与外力处于同一侧的截面,简化的结果仍然是外力,而不是内力;但是,对于与外力不在同一侧的截面,简化的结果就是这一侧截面上的内力。

这一方法将使确定横截面上剪力和弯矩的过程大为简化,无需将梁一一截开,只需在控制面处作一记号,然后将外力向该处简化,即可确定该截面上剪力和弯矩大小及其正负号。实际分析时,如果概念清楚,也可以不作任何记号。

【例题 6-1】 外伸梁受载荷作用如图 6-14(a)所示。图中截面 1—1 和 2—2 都无限接近于截面 A,截面 3—3 和 4—4 也都无限接近于截面 D。试求:图示各截面的剪力和弯矩。

解:(1) 确定约束力

根据平衡条件

$$\sum M_A = 0$$

$$\sum M_B = 0$$

求得

$$F_{Ay} = \frac{5}{4}F_P,\quad F_{By} = -\frac{1}{4}F_P$$

其中 F_{By} 的负号表示这一约束力与图 6-14(a)中所假设的方向相反。下面的计算中改为正确方向,即向下。

(2) 求截面 1—1 上的剪力和弯矩

将 1—1 截面左侧的力 F_P 向 1—1 右侧截面简化,得到剪力 F_{Q1} 和弯矩 M_1,方向如图 6-14(b)所示;大小分别为

$$F_{Q1} = -F_P$$

$$M_1 = -2F_Pl$$

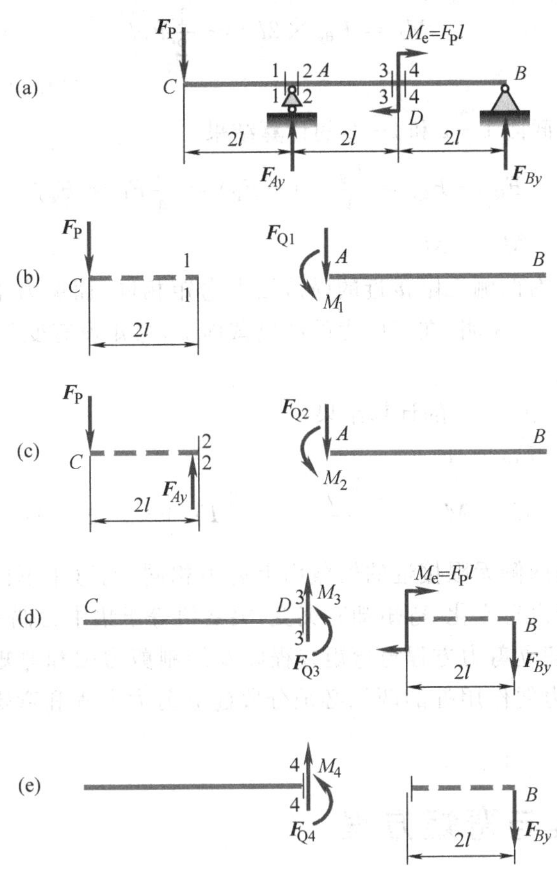

图 6-14　例题 6-1 图

(3) 求截面 2—2 上的内力

将 2—2 截面左侧的力 $\boldsymbol{F}_P$ 和 $\boldsymbol{F}_{Ay}$ 分别向 2—2 右侧截面简化，得到剪力 $\boldsymbol{F}_{Q2}$ 和弯矩 M_2，方向如图 6-14(c)所示；大小分别为

$$F_{Q2}=F_{Ay}-F_P=\frac{5}{4}F_P-F_P=\frac{1}{4}F_P\quad(\text{与图中假设方向相反})$$

$$M_2=-2F_Pl$$

(4) 求截面 3—3 的内力

将 3—3 截面右侧的力 $\boldsymbol{F}_{By}$ 和外加力偶 $M_e=F_Pl$ 分别向 3—3 左侧截面简化，得到剪力 $\boldsymbol{F}_{Q3}$ 和弯矩 M_3，方向如图 6-14(d)所示；大小分别为

$$F_{Q3}=-F_{By}=\frac{F_P}{4}$$

$$M_3=-F_Pl-\frac{F_P}{4}\times 2l=-\frac{3}{2}F_Pl$$

(5) 求截面 4—4 上的内力

将 4—4 截面右侧的力 $\boldsymbol{F}_{By}$ 向 4—4 左侧截面简化，得到剪力 $\boldsymbol{F}_{Q4}$ 和弯矩 M_4，方向如图 6-14(e)所示；大小分别为

$$F_{Q4}=-F_{By}=\frac{F_P}{4}$$

$$M_4 = F_{By} \times 2l = -\frac{1}{2}F_P l$$

(6) 本例小结

① 比较所得到的截面1—1和2—2的计算结果

$$F_{Q2} - F_{Q1} = \frac{F_P}{4} - (-F_P) = \frac{5}{4}F_P = F_{Ay}$$

$$M_2 = M_1$$

可以发现,在集中力左右两侧无限接近的横截面上弯矩相同,而剪力不同,剪力相差的数值等于该集中力的数值。这表明,在集中力的两侧截面上,弯矩没有变化,剪力却有突变,突变值等于集中力的数值。

② 比较截面3—3和4—4的计算结果

$$F_{Q4} = F_{Q3}$$

$$M_4 - M_3 = \frac{-F_P l}{2} - \left(-\frac{3}{2}F_P l\right) = F_P l = M$$

可以发现,在集中力偶两侧无限接近的横截面上剪力相同,而弯矩不同。这表明,在集中力偶的两侧截面上,剪力没有变化,弯矩却有突变,突变值等于集中力偶的数值。

上述结果为以后建立剪力方程与弯矩方程以及绘制剪力图和弯矩图,提供了重要的启示:在集中力和集中力偶作用处的两侧必须分段建立剪力方程和弯矩方程;二者的图形也因此而异。

6.4 剪力方程与弯矩方程

一般受力情形下,梁内剪力和弯矩将随横截面位置的改变而发生变化。描述梁的剪力和弯矩沿长度方向变化的代数方程,分别称为**剪力方程**(equation of shearing force)和**弯矩方程**(equation of bending moment)。

为了建立剪力方程和弯矩方程,必须首先建立 Oxy 坐标系,其中 O 为坐标原点,x 坐标轴与梁的轴线一致,坐标原点 O 一般取在梁的左端,x 坐标轴的正方向自左至右,y 坐标轴铅垂向上。

建立剪力方程和弯矩方程时,需要根据梁上的外力(包括载荷和约束力)作用状况,确定控制面,从而确定要不要分段,以及分几段建立剪力方程和弯矩方程。

确定了分段之后,首先,在每一段中任意取一横截面,假设这一横截面的坐标为 x;然后应用力系简化即可得到剪力 $F_Q(x)$ 和弯矩 $M(x)$ 的表达式,这就是所要求的剪力方程 $F_Q(x)$ 和弯矩方程 $M(x)$。

这一方法和过程实际上与例题6-1中所介绍的确定指定横截面上的剪力和弯矩的方法和过程是相似的,所不同的,现在的指定横截面是坐标为 x 的横截面。

需要特别注意的是,在剪力方程和弯矩方程中,x 是变量,而 $F_Q(x)$ 和 $M(x)$ 则是 x 的函数。

【例题 6-2】 图6-15(a)中所示之简支梁。梁上承受集度为 q 的均布载荷作用,梁的长度为 $2l$。试写出该梁的剪力方程和弯矩方程。

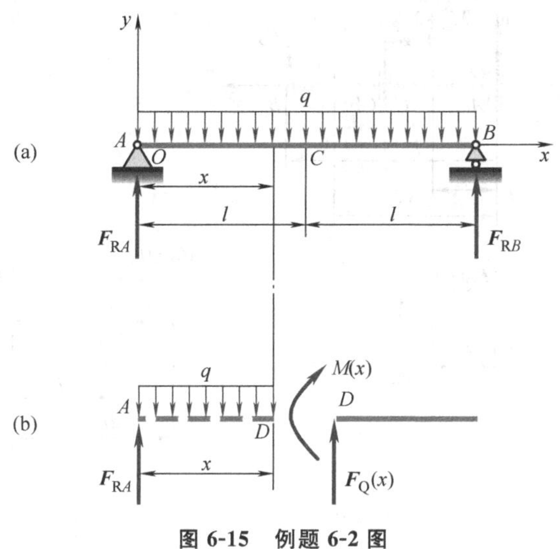

图 6-15　例题 6-2 图

解：(1) 确定约束力

因为只有铅垂方向的外力，所以支座 A 的水平约束力等于零。又因为梁的结构及受力都是对称的，故支座 A 与支座 B 处铅垂方向的约束力相同。于是，根据平衡条件不难求得：

$$F_{RA} = F_{RB} = ql$$

(2) 确定控制面和分段

因为梁上只作用有连续分布载荷(载荷集度没有突变)，没有集中力和集中力偶的作用，所以，从 A 到 B 梁的横截面上的剪力和弯矩可以分别用一个方程描述，因而无须分段建立剪力方程和弯矩方程。

(3) 建立 Axy 坐标系

以梁的左端 A 为坐标原点，建立 Axy 坐标系，如图 6-15(a)所示。

(4) 确定剪力方程和弯矩方程

以 A、B 之间坐标为 x 的任意截面为假想截面，将这一截面左侧的力 F_{Ay} 和分布载荷的合力 qx 向右侧简化，如图 6-14(b)所示，由 F_{RA} 简化得到的剪力和弯矩均为正；由 qx 简化得到的剪力和弯矩均为负。于是，得到梁的剪力方程和弯矩方程

$$F_Q(x) = F_{RA} - qx = ql - qx \quad (0 < x < 2l)$$

$$M(x) = qlx - \frac{qx^2}{2} \quad (0 \leqslant x \leqslant 2l)$$

这一结果表明，梁上的剪力方程是 x 的线性函数；弯矩方程是 x 的二次函数。

【例题 6-3】　悬臂梁在 B、C 两处分别承受集中力 $\boldsymbol{F}_P$ 和集中力偶 $M=2F_Pl$ 作用，如图 6-16(a)所示。梁的全长为 $2l$。试写出梁的剪力方程和弯矩方程。

解：(1) 确定控制面与分段

由于梁在固定端 A 处作用有约束力、自由端 B 处作用有集中力、中点 C 处作用有集中力偶，所以，截面 A、B、C 均为控制面。因此，需要分为 AC 和 CB 两段建立剪力和弯矩方程。

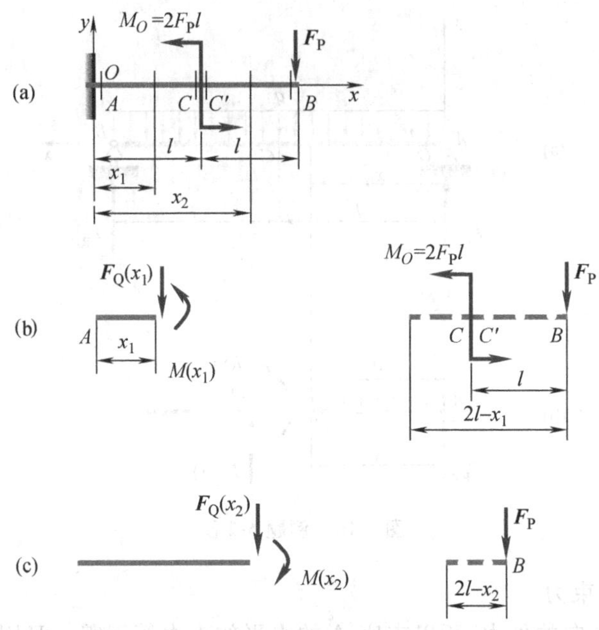

图 6-16 例题 6-3 图

(2) 建立 Axy 坐标系

以梁的左端 A 为坐标原点,建立 Axy 坐标系,如图 6-16(a)所示。

(3) 建立剪力方程和弯矩方程

在 AC 和 CB 两段分别用力系简化方法建立剪力和弯矩方程。

对于 AC 段:将坐标 x_1 右侧的力 $\boldsymbol{F}_P$ 和力偶 $M_O=2F_Pl$ 向左侧简化,根据剪力和弯矩的正负号规则,得到这一段的剪力和弯矩方程:

$$F_Q(x_1)=F_P \quad (0<x_1\leqslant l)$$

$$M(x_1)=M_O-F_P(2l-x_1)=2F_Pl-F_P(2l-x_1)=F_Px_1 \quad (0\leqslant x_1<l)$$

对于 CB 段:将坐标 x_2 右侧的力 $\boldsymbol{F}_P$ 向左侧简化,根据剪力和弯矩的正负号规则,得到这一段的剪力和弯矩方程:

$$F_Q(x_2)=F_P \quad (l\leqslant x_2<2l)$$

$$M(x_2)=-F_P(2l-x_2) \quad (l<x_2\leqslant 2l)$$

上述结果表明,AC 段和 CB 段的剪力方程是相同的;弯矩方程则不同,但都是 x 的线性函数。

此外,需要指出的是,本例中,因为都是将截面右侧的力向左侧截面简化,因而与固定端 A 处的约束力无关,所以无需先确定约束力。

6.5 剪力、弯矩与载荷集度之间的微分关系

考查仅在 Oxy 平面有外力作用的情形,如图 6-17(a)所示,假设载荷集度 q 向上为正。

用坐标为 x 和 $x+\mathrm{d}x$ 的两个相邻横截面从受力的梁上截取长度为 $\mathrm{d}x$ 的微段,如图 6-17(b)所示,微段的两侧横截面上的剪力和弯矩分别为

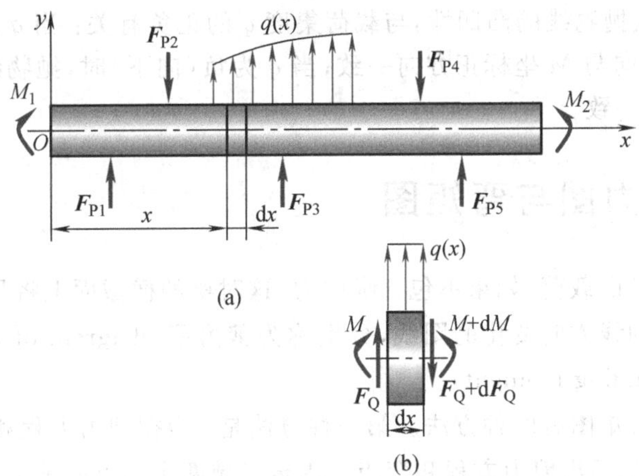

图 6-17　载荷集度、剪力、弯矩之间的微分关系

x 横截面　　　F_Q，M

$x+\mathrm{d}x$ 横截面　$F_Q+\mathrm{d}F_Q$，$M+\mathrm{d}M$

由于 $\mathrm{d}x$ 为无穷小距离，因此微段梁上的分布载荷可以看作是均匀分布的，即

$$q(x)=\text{常数}$$

考查微段的平衡，由平衡方程可知

$$\sum F_y=0:\quad F_Q+q(x)\mathrm{d}x-(F_Q+\mathrm{d}F_Q)=0$$

$$\sum M_C=0:\quad -M-F_Q\mathrm{d}x+q(x)\mathrm{d}x\left(\frac{\mathrm{d}x}{2}\right)+(M+\mathrm{d}M)=0$$

忽略力矩平衡方程中的二阶小量，得到

$$\left.\begin{aligned}\frac{\mathrm{d}F_Q}{\mathrm{d}x}&=q(x)\\ \frac{\mathrm{d}M}{\mathrm{d}x}&=F_Q\end{aligned}\right\}\tag{6-1a}$$

将其中的第 2 式再对 x 求一次导数，便得到

$$\frac{\mathrm{d}^2M}{\mathrm{d}x^2}=q(x)\tag{6-1b}$$

这就是载荷集度、剪力、弯矩之间的微分关系。因为上三式是根据平衡原理和平衡方法得到的，是整体平衡与局部平衡概念的进一步扩展，所以又称为平衡微分方程。

上述微分关系式(6-1)表明，剪力图和弯矩图图线的几何形状与作用在梁上的载荷集度有关：

(1) 剪力图的斜率等于作用在梁上的均布载荷集度；弯矩图在某一点处斜率等于对应截面处剪力的数值。

(2) 如果一段梁上没有分布载荷作用，即 $q=0$，这一段梁上剪力的一阶导数等于零，则剪力方程为常数，因此，这一段梁的剪力图为平行于 x 轴的水平直线；弯矩的一阶导数等于常数，弯矩方程为 x 的线性函数，因此，弯矩图为斜直线。

(3) 如果一段梁上作用有均布载荷，即 $q=$常数，这一段梁上剪力的一阶导数等于常数，则剪力方程为 x 的线性函数，因此，这一段梁的剪力图为斜直线；弯矩的一阶导数为 x 的线性函数，弯矩方程为 x 的二次函数，因此弯矩图为二次抛物线。

(4) 弯矩图二次抛物线的凸凹性,与载荷集度 q 的正负有关:当 q 为正(向上)时,抛物线为凹曲线,凹的方向与 M 坐标正方向一致;当 q 为负(向下)时,抛物线为凸曲线,凸的方向与 M 坐标正方向一致。

6.6 梁的剪力图与弯矩图

作用在梁上的平面载荷,如果不包含纵向力,这时梁的横截面上将只有弯矩和剪力。表示剪力和弯矩沿梁轴线方向变化的图线,分别称为**剪力图**(diagram of shearing force)和**弯矩图**(diagram of bending moment)。

绘制剪力图和弯矩图有两种方法。第一种方法是:根据剪力方程和弯矩方程,在 F_Q-x 和 M-x 坐标系中首先标出剪力方程和弯矩方程定义域两个端点的剪力值和弯矩值,得到相应的点;然后按照剪力和弯矩方程的类型,绘制出相应的图线,便得到所需要的剪力图与弯矩图。第二种方法是:先在 F_Q-x 和 M-x 坐标系中标出控制面上的剪力和弯矩数值,然后应用载荷集度、剪力、弯矩之间的微分关系,确定控制面之间的剪力和弯矩图线的形状,无需首先建立剪力方程和弯矩方程。本书推荐第二种方法。

根据载荷集度、剪力和弯矩之间的微分关系绘制剪力图和弯矩图,主要步骤如下:

(1) 根据载荷及约束力的作用位置,确定控制面;

(2) 应用截面法确定控制面上的剪力和弯矩的数值(包括正负号);

(3) 建立 F_Q-x 和 M-x 坐标系,并将控制面上的剪力和弯矩值标在上述坐标系中,得到若干相应的点;

(4) 根据载荷集度、剪力和弯矩之间的微分关系,由梁上的载荷作用状况确定控制面之间剪力图和弯矩图图线的形状,得到所需要的剪力图与弯矩图。

下面举例说明之。

【例题 6-4】 简支梁受力的大小和方向如图 6-18(a)所示。试画出其剪力图和弯矩图,并确定剪力和弯矩绝对值的最大值:$|F_Q|_{max}$ 和 $|M|_{max}$。

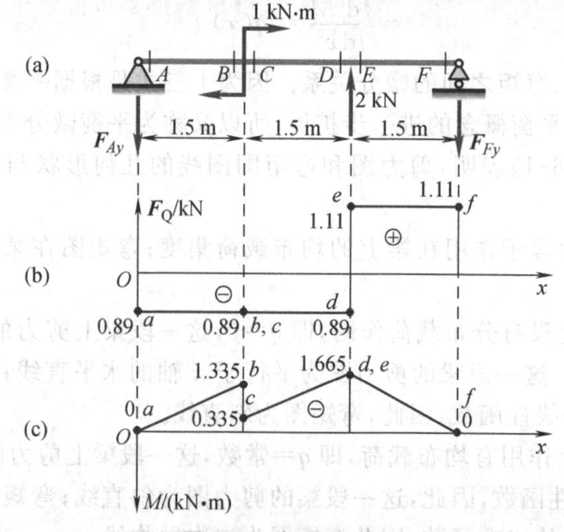

图 6-18 例题 6-4 图

解：(1) 确定约束力

根据力矩平衡方程

$$\sum M_A = 0, \quad \sum M_B = 0$$

可以求得 A、F 两处的约束力

$$F_{Ay} = 0.89\ \text{kN}, \quad F_{Fy} = 1.11\ \text{kN}$$

方向如图 6-18(a)中所示。

(2) 建立坐标系

建立 F_Q-x 和 M-x 坐标系，分别如图 6-18(b)和(c)所示。

(3) 确定控制面及控制面上的剪力和弯矩值

在集中力和集中力偶作用处的两侧截面以及支座反力内侧截面均为控制面，即图 6-18(a)中所示 A、B、C、D、E、F 各截面均为控制面。

应用力系简化方法，求得这些控制面上的剪力和弯矩值分别为

A 截面：　$F_Q=-0.89\ \text{kN}$，　$M=0$

B 截面：　$F_Q=-0.89\ \text{kN}$，　$M=-1.335\ \text{kN}\cdot\text{m}$

C 截面：　$F_Q=-0.89\ \text{kN}$，　$M=-0.335\ \text{kN}\cdot\text{m}$

D 截面：　$F_Q=-0.89\ \text{kN}$，　$M=-1.665\ \text{kN}\cdot\text{m}$

E 截面：　$F_Q=1.11\ \text{kN}$，　$M=-1.665\ \text{kN}\cdot\text{m}$

F 截面：　$F_Q=1.11\ \text{kN}$，　$M=0$

将这些值分别标在 F_Q-x 和 M-x 坐标系中，便得到 a、b、c、d、e、f 各点，如图 6-18(b)、(c)所示。

(4) 根据微分关系连图线

因为梁上无分布载荷作用，所以剪力 F_Q 图形均为平行于 x 轴的直线；弯矩 M 图形均为斜直线。于是，顺序连接 F_Q-x 和 M-x 坐标系中的 a、b、c、d、e、f 各点，便得到梁的剪力图与弯矩图，分别如图 6-18(b)、(c)所示。

从图 6-19 中不难得到剪力与弯矩的绝对值的最大值分别为

$$|F_Q|_{\max} = 1.11\ \text{kN}\quad（发生在 EF 段）$$

$$|M|_{\max} = 1.665\ \text{kN}\quad（发生在 D、E 截面上）$$

本例讨论

从所得到的剪力图和弯矩图中不难看出 AB 段与 CD 段的剪力相等，因而这两段内的弯矩图具有相同的斜率。此外，在集中力作用点两侧截面上的剪力是不相等的，而在集中力偶作用处两侧截面上的弯矩是不相等的，其差值分别为外加集中力与集中力偶的数值，这是由于维持 DE 小段和 BC 小段梁的平衡所必需的。建议读者自行加以验证。

【例题 6-5】 图 6-19(a)所示梁由一个固定铰链支座和一个辊轴支座所支承，但是梁的一端向外伸出，这种梁称为**外伸梁**(overhanding beam)。外伸梁的受力以及各部分的尺寸均示于图中。试画出梁的剪力图与弯矩图，并确定剪力和弯矩绝对值的最大值：$|F_Q|_{\max}$和$|M|_{\max}$。

解：(1) 确定约束力

根据梁的整体平衡，由

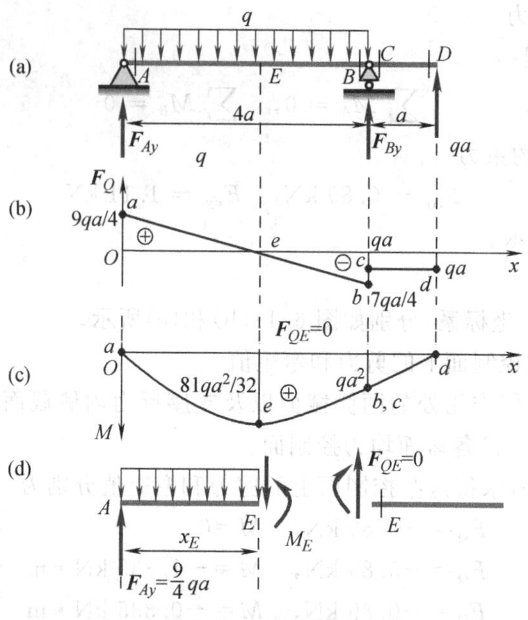

图 6-19　例题 6-5 图

$$\sum M_A = 0, \quad \sum M_B = 0$$

可以求得 A、B 两处的约束力

$$F_{Ay} = \frac{9}{4}qa, \quad F_{By} = \frac{3}{4}qa$$

方向如图 6-19(a)中所示。

(2) 建立坐标系

建立 F_Q-x 和 M-x 坐标系，分别如图 6-19(b)和(c)所示。

(3) 确定控制面及控制面上的剪力和弯矩值

由于 AB 段上作用有连续分布载荷，故 A、B 两个截面为控制面，约束力 $\boldsymbol{F}_{By}$ 右侧的 C 截面，以及集中力 qa 左侧的 D 截面，也都是控制面。

应用力系简化方法，求得 A、B、C、D 四个控制面上的 F_Q、M 数值分别为

A 截面：　　$F_Q = \frac{9}{4}qa$，　$M = 0$

B 截面：　　$F_Q = -\frac{7}{4}qa$，　$M = qa^2$

C 截面：　　$F_Q = -qa$，　$M = qa^2$

D 截面：　　$F_Q = -qa$，　$M = 0$

将这些值分别标在 F_Q-x 和 M-x 坐标系中，便得到 a、b、c、d 各点，如图 6-19(b)、(c)所示。

(4) 根据微分关系连图线

对于剪力图：在 AB 段，因有均布载荷作用，剪力图为一斜直线，于是连接 a、b 两点，即得这一段的剪力图；在 CD 段，因无分布载荷作用，故剪力图为平行于 x 轴的直线，由连接 c、d 二点而得，或者由其中任一点作平行于 x 轴的直线而得。

对于弯矩图：在 AB 段，因有均布载荷作用，图形为二次抛物线。又因为 q 向下为负，

弯矩图为凸向 M 坐标正方向的抛物线。于是，AB 段内弯矩图的形状便大致确定。为了确定曲线的位置，除 AB 段上两个控制面上弯矩数值外，还需确定在这一段内二次抛物线有没有极值点，以及极值点的位置和极值点的弯矩数值。从剪力图上可以看出，在 e 点剪力为零。根据

$$\frac{\mathrm{d}M}{\mathrm{d}x} = F_{\mathrm{Q}} = 0$$

弯矩图在 e 点有极值点。利用 $F_{\mathrm{Q}}=0$ 这一条件，可以确定极值点 e 的位置 x_E 的数值。进而应用力系简化方法可以确定极值点的弯矩数值 M_E。为此，将 E 处左侧的集中力向 E 右侧截面简化，如图 6-19(d)所示。由于 $F_{\mathrm{Q}}=0$，得到

$$x_E = \frac{9}{4}a$$

$$M_E = \frac{1}{2}qx_E^2 = \frac{81}{32}qa^2$$

将其标在 M-x 坐标系中，得到 e 点，根据 a、b、c 三点，以及图形为凸曲线并在 e 点取极值，即可画出 AB 段的弯矩图。在 CD 段因无分布载荷作用，故弯矩图为一斜直线，由 c、d 两点直接连接得到。

从图 6-19 中可以看出剪力和弯矩绝对值的最大值分别为

$$|F_{\mathrm{Q}}|_{\max} = \frac{9}{4}qa$$

$$|M|_{\max} = \frac{81}{32}qa^2$$

注意到在右边支座处，由于约束力的作用，该处剪力图有突变(支座两侧截面剪力不等)弯矩图在该处出现折点(弯矩图的曲线段在该处的切线斜率不等于斜直线 cd 的斜率)。

6.7　刚架的内力与内力图

由两根或两根以上的杆件组成的并在连接处采用刚性连接的结构，称为**刚架**(rigid frame)或**框架**(frame)。当杆件变形时，两杆连接处保持刚性，即两杆轴线的夹角(一般为直角)保持不变。刚架中的横杆一般称横梁；竖杆称为立柱；二者连接处称为刚节点。

前面所述求解直梁的剪力和弯矩以及作直梁剪力图和弯矩图的方法，同样适用于刚架。在平面载荷作用下，组成刚架的杆件横截面上一般存在轴力、剪力和弯矩三个内力分量。

由于弯矩的正负号与观察者所处的位置有关，如图 6-20 所示，同一弯矩，在杆件一侧视之为正，另一侧视之则为负。这将给刚架弯矩图的绘制带来不必要的麻烦。

注意到，弯矩的作用将使杆件轴线一侧的材料沿轴线方向受拉、另一侧的材料受压。而且，这种性质不会因观察者的位置不同而改变。根据这一特点，绘制刚架弯矩图时，可以不考虑弯矩的正负号，只需确定杆横截面上弯矩的实际方向，根据弯矩的实际方向，判断杆的哪一侧受拉(刚架的内侧还是外侧)，然后将控制面上的弯矩值标在受拉的一侧。控制面之间曲线的大致形状，依然由平衡微分方程确定。

剪力和轴力的正负号则与观察者的位置无关。剪力图和轴力图画在哪一侧都可以，但需标出它们的正负。

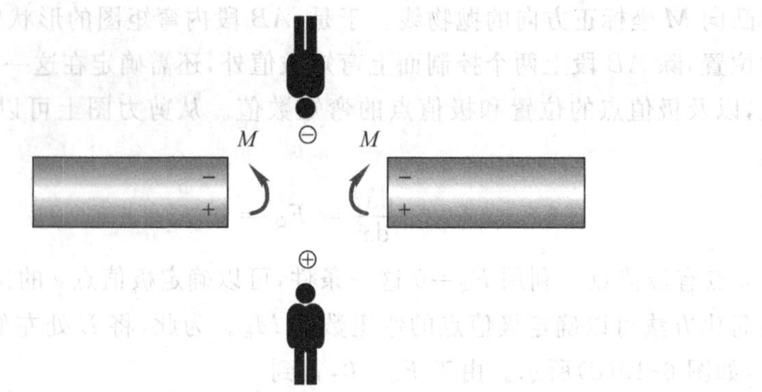

图 6-20 刚架杆截面上弯矩的正负号与观察者位置有关

【例题 6-6】 刚架的支承与受力如图 6-21(a)所示。竖杆承受集度为 q 的均布载荷作用。若已知 q、l,试画出刚架的轴力图、剪力图和弯矩图。

解:首先,由刚架的总体平衡方程

$$\sum M_A = 0,\quad \sum M_C = 0 \quad 和 \quad \sum F_x = 0$$

求得 A、C 两处的约束力分别为

$$A 处:\quad F_{Ax} = ql$$

$$C 处:\quad F_{RC} = F_{Ay} = \frac{1}{2}ql$$

然后,确定控制面,除集中力 $\boldsymbol{F}_{RC}$、$\boldsymbol{F}_{Ay}$、$\boldsymbol{F}_{Ax}$ 作用处的截面 A、C 外,刚节点 B 处分属于竖杆和横杆的截面 B' 和 B'' 也都是控制面。

应用力系简化的方法,对于竖杆,将 A 和 B 处下方的力向上方简化(图 6-21(b)),得到 A 和 B 处的内力:

$$F_N(A) = F_{Ay} = \frac{ql}{2}$$

$$F_Q(A) = F_{Ax} = ql$$

$$M(A) = 0$$

$$F_N(B) = F_{Ay} = \frac{ql}{2}$$

$$F_Q(B) = F_{Ax} - ql = 0$$

$$M(B) = F_{Ax} \times l - \frac{ql^2}{2} = \frac{ql^2}{2} \quad (内侧受拉)$$

对于横杆,将 C 处右侧的力分别向 C 和 B 左侧简化(图 6-21(c)),得到 C 和 B 处的内力:

$$F_N(C) = 0$$

$$F_Q(C) = F_C = \frac{ql}{2}$$

$$M(C) = 0$$

$$F_N(B) = 0$$

$$F_Q(B)=F_C=\frac{ql}{2}$$

$$M(B)=F_C\times l-\frac{ql^2}{2}=\frac{ql^2}{2}\quad (\text{内侧受拉})$$

于是，将所得控制面上的弯矩值标在图 6-21(c)所示的刚架上，得到 a、b'、b''、c 四点。

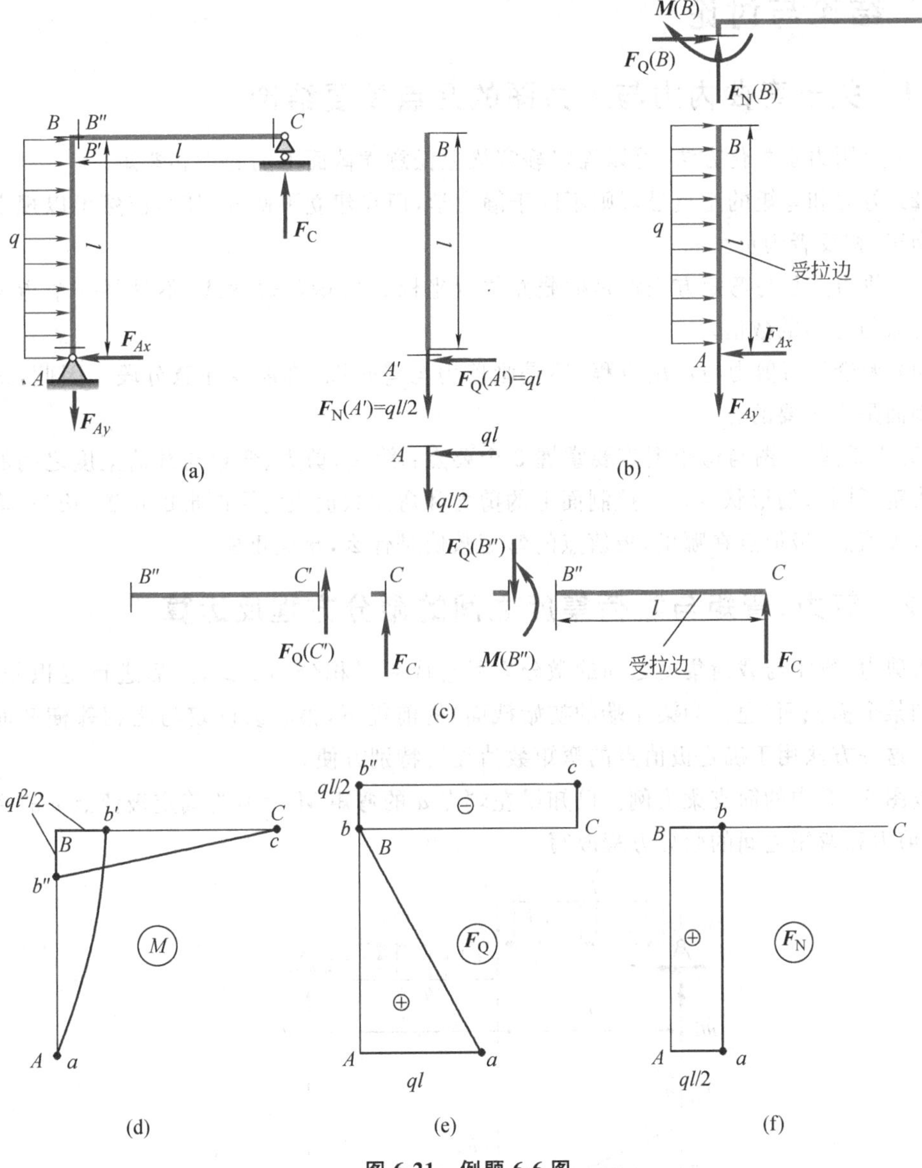

图 6-21 例题 6-6 图

根据平衡的微分方程，横杆上没有均布载荷，故由 $\frac{d^2M}{dx^2}=0$，B''与 C 之间的弯矩图为一直线，由点 b''和 c 连线而得。对于竖杆，$\frac{d^2M}{dx^2}=-q$（观察者在内侧），故弯矩图为凸向观察者的二次抛物线。而且，由于截面 B'上的剪力为零，所以弯矩图上 b'处应为抛物线的顶点。

据此,即可画出竖杆的弯矩图(图 6-21(d))。

从图中可以看出,刚节点的截面 B' 和 B'' 上弯矩最大,其值为 $\frac{1}{2}ql^2$。

图 6-21(e)和(f)分别为剪力图和轴力图。

6.8 结论与讨论

6.8.1 关于弯曲内力与内力图的几点重要结论

(1) 应用力系简化方法,可以确定静定梁上任意横截面上的剪力和弯矩。

(2) 剪力和弯矩的正负号规则不同于静力学,但在建立平衡方程时,依然可以规定某一方向为正、相反者为负。

(3) 剪力方程与弯矩方程都是横截面位置坐标 x 的函数表达式,不是某一个指定横截面上剪力与弯矩的数值。

(4) 无论是写剪力与弯矩方程,还是画剪力与弯矩图,都需要注意分段。因此,正确确定控制面是很重要的。

(5) 绘制剪力图与弯矩图需要掌握 3 个要点:第一,剪力、弯矩与载荷集度之间的微分关系决定了图形的形状;第二,控制面上的剪力和弯矩数值决定了图形的位置;第三,弯矩图有没有极值点,极值点在哪里,极值点的弯矩数值是什么,至关重要。

6.8.2 剪力、弯矩与载荷集度之间的微分方程反运算

将剪力、弯矩与载荷集度之间的微分方程写成可以积分的形式,然后进行定积分运算,在已知某个横截面(通常为梁左端的初始截面)的前提下,很容易确定与之相邻横截面上的弯矩。这一方法用于确定极值点的弯矩数值显得特别方便。

以图 6-22 中的简支梁为例。已知梁左端点 a 的弯矩 $M_e=0$,为确定极值点 e 的弯矩数值,将剪力和弯矩之间的微分方程改写:

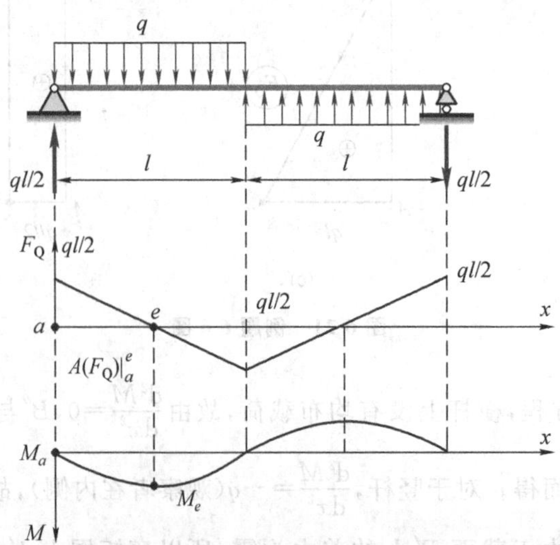

图 6-22 剪力、弯矩与载荷集度之间的微分关系的反运算应用举例

$$\frac{\mathrm{d}M}{\mathrm{d}x}=F_{\mathrm{Q}},\quad \mathrm{d}M=F_{\mathrm{Q}}\mathrm{d}x$$

对第二个等式的等号两侧从 a 到 e 作定积分：

$$\int_a^e \mathrm{d}M=\int_a^e F_{\mathrm{Q}}\mathrm{d}x$$

于是有

$$M\mid_a^e = A(F_{\mathrm{Q}})\mid_a^e$$

$$M_e - M_a = A(F_{\mathrm{Q}})\mid_a^e$$

最后得到极值点 e 的弯矩值：

$$M_e = M_a + A(F_{\mathrm{Q}})\mid_a^e$$

其中 $A(F_{\mathrm{Q}})\mid_a^e$ 为剪力图上从点 a 到点 e 之间的面积。

需要指出的是，因为剪力有正负之分，所以剪力图的面积 $A(F_{\mathrm{Q}})\mid_a^e$ 也可能取负值。

6.8.3　开放式思维案例

案例 1　图 6-23 中所示为 3 种不同支承梁的载荷以及剪力图和弯矩图。请分析研究 3 种梁的载荷、受力(包括载荷与约束力)、剪力图和弯矩图有什么相同之处和不同之处。从中可以得到哪些重要结论？

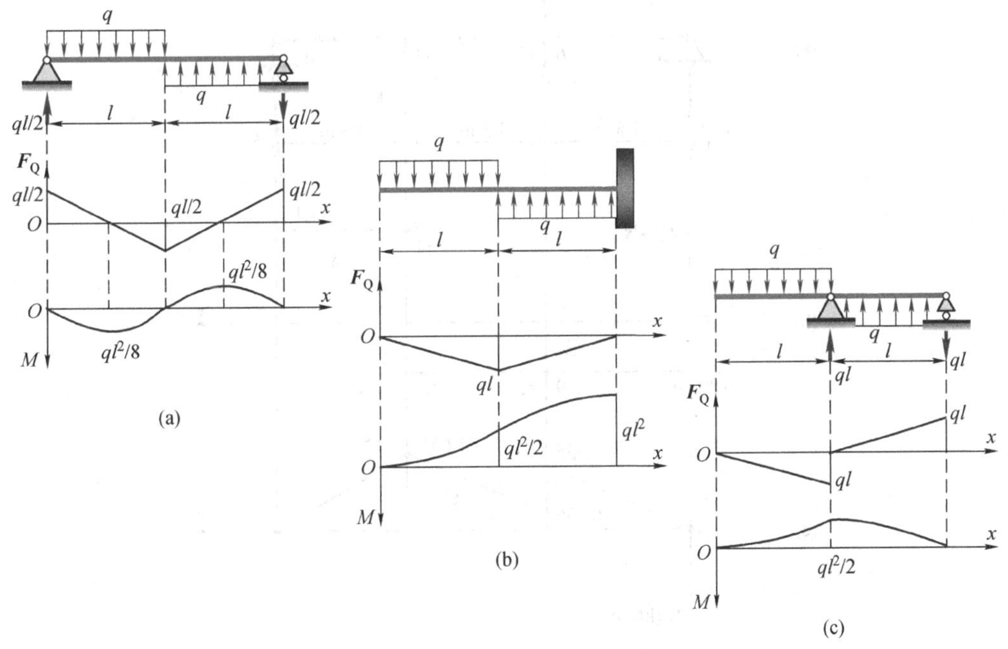

图 6-23　开放式思维案例 1 图

案例 2　反问题：已知静定梁的剪力图和弯矩图如图 6-24 所示，试分析确定梁的支承以及梁上的载荷；以及解答的唯一性。

案例 3　一个“较真儿”的问题——前面剪力图和弯矩图的例题中已经看到：在集中力作用点两侧截面上剪力各不相同；在集中力偶作用点两侧的截面上弯矩也各不相同，如图 6-25 所示。那么，就集中力作用点处，剪力等于多大？在集中力偶作用点处，弯矩数值等于多少？

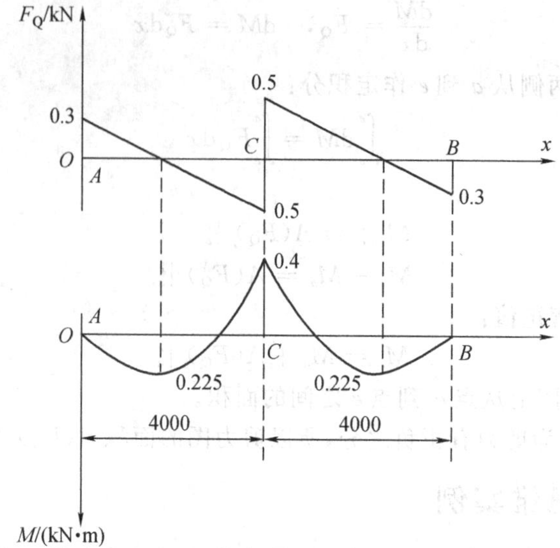

图 6-24 开放式思维案例 2 图

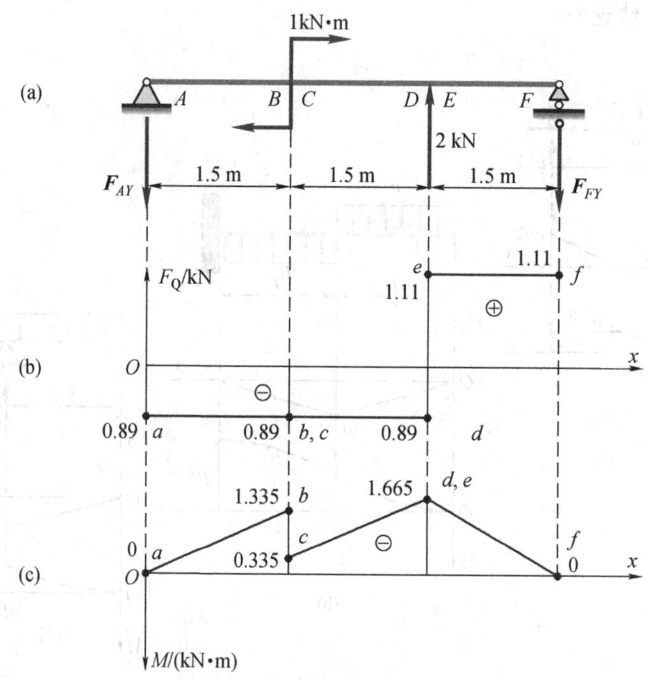

图 6-25 开放式思维案例 3 图

习题

6-1 平衡微分方程中的正负号由哪些因素所确定？简支梁受力及 Ox 坐标取向如图所示。试分析下列平衡微分方程中哪一个是正确的。

(A) $\frac{dF_Q}{dx}=q(x)$，　$\frac{dM}{dx}=F_Q$

(B) $\frac{dF_Q}{dx}=-q(x)$，　$\frac{dM}{dx}=-F_Q$

(C) $\frac{dF_Q}{dx}=-q(x)$，　$\frac{dM}{dx}=F_Q$

(D) $\frac{dF_Q}{dx}=q(x)$，　$\frac{dM}{dx}=-F_Q$

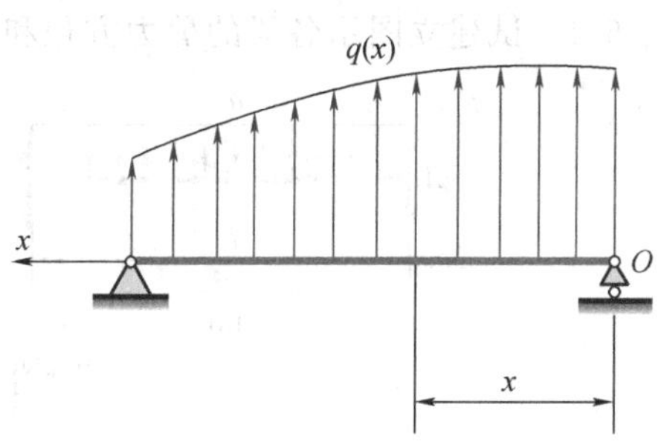

习题 6-1 图

6-2　对于图示承受均布载荷 q 的简支梁，其弯矩图凹凸性与哪些因素相关？试判断下列四种答案中哪几种是正确的：

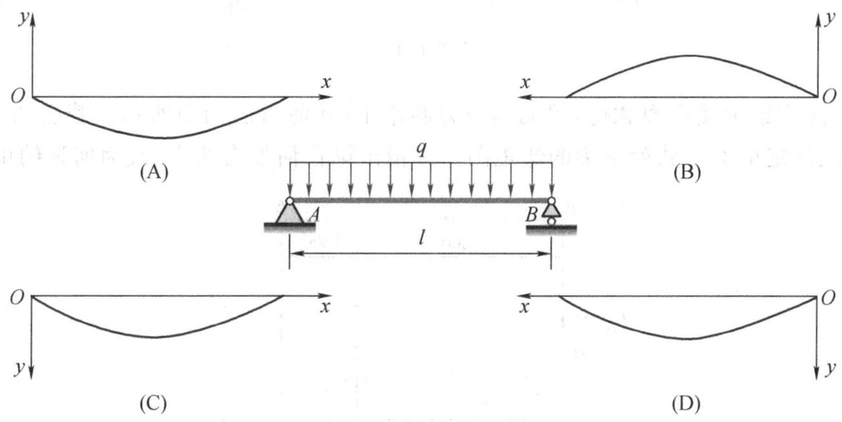

习题 6-2 图

6-3　求下列各梁指定截面上的剪力 F_Q 和弯矩 M。

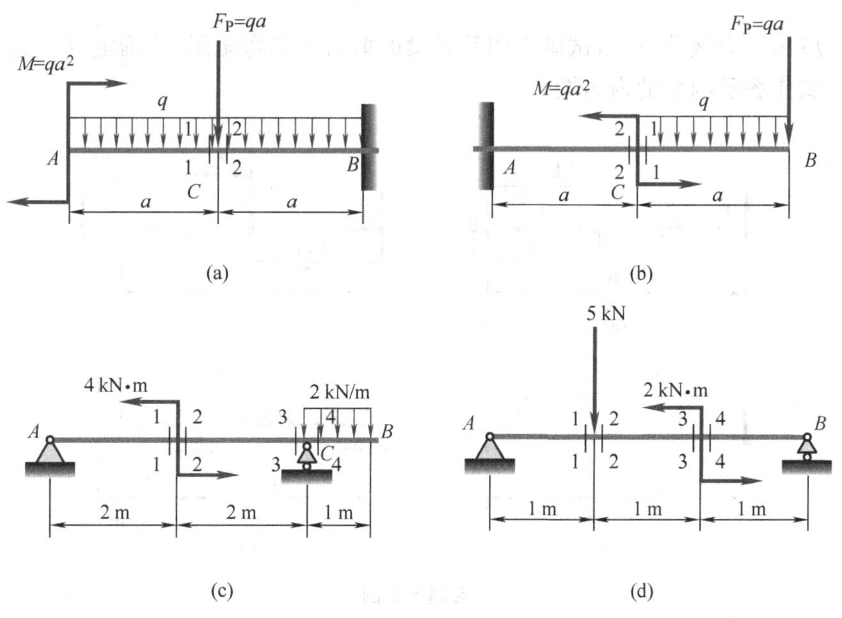

习题 6-3 图

6-4 试建立图示各梁的剪力方程和弯矩方程。

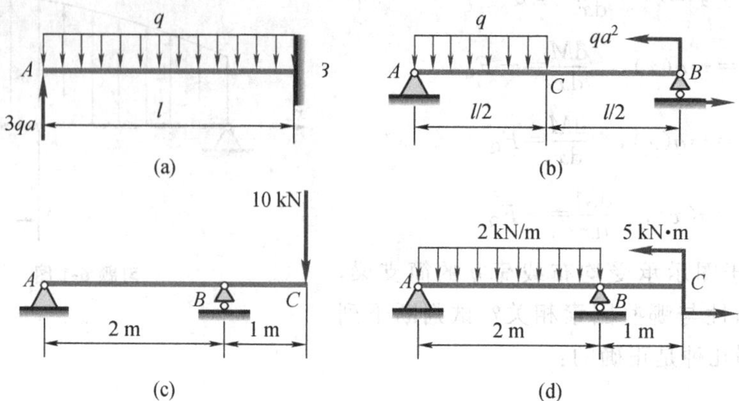

习题 6-4 图

6-5 静定梁承受平面载荷,但无集中力偶作用,其剪力图如图所示。若已知 A 端弯矩 $M_A=0$。试确定梁上的载荷及梁的弯矩图。并指出梁在何处有约束,且为何种约束。

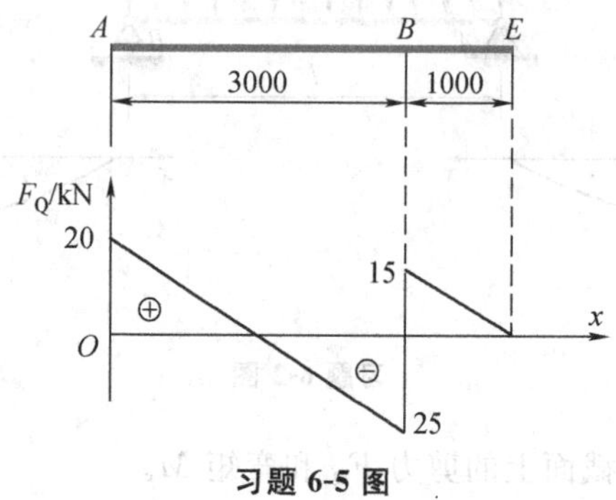

习题 6-5 图

6-6 应用平衡微分方程,试画出图示各梁的剪力图和弯矩图,并确定$|F_Q|_{max}$、$|M|_{max}$。

6-7 试作图示刚架的内力图。

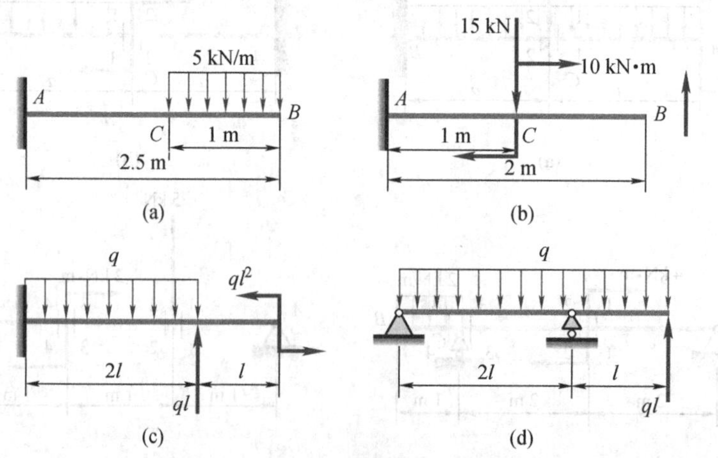

习题 6-6 图

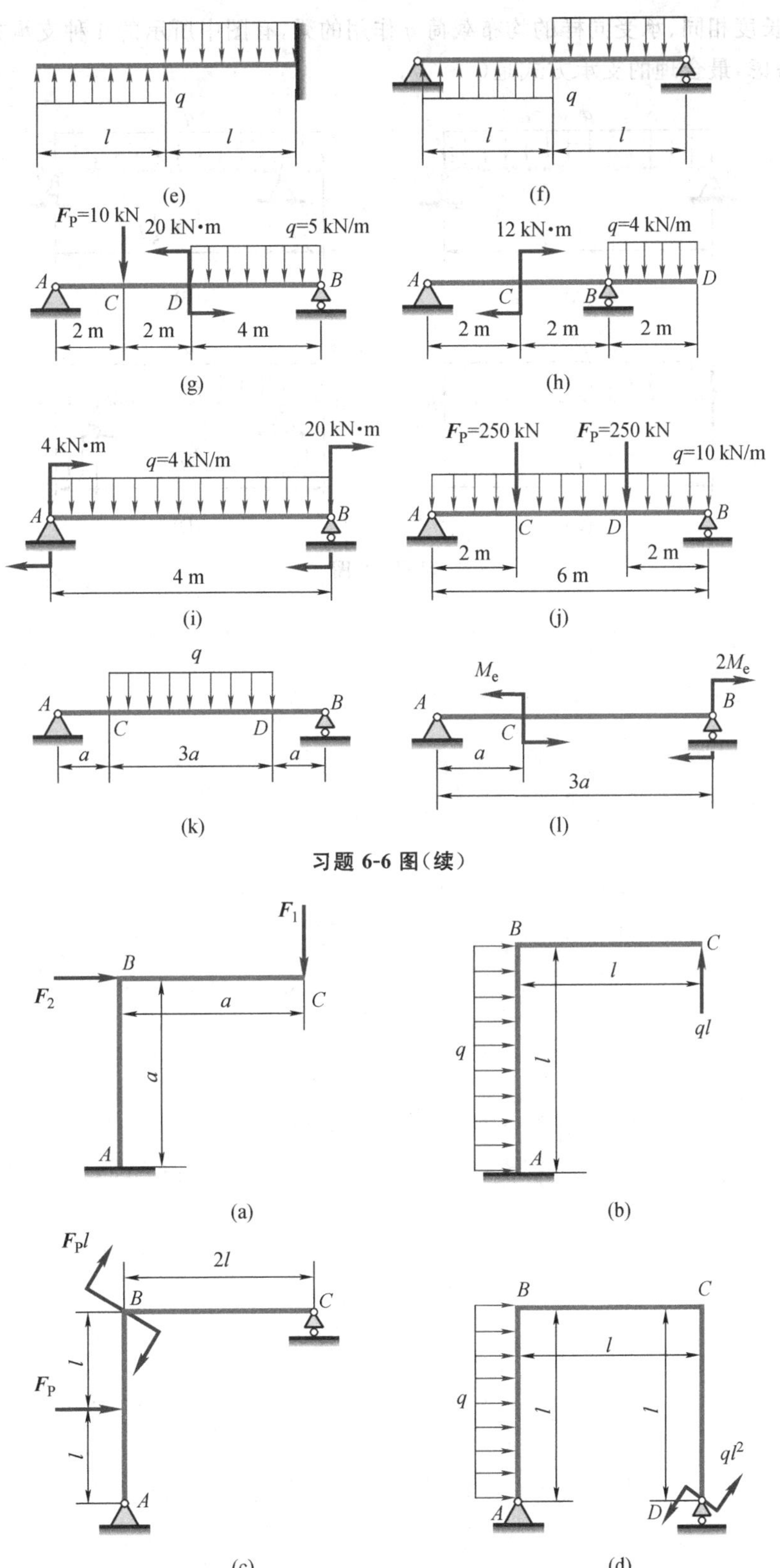

习题 6-6 图(续)

习题 6-7 图

6-8 长度相同、承受同样的均布载荷 q 作用的梁,有图中所示的4种支承方式,如果从梁的强度考虑,最合理的支承方式是(　　)。

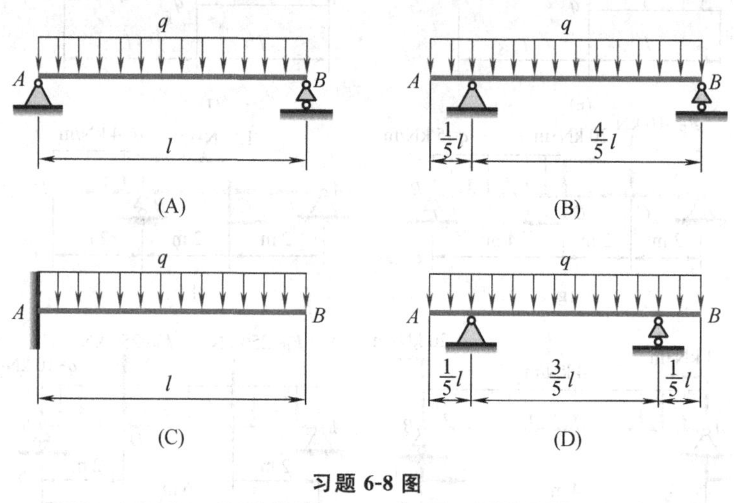

习题 6-8 图

第7章 平面弯曲正应力分析与强度设计

梁弯曲时，由于横截面上应力非均匀分布，失效当然最先从应力最大点处发生。因此，进行弯曲强度计算不仅要考虑内力最大的"危险截面"，而且要考虑应力最大的点，这些点称为"危险点"。

绝大多数细长梁的失效，主要与正应力有关，剪应力的影响是次要的。本章将主要确定梁横截面上正应力以及与正应力有关的强度问题。

本章首先介绍与应力分析有关的截面图形几何性质；然后应用平衡、变形协调以及物性关系，建立确定弯曲的应力和变形公式；进而介绍弯曲强度设计方法。

7.1 与应力分析相关的截面图形几何性质

7.1.1 研究截面图形几何性质的意义

拉压杆的正应力分析以及强度计算的结果表明，拉压杆横截面上正应力大小以及拉压杆的强度只与杆件横截面的大小，即横截面面积有关。而受扭圆轴横截面上剪应力的大小，则与横截面的极惯性矩有关，这表明圆轴的强度不仅与截面的大小有关，而且与截面的几何形状有关，例如，在材料和横截面面积都相同的条件下，空心圆轴的强度高于实心圆轴的强度。这是因为不同的分布内力系，组成不同的内力分量时，将产生不同的几何量。这些几何量不仅与截面的大小有关，而且与截面的几何形状有关。

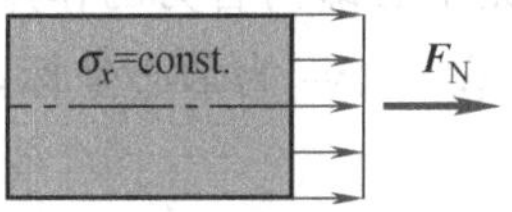

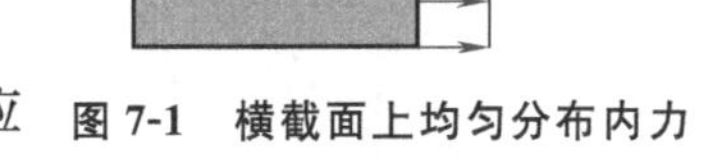

图 7-1 横截面上均匀分布内力

对于图 7-1 所示之应力均匀分布的情形，利用内力与应力的静力学关系，有

$$\sigma = \frac{F_N}{A}$$

其中，A 为杆件的横截面面积。

当杆件横截面上，除了轴力以外还存在弯矩时，其上的应力不再是均匀分布的，这时得到的应力表达式，仍然与横截面上的内力分量以及横截面的几何量有关。但是，这时的几何量将不再是横截面的面积，而是其他的形式。例如当横截面上的正应力沿横截面的高度方向线性分布时，即 $\sigma = Cy$ 时(图 7-2)，根据应力与内力的静力学关系，这样的应力分布将组成弯矩 M_z，于是有

$$\int_A (\sigma \mathrm{d}A) y = \int_A (Cy\mathrm{d}A) y = C\int_A y^2 \mathrm{d}A = M_z$$

由此得到

$$C=\frac{M_z}{\int_A y^2\mathrm{d}A}=\frac{M_z}{I_z},\quad \sigma=Cy=\frac{M_z y}{I_z}$$

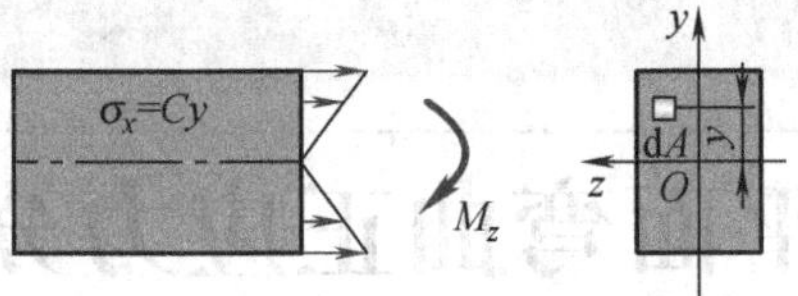

图 7-2　横截面上非均匀分布内力

其中

$$I_z=\int_A y^2\mathrm{d}A$$

不仅与横截面面积的大小有关，而且与横截面各部分到 z 轴距离的平方(y^2)有关。

分析弯曲正应力时将涉及若干与横截面大小以及横截面形状有关的量，这些几何量包括形心、静矩、惯性矩、惯性积以及主轴等。

7.1.2　静矩、形心及其相互关系

考察任意平面几何图形如图 7-3 所示，在其上取面积微元 $\mathrm{d}A$，该微元在 Oyz 坐标系中的坐标为 y、z(为与本书所用坐标系一致，将通常所用的 Oxy 坐标系改为 Oyz 坐标系)。定义下列积分：

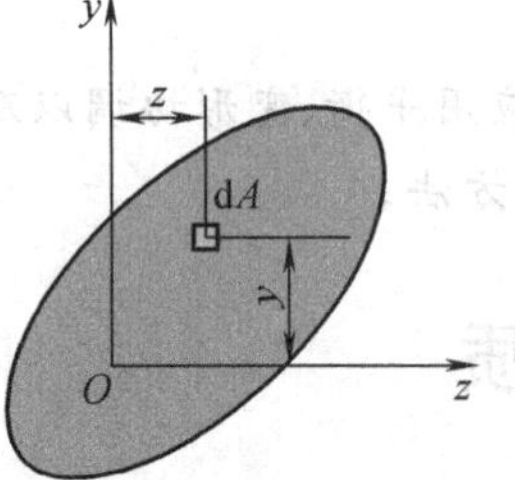

图 7-3　平面图形的静矩与形心

$$\left.\begin{aligned}S_y&=\int_A z\mathrm{d}A\\S_z&=\int_A y\mathrm{d}A\end{aligned}\right\}\tag{7-1}$$

分别称为图形对于 y 轴和 z 轴的**截面一次矩**(first moment of an area)或**静矩**(static moment)。静矩的单位为 m^3 或 mm^3。

如果将 $\mathrm{d}A$ 视为垂直于图形平面的力，则 $y\mathrm{d}A$ 和 $z\mathrm{d}A$ 分别为 $\mathrm{d}A$ 对于 z 轴和 y 轴的力矩；S_z 和 S_y 则分别为 A 对 z 轴和 y 轴之矩。

图形几何形状的中心称为**形心**(centroid of an area)，若将面积视为垂直于图形平面的力，则形心即为合力的作用点。

设 z_C、y_C 为形心坐标，则根据合力之矩定理

$$\left.\begin{aligned}S_z&=Ay_C\\S_y&=Az_C\end{aligned}\right\}\tag{7-2}$$

或

$$\left.\begin{aligned}y_C&=\frac{S_z}{A}=\frac{\int_A y\mathrm{d}A}{A}\\z_C&=\frac{S_y}{A}=\frac{\int_A z\mathrm{d}A}{A}\end{aligned}\right\}\tag{7-3}$$

这就是图形形心坐标与静矩之间的关系。

根据上述关于静矩的定义以及静矩与形心之间的关系可以看出：

(1) 静矩与坐标轴有关，同一平面图形对于不同的坐标轴有不同的静矩。对某些坐标轴静矩为正；对另外一些坐标轴静矩则可能为负；对于通过形心的坐标轴，图形对其静矩等于零。

(2) 如果某一坐标轴通过截面形心，这时，截面形心的一个坐标为零，则截面对于该轴的静矩等于零；反之，如果截面对于某一坐标轴的静矩等于零，则该轴通过截面形心。例如，z 轴通过截面形心，$y_C=0$，这时 $S_z=0$；反之，如果 $S_z=0$，则 $y_C=0$，z 轴一定通过截面形心。

(3) 如果已经计算出静矩，就可以确定形心的位置；反之，如果已知形心在某一坐标系中的位置，则可计算图形对于这一坐标系中坐标轴的静矩。

实际计算中，对于简单的、规则的图形，其形心位置可以直接判断，例如：矩形、正方形、圆形、正三角形等的形心位置是显而易见的。对于组合图形，则先将其分解为若干个简单图形(可以直接确定形心位置的图形)；然后由式(7-3)分别计算它们对于给定坐标轴的静矩，并求其代数和，即

$$\left.\begin{aligned} S_z &= A_1 y_{C1} + A_2 y_{C2} + \cdots + A_n y_{Cn} = \sum_{i=1}^{n} A_i y_{Ci} \\ S_y &= A_1 z_{C1} + A_2 z_{C2} + \cdots + A_n z_{Cn} = \sum_{i=1}^{n} A_i z_{Ci} \end{aligned}\right\} \tag{7-4}$$

再利用式(7-3)，即可得组合图形的形心坐标：

$$\left.\begin{aligned} y_C &= \frac{S_z}{A} = \frac{\sum\limits_{i=1}^{n} A_i y_{Ci}}{\sum\limits_{i=1}^{n} A_i} \\ z_C &= \frac{S_y}{A} = \frac{\sum\limits_{i=1}^{n} A_i z_{Ci}}{\sum\limits_{i=1}^{n} A_i} \end{aligned}\right\} \tag{7-5}$$

7.1.3　惯性矩、极惯性矩、惯性积与惯性半径

对于图 7-3 中的任意图形，以及给定的 Oyz 坐标，定义下列积分：

$$\left.\begin{aligned} I_y &= \int_A z^2 \mathrm{d}A \\ I_z &= \int_A y^2 \mathrm{d}A \end{aligned}\right\} \tag{7-6}$$

分别为图形对于 y 轴和 z 轴的**截面二次轴矩**(second moment of an area)或**惯性矩**(moment of inertia)。

定义积分

$$I_{\mathrm{p}} = \int_A r^2 \mathrm{d}A$$

为图形对于点 O 的**截面二次极矩**(second polar moment of an area)或**极惯性矩**(polar moment of inertia)。

定义积分

$$I_{yz} = \int_A yz \mathrm{d}A \tag{7-7}$$

为图形对于通过点 O 的一对坐标轴 y、z 的**惯性积**(product of inertia)。

定义

$$\left.\begin{aligned} i_y &= \sqrt{\frac{I_y}{A}} \\ i_z &= \sqrt{\frac{I_z}{A}} \end{aligned}\right\} \tag{7-8}$$

分别为图形对于 y 轴和 z 轴的**惯性半径**(radius of gyration)。

根据上述定义可知：

(1) 惯性矩和极惯性矩恒为正；而惯性积则由于坐标轴位置的不同，可能为正，也可能为负。三者的单位均为 m^4 或 mm^4。

(2) 因为 $r^2=x^2+y^2$，所以由上述定义不难得到惯性矩与极惯性矩之间的如下关系：

$$I_p = I_y + I_z \tag{7-9}$$

对于直径为 d 的圆，取半径为 r、径向厚度为 dr 的圆环作为面积微元，如图 7-4 所示，微元面积为

$$dA = 2\pi r \times dr$$

因为圆截面对于任意直径轴的惯性矩都是相等的，所以有

$$I_p = I_y + I_z = 2I$$

因而可以先计算极惯性矩，进而求得惯性矩。利用极惯性矩的定义，有

$$I_p = \int_A r^2 dA = \int_0^{d/2} r^2 (2\pi r dr) = \frac{\pi d^4}{32} \tag{7-10}$$

式中，d 为圆截面的直径。

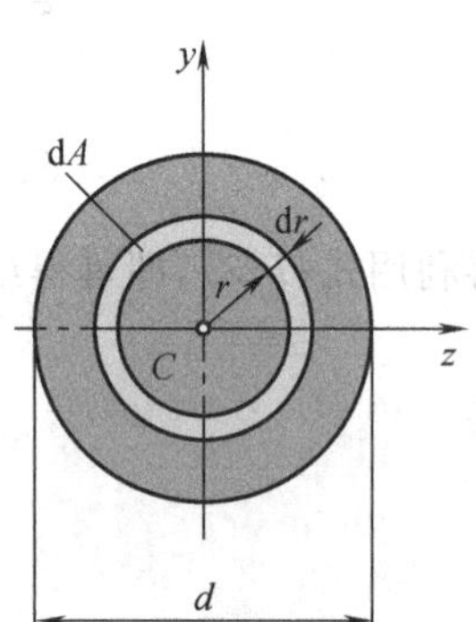

图 7-4 圆的微面积取法

代入上式，得到圆截面对于通过其中心的任意轴的惯性矩均为

$$I = \frac{I_p}{2} = \frac{\pi d^4}{64} \tag{7-11}$$

类似地，根据圆环截面对于圆环中心的极惯性矩

$$I_p = \frac{\pi D^4}{32}(1-\alpha^4), \quad \alpha = \frac{d}{D} \tag{7-12}$$

得到圆环截面的惯性矩表达式

$$I = \frac{\pi D^4}{64}(1-\alpha^4), \quad \alpha = \frac{d}{D} \tag{7-13}$$

式中，D 为圆环外直径；d 为内直径。

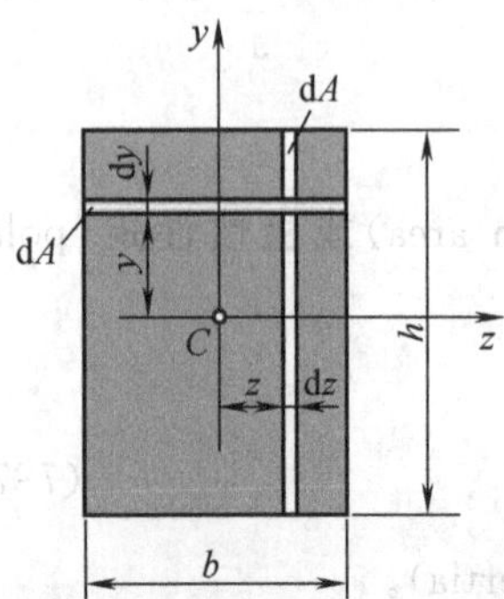

图 7-5 矩形微面积的取法

根据惯性矩的定义式(7-6)，注意微面积的取法(图 7-5 所示)，不难求得矩形截面对于通过其形心、平行于矩形周边轴(y,z)的惯性矩：

$$\left.\begin{aligned} I_y &= \frac{hb^3}{12} \\ I_z &= \frac{bh^3}{12} \end{aligned}\right\} \tag{7-14}$$

应用上述积分定义，还可以计算其他各种简单图形截面对于给定坐标轴的惯性矩。

必须指出，对于由简单几何图形组合成的图形，为避免复杂数学运算，一般都不采用积分的方法计算它们的惯性矩和惯性积。而是利用简单图形的惯性矩计算结果以及图形对于不同坐标轴(例如，互相平行的坐标轴；不同方向的坐标轴)惯性矩之间的关系，由求和的方法求得。

7.1.4 惯性矩与惯性积的移轴定理

如图 7-6 所示，在坐标系 Ozy 中，图形对 z、y 轴的惯性矩和惯性积为 I_z、I_y 和 I_{zy}。另有一坐标系 $O_1z_1y_1$，其坐标轴 z_1、y_1 分别平行于 z 轴和 y 轴；且 z_1 与 z 轴之间的距离为 a，y_1 与 y 轴之间的距离为 b。

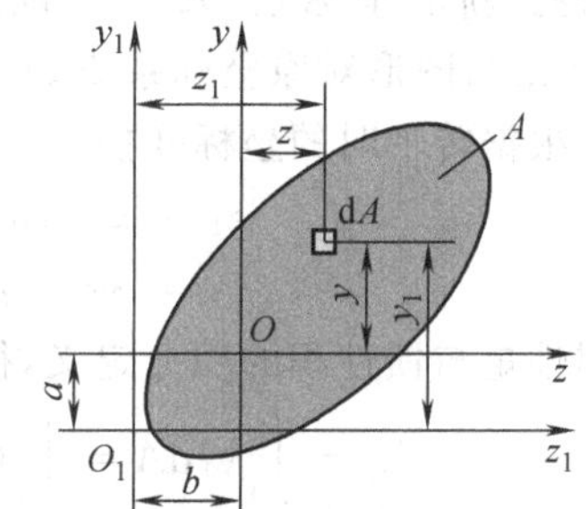

图 7-6　惯性矩与惯性积的移轴定理

所谓"**移轴定理**"是指图形对于平行轴的惯性矩和惯性积之间的关系。

根据平行轴的坐标变换：

$$z_1 = z + b$$

$$y_1 = y + a$$

将其代入惯性矩和惯性积的定义表达式(7-6)与式(7-7)后，得到

$$I_{z1} = \int_A y_1^2 \mathrm{d}A = \int_A (y+a)^2 \mathrm{d}A$$

$$I_{y1} = \int_A z_1^2 \mathrm{d}A = \int_A (z+b)^2 \mathrm{d}A$$

$$I_{y1z1} = \int_A y_1 z_1 \mathrm{d}A = \int_A (y+a)(z+b) \mathrm{d}A$$

展开后，得到

$$\left.\begin{aligned} I_{z1} &= I_z + 2aS_z + a^2A \\ I_{y1} &= I_y + 2bS_y + b^2A \\ I_{y1z1} &= I_{yz} + aS_y + bS_z + abA \end{aligned}\right\} \tag{7-15}$$

如果 z、y 轴通过图形形心，则上述各式中

$$S_z = S_y = 0$$

于是上述各式变为

$$\left.\begin{aligned} I_{z1} &= I_z + a^2A \\ I_{y1} &= I_y + b^2A \\ I_{y1z1} &= I_{yz} + abA \end{aligned}\right\} \tag{7-16}$$

这就是图形对于平行轴惯性矩与惯性积之间的移轴定理。其中第 1、2 式表明：

(1) 图形对任意轴的惯性矩，等于图形对于与该轴平行的形心轴的惯性矩，再加上图形面积与二轴间距离平方的乘积。

(2) 图形对任意一对直角坐标轴的惯性积，等于图形对于平行于该坐标轴的一对通过形心的直角坐标轴的惯性积，再加上图形面积与形心坐标 a、b 的乘积。

因为面积恒为正，a^2 和 b^2 恒为正，故自形心轴移至与之平行的其他任意轴时，其惯性矩总是增加的；而自任意轴移至与之平行的形心轴时，其惯性矩总是减少的。

因为 a 和 b 为原坐标原点在新坐标系中的坐标，故二者同号时 abA 项为正值；二者异号时为负值。所以移轴后的惯性积有可能增加，也可能减少。

7.1.5 惯性矩与惯性积的转轴定理

转轴定理研究坐标系绕坐标原点旋转时，惯性矩和惯性积的变化规律。

如图 7-7 所示，图形对于 z、y 轴的惯性矩和惯性积分别为 I_z、I_y 和 I_{zy}。现将 Ozy 坐标系绕坐标原点 O 逆时针转过 α 角，得到新的坐标系 Oz_1y_1。现要求图形对新坐标系的 I_{z1}、I_{y1}、I_{z1y1} 与图形对原坐标系 I_z、I_y、I_{zy} 之间的关系。

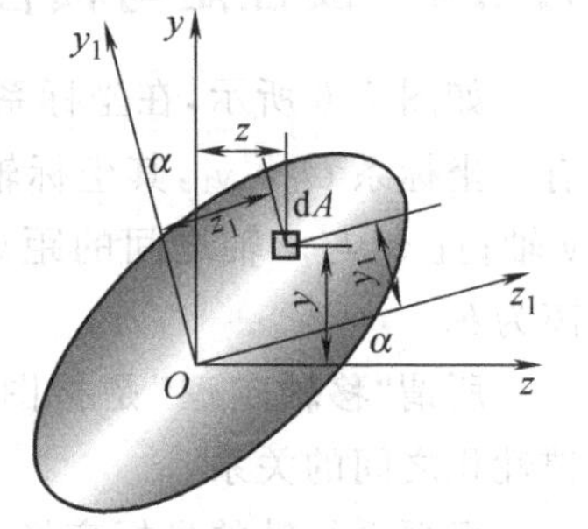

图 7-7 转轴定理

根据转轴时的坐标变换：

$$z_1 = z\cos\alpha + y\sin\alpha$$

$$y_1 = y\cos\alpha - z\sin\alpha$$

由惯性矩与惯性积的积分定义，得到

$$I_{z1} = \int_A y_1^2 \mathrm{d}A = \int_A (y\cos\alpha - z\sin\alpha)^2 \mathrm{d}A$$

$$I_{y1} = \int_A z_1^2 \mathrm{d}A = \int_A (z\cos\alpha + y\sin\alpha)^2 \mathrm{d}A$$

$$I_{y1z1} = \int_A z_1 y_1 \mathrm{d}A = \int_A (y\cos\alpha - z\sin\alpha)(z\cos\alpha + y\sin\alpha)\mathrm{d}A \tag{7-17}$$

将上述各式积分记号内各项展开，应用惯性矩和惯性积的定义，得到

$$\left.\begin{aligned} I_{y1} &= I_y\sin^2\alpha + I_z\cos^2\alpha - I_{yz}\sin 2\alpha \\ I_{z1} &= I_y\cos^2\alpha + I_z\sin^2\alpha + I_{yz}\sin 2\alpha \\ I_{y1z1} &= -\frac{I_y - I_z}{2}\sin 2\alpha + I_{yz}\cos 2\alpha \end{aligned}\right\} \tag{7-18}$$

改写后，得

$$\left.\begin{aligned} I_{y1} &= \frac{I_y + I_z}{2} + \frac{I_y - I_z}{2}\cos 2\alpha - I_{yz}\sin 2\alpha \\ I_{z1} &= \frac{I_y + I_z}{2} - \frac{I_y - I_z}{2}\cos 2\alpha + I_{yz}\sin 2\alpha \\ I_{y1z1} &= -\frac{I_y - I_z}{2}\sin 2\alpha + I_{yz}\cos 2\alpha \end{aligned}\right\} \tag{7-19}$$

上述二式即为转轴时惯性矩与惯性积之间的关系，称为**惯性矩与惯性积的转轴定理**。

若将上述 I_{z1} 与 I_{y1} 相加，不难得到

$$I_{y1} + I_{z1} = I_y + I_z = \int_A (z^2 + y^2)\mathrm{d}A = \int_A r^2 \mathrm{d}A = I_p \tag{7-20}$$

这表明：图形对一对垂直轴的惯性矩之和与转轴时的角度无关，即在轴转动时，其和保持不变。

上述由转轴定理得到的式(7-19)与移轴定理所得到的式(7-16)不同，它不要求 y、z 通过形心。当然，对于绕形心转动的坐标系也是适用的，而且也是实际应用中最感兴趣的。

7.1.6 主轴与形心主轴、主惯性矩与形心主惯性矩

考察图 7-8 中的矩形截面，以图形内或图形外的某一点(例如 O 点)作为坐标原点，建

立 Oyz 坐标系。

在图 7-8(a)的情形下，图形中的所有面积的 y、z 坐标均为正值，根据惯性积的定义，图形对于这一对坐标轴的惯性积大于零，即 $I_{yz}>0$。

将坐标系 Oyz 逆时针方向旋转 90°，如图 7-8(b)所示，这时，图形中的所有面积的 y 坐标均为正值，z 坐标均为负值，根据惯性积的定义，图形对于这一对坐标轴的惯性积小于零，即 $I_{yz}<0$。

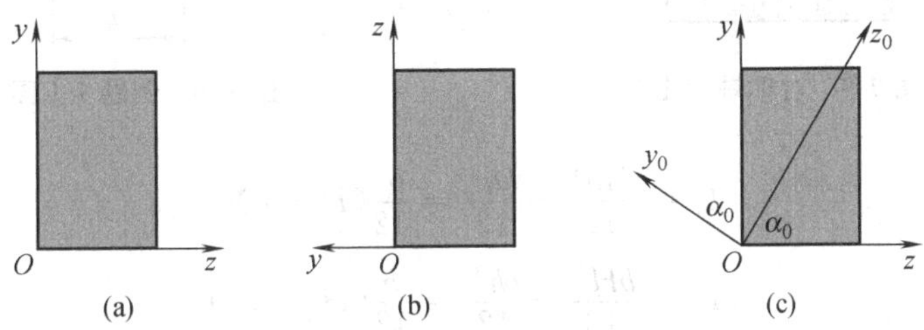

图 7-8　图形的惯性积与坐标轴取向的关系

当坐标轴旋转时，惯性积由正变负(或者由负变正)的事实表明，在坐标轴旋转的过程中，一定存在某一角度(例如 α_0)，以及相应的坐标轴(例如 y_0、z_0 轴)，图形对于这一对坐标轴的惯性积等于零(例如 $I_{y_0z_0}$)。据此，作出如下定义：

如果图形对于过一点的一对坐标轴的惯性积等于零，则称这一对坐标轴为过这一点的**主轴**(principal axes)。图形对于主轴的惯性矩称为**主惯性矩**(principal moment of inertia of an area)。因为惯性积是对一对坐标轴而言的，所以，主轴总是成对出现的。

可以证明，图形对于过一点不同坐标轴的惯性矩各不相同，而对于主轴的惯性矩是这些惯性矩的极大值和极小值。

主轴的方向角以及主惯性矩可以通过初始坐标轴的惯性矩和惯性积确定：

$$\tan 2\alpha_0 = \frac{2I_{yz}}{I_y - I_z} \tag{7-21}$$

$$\left.\begin{aligned} I_{y0} &= I_{\max} \\ I_{z0} &= I_{\min} \end{aligned}\right\} = \frac{I_y + I_z}{2} \pm \frac{1}{2}\sqrt{(I_y - I_z)^2 + 4I_{yz}^2} \tag{7-22}$$

图形对于任意一点(图形内或图形外)都有主轴，而通过形心的主轴称为**形心主轴**，图形对形心主轴的惯性矩称为**形心主惯性矩**，简称为**形心主矩**。

工程计算中有意义的是形心主轴与形心主矩。

当图形有一根对称轴时，对称轴及与之垂直的任意轴即为过二者交点的主轴。例如图 7-9 所示的具有一根对称轴的图形，位于对称轴 y 一侧的部分图形对于 y、z 轴的惯性积与位于另一侧的图形对于 y、z 轴的惯性积，二者数值相等，但正负反号。所以，整个图形对于 y、z 轴的惯性积 $I_{yz}=0$，故 y、z 轴为主轴。又因为 C 为形心，故 y、z 轴为形心主轴。

【例题 7-1】　截面图形的几何尺寸如图 7-10 所示。试求图中具有断面线部分的惯性矩 I_y 和 I_z。

解：根据积分定义，具有断面线的图形对于 y、z 轴的惯性矩，等于高为 H、宽为 b 的矩形对于 y、z 轴的惯性矩，减去高为 h、宽为 b 的矩形对于相同轴的惯性矩，即

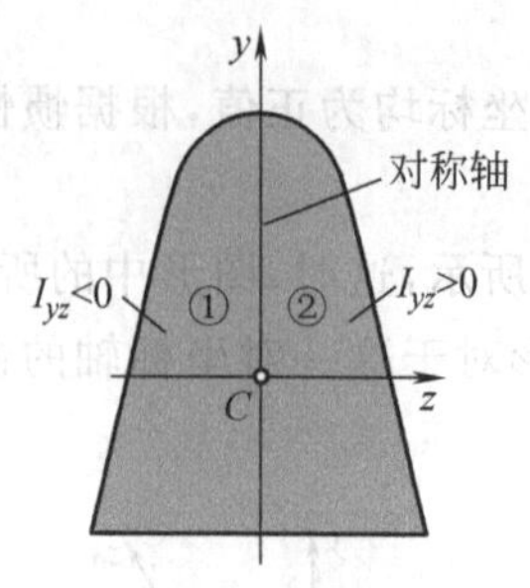

图 7-9　对称轴为主轴

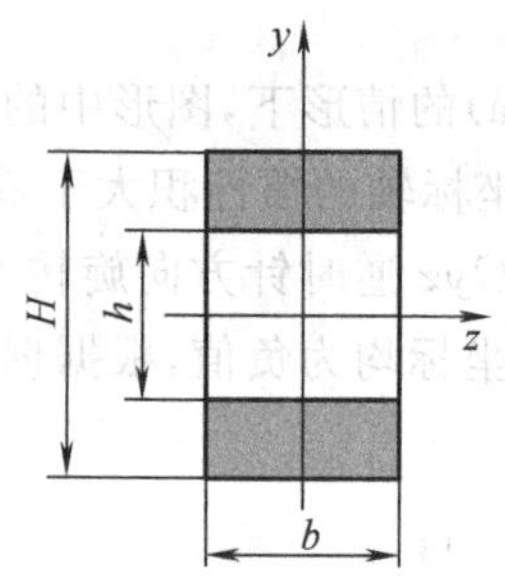

图 7-10　例题 7-1 图

$$I_y = \frac{Hb^3}{12} - \frac{hb^3}{12} = \frac{b^3}{12}(H-h)$$

$$I_z = \frac{bH^3}{12} - \frac{bh^3}{12} = \frac{b}{12}(H^3-h^3)$$

上述方法称为**负面积法**,可用于图形中有挖空部分的情形,计算比较简捷。

7.1.7　组合图形的形心主轴与形心主惯性矩

工程计算中应用最广泛的是组合图形的形心主惯性矩,即图形对于通过其形心的主轴之惯性矩。为此,必须首先确定图形的形心以及形心主轴的位置。

因为**组合图形**都是由一些简单的图形(例如矩形、正方形、圆形等)所组成,所以在确定其形心、形心主轴以及形心主惯性矩的过程中,均不必采用积分,而是利用简单图形的几何性质以及移轴和转轴定理。一般应按下列步骤进行。

(1) 将组合图形分解为若干简单图形,并应用式(7-5)确定组合图形的形心位置。

(2) 以形心为坐标原点,建立 Ozy 坐标系,z、y 轴一般与简单图形的形心主轴平行。确定简单图形对自身形心轴的惯性矩,利用移轴定理(必要时用转轴定理)确定各个简单图形对 z、y 轴的惯性矩和惯性积,相加(空洞时则减)后便得到整个图形的 I_z、I_y 和 I_{yz}。

(3) 应用式(7-21)确定形心主轴的位置,即形心主轴与 x 轴的夹角 α_0。

(4) 利用转轴定理或直接应用式(7-22)计算形心主惯性矩 I_{z0} 和 I_{y0}。

可以看出,确定形心主惯性矩的过程就是综合应用本章全部知识的过程。

【例题 7-2】　图 7-11(a)所示为 T 字形截面,各部分尺寸均示于图中。试求图形对于形心主轴的惯性矩 I_{z0}、I_{y0}。

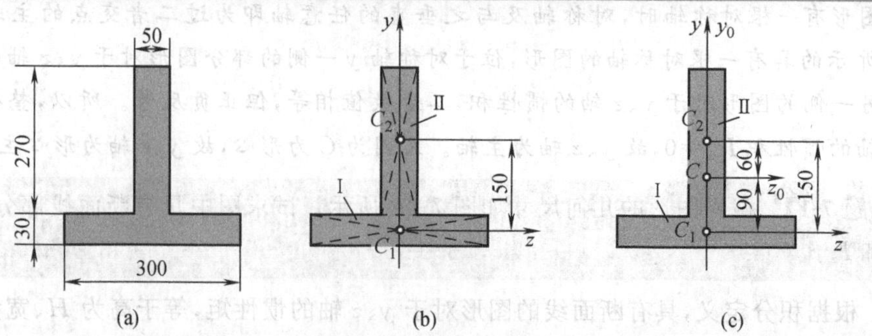

图 7-11　例题 7-2 图

解：(1)首先确定形心位置

建立图 7-11(b)所示之初始坐标系 C_1yz。根据式(7-5)求得

$$y_C=\frac{y_C(\mathrm{I})A(\mathrm{I})+y_C(\mathrm{II})A(\mathrm{III})}{A(\mathrm{I})+A(\mathrm{II})}=\left(\frac{0+150\times270\times50\times10^{-9}}{300\times30\times10^{-6}+270\times50\times10^{-6}}\right)\mathrm{m}$$
$$=90\times10^{-3}\ \mathrm{m}$$

(2) 确定形心主轴

在图形的形心处建立坐标系 Cy_0z_0，如图 7-11(c)所示。其中 y_0 轴为对称轴，所以 z_0、y_0 轴为形心主轴。

(3) 采用分割法及移轴定理计算形心主惯性矩 I_{z0}、I_{y0}

$$I_{z0}=I_{z0}(\mathrm{I})+I_{z0}(\mathrm{II})$$
$$=\left[\frac{300\times30^3\times10^{-12}}{12}+90^2\times10^{-6}(300\times30\times10^{-6})+\frac{50\times270^3\times10^{-12}}{12}+60^2\times10^{-6}(50\times270\times10^{-6})\right]\mathrm{m}^4$$
$$=2.04\times10^{-4}\ \mathrm{m}^4$$
$$I_{y0}=I_{y0}(\mathrm{I})+I_{y0}(\mathrm{II})$$
$$=\left(\frac{30\times300^3\times10^{-12}}{12}+\frac{270\times50^3\times10^{-12}}{12}\right)\mathrm{m}^4$$
$$=7.03\times10^{-5}\ \mathrm{m}^4$$

【例题 7-3】　图 7-12(a)所示之槽形截面，C 为截面的形心，各部分尺寸均示于图中。试求截面对 z 轴的惯性矩 I_z。计算时忽略水平翼板对自身形心轴的惯性矩所引起的误差。

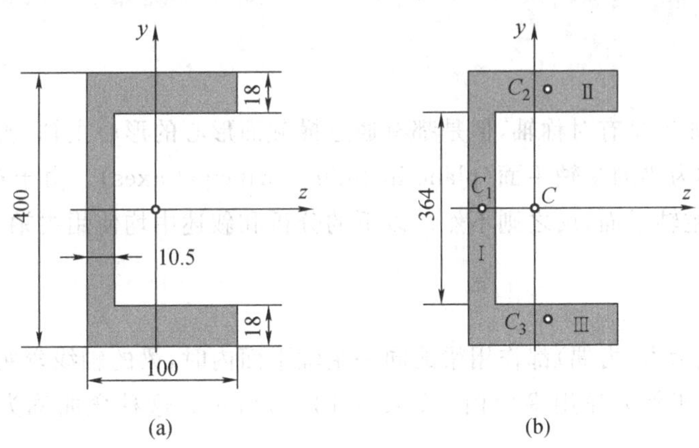

图 7-12　例题 7-3 图

解：采用分割的方法，将槽形截面分成 1、2、3 三个矩形，应用移轴定理求 I_z：

$$I_z=I_z(\mathrm{I})+I_z(\mathrm{II})+I_z(\mathrm{III})$$
$$=\left(\frac{10.5\times364^3\times10^{-12}}{12}\right)\mathrm{m}^4+2\left[\frac{100\times18^3\times10^{-12}}{12}+191^2\times10^{-6}(100\times18\times10^{-6})\right]\mathrm{m}^4$$
$$=[4.22\times10^{-5}+2(4.86\times10^{-8}+6.57\times10^{-5})]\mathrm{m}^4$$
$$=1.74\times10^{-4}\ \mathrm{m}^4$$

若忽略水平翼板对自身形心轴的惯性矩

$$\left(2\times\frac{100\times18^3\times10^{-12}}{12}\right)\text{m}^4=9.72\times10^{-8}\ \text{m}^4$$

则误差极小。因此,在工程计算中可将这种离轴较远的面积对其自身形心轴的惯性矩加以忽略。

7.2 平面弯曲时梁横截面上的正应力

7.2.1 梁弯曲的若干定义与概念

1. 对称面

梁的横截面具有对称轴,所有相同的对称轴组成的平面(图 7-13(a)),称为梁的**对称面**(symmetric plane)。

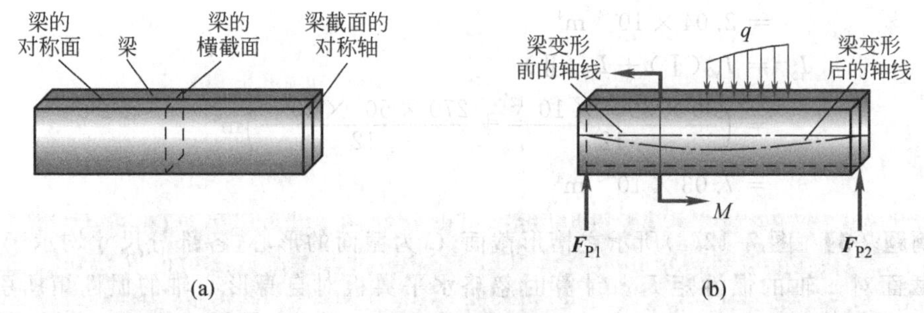

图 7-13 平面弯曲

2. 主轴平面

梁的横截面如果没有对称轴,但是都有通过横截面形心的形心主轴,所有相同的形心主轴组成的平面,称为梁的**主轴平面**(plane including principal axes)。由于对称轴也是主轴,所以对称面也是主轴平面;反之则不然。以下的分析和叙述中均使用**主轴平面**。

3. 平面弯曲

所有外力(包括力、力偶)都作用梁的同一主轴平面内时,梁的轴线弯曲后将弯曲成平面曲线,这一曲线位于外力作用平面内 ,如图 7-13(b)所示。这种弯曲称为**平面弯曲**(plane bending)。

4. 纯弯曲

一般情形下,平面弯曲时,梁的横截面上将有两个内力分量,即剪力和弯矩。如果梁的横截面上只有弯矩一个内力分量,这种平面弯曲称为**纯弯曲**(pure bending)。图 7-14 中的几种梁上的 AB 段都属于纯弯曲。纯弯曲情形下,由于梁的横截面上只有弯矩,因而只有可以组成弯矩的垂直于横截面的正应力。

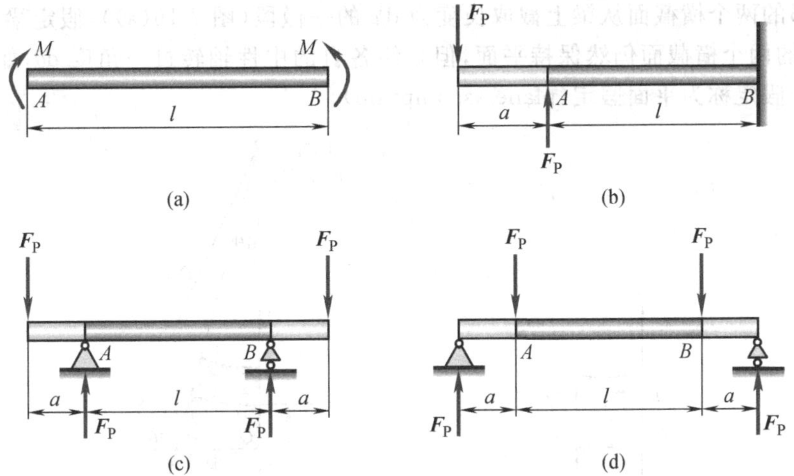

图 7-14　纯弯曲实例

5. 横向弯曲

梁在垂直梁轴线的横向力作用下，其横截面上将同时产生剪力和弯矩。这时，梁的横截面上不仅有正应力，还有剪应力。这种弯曲称为**横向弯曲**，简称**横弯曲**(transverse bending)。图 7-14 中的几种梁上除 AB 段外的各段梁都属于横弯曲。

7.2.2　纯弯曲时梁横截面上的正应力分析

分析梁横截面上的正应力，就是要确定梁横截面上各点的正应力与弯矩、横截面的形状和尺寸之间的关系。由于横截面上的应力是看不见的，而梁的变形是可见的，应力又与变形有关，因此，可以根据梁的变形情形推知梁横截面上的正应力分布。这一过程与分析圆轴扭转时横截面上剪应力的过程是相同的。

1. 平面假定与应变分布

如果用容易变形的材料，例如橡胶、海绵，制成梁的模型，然后让梁的模型产生纯弯曲，如图 7-15(a)所示。可以看到梁弯曲后，一些层的纵向发生伸长变形，另一些层则会发生缩短变形，在伸长层与缩短层的交界处那一层，既不伸长，也不缩短，称为梁的**中性层**或**中性面**(neutral surface)(图 7-15(b))。中性层与梁的横截面的交线，称为截面的**中性轴**(neutral axis)。中性轴垂直于加载方向，对于具有对称轴的横截面梁，中性轴垂直于横截面的对称轴。

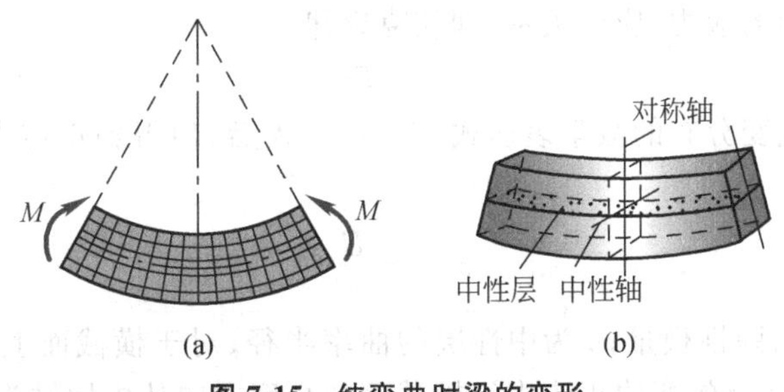

图 7-15　纯弯曲时梁的变形

用相邻的两个横截面从梁上截取长度为 dx 的一微段(图 7-16(a)),假定梁发生弯曲变形后,微段的两个横截面仍然保持平面,但是绕各自的中性轴转过一角度 dθ,如图 7-16(b)所示。这一假定称为**平面假定**(plane assumption)。

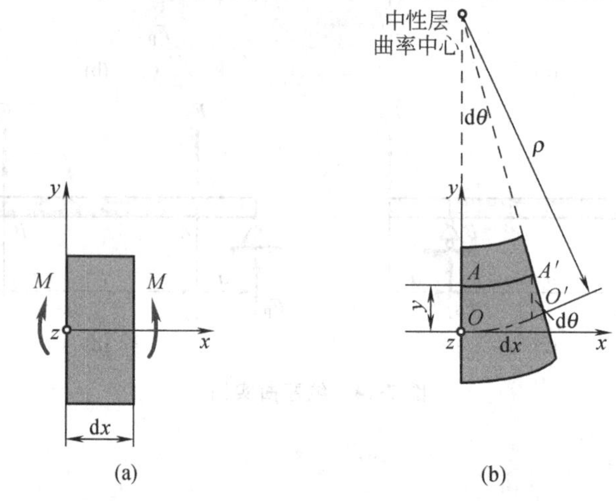

图 7-16 弯曲时的平面假定与微段梁的变形

在横截面上建立 $Oxyz$ 坐标系,如图 7-16 所示,其中 x 轴沿梁的轴线方向;z 轴与中性轴重合(中性轴的位置尚未确定),y 轴沿横截面高度方向并与加载方向一致。

在图示的坐标系中,微段上到中性面的距离为 y 处那一层长度的改变量为

$$\Delta \mathrm{d}x = -y\mathrm{d}\theta \tag{7-23}$$

式中的负号表示 y 坐标为正时产生压缩变形;y 坐标为负时产生伸长变形。

将线段的长度改变量除以原长 dx,即为线段的正应变。于是,由式(7-23)得到

$$\varepsilon = \frac{\Delta \mathrm{d}x}{\mathrm{d}x} = -y\frac{\mathrm{d}\theta}{\mathrm{d}x} = -\frac{y}{\rho} \tag{7-24}$$

这就是正应变沿横截面高度方向分布的数学表达式。其中

$$\frac{1}{\rho} = \frac{\mathrm{d}\theta}{\mathrm{d}x} \tag{7-25}$$

为中性层(或梁轴线)弯曲后的曲率。从图 7-16(b)中可以看出,ρ 就是中性层弯曲后的曲率半径,也就是梁的轴线弯曲后的曲率半径。因为 ρ 与 y 坐标无关,所以在式(7-24)和式(7-25)中,ρ 为常数。

2. 胡克定律与应力分布

应用弹性范围内的应力-应变关系,即胡克定律:

$$\sigma = E\varepsilon \tag{7-26}$$

将上面所得到的正应变分布的数学表达式(7-24)代入后,便得到正应力沿横截面高度分布的数学表达式

$$\sigma = -\frac{E}{\rho}y \tag{7-27}$$

式(7-27)中 E 为材料弹性模量;ρ 为中性层的曲率半径;对于横截面上各点而言,二者都是常量。这表明,横截面上的弯曲正应力沿横截面的高度方向从中性轴为零开始呈线性分布。

上述表达式虽然给出了横截面上的应力分布，但仍然不能用于计算横截面上各点的正应力。这是因为尚有两个问题没有解决：一是 y 坐标是从中性轴开始计算的，中性轴的位置还没有确定；二是中性层的曲率半径 ρ 也没有确定。

3. 应用静力方程确定待定常数

确定中性轴的位置以及中性层的曲率半径，需要应用静力方程。为此，以横截面的形心为坐标原点，建立 $Cxyz$ 坐标系，其中 x 轴沿着梁的轴线方向；z 轴与中性轴重合。

正应力在横截面上可以组成一个轴力和一个弯矩。但是，根据截面法和平衡条件，纯弯曲时，横截面上只能有弯矩一个内力分量，轴力必须等于零。于是，应用积分的方法，由图 7-17，以及应力与内力分量之间的关系有

$$\int_A \sigma \mathrm{d}A = F_\mathrm{N} = 0 \tag{7-28}$$

$$\int_A (\sigma \mathrm{d}A) y = -M_z \tag{7-29}$$

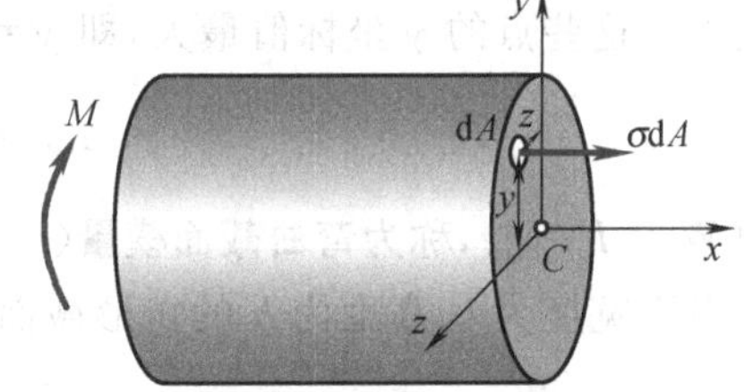

图 7-17　横截面上的正应力组成的内力分量

式(7-29)中的负号表示坐标 y 为正值的微面积 $\mathrm{d}A$ 上的力对 z 轴之矩为负值(弯矩矢量与 z 坐标轴正向相反)；M_z 为作用在加载平面内的弯矩。

将式(7-27)代入式(7-29)，得到

$$\int_A \left(-\frac{E}{\rho} y \mathrm{d}A\right) y = -\frac{E}{\rho}\int_A y^2 \mathrm{d}A = -M_z$$

根据截面惯性矩的定义，式中的积分就是梁的横截面积对于 z 轴的惯性矩，即

$$\int_A y^2 \mathrm{d}A = I_z$$

代入上式后，得到

$$\frac{1}{\rho} = \frac{M_z}{EI_z} \tag{7-30}$$

其中，E 为梁材料的弹性模量；EI_z 称为**弯曲刚度**(bending stiffness)。因为 ρ 为中性层的曲率半径，所以上式就是中性层的曲率与横截面上的弯矩以及弯曲刚度的关系式。

再将式(7-30)代入式(7-27)，最后得到弯曲时梁横截面上的正应力的计算公式：

$$\sigma = -\frac{M_z y}{I_z} \tag{7-31}$$

式中，弯矩 M_z 由平衡求得；截面对于中性轴的惯性矩 I_z 既与截面的形状有关，又与截面的尺寸有关。

4. 中性轴的位置

为了利用公式(7-31)计算梁弯曲时横截面上的正应力，还需要确定中性轴的位置。将式(7-27)代入静力方程(7-28)，有

$$\int_A -\frac{E}{\rho} y \mathrm{d}A = -\frac{E}{\rho}\int_A y \mathrm{d}A = 0$$

根据截面的静矩的定义，式中的积分即为横截面面积对于 z 轴的静矩 S_z。又因为 $\frac{E}{\rho} \neq 0$，静

矩必须等于零,即

$$S_z = \int_A y \mathrm{d}A = 0$$

在前面讨论静矩与截面形心之间的关系时,已经知道:截面面积对于某一轴的静矩如果等于零,这一轴一定通过截面的形心。在设置坐标系时,已经指定 z 轴与中性轴重合,因此,这一结果表明,在平面弯曲的情形下,**中性轴 z 通过截面形心,从而确定了中性轴的位置**。

5. 最大正应力公式与弯曲截面模量

工程上最感兴趣的是横截面上的最大正应力,也就是横截面上到中性轴最远处点上的正应力。这些点的 y 坐标值最大,即 $y=y_{\max}$。将 $y=y_{\max}$ 代入正应力公式(7-31)得到

$$\sigma_{\max} = \frac{M_z y_{\max}}{I_z} = \frac{M_z}{W_z} \tag{7-32}$$

其中 $W_z = I_z / y_{\max}$,称为**弯曲截面模量**(the section modulus of bending),单位是 mm^3 或 m^3。

对于宽度为 b、高度为 h 的矩形截面,

$$W_z = \frac{bh^2}{6} \tag{7-33}$$

对于直径为 d 的圆截面,

$$W_z = W_y = W = \frac{\pi d^3}{32} \tag{7-34}$$

对于外径为 D,内径为 d 的圆环截面,

$$W_z = W_y = W = \frac{\pi D^3}{32}(1-\alpha^4), \quad \alpha = \frac{d}{D} \tag{7-35}$$

对于轧制型钢(工字型钢等),弯曲截面模量 W 可直接从型钢表中查得。

7.2.3 梁的弯曲正应力公式的应用与推广

1. 计算梁的弯曲正应力需要注意的几个问题

计算梁弯曲时横截面上的最大正应力,应注意以下几点:

首先是,关于正应力正负号,即确定正应力是拉应力还是压应力。确定正应力正负号比较简单的方法是首先根据横截面上弯矩的实际方向,确定中性轴的位置;然后根据所要求应力的那一点的位置,以及"弯矩是由分布正应力组成的合力偶矩"这一关系,就可以确定这一点的正应力是拉应力还是压应力(图 7-18)。

其次是,关于最大正应力计算。如果梁的横截面具有一对相互垂直的对称轴,并且加载方向与其中一根对称轴一致时,则中性轴与另一对称轴一致。此时最大拉应力与最大压应力绝对值相等,由公式(7-32)计算。

如果梁的横截面只有一根对称轴,而且加载方向与对称轴一致,则中性轴过截面形心并垂直对称轴。这时,横截面上最大拉应力与最大压应力绝对值不相等(图 7-19),可由下列二式分别计算:

$$\sigma_{\max}^{+} = \frac{M_z y_{\max}^{+}}{I_z} \ (\text{拉}), \quad \sigma_{\max}^{-} = \frac{M_z y_{\max}^{-}}{I_z} \ (\text{压}) \tag{7-36}$$

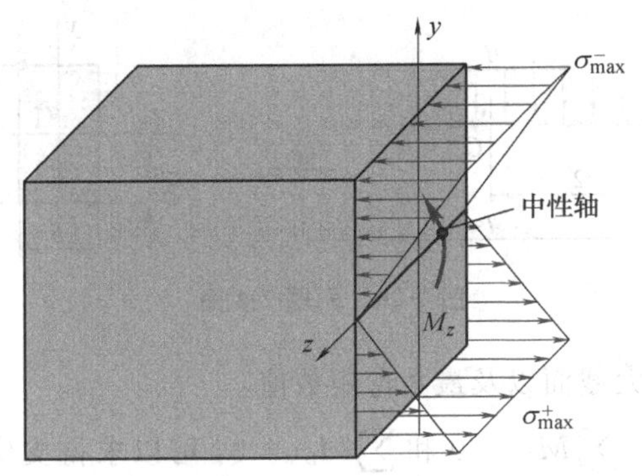

图 7-18　根据弯矩的实际方向确定正应力的正负号

其中，y_{max}^+为截面受拉一侧离中性轴最远各点到中性轴的距离；y_{max}^-为截面受压一侧离中性轴最远各点到中性轴的距离(图 7-19)。实际计算中，可以不注明应力的正负号，只要在计算结果的后面用括号注明"拉"或"压"。

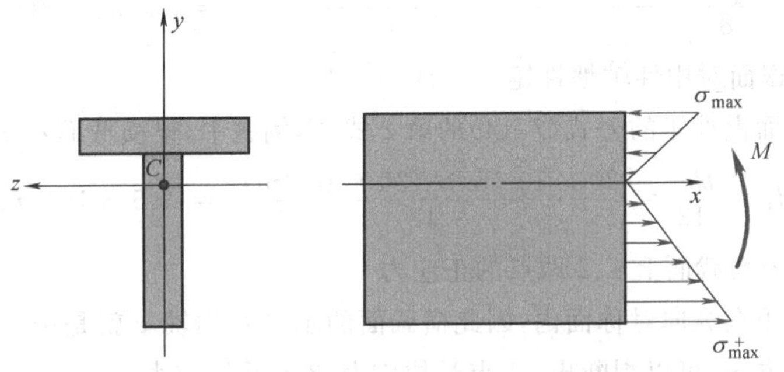

图 7-19　最大拉、压应力不相等的情形

需要注意的是，某一个横截面上的最大正应力不一定就是梁内的最大正应力，应该首先判断可能产生最大正应力的那些截面，这些截面称为危险截面；然后比较所有危险截面上的最大正应力，其中最大者才是梁内横截面上的最大正应力。保证梁安全工作而不发生破坏，最重要的就是保证这种最大正应力不得超过允许的数值。

2. 纯弯曲正应力可以推广到横向弯曲

以上有关纯弯曲的正应力的公式，对于非纯弯曲，也就是横截面上除了弯矩之外，还有剪力的情形，如果是细长杆，也是近似适用的。理论与实验结果都表明，由于剪应力的存在，梁的横截面在梁变形之后将不再保持平面，而是要发生翘曲。这种翘曲对正应力的分布将产生影响。但是，对于细长梁，这种影响很小，通常忽略不计。

7.2.4　弯曲正应力公式的应用举例

【例题 7-4】　承受均布载荷的简支梁如图 7-20 所示。已知：梁的截面为矩形，矩形的宽度 b=20 mm，高度 h=30 mm；均布载荷集度 q=10 kN/m；梁的长度 l=450 mm。试求：梁最大弯矩截面上 1、2 两点处的正应力。

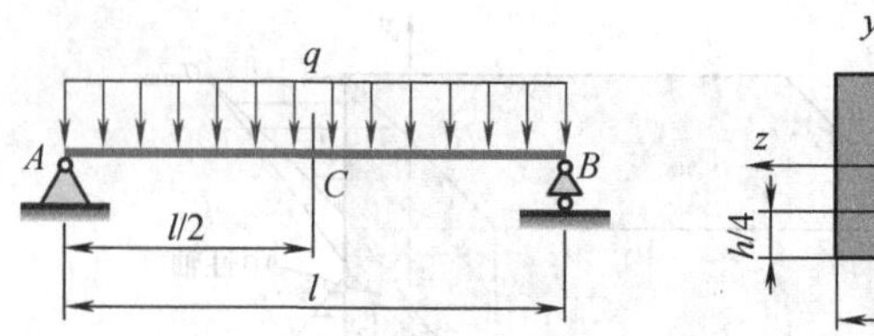

图 7-20 例题 7-4 图

解:(1) 确定弯矩最大截面以及最大弯矩数值

根据静力学平衡方程 $\sum M_A = 0$ 和 $\sum M_B = 0$,可以求得支座 A 和 B 处的约束力分别为

$$F_{RA} = F_{RB} = \frac{ql}{2} = \frac{10\times10^3\,\mathrm{N/m}\times450\times10^{-3}\,\mathrm{m}}{2} = 2.25\times10^3\ \mathrm{N}$$

已经知道梁的中点处横截面上弯矩最大,数值为

$$M_{\max} = \frac{ql^2}{8} = \frac{10\times10^3\,\mathrm{N/m}\times(450\times10^{-3}\,\mathrm{m})^2}{8} = 0.253\times10^3\ \mathrm{N\cdot m}$$

(2) 计算横截面对中性轴惯性矩

根据矩形截面惯性矩的公式(7-14)的第2式,本例题中,梁横截面对 z 轴的惯性矩

$$I_z = \frac{bh^3}{12} = \frac{20\times10^{-3}\,\mathrm{m}\times(30\times10^{-3}\,\mathrm{m})^3}{12} = 4.5\times10^{-8}\ \mathrm{m^4}$$

(3) 求弯矩最大截面上1、2两点的正应力

均布载荷作用在纵向对称面内,因此横截面的水平对称轴 z 就是中性轴。根据弯矩最大截面上弯矩的方向,可以判断出:1点受拉应力,2点受压应力。

1、2两点到中性轴的距离分别为

$$y_1 = \frac{h}{2} - \frac{h}{4} = \frac{h}{4} = \frac{30\times10^{-3}\,\mathrm{m}}{4} = 7.5\times10^{-3}\ \mathrm{m}$$

$$y_2 = \frac{h}{2} = \frac{30\times10^{-3}\,\mathrm{m}}{2} = 15\times10^{-3}\ \mathrm{m}$$

于是弯矩最大截面上,1、2两点的正应力分别为

$$\sigma(1) = \frac{M_{\max}y_1}{I_z} = \frac{0.253\times10^3\,\mathrm{N\cdot m}\times7.5\times10^{-3}\,\mathrm{m}}{4.5\times10^{-8}\,\mathrm{m^4}}$$

$$= 0.422\times10^8\,\mathrm{Pa} = 42.2\ \mathrm{MPa}\quad(拉)$$

$$\sigma(2) = \frac{M_{\max}y_2}{I_z} = \frac{0.253\times10^3\,\mathrm{N\cdot m}\times15\times10^{-3}\,\mathrm{m}}{4.5\times10^{-8}\,\mathrm{m^4}}$$

$$= 0.843\times10^8\,\mathrm{Pa} = 84.3\ \mathrm{MPa}\quad(压)$$

【例题 7-5】 外伸梁的截面尺寸及受力如图 7-21(a)所示。求梁内最大弯曲正应力。

解:(1) 画弯矩图确定最大弯矩

剪力图和弯矩分别如图 7-21(b)、(c)所示,从图 7-21(c)中可以看出:

$$|M|_{\max} = 200\ \mathrm{kN\cdot m}$$

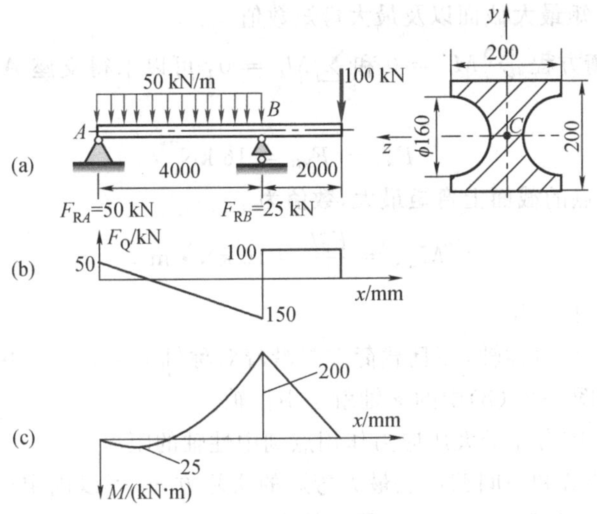

图 7-21　例题 7-5 图

(2) 计算截面的惯性矩

图示之组合截面，具有两根对称轴，形心很容易确定，通过形心垂直于加力方向的 z 轴即为中性轴。采用负面积法，得

$$I_z = \frac{bh^3}{12} - \frac{\pi d^4}{64} = \frac{200 \times 10^{-3}\,\mathrm{m} \times (200 \times 10^{-3}\,\mathrm{m})^3}{12} - \frac{\pi \times (160 \times 10^{-3}\,\mathrm{m})^4}{64}$$

$$= 1.332 \times 10^{-4}\,\mathrm{m}^4 - 0.322 \times 10^{-4}\,\mathrm{m}^4 = 1.01 \times 10^{-4}\ \mathrm{m}^4$$

(3) 计算最大正应力

$$\sigma_{\max} = \frac{|M|_{\max} y_{\max}}{I_z} = \frac{200 \times 10^3\,\mathrm{N \cdot m} \times \dfrac{200 \times 10^{-3}\,\mathrm{m}}{2}}{1.01 \times 10^{-4}\,\mathrm{m}^4}$$

$$= 198 \times 10^6\,\mathrm{Pa} = 198\ \mathrm{MPa}$$

【例题 7-6】 图 7-22(a)中所示 T 形截面简支梁在中点作用有集中力 $F_P = 32$ kN，梁的长度 $l = 2$ m。T 形截面的形心坐标 $y_C = 96.4$ mm，横截面对于 z 轴的惯性矩 $I_z = 1.02 \times 10^8\ \mathrm{mm}^4$。试求：弯矩最大截面上的最大拉应力和最大压应力。

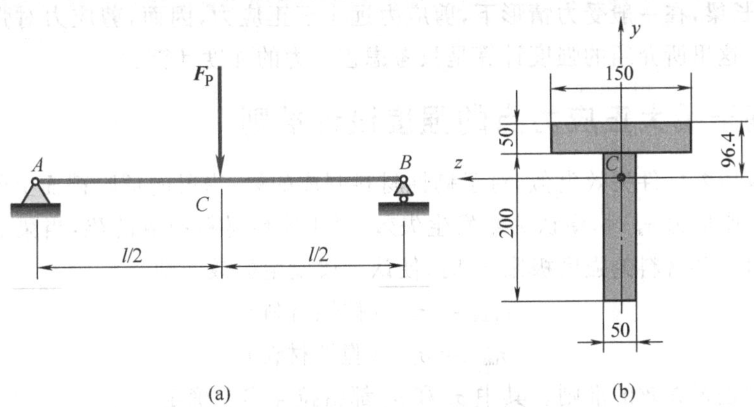

图 7-22　例题 7-6 图

解：(1) 确定弯矩最大截面以及最大弯矩数值

根据静力学平衡方程 $\sum M_A = 0$ 和 $\sum M_B = 0$，可以求得支座 A 和 B 处的约束力分别为

$$F_{RA} = F_{RB} = 16\ \text{kN}$$

根据内力分析，梁中点的截面上弯矩最大，数值为

$$M_{\max} = \frac{F_P l}{4} = 16\ \text{kN}\cdot\text{m}$$

(2) 确定中性轴的位置

T形截面只有一根对称轴，而且载荷方向沿着对称轴方向，因此，中性轴通过截面形心并且垂直于对称轴，图7-22(b)中的 z 轴就是中性轴。

(3) 确定最大拉应力和最大压应力作用点到中性轴的距离

根据中性轴的位置和中间截面上最大弯矩的实际方向，可以确定中性轴以上部分承受压应力；中性轴以下部分承受拉应力。最大拉应力作用点和最大压应力作用点分别为到中性轴最远的下边缘和上边缘上的各点。由图7-22(b)所示截面尺寸，可以确定最大拉应力作用点和最大压应力作用点到中性轴的距离分别为

$$y_{\max}^{+} = (200 + 50 - 96.4)\text{m} = 153.6\ \text{mm}, \quad y_{\max}^{-} = 96.4\ \text{mm}$$

(4) 计算弯矩最大截面上的最大拉应力和最大压应力

应用公式(7-36)，得到

$$\begin{aligned}\sigma_{\max}^{+} &= \frac{M y_{\max}^{+}}{I_z} = \frac{16\times10^3\,\text{N}\cdot\text{m}\times153.6\times10^{-3}\,\text{m}}{1.02\times10^8\times(10^{-3})^4\,\text{m}^4}\\ &= 24.09\times10^6\,\text{Pa} = 24.09\ \text{MPa}\quad(\text{拉})\end{aligned}$$

$$\begin{aligned}\sigma_{\max}^{-} &= \frac{M y_{\max}^{-}}{I_z} = \frac{16\times10^3\,\text{N}\cdot\text{m}\times96.4\times10^{-3}\,\text{m}}{1.02\times10^8\times(10^{-3})^4\,\text{m}^4}\\ &= 15.12\times10^6\,\text{Pa} = 15.12\ \text{MPa}\quad(\text{压})\end{aligned}$$

7.3 梁的强度计算

前面已经提到，当梁的横截面上同时存在弯矩和剪力时，其上既有正应力也有剪应力，但是，对于细长梁，在一般受力情形下，剪应力远小于正应力，因而，剪应力对强度的影响可以忽略不计。这里所介绍的强度计算是只考虑正应力的强度计算。

7.3.1 基于最大正应力点的强度设计准则

与拉伸或压缩杆件失效类似，对于韧性材料制成的梁，当梁的危险截面上的最大正应力达到材料的屈服应力 σ_s 时，便认为梁发生失效；对于脆性材料制成的梁，当梁的危险截面上的最大正应力达到材料的强度极限 σ_b 时，便认为梁发生失效。即

$$\sigma_{\max} = \sigma_s \quad (\text{韧性材料}) \tag{7-37}$$

$$\sigma_{\max} = \sigma_b \quad (\text{脆性材料}) \tag{7-38}$$

这就是判断梁是否失效的准则。其中 σ_s 和 σ_b 都由拉伸实验确定。

与拉、压杆的强度设计相类似，工程设计中，为了保证梁具有足够的安全裕度，梁的危险

截面上的最大正应力，必须小于许用应力，许用应力等于 σ_s 或 σ_b 除以一个大于 1 的安全因数。于是有

$$\sigma_{max} \leqslant \frac{\sigma_s}{n_s} = [\sigma] \tag{7-39}$$

$$\sigma_{max} \leqslant \frac{\sigma_b}{n_b} = [\sigma] \tag{7-40}$$

上述二式就是基于最大正应力的梁弯曲强度设计准则，又称为弯曲强度条件，式中，$[\sigma]$为弯曲许用应力；n_s 和 n_b 分别为对应于屈服强度和强度极限的安全因数。

根据上述强度条件，同样可以解决三类强度问题：强度校核、截面尺寸设计、确定许用载荷。

7.3.2 梁的弯曲强度计算步骤

根据梁的弯曲强度设计准则，进行弯曲强度计算的一般步骤为：

(1) 根据梁的约束性质，分析梁的受力，确定约束力；

(2) 画出梁的弯矩图；根据弯矩图，确定可能的危险截面；

(3) 根据应力分布和材料的拉伸与压缩强度性能是否相等，确定可能的危险点。对于拉、压强度相同的材料(如低碳钢等)，最大拉应力作用点与最大压应力作用点具有相同的危险性，通常不加以区分；对于拉、压强度性能不同的材料(如铸铁等脆性材料)，最大拉应力作用点和最大压应力作用点都有可能是危险点。

(4) 应用强度条件进行强度计算。对于拉伸和压缩强度相等的材料，应用强度条件式(7-39)和式(7-40)；对于拉伸和压缩强度不相等的材料，强度条件式(7-39)和式(7-40)可以改写为

$$\sigma_{max}^{+} \leqslant [\sigma]^{+} \tag{7-41}$$

$$\sigma_{max}^{-} \leqslant [\sigma]^{-} \tag{7-42}$$

其中$[\sigma]^+$和$[\sigma]^-$分别称为拉伸许用应力和压缩许用应力

$$[\sigma]^{+} = \frac{\sigma_b^{+}}{n_b} \tag{7-43}$$

$$[\sigma]^{-} = \frac{\sigma_b^{-}}{n_b} \tag{7-44}$$

式中，σ_b^+ 和 σ_b^- 分别为材料的拉伸强度极限和压缩强度极限。

7.3.3 弯曲强度计算举例

【例题 7-7】 图 7-23(a)中的圆轴在 A、B 两处的滚珠轴承可以简化为铰链支座；轴的外伸部分 BD 是管状的。轴的直径和其余尺寸以及轴所承受的载荷都标在图中。这样的圆轴主要承受弯曲变形，因此，可以简化为外伸梁。已知的拉伸和压缩的许用应力相等，即$[\sigma]$=120 MPa，试分析圆轴的强度是否安全。

解：(1) 确定约束力

A、B 两处都只有垂直方向的约束力 $\boldsymbol{F}_{RA}$、$\boldsymbol{F}_{RB}$，假设方向都向上。于是，由平衡方程 $\sum M_A = 0$ 和 $\sum M_B = 0$，求得

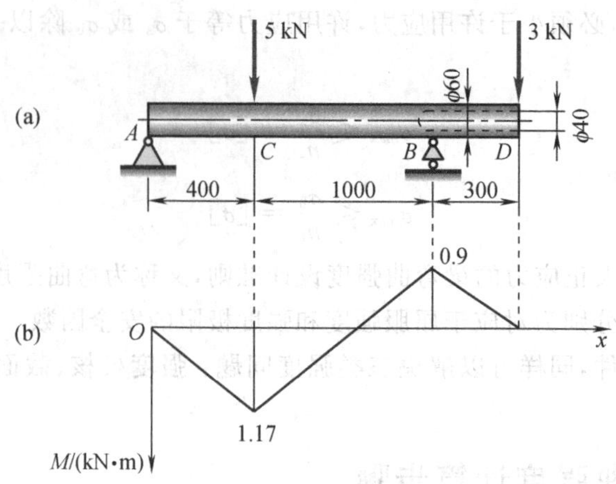

图 7-23 例题 7-7 图

$$F_{RA} = 2.93\ \text{kN},\quad F_{RB} = 5.07\ \text{kN}$$

(2) 画弯矩图,判断可能的危险截面

根据圆轴所承受的载荷和约束力,可以画出圆轴的弯矩图,如图 7-23(b)所示。根据弯矩图和圆轴的截面尺寸,在实心部分 C 截面处弯矩最大,为危险截面;在空心部分,轴承 B 右侧截面处弯矩最大,亦为危险截面。

$$M_C = 1.17\ \text{kN}\cdot\text{m},\quad M_B = 0.9\ \text{kN}\cdot\text{m}$$

(3) 计算危险截面上的最大正应力

应用最大正应力公式(7-32)和圆截面以及圆环截面的弯曲截面模量公式(7-34)和式(7-35),可以计算危险截面上的应力:

C 截面上:

$$\sigma_{\max} = \frac{M}{W} = \frac{32M}{\pi D^3} = \frac{32\times 1.17\times 10^3\ \text{N}\cdot\text{m}}{\pi\times(60\times 10^{-3}\ \text{m})^3} = 55.2\times 10^6\ \text{Pa} = 55.2\ \text{MPa}$$

B 右侧截面上:

$$\sigma_{\max} = \frac{M}{W} = \frac{32M}{\pi D^3(1-\alpha^4)} = \frac{32\times 0.9\times 10^3\ \text{N}\cdot\text{m}}{\pi\times(60\times 10^{-3}\ \text{m})^3\left[1-\left(\frac{40\text{mm}}{60\text{mm}}\right)^4\right]}$$

$$= 52.9\times 10^6\ \text{Pa} = 52.9\ \text{MPa}$$

(4) 分析梁的强度是否安全

上述计算结果表明,两个危险截面上的最大正应力都小于许用应力$[\sigma]=120$ MPa。于是,满足强度条件,即

$$\sigma_{\max} < [\sigma]$$

因此,圆轴的强度是安全的。

【例题 7-8】 由铸铁制造的外伸梁,受力及横截面尺寸如图 7-24 所示,其中,z 轴为中性轴。已知铸铁的拉伸许用应力$[\sigma]^+=39.3$ MPa,压缩许用应力为$[\sigma]^-=58.8$ MPa,$I_z=7.65\times 10^6\ \text{mm}^4$。试校核该梁的正应力强度。

解:因为梁的截面没有水平对称轴,所以其横截面上的最大拉应力与最大压应力不相等。同时,梁的材料为铸铁,其拉伸与压缩许用应力不等。因此,判断危险面位置时,除弯矩

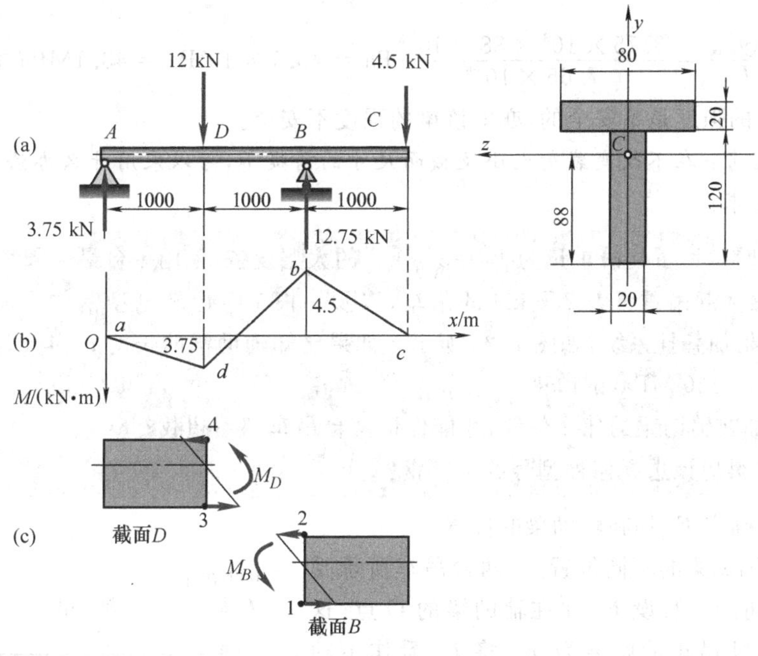

图 7-24　例题 7-8 图

图外，还应考虑上述因素。

梁的弯矩图如图 7-24(b)所示。可以看出，截面 B 上弯矩绝对值最大，为可能的危险面之一。在截面 D 上，弯矩虽然比截面 B 上的小，但根据该截面上弯矩的实际方向，如图 7-24(c)所示，其上边缘各点受压应力，下边缘各点受拉应力，并且由于受拉边到中性轴的距离较大，拉应力也比较大，而材料的拉伸许用应力低于压缩许用应力，所以截面 D 也可能为危险面。现分别校核这两个截面的强度。

对于截面 B，弯矩为负值，其绝对值为

$$|M| = (4.5 \times 10^3 \times 1)\text{N}\cdot\text{m} = 4.5 \times 10^3\text{N}\cdot\text{m} = 4.5\text{ kN}\cdot\text{m}$$

其方向如图 7-24(c)所示。由弯矩实际方向可以确定该截面上点 1 受压、点 2 受拉，应力值分别为

点 1：

$$\sigma^- = \frac{My_{\max}^-}{I_z} = \frac{4.5 \times 10^3 \times 88 \times 10^{-3}}{7.65 \times 10^{-6}}\text{Pa} = 51.8 \times 10^6\text{Pa} = 51.8\text{MPa} < [\sigma]^-$$

点 2：

$$\sigma^+ = \frac{My_{\max}^+}{I_z} = \frac{4.5 \times 10^3 \times 52 \times 10^{-3}}{7.65 \times 10^{-6}}\text{Pa} = 30.6 \times 10^6\text{Pa} = 30.6\text{MPa} < [\sigma]^+$$

因此，截面 B 的强度是安全的。

对于截面 D，其上的弯矩为正值，其值为

$$|M| = (3.75 \times 10^3 \times 1)\text{N}\cdot\text{m} = 3.75 \times 10^3\text{N}\cdot\text{m} = 3.75\text{ kN}\cdot\text{m}$$

方向如图 7-24(c)所示。已经指出，点 3 受拉，点 4 受压，但点 4 的压应力要比截面 B 上点 1 的压应力小，所以只需校核点 3 的拉应力。

点 3：

$$\sigma^{+}=\frac{My_{\max}^{+}}{I_z}=\frac{3.75\times10^{3}\times88\times10^{-3}}{7.65\times10^{-6}}\text{Pa}=43.1\times10^{6}\text{Pa}=43.1\text{MPa}>[\sigma]^{+}$$

因此，截面 D 的强度是不安全的，亦即该梁的强度不安全。

请读者思考：在不改变载荷大小及截面尺寸的前提下，可以采用什么办法，使该梁满足强度安全的要求？

【例题 7-9】 为了起吊重量为 $F_P=300$ kN 的大型设备，采用一台最大起吊重量为 150 kN 和一台最大起吊重量为 200 kN 的吊车，以及一根工字形轧制型钢作为辅助梁，共同组成临时的附加悬挂系统，如图 7-25 所示。如果已知辅助梁的长度 $l=4$ m，型钢材料的许用应力 $[\sigma]=160$ MPa，试计算：

(1) F_P 加在辅助梁的什么位置，才能保证两台吊车都不超载？

(2) 辅助梁应该选择何种型号的工字钢？

解：(1) 确定 $\boldsymbol{F}_P$ 加在辅助梁的位置

$\boldsymbol{F}_P$ 加在辅助梁的不同位置上，两台吊车所承受的力是不相同的。假设 $\boldsymbol{F}_P$ 加在辅助梁的 C 点，这一点到 150 kN 吊车的距离为 x。将 $\boldsymbol{F}_P$ 看作主动力，两台吊车所受的力为约束力，分别用 $\boldsymbol{F}_A$ 和 $\boldsymbol{F}_B$ 表示。由平衡方程

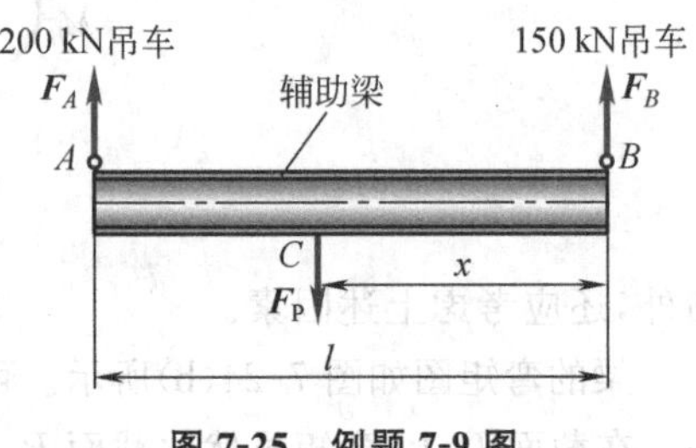

图 7-25 例题 7-9 图

$$\sum M_A=0:\quad F_Bl-F_P(l-x)=0$$

$$\sum M_B=0:\quad F_Px-F_Al=0$$

解出

$$F_A=\frac{F_P}{l},\quad F_B=\frac{F_P(l-x)}{l}$$

因为 A 处和 B 处的约束力分别不能超过 200 kN 和 150 kN，故有

$$F_A=\frac{F_Px}{l}\leqslant200\text{ kN},\quad F_B=\frac{F_P(l-x)}{l}\leqslant150\text{ kN}$$

由此解出

$$x\leqslant\frac{200\text{ kN}\times4\text{ m}}{300\text{ kN}}=2.667\text{ m}\quad 和 \quad x\geqslant4\text{ m}-\frac{150\text{ kN}\times4\text{ m}}{300\text{ kN}}=2\text{ m}$$

于是，得到 $\boldsymbol{F}_P$ 加在辅助梁上作用点的范围为

$$2\text{ m}\leqslant x\leqslant2.667\text{ m}$$

(2) 确定辅助梁所需要的工字钢型号

根据上述计算得到的 $\boldsymbol{F}_P$ 加在辅助梁上作用点的范围，当 $x=2$ m 时，辅助梁在 B 点受力为 150 kN；当 $x=2.667$ m 时，辅助梁在 A 点受力为 200 kN。

这两种情形下，辅助梁都在 $\boldsymbol{F}_P$ 作用点处弯矩最大，最大弯矩数值分别为

$$M_{\max}(A)=200\text{ kN}\times(l-2.667)\text{m}=200\text{ kN}\times(4-2.667)\text{m}=266.6\text{ kN}\cdot\text{m}$$

$$M_{\max}(B)=150\text{ kN}\times2\text{ m}=300\text{ kN}\cdot\text{m}$$

$$M_{\max}(B)>M_{\max}(A)$$

因此，应该以 $M_{\max}(B)$ 作为强度计算的依据。于是，由强度条件

$$\sigma_{\max}=\frac{M_{\max}}{W_z}\leqslant[\sigma]$$

可以写出

$$\sigma_{\max}=\frac{M_{\max}(B)}{W_z}\leqslant 160\ \text{MPa}$$

由此，可以算出辅助梁所需要的弯曲截面模量：

$$W_z\geqslant\frac{M_{\max}(B)}{[\sigma]}=\frac{300\times10^3\,\text{N}\cdot\text{m}}{160\times10^6\,\text{Pa}}=1.875\times10^{-3}\,\text{m}^3=1.875\times10^3\,\text{cm}^3$$

由热轧普通工字钢型钢表中查得 50a 和 50b 工字钢的 W_z 分别为 $1.860\times10^3\ \text{cm}^3$ 和 $1.940\times10^3\ \text{cm}^3$。如果选择 50a 工字钢，它的弯曲截面模量 $1.860\times10^3\ \text{cm}^3$ 比所需要的 $1.875\times10^3\ \text{cm}^3$ 大约小

$$\frac{1.875\times10^3\ \text{cm}^3-1.860\times10^3\ \text{cm}^3}{1.875\times10^3\ \text{cm}^3}\times100\%=0.8\%$$

在一般的工程设计中最大正应力可以允许超过许用应力 5%，所以选择 50a 工字钢是可以的。但是，对于安全性要求很高的构件，最大正应力不允许超过许用应力，这时就需要选择 50b 工字钢。

7.4　结论与讨论

7.4.1　正应力公式应用中的几个问题

1. 加载方向与加载范围

应用正应力公式时，要注意其中的 M_z 必须是作用在形心主轴平面内的弯矩。因此，横向载荷(垂直于杆件轴线的载荷)必须施加在主轴平面内。

对于不是作用在主轴平面内的载荷，需要将其向主轴平面分解，使之变为两个平面弯曲的叠加。

对于作用线与杆件的轴线不重合的纵向载荷，需要将其向杆件的轴线简化，使之变为轴向拉伸或压缩与弯曲共同作用的情形。

应用平面弯曲正应力公式时，对加载范围也有一定限制，即在弹性范围内加载。这是因为，只有满足线性的物性关系，才能由应变的平面分布导出应力的平面分布。

但是，对于均匀的应变分布，例如承受轴力作用的直杆 $\mathrm{d}x$ 微段上两截面之间的变形，是否只有在线性的物性关系得以满足时，应力才能是均匀分布的呢？这一问题留给读者去研究。

2. 坐标系与正负号的确定

坐标系：计算应力时应首先确定截面上的内力分量。为此，必须在截面上建立合适的坐标系。即坐标原点与截面形心重合；x 轴与杆轴线重合；y、z 则为截面的形心主轴。进而，应用简化或平衡的方法，确定横截面上的内力分量。

关于正应力的正负号的确定有两种方法：一种是根据 $\boldsymbol{M}_y$、$\boldsymbol{M}_z$ 的方向(其矢量正方向分别与 x、y、z 坐标轴正向一致者为正；反之为负)和所求应力点的坐标值，连同应力公式中的正负号，最后确定 σx 的正负号。另一种是，根据截面上 $\boldsymbol{M}_y$、$\boldsymbol{M}_z$ 的实际方向，确定它们在所求应力点所产生的正应力的拉、压性质，从而确定正应力公式中各项的正负号。例如图 7-26(a)在弯矩 M_y 的作用下，横截面上的中性轴与 y 轴一致，因此 y 轴左侧各点承受拉应力；右侧各点承受压应力。又如图 7-26(b)中所示，在弯矩 M_z 的作用下，横截面上的中性轴与 z 轴一致，因此 z 轴上侧各点承受拉应力；下侧各点承受压应力。著者建议使用后一种方法。

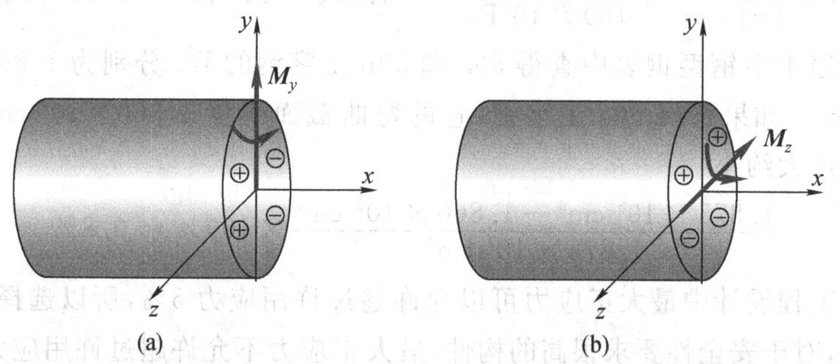

图 7-26 根据弯矩的实际方向以及点的位置确定该点正应力的正负号

7.4.2 关于截面的惯性矩

横截面对于某一轴的惯性矩，不仅与横截面的面积大小有关，而且还与这些面积到这一轴的距离的远近有关。同样的面积，到轴的距离远者，惯性矩大；到轴的距离近者，惯性矩小。为了使梁能够承受更大的力，我们当然希望截面的惯性矩越大越好。

对于图 7-27(a)中承受均布载荷的矩形截面简支梁，最大弯矩发生在梁的中点。如果需要在梁的中点开一个小孔，请读者分析：图 7-27(b)和(c)中的开孔方式，哪一种最合理？

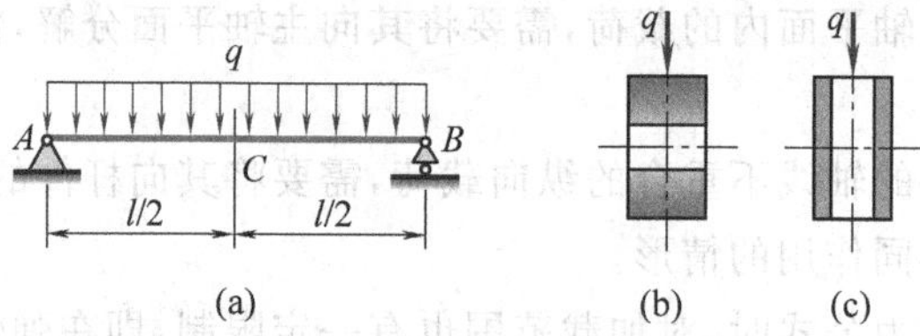

图 7-27 惯性矩与截面形状有关

7.4.3 关于中性轴的讨论

横截面上正应力为零的点组成的直线，称为中性轴。

平面弯曲中，根据横截面上轴力等于零的条件，由静力学方程

$$\int_A \sigma \mathrm{d}A = F_{\mathrm{N}} = 0 \Rightarrow \int_A y \mathrm{d}A = S_z = 0$$

得到“**中性轴通过截面形心**”的结论。

【例题 7-10】 承受相同弯矩 M_z 的三根直梁，其截面组成方式如图 7-28(a)、(b)、(c)所示。图(a)中的截面为一整体；图(b)中的截面由两矩形截面并列而成(未粘接)；图(c)中的截面由两矩形截面上下叠合而成(未粘接)。三根梁中的最大正应力分别为 σ_{max}(a)、σ_{max}(b)、σ_{max}(c)。关于三者之间的关系有四种答案，试判断哪一种是正确的。

(A) $\sigma_{max}(a)<\sigma_{max}(b)<\sigma_{max}(c)$　　(B) $\sigma_{max}(a)=\sigma_{max}(b)<\sigma_{max}(c)$

(C) $\sigma_{max}(a)<\sigma_{max}(b)=\sigma_{max}(c)$　　(D) $\sigma_{max}(a)=\sigma_{max}(b)=\sigma_{max}(c)$

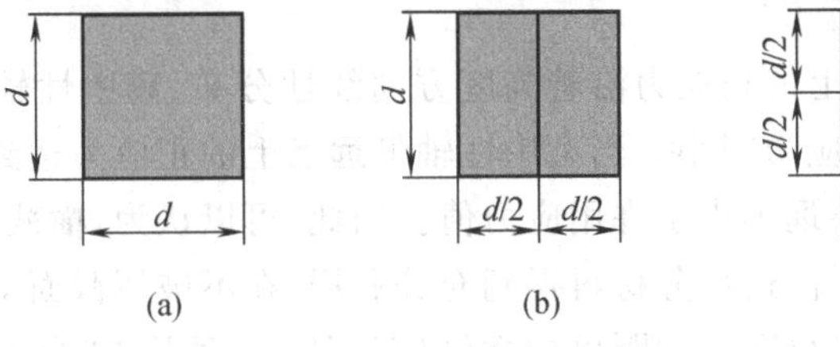

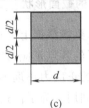

图 7-28　例题 7-10 图

解：对于图 7-28(a)的情形，中性轴通过横截面形心，如图 7-29(a)所示。应用平面弯曲公式，得到横截面上的最大正应力：

$$\sigma_{max}(a)=\frac{M_z}{\frac{d^3}{6}}=\frac{6M_z}{d^3} \tag{a}$$

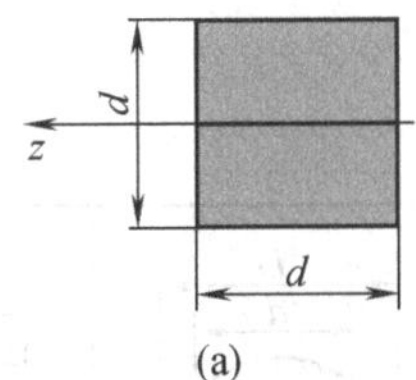

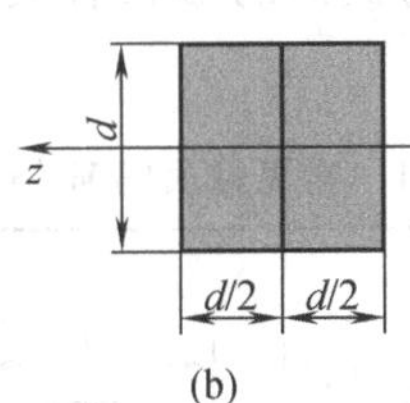

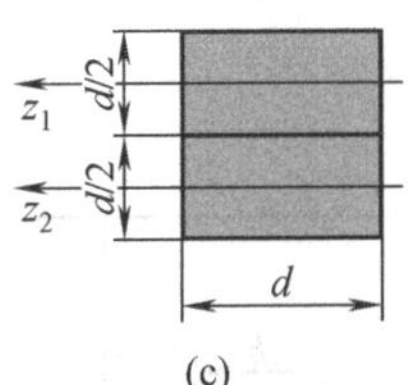

图 7-29　例题 7-10 解图

对于图 7-28(b)的情形，这时两根梁相互独立地发生弯曲，每根梁承受的弯矩为 $M_z/2$，而且有各自的中性轴，如图 7-29(b)所示。于是，应用平面弯曲公式，得到这时横截面上的最大正应力为

$$\sigma_{max}(b)=\frac{\frac{M_z}{2}}{\frac{d}{2}\cdot\frac{d^3}{12}}\cdot\frac{d}{2}=\frac{6M_z}{d^3} \tag{b}$$

对于图 7-28(c)的情形，这时两根梁也是相互独立地发生弯曲，每根梁承受的弯矩为 $M_z/2$，而且也有各自的中性轴，但与图 7-28(b)的情形不同，如图 7-29(c)所示。于是，应用平面弯曲公式，得到这时横截面上的最大正应力为

$$\sigma_{max}(c)=\frac{\frac{M_z}{2}}{\frac{d\left(\frac{d}{2}\right)^3}{12}}\cdot\frac{d}{4}=\frac{12M_z}{d^3} \tag{c}$$

比较(a)、(b)、(c)三式,可以看出答案(B)是正确的。

7.4.4 提高梁强度的措施

前面已经讲到,对于细长梁,影响梁的强度的主要因素是梁横截面上的正应力,因此,提高梁的强度,就是设法降低梁横截面上的正应力数值。

工程上,主要从以下几方面提高梁的强度。

1. 选择合理的截面形状

平面弯曲时,梁横截面上的正应力沿着高度方向线性分布,离中性轴越远的点,正应力越大,中性轴附近的各点正应力很小。当离中性轴最远点上的正应力达到许用应力值时,中性轴附近的各点的正应力还远远小于许用应力值。因此,可以认为,横截面上中性轴附近的材料没有被充分利用。为了使这部分材料得到充分利用,在不破坏截面整体性的前提下,可以将横截面上中性轴附近的材料移到距离中性轴较远处,从而形成"合理截面"。如工程结构中常用的空心截面和各种各样的薄壁截面(工字形、槽形、箱形截面等)。

根据最大弯曲正应力公式,$\sigma_{\max}=\dfrac{M_{\max}}{W}$,为了使 $\sigma_{\max}$ 尽可能地小,必须使 W 尽可能地大。但是,梁的横截面面积有可能随着 W 的增加而增加,这意味着要增加材料的消耗。能不能使 W 增加,而横截面积不增加或少增加?当然是可能的。这就是采用合理截面,使横截面的 W/A 数值尽可能大。W/A 数值与截面的形状有关。表 7-1 中列出了常见截面的 W/A 数值。

表 7-1 常见截面的 W/A 数值

截面形状	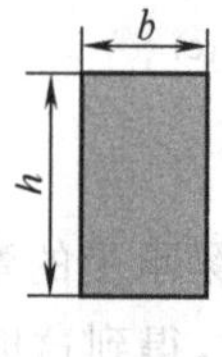 矩形(竖放,宽 b,高 h)	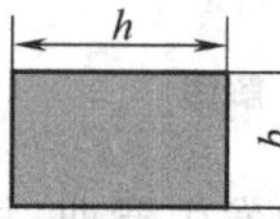 矩形(横放,宽 h,高 b)	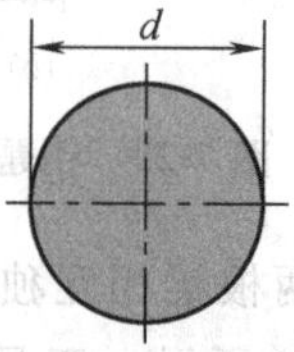 圆形(直径 d)	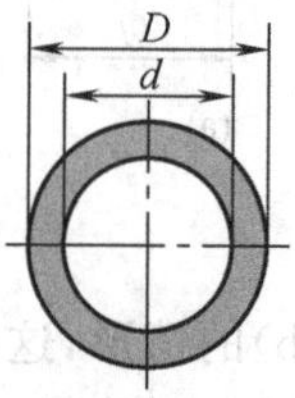 圆环(外径 D,内径 d),$d/D=0.8$	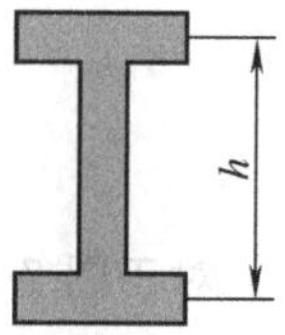 工字形(高 h)
W/A	$0.167h$	$0.167b$	$0.125d$	$0.205D$	$(0.29\sim0.31)h$

以宽度为 b、高度为 h 的矩形截面为例,当横截面竖直放置,而且载荷作用在竖直对称面内时,$W/A=0.167h$;当横截面横向放置,而且载荷作用在短轴对称面内时,$W/A=0.167b$。如果 $h/b=2$,则截面竖直放置时的 W/A 值是截面横向放置时的两倍。显然,矩形截面梁竖直放置比较合理。

2. 采用变截面梁或等截面梁

弯曲强度计算是保证梁的危险截面上的最大正应力必须满足强度条件

$$\sigma_{\max}=\frac{M_{\max}}{W}\leqslant[\sigma]$$

大多数情形下,梁上只有一个或者少数几个截面上的弯矩得到最大值,也就是说只有极少数截面是危险截面。当危险截面上的最大正应力达到许用应力值时，其他大多数截面上的最大正应力还没有达到许用应力值，有的甚至远远没有达到许用应力值。这些截面处的材料同样没有被充分利用。

为了合理地利用材料，减轻结构重量，很多工程构件都设计成变截面的：弯矩大的地方截面大一些，弯矩小的地方截面也小一些。例如火力发电系统中的汽轮机转子(图 7-30(a))，即采用阶梯轴(图 7-30(b))。

在机械工程与土木工程中所采用的变截面梁，与阶梯轴也有类似之处，即达到减轻结构重量、节省材料、降低成本的目的。图 7-31 中为大型悬臂钻床的变截面悬臂。

(a)

(b)

图 7-30　汽轮机转子及其阶梯轴

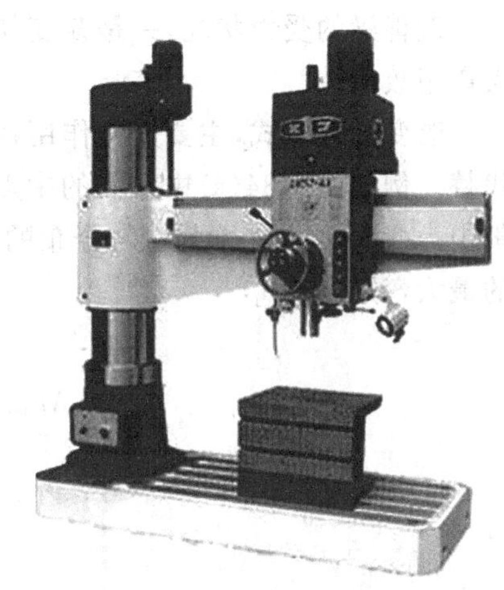

图 7-31　悬臂钻床中的变截面梁

图 7-32(a)所示为旋转楼梯中的变截面梁；图 7-32(b)中为高架桥中的变截面梁。

(a)　(b)

图 7-32　土木工程中的变截面梁

如果使每一个截面上的最大正应力都正好等于材料的许用应力，这样设计出的梁就是“等强度梁”。图 7-33 中所示为高速公路高架段所采用的空心鱼腹梁，就是一种等强度梁。这种结构使材料得到充分利用。

图 7-33 高速公路高架段的空心鱼腹梁

3. 改善受力状况

改善梁的受力状况,一是改变加载方式;二是调整梁的约束。这些都可以减小梁上的最大弯矩数值。

改变加载方式,主要是将作用在梁上的一个集中力用分布力或者几个比较小的集中力代替。例如图 7-34(a)中在梁的中点承受集中力的简支梁,最大弯矩 $M_{\max}=F_{P}l/4$。如果将集中力变为梁的全长上均匀分布的载荷,载荷集度 $q=F_{P}/l$,如图 7-34(b)所示,这时,梁上的最大弯矩变为

$$M_{\max}=\frac{ql^{2}}{8}=\frac{\dfrac{F_{P}}{l}\times l^{2}}{8}=\frac{F_{P}l}{8}$$

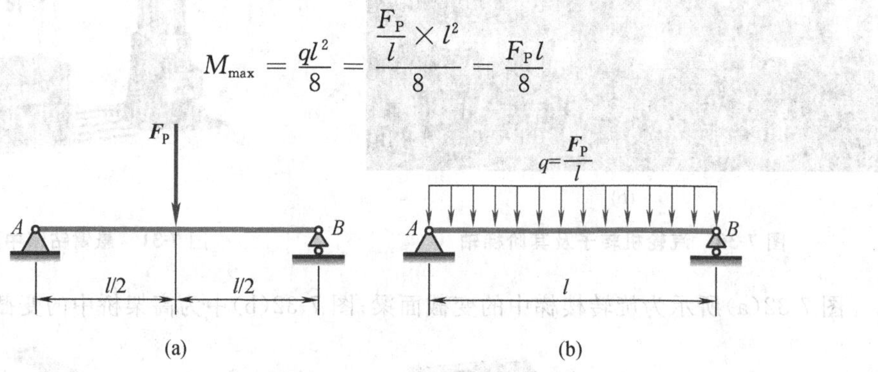

图 7-34 改善受力状况提高梁的强度

在主梁上增加辅助梁(图 7-35),改变受力方式,也可以达到减小最大弯矩、提高梁的强度的目的。

此外,在某些允许的情形下,改变加力点的位置,使其靠近支座,也可以使梁内的最大弯矩有明显的降低。例如,图 7-36 中的齿轮轴,齿轮靠近支座时的最大弯矩要比齿轮放在中间时小得多。

调整梁的约束,主要是改变支座的位置,降低梁上的最大弯矩数值。例如图 7-37(a)中承受均布载荷的简支梁,最大弯矩 $M_{\max}=ql^{2}/8$。如果将支座向中间移动 0.2l,如图 7-37(b)所示,这时,梁内的最大弯矩变为 $M_{\max}=ql^{2}/40$。但是,随着支座向梁的中点移动,梁中间截面上的弯矩逐渐减小,而支座处截面上的弯矩却逐渐增大。支座最合理的位置是使梁

的中间截面上的弯矩正好等于支座处截面上的弯矩。

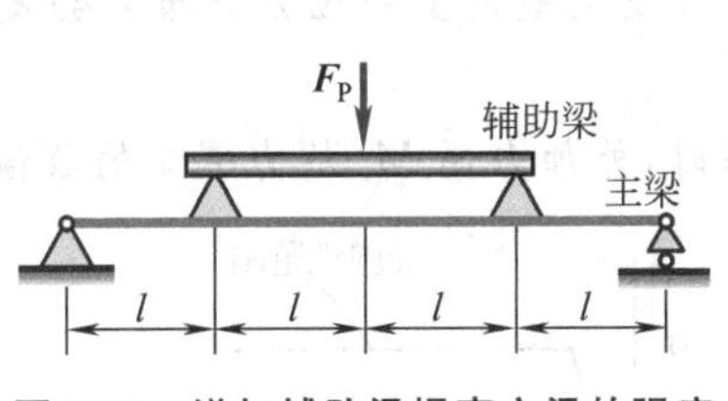

图 7-35　增加辅助梁提高主梁的强度

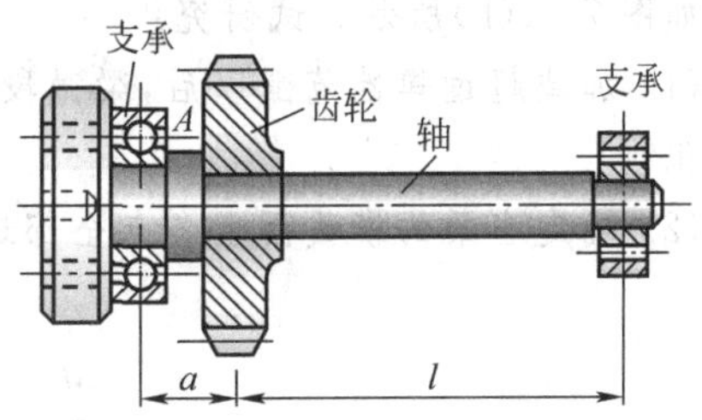

图 7-36　改变加力点位置减小最大弯矩

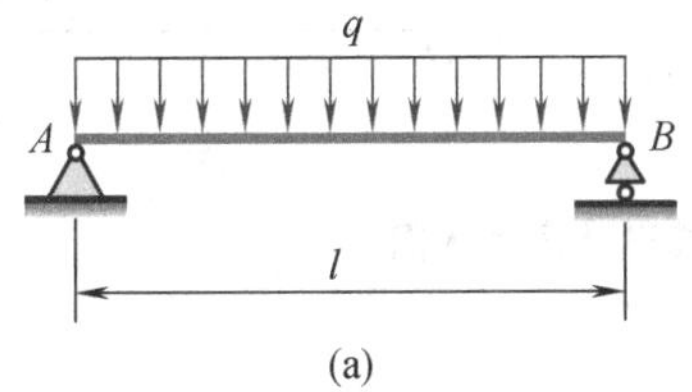

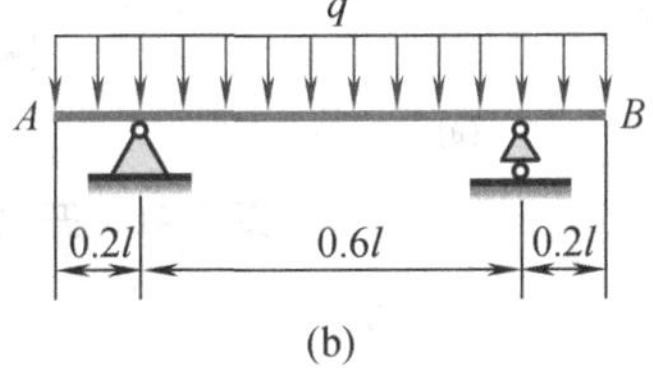

图 7-37　支承的最佳位置

图 7-38 中所示之静置压力容器的支承就是出于这种考虑。

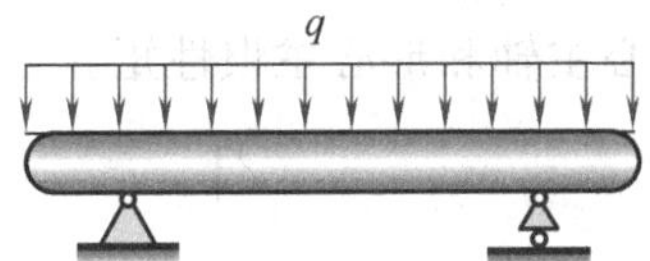

图 7-38　静置压力容器的合理支承

7.4.5　开放式思维案例

案例 1　已知等边三角形的边长为 a，如图 7-39 所示。试用简单、巧妙的方法证明：通过形心的任意一对互相垂直的坐标轴都是主轴。

案例 2　杨氏模量分别为 E_1 和 $E_2(E_1>E_2)$ 的两种材料的等截面直梁叠合成一组合梁，承受纯弯曲变形，如图 7-40 所示。

(1) 假定两梁自由叠合，接触面上的摩擦忽略不计，请画出组合梁横截面上的正应力分布。

(2) 假定两梁粘合成一体，请画出这时组合梁横截面上的正应力分布。

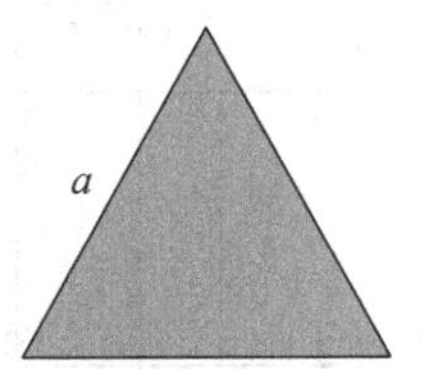

图 7-39　开放式思维案例 1 图

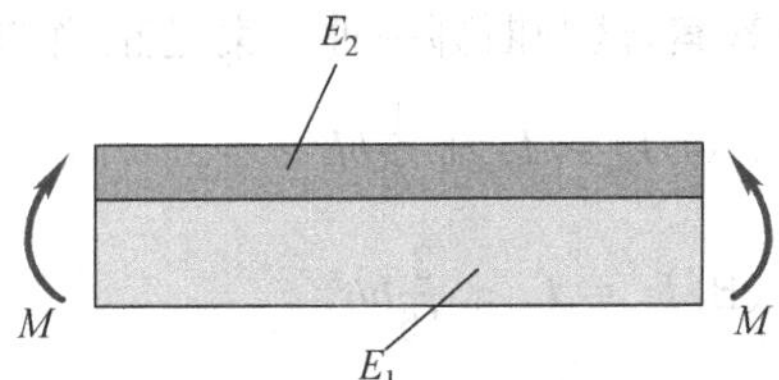

图 7-40　开放式思维案例 2 图

案例3 韧性材料悬臂梁受力及截面尺寸如图7-41(a)所示。梁材料的应力-应变关系曲线如图7-41(b)所示。试研究:

(1) 加载超过弹性范围以后,梁微段的变形、应变以及横截面上的应力分布将会发生什么变化?

(2) 确定当梁的横截面上各点全部进入塑性状态时,外加力偶 M_e 的力偶矩的数值。

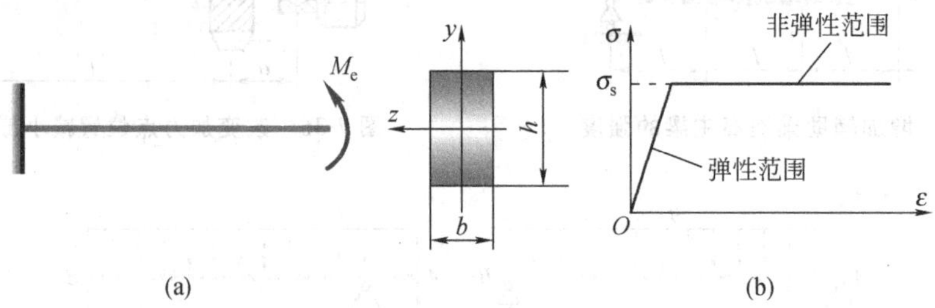

图7-41 开放式思维案例3图

习题

7-1 图示的三角形中 b、h 均为已知。试用积分法求 I_y、I_z、I_{yz}。

7-2 试确定图示图形的形心主轴和形心主惯性矩。

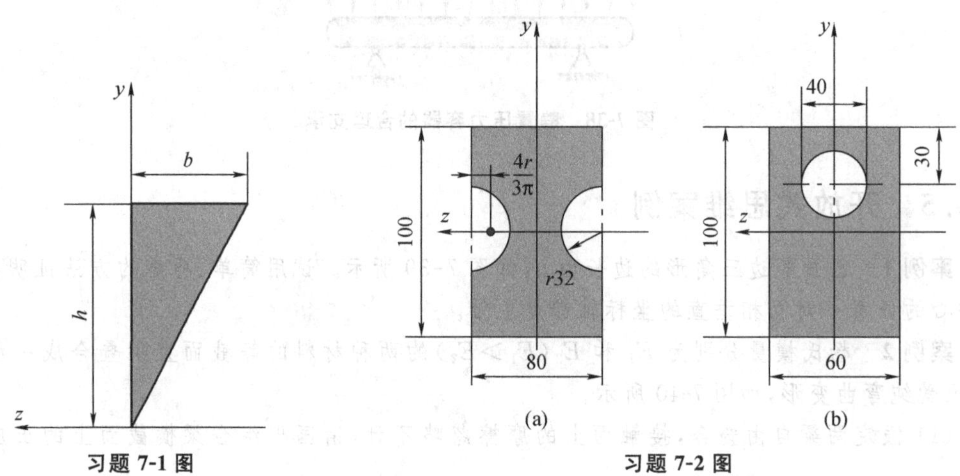

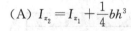

习题7-1图 **习题7-2图**

7-3 已知图示矩形截面的 I_{z_1} 及 b、h,要求 I_{z_2},结果有四种答案,试判断哪一种答案是正确的。

(A) $I_{z_2}=I_{z_1}+\frac{1}{4}bh^3$

(B) $I_{z_2}=I_{z_1}+\frac{3}{16}bh^3$

(C) $I_{z_2}=I_{z_1}+\frac{1}{16}bh^3$

(D) $I_{z_2}=I_{z_1}-\frac{3}{16}bh^3$

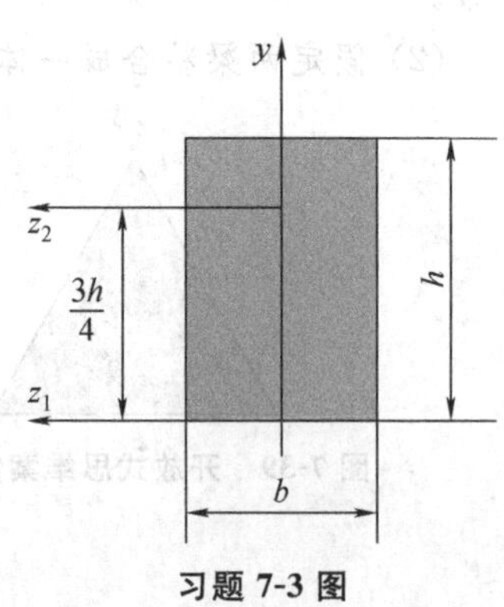

习题7-3图

7-4　Z 形面积各部分尺寸如图所示(单位为 mm)。试确定其形心主惯性矩。

7-5　直径为 d 的圆截面梁,两端在对称面内承受力偶矩为 M 的力偶作用,如图所示。若已知变形后中性层的曲率半径为 ρ;材料的弹性模量为 E。根据 d、ρ、E 可以求得梁所承受的力偶矩 M。现在有 4 种答案,请判断哪一种是正确的。

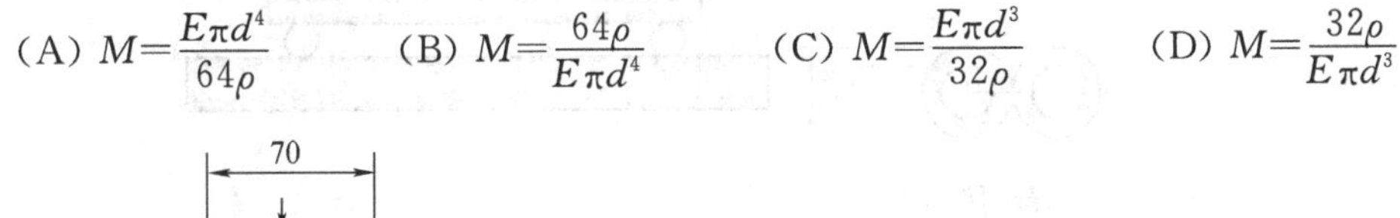

(A) $M=\dfrac{E\pi d^4}{64\rho}$　(B) $M=\dfrac{64\rho}{E\pi d^4}$　(C) $M=\dfrac{E\pi d^3}{32\rho}$　(D) $M=\dfrac{32\rho}{E\pi d^3}$

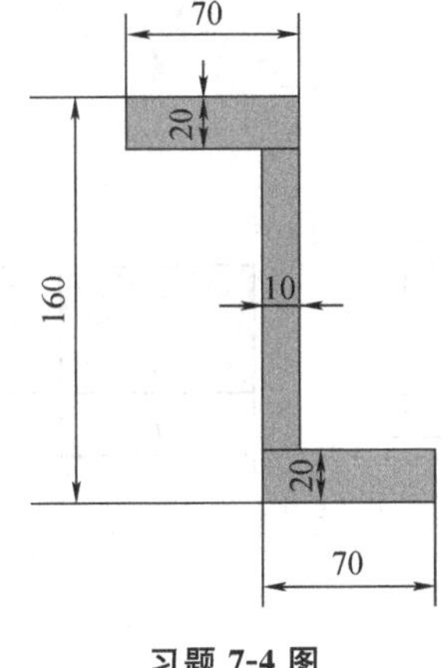

习题 7-4 图

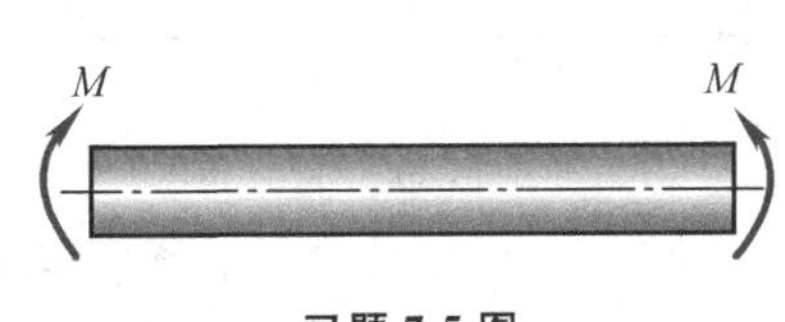

习题 7-5 图

7-6　关于平面弯曲正应力公式的应用条件,有以下 4 种答案,请判断哪一种是正确的。

(A) 细长梁、弹性范围内加载

(B) 弹性范围内加载、载荷加在对称面或主轴平面内

(C) 细长梁、弹性范围内加载、载荷加在对称面或主轴平面内

(D) 细长梁、载荷加在对称面或主轴平面内

7-7　悬臂梁受力及截面尺寸如图所示。图中的尺寸单位为 mm。试求:梁的 1—1 截面上 A、B 两点的正应力。

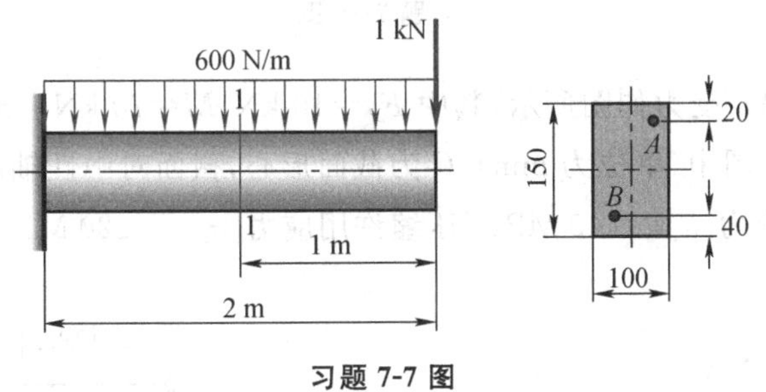

习题 7-7 图

7-8　加热炉炉前机械操作装置如图所示,图中的尺寸单位为 mm。其操作臂由两根无缝钢管所组成。外伸端装有夹具,夹具与所夹持钢料的总重 $F_P=2200$ N,平均分配到两根钢管上。试求:梁内最大正应力(不考虑钢管自重)。

7-9　图示矩形截面简支梁,承受均布载荷 q 的作用。若已知 $q=2$ kN/m,$l=3$ m,$h=2b=240$ mm。试求:截面竖放(图(b))和横放(图(c))时梁内的最大正应力,并加以比较。

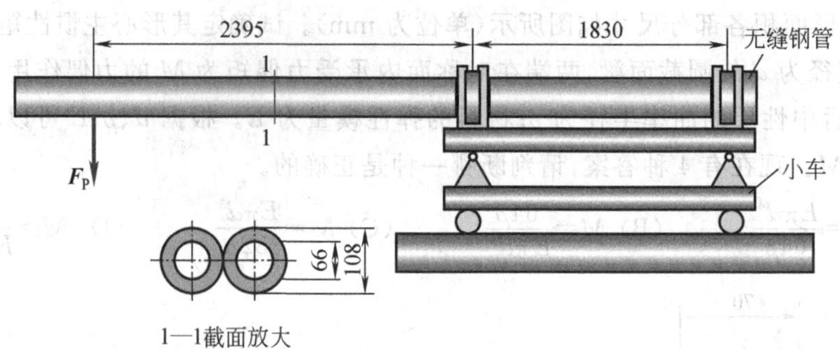

习题 7-8 图

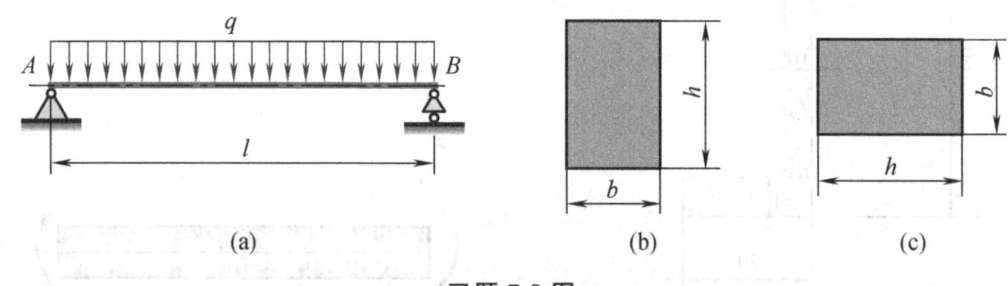

习题 7-9 图

7-10　圆截面外伸梁，其外伸部分是空心的，梁的受力与尺寸如图所示。图中尺寸单位为 mm。已知 $F_P=10$ kN，$q=5$ kN/m，许用应力$[\sigma]=140$ MPa，试校核梁的弯曲强度。

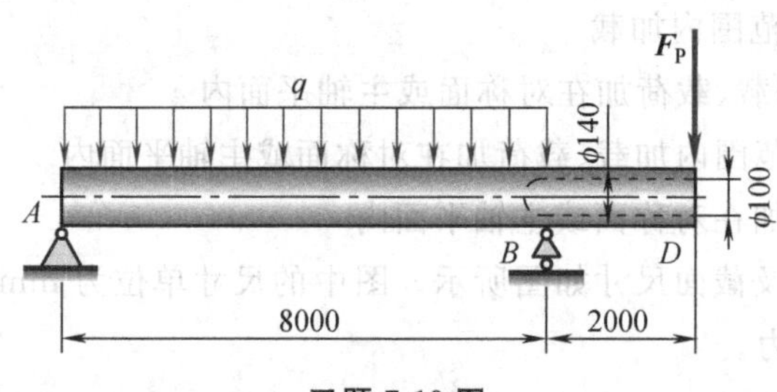

习题 7-10 图

7-11　悬臂梁 AB 受力如图所示，其中 $F_P=10$ kN，$M=70$ kN·m，$a=3$ m。梁横截面的形状及尺寸均示于图中(单位为 mm)，C 为截面形心，截面对中性轴的惯性矩 $I_z=1.02\times 10^8\ \mathrm{mm}^4$，拉伸许用应力$[\sigma]^+=40$ MPa，压缩许用应力$[\sigma]^-=120$ MPa。试校核梁的弯曲强度是否安全。

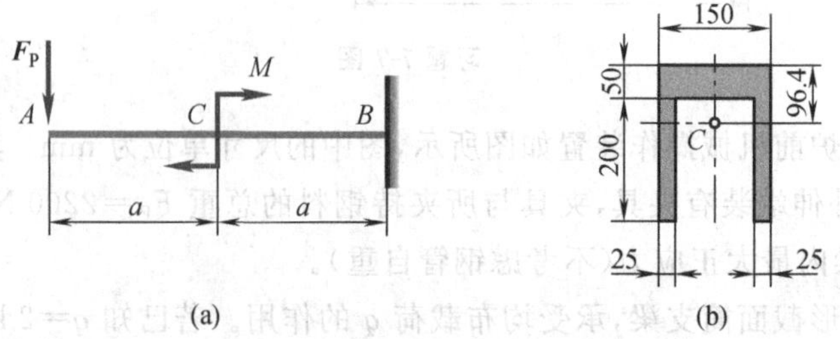

习题 7-11 图

7-12　由 10 号工字钢制成的 ABD 梁，左端 A 处为固定铰链支座，B 点处用铰链与钢制圆截面杆 BC 连接，BC 杆在 C 处用铰链悬挂。已知圆截面杆直径 $d=20$ mm，梁和杆的许用应力均为$[\sigma]=160$ MPa，试求结构的许用均布载荷集度$[q]$。

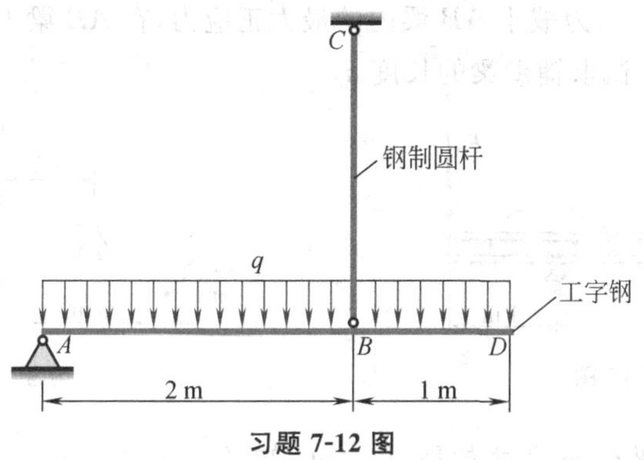

习题 7-12 图

7-13　T 形截面铸铁梁的载荷和截面尺寸如图所示。铸铁的许用拉应力$[\sigma]^{+}=30$ MPa，许用压应力为$[\sigma]^{-}=160$ MPa。已知截面对形心轴 z 的惯性矩为 $I_z=763\ \text{cm}^4$，且 $y_1=52$ mm。试校核梁的强度。

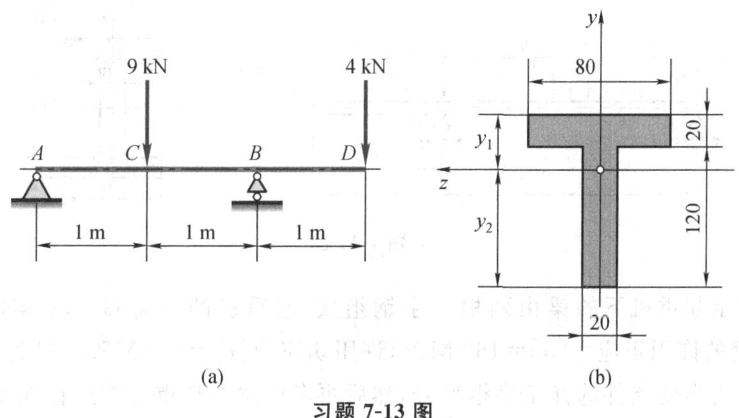

习题 7-13 图

7-14　图示 T 形截面铸铁梁承受载荷作用。已知铸铁的许用拉应力$[\sigma]^{+}=40$ MPa，许用压应力$[\sigma]^{-}=160$ MPa。试按正应力强度条件校核梁的强度。若载荷不变，但将 T 形横截面倒置成⊥形，是否合理？为什么？

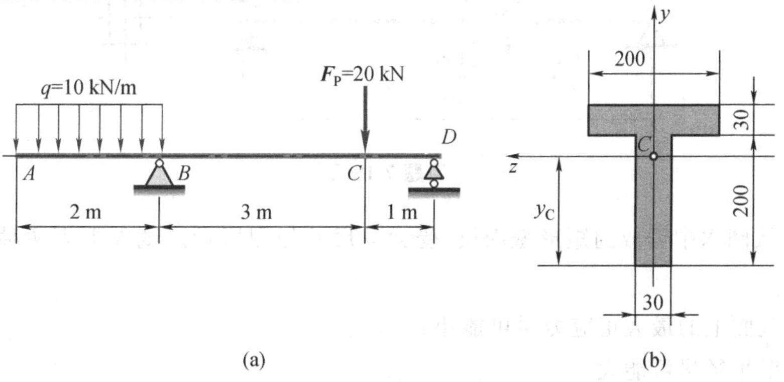

习题 7-14 图

7-15 图示外伸梁承受集中载荷 $\boldsymbol{F}_P$ 作用,尺寸如图所示。已知 $F_P=20$ kN,许用应力 $[\sigma]=160$ MPa,试选择工字型钢的型号。

7-16 图示之 AB 为简支梁,当载荷 $\boldsymbol{F}_P$ 直接作用在梁的跨度中点时,梁内最大弯曲正应力超过许用应力30%。为减小 AB 梁内的最大正应力,在 AB 梁上配置一辅助梁 CD,CD 也可以看作是简支梁。试求辅助梁的长度 a。

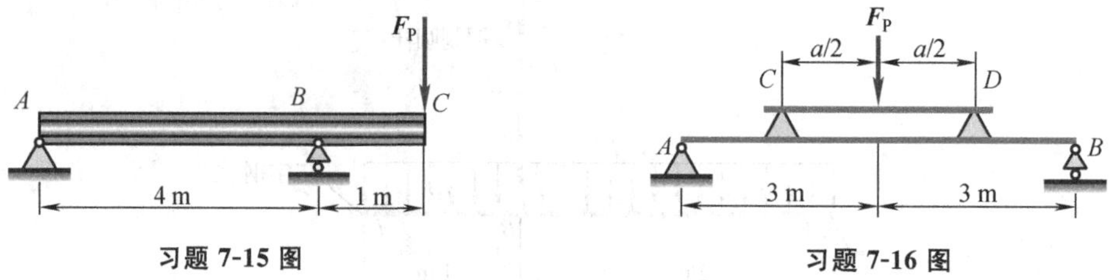

习题 7-15 图　　习题 7-16 图

7-17 工字形钢梁截面尺寸如图所示,已知 $I_z=1184\ \text{cm}^2$,材料的许用应力 $[\sigma]=170$ MPa,梁长 6 m,支座 B 的位置可以调节,试求最大许可载荷及支座 B 的位置。

(注:可用 AB 跨中截面弯矩代替 $M_{\max}$。)

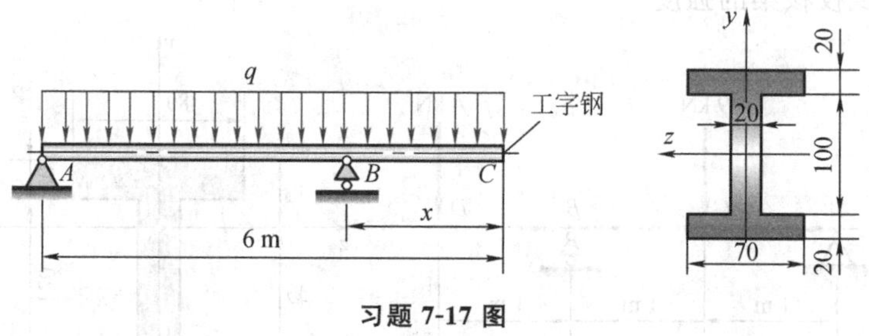

习题 7-17 图

7-18 图示起重机下的梁由两根工字钢组成,起重机的自重 $G=50$ kN,最大起重量 $F=10$ kN。钢的许用正应力 $[\sigma]=160$ MPa,许用切应力 $[\tau]=100$ MPa。试先不考虑梁的自重影响按正应力强度条件选择工字钢型号,然后再考虑梁的自重影响进行强度校核。

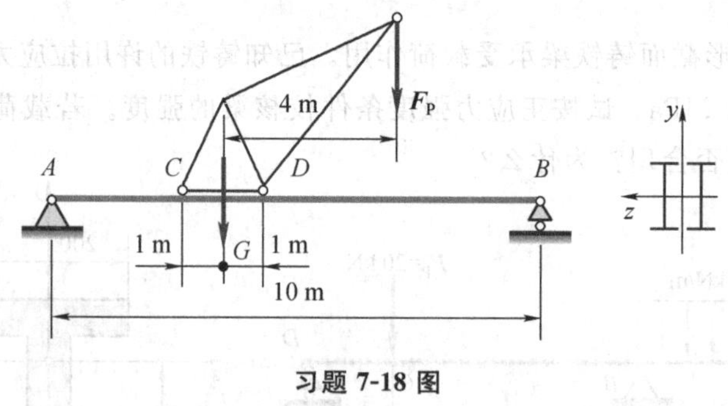

习题 7-18 图

7-19 从圆木中锯成的矩形截面梁,受力及尺寸如图所示。试求下列两种情形下 h 与 b 的比值:

(1) 横截面上的最大正应力尽可能小;

(2) 曲率半径尽可能大。

7-20　工字形截面钢梁，已知梁横截面上只承受弯矩一个内力分量，$M_z = 20\ \mathrm{kN \cdot m}$，$I_z = 11.3 \times 10^6\ \mathrm{mm}^4$，其他尺寸示于图中(单位为 mm)。试求横截面中性轴以上部分分布力系沿 x 方向的合力。

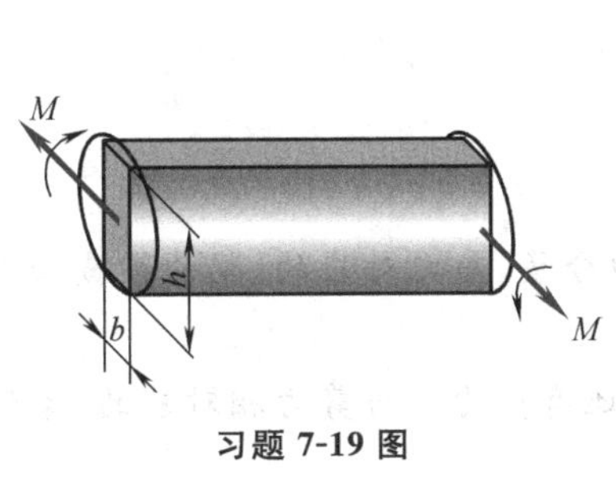

习题 7-19 图

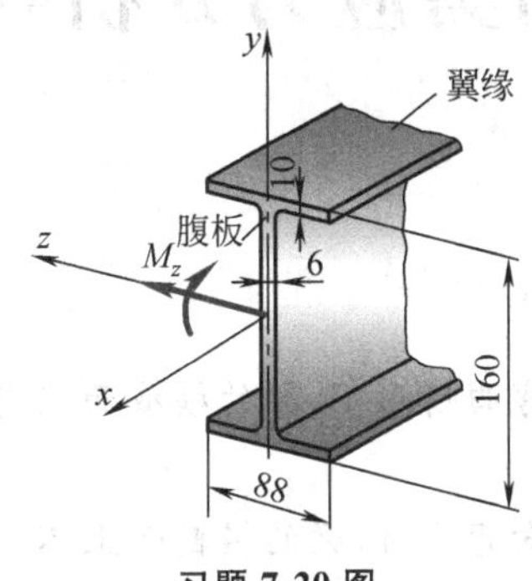

习题 7-20 图

第8章 弯曲剪应力分析与弯曲中心的概念

纯弯曲情形下，梁的横截面只有弯矩一个内力分量，与之对应的，梁的横截面上只有正应力。

横向弯曲时，梁的横截面上不仅有弯矩，而且还有剪力。与剪力相对应的，梁的横截面上将有剪应力。

分析弯曲剪应力的方法有别于分析弯曲正应力的方法。

本章首先介绍开口薄壁截面梁的弯曲剪应力分析方法与分析过程；然后将所得到的结果推广到实心截面梁；着重讨论开口薄壁梁弯曲时的特有现象——扭转，导出弯曲中心的概念。

8.1 弯曲剪应力分析方法

8.1.1 横弯时不仅横截面上产生剪应力，纵截面上也存在剪应力

分析横向弯曲剪应力的方法首先基于：横弯时不仅横截面存在剪应力而且纵截面上也存在剪应力这一事实。例如图 8-1(a)是由若干易变形板条叠合而成的悬臂梁，当板条自由叠合时，在自由端承受集中力发生横向弯曲时，各板条自由变形，因而在端部相互错开，如

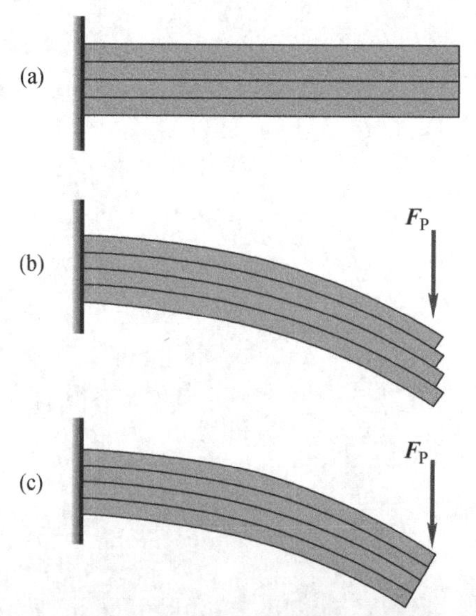

图 8-1 梁发生横向弯曲时纵截面上将产生剪应力

图 8-1(b)所示。当各板条粘合成一整体梁时，在端部集中力作用下，如图 8-1(c)所示，各板条的变形将保持整体协调一致，这时，各板条之间将产生纵向相互作用力，这表明纵截面上将产生剪应力。

这一事实也为很多实验结果所证实。例如图 8-2 中的承受横向弯曲木梁，由于木材顺纹方向抗剪强度低于横纹方向，因此在纵截面上剪应力的作用下，木梁顺纹方向发生破坏。

图 8-2　纵截面上剪应力使木梁顺纹方向发生破坏

8.1.2　弯曲剪应力分析模型

传统的弯曲剪应力分析所采用的都是实心截面梁的模型。这一模型具有很大的局限性，主要是剪应力沿横截面的宽度方向的分布，在绝大多数情形都是非均匀分布的，因而所得到结果的误差，与横截面的宽度有关，宽度越大，误差也越大。基于此，本书采用开口薄壁截面梁作为分析弯曲剪应力的模型。

对于承受弯曲的薄壁截面杆件，与剪力相对应的剪应力具有下列显著特征：

第一，在梁的表面没有外力作用的情形下，根据剪应力互等定理，薄壁截面上的剪应力作用线必平行于截面周边的切线方向。如果剪应力作用线不是沿横截面周边的切线方向，则可以分解为垂直于边界和与边界相切的分量，根据剪应力互等定理，与垂直于边界的分量相对应，梁的表面将会出现与之互等的应力，事实上表面没有这种应力。因此弯曲剪应力必须沿着横截面边界的切线方向并在整个横截面上形成**剪应力流**，简称**剪流**(shearing flow)，如图 8-3(a)所示。

第二，对于开口薄壁截面梁，由于壁厚很薄，因而可以假定横截面上的剪应力沿着厚度方向均匀分布，如图 8-3(b)所示。

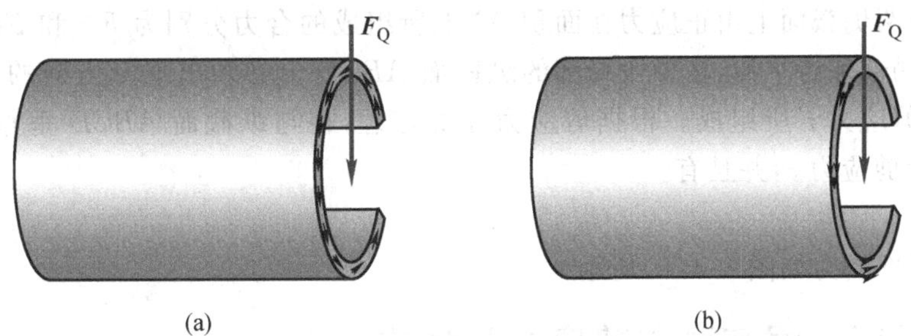

图 8-3　薄壁截面弯曲时横截面上剪应力的分布特点

从图 8-3 中可以看出，在薄壁截面上与剪力相对应的剪应力可能与剪力方向一致，也可能不一致。横截面上所有剪应力形成的合力就是这个横截面上的剪力。

分析横截面上的剪应力，除了利用上述剪应力特征外，还假定由纯弯分析得到的应力公式

$$\sigma = -\frac{M_z y}{I_z}$$

在横弯曲时仍然是可用的。

假定平面弯曲正应力公式成立所需的条件都得以满足，则采用考察局部平衡的方法，可以确定相关纵截面上剪应力的方向，进而应用剪应力互等定理，即可确定薄壁横截面在截开处剪应力的方向。进而可由平衡条件导出弯曲剪应力表达式。

8.2 开口薄壁梁的弯曲剪应力分析

8.2.1 平衡对象及其受力

所谓局部平衡就是：先从梁上截取 dx 微段(图 8-4(a))，以微段的局部作为平衡对象(图 8-4(b))。微段局部的截取方法是：从没有外力作用的纵向表面开始、沿横截面边界方向截取有限长度(s)，到所要求剪应力的点。没有外力作用的纵向表面称为自由表面。

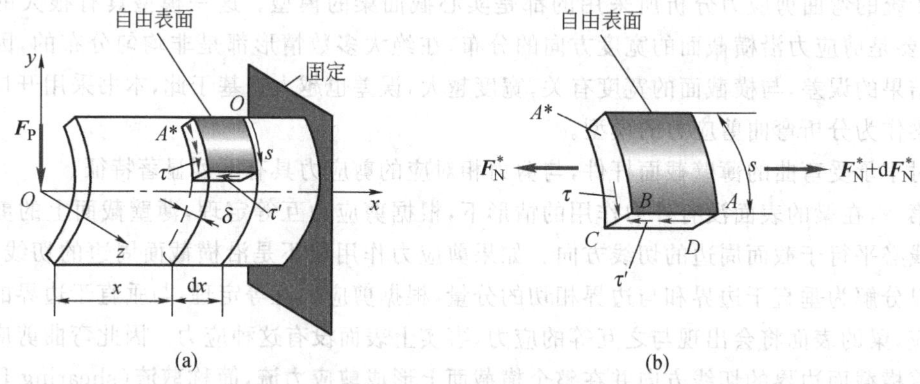

图 8-4 薄壁截面杆件弯曲时横截面与纵截面上的剪应力

在图 8-4 的受力情形下，微段的左截面上的弯矩为 $M_z(x)$，右侧截面上则为 $M_z(x)+dM_z(x)$。微段局部左侧由于弯矩引起的正应力为 $\sigma(x)$；右侧截面上则为 $\sigma(x)+d\sigma(x)$。微段局部左、右两侧截面上由正应力在面积 A^* 上所组成的合力分别为 F_N^* 和 $F_N^*+dF_N^*$。为了使微段的局部保持平衡，在微段局部的纵截面 $ABCD$ 上必须出现 x 方向的力，这个力由这个面上的剪应力 τ' 所组成。根据剪应力互等定理，在与纵截面 $ABCD$ 垂直的横截面的 BC 处将产生剪应力 τ，并且有

$$\tau = \tau'$$

于是，微段局部受力如图 8-4(b)所示。

8.2.2 平衡方程与弯曲剪应力表达式

考察图 8-4(b)中所示微段局部平衡，由平衡方程 $\Sigma F_x=0$，得

$$F_N^* - (F_N^* + dF_N^*) + \tau'(\delta dx) = 0 \tag{a}$$

其中，

$$F_{\mathrm{N}}^{*}=\int_{A^{*}}\sigma_{x}\mathrm{d}A$$

$$F_{\mathrm{N}}^{*}+\mathrm{d}F_{\mathrm{N}}^{*}=\int_{A^{*}}(\sigma_{x}+\mathrm{d}\sigma_{x})\mathrm{d}A \tag{b}$$

将正应力 $\sigma_x=M_zy^*/I_z$ 代入上式，考虑到 $S_z^*=\int_{A^*}y^*\mathrm{d}A$，得到

$$F_{\mathrm{N}}^{*}=\frac{M_zS_z^*}{I_z}$$

$$F_{\mathrm{N}}^{*}+\mathrm{d}F_{\mathrm{N}}^{*}=\frac{(M_z+\mathrm{d}M_z)S_z^*}{I_z} \tag{c}$$

将式(c)代入式(a)，利用$\frac{\mathrm{d}M_z}{\mathrm{d}x}=F_{\mathrm{Q}}$，且由剪应力互等定理，得

$$\tau=\tau'=\frac{1}{\delta\mathrm{d}x}\int_{A^*}\mathrm{d}\sigma_x\mathrm{d}A=\frac{\mathrm{d}M_z}{\mathrm{d}x}\frac{S_z^*}{\delta I_z}=\frac{F_{\mathrm{Q}}S_z^*}{\delta I_z} \tag{8-1}$$

此即弯曲剪应力的一般表达式，其中，

F_{Q}——所求剪应力横截面上的剪力；

I_z——整个横截面对于中性轴的惯性矩；

δ——通过所求剪应力点处薄壁截面的厚度；

S_z^*——微段局部的横截面面积 A^* 对横截面中性轴的静矩。

上述剪应力表达式中，F_{Q}、I_z 对于某一截面为确定量；而 δ 和 S_z^* 则不然，它们对于同一截面上的不同点，数值有可能不等。其次，上述 4 个量中，F_{Q} 和 S_z^* 都有正负号，从而导致剪应力的正负号。实际计算中可以不考虑这些正负号. 直接由局部平衡先确定 τ' 的方向，再根据剪应力互等定理，由 τ' 的方向确定 τ 的方向。

8.2.3　开口薄壁梁的弯曲剪应力公式应用举例

【例题 8-1】 简支梁受力与截面尺寸如图 8-5(a)所示。其中 C_0 为形心。已知横截面面积对形心轴 z 的惯性矩 $I_z=3.37\times107\ \mathrm{mm}^4$，试求 N—N 截面上 a、b、c 上点的铅垂方向的剪应力。

解：(1) 画剪力图确定 N—N 截面上的剪力

首先画出梁的剪力图，如图 8-5(a)所示，可以看出 N—N 截面上的剪力

$$F_{\mathrm{Q}}=120\ \mathrm{kN}$$

(2) 计算各点对于中性轴 z 的静矩

过 a、b、c 作与中性轴平行的直线确定三点的 A_i^* $(i=1,2,3)$，计算 A_i^* $(i=1,2,3)$对于中性轴的静矩(图 8-5(c)、(d)、(e))：

$$A_1^*=40\times20\ \mathrm{mm}^2,\quad y_{C1}=180-63.58-20=-96.42\ \mathrm{mm}$$

$$A_2^*=80\times20\ \mathrm{mm}^2,\quad y_{C2}=180-63.58-40=-76.42\ \mathrm{mm}$$

$$A_3^*=160\times20\ \mathrm{mm}^2,\quad y_{C3}=180-63.58-80=-36.42\ \mathrm{mm}$$

$$S_z^*(A_1^*)=A_1^*\times y_{C1}=40\times20\times(-96.42)=-7.71\times10^4\ \mathrm{mm}^3$$

$$S_z^*(A_2^*)=A_2^*\times y_{C2}=80\times20\times(-76.42)=-1.22\times10^5\ \mathrm{mm}^3$$

$$S_z^*(A_3^*)=A_3^*\times y_{C3}=160\times20\times(-36.42)=-1.17\times10^5\ \mathrm{mm}^3$$

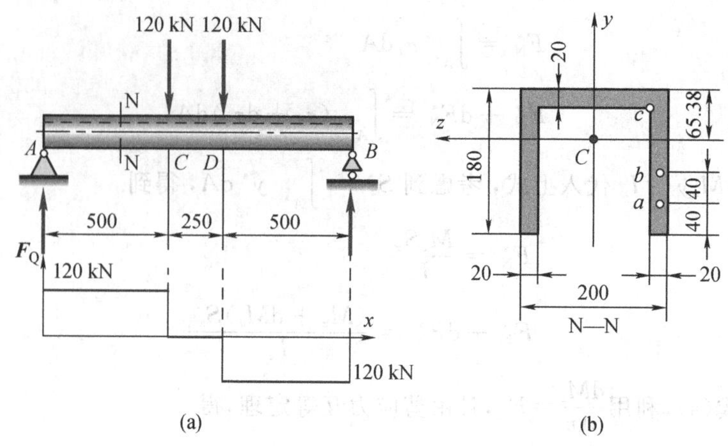

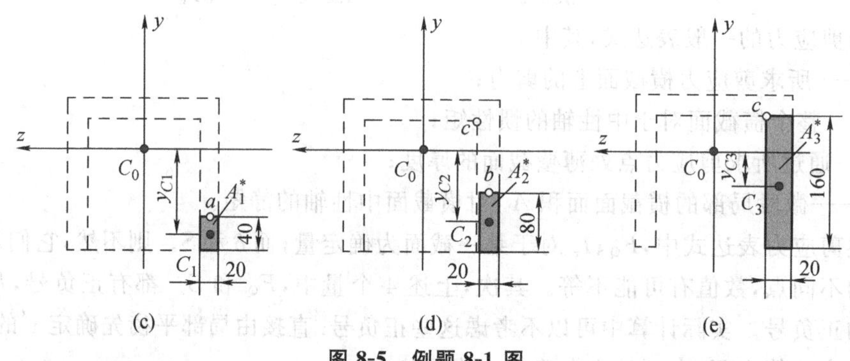

图 8-5 例题 8-1 图

(3) 计算各点的剪应力

将上述数据代入弯曲剪应力公式,得到翼缘上 a、b、c 三点的剪应力:

$$\tau(a)=\frac{F_Q S_z^*(A_1^*)}{\delta I_z}=\frac{120\times10^3\times(-7.71\times10^4)\times10^{-9}}{20\times10^{-3}\times3.37\times10^{-5}}$$
$$=-13.73\times10^6\ \text{N/m}^2=-13.73\ \text{MPa}$$

$$\tau(b)=\frac{F_Q S_z^*(A_2^*)}{\delta I_z}=\frac{120\times10^3\times(-1.22\times10^5)\times10^{-9}}{20\times10^{-3}\times3.37\times10^{-5}}$$
$$=-21.70\times10^6\ \text{N/m}^2=-21.70\ \text{MPa}$$

$$\tau(c)=\frac{F_Q S_z^*(A_3^*)}{\delta I_z}=\frac{120\times10^3\times(-1.17\times10^5)\times10^{-9}}{20\times10^{-3}\times3.37\times10^{-5}}$$
$$=-20.80\times10^6\ \text{N/m}^2=-20.80\ \text{MPa}$$

结果中的负号表示剪应力与 y 坐标轴的正向相反。

8.3 开口薄壁截面梁弯曲时横截面上的剪应力流

采用考察微段局部平衡的方法,可以确定相关纵截面上剪应力的方向,应用剪应力互等定理,即可确定薄壁梁横截面在截开处剪应力的方向,进而可以确定横截面上剪应力流的方向。

以图 8-6(a)中的壁厚为 δ 的槽形截面梁为例。首先沿梁长方向截取长度为 dx 的微段,并确定其上剪力和弯矩的实际方向，如图 8-6(b)所示；右侧横截面上的剪力向下，因此腹板上的剪应力方向与剪力一致，也是向下的。根据弯矩的实际作用方向，中性轴以上部分受压应力；以下部分受拉应力。

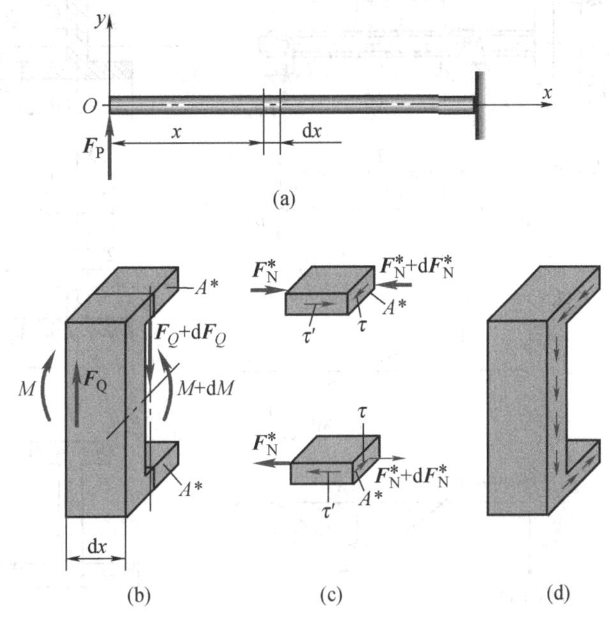

图 8-6　薄壁截面杆件弯曲时横截面与纵截面上的剪应力

其次再从微段的上、下翼缘截取一局部，其上受力如图 8-6(c)所示。中性轴上方的翼缘局部左、右两侧面均受压应力，由压应力组成的合力，右侧截面大于左侧截面，为了平衡，微段局部的纵截面上的剪应力 τ'指向右方，根据剪应力互等定理即可确定翼缘局部横截面上的剪应力方向；中性轴下方的翼缘局部左、右两侧面均受拉应力，由拉应力组成的合力，右侧截面大于左侧截面，为了平衡，微段局部的纵截面上的剪应力 τ'指向左方，根据剪应力互等定理即可确定翼缘局部横截面上的剪应力方向。

这样，从上翼缘到腹板，再从腹板到下翼缘，横截面上的剪应力形成了剪应力流。

综上所述，确定薄壁梁横截面上剪应力流的大致过程如下：首先，确定薄壁截面周边与剪力作用线平行部分的剪应力方向；然后，再应用微段局部平衡的方法确定与剪力作用线不平行部分的剪应力方向。很多情形下，确定了薄壁截面周边与剪力作用线平行部分的剪应力方向之后，与剪力作用下不平行部分的剪应力方向一定按照平行部分的剪应力顺向而流。当横截面上与剪应力作用线平行部分的一端或两端出现分支部分时，其上的剪应力可以相向而流；也可以反向而流，但都必须顺着与剪力作用线平行部分的剪应力方向。

【例题 8-2】　简支梁受力与截面尺寸如图 8-7(a)所示。已知形心坐标 $y_C=55.45\ \mathrm{mm}$，惯性矩 $I_z=7.86\times10^6\ \mathrm{mm}^4$。

(1) 绘出梁的剪力图和弯矩图；

(2) 确定梁内横截面上的最大拉应力和最大压应力；

(3) 确定梁内横截面上的最大剪应力；

(4) 画出横截面上的剪应力流。

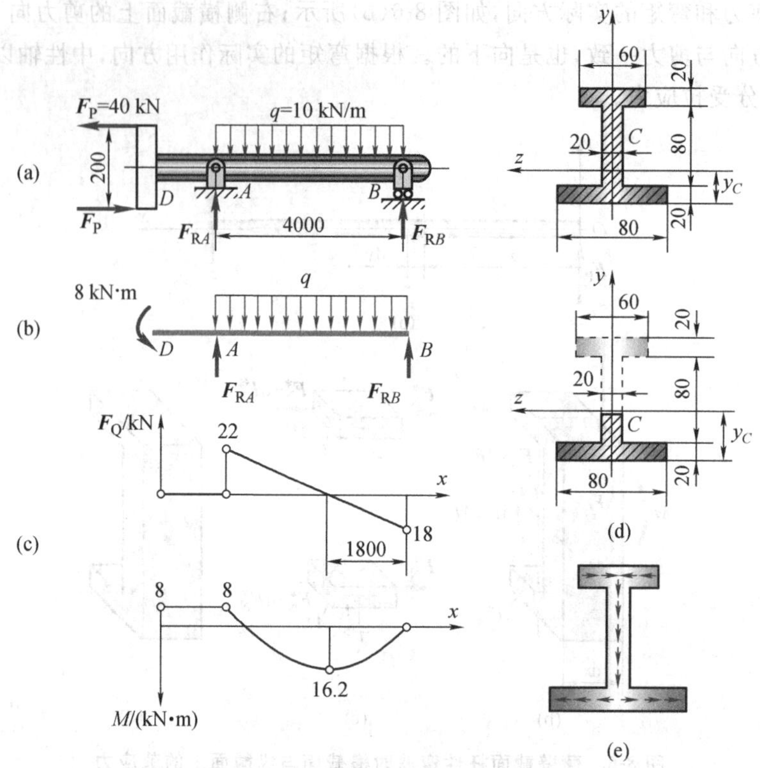

图 8-7 例题 8-2 图

解:(1) 确定约束力

将作用在左端轮上的力向梁的轴线简化,得到简化模型受力如图 8-7(b)所示。利用平衡方程确定约束力:

$$\sum M_A = 0,\quad 8 - q \times 4 \times 2 + F_{RB} \cdot 4 = 0,\quad F_{RB} = 18\ \text{kN}$$

$$\sum F_y = 0,\quad F_{RA} + F_{RB} - q \times 4 = 0,\quad F_{RA} = 22\ \text{kN}$$

(2) 绘制剪力图和弯矩图

梁的剪力图和弯矩图如图 8-7(c)所示。从图中可以看出,最大剪力为

$$F_{Q\max} = 22\ \text{kN}$$

最大弯矩为

$$M_{\max} = 16.2\ \text{kN} \cdot \text{m}$$

(3) 确定最大正应力和最大剪应力

最大拉应力和最大压应力分别为

$$\sigma_{\max}^{+} = \frac{M_{\max}}{I_z} \times 55.45 \times 10^{-3}\ \text{m} = \frac{16.2 \times 10^3 \times 55.45 \times 10^{-3}}{7.86 \times 10^{-6}}\ \text{Pa}$$

$$= 114 \times 10^6\ \text{Pa} = 114\ \text{MPa}$$

$$\sigma_{\max}^{-} = \frac{M_{\max}}{I_z} \times 64.55 \times 10^{-3}\ \text{m} = 133\ \text{MPa}$$

最大剪应力为

$$\tau_{\max}=\frac{F_Q S_z^*}{\delta I_z}=\frac{F_Q S_{z\max}}{\delta I_z}$$

其中 $S_{z\max}$ 为中性轴以上或以下的面积对于中性轴的静矩(图 8-7(d))：

$$S_{z\max}=\left(80\times20\times45.45+20\times35.45\times\frac{35.45}{2}\right)\ \mathrm{m}^3=8.53\times10^{-5}\ \mathrm{m}^3$$

$$\tau_{\max}=\frac{F_Q S_{z\max}}{\delta I_z}=\frac{22\times10^3\times8.53\times10^{-5}}{20\times10^{-3}\times7.86\times10^{-6}}\mathrm{Pa}=11.94\times10^6\ \mathrm{Pa}=11.94\ \mathrm{MPa}$$

(4) 画出横截面上的剪应力流

根据剪力图上剪力的正负，A 截面以右横截面上的剪力为正，剪应力方向向下，因此，腹板上的剪应力方向与其一致。上、下翼缘上的剪应力都顺着腹板上的剪应力方向而流，因此，上腹板上的剪应力相向而流，流入腹板；下翼缘上的剪应力则反向而流，流出腹板。于是，整个横截面上的剪应力流如图 8-7(e)所示。

【例题 8-3】 外伸梁受力与截面尺寸如图 8-8(a)所示。求：

(1) 梁内最大弯曲正应力；

(2) 梁内最大弯曲剪应力；

(3) 剪力最大的横截面上翼板与腹板交界处的剪应力，假设三条腹板上的剪应力都是相等的。

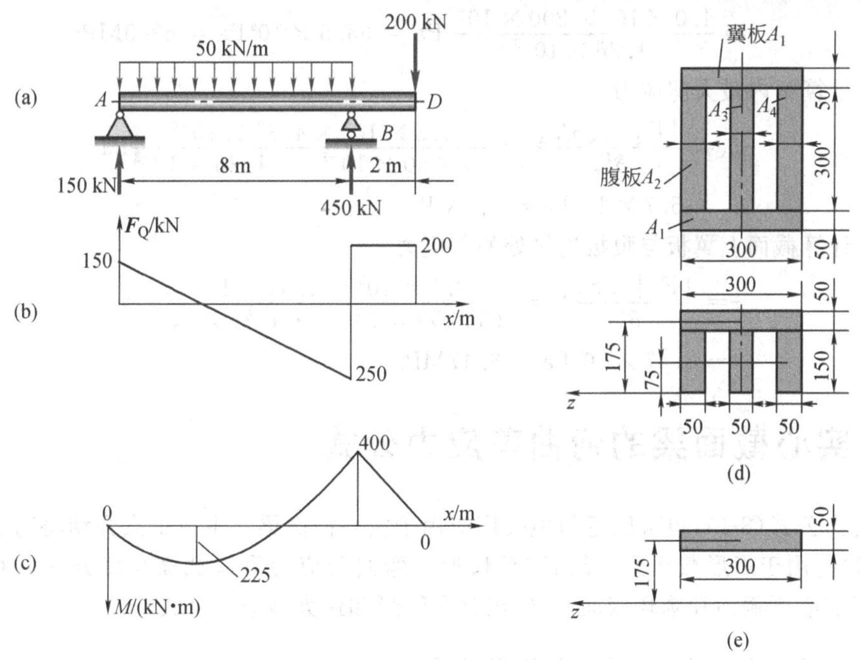

图 8-8　例题 8-3 图

解：(1) 画弯矩图、剪力图确定最大弯矩和最大剪力作用面

首先画剪力图和弯矩图分别如图 8-8(b)和(c)所示。从图中可以看出：支座 B 以左与之相邻的截面横截面上剪力最大，其值为

$$|F_Q|_{max} = 250\text{ kN} = 2.50 \times 10^5\text{ N}$$

支座 B 处截面上弯矩最大,其值为

$$|M|_{max} = 400\text{ kN}\cdot\text{m} = 4.0 \times 10^5\text{ N}\cdot\text{m}$$

(2) 计算截面的几何性质

整个截面对中性轴的惯性矩

$$I_z = 3 \times \frac{50 \times 10^{-3} \times (300 \times 10^{-3})^3}{12}\text{m}^4 + 2 \times \frac{(300 \times 10^{-3}) \times (50 \times 10^{-3})^3}{12}\text{m}^4$$
$$+ 2 \times (300 \times 10^{-3} \times 50 \times 10^{-3})(175 \times 10^{-3})^2\text{m}^4$$
$$= 1.26 \times 10^{-3}\text{m}^4$$

中性轴以上面积对于中性轴的静面矩(图 8-8(d))

$$S_{z\max}^* = A_1\bar{z}_{C1} + A_2\bar{z}_{C2} + A_3\bar{z}_{C3} + A_4\bar{z}_{C4} = A_1\bar{z}_{C1} + 3A_2\bar{z}_{C2}$$
$$= (50 \times 10^{-3} \times 300 \times 10^{-3})(175 \times 10^{-3})\text{m}^3$$
$$+ 3(50 \times 10^{-3} \times 150 \times 10^{-3})(75 \times 10^{-3})\text{m}^3$$
$$= 4.31 \times 10^{-3}\text{m}^3$$

翼板面积 A_1 对于中性轴的静面矩(图 8-8(e))(计算翼板与腹板连接处的剪应力)为

$$S_{z\max}^* = A_1\bar{z}_{C1} = (50 \times 10^{-3} \times 300 \times 10^{-3})(175 \times 10^{-3}) = 2.62 \times 10^{-3}\text{m}$$

(3) 计算梁内最大正应力

$$\sigma_{max} = \frac{|M|_{max}y_{max}}{I_z}$$
$$= \frac{4.0 \times 10^5 \times 200 \times 10^{-3}}{1.26 \times 10^{-3}}\text{Pa} = 63.5 \times 10^6\text{Pa} = 63.5\text{MPa}$$

(4) 计算梁内最大剪应力

$$\tau_{max} = \frac{|F_Q|_{max}S_{z\max}^*}{\delta I_z} = \frac{2.5 \times 10^5 \times 4.31 \times 10^{-3}}{(3 \times 50 \times 10^{-3}) \times 1.26 \times 10^{-3}}\text{Pa}$$
$$= 5.7 \times 10^6\text{Pa} = 5.7\text{MPa}$$

(5) 计算截面上翼板与腹板连接处的剪应力

$$\tau = \frac{|F_Q|_{max}S_{z\max}^*}{\delta I_z} = \frac{2.5 \times 10^5 \times 2.62 \times 10^{-3}}{(3 \times 50 \times 10^{-3}) \times 1.26 \times 10^{-3}}\text{Pa}$$
$$= 3.47 \times 10^6\text{Pa} = 3.47\text{MPa}$$

8.4 实心截面梁的弯曲剪应力公式

剪应力公式(8-1),也可以近似地推广应用于实心截面梁。本节重点介绍将弯曲剪应力公式(8-1)应用于矩形截面梁,导出这种情形下弯曲剪应力沿横截面高度方向分布的表达式。对于实心圆截面和圆环截面,只给出分布图形和最大剪应力公式。

1. 宽度和高度分别为 b 和 h 的矩形截面

对于截面宽度与高度之比小于 1 的矩形截面梁(图 8-9(a)),剪应力沿截面宽度方向仍可认为是均匀分布的。因此,前面所得到的薄壁截面杆件横截面上的弯曲剪应力表达式(8-1)也是近似适用的。

为了计算距中性轴 y 处的剪应力,在 y 处作一直线与中性轴平行,直线以上的面积即

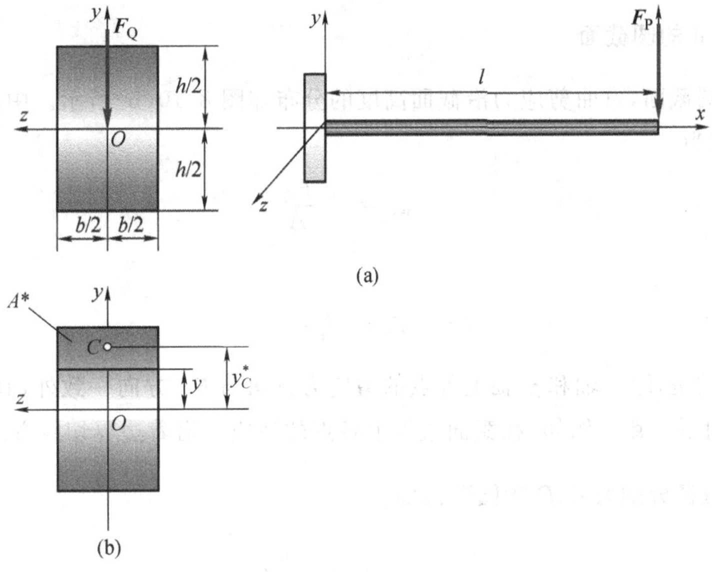

图 8-9　矩形截面梁的弯曲剪应力

为 A^*（图 8-9(b)）

$$A^* = b\times\left(\frac{h}{2}-y\right)$$

其形心坐标为

$$y_C^* = \frac{1}{2}\left(\frac{h}{2}-y\right)+y = \frac{1}{2}\left(\frac{h}{2}+y\right)$$

表达式(8-1)中的静矩

$$S_z^*(y) = A^* y_C^* = b\left(\frac{h}{2}-y\right)\left(\frac{h}{4}+\frac{y}{2}\right) = \frac{bh^2}{8}\left(1-\frac{4y^2}{h^2}\right)$$

$$\delta = b$$

于是，横截面上距离中性轴 y 处的剪应力

$$\tau(y) = \frac{F_Q S_z^*(y)}{\delta I_z} = \frac{3}{2}\frac{F_Q}{bh}\left(1-\frac{4y^2}{h^2}\right) \tag{8-2}$$

剪应力沿截面高度分布如图 8-10(a)所示。最大剪应力发生在中性轴上各点，其值为

$$\tau_{max} = \frac{3}{2}\frac{F_Q}{bh} \tag{8-3}$$

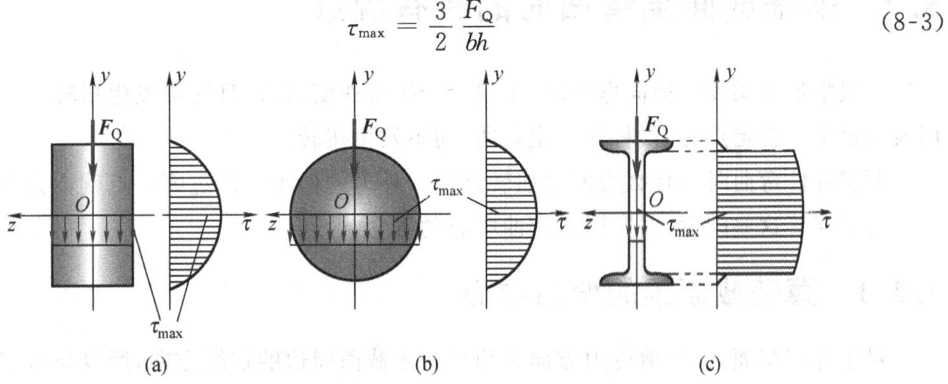

图 8-10　几种不同截面上的弯曲剪应力分布

2. 直径为 d 的圆截面

对于实心圆截面,弯曲剪应力沿截面高度的分布如图 8-10(b)所示。中性轴上各点,剪应力最大,其值为

$$\tau_{\max} = \frac{4}{3}\frac{F_Q}{A} \tag{8-4}$$

式中,

$$A = \frac{\pi d^2}{4}$$

需要指出的是,除 z 轴和 y 轴上各点的剪应力方向与 $\boldsymbol{F}_Q$ 方向一致外,其余各点的剪应力都与 $\boldsymbol{F}_Q$ 方向不一致。例如,在截面边界上各点的剪应力沿着边界切线方向。

3. 内、外直径分别为 d、D 的圆环截面

$$\tau_{\max} = 2.0 \times \frac{F_Q}{A} \tag{8-5}$$

式中,

$$A = \frac{\pi(D^2 - d^2)}{4}$$

4. 工字形截面

工字形截面由上、下翼缘和腹板组成,由于二者宽度相差较大,铅垂方向的剪应力值将有较大差异,其铅垂方向的剪应力分布如图 8-10(c)所示。不难看出,铅垂方向的剪应力主要分布在腹板上。最大剪应力由下式计算:

$$\tau_{\max} = \frac{F_Q}{\delta \dfrac{I_z}{S_{z\max}^*}} \tag{8-6}$$

式中,δ 为工字钢腹板厚度。对于轧制的工字钢,式中的$\dfrac{I_z}{S_{z\max}^*}$可由型钢规格表中查得。

8.5 薄壁截面梁弯曲时的特有现象

一般情形下梁发生横向弯曲时,不仅会产生弯曲变形,而且还会发生扭转。当外力的作用线通过某一特定点时,梁将只产生弯曲,而不发生扭转。

薄壁杆件弯曲时为什么会发生扭转现象?外力的作用线通过哪一点就不会发生扭转?为了回答这些问题,需要引入弯曲中心的概念。

8.5.1 薄壁截面梁的弯曲中心

对于薄壁截面,由于剪应力方向必须平行于截面周边的切线方向,所以与剪应力相对应的分布力系向横截面所在平面内不同点简化,将得到不同的结果。如果向某一点简化所得

的合力不为零而合力偶矩为零，则这一点称为**弯曲中心**或**剪切中心**(shearing center)。

以图 8-11(a)所示的薄壁槽形截面为例，先应用式(8-1)分别确定腹板上与剪力方向一致的剪应力 τ_1 和翼缘上的水平剪应力 τ_2(图 8-11(b)和(c))。它们分别为

$$\tau_1 = \frac{6F_Q\left(bh + \frac{h^2}{4} - y^2\right)}{\delta h^2(h+6b)} \quad (腹板)$$

$$\tau_2 = \frac{6F_Q s}{\delta h^2(h+6b)} \quad (翼缘)$$

然后由积分求得作用在翼缘上的合力 $\boldsymbol{F}_T$ 为

$$F_T = \int_0^b \tau_2 \delta \mathrm{d}s$$

作用在腹板上的剪力 $\boldsymbol{F}_Q$ 仍由平衡求得。于是，横截面上所受的剪切内力如图 8-11(d)所示。

这时，如果将 $\boldsymbol{F}_T$、$\boldsymbol{F}_Q$ 向截面形心 C 简化，将得到合力 $\boldsymbol{F}_Q$ 和合力偶矩 M，其中 $M=F_Th+F_Qe'$，如图 8-11(e)所示。若将 $\boldsymbol{F}_T$、$\boldsymbol{F}_Q$ 向截面左侧点 O 简化，则有可能使 $M=0$。点 O 便为弯曲中心，如图 8-11(f)所示。

设弯曲中心 O 与形心 C 之间的距离为 e，则 $e=e'+\frac{F_Th}{F_Q}$。

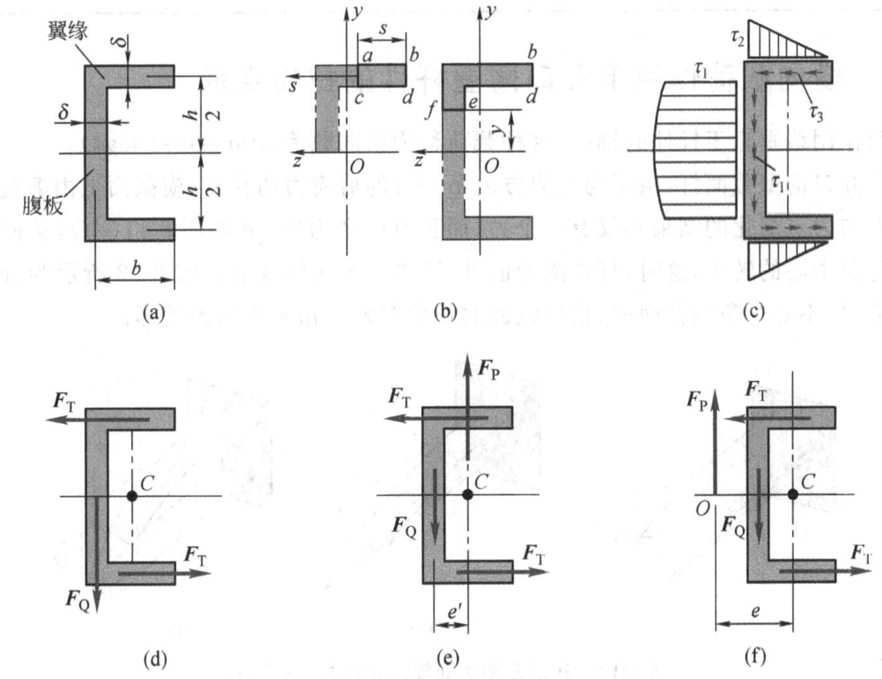

图 8-11　薄壁截面梁的弯曲中心

表 8-1 中所列为几种常见薄壁截面弯曲中心的位置。对于具有两个对称轴的薄壁截面，二对称轴的交点即为弯曲中心。

表 8-1 常见薄壁截面弯曲中心的位置

截面形状	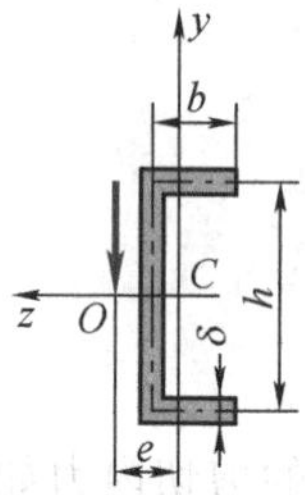	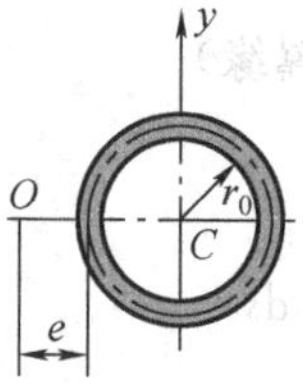	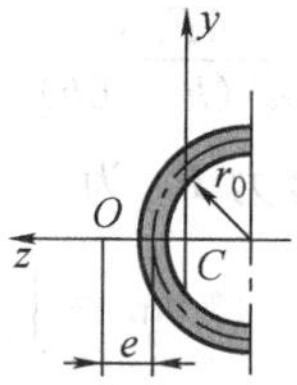	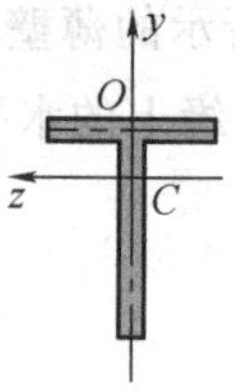 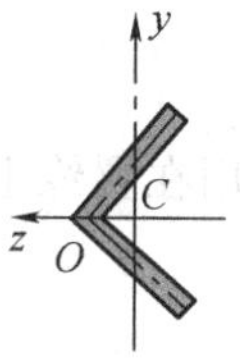 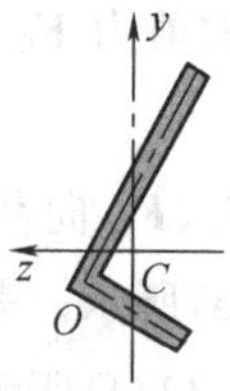	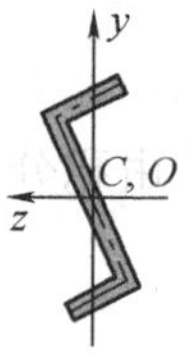
弯曲中心 O的位置	$e=\frac{b^2h^2\delta}{4I_z}$	$e=r_0$	$e=\left(\frac{4}{\pi}-1\right)r_0$	两个狭长矩形中线的交点	与形心重合

8.5.2 横向载荷作用下开口薄壁杆件的扭转变形

载荷作用线垂直于杆件的轴线,这种载荷称为**横向载荷**(transverse load)。

对于开口薄壁截面杆,由于与剪力方向不一致的剪应力的存在,横截面上由剪应力所组成的力对加力点简化的结果不仅有一个力,而且有一个力偶(例如图 8-11(e)),从而使截面发生绕弯曲中心的转动,这时,杆件除弯曲外,还将产生扭转变形。图 8-12 所示为开口薄壁圆环截面梁、不等边角钢截面梁、槽形截面梁弯曲时发生扭转变形的情形。

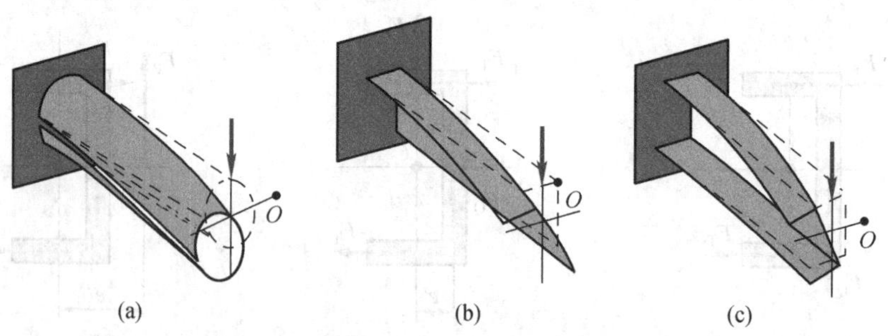

图 8-12 开口薄壁截面梁的弯曲与扭转变形

由于开口薄壁截面梁扭转时横截面将发生翘曲,在很多情形下,各横截面的翘曲程度又各不相同,因而将产生沿轴线方向的正应变,从而在横截面上产生附加正应力。同时,还会产生附加剪应力。这是很多工程构件设计所不希望的。

由图 8-11(f)可以看出，当横向载荷作用线通过横截面弯曲中心时，由于横截面上与剪应力对应的分布力系向弯曲中心简化结果只有合力而没有力偶，故这时的横向载荷与剪力将使杆只发生弯曲而不产生扭转。

8.6　结论与讨论

8.6.1　实心截面梁弯曲剪应力的误差分析

弯曲剪应力公式(8-1)，对于薄壁截面梁是比较精确的；对于实心截面梁只有在少数情形下是比较精确的。以宽为 b、高为 h 的矩形截面梁为例，由弹性力学得到的弯曲剪应力精确解为

$$\tau_{xy}=\tau_{yx}=\beta\frac{F_{\mathrm{Q}}S_z^*}{\delta I_z} \tag{8-7}$$

式中，因子 β 与 h/b 比值有关，β 值越大表明误差越大。表 8-2 中给出了几种 h/b 下的 β 数值。

表 8-2　弹性力学弯曲剪应力公式中的 β 数值

h/b	∞	2/1	1/1	1/2	1/4
β	1.0	1.04	1.12	1.57	2.30

8.6.2　实心截面细长梁弯曲正应力与弯曲剪应力的量级比较

考察图 8-13 中所示的实心截面(圆截面或矩形截面)细长悬臂梁。该梁所有横截面上的剪力均为 $F_{\mathrm{Q}}=F_{\mathrm{P}}$；最大弯矩 $M_{z\max}=F_{\mathrm{P}}l$。于是，梁内横截面上的最大正应力和最大剪应力分别为

$$\sigma_{\max}=\frac{|M_z|_{\max}}{W_z}=\frac{F_{\mathrm{P}}l}{W_z}$$

$$\tau_{\max}=\frac{|F_{\mathrm{Q}}|_{\max}S_{z\max}^*}{bI_z}=\frac{F_{\mathrm{P}}S_{z\max}^*}{bI_z}$$

对于宽为 b、高为 h 的矩形截面

$$\frac{\sigma_{\max}}{\tau_{\max}}=\frac{\dfrac{6F_{\mathrm{P}}l}{bh^2}}{\dfrac{3}{2}\dfrac{F_{\mathrm{P}}}{bh}}=4\left(\frac{l}{h}\right) \tag{8-8}$$

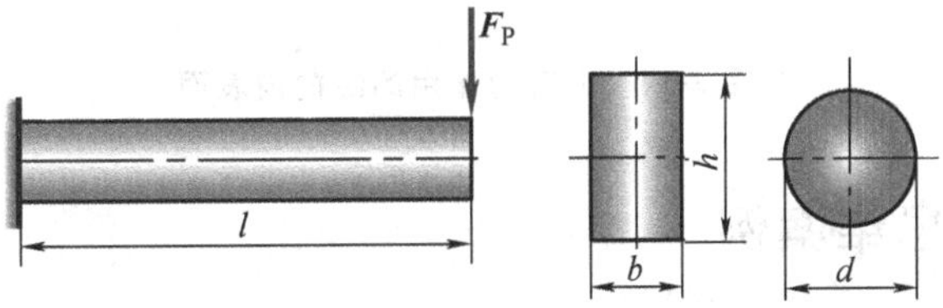

图 8-13　细长实心截面梁正应力与剪应力量级比较

对于直径为 d 的圆截面

$$\frac{\sigma_{\max}}{\tau_{\max}}=\frac{\dfrac{32F_{\mathrm{P}}l}{\pi d^3}}{\dfrac{4}{3}\dfrac{4F_{\mathrm{P}}}{\pi d^2}}=6\left(\frac{l}{h}\right) \tag{8-9}$$

对于细长梁,若长度与高度之比$\left(\dfrac{l}{h}\right)$或长度与宽度之比$\left(\dfrac{l}{d}\right)$比较大,则梁内的弯曲正应力将是弯曲剪应力的十几倍以至几十倍。这时弯曲正应力对梁的变形和失效(例如破坏)的影响将是主要的,剪应力的影响则是次要的。

8.6.3 关于自由表面的讨论

前面分析开口薄壁截面梁弯曲剪应力时,微段局部的截取是从没有外力作用的纵向外表面开始的,这种没有外力作用的表面称为自由表面,简称为自由面。现在,可以将自由面的概念加以扩展:一是不限于外表面。如果某种纵向面上如果没有力的作用,微段的局部也可以从这里开始截取。这是因为,这种情形下,根据微段局部平衡照样可以确定微段局部截开的纵向面上的剪应力 τ',进而应用剪应力互等定理确定横截面上所要求的剪应力 τ。二是不限于没有力作用的表面。如果作用在纵向表面上的力是已知的,微段的局部也可以从这里开始截取微段局部。因为力是已知的,根据平衡条件同样可以确定微段局部截开的纵向面上的剪应力 τ',进而应用剪应力互等定理确定横截面上所要求的剪应力 τ。

以图 8-14(a)中所示槽型截面悬臂梁为例,横截面上与剪力 F_{Q} 对应的剪应力流从横截面的对称轴流向左、右两侧。根据对称性要求横截面上对称轴处的剪应力等于零。因此,通过横截面对称轴的纵向面也可以认为是自由面。从这一自由面开始截取微段的局部对于确定腹板上的水平剪应力是很方便的。

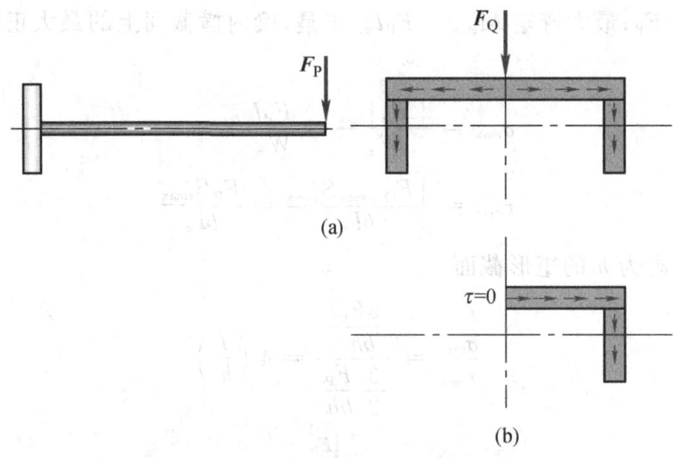

图 8-14 没有力作用的纵向内表面

8.6.4 开放式思维案例

案例 1 由四块木板粘接而成的箱形截面梁,其横截面尺寸如图 8-15 所示。已知横截面上沿铅垂方向的剪力 $F_{\mathrm{Q}}=3.56\ \mathrm{kN}$。试求粘接接缝 A、B 两处的剪应力。

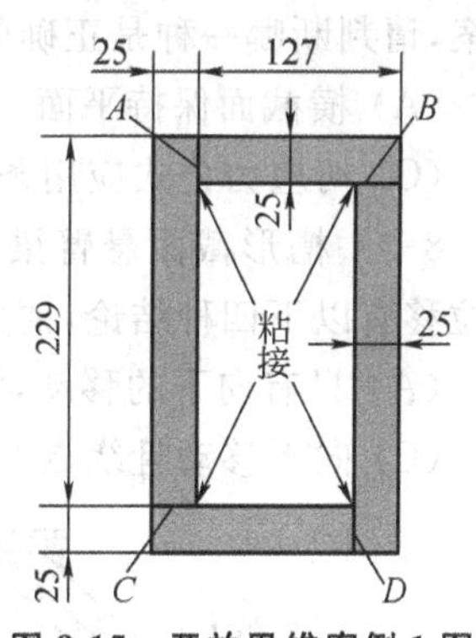

图 8-15　开放思维案例 1 图

案例 2　不对称工字型截面悬臂梁受力以及横截面上的剪力方向如图 8-16 所示。请分析研究：

(1) 横截面的腹板上的任意点处没有水平方向的剪应力；

(2) 翼缘的剪应力流的方向；

(3) 判断弯曲中心的大致位置。

案例 3　矩形截面梁受力如图 8-17 所示。试分析和研究：

(1) 内力分量(轴力、剪力、弯矩)沿梁的长度方向的分布；

(2) 对称横截面上应力种类、应力分布以及应力表达式；

(3) 任意横截面上应力种类、应力分布以及应力表达式。

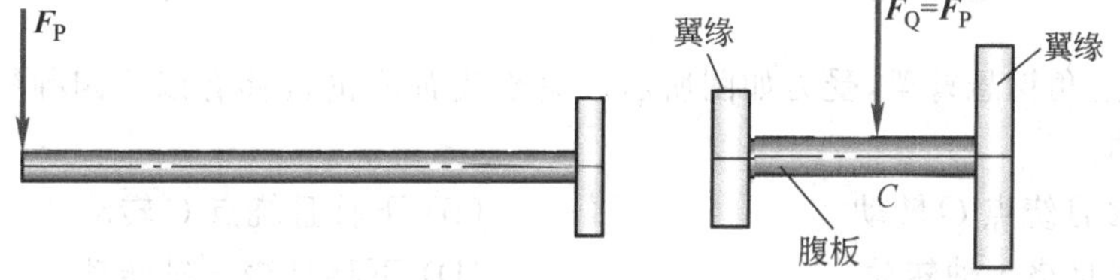

图 8-16　开放思维案例 2 图

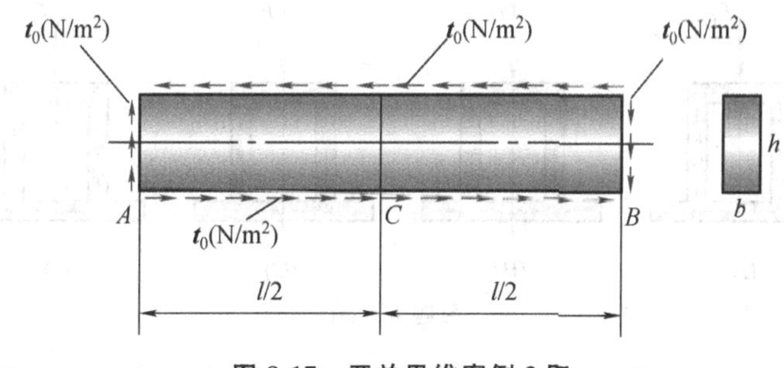

图 8-17　开放思维案例 3 图

习题

8-1　关于弯曲切应力公式 $\tau(y)=\dfrac{F_Q S_z^*(y)}{\delta I_z}$ 应用于实心截面的条件，有下列结论，请分析哪一种是正确的。(　　)

(A) 细长梁、横截面保持平面

(B) 弯曲正应力公式成立，切应力沿截面宽度均匀分布

(C) 切应力沿截面宽度均匀分布，横截面保持平面

(D) 弹性范围加载，横截面保持平面

8-2　关于梁横截面上的切应力作用线必须沿截面边界切线方向的依据，有以下四种

答案,请判断哪一种是正确的。( )

(A) 横截面保持平面　　(B) 不发生扭转

(C) 切应力公式应用条件　　(D) 切应力互等定理。

8-3 槽形截面悬臂梁加载如图所示。图中 C 为形心,O 为弯曲中心。关于自由端截面位移有以下四种结论,请判断哪一种是正确的。( )

(A) 只有向下的移动,没有转动　　(B) 只绕点 C 顺时针方向转动

(C) 向下移动且绕点 O 逆时针方向转动　　(D) 向下移动且绕点 O 顺时针方向转动

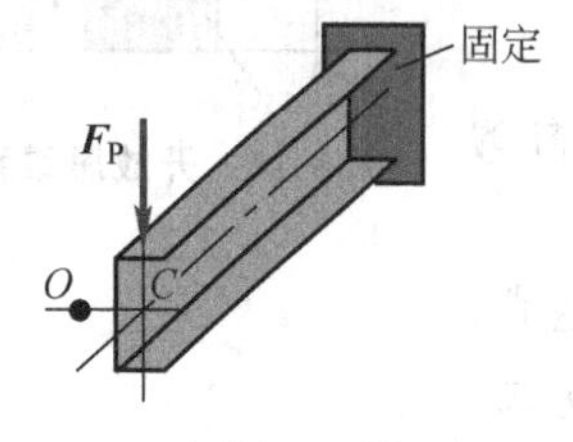

习题 8-3 图

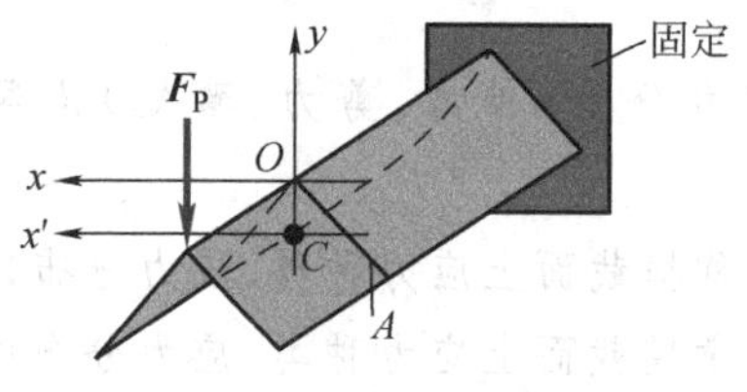

习题 8-4 图

8-4 等边角钢悬臂梁,受力如图所示。关于截面 A 的位移有以下四种答案,请判断哪一种是正确的。( )

(A) 下移且绕点 O 转动　　(B) 下移且绕点 C 转动

(C) 下移且绕 z 轴转动　　(D) 下移且绕 z'轴转动

8-5 请判断下列四种图形中的切应力流方向哪一种是正确的。( )

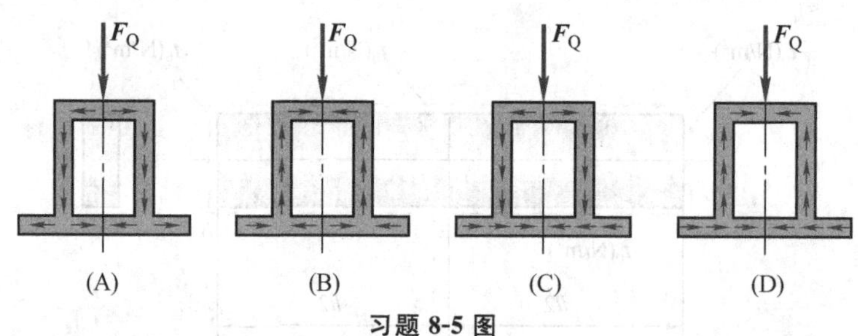

习题 8-5 图

8-6 四种不同截面的悬臂梁,在自由端承受集中力,其作用方向如图所示,图中 O 为弯曲中心。关于哪几种情形下可以直接应用弯曲正应力公式和弯曲切应力公式,有以下四种结论,请判断哪一种是正确的。( )

(A) 仅(a)、(b)可以　　(B) 仅(b)、(c)可以

(C) 除(c)之外都可以　　(D) 除(d)之外都不可以

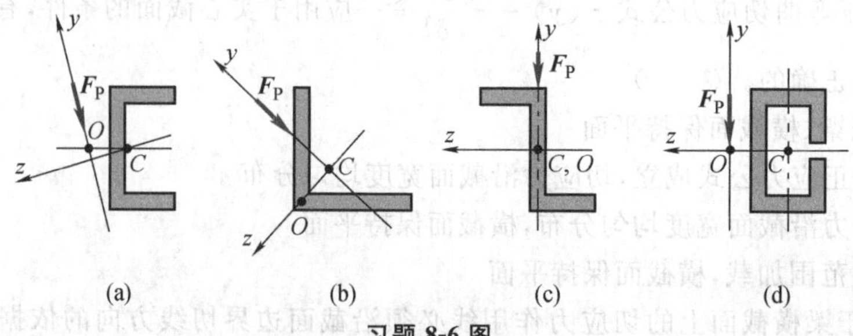

习题 8-6 图

8-7　木制悬壁梁，其横截面由 7 块木料用两种钉子 A、B 连接而成，形状如图所示。梁在自由端承受沿铅垂对称轴方向的集中力 $\boldsymbol{F}_{\mathrm{P}}$ 作用。已知 $F_{\mathrm{P}}=6\ \mathrm{kN}$，$I_z=1.504\times10^{9}\ \mathrm{mm}^4$；$A$ 种钉子的纵向间距为 75 mm，B 种钉子的纵向间距为 40 mm（图中未标出）。试求：

(1) 每一个 A 类钉子所受的剪力；

(2) 每一个 B 类钉子所受的剪力。

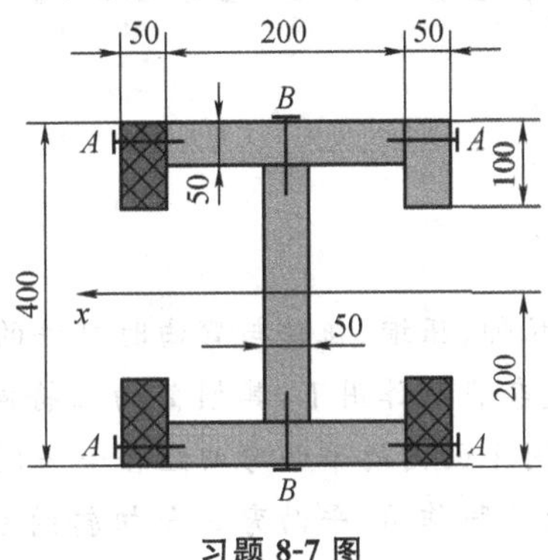

习题 8-7 图

8-8　图中所示均为承受横向载荷梁的横截面。若剪力均为铅垂方向，试画出各截面上的切应力流方向。

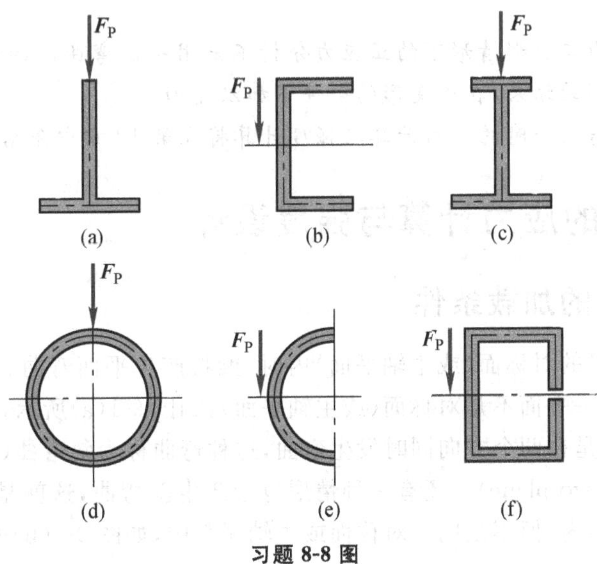

习题 8-8 图

第9章 斜弯曲、弯曲与拉伸或压缩同时作用时的应力计算与强度设计

前面几章中，分别讨论了拉伸、压缩、扭转与弯曲时杆件的强度问题。

工程上还有一些构件在复杂载荷作用下，其横截面上将同时产生两个或两个以上内力分量的组合作用，例如两个不同平面内的平面弯曲组合——斜弯曲、轴向拉伸(或压缩)与平面弯曲的组合——弯矩与轴力共同作用、平面弯曲与扭转的组合。这些情形统称为组合受力与变形。

本章只讨论最简单的两种组合受力与变形：斜弯曲以及弯矩与轴力共同作用的情形。这两种情形下，危险点的受力与平面弯曲时相同，都只有正应力，因而强度设计准则也都相同。

这两种组合受力与变形情形下的正应力分析不采用平面弯曲时的方法，而是利用基本受力与变形时所得到的结果，在小变形的条件下加以叠加。

关于弯曲与扭转组合时的应力计算与强度计算将在第12章中介绍。

9.1 斜弯曲的应力计算与强度设计

9.1.1 斜弯曲的加载条件

当外力施加在梁的对称面(或主轴平面)内时，梁将产生平面弯曲。所有外力都作用在同一平面内，但是这一平面不是对称面(或主轴平面)，如图9-1(a)所示，梁也将会产生弯曲，但不是平面弯曲，而是在两个方向同时发生弯曲，这种弯曲称为**斜弯曲**(skew bending)或**双向弯曲**(bending in two plane)。还有一种情形也会产生斜弯曲，这就是所有外力都作用在对称面(或主轴平面)内，但不是同一对称面或主轴平面内，如图9-1(b)所示。

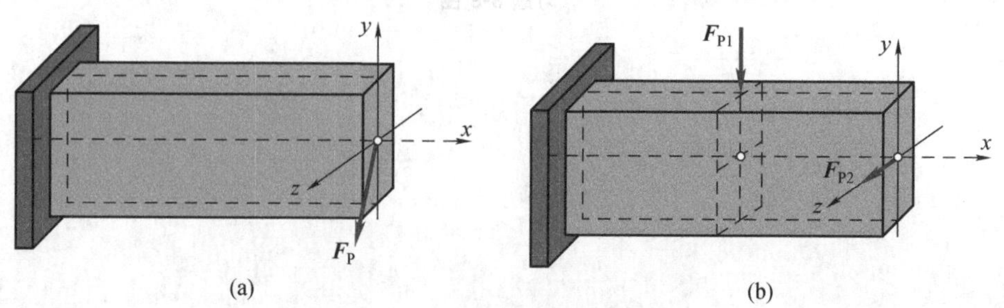

图9-1 产生斜弯曲的加载条件

9.1.2　叠加法确定横截面上的正应力

为了确定斜弯曲时梁横截面上的应力，在小变形的条件下，可以将斜弯曲分解成两个纵向对称面内(或主轴平面)的平面弯曲，然后将两个平面弯曲引起的同一点应力的代数值相加，便得到斜弯曲在该点的应力值。

以图 9-2(a)所示的悬臂梁为例，由于载荷 $\boldsymbol{F}_{\mathrm{P}}$ 的方向与主轴(对称轴)不一致，因而梁将产生斜弯曲。为确定固定端处横截面上任意点的正应力，首先将载荷沿主轴(y 和 z)方向分解，如图 9-2(b)所示：

$$F_{\mathrm{P}y} = F_{\mathrm{P}}\cos\alpha$$
$$F_{\mathrm{P}z} = F_{\mathrm{P}}\sin\alpha$$

这两个力将在固定端截面分别产生弯矩 M_y 和 M_z：

$$M_y = F_{\mathrm{P}z}l = F_{\mathrm{P}}l\sin\alpha$$
$$M_z = F_{\mathrm{P}y}l = F_{\mathrm{P}}l\cos\alpha$$

将这两个弯矩在横截面上任意一点 $A(y,z)$引起的正应力的代数值相加，便得到这一点的总应力：

$$\sigma = -\frac{M_y z}{I_y} + \frac{M_z y}{I_z} \tag{9-1}$$

据此，横截面上的正应力分布如图 9-3(b)所示。最大正应力作用点的位置需视截面的形状而定。

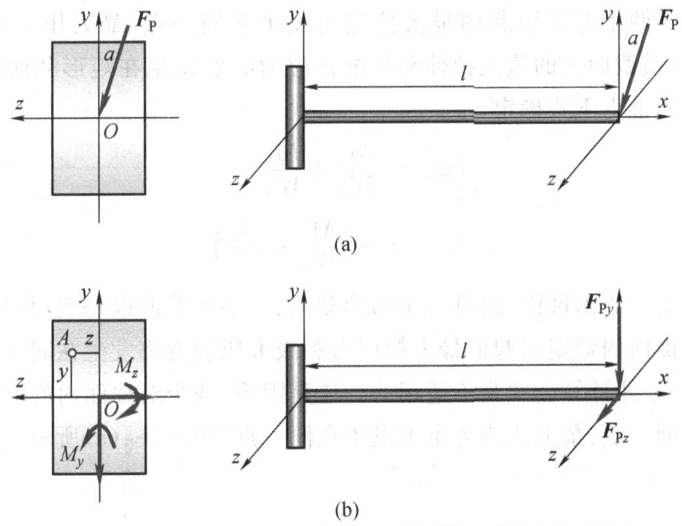

图 9-2　叠加法确定斜弯曲时横截面上的正应力

9.1.3　中性轴的概念与中性轴的位置

在平面弯曲和斜弯曲情形下，横截面上正应力为零的点组成的直线，称为**中性轴**(neutral axis)。变形时，横截面将绕中性轴转动。

(1) 对于平面弯曲，如果加载方向与截面的某一形心主轴一致，则另一形心主轴必为中性轴。

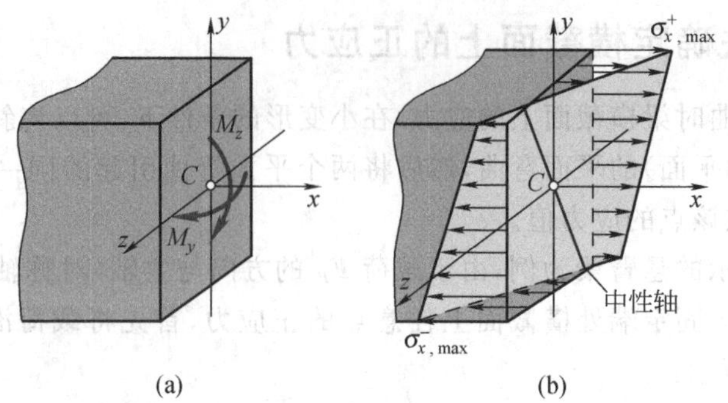

图 9-3 斜弯曲时梁横截面上的应力分布

(2) 对于斜弯曲,例如图 9-3(a)中的情形,中性轴由下列方程确定:

$$\sigma = \frac{M_y z}{I_y} + \frac{M_z y}{I_z} = 0 \tag{9-2}$$

(3) 因为 y-z 坐标原点建立在横截面的形心处,即:$y=0$,$z=0$,将其代入式(9-2),得到 $\sigma=0$。这表明,斜弯曲时中性轴通过截面形心。

9.1.4 最大正应力与强度条件

以矩形截面为例,当梁的横截面上同时作用两个弯矩 M_y 和 M_z(二者分别都作用在梁的两个对称面内)时,两个弯矩在同一点引起的正应力叠加后,得到总的正应力分布图如图 9-3 所示。由于两个弯矩引起的最大拉应力发生在同一点,最大压应力也发生在同一点,因此,叠加后,横截面上的最大拉伸和压缩正应力必然发生在矩形截面的角点处。最大拉伸和压缩正应力值由下式确定:

$$\begin{cases} \sigma^+_{\max} = \dfrac{M_y}{W_y} + \dfrac{M_z}{W_z} \\ \sigma^-_{\max} = -\left(\dfrac{M_y}{W_y} + \dfrac{M_z}{W_z}\right) \end{cases} \tag{9-3}$$

上两式不仅对于矩形截面,而且对于槽形截面、工字形截面也是适用的。因为这些截面上由两个主轴平面内的弯矩引起的最大拉应力和最大压应力都发生在同一点。

对于圆截面,上述计算公式是不适用的。这是因为,两个对称面内的弯矩所引起的最大拉应力不发生在同一点,最大压应力也不发生在同一点,如图 9-4(a)所示。

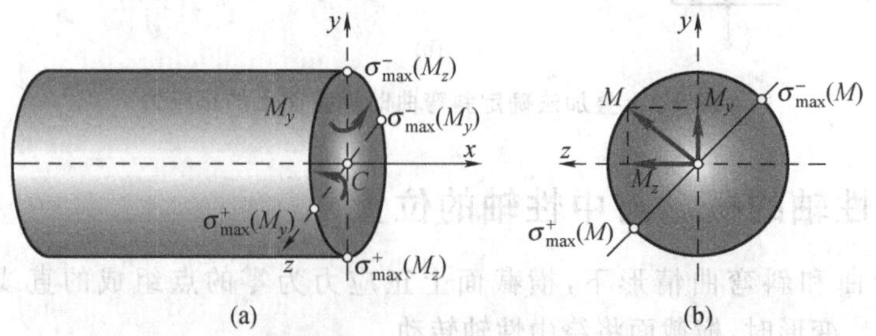

图 9-4 斜弯曲时圆截面上的最大拉应力和最大压应力

对于圆截面，因为过形心的任意轴均为截面的对称轴，所以当横截面上同时作用有两个弯矩时，可以将弯矩用矢量表示，然后求二者的矢量和，如图 9-4(b)所示，这一合矢量仍然沿着横截面的对称轴方向，所以平面弯曲的公式依然适用。于是，圆截面上的最大拉应力和最大压应力计算公式为

$$\left.\begin{aligned}\sigma_{\max}^{+} &= \frac{M}{W} = \frac{\sqrt{M_y^2 + M_z^2}}{W} \\ \sigma_{\max}^{-} &= -\frac{M}{W} = -\frac{\sqrt{M_y^2 + M_z^2}}{W}\end{aligned}\right\} \tag{9-4}$$

斜弯曲时的强度设计原则和设计过程与一般弯曲强度设计基本相同，即都要根据内力图确定危险面。但与一般弯曲强度设计不同的是，斜弯曲情形下，危险面上有两个不同方向的弯矩作用。因此，需要根据两个弯矩所引起的应力分布确定危险点的位置以及危险点的应力数值。由于在危险点上只有一个方向的正应力作用，故该点处为单向应力状态，其强度条件与平面弯曲时完全相同，即下式依然适用：

$$\sigma_{\max} \leqslant [\sigma] \tag{9-5}$$

【例题 9-1】 图 9-5(a)所示为矩形截面梁，截面宽度 $b=90\ \mathrm{mm}$，高度 $h=180\ \mathrm{mm}$。梁在两个互相垂直的平面内分别受有水平力 $\boldsymbol{F}_{\mathrm{P1}}$ 和铅垂力 $\boldsymbol{F}_{\mathrm{P2}}$。若已知 $F_{\mathrm{P1}}=800\ \mathrm{N}$，$F_{\mathrm{P2}}=1650\ \mathrm{N}$，$l=1\ \mathrm{m}$，试求梁内的最大弯曲正应力并指出其作用点的位置。

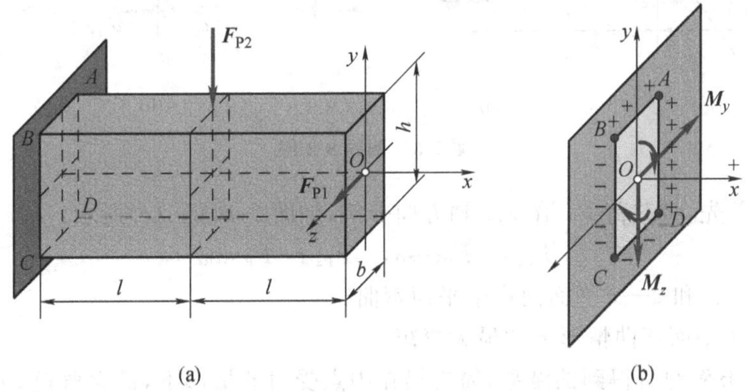

图 9-5　例题 9-1 图

解：为求梁内的最大弯曲正应力，必须分析水平力 $\boldsymbol{F}_{\mathrm{P1}}$ 和铅垂力 $\boldsymbol{F}_{\mathrm{P2}}$ 所产生的弯矩在何处取最大值。不难看出，两个力均在固定端处产生最大弯矩，其作用方向如图 9-5(b)所示。其中 $M_{y\max}$ 由 $\boldsymbol{F}_{\mathrm{P1}}$ 引起，$M_{z\max}$ 由 $\boldsymbol{F}_{\mathrm{P2}}$ 引起，

$$M_{y\max} = -F_{\mathrm{P1}} \times 2l$$
$$M_{z\max} = -F_{\mathrm{P2}}\, l$$

对于矩形截面，在 $M_{y\max}$ 作用下最大拉应力和最大压应力分别发生在 AD 边和 CB 边；在 $M_{z\max}$ 作用下，最大拉应力和最大压应力分别发生在 AB 边和 CD 边。在图 9-5(b)中，最大拉应力和最大压应力作用点分别用“＋”和“－”表示。

二者叠加的结果，点 A 和点 C 分别为最大拉应力和最大压应力作用点。于是，这两点的正应力分别为

点 A：

$$\sigma_{x\max}^{+}=\frac{|M_{y\max}|}{W_y}+\frac{|M_{z\max}|}{W_z}=\frac{6\times2\times F_{P1}l}{hb^2}+\frac{6\times F_{P2}l}{bh^2}$$
$$=\left(\frac{6\times2\times800\times1}{180\times90^2\times10^{-9}}+\frac{6\times1650\times1}{90\times180^2\times10^{-9}}\right)\text{Pa}$$
$$=9.979\times10^6\,\text{Pa}=9.979\ \text{MPa}$$

点 C：

$$\sigma_{x\max}^{-}=-\left(\frac{|M_{y\max}|}{W_y}+\frac{|M_{z\max}|}{W_z}\right)=-9.979\ \text{MPa}$$

【例题 9-2】 一般生产车间所用的吊车大梁，两端由钢轨支撑，可以简化为简支梁，如图 9-6(a)所示。图中 $l=4$ m。大梁由 32a 热轧普通工字钢制成，许用应力$[\sigma]=160$ MPa。起吊的重物重量 $F_P=88$ kN，作用在梁的中点，作用线与 y 轴之间的夹角 $\alpha=5°$，试校核吊车大梁的强度是否安全。

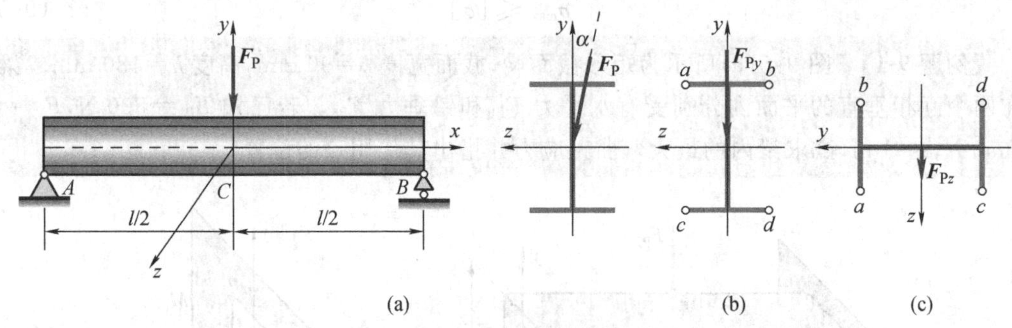

图 9-6　例题 9-2 图

解：(1) 首先，将载荷 $\boldsymbol{F}_P$ 沿 y、z 轴方向分解，如图 9-6(b)、(c)所示：

$$F_{Py}=F_P\cos\alpha,\quad F_{Pz}=F_P\sin\alpha$$

二者分别在 y—x 和 z—x 平面内产生平面弯曲。

(2) 求两个平面弯曲情形下的最大弯矩

根据前几节例题所得到的结果，简支梁在中点受力的情形下，最大弯矩 $M_{\max}=F_Pl/4$。将其中的 F_P 分别替换为 F_{Py}和 F_{Pz}，便得到两个平面弯曲情形下的最大弯矩：

$$M_{\max}(F_{Py})=\frac{F_{Py}l}{4}=\frac{F_P\cos\alpha\times l}{4}$$
$$M_{\max}(F_{Pz})=\frac{F_{Pz}l}{4}=\frac{F_P\sin\alpha\times l}{4}$$

(3) 计算两个平面弯曲情形下的最大正应力并校核其强度

在 $M_{\max}(F_{Py})$作用的截面上(图 9-6(b))，截面上边缘的角点 a、b 承受最大压应力；下边缘的角点 c、d 承受最大拉应力。

在 $M_{\max}(F_{Pz})$作用的截面上(图 9-6(c))，截面上角点 b、d 承受最大压应力；角点 a、c 承受最大拉应力。

两个平面弯曲叠加结果，角点 c 承受最大拉应力；角点 b 承受最大压应力。因此 b、c 两点都是危险点。这两点的最大正应力数值相等，绝对值均为

$$\sigma_{\max}(b,c)=\frac{M_{\max}(F_{Pz})}{W_y}+\frac{M_{\max}(F_{Py})}{W_z}=\frac{F_P\sin\alpha\times l}{4W_y}+\frac{F_P\cos\alpha\times l}{4W_z}$$

其中 $l=4\text{ m}$，$F_P=88\text{ kN}$，$\alpha=5^\circ$。另外从型钢表中可查到 32a 热轧普通工字型钢的 $W_y=70.758\text{ cm}^3$，$W_z=629.2\text{ cm}^3$。将这些数据代入上式，得到

$$\begin{aligned}\sigma_{\max}(b,c)&=\frac{88\times10^3\text{N}\times\sin5^\circ\times4\text{m}}{4\times70.758\times(10^{-2})^3\text{m}^3}+\frac{88\times10^3\text{N}\times\cos5^\circ\times4\text{m}}{4\times692.2\times(10^{-2})^3\text{m}^3}\\&=108.4\times10^6\text{Pa}+126.6\times10^6\text{Pa}=235.0\times10^6\text{Pa}\\&=235.0\text{MPa}>[\sigma]=160\text{ MPa}\end{aligned}$$

因此，梁在斜弯曲情形下的强度是不安全的。

本例讨论

如果令上述计算中的 $\alpha=0$，也就是载荷 F_P 沿着 y 轴方向，这时产生平面弯曲，上述结果中的第一项变为 0。于是梁内的最大正应力为

$$\sigma_{\max}=\frac{88\times10^3\text{N}\times4\text{m}}{4\times692.2\times(10^{-2})^3\text{m}^3}=127.2\times10^6\text{Pa}=127.2\text{ MPa}$$

这一数值远远小于斜弯曲时的最大正应力。

可见，载荷偏离对称轴(y)很小的角度，最大正应力就会有很大的增加(本例题中增加了 77.18%)，这对于梁的强度是一种很大的威胁，实际工程中应当尽量避免这种现象的发生。这就是吊车起吊重物时只能在吊车大梁垂直下方起吊，而不允许在大梁的侧面斜方向起吊的原因。

9.2　弯曲与拉伸或压缩同时作用时的应力计算与强度计算

当杆件同时受有横向弯曲与纵向变形组合作用时，横截面上不仅有弯矩和剪力两种内力分量，还会有轴力。因此，横截面上的正应力分布也将不同于纯弯曲的情形。这种情形下，不仅杆件的危险面和危险点的位置发生变化，而且危险点的应力数值将发生变化。本节将通过具体的问题，说明这种情形下的应力计算与强度计算过程。

图 9-7(a)中所示的杆件承受通过形心的纵向载荷与横向载荷同时作用；图 9-7(b)中所示的杆件承受不通过形心的纵向载荷作用，这种不通过形心的纵向载荷称为偏心载荷。两种情形下杆件都将既产生弯曲变形也产生轴向变形。

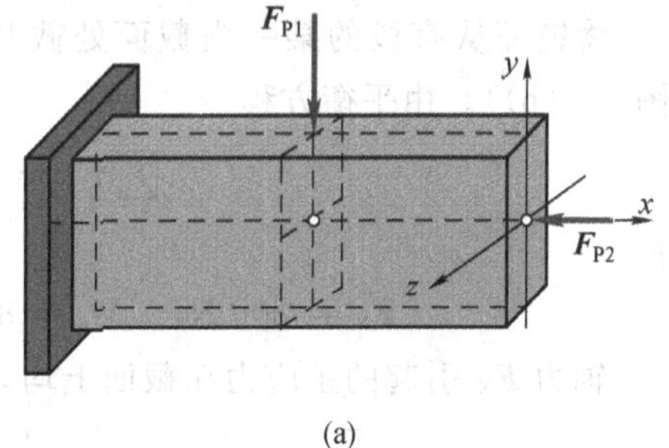

(a)

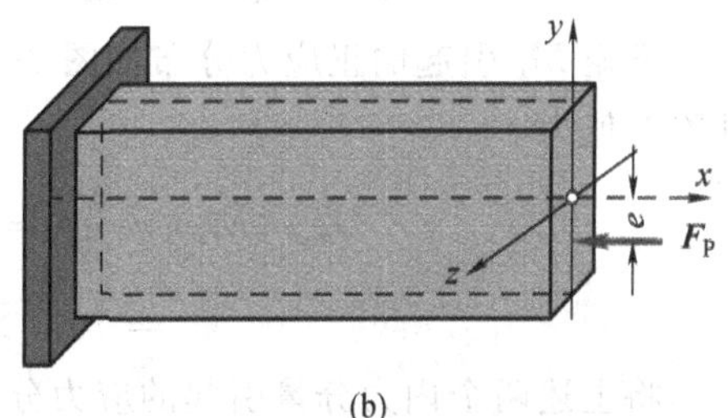

(b)

图 9-7　弯曲与纵向变形组合的情形

对于图 9-7 的载荷，这时横截面上同时存在弯矩 M_z 和轴力 $\boldsymbol{F}_N$ 两个内力分量，横截面上任意点的正应力为

$$\sigma=\frac{F_N}{A}+\frac{M_z y}{I_z}\qquad(9\text{-}6\text{a})$$

式中 $\boldsymbol{F}_N$ 和 M_z 由截面法求得；A 为横截面面积；I_z 为横截面对其形心主轴 z 的惯性矩。式中各项的

正负号由正应力的拉压性质决定。

上述分析对于横截面上同时存在 $\boldsymbol{F}_N$ 和 M_y 的情形也是成立的。如果有 y、z 两个方向的横向力以及沿轴线方向的纵向力;或者纵向偏心载荷的作用点既不在 y 轴上,也不在 z 轴上,这时横截面上除了轴力 $\boldsymbol{F}_N$ 外,还产生对横截面两根主轴(或对称轴)弯矩 $\boldsymbol{M}_y$ 和 $\boldsymbol{M}_z$。这种情形下横截面上正应力公式将增加一项:

$$\sigma = \frac{F_N}{A} + \frac{M_z y}{I_z} + \frac{M_y z}{I_y} \tag{9-6b}$$

横向弯曲与纵向变形组合作用时,横截面上可能存在中性轴,也可能不存在中性轴,主要取决于横截面上是否存在应力异号的区域,而这要视弯矩与轴力的大小和方向而定。但是,只要 $\boldsymbol{F}_N \neq 0$,即使横截面上存在中性轴,中性轴也一定不通过截面形心。

如果中性轴位于横截面内,则横截面上既有拉应力也有压应力;如果中性轴位于截面之外,则截面上只有拉应力(例如偏心拉伸的情形),或者只有压应力(例如偏心压缩的情形)。后一种情形,对于某些工程(例如土木建筑工程)有着重要意义。对于以脆性材料制成的杆件(例如混凝土柱、砖石构件),由于其抗压性能远远优于抗拉性能,所以,当这些构件承受偏心压缩时,总是希望在构件的截面上只出现压应力,而不出现拉应力。这就要求中性轴必须在截面以外(不能相交,可以与截面边界相切)。为此,对偏心压缩载荷的加力点需有一定的限制。当在离截面形心足够近的某一区域内施加偏心压缩载荷时,就有可能达到上述要求,这一区域称为**截面核心**(kern of a cross-section)。

【例题 9-3】 开口链环由直径 $d=12$ mm 的圆钢弯制而成,其形状如图 9-8(a)所示。链环的受力及其他尺寸均示于图中。试求:

(1) 链环直段部分横截面上的最大拉应力和最大压应力;

(2) 中性轴与截面形心之间的距离。

解:(1) 计算直段部分横截面上的最大拉、压应力

将链环从直段的某一横截面处截开,根据平衡,截面上将作用有内力分量 $\boldsymbol{F}_N$ 和 M_z(图 9-8(b))。由平衡方程

$$\sum F_x = 0 \quad 和 \quad \sum M_C = 0$$

得

$$F_N = 800\ \text{N}, \quad M_z = 800 \times 15 \times 10^{-3}\ \text{N} \cdot \text{m} = 12\ \text{N} \cdot \text{m}$$

轴力 $\boldsymbol{F}_N$ 引起的正应力在截面上均匀分布(图 9-8(c)),其值为

$$\sigma(F_N) = \frac{F_N}{A} = \frac{4F_N}{\pi d^2} = \left(\frac{4 \times 800}{\pi \times 12^2 \times 10^{-6}}\right)\text{Pa} = 7.07 \times 10^6\ \text{Pa} = 7.07\ \text{MPa}$$

弯矩 M_z 引起的正应力分布如图 9-8(d)所示。最大拉、压应力分别发生在 A、B 两点,其绝对值为

$$\sigma_{\max}(M_z) = \frac{M_z}{W_z} = \frac{32M_z}{\pi d^3} = \left(\frac{32 \times 12}{\pi \times 12^3 \times 10^{-6}}\right)\text{Pa}$$
$$= 70.7 \times 10^6\ \text{Pa} = 70.7\ \text{MPa}$$

将上述两个内力分量引起的应力分布叠加,便得到由载荷引起的链环直段横截面上的正应力分布,如图 9-8(e)所示。可以看出,横截面上的 A、B 二点处分别承受最大拉应力和

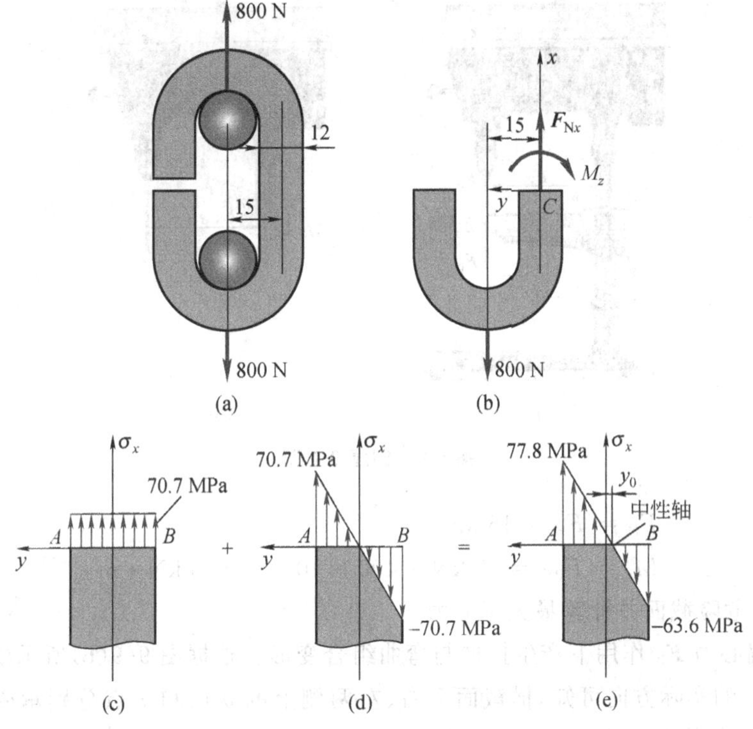

图 9-8　例题 9-3 图

最大压应力，其值分别为

$$\sigma_{max}^{+}=\sigma(F_N)+\sigma(M_z)=77.8\ \text{MPa}$$

$$\sigma_{max}^{-}=\sigma(F_N)-\sigma(M_z)=-63.6\ \text{MPa}$$

(2) 计算中性轴与形心之间的距离

令 $\boldsymbol{F}_N$ 和 M_z 引起的正应力之和等于零，即

$$\sigma=\frac{F_N}{A}-\frac{M_z y_0}{I_z}=0$$

其中，y_0 为中性轴到形心的距离(图 9-8(e))。

于是，由上式解出

$$y_0=\frac{F_N I_z}{M_z A}=\frac{F_N\frac{\pi d^4}{64}}{M_z\frac{\pi d^2}{4}}=\frac{4\times 800\times 12^2\times 10^{-6}}{64\times 12}\text{m}=0.6\times 10^{-3}\text{m}=0.6\ \text{mm}$$

【例题 9-4】　图 9-9(a)中所示为钻床结构及其受力简图。钻床立柱为空心铸铁管，管的外径为 $D=140$ mm，内、外径之比 $d/D=0.75$。铸铁的拉伸许用应力$[\sigma]^+=35$ MPa，压缩许用应力$[\sigma]^-=90$ MPa。钻孔时钻头和工作台面的受力如图所示，其中 $F_P=15$ kN，力 $\boldsymbol{F}_P$ 作用线与立柱轴线之间的距离(偏心距)$e=400$ mm。试校核立柱的强度是否安全。

解：(1) 确定立柱横截面上的内力分量

用假想截面 m—m 将立柱截开，以截开的上半部分为研究对象，如图 9-9(b)所示。由平衡条件得截面上的轴力和弯矩分别为

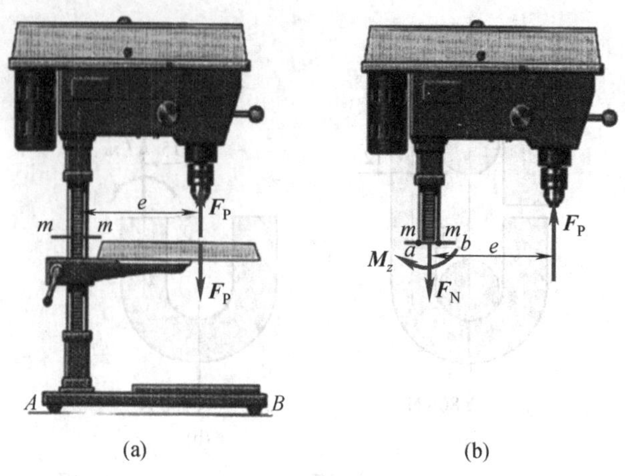

图 9-9 例题 9-4 图

$$F_N = F_P = 15\ \text{kN}$$

$$M_z = F_P e = 15\ \text{kN} \times 400 \times 10^{-3}\ \text{m} = 6\ \text{kN} \cdot \text{m}$$

(2) 确定危险截面并计算最大正应力

立柱在偏心力 $\boldsymbol{F}_P$ 作用下产生拉伸与弯曲组合变形。根据图 9-9(b)所示横截面上轴力 $\boldsymbol{F}_N$ 和弯矩 M_z 的实际方向可知,横截面上右、左两侧上的 b 点和 a 点分别承受最大拉应力和最大压应力,其值分别为

$$\sigma_{\max}^{+} = \frac{M_z}{W} + \frac{F_N}{A} = \frac{F_P e}{\frac{\pi D^3 (1-\alpha^4)}{32}} + \frac{F_P}{\frac{\pi (D^2 - d^2)}{4}}$$

$$= \frac{32 \times 6 \times 10^3 \text{N} \cdot \text{m}}{\pi \times (140 \times 10^{-3} \text{m})^3 (1 - 0.75^4)}$$

$$+ \frac{4 \times 15 \times 10^3 \text{N}}{\pi[(140 \times 10^{-3} \text{m})^2 - (0.75 \times 140 \times 10^{-3} \text{m})^2]}$$

$$= 34.81 \times 10^6 \text{Pa} = 34.81\ \text{MPa}$$

$$\sigma_{\max}^{-} = -\frac{M_z}{W} + \frac{F_N}{A}$$

$$= -\frac{32 \times 6 \times 10^3 \text{N} \cdot \text{m}}{\pi \times (140 \times 10^{-3} \text{m})^3 (1 - 0.75^4)}$$

$$+ \frac{4 \times 15 \times 10^3 \text{N}}{\pi[(140 \times 10^{-3} \text{m})^2 - (0.75 \times 140 \times 10^{-3} \text{m})^2]}$$

$$= -30.35 \times 10^6 \text{Pa} = -30.35\ \text{MPa}$$

二者的数值都小于各自的许用应力值。这表明立柱的拉伸和压缩的强度都是安全的。

9.3 结论与讨论

9.3.1 关于中性轴的再讨论

在平面弯曲和斜弯曲中都会涉及中性轴问题,关于中性轴的问题,请大家思考:

(1) 什么情形下中性轴一定通过横截面的形心？什么情形下中性轴一定不通过横截面的形心？

(2) 什么情形下中性轴一定与加载方向垂直？什么情形下中性轴一定与加载方向不垂直？

(3) 什么情形下中性轴一定位于横截面内？什么情形下中性轴不一定位于横截面内？

9.3.2　复杂载荷如何简化为基本受力与变形形式的叠加

(1) 对于实心截面梁，纵向力(图 9-10(a))向截面形心坐标轴简化。

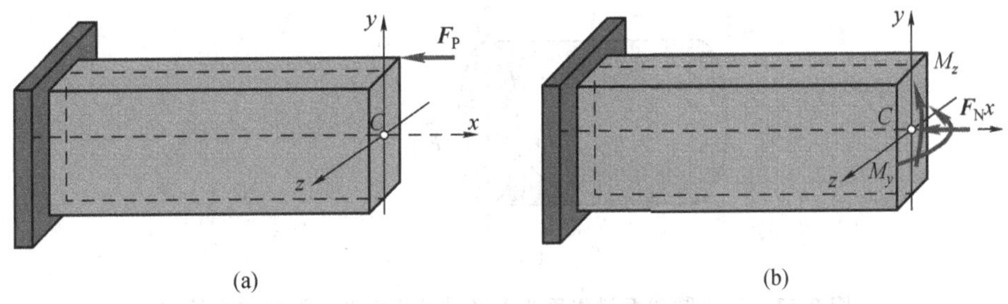

图 9-10　实心截面梁纵向力的简化

首先，以截面形心为坐标原点，建立坐标系 $Cxyz$，其中 x 轴与杆的轴线一致，y 轴、z 轴与形心主轴一致。然后，将外力分别向 3 个坐标轴投影和取矩(图 9-10(b))。

(2) 对于实心截面梁，横向力(作用线通过截面形心)(图 9-11(a))向截面形心坐标轴简化。

首先，以截面形心为坐标原点，建立坐标系 $Cxyz$，其中 x 轴与杆的轴线一致，y 轴、z 轴与形心主轴一致。然后，将外力分别向 3 个坐标轴投影(图 9-11(b))。

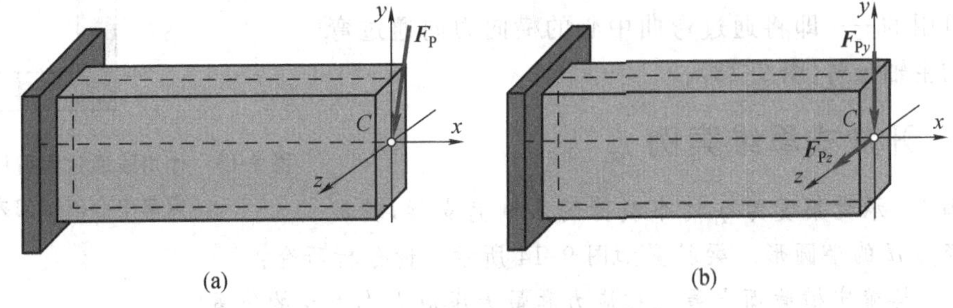

图 9-11　实心截面梁横向力的简化

(3) 对于实心圆截面梁，作用线不通过截面形心的横向力(图 9-12(a))，向截面形心坐标轴简化——仅对圆截面梁有效。

首先，以截面形心为坐标原点，建立坐标系 $Cxyz$，其中 x 轴与杆的轴线一致，y 轴、z 轴与形心主轴一致。其次，将外力分别向 3 个坐标轴方向分解为 3 个分量。然后，将外力分量分别向 3 个坐标轴投影和取矩(图 9-12(b)和(c))。

(4) 薄壁截面梁在作用线不通过截面形心的纵向力的作用下，横截面将发生翘曲，这时，梁的横截面上会出现新的内力分量，相应地会出现新的截面几何量——扇形几何性质。因此，实心截面梁的简化方法以及所得到的结论都不再适用。

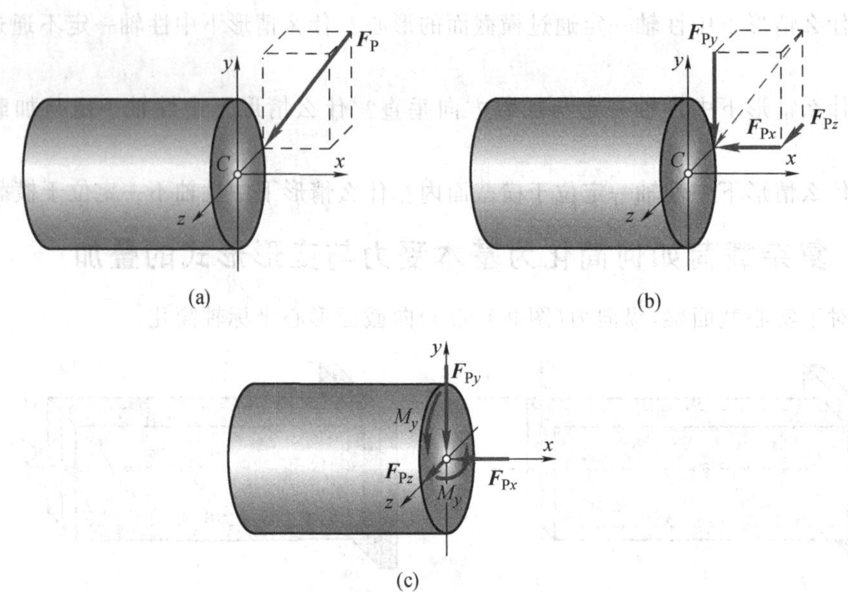

图 9-12 实心圆截面梁作用线不通过横截面形心的横向力简化

(5) 薄壁截面梁在作用线不通过截面弯曲中心的横向力的作用下,由于发生扭转变形,横截面也将发生翘曲,这时,梁横截面上同样会出现新的内力分量,相应地会出现新的截面几何量——扇性几何性质。因此,实心截面梁的简化方法以及所得到的结论都不再适用。

(6) 对于薄壁截面梁,如果横向力通过横截面的弯曲中心,而且力的作用线位于横截面内,这种情形下,简化的方法是可用的——即将通过弯曲中心的横向力向通过弯曲中心的主轴分解(图 9-13)。

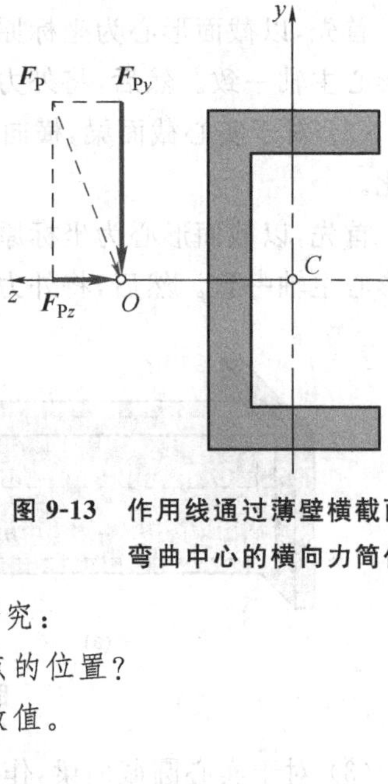

图 9-13 作用线通过薄壁横截面弯曲中心的横向力简化

9.3.3 开放式思维案例

案例 1 承受集度为 q 均布载荷的木制简支梁,其截面为直径为 d 的半圆形。梁斜置如图 9-14 所示。请分析研究:

(1) 怎样确定横截面上最大拉应力和最大压应力作用点的位置?

(2) 怎样确定横截面上的最大拉应力和最大压应力的数值。

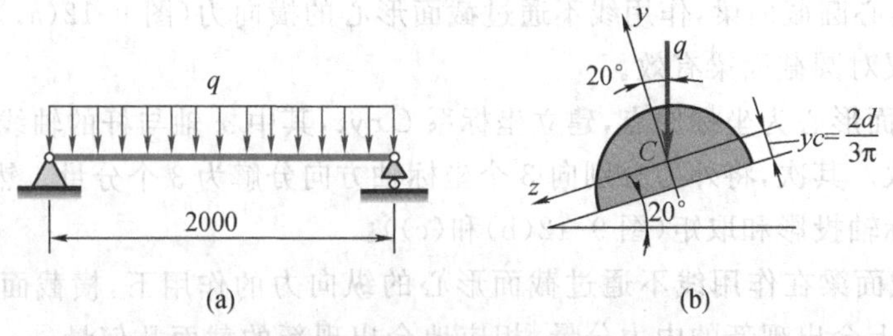

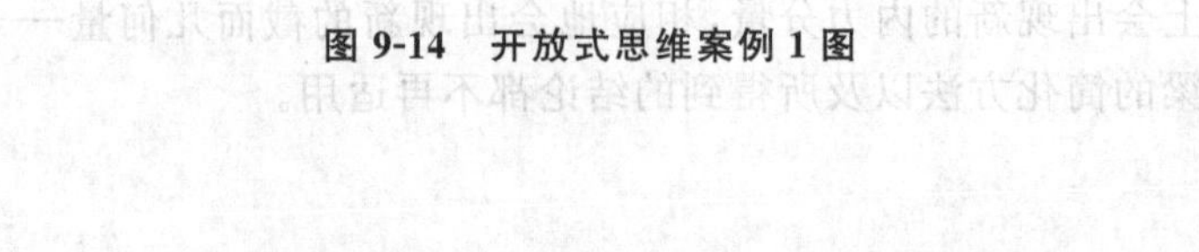

图 9-14 开放式思维案例 1 图

案例2 研究一般偏心载荷作用下(图9-15(a)):

(1) 横截面上的拉应力与压应力区域;

(2) 中性轴位置的可能情形;

(3) 保证横截面上不出现拉应力情形下,偏心载荷作用点的区域范围。

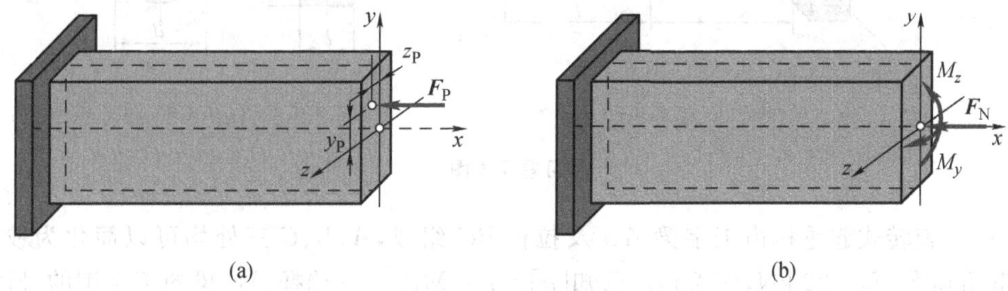

图9-15 开放式思维案例2图

习题

9-1 根据杆件横截面正应力分析过程,中性轴在什么情形下才会通过截面形心?关于这一问题有以下四种答案,请分析哪一种是正确的。( )

(A) $M_y=0$ 或 $M_z=0, F_{Nx}\neq 0$　　(B) $M_y=M_z=0, F_{Nx}\neq 0$

(C) $M_y=0, M_z\neq 0, F_{Nx}\neq 0$　　(D) $M_y\neq 0$ 或 $M_z\neq 0, F_{Nx}=0$

9-2 关于斜弯曲的主要特征有以下四种答案,请判断哪一种是正确的。( )

(A) $M_y\neq 0, M_z\neq 0, F_{Nx}\neq 0$,中性轴与截面形心主轴不一致,且不通过截面形心

(B) $M_y\neq 0, M_z\neq 0, F_{Nx}=0$,中性轴与截面形心主轴不一致,但通过截面形心

(C) $M_y\neq 0, M_z\neq 0, F_{Nx}=0$,中性轴与截面形心主轴平行,但不通过截面形心

(D) $M_y\neq 0, M_z\neq 0, F_{Nx}\neq 0$,中性轴与截面形心主轴平行,但不通过截面形心

9-3 矩形截面悬臂梁左端为固定端,受力如图所示,图中尺寸单位为mm。若已知 $F_{P1}=60$ kN, $F_{P2}=4$ kN。求固定端处横截面上 A、B、C、D 四点的正应力。

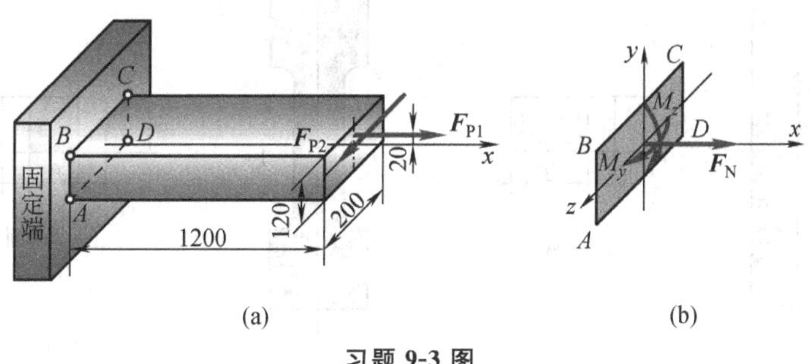

习题9-3图

9-4 图示悬臂梁中,集中力 F_{P1} 和 F_{P2} 分别作用在铅垂对称面和水平对称面内,并且垂直于梁的轴线,如图所示。已知 $F_{P1}=1.6$ kN, $F_{P2}=800$ N, $l=1$ m,许用应力$[\sigma]=160$ MPa。试确定以下两种情形下梁的横截面尺寸:

(1) 截面为矩形, $h=2b$;

(2) 截面为圆形。

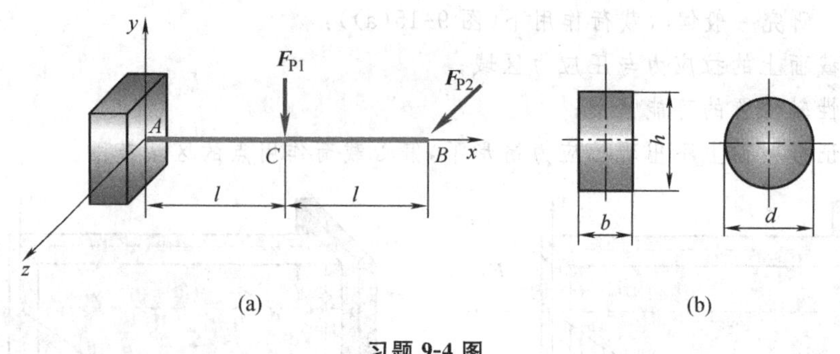

习题 9-4 图

9-5　旋转式起重机由工字梁 AB 及拉杆 BC 组成，A、B、C 三处均可以简化为铰链约束。起重荷载 $F_P=22$ kN，$l=2$ m。已知$[\sigma]=100$ MPa。试选择 AB 梁的工字钢的号码。

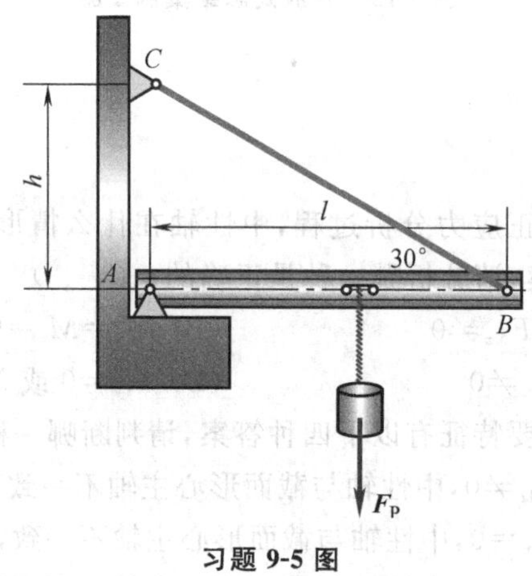

习题 9-5 图

9-6　试求图(a)和图(b)中所示之二杆横截面上最大正应力及其比值。

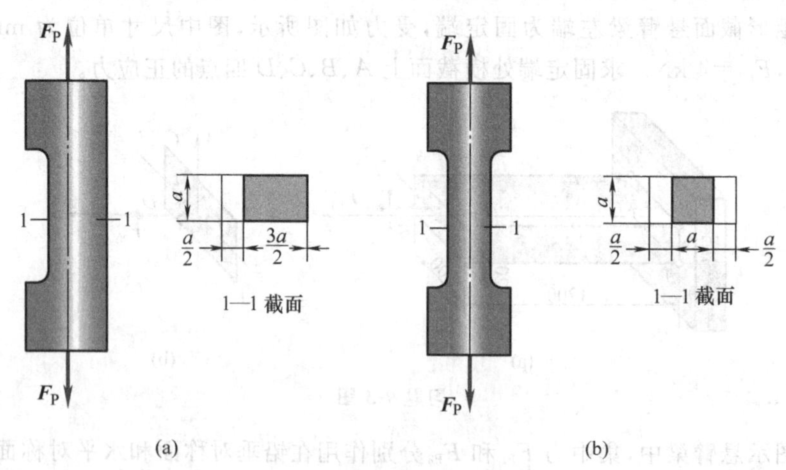

习题 9-6 图

9-7　钩头螺栓受力简化如图所示。已知螺栓材料的许用应力$[\sigma]=120$ MPa。试求此螺栓所能承受的许可预紧力$[F_P]$。

9-8　标语牌由钢管支撑，如图所示。若标语牌的重量为 $\boldsymbol{F}_{P1}$，作用在标语牌上的水平风力为 $\boldsymbol{F}_{P2}$，试分析此钢管的受力，指出危险截面和危险点的位置，并画出危险点的应力状态。

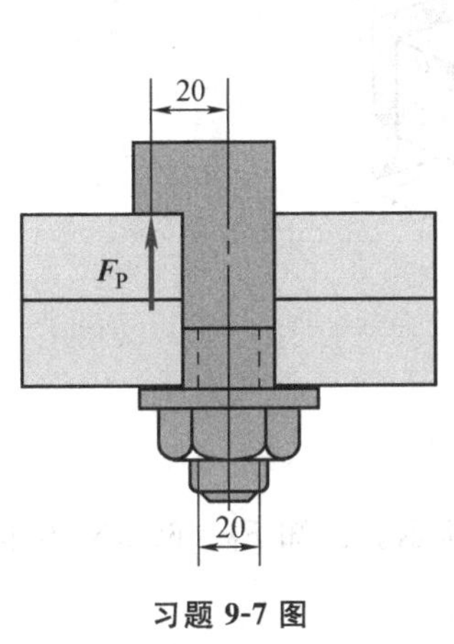

习题 9-7 图

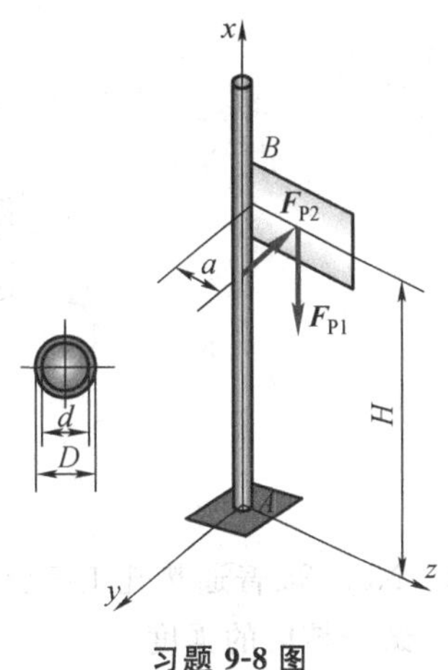

习题 9-8 图

9-9　承受偏心拉力的矩形截面杆如图所示。今用实验法测得杆左右两侧的纵向应变 ε_1 和 ε_2。试证明偏心距 e 与 ε_1、ε_2 之间满足下列关系：

$$e=\frac{\varepsilon_1-\varepsilon_2}{\varepsilon_1+\varepsilon_2}\times\frac{h}{6}$$

9-10　正方形截面杆一端固定，另一端自由，中间部分开有切槽。杆自由端受有平行于杆轴线的纵向力 $\boldsymbol{F}_P$。若已知 $F_P=1\ \text{kN}$，杆各部分尺寸如图中所示。试求杆内横截面上的最大正应力，并指出其作用位置。

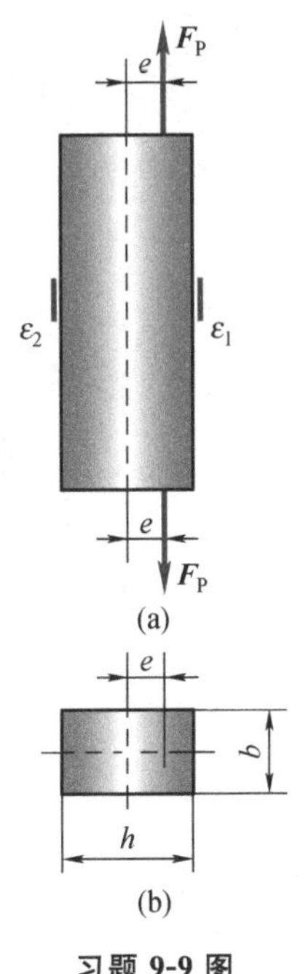

习题 9-9 图

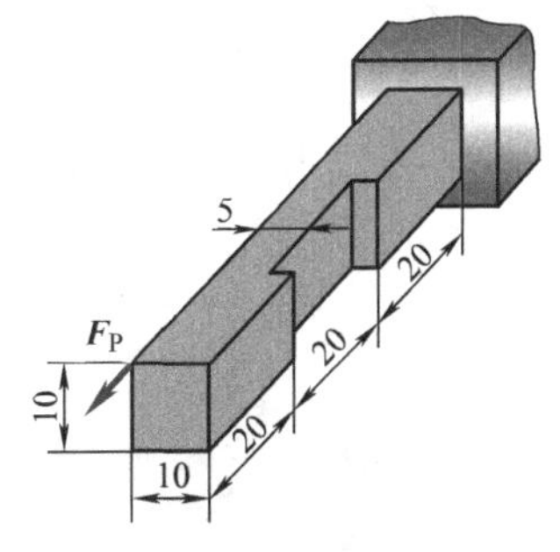

习题 9-10 图

9-11 矩形截面悬臂梁受力如图所示,其中力 F_P 的作用线通过截面形心。

(1) 已知 F_P、b、h、l 和 β,求图中虚线所示截面上点 a 处的正应力;

(2) 求使点 a 处正应力为零时的角度 β 值。

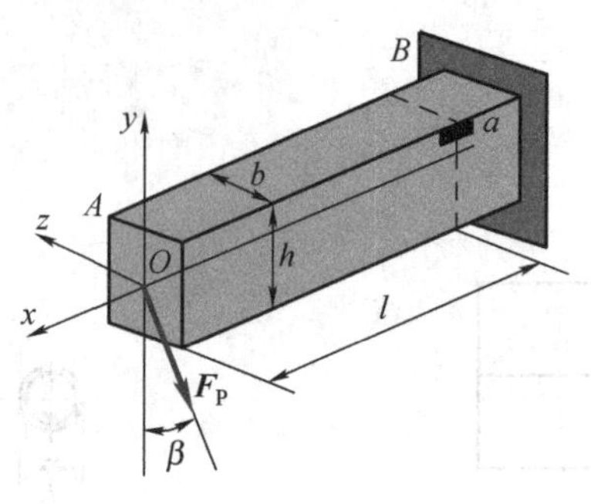

习题 9-11 图

9-12 No. 32a 普通热轧工字钢简支梁,受力如图所示。已知 $F_P=60\ \text{kN}$,材料之$[\sigma]=160\ \text{MPa}$。试校核梁的强度。

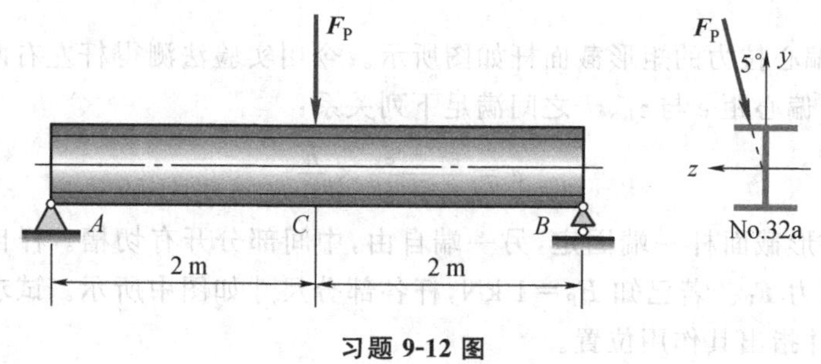

习题 9-12 图

第10章 梁的位移分析与刚度设计

第7章中已经提到，在平面弯曲的情形下，梁的轴线将弯曲成平面曲线，梁的横截面变形后依然保持平面，且仍与梁变形后的轴线垂直。由于发生弯曲变形，梁横截面的位置发生改变，这种改变称为位移。

位移是各部分变形累加的结果。位移与变形有着密切联系，但又有严格区别。有变形不一定处处有位移；有位移也不一定有变形。这是因为，杆件横截面的位移不仅与变形有关，而且还与杆件所受的约束有关。

在数学上，确定杆件横截面位移的过程主要是积分运算，积分常数则与约束条件和连续条件有关。

若材料的应力-应变关系满足胡克定律，且在弹性范围内加载，则位移（线位移或角位移）与力（力或力偶）之间均存在线性关系。因此，不同的力在同一处引起的同一种位移可以相互叠加。

本章将在分析变形与位移关系的基础上，建立确定梁位移的小挠度微分方程及其积分的概念，重点介绍工程上应用的叠加法以及梁的刚度设计准则。

10.1 基本概念

10.1.1 梁弯曲后的挠度曲线

梁在弯矩（M_y 或 M_z）的作用下发生弯曲变形，为叙述简便起见，以下讨论只有一个方向的弯矩作用的情形，并略去下标，只用 M 表示弯矩，所得到的结果适用于 M_y 或 M_z 单独作用的情形。

图 10-1(a)所示之梁，受力后将发生变形（图 10-1(b)）。如果在弹性范围内加载，梁的轴线在梁弯曲后变成一连续光滑曲线，如图 10-1(c)所示。这一连续光滑曲线称为**弹性曲线**（elastic curve），或**挠度曲线**（deflection curve），简称**挠曲线**。

根据第7章所得到的结果，弹性范围内的挠度曲线在一点的曲率与这一点处横截面上的弯矩、弯曲刚度之间存在下列关系：

$$\frac{1}{\rho}=\frac{M}{EI} \tag{10-1}$$

其中，ρ、M 都是横截面位置 x 的函数，不失一般性

$$\rho=\rho(x),\quad M=M(x)$$

式(10-1)中的 EI 为横截面的弯曲刚度，对于等截面梁 EI 为常量。

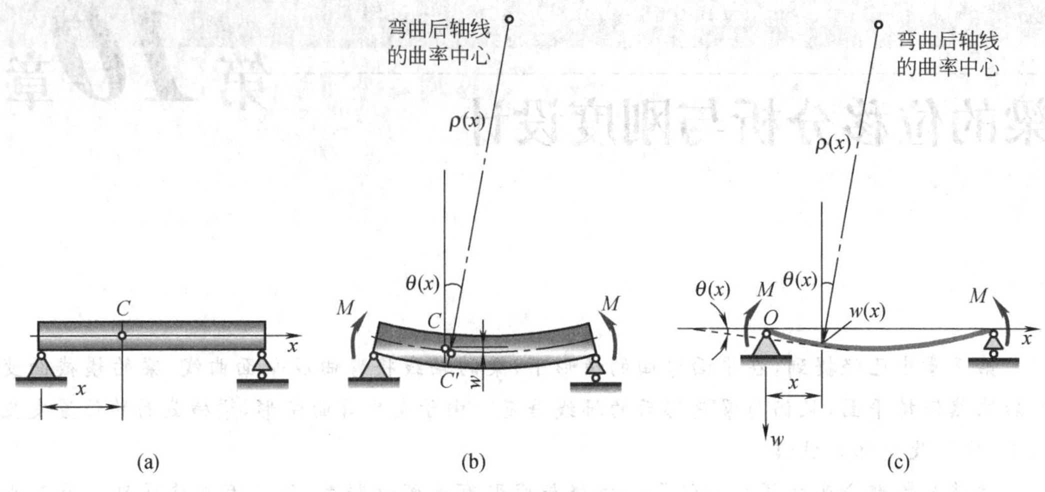

图 10-1 梁的变形和位移

10.1.2 梁的挠度与转角及其相互关系

根据图 10-1(b)所示之梁的变形状况,梁在弯曲变形后,横截面的位置将发生改变,这种位置的改变称为**位移**(displacement)。梁的位移包括三部分:

(1) 横截面形心处的垂直于变形前梁的轴线方向线位移,称为**挠度**(deflection),用 w 表示;

(2) 变形后的横截面相对于变形前位置绕中性轴转过的角度,称为**转角**(slope),用 θ 表示;

(3) 横截面形心沿变形前梁的轴线方向的线位移,称为**轴向位移**或**水平位移**(horizontal displacement),用 u 表示。

在小变形情形下,上述位移中,轴向位移 u 与挠度 w 相比为高阶小量,故通常不予考虑。

在图 10-1(c)所示 Oxw 坐标系中,挠度与转角存在下列关系:

$$\frac{\mathrm{d}w}{\mathrm{d}x}=\tan\theta \tag{10-2}$$

在小变形条件下,挠曲线较为平坦,即 θ 很小,上式中 $\tan\theta\approx\theta$。于是有

$$\frac{\mathrm{d}w}{\mathrm{d}x}=\theta \tag{10-3}$$

上述两式中 $w=w(x)$,称为**挠度方程**(deflection equation)。

10.1.3 梁的位移与约束密切相关

图 10-2(a)、(b)、(c)所示三种承受弯曲的梁,在这三种情形下,AB 段各横截面都受有相同的弯矩($M=F_{\mathrm{P}}a$)作用。

根据式(10-1),在上述三种情形下,AB 段梁的曲率($1/\rho$)处处对应相等,因而挠度曲线具有相同的形状。但是,在三种情形下,由于约束的不同,梁的位移则不完全相同。对于图 10-2(a)所示的无约束梁,因为其在空间的位置不确定,故无从确定其位移。

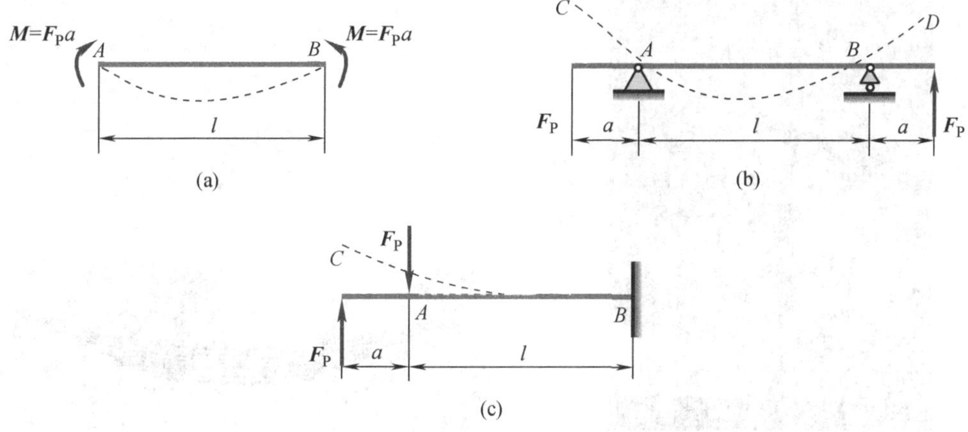

图 10-2　梁的位移与约束的关系

10.1.4　梁的位移分析的工程意义

工程设计中，对于结构或构件的弹性位移都有一定的限制。弹性位移过大，也会使结构或构件丧失正常功能，即发生刚度失效。

例如，图 10-3 中所示之机械传动机构中的齿轮轴，当变形过大时，两齿轮的啮合处将产生较大的挠度和转角，这不仅会影响两个齿轮之间的啮合，以致不能正常工作，而且还会加大齿轮磨损，同时将在转动的过程中产生很大的噪声；此外，当轴的变形很大时，轴在支承处也将产生较大的转角，从而使轴和轴承的磨损大大增加，降低轴和轴承的使用寿命。

图 10-3　齿轮轴的弯曲刚度问题

风力发电机风轮的关键部件——叶片（图 10-4）在风载的作用下，如果没有足够的弯曲刚度，将会产生很大弯曲挠度，其结果将是很大的力撞在塔杆上，不仅叶片遭到彻底毁坏，而且会导致塔杆倒塌。

工程设计中还有另外一类问题，所考虑的不是限制构件的弹性位移，而是希望在构件不发生强度失效的前提下，尽量产生较大的弹性位移。例如，各种车辆中用于减振的板簧（图 10-5），都是采用厚度不大的板条叠合而成，采用这种结构，板簧既可以承受很大的力而不发生破坏，同时又能产生较大的弹性变形，吸收车辆受到振动和冲击时产生的动能，起到抗振和抗冲击的作用。

此外，位移分析也是解决静不定问题与振动问题的基础。

图 10-4 风力发电机叶片需要足够的弯曲刚度

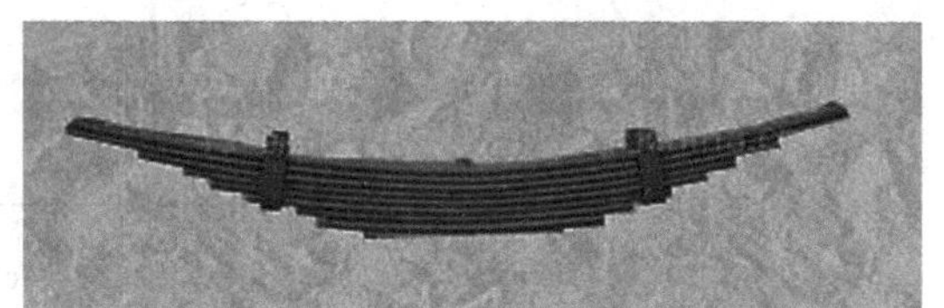

图 10-5 车辆中用于减振的板簧

10.2 小挠度微分方程及其积分

10.2.1 小挠度曲线微分方程

应用挠度曲线的曲率与弯矩和弯曲刚度之间的关系式(10-1),以及数学中关于曲线的曲率公式:

$$\frac{1}{\rho}=\frac{|w''|}{\left[1+\left(\frac{\mathrm{d}w}{\mathrm{d}x}\right)^2\right]^{3/2}} \tag{10-4}$$

得到

$$\frac{\frac{\mathrm{d}^2 w}{\mathrm{d}x^2}}{\left[1+\left(\frac{\mathrm{d}w}{\mathrm{d}x}\right)^2\right]^{3/2}}=\pm\frac{M}{EI} \tag{10-5}$$

在小变形情形下,$\frac{\mathrm{d}w}{\mathrm{d}x}=\theta\ll 1$,上式将变为

$$\frac{\mathrm{d}^2 w}{\mathrm{d}x^2}=\pm\frac{M}{EI} \tag{10-6}$$

此式即为确定梁的挠度和转角的微分方程,称为**小挠度微分方程**(differencial equation for small deflection)。式中的正负号与坐标取向有关。

对于图 10-6(a)中所示之坐标系,弯矩与挠度的二阶导数同号,所以式(10-6)中取正号;对于图 10-6(b)中所示之坐标系,弯矩与挠度的二阶导数异号,所以式(10-6)中取负号。

本书采用 w 向下、x 向右的坐标系(如图 10-6(b)所示),故有

$$\frac{\mathrm{d}^2 w}{\mathrm{d}x^2}=-\frac{M}{EI} \tag{10-7}$$

需要指出的是,剪力对梁的位移是有影响的。但是,对于细长梁,这种影响很小,因而常常忽略不计。

对于等截面梁,写出弯矩方程 $M(x)$,代入上式后,分别对 x 作不定积分,得到包含积分

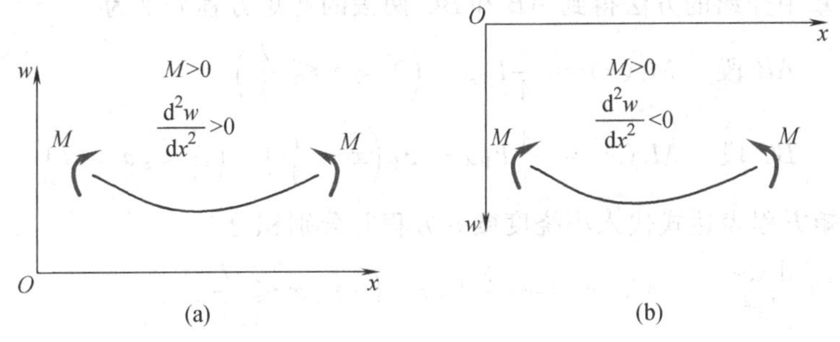

图 10-6 不同的 w 坐标取向

常数的挠度方程与转角方程，即

$$\frac{\mathrm{d}w}{\mathrm{d}x}=-\int_l \frac{M(x)}{EI}\mathrm{d}x+C \tag{10-8}$$

$$w=\int_l\left(-\int_l \frac{M(x)}{EI}\mathrm{d}x\right)\mathrm{d}x+Cx+D \tag{10-9}$$

其中 C、D 为积分常数。

10.2.2 积分常数的确定 约束条件与连续条件

积分法中出现的常数由梁的约束条件与连续条件确定。约束条件是指约束对于挠度和转角的限制：

(1) 在固定铰链支座和辊轴支座处，约束条件为挠度等于零，即 $w=0$；

(2) 在固定端处，约束条件为挠度和转角都等于零，即 $w=0,\theta=0$。

连续条件是指，梁在弹性范围内加载，其轴线将弯曲成一条连续光滑曲线，因此，在集中力、集中力偶以及分布载荷间断处，两侧的挠度、转角对应相等，即 $w_1=w_2,\theta_1=\theta_2$。

上述方法称为**积分法**(integration method)。下面举例说明积分法的应用。

【例题 10-1】 承受集中载荷的简支梁，如图 10-7 所示。梁的弯曲刚度 EI、长度 l、载荷 F_P 等均为已知。试用积分法，求梁的挠度方程和转角方程，并计算加力点 B 处的挠度和支承 A 和 C 处截面的转角。

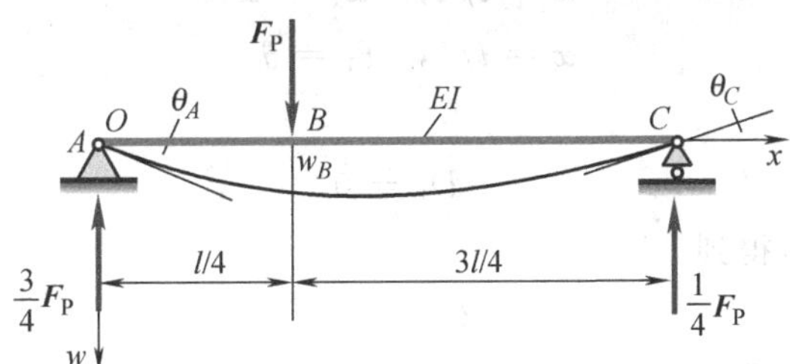

图 10-7 例题 10-1 图

解：(1) 确定梁约束力

首先，应用静力学平衡方法求得梁在支承 A、C 二处的约束力分别如图 10-7 所示。

(2) 分段建立梁的弯矩方程

因为 B 处作用有集中力 $\boldsymbol{F}_P$，所以需要分成 AB 和 BC 两段建立弯矩方程。

利用第6章中介绍的方法得到 AB 和 BC 两段的弯矩方程分别为

$$AB\text{ 段}\quad M_1(x)=\frac{3}{4}F_Px\quad\left(0\leqslant x\leqslant\frac{l}{4}\right)\tag{a}$$

$$BC\text{ 段}\quad M_2(x)=\frac{3}{4}F_Px-F_P\left(x-\frac{l}{4}\right)\quad\left(\frac{l}{4}\leqslant x\leqslant l\right)\tag{b}$$

(3) 将弯矩方程表达式代入小挠度微分方程并分别积分

$$EI\frac{d^2w_1}{dx^2}=-M_1(x)=-\frac{3}{4}F_Px\quad\left(0\leqslant x\leqslant\frac{l}{4}\right)\tag{c}$$

$$EI\frac{d^2w_2}{dx^2}=-M_2(x)=-\frac{3}{4}F_Px+F_P\left(x-\frac{l}{4}\right)\quad\left(\frac{l}{4}\leqslant x\leqslant l\right)\tag{d}$$

将式(c)积分后,得

$$EI\theta_1=-\frac{3}{8}F_Px^2+C_1\tag{e}$$

$$EIw_1=-\frac{1}{8}F_Px^3+C_1x+D_1\tag{f}$$

将式(d)积分后,得

$$EI\theta_2=-\frac{3}{8}F_Px^2+\frac{1}{2}F_P\left(x-\frac{l}{4}\right)^2+C_2\tag{g}$$

$$EIw_2=-\frac{1}{8}F_Px^3+\frac{1}{6}F_P\left(x-\frac{l}{4}\right)^3+C_2x+D_2\tag{h}$$

其中,C_1、D_1、C_2、D_2 为积分常数,由支承处的约束条件和 AB 段与 BC 段梁交界处的连续条件确定。

(4) 利用约束条件和连续条件确定积分常数

在支座 A、C 两处挠度应为零,即

$$x=0,\quad w_1=0\tag{i}$$

$$x=l,\quad w_2=0\tag{j}$$

因为梁弯曲后的轴线应为连续光滑曲线,所以 AB 段与 BC 段梁交界处的挠度和转角必须分别相等,即

$$x=l/4,\quad w_1=w_2\tag{k}$$

$$x=l/4,\quad \theta_1=\theta_2\tag{l}$$

将式(i)代入式(f),得

$$D_1=0$$

将式(l)代入式(e)、(g),得到

$$C_1=C_2$$

将式(k)代入式(f)、(h),得到

$$D_1=D_2$$

将式(j)代入式(h),有

$$0=-\frac{1}{8}F_Pl^3+\frac{1}{6}F_P\left(l-\frac{l}{4}\right)^3+C_2l$$

从中解出

$$C_1 = C_2 = \frac{7}{128}F_P l^2$$

(5) 确定转角方程和挠度方程以及指定横截面的挠度与转角

将所得的积分常数代入式(e)～式(h)，得到梁的转角和挠度方程为

$$0 \leqslant x < \frac{l}{4} \quad \theta(x) = \frac{F_P}{EI}\left(-\frac{3}{8}x^2 + \frac{7}{128}l^2\right)$$

$$w(x) = \frac{F_P}{EI}\left(-\frac{1}{8}x^3 + \frac{7}{128}l^2 x\right)$$

$$\frac{l}{4} \leqslant x \leqslant l \quad \theta(x) = \frac{F_P}{EI}\left[-\frac{3}{8}x^2 + \frac{1}{2}\left(x - \frac{l}{4}\right)^2 + \frac{7}{128}l^2\right]$$

$$w(x) = \frac{F_P}{EI}\left[-\frac{1}{8}x^3 + \frac{1}{6}\left(x - \frac{l}{4}\right)^3 + \frac{7}{128}l^2 x\right]$$

据此，可以求得加力点 B 处的挠度和支承 A 和 C 处的转角分别为

$$w_B = \frac{3}{256}\frac{F_P l^3}{EI}, \quad \theta_A = \frac{7}{128}\frac{F_P l^2}{EI}, \quad \theta_C = -\frac{5}{128}\frac{F_P l^2}{EI}$$

10.3 工程中的叠加法

在很多的工程计算手册中，已将各种支承条件下的静定梁，在各种典型载荷作用下的挠度和转角表达式一一列出，简称为挠度表(参见表 10-1)。

基于杆件变形后其轴线为一光滑连续曲线和位移是杆件变形累加的结果这两个重要概念，以及在小变形条件下的力的独立作用原理，采用**叠加法**(superposition method)，由现有的挠度表可以得到在很多复杂情形下梁的位移。

10.3.1 叠加法应用于多个载荷作用的情形

当梁上受有几种不同的载荷作用时，都可以将其分解为各种载荷单独作用的情形，由挠度表查得这些情形下的挠度和转角，再将所得结果叠加后，便得到几种载荷同时作用的结果。

【例题 10-2】 简支梁同时承受均布载荷 q、集中力 ql 和集中力偶 ql^2 作用，如图 10-8(a)所示。梁的弯曲刚度为 EI。试用叠加法求梁中点的挠度和右端支座处横截面的转角。

解：(1) 将梁上的载荷分解为三种简单载荷单独作用的情形

画出三种简单载荷单独作用时的挠度曲线大致形状，分别如图 10-8(b)、(c)、(d)所示。

(2) 应用挠度表确定三种情形下，梁中点的挠度与支承处 B 横截面的转角

应用表 10-1 中所列结果，求得上述三种情形下，梁中点的挠度 w_{Ci} $(i=1,2,3)$ 为

$$\left.\begin{aligned} w_{C1} &= \frac{5}{384}\frac{ql^4}{EI} \\ w_{C2} &= \frac{1}{48}\frac{ql^4}{EI} \\ w_{C3} &= -\frac{1}{16}\frac{ql^4}{EI} \end{aligned}\right\} \quad \text{(a)}$$

表 10-1　梁的挠度和转角公式

载荷类型	转　角	最大挠度	挠度方程
(1) 悬臂梁　集中载荷作用在自由端			
F_P; A, B, l; O, x, w, $w(x)$	$\theta_B=\dfrac{F_P l^2}{2EI}$	$w_{\max}=\dfrac{F_P l^3}{3EI}$	$w(x)=\dfrac{F_P x^2}{6EI}(3l-x)$
(2) 悬臂梁　弯曲力偶作用在自由端			
M; A, B, l; O, x, w, $w(x)$	$\theta_B=\dfrac{Ml}{EI}$	$w_{\max}=\dfrac{Ml^2}{2EI}$	$w(x)=\dfrac{Mx^2}{2EI}$
(3) 悬臂梁　均匀分布载荷作用在梁上			
q; A, B, l; O, x, w, $w(x)$	$\theta_B=\dfrac{ql^3}{6EI}$	$w_{\max}=\dfrac{ql^4}{8EI}$	$w(x)=\dfrac{qx^2}{24EI}(x^2+6l^2-4lx)$

续表

载荷类型	转　　角	最大挠度	挠度方程
(4) 简支梁　集中载荷作用任意位置上			
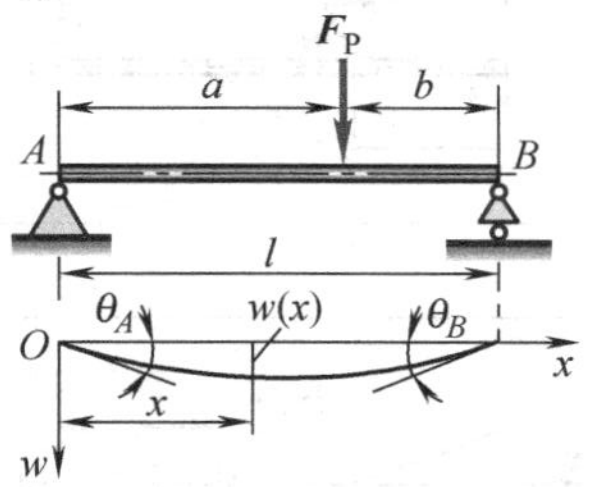	$\theta_A=\dfrac{F_Pb(l^2-b^2)}{6lEI}$ $\theta_B=-\dfrac{F_Pab(2l-b)}{6lEI}$	$w_{max}=\dfrac{F_Pb(l^2-b^2)^{3/2}}{9\sqrt{3}lEI}$ $\left(在\ x=\sqrt{\dfrac{l^2-b^2}{3}}处\right)$	$w_1(x)=\dfrac{F_Pbx}{6lEI}(l^2-x^2-b^2)\ (0\leqslant x\leqslant a)$ $w_2(x)=\dfrac{F_Pb}{6lEI}\left[\dfrac{l}{b}(x-a)^3+(l^2-b^2)x-x^3\right]\ (a\leqslant x\leqslant l)$
(5) 简支梁　均匀分布载荷作用在梁上			
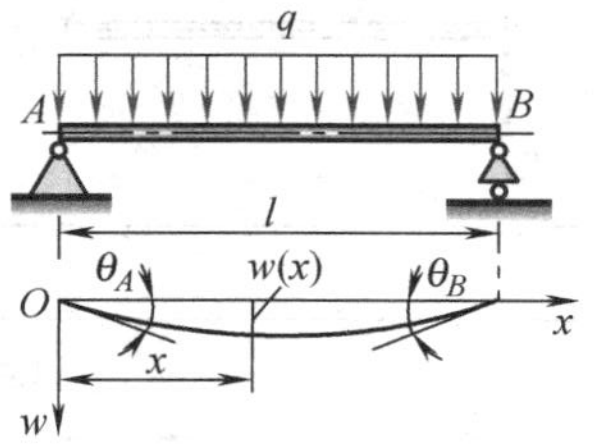	$\theta_A=-\theta_B=\dfrac{ql^3}{24EI}$	$w_{max}=\dfrac{5ql^4}{384EI}$	$w(x)=\dfrac{qx}{24EI}(l^3-2lx^2+x^3)$
(6) 简支梁　弯曲力偶作用在梁的一端			
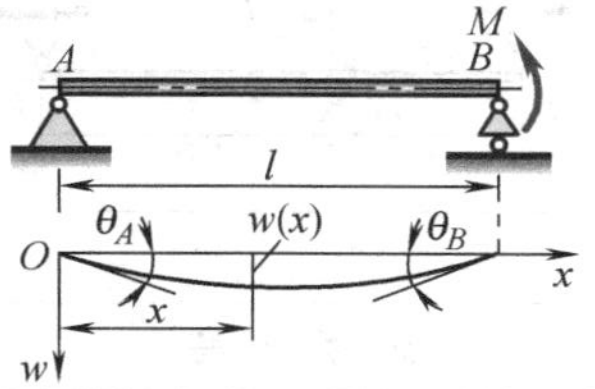	$\theta_A=\dfrac{Ml}{6EI}$ $\theta_B=-\dfrac{Ml}{3EI}$	$w_{max}=\dfrac{Ml^2}{9\sqrt{3}EI}$ $\left(在\ x=\dfrac{l}{\sqrt{3}}处\right)$	$w(x)=\dfrac{Mlx}{6EI}\left(1-\dfrac{x^2}{l^2}\right)$

续表

载荷类型	转　　角	最大挠度	挠度方程
(7) 简支梁　弯曲力偶作用在两支承间任意点			
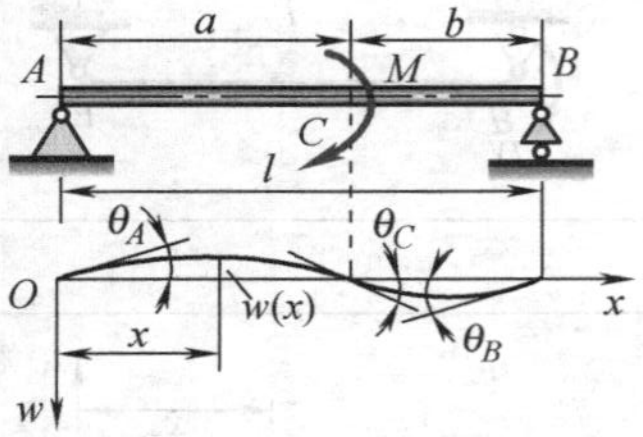	$\theta_A=-\dfrac{M}{6EIl}(l^2-3b^2)$ $\theta_B=-\dfrac{M}{6EIl}(l^2-3a^2)$ $\theta_C=\dfrac{M}{6EIl}(3a^2+3b^2-l^2)$	$w_{\max1}=-\dfrac{M(l^2-3b^2)^{3/2}}{9\sqrt{3}EIl}$ $\left(在\ x=\dfrac{1}{\sqrt{3}}\sqrt{l^2-3b^2}处\right)$ $w_{\max2}=\dfrac{M(l^2-3a^2)^{3/2}}{9\sqrt{3}EIl}$ $\left(在\ x=\dfrac{1}{\sqrt{3}}\sqrt{l^2-3a^2}处\right)$	$w_1(x)=-\dfrac{Mx}{6EIl}(l^2-3b^2-x^2)$ $(0\leqslant x\leqslant a)$ $w_2(x)=\dfrac{M(l-x)}{6EIl}[l^2-3a^2-(l-x)^2]$ $(a\leqslant x\leqslant l)$
(8) 外伸梁　集中载荷作用在外伸臂端点			
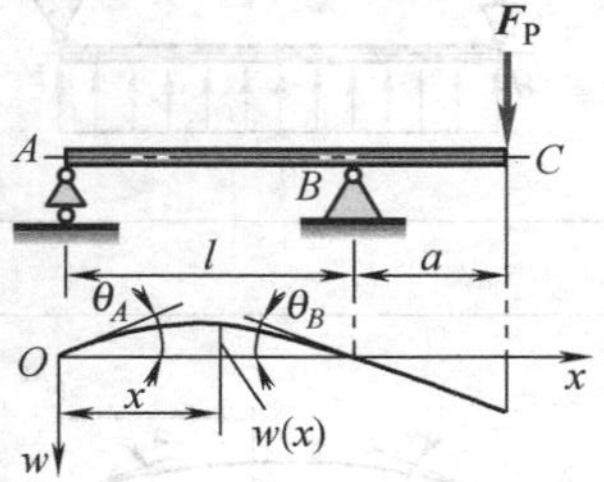	$\theta_A=-\dfrac{F_Pal}{6EI}$ $\theta_B=\dfrac{F_Pal}{3EI}$ $\theta_C=\dfrac{F_Pa(2l+3a)}{6EI}$	$w_{\max1}=-\dfrac{F_Pal^2}{9\sqrt{3}EI}$ (在 $x=l/\sqrt{3}$处) $w_{\max2}=\dfrac{F_Pa^2}{3EI}(a+l)$ (在自由端)	$w_1(x)=-\dfrac{F_Pax}{6EIl}(l^2-x^2)(0\leqslant x\leqslant l)$ $w_2(x)=\dfrac{F_P(l-x)}{6EI}[(x-l)^2+a(l-3x)]$ $(l\leqslant x\leqslant l+a)$
(9) 外伸梁　均布载荷作用在外伸臂上			
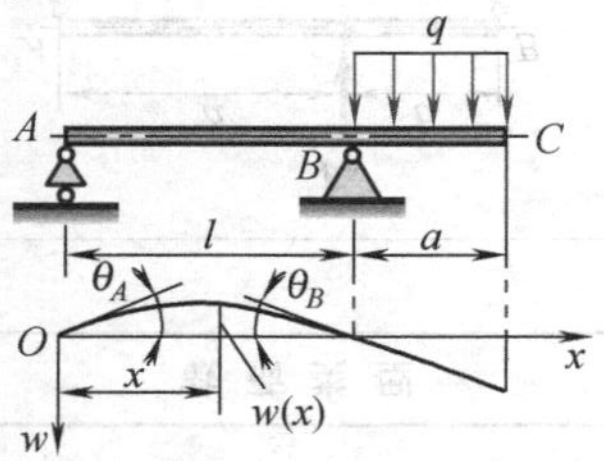	$\theta_A=-\dfrac{qla^2}{12EI}$ $\theta_B=\dfrac{qla^2}{6EI}$	$w_{\max1}=-\dfrac{ql^2a^2}{18\sqrt{3}EI}$ (在 $x=l/\sqrt{3}$处) $w_{\max2}=\dfrac{qa^3}{24EI}(3a+4l)$ (在自由端)	$w_1(x)=-\dfrac{qa^2x}{12EIl}(l^2-x^2)$ $(0\leqslant x\leqslant l)$ $w_2(x)=\dfrac{q(x-l)}{24EI}[2a^2(3x-l)+(x-l)^2(x-l-4a)]$ $(l\leqslant x\leqslant l+a)$

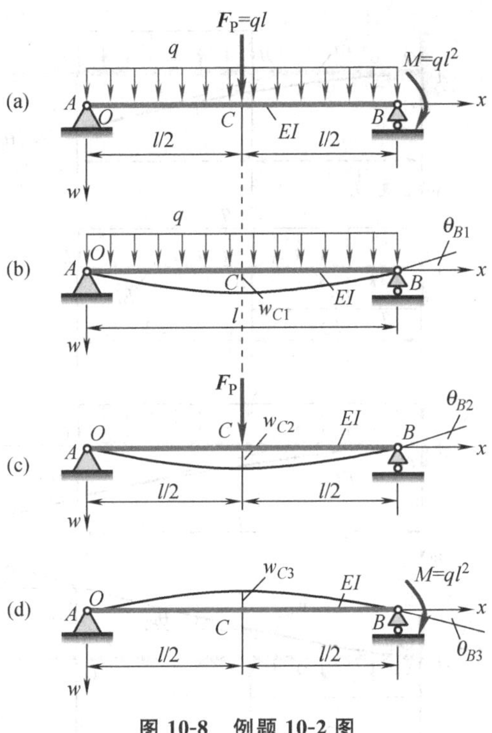

图 10-8　例题 10-2 图

和右端支座 B 处横截面的转角 θ_{Bi} 为

$$\left.\begin{aligned} \theta_{B1} &= -\frac{1}{24}\frac{ql^3}{EI} \\ \theta_{B2} &= -\frac{1}{16}\frac{ql^3}{EI} \\ \theta_{B3} &= \frac{1}{3}\frac{ql^3}{EI} \end{aligned}\right\} \tag{b}$$

(3) 应用叠加法，将简单载荷作用时的挠度和转角分别叠加

将上述结果按代数值相加，分别得到梁中点的挠度和支座 B 处横截面的转角

$$w_C = \sum_{i=1}^{3} w_{Ci} = -\frac{11}{384}\frac{ql^4}{EI},\quad \theta_B = \sum_{i=1}^{3} \theta_{Bi} = \frac{11}{48}\frac{ql^3}{EI}$$

对于挠度表中未列入的简单载荷作用下梁的位移，可以作适当处理，使之成为有表可查的情形，然后再应用叠加法。

10.3.2　叠加法应用于间断性分布载荷作用的情形

对于间断性分布载荷作用的情形，根据受力与约束等效的要求，可以将间断性分布载荷，变为梁全长上连续分布载荷，然后在原来没有分布载荷的梁段上，加上集度相同但方向相反的分布载荷，最后应用叠加法。

【例题 10-3】　图 10-9(a)所示之悬臂梁，弯曲刚度为 EI。梁承受间断性分布载荷，如图所示。试利用叠加法确定自由端的挠度和转角。

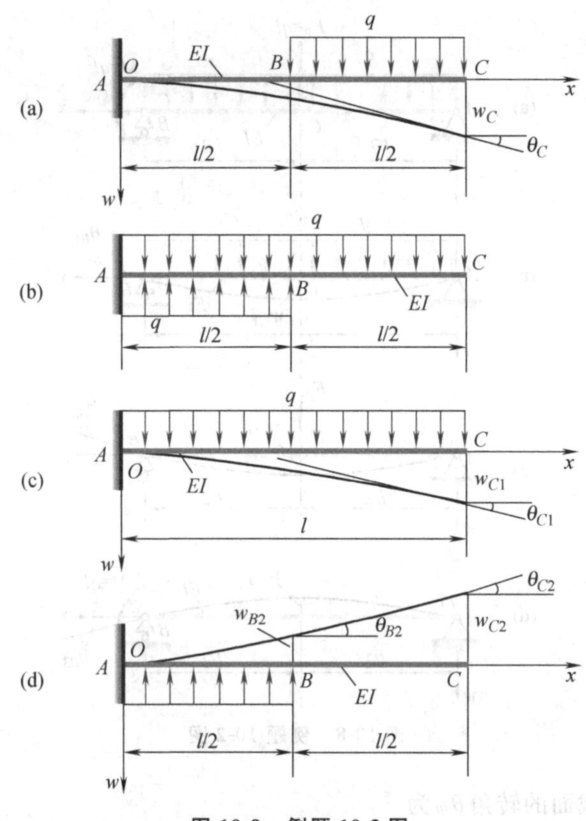

图 10-9 例题 10-3 图

解:(1) 将梁上的载荷变成有表可查的情形

为利用挠度表中关于梁全长承受均布载荷的计算结果,计算自由端 C 处的挠度和转角,先将均布载荷延长至梁的全长,为了不改变原来载荷作用的效果,在 AB 段还需再加上集度相同、方向相反的均布载荷,如图 10-9(b)所示。

(2) 将处理后的梁分解为简单载荷作用的情形,计算各个简单载荷引起的挠度和转角

图 10-9(c)和(d)所示是两种不同的均布载荷作用情形,分别画出这两种情形下的挠度曲线大致形状。于是,由挠度表中关于承受均布载荷悬臂梁的计算结果,上述两种情形下自由端的挠度和转角分别为

$$w_{C1}=\frac{1}{8}\frac{ql^4}{EI},\quad w_{C2}=w_{B2}+\theta_{B2}\times\frac{l}{2}=-\frac{1}{128}\frac{ql^4}{EI}-\frac{1}{48}\frac{ql^3}{EI}\times\frac{l}{2},$$

$$\theta_{C1}=\frac{1}{6}\frac{ql^3}{EI},\quad \theta_{C2}=-\frac{1}{48}\frac{ql^3}{EI}$$

(3) 将简单载荷作用的结果叠加

上述结果叠加后,得到

$$w_C=\sum_{i=1}^{2}w_{Ci}=\frac{41}{384}\frac{ql^4}{EI},\quad \theta_C=\sum_{i=1}^{2}\theta_{Ci}=\frac{7}{48}\frac{ql^3}{EI}$$

10.3.3 基于逐段刚化的叠加法

所谓逐段刚化是在小变形情形下,将梁分成若干段,根据梁上载荷的作用状况,按顺序

逐步将各段梁假设为刚体，应用挠度表，先确定未刚化部分的挠度与转角，再根据未刚化部分的弹性位移与刚化部分的刚体位移之间的关系，最终确定所要求点的挠度与转角。

下面以例题 10-4 的梁为例，说明如何逐段刚化，以及弹性位移与刚体位移如何正确叠加。

【例题 10-4】 图 10-10(a)所示悬臂梁，弯曲刚度为 EI，梁承受间断性分布载荷。试用逐段刚化叠加法确定自由端的挠度和转角。

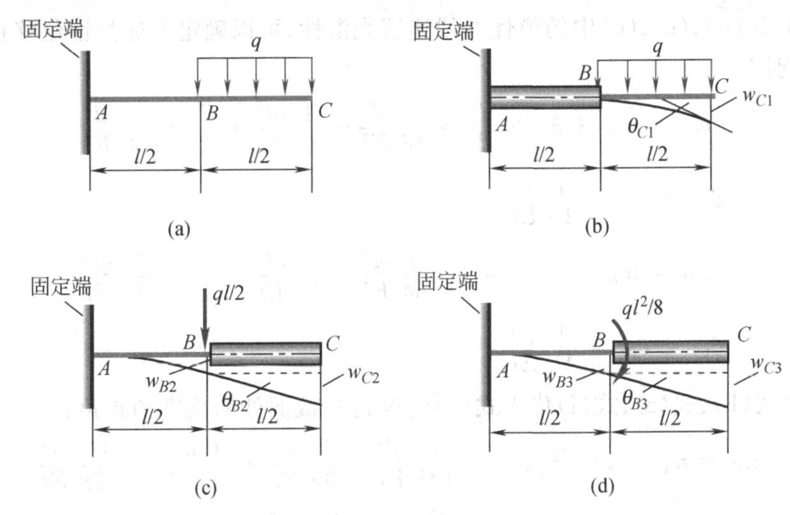

图 10-10　例题 10-4 图

解：采用逐段刚化法，第一步，将 AB 段刚化，这时在均布载荷作用下，AB 段梁不发生变形，BC 段梁可以看作在 B 端固定、承受均布载荷的悬臂梁，如图 10-10(b)所示。显然，C 端的挠度和转角均可由挠度表查得。

第二步，将 BC 段梁刚化，这时 BC 段梁不发生变形，但是由于 AB 段梁的变形，基于变形连续光滑要求，BC 段梁上各截面都会产生位移，这种位移称为刚体位移。为求 AB 端梁的变形和 BC 端梁的刚体位移，需要将作用在 BC 端梁上的载荷向 B 截面简化，得到一个力 $\frac{ql}{2}$ 和一个力偶 $\frac{ql^2}{8}$。

第三步，分析弹性位移和刚体位移之间的关系。

从图 10-10(b)、(c)、(d)可以看出 C 截面的挠度和转角：

$$\begin{cases} w_C = w_{C1} + w_{C2} + w_{C3} \\ \theta_C = \theta_{C1} + \theta_{C2} + \theta_{C3} \end{cases} \tag{a}$$

其中，w_{C1} 和 θ_{C1} 是 BC 端梁在均布载荷作用下产生的弹性位移；w_{C2}、w_{C3}、θ_{C2}、θ_{C3} 是 AB 段梁的弹性变形，在 C 截面处产生的刚体位移。

第四步，查表 10-1 确定各部分的弹性位移以及在 C 处引起的刚体位移。

对于图 10-10(b)，由挠度表中承受均布载荷的悬臂梁查得弹性位移

$$w_{C1} = \frac{1}{8}\frac{q\left(\frac{l}{2}\right)^4}{EI} = \frac{1}{128}\frac{ql^4}{EI},\quad \theta_{C1} = \frac{1}{6}\frac{q\left(\frac{l}{2}\right)^3}{EI} = \frac{1}{48}\frac{ql^3}{EI} \tag{b}$$

对于图 10-10(c),由挠度表中在自由端承受集中力的悬臂梁查得弹性位移

$$w_{B2}=\frac{1}{3}\frac{\dfrac{ql}{2}\left(\dfrac{l}{2}\right)^3}{EI}=\frac{1}{48}\frac{ql^4}{EI},\quad \theta_{B2}=\frac{1}{2}\frac{\dfrac{q}{2}\left(\dfrac{l}{2}\right)^2}{EI}=\frac{1}{16}\frac{ql^3}{EI} \tag{c}$$

对于图 10-10(d),由挠度表中在自由端承受集中力偶的悬臂梁查得弹性位移

$$w_{B3}=\frac{1}{2}\frac{\dfrac{ql^2}{8}\left(\dfrac{l}{2}\right)^2}{EI}=\frac{1}{64}\frac{ql^4}{EI},\quad \theta_{B3}=\frac{\dfrac{ql^2}{8}\left(\dfrac{l}{2}\right)}{EI}=\frac{1}{16}\frac{ql^3}{EI} \tag{d}$$

从图 10-10(b)、(c)、(d)中的弹性曲线连续光滑性,可以确定上述弹性位移在 C 处引起弹性位移分别为

$$\begin{aligned} w_{C2}&=w_{B2}+\theta_{B2}\times\frac{l}{2}=\frac{1}{48}\frac{ql^4}{EI}+\frac{1}{16}\frac{ql^3}{EI}\times\frac{l}{2}=\frac{5}{96}\frac{ql^4}{EI}\\ \theta_{C2}&=\theta_{B2}=\frac{1}{16}\frac{ql^3}{EI}\end{aligned} \tag{e}$$

$$\begin{aligned} w_{C3}&=w_{B3}+\theta_{B3}\times\frac{l}{2}=\frac{1}{64}\frac{ql^4}{EI}+\frac{1}{16}\frac{ql^3}{EI}\times\frac{l}{2}=\frac{3}{64}\frac{ql^4}{EI}\\ \theta_{C3}&=\theta_{B3}=\frac{1}{16}\frac{ql^3}{EI}\end{aligned} \tag{f}$$

最后,将式(b)、式(e)、式(f)代入式(a)便得到 C 截面处的挠度和转角:

$$w_C=w_{C1}+w_{C2}+w_{C3}=\frac{1}{128}\frac{ql^4}{EI}+\frac{5}{96}\frac{ql^4}{EI}+\frac{3}{64}\frac{ql^4}{EI}=\frac{41}{328}\frac{ql^4}{EI}$$

$$\theta_C=\theta_{C1}+\theta_{C2}+\theta_{C3}=\frac{1}{48}\frac{ql^3}{EI}+\frac{1}{16}\frac{ql^3}{EI}+\frac{1}{16}\frac{ql^3}{EI}=\frac{7}{48}\frac{ql^3}{EI}$$

需要指出的是,应用逐段刚化法,一是分清弹性位移与刚体位移;二是根据弹性曲线连续光滑的要求,根据弹性位移正确确定刚体位移;三是正确应用小变形的概念。

还要指出的是,逐段刚化法对于确定由几根杆件组成的简单结构的位移,也是有效的。例如,对于图 10-11 中的梁和刚架组成的系统,应用逐段刚化法和小变形的概念,不仅可以确定加力点 B 的铅垂位移,而且可以确定 D 点的水平位移。有兴趣的读者不妨一试。

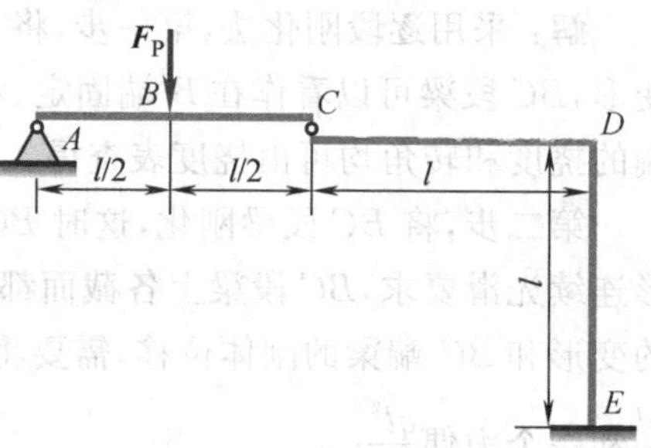

图 10-11　梁和刚架组成的简单系统

10.4　梁的刚度设计

10.4.1　梁的刚度设计准则

对于主要承受弯曲的零件和构件,刚度设计就是根据对零件和构件的不同工艺要求,将最大挠度和转角(或者指定截面处的挠度和转角)限制在一定范围内,即满足**刚度设计准则**(criterion for stiffness design)。

$$w_{\max}\leqslant[w] \tag{10-10}$$

$$\theta_{max} \leqslant [\theta] \tag{10-11}$$

上述二式又称为**刚度条件**，式中$[w]$和$[\theta]$分别称为许用挠度和许用转角，均根据对于不同零件或构件的工艺要求而确定。常见轴的许用挠度和许用转角数值列于表 10-2 中。

表 10-2　常见轴的弯曲许用挠度与许用转角值

对挠度的限制		对转角的限制	
轴 的 类 型	许用挠度$[w]$	轴 的 类 型	许用转角$[\theta]$/rad
一般传动轴	$(0.0003\sim0.0005)l$	滑动轴承	0.001
刚度要求较高的轴	$0.0002l$	向心球轴承	0.005
齿轮轴	$(0.01\sim0.03)m$①	向心球面轴承	0.005
涡轮轴	$(0.02\sim0.05)m$	圆柱滚子轴承	0.0025
		圆锥滚子轴承	0.0016
		安装齿轮的轴	0.001

① m 为齿轮模数。

10.4.2　刚度设计举例

【例题 10-5】　图 10-12 所示之钢制圆轴，左端受力为 $\boldsymbol{F}_P$，尺寸如图所示。已知 $F_P=20\ \text{kN}, a=1\ \text{m}, l=2\ \text{m}, E=206\ \text{GPa}$，轴承 B 处的许用转角$[\theta]=0.5°$。试根据刚度要求确定该轴的直径 d。

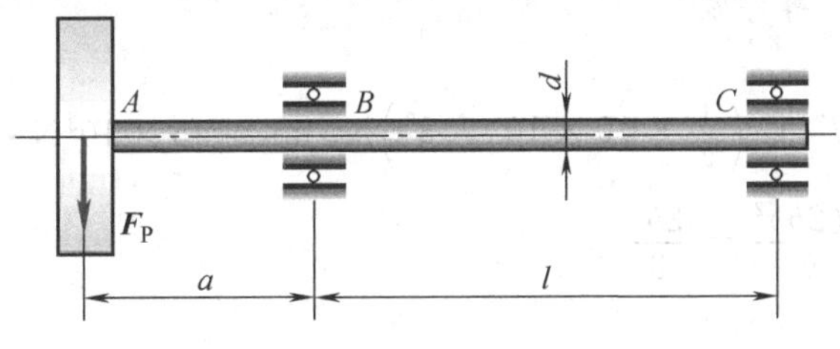

图 10-12　例题 10-5 图

解：根据要求，所设计的轴直径必须使轴具有足够的刚度，以保证轴承 B 处的转角不超过许用数值。为此，需按下列步骤计算。

(1) 查表确定 B 处的转角

由表 10-1 中承受集中载荷的外伸梁的结果，得

$$\theta_B = -\frac{F_P la}{3EI}$$

(2) 根据刚度条件确定轴的直径

根据设计要求，

$$|\theta| \leqslant [\theta]$$

其中，θ 的单位为 rad(弧度)，而$[\theta]$的单位为(°)(度)，应考虑到单位的一致性，将有关数据代入后，得到

$$d \geqslant \sqrt[4]{\frac{64\times20\times1\times2\times180\times10^3}{3\times\pi\times206\times0.5\times10^9}}\ \text{m} = 111\times10^{-3}\ \text{m} = 111\ \text{mm}$$

【例题 10-6】 矩形截面悬臂梁承受均布载荷如图 10-13 所示。已知 $q=10\ \text{kN/m}$，$l=3\ \text{m}$，$E=196\ \text{GPa}$，$[\sigma]=118\ \text{MPa}$，许用最大挠度与梁跨度比值 $[w_{\max}/l]=1/250$，且已知梁横截面的高度与宽度之比 $h/b=2$。试求梁横截面尺寸 b 和 h。

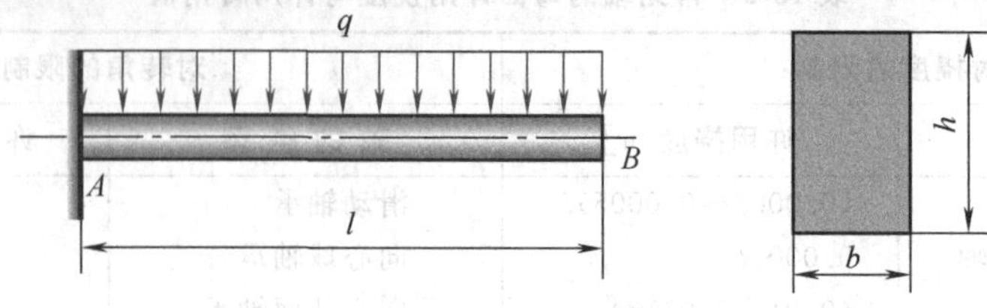

图 10-13 例题 10-6 图

解：本例所涉及的问题是，既要满足强度要求，又要满足刚度要求。

解决这类问题的办法是，可以先按强度条件设计截面尺寸，然后校核刚度条件是否满足；也可以先按刚度条件设计截面尺寸，然后校核强度设计是否满足。或者，同时按强度和刚度条件设计截面尺寸，最后选两种情形下所得尺寸中之较大者。现按后一种方法计算如下。

(1) 强度设计

根据强度条件

$$\sigma_{\max}=\frac{|M|_{\max}}{W}\leqslant[\sigma] \tag{a}$$

于是，有

$$|M|_{\max}=\frac{1}{2}ql^2=\left(\frac{1}{2}\times 10\times 10^3\times 3^2\right)\text{N}\cdot\text{m}=45\times 10^3\ \text{N}\cdot\text{m}=45\ \text{kN}\cdot\text{m}$$

$$W=\frac{bh^2}{6}=\frac{b(2b)^2}{6}=\frac{2b^3}{3}$$

将其代入式(a)后，得

$$b\geqslant\left(\sqrt[3]{\frac{3\times 45\times 10^3}{2\times 118\times 10^6}}\right)\text{m}=83.0\times 10^{-3}\ \text{m}=83.0\ \text{mm}$$

$$h=2b\geqslant 166\ \text{mm}$$

(2) 刚度设计

根据刚度条件

$$w_{\max}\leqslant[w]$$

有

$$\frac{w_{\max}}{l}\leqslant\left[\frac{w}{l}\right] \tag{b}$$

由表 10-1 中承受均布载荷作用的悬臂梁的计算结果，得

$$w_{\max}=\frac{1}{8}\frac{ql^4}{EI}$$

于是，有

$$\frac{w_{\max}}{l}=\frac{1}{8}\frac{ql^3}{EI} \tag{c}$$

其中，

$$I=\frac{bh^3}{12} \tag{d}$$

将式(c)和式(d)代入式(b)，得

$$\frac{3ql^3}{16Eb^4}\leqslant\left[\frac{w_{\max}}{l}\right]$$

由此解得

$$b\geqslant\left(\sqrt[4]{\frac{3\times10\times10^3\times3^3\times250}{16\times196\times10^9}}\right)\text{m}=89.6\times10^{-3}\text{m}=89.6\text{ mm}$$

$$h=2b\geqslant179.2\text{ mm}$$

(3) 根据强度和刚度设计结果，确定梁的最终尺寸

综合上述设计结果，取刚度设计所得到的尺寸，作为梁的最终尺寸，即 $b\geqslant89.6$ mm，$h\geqslant179.2$ mm。

10.5　简单的静不定梁

10.5.1　多余约束与静不定次数

前面的讨论中所涉及的梁都是静定梁，就是用平衡方程可以解出作用在梁上的全部未知力(包括约束反力与内力)。

当在静定梁上增加约束，使得作用在梁上的未知力的个数多于独立平衡方程数目，仅仅根据平衡方程无法求得全部未知力，这种梁称为**静不定梁或超静定梁**。

在静定梁上增加的这种约束，对于保持结构的静定性质是多余的，因而称为**多余约束**。未知力的个数与平衡方程数目之差，即多余约束的数目，称为**静不定次数**。

静不定次数表示求解全部未知力，除了平衡方程外，所需要的补充方程的个数。

例如，在简支梁的两端支座中间增加一个支座，就是一次静不定梁；增加几个支座就是几次静不定梁。又如，在悬臂梁自由端增加一个滚轴支座，变为一次静不定梁；增加固定铰支座变为二次静不定梁；使自由端也变成固定端，则悬臂梁就变成了三次静不定梁。

10.5.2　求解静不定梁的基本方法

求解静不定梁除了平衡方程外，还需要根据多余约束对位移或变形的限制，建立各部分位移或变形之间的几何关系，即建立**几何方程**，称为**变形协调方程**(compatibility equation)，并建立力与位移或变形之间的物理关系，即**物理方程**或称**本构方程**(constitutive equation)。将这二者联立才能找到求解静不定问题所需的补充方程。

据此，求解静不定梁以及其他静不定问题过程应该是：

(1) 要判断静不定的次数，也就是确定有几个多余约束。

(2) 选择合适的多余约束，将其除去，使静不定梁变成静定梁，在解除约束处代之以多余约束力。

(3) 将解除约束后的梁与原来的静不定梁相比较，多余约束处应当满足什么样的变形

条件才能使解除约束后的系统的受力和变形与原来的系统完全等效,从而写出变形协调方程。

(4) 根据力和位移的关系建立物理方程。

(5) 联立求解平衡方程、变形协调方程以及物理方程,解出全部未知力;进而根据工程要求进行强度计算与刚度计算。

【例题 10-7】 弯曲刚度 EI 相同的梁,左端固定、右端为辊轴支座,受力如图 10-14(a)所示。试求梁的全部约束力。

解:(1) 判断静不定次数

前已分析,梁的两端共有 4 个未知约束力,只有 3 个独立的平衡方程,所以是一次静不定梁。

(2) 平衡方程

将 B 处的辊轴约束作为多余约束解除,代之以约束力 $\boldsymbol{F}_{By}$,如图 10-14(b)所示。于是,可以建立平衡方程

$$\sum F_x = 0, \quad F_{Ax} = 0$$

$$\sum F_y = 0, \quad F_{Ay} - F_{By} + F_P = 0$$

$$\sum M_A = 0, \quad F_P \times \frac{l}{2} - F_{By} \times l - M_A = 0 \tag{a}$$

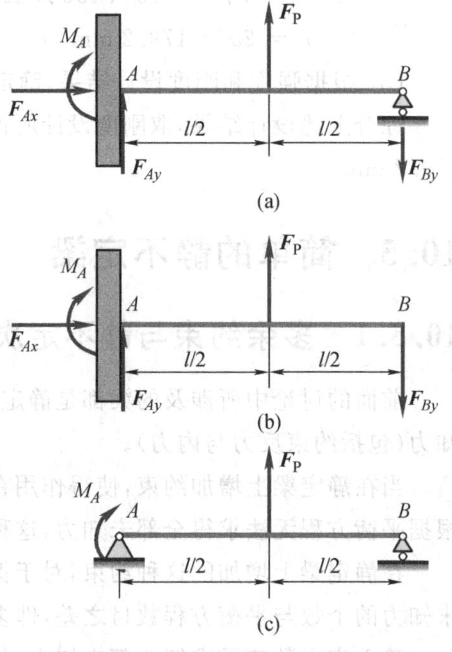

图 10-14 例题 10-7 图

(3) 变形协调方程

将图 10-14(b)中解除约束后得到的静定梁,与图 10-14(a)中的静不定梁相比较,因为二者的受力和变形应该完全相同,所以在解除的多余约束 B 处即可建立变形协调方程

$$w_B = w_B(F_P) + w_B(F_{By}) = 0 \tag{b}$$

(4) 物理方程

考察图 10-14(b)中作用在静定梁上的载荷 $\boldsymbol{F}_P$ 与多余约束力 $\boldsymbol{F}_{By}$ 在 B 引起的挠度,即可建立力与挠度之间的关系,亦即物理方程。

由挠度表查得

$$w_B(F_P) = -\frac{5F_P l^3}{48EI}$$
$$w_B(F_{By}) = \frac{F_{By} l^3}{3EI} \tag{c}$$

(5) 补充方程

将式(c)代入到式(b),得到变形补充方程为

$$\frac{F_{By} l^3}{3EI} - \frac{5F_P l^3}{48EI} = 0 \tag{d}$$

(6) 联立方程求解

将方程(a)与(d)联立解出

$$F_{By} = \frac{5F_P}{16} \tag{e}$$

所得结果为正,说明所设约束力 $\boldsymbol{F}_{By}$ 的方向正确。

(7) 求解全部约束力

多余约束力确定后,将其代入平衡方程(a),即可得到固定端处的约束力和约束力偶

$$F_{Ay} = \frac{11F}{16}(\downarrow),\quad M_A = \frac{3Fl}{16}(\circlearrowleft)$$

本例讨论

上述分析和求解的过程中,是将 B 处的辊轴作为多余约束的。在很多情形下,多余约束的选择并不是唯一的。例如对于本例中的静不定梁,也可将固定端处限制截面 A 转动的约束当作为多于约束。如果将限制转动的约束解除,应该代之以约束力偶 M_A,如图 10-14(c)所示。相应的变形协调方程为

$$\theta_A = 0$$

据此解出的约束力与约束力偶与上述解答完全相同。

【例题 10-8】 图 10-15(a)所示之三支承梁,A 处为固定铰链支座,B、C 两处为辊轴支座。梁作用有均布载荷。已知:均布载荷集度 q=15 N/mm,l=4 m,梁圆截面的直径 d=100 mm,$[\sigma]$=100 MPa,试校核该梁的强度是否安全。

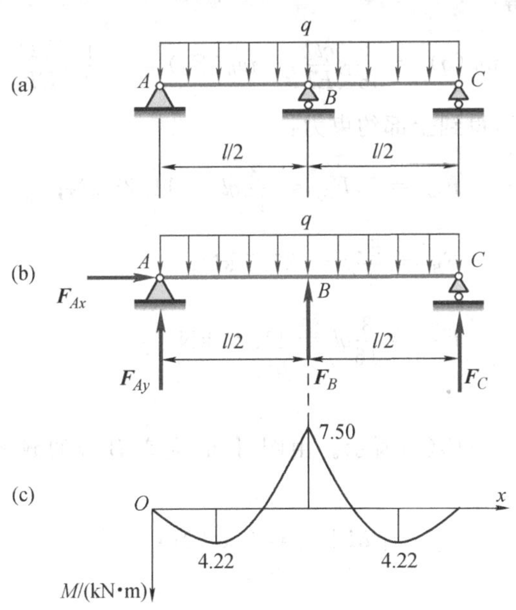

图 10-15　例题 10-8 图

解:(1) 判断静不定次数

梁在 A、B、C 三处共有 4 个未知约束力,而梁在平面一般力系作用下,只有 3 个独立的平衡方程,故为一次静不定梁。

(2) 解除多余约束,使静不定梁变成静定梁

本例中 B、C 两处的辊轴支座,可以选择其中的一个作为多余约束,现在将支座 B 作为多余约束除去,在 B 处代之以相应的多余约束力 $\boldsymbol{F}_B$。解除约束后所得到静定梁为一简支梁,如图 10-15(b)所示。

(3) 建立平衡方程

以图 10-15(b)中所示之静定梁作为研究对象,可以写出下列平衡方程:

$$\begin{aligned}&\sum F_x = 0,\quad F_{Ax} = 0\\&\sum F_y = 0,\quad F_{Ay} + F_B + F_{Cy} - ql = 0\\&\sum M_C = 0,\quad -F_{Ay}l + F_B \times \frac{l}{2} + ql \times \frac{l}{2} = 0\end{aligned} \tag{a}$$

(4) 比较解除约束前的静不定梁和解除约束后的静定梁,建立变形协调条件

比较图 10-15(a)和(b)中所示之两根梁,可以看出,图 10-15(b)中的静定梁在 B 处的挠度必须等于零,两根梁的受力与变形才能相当。于是,可以写出变形协调方程为

$$w_B = w_B(q) + w_B(F_B) = 0 \tag{b}$$

其中,$w_B(q)$为均布载荷 q 作用在静定梁上引起的 B 处的挠度;$w_B(F_B)$为多余约束力 $\boldsymbol{F}_B$ 作用在静定梁上引起的 B 处的挠度。

(5) 查表确定 $w_B(q)$和 $w_B(F_C)$

由挠度表 10-1 查得

$$w_B(q) = \frac{5}{384}\frac{ql^4}{EI},\quad w_B(F_B) = -\frac{1}{48}\frac{F_Bl^3}{EI} \tag{c}$$

联立求解式(a)、(b)、(c),得到全部约束力:

$$F_{Ax} = 0, F_{Ay} = \frac{3}{16}ql = 11.25\ \text{kN};$$

$$F_B = \frac{5}{8}ql = 37.5\ \text{kN};$$

$$F_{Cy} = \frac{3}{16}ql = 11.25\ \text{kN}$$

(6) 校核梁的强度

作梁的弯矩图如图 10-15(c)所示。由图可知,支座 B 处的截面为危险面,其上之弯矩值为

$$|M|_{\max} = 7.5\ \text{kN}\cdot\text{m}$$

危险面上的最大正应力

$$\sigma_{\max} = \frac{|M|_{\max}}{W} = \frac{32|M|\max}{\pi d^3} = \frac{32 \times 7.5 \times 10^3\ \text{N}\cdot\text{m}}{\pi \times (100 \times 10^{-3}\ \text{m})^3}$$

$$= 76.4 \times 10^6\ \text{Pa} = 76.4\ \text{MPa}$$

$$\sigma_{\max} = 76.4\text{MPa} < [\sigma] = 100\ \text{MPa}$$

所以,静不定梁是安全的。

10.6　结论与讨论

10.6.1　小挠度微分方程的适用条件

本章的全部内容是在平面内的平面弯曲和小挠度条件下导得的。因而微分方程只有在小挠度、弹性范围内才能适用。

10.6.2　关于位移和变形的相依关系

第 7 章的分析结果表明，在平面弯曲的情形下，梁的轴线将弯曲成平面曲线。其曲率为

$$\frac{1}{\rho}=\frac{M_z}{EI_z}$$

这就是梁的变形。梁弯曲后，其横截面将产生位移。位移与变形有关，但不是同一概念。将梁分成许多微段(图 10-16(a))，梁受力后，每一个微段都要发生变形，微段变形累积的结果，梁发生变形，梁的横截面产生位移，如图 10-16(b)所示。

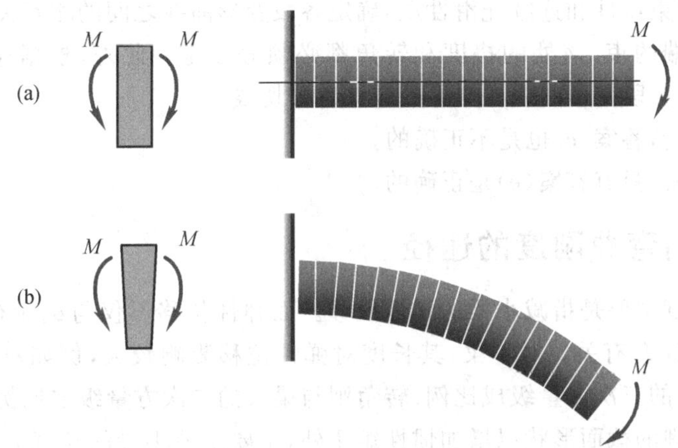

图 10-16　变形与位移的相依关系

位移不仅与变形有关，而且与梁所受的约束有关。相同变形的梁由于约束不同将会产生不同的位移(参见图 10-2 以及开放式思维案例 1)。

有变形不一定有位移，同样，有位移不一定有变形(参见开放式思维案例 2)。

10.6.3　关于梁的连续光滑曲线

在平面弯曲情形下，若在弹性范围内加载，梁的轴线弯曲后必然成为一条连续光滑曲线，并在支承处满足约束条件。根据弯矩的实际方向可以确定挠度曲线的大致形状(凹凸性)；进而根据约束性质以及连续光滑要求，即可确定挠度曲线的大致位置，并大致画出梁的挠度曲线。

【例题 10-9】 悬臂梁受力如图 10-17(a)所示。关于梁的挠度曲线，有四种答案，请分析判断，哪一个是正确的。

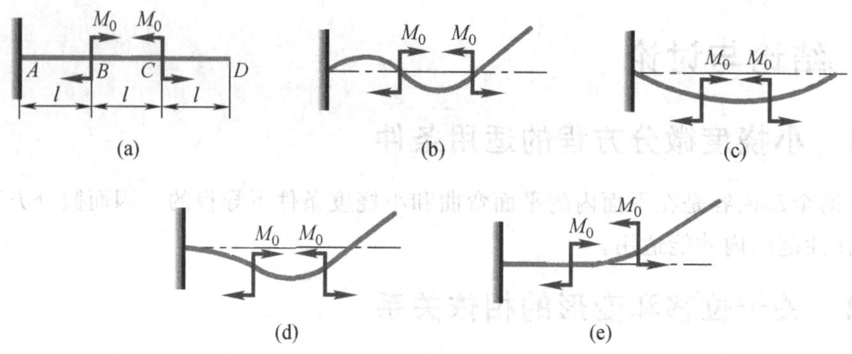

图 10-17 例题 10-9 图

解：首先，根据受力判断弯矩的实际方向，确定轴线变形的大致形状(凹凸性)。

因为作用在梁上的两个外加力偶大小相等方向相反，所以，AB 和 CD 段因为没有弯矩作用，所以，这两段保持直线而不发生弯曲变形；BC 段所受弯矩为正，因而将产生向上凹的变形。据此，答案(b)与(d)都是不正确的。

其次，根据约束条件和连续光滑性质，确定各段变形曲线之间的相互关系。

A 处为固定端约束，该处的挠度和转角都必须等于零。此外，根据连续光滑的要求，AB、BC 和 CD 段三段变形曲线在交界处应该有公切线。

根据这一分析，答案(c)也是不正确的。

综合以上分析，只有答案(e)是正确的。

10.6.4 提高弯曲刚度的途径

提高梁的刚度主要是指减小梁的弹性位移。而弹性位移不仅与载荷有关，而且与杆长和梁的弯曲刚度(EI)有关。对于梁，其长度对弹性位移影响较大，例如对于集中力作用的情形，挠度与梁长的三次方量级成比例；转角则与梁长的二次方量级成比例。因此减小弹性位移除了采用合理的截面形状以增加惯性矩 I 外，主要是减小梁的长度 l，当梁的长度无法减小时，则可增加中间支座。例如在车床上加工较长的工件时，为了减小切削力引起的挠度，以提高加工精度，可在卡盘与尾架之间再增加一个中间支架，如图 10-18 所示。

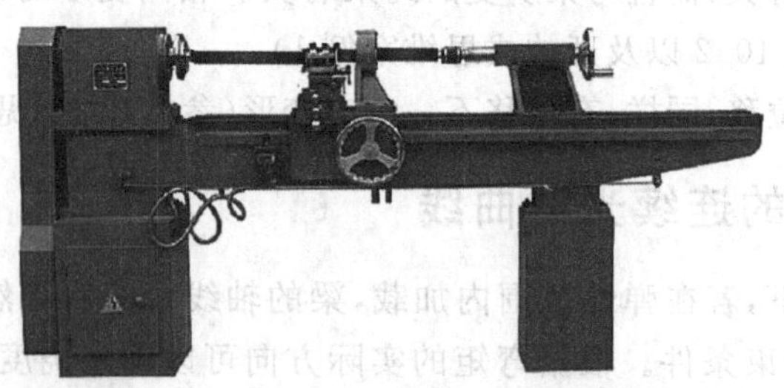

图 10-18 增加中间支架以提高机床加工工件的刚度

此外，选用弹性模量 E 较高的材料也能提高梁的刚度。但是，对于各种钢材，弹性模量的数值相差甚微，因而与一般钢材相比，选用高强度钢材并不能提高梁的刚度。

类似地，受扭圆轴的刚度，也可以通过减小轴的长度、增加轴的扭转刚度(GI_p)来实现。

同样，对于各种钢材，切变模量 G 的数值相差甚微，所以通过采用高强度钢材以提高轴的扭转刚度，效果是不明显的。

10.6.5　开放式思维案例

案例 1　比较图 10-19 中两种梁所受的载荷、外力(包括载荷与约束力)、弯矩以及梁的变形和位移有何相同之处和不同之处。从比较的结果可以得到什么结论。

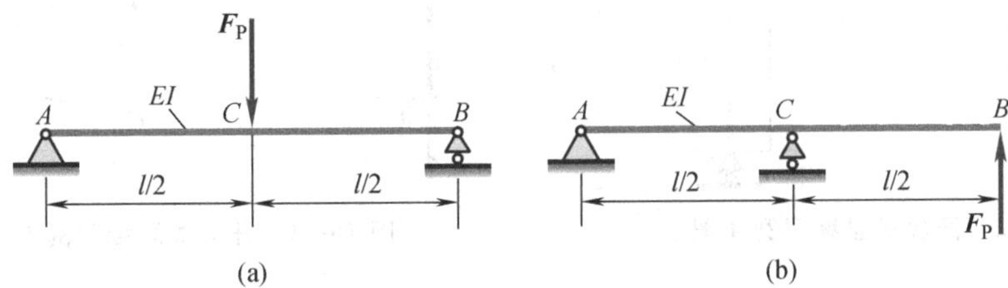

图 10-19　开放式思维案例 1 图

案例 2　等刚度悬臂梁 A 端固定、B 端自由，在 B 端承受集中力偶 M(图 10-20)。

(1) 不通过微分方程的运算，判断梁挠度曲线的形状，是直线？二次抛物线？三次抛物线？圆曲线？简单说明理由。

(2) 分析梁的根部 O 处有没有位移？有没有变形？

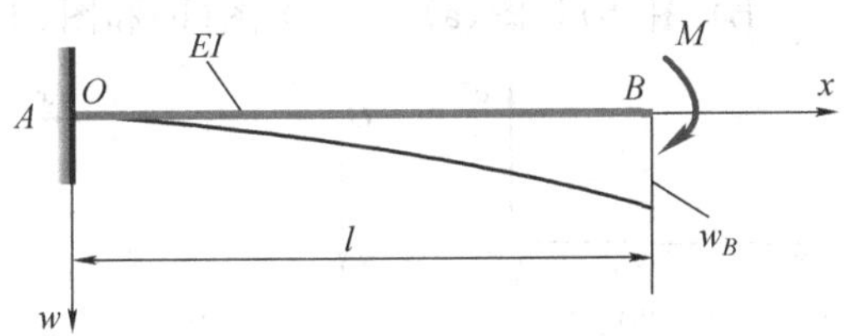

图 10-20　开放式思维案例 2 图

案例 3　等刚度外伸梁受力如图 10-21 所示。(1)画出剪力图和弯矩图。(2)画出梁的挠度曲线大致形状。

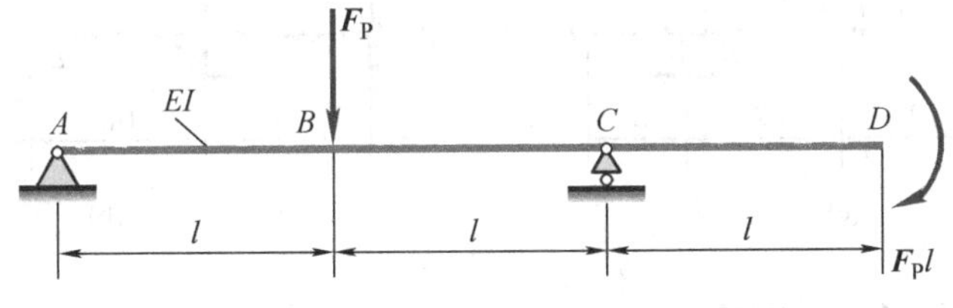

图 10-21　开放式思维案例 3 图

案例 4　平面刚架受力如图 10-22 所示。(1)画出梁的内力图；(2)画出刚架变形后的大致形状。

案例 5　静不定梁右端支座由于制造误差与点 B 有高度差 Δ，如图 10-23 所示，梁和支座装配后，梁内将产生应力、变形和位移。请分析研究：(1)装配后的约束力；(2)装配后弯矩图；(3)装配后的变形曲线的大致形状；(4)如果右边的支座可以左右移动，加力点 C 处的转角有没有可能等于零？如果有可能，确定这时右边支座的位置。

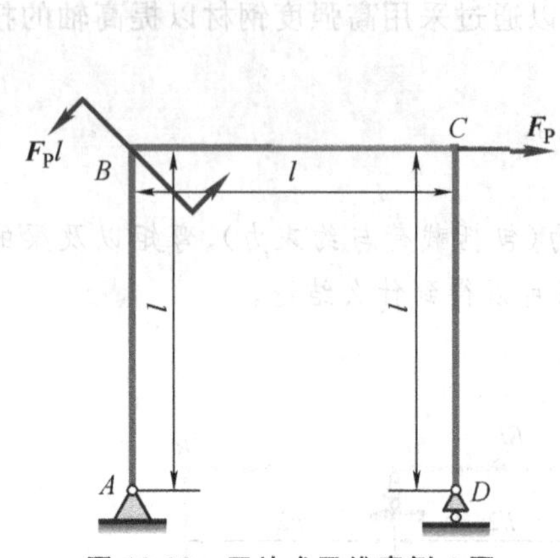

图 10-22 开放式思维案例 4 图

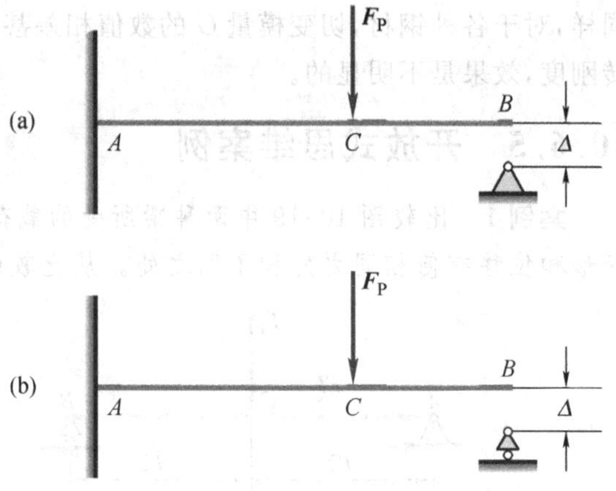

图 10-23 开放式思维案例 5 图

习题

10-1 与小挠度微分方程$\frac{d^2w}{dx^2}=-\frac{M}{EI}$对应的坐标系有图(a)、(b)、(c)、(d)所示的四种形式。试判断哪几种是正确的。( )

(A) 图(b)和图(c) (B) 图(b)和图(a) (C) 图(b)和图(d) (D) 图(c)和图(d)

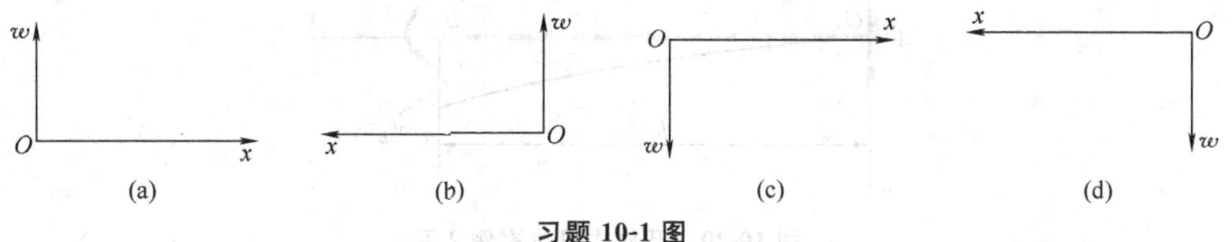

习题 10-1 图

10-2 试写出积分法求图示各梁挠度曲线时,确定积分常数的约束条件和连续条件。

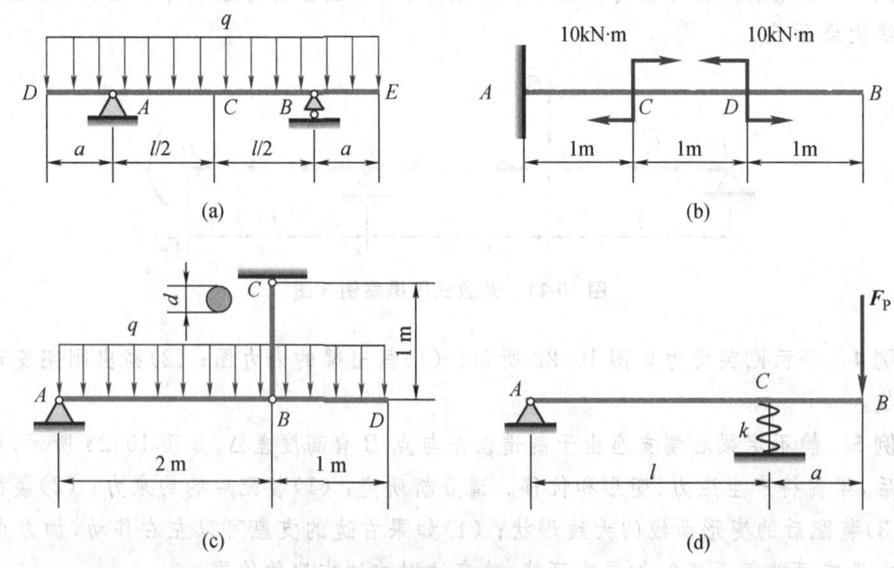

习题 10-2 图

10-3　简支梁承受间断性分布荷载，如图所示。试说明需要分几段建立小挠度微分方程，积分常数有几个，确定积分常数的条件是什么。

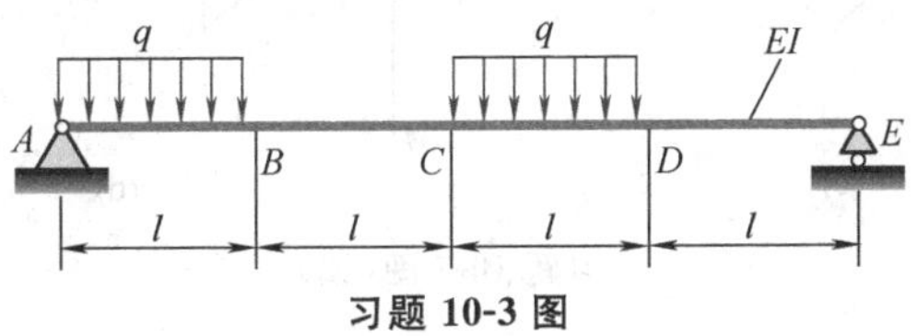

习题 10-3 图

10-4　具有中间铰的梁受力如图所示。试画出挠度曲线的大致形状，并说明需要分几段建立小挠度微分方程，积分常数有几个，确定积分常数的条件是什么。

10-5　试用积分法求图示悬臂梁的挠度曲线方程及自由端的挠度和转角。设 EI=常量。

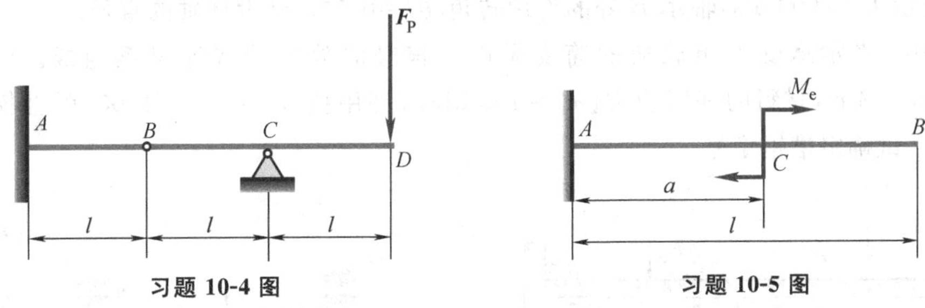

习题 10-4 图　　习题 10-5 图

10-6　试用叠加法求下列各梁中截面 A 的挠度和截面 B 的转角。图中 q、l、EI 等为已知。

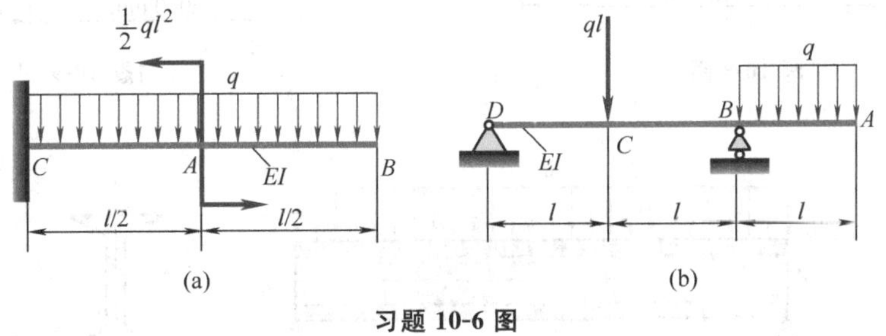

习题 10-6 图

10-7　已知弯曲刚度为 EI 的简支梁的挠度方程为

$$w(x)=\frac{q_0 x}{24EI}(l^3-2lx^2+x^3)$$

据此推知的弯矩图有四种答案。试分析哪一种是正确的。

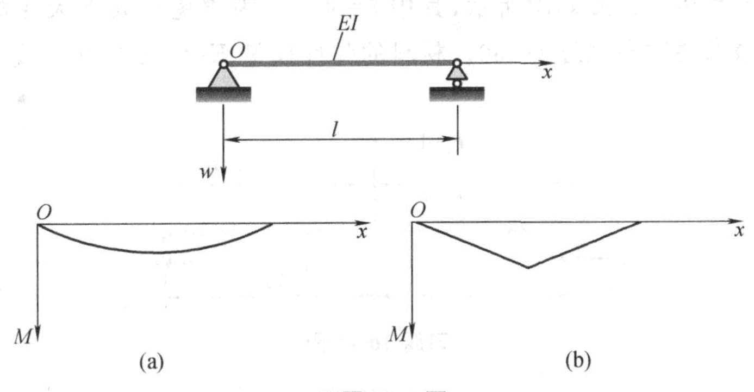

习题 10-7 图

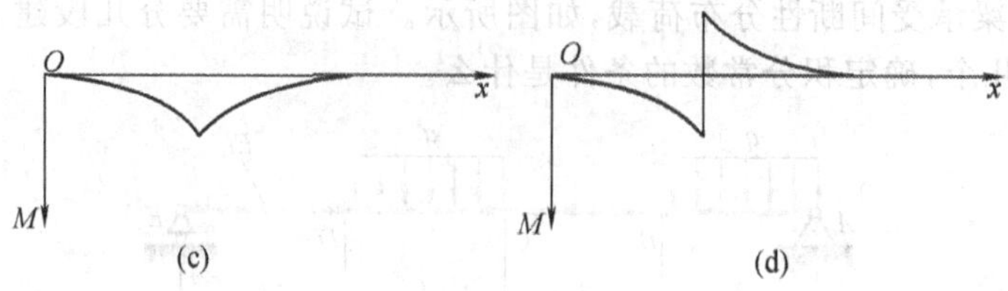

习题 10-7 图(续)

10-8　轴受力如图所示，已知 $F_P=1.6$ kN，$d=32$ mm，轴材料的弹性模量 $E=200$ GPa。若要求加力点的挠度不大于许用挠度$[w]=0.05$ mm，试校核该轴是否满足刚度要求。

10-9　图示一端外伸的轴在飞轮重量作用下发生变形，已知飞轮重 $W=20$ kN，轴材料的弹性模量 $E=200$ GPa，轴承 B 处的许用转角$[\theta]=0.5°$。试设计轴的直径。

10-10　图示承受均布载荷的简支梁由两根竖向放置的普通槽钢组成。已知 $q=10$ kN/m，$l=4$ m，材料的许用应力$[\sigma]=100$ MPa，许用挠度$[w]=1/1000$，弹性模量 $E=200$ GPa。试确定槽钢型号。

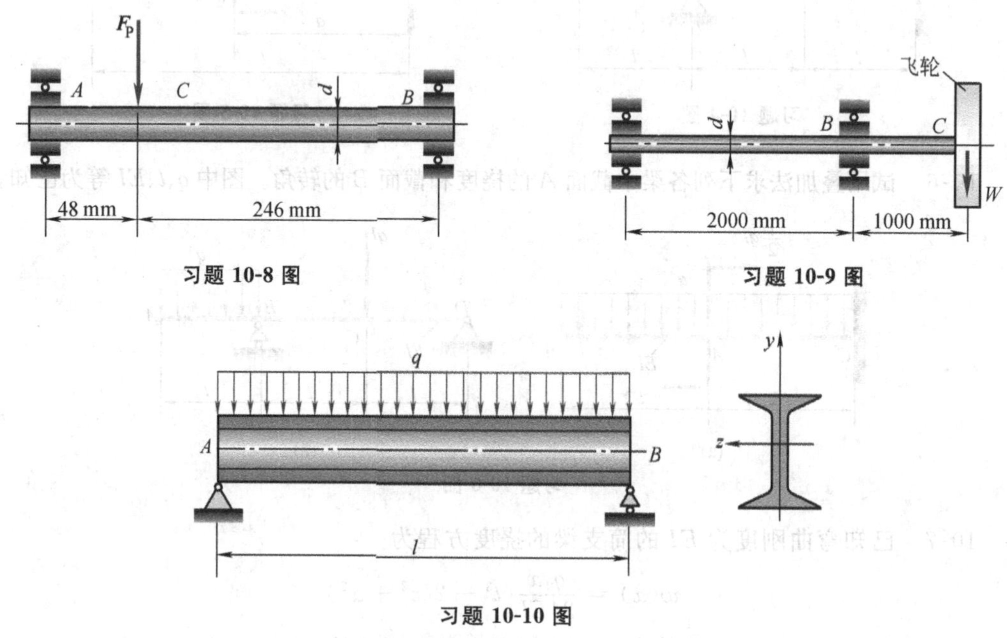

习题 10-8 图

习题 10-9 图

习题 10-10 图

10-11　一简支房梁受力如图所示，其中 $l=4$ m。为避免在梁下天花板上的灰泥可能开裂，要求梁的最大挠度不超过 $l/360$。材料的弹性模量 $E=6.9$ GPa。试求梁横截面惯性矩 I_z 的许可值。

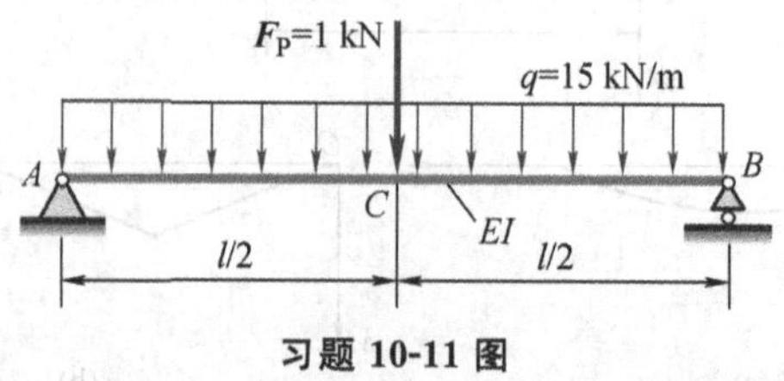

习题 10-11 图

10-12　悬臂梁 AB 在自由端受集中力 $\boldsymbol{F}_{\mathrm{P}}$ 作用。为增加其强度和刚度，用材料和截面均与 AB 梁相同的短梁 DF 加固，二者在 C 处的连接可视为点支承，如图所示。求：

(1) AB 梁在 C 处所受的约束力；

(2) 梁 AB 的最大弯矩和 B 点的挠度比无加固时的数值减小多少？

10-13　梁 AB 和 BC 在 B 处铰接，A、C 两端固定，梁的弯曲刚度均为 EI，$F_{\mathrm{P}}=40\ \mathrm{kN}$，$q=20\ \mathrm{kN/m}$。求 B 处约束力。

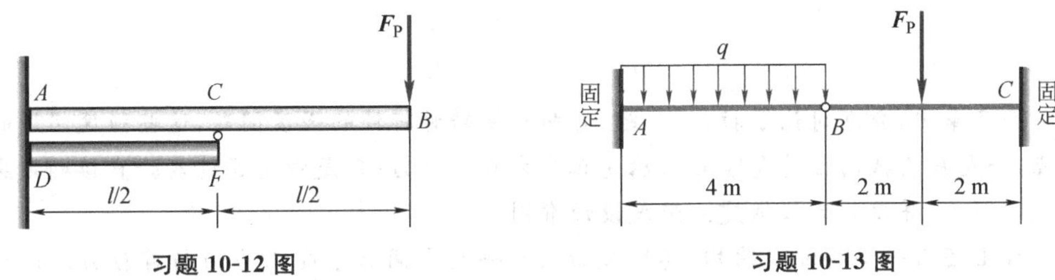

习题 10-12 图　　　　习题 10-13 图

10-14　如图所示的梁带有中间铰，在力 F_{P} 的作用下截面 A、B 的弯矩之比有如下四种答案，试判断哪一种是正确的。（　　）

(A) 1∶2　　(B) 1∶1　　(C) 2∶1　　(D) 1∶4

10-15　图示梁 AB 和 CD 横截面尺寸相同，梁在加载之前，B 与 C 之间存在间隙 $\delta_0=1.2\ \mathrm{mm}$。若两梁的材料相同，弹性模量 $E=105\ \mathrm{GPa}$，$q=30\ \mathrm{kN/m}$，试求 A、D 端的约束力。

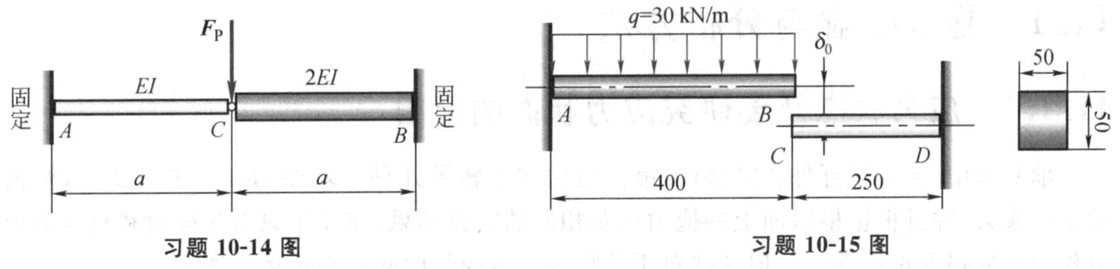

习题 10-14 图　　　　习题 10-15 图

第 11 章 应力状态与应变状态分析

前面几章中，分别讨论了拉伸、压缩、弯曲与扭转时杆件的强度问题，这些强度问题的共同特点，一是危险截面上的危险点只承受正应力或剪应力；二是都是通过实验直接确定失效时的极限应力，并以此为依据建立强度设计准则。

工程上还有一些构件或结构，其横截面上的一些点同时承受正应力与剪应力。这种情形下，怎样建立强度失效判据与设计准则？强度设计准则中的极限应力如何确定？

为了解决这些问题，需要引入应力状态分析。

前面几章的分析结果表明，除了轴向拉伸与压缩外，杆件横截面上不同点的应力是不相同的。本章还将证明，过同一点的不同方向面上的应力，一般情形下也是不相同的。

本章将首先介绍一点应力状态分析；然后讨论一点应变状态分析。

11.1 基本概念与分析方法

11.1.1 应力状态及要研究应力状态的原因

前几章中，讨论了杆件在拉伸(压缩)、弯曲和扭转等几种基本受力与变形形式下，横截面上的应力；并且根据横截面上的应力以及相应的实验结果，建立了只有正应力和只有剪应力作用时的强度设计准则。但这些对于分析进一步的强度问题是远远不够的。

例如，仅仅根据横截面上的应力，不能分析为什么低碳钢试样拉伸至屈服时，表面会出现与轴线 45°夹角的滑移线；也不能分析铸铁圆截面试样扭转时，为什么沿 45°螺旋面断开；以及铸铁压缩试样的破坏面为什么不像铸铁扭转试样破坏面那样呈颗粒状，而是呈错动光滑状。

又例如，根据横截面上的应力分析和相应的实验结果，不能直接建立既有正应力又有剪应力存在时的失效判据与设计准则。

事实上，杆件受力变形后，不仅在横截面上会产生应力，而且在斜截面上也会产生应力。例如图 11-1(a)所示之拉杆，受力之前在其表面画一斜置的正方形，受拉后，正方形变成了菱形。这表明在拉杆的斜截面上有剪应力存在。又如在图 11-1(b)所示之圆轴，受扭之前在其表面画一圆，受扭后，此圆变为一斜置椭圆，长轴方向表示承受拉应力而伸长，短轴方向表示承受压应力而缩短。这表明，扭转时，杆的斜截面上存在着正应力。

本章后面的分析还将进一步证明：围绕一点作一微小单元体，即微元，一般情形下，微元的不同方位面上的应力，是不相同的。过一点的所有方位面上的应力集合，称为该点的**应力状态**(stress state at a point)。

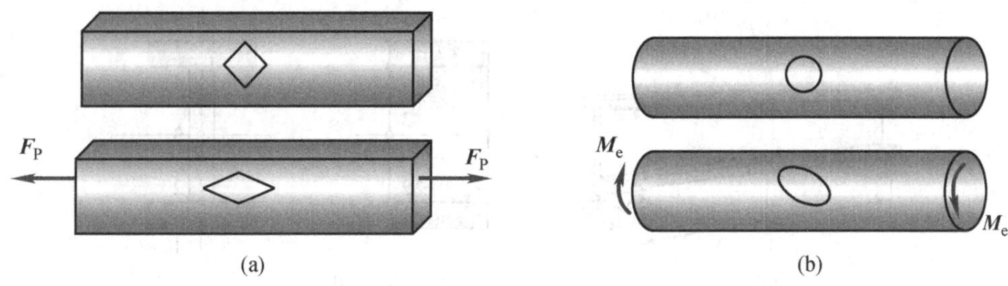

图 11-1　杆件斜截面上存在应力的例证

分析一点的应力状态，不仅可以解释上面所提到的那些实验中的破坏现象，而且可以预测各种复杂受力情形下，构件何时发生失效，以及怎样保证构件不发生失效，并且具有足够的安全裕度。因此，应力状态分析是建立构件在复杂受力(既有正应力，又有剪应力)时失效判据与设计准则的重要基础。

11.1.2　应力状态分析的基本方法

为了描述一点的应力状态，在一般情形下，总是围绕所考察的点作一个三对面互相垂直的六面体，当各边边长充分小时，六面体便趋于宏观上的"点"。这种六面体就是前面所提到的微元。

当受力物体处于平衡状态时，表示一点的微元也是平衡的，因此，微元的任意一局部也必然是平衡的。基于平衡的概念，当微元三对面上的应力已知时，就可以应用假想截面将微元从任意方向面处截开，考察截开后的任意一部分的平衡，由平衡条件就可以求得任意方位面上的应力。

这表明，通过微元及其三对互相垂直的面上的应力，可以描述一点的应力状态。

为了确定一点的应力状态，需要确定代表这一点的微元的三对互相垂直的面上的应力。为此，围绕一点截取微元时，应尽量使其三对面上的应力容易确定。例如，矩形截面杆与圆截面杆中微元的取法便有所区别。对于矩形截面杆，三对面中的一对面为杆的横截面，另外两对面为平行于杆表面的纵截面。对于圆截面杆，除一对面为横截面外，另外两对面中有一对为同轴圆柱面，另一对则为通过杆轴线的纵截面。截取微元时，还应注意相对面之间的距离应为无限小。

以图 11-2(a)中之中点承受集中力的简支梁为例，考察加力点左侧截面上 1、2、3、4、5 点(图 11-2(b))微元各个面上的受力。首先，确定加力点左侧横截面上的内力，如图 11-2(c)所示，从而确定所考察点的应力(正应力与剪应力)；然后围绕所考察的点截取微元，确定微元上与横截面对应的面，因为根据前面几章的分析都可以算出横截面上各点的应力，所以，微元的这一面上的应力即为已知；如果微元与横截面对应的面上存在剪应力，根据剪应力互等定理，与这一面垂直的面上也将有相等的剪应力。

如图 11-2(d)所示，对于点 1，微元的右侧面和左侧面对应于梁的横截面，横截面上的这一点只有正应力(拉)没有剪应力，据此，微元左、右两侧面上承受拉应力。

对于点 2，也是微元的右侧面和左侧面对应于梁的横截面，横截面上的这一点既有正应力(拉)，又有剪应力(向下)；因此，微元左、右两侧面上既受拉应力，又受剪应力；同时根据剪

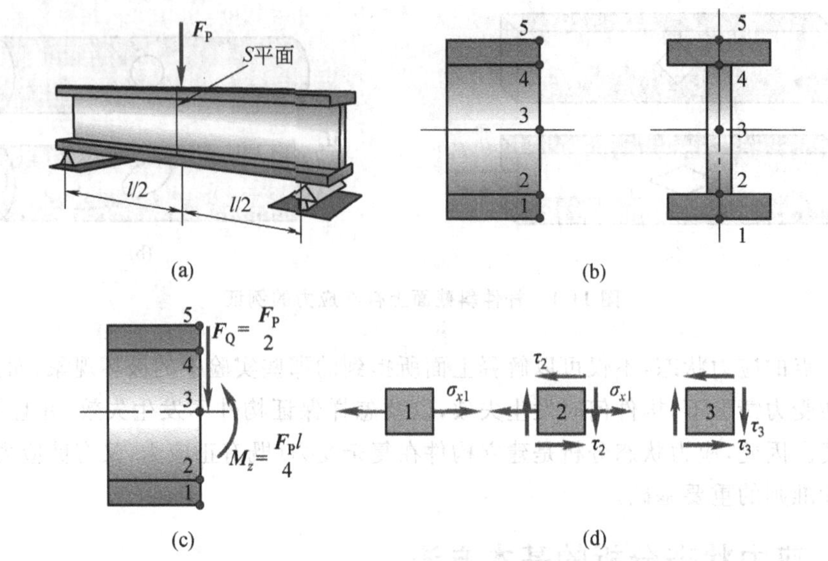

图 11-2 一点应力状态描述示例

应力互等定理,微元的上、下面上也承受剪应力。

对于点 3,同样是微元的右侧面和左侧面对应于梁的横截面,横截面上的这一点位于中性轴上,正应力为零,但有剪应力(向下);因此,微元左、右两侧面上只有剪应力而没有正应力;同样根据剪应力互等定理,微元的上、下面上也承受剪应力作用。

由于构件受力的不同,应力状态多种多样。只受一个方向正应力作用的应力状态,称为**单向应力状态**(one dimensional state of stress)。只受剪应力作用的应力状态,称为**纯剪应力状态**(shearing state of stress)。所有应力作用线都处于同一平面内的应力状态,称为**平面应力状态**(plane state of stresses)。单向应力状态与纯剪应力状态都是平面应力状态的特例。本书主要介绍平面应力状态分析。

11.2 平面应力状态分析——任意方向面上应力的确定

当微元三对面上的应力已经确定时,为求某个斜面(即方向面)上的应力,可用一假想截面将微元从所考察的斜面处截为两部分,考察其中任意一部分的平衡,即可由平衡条件求得该斜截面上的正应力和剪应力。这是分析微元斜截面上的应力的基本方法。下面以一般平面应力状态为例,说明这一方法的具体应用。

11.2.1 方向角与应力分量的正负号约定

对于平面应力状态,由于微元有一对面上没有应力作用,所以三维微元可以用一平面微元表示。图 11-3(a)中所示即平面应力状态的一般情形,其两对互相垂直的面上都有正应力和剪应力作用。

在平面应力状态下,任意方向面(法线为 n)是由它的法线 n 与水平坐标轴 x 正向的夹角 θ 所定义的。图 11-3(b)中所示是用法线为 n 的方向面从微元中截出微元局部。

为了确定任意方向面(任意 θ 角)上的正应力与剪应力,需要首先对 θ 角以及各应力分

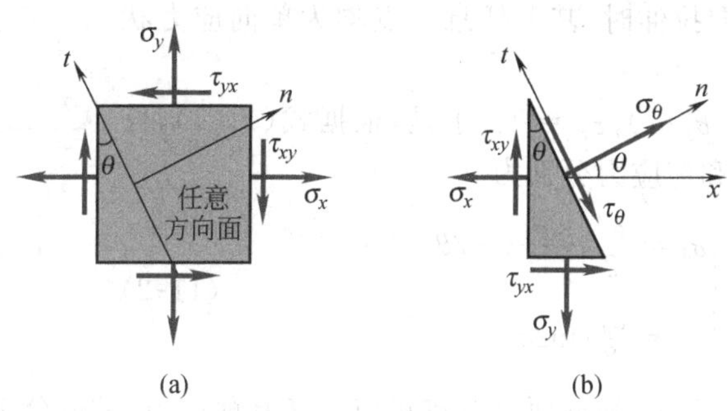

图 11-3　正负号规则

量正负号，作如下约定：

(1) θ 角——从 x 正方向逆时针转至 n 正方向者为正；反之为负。

(2) 正应力——拉为正；压为负。

(3) 剪应力——使微元或其局部产生顺时针方向转动趋势者为正；反之为负。

图 11-3 中所示的 θ 角及正应力和剪应力 τ_{xy} 均为正；τ_{yx} 为负。根据剪应力互等定理，$\tau_{xy}=-\tau_{yx}$。

11.2.2　微元的局部平衡方程

为确定平面应力状态中任意方向面(法线为 n，方向角为 θ)上的应力，将微元从任意方向面处截为两部分。考察其中任一部分，其受力如图 11-3(b)所示，假定任意方向面上的正应力 σ_θ 和剪应力 τ_θ 均为正方向。

需要特别注意的是，应力是分布内力在一点的集度，因此，作用在微元和微元局部各个面上的应力，必须乘以其所作用的面积形成力，才能参与平衡。

于是，将作用在微元局部的应力乘以各自的作用面积形成的力，分别向所要求的方向面的法线 n 和切线 t 方向投影，并令投影之和等于零，据此得到微元局部平衡方程：

$$\sum F_n=0:\quad \sigma_\theta\,\mathrm{d}A-(\sigma_x\,\mathrm{d}A\cos\theta)\cos\theta+(\tau_{xy}\,\mathrm{d}A\cos\theta)\sin\theta-(\sigma_y\,\mathrm{d}A\sin\theta)\sin\theta+(\tau_{yx}\,\mathrm{d}A\sin\theta)\cos\theta=0 \tag{a}$$

$$\sum F_t=0:\quad -\tau_\theta\,\mathrm{d}A+(\sigma_x\,\mathrm{d}A\cos\theta)\sin\theta+(\tau_{xy}\,\mathrm{d}A\cos\theta)\cos\theta-(\sigma_y\,\mathrm{d}A\sin\theta)\cos\theta-(\tau_{yx}\,\mathrm{d}A\sin\theta)\sin\theta=0 \tag{b}$$

11.2.3　平面应力状态中任意方向面上的正应力与剪应力表达式

利用三角倍角公式，式(a)和式(b)经过整理后，得到计算平面应力状态中任意方向面上正应力与剪应力的表达式：

$$\left.\begin{aligned}\sigma_\theta&=\frac{\sigma_x+\sigma_y}{2}+\frac{\sigma_x-\sigma_y}{2}\cos2\theta-\tau_{xy}\sin2\theta\\ \tau_\theta&=\frac{\sigma_x-\sigma_y}{2}\sin2\theta+\tau_{xy}\cos2\theta\end{aligned}\right\} \tag{11-1}$$

【例题 11-1】 分析轴向拉伸杆件的最大剪应力的作用面，说明低碳钢拉伸时发生屈服的主要原因。

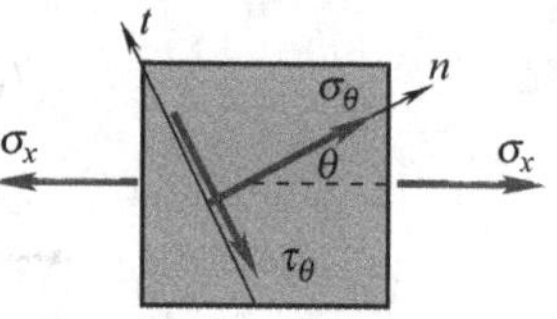

图 11-4 例题 11-1 图

解：杆件承受轴向拉伸时，其上任意一点均为单向应力状态，如图 11-4 所示。

在本例的情形下，$\sigma_y=0, \tau_{yx}=0$。于是，根据式(11-1)，任意斜截面上的正应力和剪应力分别为

$$\begin{cases}\sigma_\theta = \dfrac{\sigma_x}{2}+\dfrac{\sigma_x}{2}\cos 2\theta \\ \tau_\theta = \dfrac{\sigma_x}{2}\sin 2\theta\end{cases} \tag{11-2}$$

这一结果表明，当 $\theta=45°$时，斜截面上既有正应力又有剪应力，其值分别为

$$\sigma_{45°}=\frac{\sigma_x}{2}$$

$$\tau_{45°}=\frac{\sigma_x}{2}$$

不难看出，在所有的方向面中，45°斜截面上的正应力不是最大值，而剪应力却是最大值。这表明，轴向拉伸时最大剪应力发生在与轴线夹45°角的斜面上，这正是低碳钢试样拉伸至屈服时表面出现滑移线的方向。因此，可以认为屈服是由最大剪应力引起的。

【例题 11-2】 分析圆轴扭转时最大剪应力的作用面，说明铸铁圆轴试样扭转破坏的主要原因。

解：圆轴扭转时，其上任意一点的应力状态为纯剪应力状态，如图 11-5 所示。

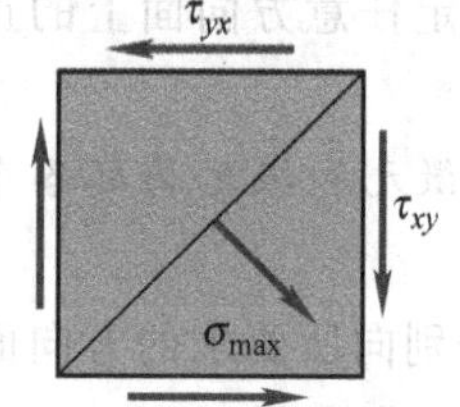

图 11-5 例题 11-2 图

本例中，$\sigma_x=\sigma_y=0$，代入式(11-1)，得到微元任意斜截面上的正应力和剪应力分别为

$$\begin{aligned}\sigma_\theta &= -\tau_{xy}\sin 2\theta \\ \tau_\theta &= \tau_{xy}\cos 2\theta\end{aligned} \tag{11-3}$$

可以看出，当 $\theta=\pm 45°$时，斜截面上只有正应力没有剪应力。$\theta=45°$时(自 x 轴逆时针方向转过45°)，压应力最大；$\theta=-45°$时(自 x 轴顺时针方向转过45°)，拉应力最大。

$$\sigma_{45°}=\sigma_{\max}^{-}=-\tau_{xy}, \quad \tau_{45°}=0$$

$$\sigma_{-45°}=\sigma_{\max}^{+}=\tau_{xy}, \quad \tau_{-45°}=0$$

铸铁圆轴试样扭转实验时，正是沿着最大拉应力作用面(即−45°螺旋面)断开的。因此，可以认为这种脆性破坏是由最大拉应力引起的。

11.3 一点应力状态中的主应力与最大剪应力

11.3.1 主平面、主应力与主方向

根据应力状态任意方向面上的应力表达式(11-1)，不同方向面上的正应力和剪应力与方向面的取向(方向角 θ)有关。因而有可能存在某种方向面，其上之剪应力 $\tau_\theta=0$，这种方向面称为**主平面**(principal plane)，其方向角用 θ_p 表示。令式(11-1)中的 $\tau_\theta=0$，得到主平面方向角的表达式

$$\tan 2\theta_p=-\frac{2\tau_{xy}}{\sigma_x-\sigma_y} \tag{11-4}$$

主平面上的正应力称为**主应力**(principal stress)。主平面法线方向即主应力作用线方向，称为**主方向**(principal direction)，主方向用方向角 θ_p 表示。

若将式(11-1)中 σ_θ 的表达式对 θ 求一次导数，并令其等于零，有

$$\frac{\mathrm{d}\sigma_\theta}{\mathrm{d}\theta} = -(\sigma_x - \sigma_y)\sin 2\theta - 2\tau_{xy}\cos 2\theta = 0$$

由此解出的角度与式(11-4)具有完全一致的形式。这表明，主应力具有极值的性质。即主应力是所有垂直于 xy 坐标面的方向面上正应力的极大值或极小值。

根据剪应力互等定理，当一对方向面为主平面时，另一对与之垂直的方向面($\theta=\theta_p+\pi/2$)，其上之剪应力也等于零，因而也是主平面，其上之正应力也是主应力。

需要指出，对于平面应力状态，平行于 xy 坐标面的平面，其上既没有正应力、也没有剪应力作用，这种平面也是主平面。这一主平面上的主应力等于零。

11.3.2　平面应力状态的三个主应力

将由式(11-4)解得的主应力方向角 θ_p，代入式(11-1)，得到平面应力状态的两个不等于零主应力。这两个不等于零的主应力以及上述平面应力状态固有的等于零的主应力，分别用 σ'、σ''、σ''' 表示。

$$\sigma' = \frac{\sigma_x + \sigma_y}{2} + \frac{1}{2}\sqrt{(\sigma_x - \sigma_y)^2 + 4\tau_{xy}^2} \tag{11-5a}$$

$$\sigma'' = \frac{\sigma_x + \sigma_y}{2} - \frac{1}{2}\sqrt{(\sigma_x - \sigma_y)^2 + 4\tau_{xy}^2} \tag{11-5b}$$

$$\sigma''' = 0 \tag{11-5c}$$

以后将按三个主应力 σ'、σ''、σ''';代数值由大到小顺序排列，并分别用 σ_1、σ_2、σ_3 表示，且 $\sigma_1 \geqslant \sigma_2 \geqslant \sigma_3$。

根据主应力的大小与方向可以确定材料何时发生失效或破坏，确定失效或破坏的形式。因此，可以说主应力是反映应力状态本质内涵的特征量。

11.3.3　面内最大剪应力与一点的最大剪应力

与正应力相类似，不同方向面上的剪应力亦随着坐标的旋转而变化，因而剪应力亦可能存在极值。为求此极值，将式(11-1)的第 2 式对 θ 求一次导数，并令其等于零，得到

$$\frac{\mathrm{d}\tau_\theta}{\mathrm{d}\theta} = (\sigma_x - \sigma_y)\cos 2\theta - 2\tau_{xy}\sin 2\theta = 0$$

由此得出另一特征角，用 θ_s 表示

$$\tan 2\theta_s = -\frac{\sigma_x - \sigma_y}{2\tau_{xy}} \tag{11-6}$$

从中解出 θ_s，将其代入式(11-1)的第 2 式，得到 τ_θ 的极值。根据剪应力互等定理以及剪应力的正负号规则，τ_θ 有两个极值，二者大小相等、正负号相反，其中一个为极大值，另一个为极小值，其数值由下式确定：

$$\begin{matrix}\tau' \\ \tau''\end{matrix} = \pm\frac{1}{2}\sqrt{(\sigma_x - \sigma_y)^2 + 4\tau_{xy}^2} \tag{11-7}$$

需要特别指出，上述剪应力极值仅对垂直于 xy 坐标面的方向面而言，因而称为**面内最**

大剪应力(maximum shearing stresses in plane)与面内最小剪应力。二者不一定是过一点的所有方向面中剪应力的最大值和最小值。

为确定过一点的所有方向面上的最大剪应力,可以将平面应力状态视为有三个主应力(σ_1、σ_2、σ_3)作用的应力状态的特殊情形,即三个主应力中有一个等于零。

考察微元三对面上分别作用着三个主应力($\sigma_1>\sigma_2>\sigma_3\neq0$)的应力状态。

在平行于主应力 σ_1 方向的任意方向面Ⅰ上,正应力和剪应力都与 σ_1 无关。因此,当研究平行于 σ_1 的这一组方向面上的应力时,所研究的应力状态可视为图 11-6(a)所示之平面应力状态,其方向面上的正应力和剪应力可由式(11-1)计算。这时,式中的 $\sigma_x=\sigma_3$,$\sigma_y=\sigma_2$,$\tau_{xy}=0$。

同理,对于在平行于主应力 σ_2 和平行于 σ_3 的任意方向面Ⅱ和Ⅲ上,正应力和剪应力分别与 σ_2 和 σ_3 无关。因此,当研究平行于 σ_2 和 σ_3 的这两组方向面上的应力时,所研究的应力状态可分别视为图 11-6(b)和(c)所示之平面应力状态,其方向面上的正应力和剪应力都可以由式(11-1)计算。

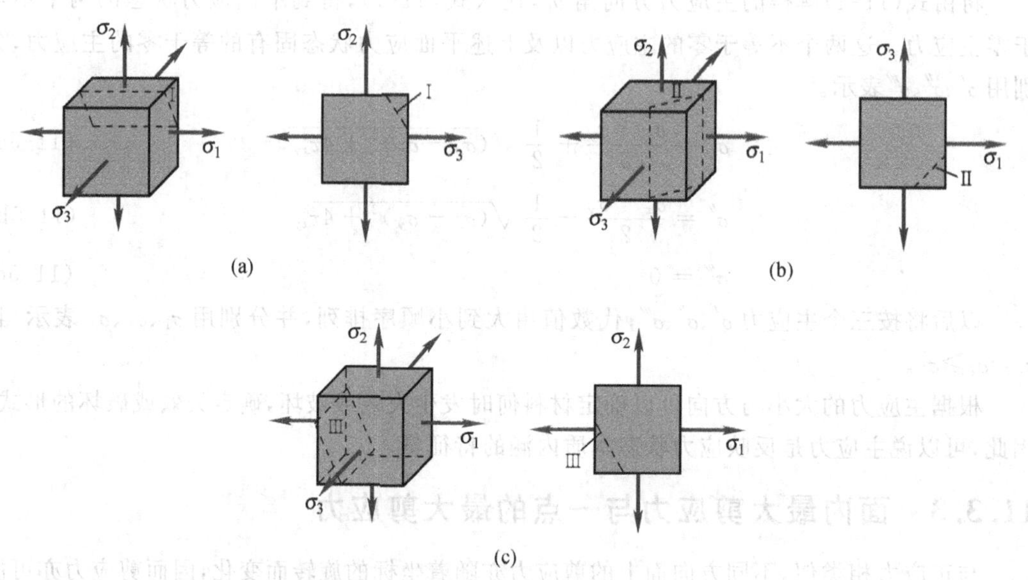

图 11-6 三组平面内的最大剪应力

应用式(11-7),可以得到Ⅰ、Ⅱ和Ⅲ三组方向面内的最大剪应力分别为

$$\tau'=\frac{\sigma_2-\sigma_3}{2} \tag{11-8}$$

$$\tau''=\frac{\sigma_1-\sigma_3}{2} \tag{11-9}$$

$$\tau'''=\frac{\sigma_1-\sigma_2}{2} \tag{11-10}$$

一点应力状态中的最大剪应力,必然是上述三者中最大的,即

$$\tau_{\max}=\tau''=\frac{\sigma_1-\sigma_3}{2} \tag{11-11}$$

【例题 11-3】　薄壁圆管受扭转和拉伸同时作用，如图 11-7(a)所示。已知圆管的平均直径 $D=50\ \mathrm{mm}$，壁厚 $\delta=2\ \mathrm{mm}$。外加力偶的力偶矩 $M_e=600\ \mathrm{N\cdot m}$，轴向载荷 $F_P=20\ \mathrm{kN}$。薄壁圆管截面的扭转截面系数可近似取为 $W_p=\dfrac{\pi D^2\delta}{2}$。试求：

(1) 圆管表面上过点 D 与圆管母线夹角为 30°的斜截面上的应力；

(2) 点 D 主应力和最大剪应力。

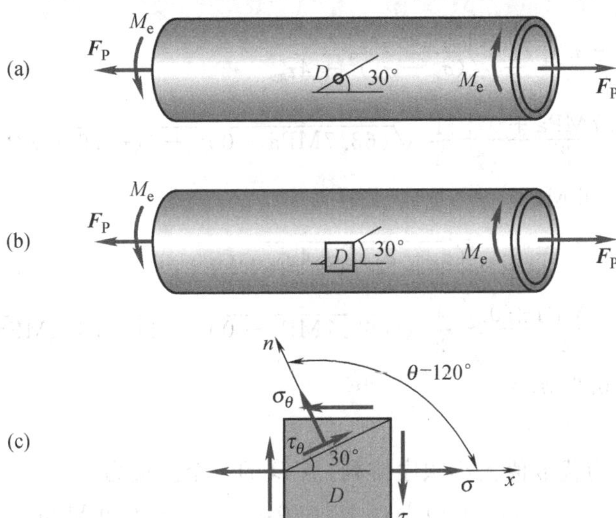

图 11-7　例题 11-3 图

解：(1) 取微元，确定微元各个面上的应力

围绕点 D 用横截面、纵截面和圆柱面截取微元，其受力如图 11-7(b)所示。利用拉伸和圆轴扭转时横截面上的正应力和剪应力公式计算微元各面上的应力：

$$\sigma=\frac{F_P}{A}=\frac{F_P}{\pi D\delta}=\frac{20\times10^3\,\mathrm{N}}{\pi\times50\times10^{-3}\,\mathrm{m}\times2\times10^{-3}\,\mathrm{m}}$$
$$=63.7\times10^6\,\mathrm{Pa}=63.7\ \mathrm{MPa}$$

$$\tau=\frac{M_x}{W_p}=\frac{2M_e}{\pi D^2\delta}=\frac{2\times600\,\mathrm{N\cdot m}}{\pi\times(50\times10^{-3}\,\mathrm{m})^2\times2\times10^{-3}\,\mathrm{m}}$$
$$=76.4\times10^6\,\mathrm{Pa}=76.4\ \mathrm{MPa}$$

(2) 求斜截面上的应力

根据图 11-7(c)所示之应力状态以及关于 θ、σ_x、σ_y、τ_{xy} 的正负号规则，本例中有：$\sigma_x=63.7\ \mathrm{MPa}$，$\sigma_y=0$，$\tau_{xy}=-76.4\ \mathrm{MPa}$，$\theta=120°$。将这些数据代入式(11-1)，求得过点 D 与圆管母线夹角为 30°的斜截面上的应力：

$$\sigma_{30°}=\frac{\sigma_x+\sigma_y}{2}+\frac{\sigma_x-\sigma_y}{2}\cos2\theta-\tau_{xy}\sin2\theta$$
$$=\frac{63.7\ \mathrm{MPa}+0}{2}+\frac{63.7\ \mathrm{MPa}-0}{2}\cos(2\times120°)-(-76.4\ \mathrm{MPa})\sin(2\times120°)$$
$$=-50.2\ \mathrm{MPa}$$

$$\tau_{30^\circ} = \frac{\sigma_x - \sigma_y}{2}\sin 2\theta + \tau_{xy}\cos 2\theta$$

$$= \frac{63.7\text{MPa} - 0}{2}\sin(2\times 120^\circ) + (-76.4\text{MPa})\cos(2\times 120^\circ)$$

$$= 10.6 \text{ MPa}$$

二者的方向均示于图 11-7(c)中。

(3) 确定主应力与最大剪应力

根据式(11-5),

$$\sigma' = \frac{\sigma_x + \sigma_y}{2} + \frac{1}{2}\sqrt{(\sigma_x - \sigma_y)^2 + 4\tau_{xy}^2}$$

$$= \frac{63.7\text{MPa} + 0}{2} + \frac{1}{2}\sqrt{(63.7\text{MPa} - 0)^2 + 4(-76.4\text{MPa})^2}$$

$$= 114.6 \text{ MPa}$$

$$\sigma'' = \frac{\sigma_x + \sigma_y}{2} - \frac{1}{2}\sqrt{(\sigma_x - \sigma_y)^2 + 4\tau_{xy}^2}$$

$$= \frac{63.7\text{MPa} + 0}{2} - \frac{1}{2}\sqrt{(63.7\text{MPa} - 0)^2 + 4(-76.4\text{MPa})^2}$$

$$= -50.9 \text{ MPa}$$

$$\sigma''' = 0$$

于是,根据主应力代数值大小顺序排列,点 D 的三个主应力为

$$\sigma_1 = 114.6 \text{ MPa}, \quad \sigma_2 = 0, \quad \sigma_3 = -50.9 \text{ MPa}$$

根据式(11-11),点 D 的最大剪应力为

$$\tau_{\max} = \frac{\sigma_1 - \sigma_3}{2} = \frac{114.6 \text{ MPa} - (-50.9 \text{ MPa})}{2} = 82.75 \text{ MPa}$$

11.4 分析应力状态的应力圆方法

11.4.1 应力圆方程

微元任意方向面上的正应力与剪应力表达式(11-1),

$$\sigma_\theta = \frac{\sigma_x + \sigma_y}{2} + \frac{\sigma_x - \sigma_y}{2}\cos 2\theta - \tau_{xy}\sin 2\theta$$

$$\tau_\theta = \frac{\sigma_x - \sigma_y}{2}\sin 2\theta + \tau_{xy}\cos 2\theta$$

将第1式等号右边的第1项移至等号的左边,然后将两式平方后再相加,得到一个新的方程

$$\left(\sigma_\theta - \frac{\sigma_x + \sigma_y}{2}\right)^2 + \tau_\theta^2 = \left(\sqrt{\left(\frac{\sigma_x - \sigma_y}{2}\right)^2 + \tau_{xy}^2}\right)^2 \tag{11-12}$$

在以 σ_θ 为横轴、τ_θ 为纵轴的坐标系中,上述方程为圆方程。这种圆称为**应力圆**(stress circle)。应力圆的圆心坐标为

$$\left(\frac{\sigma_x + \sigma_y}{2}, 0\right)$$

应力圆的半径为

$$\frac{1}{2}\sqrt{(\sigma_x-\sigma_y)^2+4\tau_{xy}^2}$$

应力圆最早由德国工程师莫尔(Mohr，O，1835—1918)提出的，故又称为**莫尔应力圆**(Mohr circle for stresses)，也可简称为**莫尔圆**。

11.4.2　应力圆的画法

上述分析结果表明，对于平面应力状态，根据其上的应力分量 σ_x、σ_y 和 τ_{xy}，由圆心坐标以及圆的半径，即可画出与给定的平面应力状态相对应的应力圆。但是，这样作并不方便。

为了简化应力圆的绘制方法，需要考察表示平面应力状态微元相互垂直的一对面上的应力与应力圆上点的对应关系。

图 11-8(a)、(b)所示为相互对应的应力状态与应力圆。

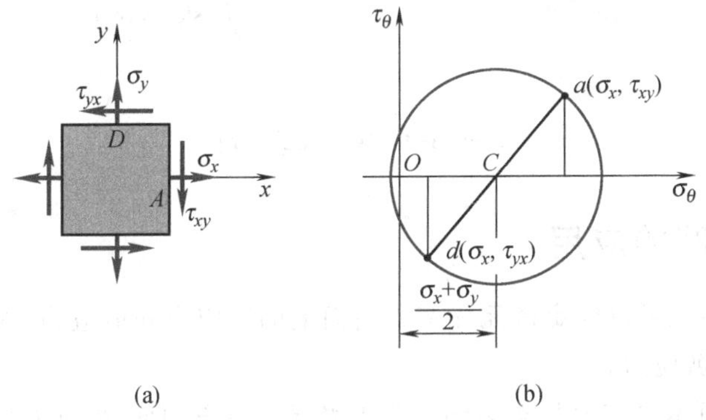

图 11-8　平面应力状态应力圆

假设应力圆上点 a 的坐标对应着微元 A 面上的应力(σ_x,τ_{xy})。将点 a 与圆心 C 相连，并延长 aC 交于应力圆上点 d。根据图中的几何关系，不难证明，应力圆上点 d 坐标对应微元 D 面上的应力(σ_y,τ_{yx})。

根据上述类比，不难得到平面应力状态与其应力圆的 3 种对应关系：

(1) 点面对应——应力圆上某一点的坐标值对应着微元某一方向面上的正应力和剪应力值。

(2) 转向对应——应力圆半径旋转时，半径端点的坐标随之改变，对应地，微元上方向面的法线亦沿相同方向旋转，才能保证方向面上的应力与应力圆上半径端点的坐标相对应。

(3) 2 倍角对应——应力圆上半径转过的角度，等于方向面法线旋转角度的 2 倍。

基于上述对应关系，不仅可以根据微元两相互垂直面上的应力确定应力圆上一直径上的两端点，并由此确定圆心 C，进而画出应力圆，从而使应力图绘制过程大为简化。而且，还可以确定任意方向面上的正应力和剪应力，以及主应力和面内最大剪应力。

以图 11-9(a)中所示的平面应力状态为例。首先，以 σ_θ 为横轴、以 τ_θ 为纵轴，建立 $O\sigma_\theta\tau_\theta$ 坐标系，如图 11-9(b)所示。然后，根据微元 A、D 面上的应力(σ_x,τ_{xy})、$(\sigma_y,-\tau_{yx})$，在 $O\sigma_\theta\tau_\theta$ 坐标系中找到与之对应的两点 a、d。进而，连接 ad 交 σ_θ 轴于点 C，以点 C 为圆心，以 Ca 或 Cd 为半径作圆，即为与所给应力状态对应的应力圆。

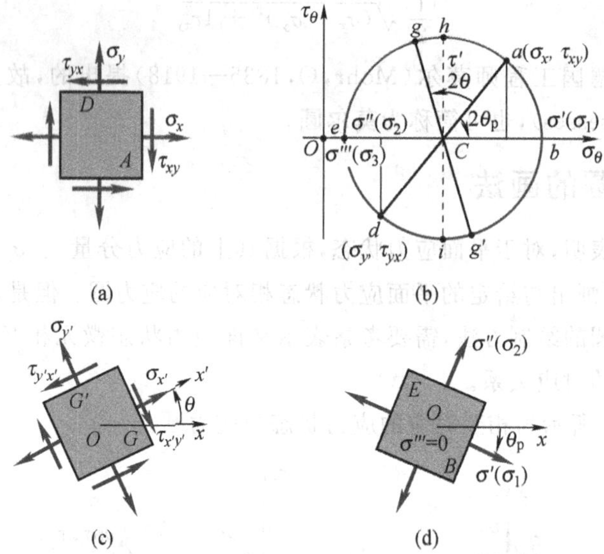

图 11-9 应力圆的应用

11.4.3 应力圆的应用

应用应力圆,不仅可以确定微元任意方向面上的正应力和剪应力,而且可以确定微元的主应力与面内最大剪应力。

以图 11-9(c)所示之应力状态为例。为求微元任意方向面(例如 G)上的应力,首先确定从微元 A 面法线(x)与任意方向面 G 法线(n)之间的夹角 θ,以及从 x 到 n 的转动方向(本例中为逆时针方向)。然后在应力圆上找到与 A 面对应的点 a,并将点 a 与圆心 C 相连。将应力圆上的半径 Ca 按相同方向(本例中为逆时针方向)旋转 2θ 角,得到点 g,则点 g 的坐标值即为 G 面上的应力值(图 11-9(c))。这一结论留给读者自己证明。

应用应力圆上的几何关系,可以得到平面应力状态主应力与面内最大剪应力表达式,结果与前面所得到的完全一致。

从图 11-9(b)中所示应力圆可以看出,应力圆与 σ_θ 轴的交点 b 和 e,对应着平面应力状态的主平面,其横坐标值即为主应力 σ' 和 σ''。此外,对于平面应力状态,微元上与纸平面对应的面(也就是没有应力作用的平面)上,剪应力也等于零,根据主平面的定义,这一对面也是主平面,只不过这一主平面上的主应力 σ''' 为零。

图 11-9(d)中所示为用主应力 σ' 和 σ'' 表示的同一点的应力状态。

图 11-9(b)中应力圆的最高和最低点(h 和 i),剪应力绝对值最大,均为面内最大剪应力。不难看出,在剪应力最大处,正应力不一定为零。即在最大剪应力作用面上,一般存在正应力。

需要指出的是,在图 11-9(b)中,应力圆在坐标轴 τ_θ 的右侧,因而 σ' 和 σ'' 均为正值。这种情形不具有普遍性。当 $\sigma_x<0$ 或在其他条件下,应力圆也可能在坐标轴 τ_θ 的左侧,或者与坐标轴 τ_θ 相交,因此 σ' 和 σ'' 也有可能为负值,或者一正一负。

还需要指出的是,应力圆的功能主要不是作为图解法的工具用以量测某些量。它一方面通过明晰的几何关系帮助读者导出一些基本公式，而不是死记硬背这些公式；另一方面，也是更重要的方面即作为一种思考问题的工具，用以分析和解决一些难度较大的问题。请读者分析本章中的某些习题时注意充分利用这种工具。

【例题 11-4】 已知应力状态如图 11-10(a)中所示。

(1) 写出主应力 σ_1、σ_2、σ_3 的表达式；

(2) 若已知 $\sigma_x=63.7$ MPa，$\tau_{xy}=76.4$ MPa，当坐标轴 x、y 逆时针方向旋转 $\theta=120°$后至 x'、y''，求：σ_θ、$\sigma_{\theta+\pi/2}$、τ_θ。

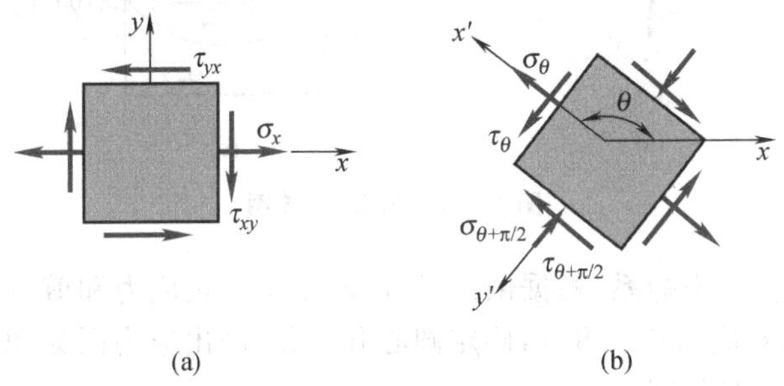

图 11-10　例题 11-4 图

解：(1) 确定主应力

因为 $\sigma_y=0$，所以由式(11-5a)和式(11-5b)，求得两个非零主应力分别为

$$\sigma'=\frac{\sigma_x}{2}+\frac{1}{2}\sqrt{\sigma_x^2+4\tau_{xy}^2}>0$$

$$\sigma''=\frac{\sigma_x}{2}-\frac{1}{2}\sqrt{\sigma_x^2+4\tau_{xy}^2}<0$$

因为是平面应力状态，故有 $\sigma'''=0$。于是，根据 $\sigma_1>\sigma_2>\sigma_3$ 的排列顺序，得

$$\left.\begin{aligned}\sigma_1&=\sigma'=\frac{\sigma_x}{2}+\frac{1}{2}\sqrt{\sigma_x^2+4\tau_{xy}^2}\\ \sigma_2&=\sigma''=0\\ \sigma_3&=\sigma'''=\frac{\sigma_x}{2}-\frac{1}{2}\sqrt{\sigma_x^2+4\tau_{xy}^2}\end{aligned}\right\}$$

(2) 计算方向面法线旋转后的应力分量

将已知数据 $\sigma_x=63.7$ MPa，$\sigma_y=0$，$\tau_{xy}=-\tau_{yx}=76.4$ MPa，$\theta=120°$等代入任意方向面上应力分量的表达式(11-1)，求得

$$\begin{aligned}\sigma_\theta&=[63.7\times10^6\cos^2 120°-2\times76.4\times10^6\sin120°\cos120°]\text{Pa}=82.1\times10^6\text{Pa}\\&=82.1\text{ MPa}\end{aligned}$$

$$\begin{aligned}\sigma_{\theta+\pi/2}&=[63.7\times10^6\sin^2 120°+2\times76.4\times10^6\sin120°\cos120°]\text{Pa}=-18.4\times10^6\text{Pa}\\&=-18.4\text{ MPa}\end{aligned}$$

$$\begin{aligned}\tau_\theta&=[63.7\times10^6\sin120°\cos120°+76.4\times10^6\cos^2 120°-76.4\times10^6\sin^2 120°]\text{Pa}\\&=-65.8\times10^6\text{Pa}=-65.8\text{ MPa}\end{aligned}$$

$$\tau_{\theta+\pi/2}=-\tau_\theta=65.8\text{ MPa}$$

旋转后的应力状态如图 11-10(b)所示。

【例题 11-5】 对于图 11-11(a)中所示的平面应力状态,若要求面内最大剪应力 $\tau'\leqslant$ 85 MPa,试求:τ_{xy} 的取值范围。图中应力的单位为 MPa。

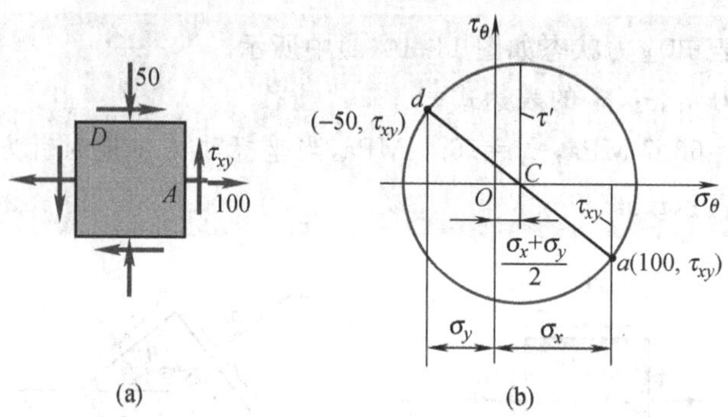

图 11-11 例题 11-5 图

解:首先建立 $O\sigma_\theta\tau_\theta$ 坐标系,根据微元 A、D 两个面上正应力和剪应力的大小和正负,在坐标系 $O\sigma_\theta\tau_\theta$ 中找到对应的点 a 和 d,确定圆心和半径,画出应力圆如图 11-11(b)所示。根据图中的几何关系,不难得到

$$\left(\sigma_x-\frac{\sigma_x+\sigma_y}{2}\right)^2+\tau_{xy}^2=\tau'^2$$

根据题意,并将 $\sigma_x=100$ MPa,$\sigma_y=-50$ MPa,$\tau'\leqslant 85$ MPa,代入上式后,得到

$$\tau_{xy}^2\leqslant\left[(85\times10^6\,\text{Pa})^2-\left(\frac{100\times10^6\,\text{Pa}+50\times10^6\,\text{Pa}}{2}\right)^2\right]$$

由此解得

$$\tau_{xy}\leqslant 40\ \text{MPa}$$

11.5 三向应力状态的特例分析

应用主应力的概念,三个主应力均不为零的应力状态,即为三向应力状态。前面已经提到,平面应力状态也有三个主应力,只是其中有一个或两个主应力等于零。所以,平面应力状态是三向应力状态的特例。除此之外,**所谓三向应力状态的特例是指有一个主平面及其上之主应力为已知的三向应力状态的特殊情形。**

不失一般性,考察三个主平面均为已知及三个主应力($\sigma_1>\sigma_2>\sigma_3$)均不为零的情形,如图 11-12(a)所示。与这种应力状态对应的应力圆是怎样的?从应力圆上又可以得到什么结论?这是本节所要回答的问题。

11.5.1 三组特殊的方向面

因为三个主平面和主应力均为已知,故可以先将这种应力状态分解为三种平面应力状态,分析平行于三个主应力方向的三组特殊方向面上的应力。

1. 平行于主应力 σ_1 方向的方向面

若用平行于 σ_1 的任意方向面从微元中截出一局部,不难看出,与 σ_1 相关的力自相平衡，因而 σ_1 对这一组方向面上的应力无影响。这时，可将其视为只有 σ_2 和 σ_3 作用的平面应力状态，如图 11-12(b)所示。

2. 平行于主应力 σ_2 方向的方向面

这一组方向面上的应力与 σ_2 无关，这时，可将其视为只有 σ_1 和 σ_3 作用的平面应力状态，如图 11-12(c)所示。

3. 平行于主应力 σ_3 方向的方向面

研究这一组方向面上的应力，可将其视为只有 σ_1 和 σ_2 作用的平面应力状态，如图 11-12(d)所示。

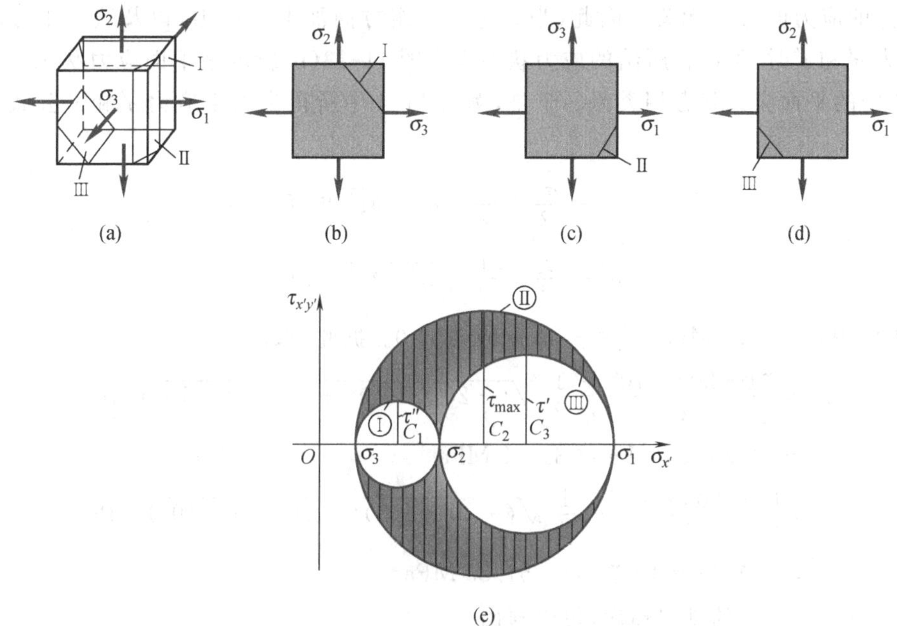

图 11-12　三向应力状态的应力圆

11.5.2　三向应力状态的应力圆

根据图 11-12(b)、(c)、(d)中所示的平面应力状态，可作出三个与其对应的应力圆①②③，如图 11-12(e)所示。三个应力圆上的点分别对应三向应力状态中三组特殊方向面上的应力。这三个圆统称为**三向应力状态应力圆**(stress circle of three dimensional stress-state)。

从图 11-12(e)可以看出，微元内的最大剪应力表达式与式(11-11)一致。

应用弹性力学的理论，还可以证明，三向应力状态中任意方向面上的应力对应着上述三个应力圆之间所围区域(图 11-12(e)中阴影线部分)内某一点的坐标值。这已超出本课程所涉及范围，故不赘述。

【例题 11-6】 三向应力状态如图 11-13(a)所示，图中应力的单位为 MPa。试求主应力及微元内的最大剪应力。

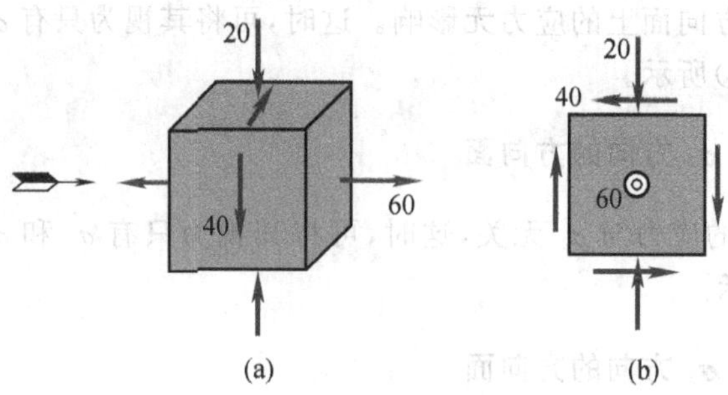

图 11-13　例题 11-6 图

解：所给的应力状态中有一个主应力是已知的，即 $\sigma'''=60$ MPa，故微元上平行于 σ''' 的方向面上的应力值与 σ''' 无关。因此，当确定这一组方向面上的应力，以及这一组方向面中的主应力 σ' 和 σ'' 时，可以将所给的应力状态视为图 11-13(b)所示之平面应力状态。这与例题 11-4 中的平面应力状态相类似。于是，例题 11-4 中所得到的主应力 σ' 和 σ'' 公式可直接应用

$$\sigma' = \frac{\sigma_x}{2} + \frac{1}{2}\sqrt{\sigma_x^2 + 4\tau_{xy}^2} > 0$$

$$\sigma'' = \frac{\sigma_x}{2} - \frac{1}{2}\sqrt{\sigma_x^2 + 4\tau_{xy}^2} < 0$$

但是，本例中 $\sigma_x=-20$ MPa，$\tau_{xy}=-40$ MPa，$\sigma_y=0$。据此，求得

$$\sigma' = \left[\frac{(-20)\times 10^6}{2} + \frac{1}{2}\sqrt{(-20\times 10^6)^2 + 4(-40\times 10^6)^2}\right]\text{Pa}$$
$$= 31.23\times 10^6\,\text{Pa} = 31.23\ \text{MPa}$$

$$\sigma'' = \left[\frac{(-20)\times 10^6}{2} - \frac{1}{2}\sqrt{(-20\times 10^6)^2 + 4(-40\times 10^6)^2}\right]\text{Pa}$$
$$= -51.23\times 10^6\,\text{Pa} = -51.23\ \text{MPa}$$

根据 $\sigma_1 \geqslant \sigma_2 \geqslant \sigma_3$ 的排列顺序，可以写出

$$\sigma_1 = 60\ \text{MPa}$$
$$\sigma_2 = 31.23\ \text{MPa}$$
$$\sigma_3 = -51.23\ \text{MPa}$$

微元内的最大剪应力

$$\tau_{\max} = \frac{\sigma_1 - \sigma_3}{2} = \left(\frac{60\times 10^6 + 51.23\times 10^6}{2}\right)\text{Pa}$$
$$= 55.6\times 10^6\,\text{Pa} = 55.6\ \text{MPa}$$

11.6　复杂应力状态下的应力-应变关系　应变能密度

11.6.1　广义胡克定律

根据各向同性材料在弹性范围内应力-应变关系的实验结果，可以得到单向应力状态下微元沿正应力方向的正应变

$$\varepsilon_x = \frac{\sigma_x}{E} \tag{11-13a}$$

实验结果还表明，在 σ_x 作用下，除 x 方向的正应变外，在与其垂直的 y、z 方向亦有反号的正应变 ε_y、ε_z 存在，二者与 ε_x 之间存在下列关系：

$$\varepsilon_y = -\nu\varepsilon_x = -\nu\frac{\sigma_x}{E} \tag{11-13b}$$

$$\varepsilon_z = -\nu\varepsilon_x = -\nu\frac{\sigma_x}{E} \tag{11-13c}$$

其中，ν 为材料的泊松比。对于各向同性材料，上述二式中的泊松比是相同的。

对于纯剪应力状态，前已提到剪应力和剪应变在弹性范围也存在比例关系，即

$$\gamma = \frac{\tau}{G} \tag{11-13d}$$

在小变形条件下，考虑到正应力与剪应力所引起的正应变和剪应变，都是相互独立的，因此，应用叠加原理，可以得到图 11-14(a)所示一般应力(三向应力)状态下的应力-应变关系。

$$\left.\begin{aligned}
\varepsilon_x &= \frac{1}{E}[\sigma_x - \nu(\sigma_y + \sigma_z)] \\
\varepsilon_y &= \frac{1}{E}[\sigma_y - \nu(\sigma_z + \sigma_x)] \\
\varepsilon_z &= \frac{1}{E}[\sigma_z - \nu(\sigma_x + \sigma_y)] \\
\gamma_{xy} &= \frac{\tau_{xy}}{G} \\
\gamma_{xz} &= \frac{\tau_{xz}}{G} \\
\gamma_{yz} &= \frac{\tau_{yz}}{G}
\end{aligned}\right\} \tag{11-14}$$

上式称为一般应力状态下的**广义胡克定律**(generalization Hooke's law)。

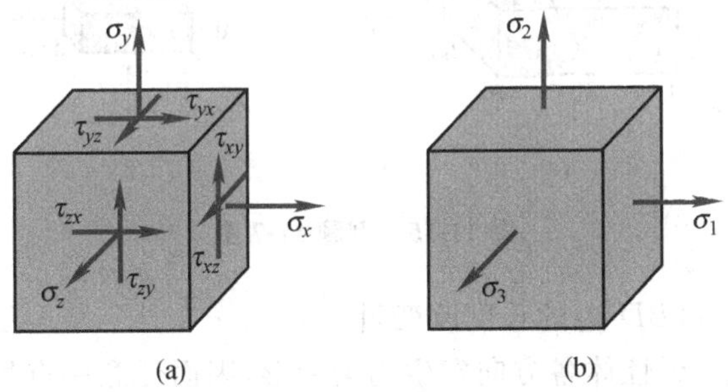

图 11-14　一般应力状态下的应力-应变关系

若微元的三个主应力已知时，其应力状态如图 11-14(b)所示，这时广义胡克定律变为

$$\left.\begin{aligned}
\varepsilon_1 &= \frac{1}{E}[\sigma_1 - \nu(\sigma_2 + \sigma_3)] \\
\varepsilon_2 &= \frac{1}{E}[\sigma_2 - \nu(\sigma_3 + \sigma_1)] \\
\varepsilon_3 &= \frac{1}{E}[\sigma_3 - \nu(\sigma_1 + \sigma_2)]
\end{aligned}\right\} \tag{11-15}$$

式中,ε_1、ε_2、ε_3 分别为沿主应力 σ_1、σ_2、σ_3 方向的应变,称为**主应变**(principal strain)。

对于**平面应力状态**($\sigma_z=0$),广义胡克定律(11-14)简化为

$$\left.\begin{aligned}\varepsilon_x&=\frac{1}{E}(\sigma_x-\nu\sigma_y)\\ \varepsilon_y&=\frac{1}{E}(\sigma_y-\nu\sigma_x)\\ \varepsilon_z&=-\frac{\nu}{E}(\sigma_x+\sigma_y)\\ \gamma_{xy}&=\frac{\tau_{xy}}{G}\end{aligned}\right\}\tag{11-16}$$

11.6.2 各向同性材料各弹性常数之间的关系

对于同一种各向同性材料,广义胡克定律中的三个弹性常数并不完全独立,它们之间存在下列关系:

$$G=\frac{E}{2(1+\nu)}\tag{11-17}$$

需要指出的是,对于绝大多数各向同性材料,泊松比一般在 0~0.5 之间取值,因此,切变模量 G 的取值范围为:$E/3<G<E/2$。

【例题 11-7】 图 11-15(a)所示的钢质立方体块,其各个面上都承受均匀静水压力 p。已知边长 AB 的改变量 $\Delta AB=-24\times10^{-3}$ mm,$E=200$ GPa,$\nu=0.29$。

(1) 求 BC 和 BD 边的长度改变量;

(2) 确定静水压力值 p。

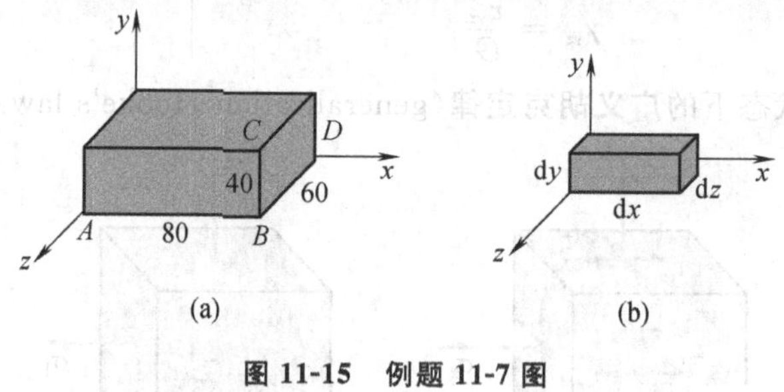

图 11-15 例题 11-7 图

解:(1) 计算 BC 和 BD 边的长度改变量

在静水压力作用下,弹性体各方向发生均匀变形,因而任意一点均处于三向等压应力状态,且

$$\sigma_x=\sigma_y=\sigma_z=-p\tag{a}$$

应用广义胡克定律,得

$$\varepsilon_x=\varepsilon_y=\varepsilon_z=-\frac{p}{E}(1-2\nu)\tag{b}$$

由已知条件,有

$$\varepsilon_x=\frac{\Delta AB}{AB}=-0.3\times10^{-3}\tag{c}$$

于是,得

$$\Delta BC = \varepsilon_y BC = [(-0.3\times10^{-3})\times40\times10^{-3}]\text{m} = -12\times10^{-3}\ \text{mm}$$

$$\Delta BD = \varepsilon_y BD = [(-0.3\times10^{-3})\times60\times10^{-3}]\text{m} = -18\times10^{-3}\ \text{mm}$$

(2) 确定静水压力值 p

将式(c)中的结果及 E、ν 的数值代入式(b),解得

$$p = -\frac{E\varepsilon_x}{1-2\nu} = \left[\frac{-200\times10^9\times(-0.3\times10^{-3})}{1-2\times0.29}\right]\text{Pa}$$

$$= 142.9\times10^6\,\text{Pa} = 142.9\ \text{MPa}$$

11.6.3 总应变能密度

考察图 11-16(a)中以主应力表示的三向应力状态,其主应力和主应变分别为 σ_1、σ_2、σ_3 和 ε_1、ε_2、ε_3。假设应力和应变都同时自零开始逐渐增加至终值。

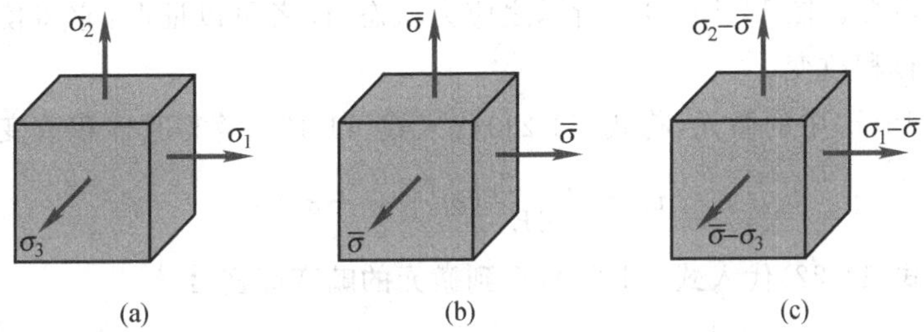

图 11-16 微元的形状改变与体积改变

根据能量守恒原理,材料在弹性范围内工作时,微元三对面上的力(其值为应力与面积之乘积)在由各自对应应变所产生的位移上所做之功,全部转变为一种能量,储存于微元内。这种能量称为**弹性应变能**,简称为**应变能**(strain energy),用 $\mathrm{d}V_\varepsilon$ 表示。若以 $\mathrm{d}V$ 表示微元的体积,则定义 $\mathrm{d}V_\varepsilon/\mathrm{d}V$ 为**应变能密度**(strain-energy density),用 v_ε 表示。

当材料的应力-应变满足广义胡克定律时,在小变形的条件下,相应的力 F_P 和位移 Δ 亦存在线性关系。这时力做功为

$$W = \frac{1}{2}F_P\Delta \tag{11-18}$$

对于弹性体,此功将转变为弹性应变能 V_ε。

设微元的三对边长分别为 $\mathrm{d}x$、$\mathrm{d}y$、$\mathrm{d}z$,则作用在微元三对面上的力分别为 $\sigma_1\mathrm{d}y\mathrm{d}z$、$\sigma_2\mathrm{d}x\mathrm{d}z$、$\sigma_3\mathrm{d}x\mathrm{d}y$,与这些力对应的位移分别为 $\varepsilon_1\mathrm{d}x$、$\varepsilon_2\mathrm{d}y$、$\varepsilon_3\mathrm{d}z$。这些力在各自位移上所作之功,都可以用式(11-18)计算。于是,作用在微元上的所有力作功之和为

$$\mathrm{d}W = \frac{1}{2}(\sigma_1\varepsilon_1+\sigma_2\varepsilon_2+\sigma_3\varepsilon_3)\mathrm{d}x\mathrm{d}y\mathrm{d}z$$

储存于微元体内的应变能为

$$\mathrm{d}V_\varepsilon = \mathrm{d}W = \frac{1}{2}(\sigma_1\varepsilon_1+\sigma_2\varepsilon_2+\sigma_3\varepsilon_3)\mathrm{d}V$$

根据应变能密度的定义,并应用式(11-18),得到三向应力状态下,总应变能密度表达式:

$$v_\varepsilon = \frac{1}{2E}[\sigma_1^2+\sigma_2^2+\sigma_3^2-2\nu(\sigma_1\sigma_2+\sigma_2\sigma_3+\sigma_3\sigma_1)] \tag{11-19}$$

11.6.4 体积改变能密度与畸变能密度

一般情形下，物体变形时，同时包含了体积改变与形状改变。因此，总应变能密度包含相互独立的两种应变能密度。即

$$v_\varepsilon = v_V + v_d \tag{11-20}$$

式中，v_V 和 v_d 分别称为**体积改变能密度**(strain-energy density corresponding to the change of volume)和**畸变能密度**(strain-energy density corresponding to the distortion)。

将用主应力表示的三向应力状态(图 11-16(a))分解为图 11-16(b)、(c)中所示的两种应力状态的叠加。其中，$\bar{\sigma}$ 称为**平均应力**(average stress)：

$$\bar{\sigma} = \frac{1}{3}(\sigma_1 + \sigma_2 + \sigma_3) \tag{11-21}$$

图 11-16(b)中所示为三向等拉应力状态，在这种应力状态作用下，微元只产生体积改变，而没有形状改变。图 11-16(c)中所示之应力状态，读者可以证明，它将使微元只产生形状改变，而没有体积改变。

对于图 11-16(b)中的微元，将式(11-21)代入式(11-19)，算得其体积改变能密度

$$v_V = \frac{1-2\nu}{6E}(\sigma_1 + \sigma_2 + \sigma_3)^2 \tag{11-22}$$

将式(11-19)和式(11-22)代入式(11-20)，得到微元的畸变能密度

$$v_d = \frac{1+\nu}{6E}[(\sigma_1 - \sigma_2)^2 + (\sigma_2 - \sigma_3)^2 + (\sigma_3 - \sigma_1)^2] \tag{11-23}$$

11.7 平面应变状态分析

11.7.1 平面应变状态下任意方向的正应变

所谓平面应变状态，是指在这种状态下，材料的变形都发生在互相平行的平面内，而且每一个平面内的变形都是相同的。如果选择 z 轴垂直于变形发生的平面，则有 $\varepsilon_z = \gamma_{zx} = \gamma_{zy} = 0$。因此，任意点的应变分量为 ε_x，ε_y 和 γ_{xy}。图 11-17 中所示之两互相平行的刚性平板支承中间的受力变形的弹性体即属此例。

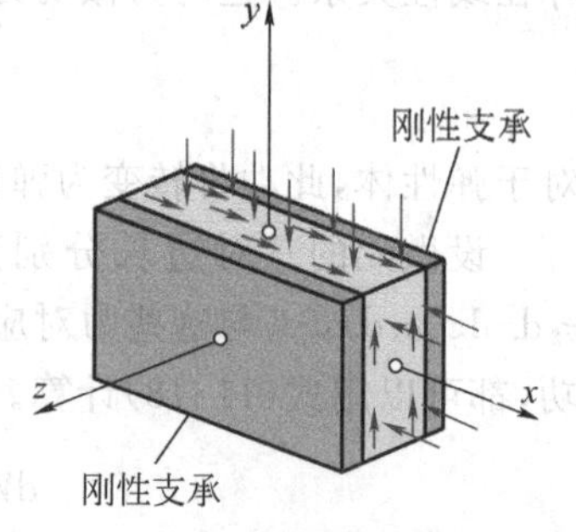

图 11-17 平面应变状态一例

在 Oxy 坐标系中，未发生变形前弹性体上任意点的微元各部分的尺寸如图 11-18(a)所示，发生平面应变，即产生 ε_x，ε_y，γ_{xy} 后的微元各部分的尺寸如图 11-18(b)所示。

与应力状态相似，应变状态的表示与坐标系有关，当 Oxy 坐标系逆时针旋转 θ 后，在 $Ox'y'$ 坐标系中，应变分量为 $\varepsilon_{x'}$，$\varepsilon_{y'}$，$\gamma_{x'y'}$。这时，微元各部分尺寸如图 11-19 所示。

应变状态分析就是建立 $\varepsilon_{x'}$，$\varepsilon_{y'}$，$\gamma_{x'y'}$ 与 ε_x，ε_y，γ_{xy} 之间的相互关系。为此，首先考察 Oxy 坐标系中微元任意方向的正应变 ε_θ 与 $\varepsilon_{x'}$，$\varepsilon_{y'}$，$\gamma_{x'y'}$ 的关系。考察微元局部变形前后的几何尺寸分别如图 11-20(a)和(b)所示。对图 11-20(b)中的 $\triangle A'B'C'$ 应用余弦定理：

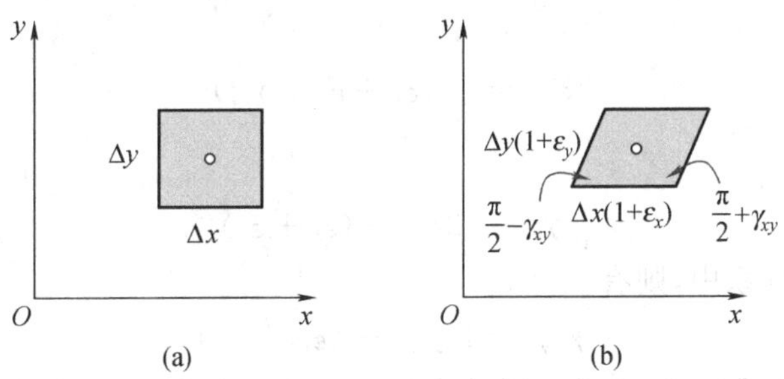

图 11-18　*Oxy* 坐标系的平面应变状态

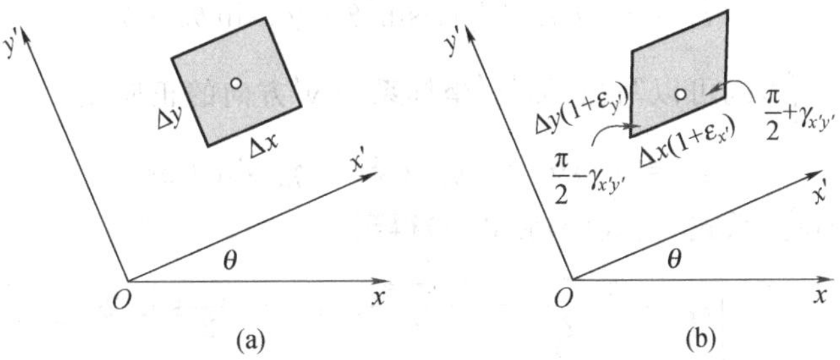

图 11-19　*Ox′y′*坐标系的平面应变状态

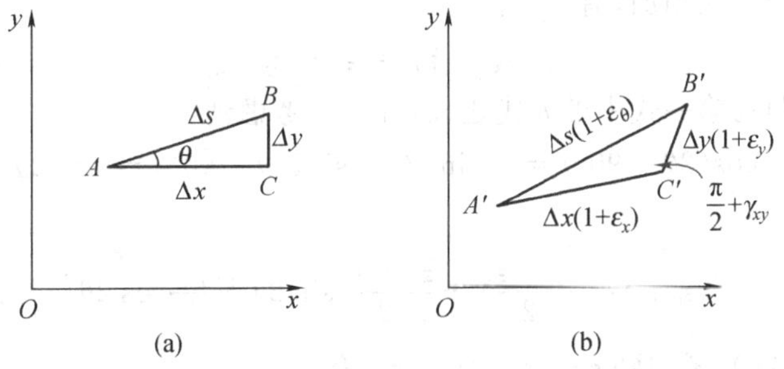

图 11-20　任意方向的正应变

$$(A'B')^2 = (A'C')^2 + (C'B')^2 - 2\,(A'C')\,(C'B')\cos\left(\frac{\pi}{2}+\gamma_{xy}\right) \tag{a}$$

其中

$$\begin{aligned} A'B' &= \Delta s\,(1+\varepsilon_\theta) \\ A'C' &= \Delta x\,(1+\varepsilon_x) \\ C'B' &= \Delta y\,(1+\varepsilon_y) \end{aligned} \tag{b}$$

$$\Delta x = (\Delta s)\cos\theta, \Delta y = (\Delta s)\sin\theta \tag{c}$$

同时考虑到 γ_{xy} 很小，

$$\cos\left(\frac{\pi}{2}+\gamma_{xy}\right) = -\sin\gamma_{xy} \approx -\gamma_{xy} \tag{d}$$

将式(b)～式(d)代入式(a)后展开并略去所有二阶项，得到

$$\varepsilon_\theta = \varepsilon_x\cos^2\theta + \varepsilon_y\sin^2\theta + \gamma_{xy}\sin\theta\cos\theta \tag{11-24}$$

这就是任意方向正应变与应变分量 ε_x，ε_y，γ_{xy} 之间的关系式。作为一个特例，令 $\theta=45^\circ$，由上

式得到

$$\varepsilon_{45^\circ} = \frac{1}{2}(\varepsilon_x + \varepsilon_y + \gamma_{xy})$$

改写为

$$\gamma_{xy} = 2\varepsilon_{45^\circ} - (\varepsilon_x + \varepsilon_y) \tag{11-25}$$

类似地,在 $Ox'y'$ 坐标系中,则有

$$\gamma_{x'y'} = 2\varepsilon_{\theta+45^\circ} - (\varepsilon_{x'} + \varepsilon_{y'}) \tag{11-26}$$

这是应变测量中的重要公式,即通过测量一点3个方向的正应变,可以确定一点的剪应变。

当 Oxy 坐标系逆时针旋转 θ 后,变为 $Ox'y'$ 坐标系时,$\varepsilon_\theta = \varepsilon_{x'}$。于是式(11-24)改写成

$$\varepsilon_{x'} = \varepsilon_x \cos^2\theta + \varepsilon_y \sin^2\theta + \gamma_{xy}\sin\theta\cos\theta \tag{e}$$

将其中的 θ 变为 $\theta + \frac{\pi}{2}$,则可以写出 $Ox'y'$ 坐标系中 y' 方向的正应变

$$\varepsilon_{y'} = \varepsilon_x \sin^2\theta + \varepsilon_y \cos^2\theta - \gamma_{xy}\sin\theta\cos\theta \tag{f}$$

应用三角函数的倍角关系式,由式(e)和式(f)得到

$$\begin{cases} \varepsilon_{x'} = \dfrac{\varepsilon_x + \varepsilon_y}{2} + \dfrac{\varepsilon_x - \varepsilon_y}{2}\cos 2\theta + \dfrac{\gamma_{xy}}{2}\sin 2\theta \\ \varepsilon_{y'} = \dfrac{\varepsilon_x + \varepsilon_y}{2} - \dfrac{\varepsilon_x - \varepsilon_y}{2}\cos 2\theta - \dfrac{\gamma_{xy}}{2}\sin 2\theta \end{cases} \tag{11-27}$$

将方程(11-25)中的二式相加,有

$$\varepsilon_{x'} + \varepsilon_{y'} = \varepsilon_x + \varepsilon_y \tag{11-28}$$

将方程(11-27)的第一式中的 θ 代之以 $\theta + 45^\circ$,考虑到

$$\cos(2\theta + 90^\circ) = -\sin 2\theta, \quad \sin(2\theta + 90^\circ) = \cos 2\theta$$

得到

$$\varepsilon_{\theta+45^\circ} = \frac{\varepsilon_x + \varepsilon_y}{2} - \frac{\varepsilon_x - \varepsilon_y}{2}\sin 2\theta + \frac{\gamma_{xy}}{2}\cos 2\theta \tag{g}$$

将其代入方程(11-26),考虑到 $\varepsilon_{x'} + \varepsilon_{y'} = \varepsilon_x + \varepsilon_y$,有

$$\begin{aligned} \gamma_{x'y'} &= 2\varepsilon_{\theta+45^\circ} - (\varepsilon_{x'} + \varepsilon_{y'}) = 2\varepsilon_{\theta+45^\circ} - (\varepsilon_x + \varepsilon_y) \\ &= 2\left(\frac{\varepsilon_x + \varepsilon_y}{2} - \frac{\varepsilon_x - \varepsilon_y}{2}\sin 2\theta + \frac{\gamma_{xy}}{2}\cos 2\theta\right) - (\varepsilon_x + \varepsilon_y) \\ &= -(\varepsilon_x - \varepsilon_y)\sin 2\theta + \gamma_{xy}\cos 2\theta \end{aligned}$$

为后面的运算方便,上式可改写为

$$\frac{\gamma_{x'y'}}{2} = -\frac{\varepsilon_x - \varepsilon_y}{2}\sin 2\theta + \frac{\gamma_{xy}}{2}\cos 2\theta \tag{11-29}$$

方程(11-27)和方程(11-29)给出了当 Oxy 坐标系逆时针旋转 θ 转到 $Ox'y'$ 坐标系时应变分量之间的相互关系。

11.7.2 平面应变状态应变圆——主应变、最大剪应变

仔细考察方程(11-27)和方程(11-29),可以发现,与应力状态分析中得到的任意方向面上的正应力与剪应力有相似之处,因此应力圆的方法可以扩展到平面应变分析,亦即采用莫尔应变圆描述一点的应变状况。为此,将方程(11-27)的第一式和方程(11-29)改写如下:

$$\left(\varepsilon_{x'}-\frac{\varepsilon_x+\varepsilon_y}{2}\right)^2=\left(\frac{\varepsilon_x-\varepsilon_y}{2}\cos 2\theta+\frac{\gamma_{xy}}{2}\sin 2\theta\right)^2$$

$$\left(\frac{\gamma_{x'y'}}{2}\right)^2=\left(-\frac{(\varepsilon_x-\varepsilon_y)}{2}\sin 2\theta+\frac{\gamma_{xy}}{2}\cos 2\theta\right)^2$$

将上述二式等号左右两侧的项相加，并将等号右侧项化简后得

$$\left(\varepsilon_{x'}-\frac{\varepsilon_x+\varepsilon_y}{2}\right)^2+\left(\frac{\gamma_{x'y'}}{2}\right)^2=\left(\frac{\varepsilon_x-\varepsilon_y}{2}\right)^2+\left(\frac{\gamma_{xy}}{2}\right)^2=\left(\sqrt{\left(\frac{\varepsilon_x-\varepsilon_y}{2}\right)^2+\left(\frac{\gamma_{xy}}{2}\right)^2}\right)^2$$

在以 $\varepsilon_{x'}$ 为横轴，$\frac{\gamma_{x'y'}}{2}$ 为纵轴的坐标系中，这也是一圆方程，对应的圆称为莫尔应变圆，简称应变圆，如图 11-21 所示。其圆心坐标和圆的半径分别为

$$\left(\frac{\varepsilon_x+\varepsilon_y}{2},0\right),R=\sqrt{\left(\frac{\varepsilon_x-\varepsilon_y}{2}\right)^2+\left(\frac{\gamma_{xy}}{2}\right)^2}$$

其中 ε_x 和 ε_y 分别为微元平行于 x 轴和 y 轴平面的正应变，规定：拉应变为正，压应变为负；γ_{xy} 为微元的直角改变量，ε_x 和 ε_y 对应的分别为 $-\frac{\gamma_{xy}}{2}$ 和 $\frac{\gamma_{xy}}{2}$，其正负号由微元平行于 x 轴和 y 轴平面的转动方向确定，顺时针转动者为正，逆时针转动者为负。

与应力圆相似，应变圆也存在 3 种对应关系：

点面对应——应变圆上一点的坐标值对应着微元某一方向面的正应变和剪应变的一半；

转向对应——应变圆半径转动的方向与微元方向面法线转动的方向一致；

二倍角对应——应变圆半径转过的角度是微元方向面法线转过角度的二倍。

所不同的是应力圆的纵坐标为剪应力 τ，而应变圆的纵坐标为剪应变的一半 $\frac{\gamma_{x'y'}}{2}$。

从应变圆上可以看出(图 11-22)，应变圆与横坐标轴的交点所对应的剪应变等于零，这一应变对应的微元平面称为应变主平面，其法线称为应变主轴，正应变用 ε' 和 ε'' 表示；在应变圆的最高点，剪应变最大，称为面内最大剪应变，用 γ_{max} 表示。

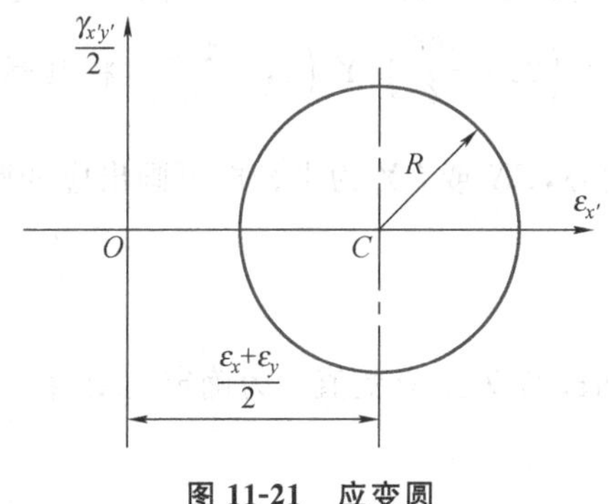

图 11-21　应变圆

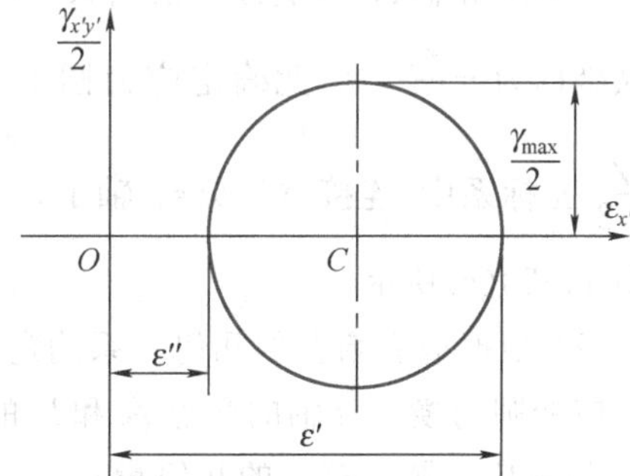

图 11-22　主应变与面内最大剪应变

【例题 11-8】 边长为 20 mm×20 mm 的平面应变状态正方形如图 11-23(a)所示。已知水平边伸长 4 μm，铅垂边未发生变化，当左下角的角度增加了 0.4×10^{-3} rad(图 11-23(b))。确定：(1)应变主轴和主应变；(2)面内最大剪应变。

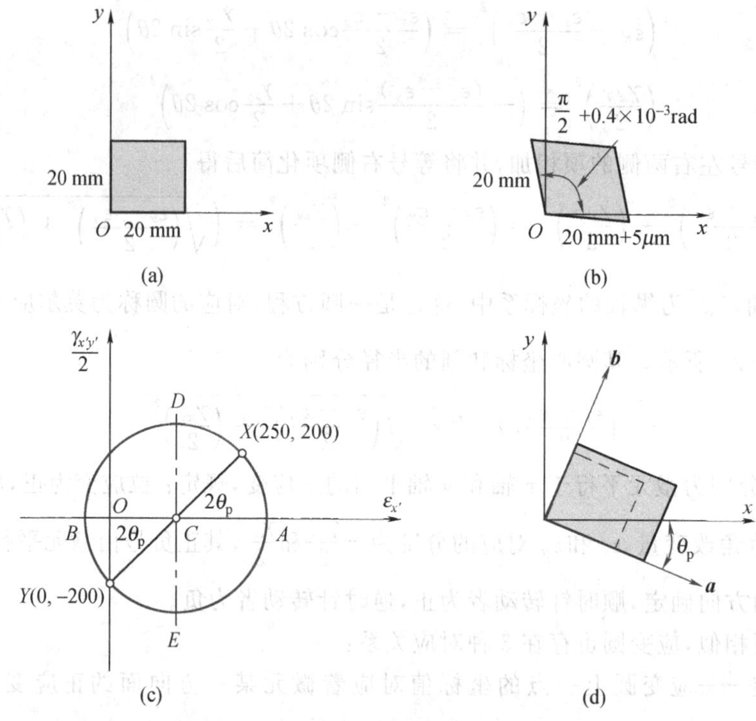

图 11-23 例题 11-8 图

解：(1) 确定已知的应变分量画出应变圆

首先确定与微元平行于 x 和 y 方向对应的正应变和剪应变：

$$\varepsilon_x = \frac{5\times10^{-6}\,\text{m}}{20\times10^{-3}\,\text{m}} = 250\times10^{-6},\quad \varepsilon_y = 0,\quad \gamma_{xy} = 0.4\times10^{-3} = 400\times10^{-6}$$

因为正方形上与 ε_x 有关的边发生顺时针转动，因此与之对应点的横坐标为 ε_x，纵坐标为 $\frac{\gamma_{xy}}{2}$ 且位于横坐标轴 $\varepsilon_x{}'$ 的上方。根据 $\varepsilon_y=0$ 以及与之对应的正方形边为逆时针方向转动，这一点纵坐标为 $-\frac{\gamma_{xy}}{2}$。由此确定应力圆上两点的坐标 $X\left(250,\frac{400}{2}\right)$，$Y\left(0,-\frac{400}{2}\right)$，将其标在 $\varepsilon_x{}'$-$\frac{\gamma_{xy}}{2}$ 坐标系中，连接 XY 交 $\varepsilon_x{}'$ 轴于 C 点，以 C 为圆心，CX 或 CY 为半径即可画出应变圆，如图 11-23(c)所示。

(2) 根据应变圆上的几何关系确定主应变

应变圆与横坐标轴的交点 A 和 B 的应变值 ε_a 和 ε_b 即为主应变值。为确定应变值 ε_a 和 ε_b，先计算应变圆上有关的几何量：

$$OC = \frac{\varepsilon_x + \varepsilon_y}{2} = \frac{250+0}{2} = 125\times10^{-6}$$

$$OY = \frac{\gamma_{xy}}{2} = \frac{400}{2} = 200\times10^{-6}$$

$$CA = CB = CX = CY = \sqrt{OY^2 + OC^2} = \sqrt{200^2 + 125^2} = 235.8\times10^{-6}$$

于是，由 A 和 B 的横坐标得到主应变

$$\varepsilon_a = OA = OC + CA = 125 + 235.8 = 360.8 \times 10^{-6}$$

$$\varepsilon_b = OB = -(BC - OC) = -(235.8 - 125) = 110.8 \times 10^{-6}$$

应变主轴的方向角 θ_p 由下式确定：

$$\tan 2\theta_p = \frac{OY}{OC} = \frac{200}{125} = 1.6$$

$$2\theta_p = 58°,\quad \theta_p = 29°$$

应变主轴方向如图 11-23(d)所示。

(3) 最大剪应变

最大面内剪应变由点 D 和 E 确定，因为两个正应变正负号相反，所以，这一最大面内剪应变实际上就是该处的最大剪应变。故有

$$\left(\frac{\gamma}{2}\right)_d = \frac{\gamma_{max}}{2} = CA = 235.8 \times 10^{-6}$$

$$\gamma_{max} = 2 \times 235.8 = 471.6 \times 10^{-6}$$

11.7.3 三维应变状态及其特例分析

在应力状态分析中，已经得到结论，任何三维应力状态都可以用 3 个主应力作用的微元表示。由于主应力作用平面上没有剪应力作用，相应的剪应变等于零，因此与主应力对应的应变就是主应变，用 ε_1、ε_2、ε_3 表示，如图 11-24(a)所示。主应力与正应变之间满足胡克定律。

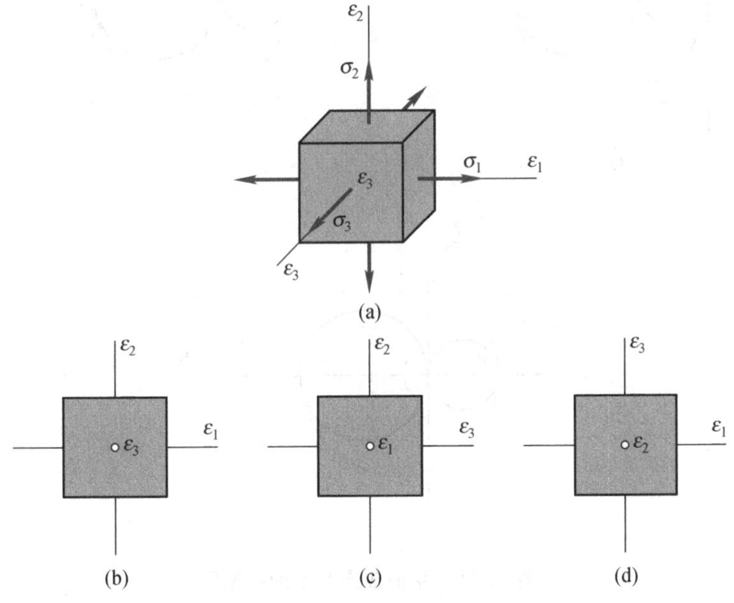

图 11-24 三维应力状态与三维应变状态

采用与画三维应力圆类似的方法，3 个主应变中的两个主应变互相重合，如图 11-24(b)、(c)、(d)所示，可以画出 3 个应变圆，如图 11-25 所示。最大应变圆的直径即为该点的最大剪应变。

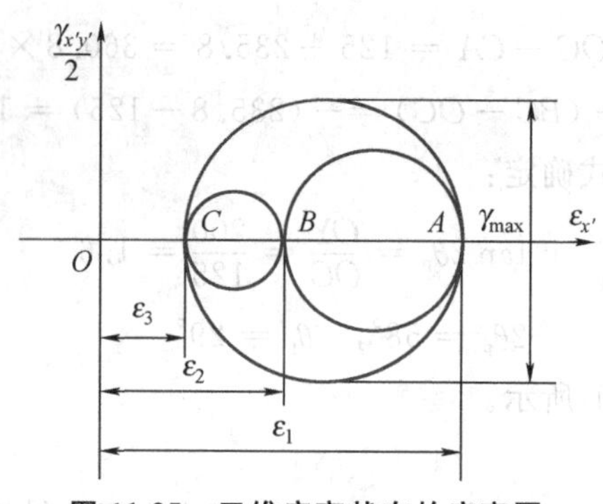

图 11-25　三维应变状态的应变圆

以下讨论两种特例。

1. 平面应变情形

假设 ε_1 和 ε_2 不等于零，$\varepsilon_3=0$，根据 ε_1 和 ε_2 代数值大小，应变圆有图 11-26 所示的三种情形。其中图 11-26(a)所示为 ε_1 和 ε_2 同为正；图 11-26(b)所示为 ε_1 和 ε_2 同为负；图 11-26(c)所示为 ε_1 和 ε_2 异号。

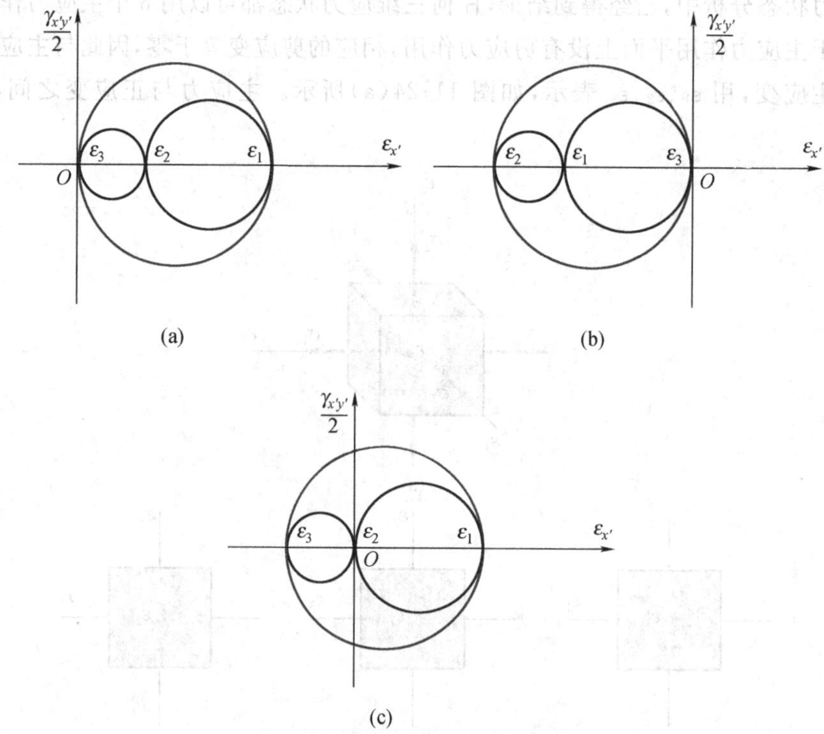

图 11-26　平面应变状态的应变圆

2. 平面应力情形

平面应力状态下，$\sigma_z=0$，$\varepsilon_z\neq0$；$\sigma_3=0$，$\varepsilon_3\neq0$。根据广义胡克定律，有

$$\varepsilon_1=\frac{\sigma_1}{E}-\nu\frac{\sigma_2}{E}$$

$$\varepsilon_2 = \frac{\sigma_2}{E} - \nu\frac{\sigma_1}{E}$$

$$\varepsilon_3 = -\frac{\nu}{E}(\sigma_1 + \sigma_2)$$

由此解出

$$\varepsilon_3 = \frac{\nu}{1-\nu}(\varepsilon_1 + \varepsilon_2)$$

这时无论 ε_1、ε_2 与 ε_3 同号还是异号，最大剪应变都等于由 ε_3 与 ε_1 或由 ε_3 与 ε_2 所画出应变圆的直径(图 11-27)。

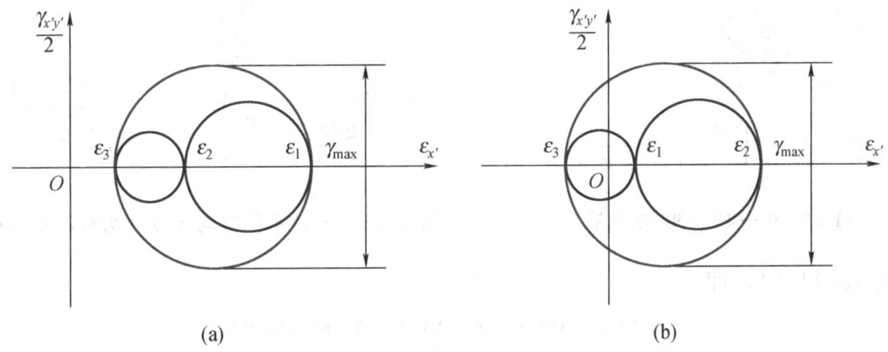

图 11-27　三平面应力状态的应变圆

11.7.4　应变测量——应变片与应变花

1. 单一方向正应变测量——电阻应变片

构件或零件表面任意方向的正应变，可以通过如下方式进行：在所要测量应变方向画上一条直线，刻上两点 A 和 B 的记号，测量 AB 线段加载前和加载后的长度。如果 l 为 AB 没有变形时的长度，δ 为其变形量，则沿 AB 方向的正应变为 $\varepsilon_{AB} = \dfrac{\delta}{l}$。

电阻应变片(图 11-28)是一种测量正应变更简便也是更精确的方法。典型的电阻应变片由一定长度的很细的电阻丝按一定方式布置，并且粘在两片绝缘纸之间而成。为了测量给定材料在 AB 方向上的正应变，应变片需要粘贴在材料的表面，并且使应变片整体沿着 AB 方向。当材料伸长时，电阻丝长度增加，直径减少，从而使应变片的电阻增加。通过测量流过标定过的应变片的电流，就可以精确、连续地确定载荷增加过程中的应变 ε_{AB}。

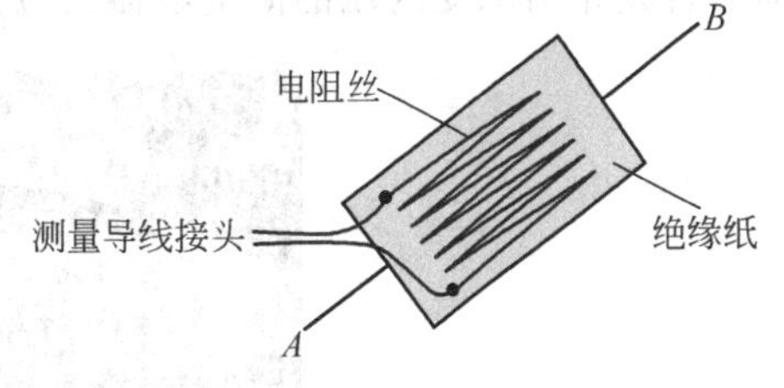

图 11-28　电阻应变片

2. 过一点应变分量的测量——应变花

通过测量过一点沿 x 和 y 方向的应变片得到这两个方向的正应变，可以确定构件或零部件自由表面给定点的应力分量 ε_x 和 ε_y。通过测量 x 和 y 之间的 45°方向应变片测得这一方向的正应变 ε_{45°，应用式(11-25)，即

$$\gamma_{xy} = 2\varepsilon_{45^\circ} - (\varepsilon_x + \varepsilon_y)$$

可以确定这一点的剪应变 γ_{xy}。这就是一点的应变分量测量。这种测量通过图 11-29 中所示之电阻花实现,电阻花由 3 片分别沿 x、y、45°方向的电阻片所组成。

一点的应变分量 ε_x,ε_y,γ_{xy},还可以通过测量过这一点沿三个任意方向(θ_1,θ_2,θ_3)的正应变 ε_1、ε_2、ε_3确定。θ_1,θ_2,θ_3分别为三条线与 x 轴的夹角,由此形成的电阻花如图 11-30 所示。

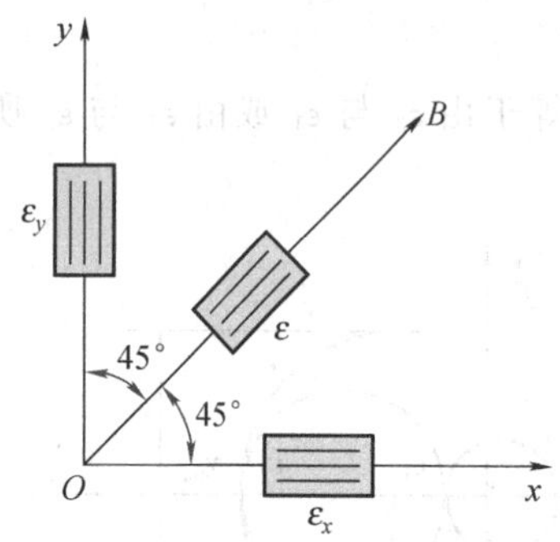

图 11-29　0°—45°—90°电阻花

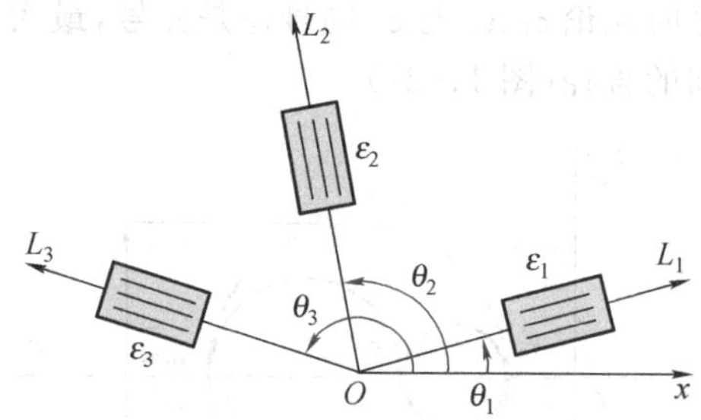

图 11-30　三片不同方向应变片组成的电阻花

根据式(11-24),即

$$\varepsilon_\theta = \varepsilon_x \cos^2\theta + \varepsilon_y \sin^2\theta + \gamma_{xy} \sin\theta\cos\theta$$

将 θ_1,θ_2,θ_3分别代入其中,得到

$$\left.\begin{aligned} \varepsilon_{\theta 1} &= \varepsilon_x \cos^2\theta_1 + \varepsilon_y \sin^2\theta_1 + \gamma_{xy} \sin\theta_1 \cos\theta_1 \\ \varepsilon_{\theta 2} &= \varepsilon_x \cos^2\theta_2 + \varepsilon_y \sin^2\theta_2 + \gamma_{xy} \sin\theta_2 \cos\theta_2 \\ \varepsilon_{\theta 3} &= \varepsilon_x \cos^2\theta_3 + \varepsilon_y \sin^2\theta_3 + \gamma_{xy} \sin\theta_3 \cos\theta_3 \end{aligned}\right\} \tag{11-30}$$

解此方程组即可得到该点的应变分量 ε_x,ε_y,γ_{xy}。

11.8　承受内压薄壁容器的应力分析

承受内压的薄壁容器(图 11-31)是化工、热能、空调、制药、石油、航空等工业部门重要的零件或部件。薄壁容器的设计关系着安全生产,关系着人民的生命与国家财产的安全。本节首先介绍承受内压的薄壁容器的应力分析,下一章再对薄壁容器设计作一简述。

图 11-31　压力容器

11.8.1　薄壁容器承受内压时的环向应力与纵向应力

考察图 11-32(a)中所示之两端封闭的、承受内压的薄壁容器。容器承受内压作用后,不

仅要产生轴向变形,而且在圆周方向也要发生变形,即圆周周长增加。

因此,薄壁容器承受内压后,在横截面和纵截面上都将产生应力。作用在横截面上的正应力沿着容器轴线方向,故称为**轴向应力或纵向应力**(longitudinal stress),用 σ_m 表示;

作用在纵截面上正应力沿着圆周的切线方向,故称为**环向应力**(hoop stress),用 σ_t 表示。

11.8.2　分析承受内压薄壁容器应力的平衡方法

因为容器壁较薄($D/\delta\gg1$),若不考虑端部效应,可认为上述二种应力均沿容器厚度方向均匀分布。因此,可以采用平衡方法和由流体静力学得到的结论,导出纵向和环向应力与平均直径 D、壁厚 δ、内压 p 的关系式。而且,由于壁很薄,可用平均直径近似代替内径。

用横截面和纵截面分别将容器截开,其受力分别如图 11-32(b)、(c)所示。根据平衡方程

$$\sum F_x = 0,\quad \sigma_m(\pi D\delta) - p \times \frac{\pi D^2}{4} = 0$$

$$\sum F_y = 0,\quad \sigma_t(l \times 2\delta) - p \times D \times l = 0$$

可以得到纵向应力和环向应力的计算式分别为

$$\left.\begin{aligned} \sigma_m &= \frac{pD}{4\delta} \\ \sigma_t &= \frac{pD}{2\delta} \end{aligned}\right\} \tag{11-31}$$

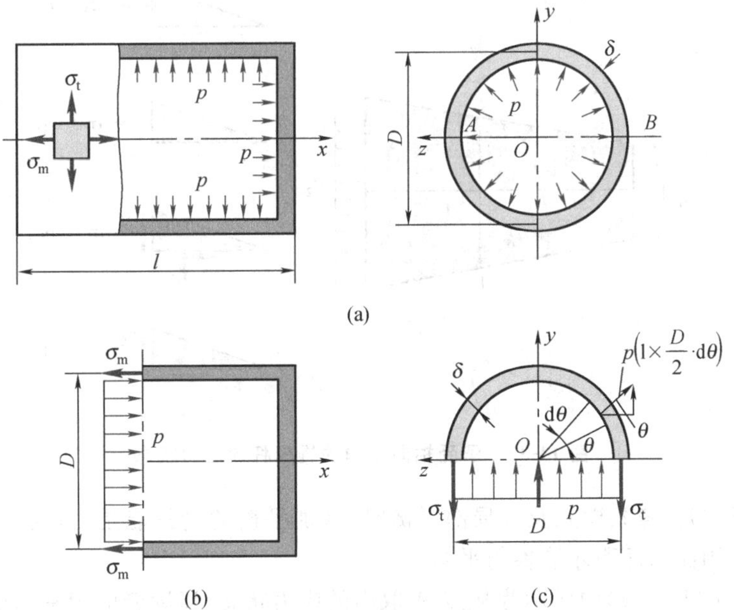

图 11-32　薄壁容器中的应力

上述分析中,只涉及容器表面的应力状态。在容器内壁,由于内压作用,还存在垂直于内壁的径向应力,$\sigma_r=-p$。但是,对于薄壁容器,由于 $D/\delta\gg1$,故 $\sigma_r=-p$ 与 σ_m 和 σ_t 相比甚小。而且 σ_r 自内向外沿壁厚方向逐渐减小,至外壁时变为零。因此,忽略 σ_r 是合理的。

11.9 结论与讨论

11.9.1 关于应力状态的几点重要结论

关于应力状态,有以下几点重要结论:

(1) 应力的点和面的概念以及应力状态的概念,不仅是工程力学的基础,而且也是其他变形体力学的基础。

(2) 应力状态方向面上的应力与应力圆的类比关系,为分析应力状态提供了一种重要手段。需要注意的是,不应当将应力圆作为图解工具,因而无需用绘图仪器画出精确的应力圆,只要徒手即可画出。根据应力圆中的几何关系,就可以得到所需要的答案。

(3) 要注意区分面内最大剪应力与应力状态中的最大剪应力。为此,对于平面应力状态,要正确确定 σ_1、σ_2、σ_3,然后由式(11-11)计算一点处的最大剪应力。

11.9.2 平衡方法是分析应力状态最重要、最基本的方法

本章应用平衡方法建立了不同方向面上应力的转换关系。但是,平衡方法的应用不仅限于此,在分析和处理某些复杂问题时,也是非常有效的。例如图 11-33(a)中所示的承受轴向拉伸的锥形杆(矩形截面),应用平衡方法可以证明:横截面 A—A 上各点的应力状态不会完全相同。

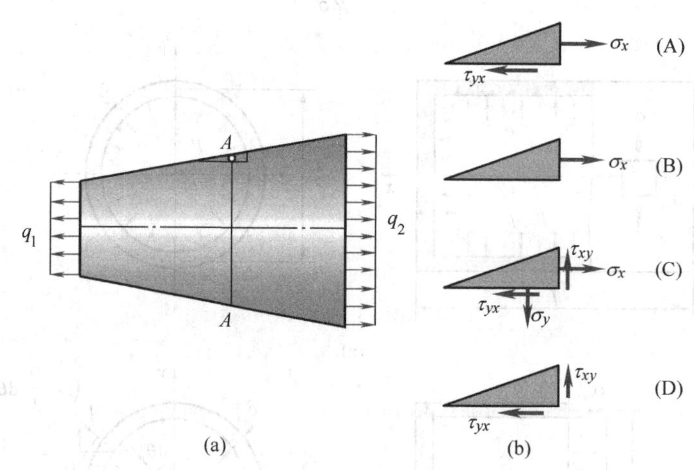

图 11-33 承受轴向拉伸的锥形杆的应力状态

需要注意的是,考察微元及其局部平衡时,参加平衡的量只能是力,而不是应力。应力只有乘以其作用面的面积才能参与平衡。

又比如,图 11-33(b)中所示为从点 A 取出的应力状态,请读者应用平衡的方法,分析哪一种是正确的?

11.9.3 关于应力状态的不同的表示方法

同一点的应力状态可以有不同的表示方法,但以主应力表示的应力状态最为重要。

对于图 11-34 中所示的四种应力状态,请读者分析哪几种是等价的?为了回答这一问

题，首先，需要应用本章的分析方法，确定两个应力状态等价不仅主应力的数值相同，而且主应力的作用线方向也必须相同。据此，才能判断哪些应力状态是等价的。

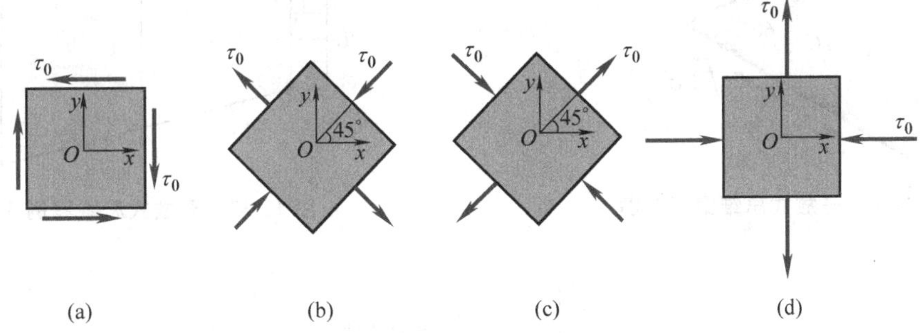

图 11-34　判断应力状态是否等价

11.9.4　正确应用广义胡克定律

对于一般应力状态的微元，其上某一方向的正应变不仅与这一方向上的正应力有关，而且还与单元体的另外两个垂直方向上的正应力有关。在小变形的条件下，剪应力在其作用方向以及与之垂直的方向都不会产生正应变，但在其余方向仍将产生正应变。

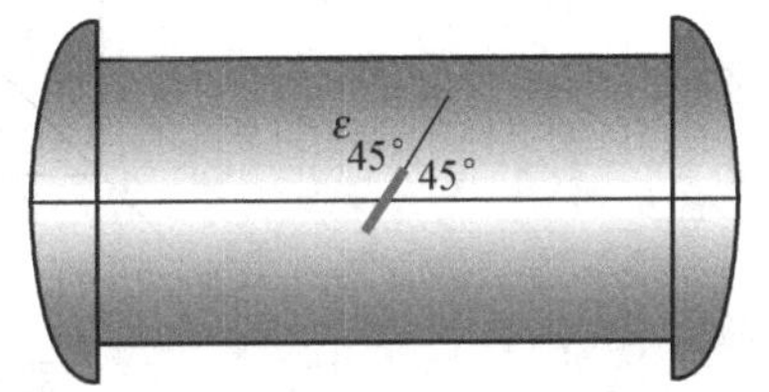

图 11-35　正确应用广义胡克定律

对于图 11-35 所示的承受内压的薄壁容器，怎样从表面一点处某一方向上的正应变（例如 $\varepsilon_{45°}$）推知容器所受内压，或间接测量容器壁厚。这一问题具有重要的工程意义，请读者自行研究。

11.9.5　开放式思维案例

案例 1　举例说明下列命题的正确与否？

(1) 有应力一定有应变。

(2) 有应力不一定有应变。

(3) 有应变不一定有应力。

(4) 有应变一定有应力。

案例 2　受力物体某一点的应力状态如图 11-36 所示。研究确定该点主应力和最大剪应力的分析方法。

案例 3　矩形截面锥形杆承受轴向拉伸如图 11-37 所示。试分析研究：(1)任意 $A—A$ 截面上必然存在剪应力，而且是非均匀分布的。(2)$A—A$ 截面将不再保持平面。

案例 4　图 11-38 所示刚性槽内放置一弹性物块，物块顶面受均匀压力 p 作用。研究物块的受力和变形，以及由此研究结果可以得出的结论。

案例 5　反问题——对于图 11-39 中所示的应力圆，能不能确定与其所对应的应力状态？如果不能，需要附加什么条件才能确定与其所对应的应力状态？

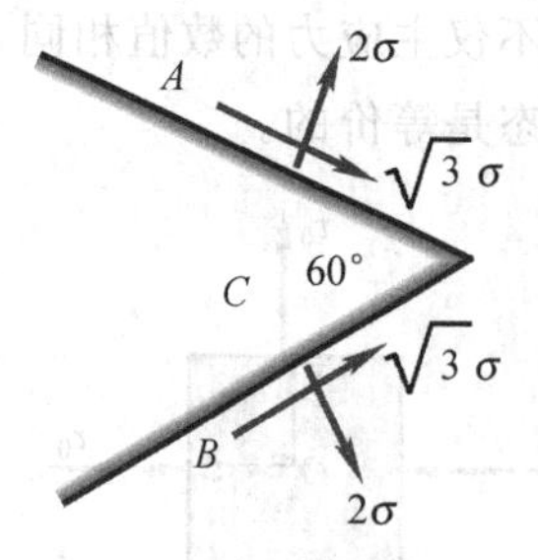

图 11-36　开放式思维案例 2 图

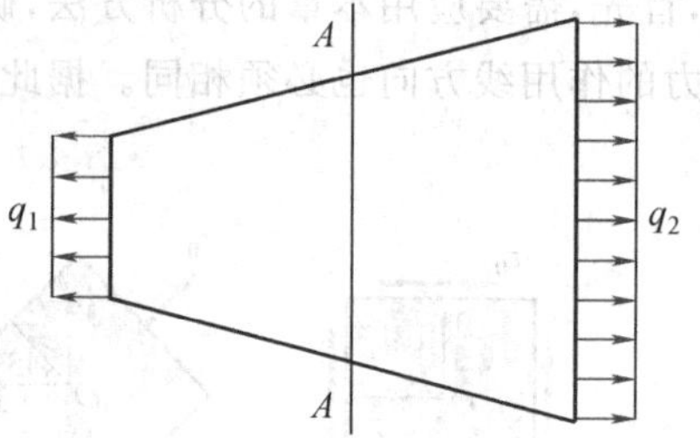

图 11-37　开放式思维案例 3 图

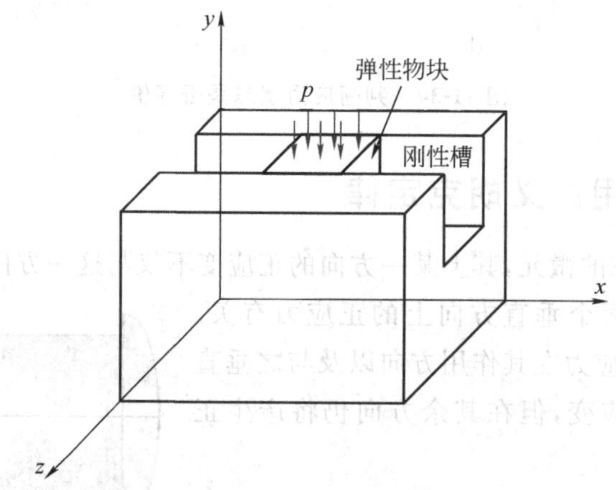

图 11-38　开放式思维案例 4 图

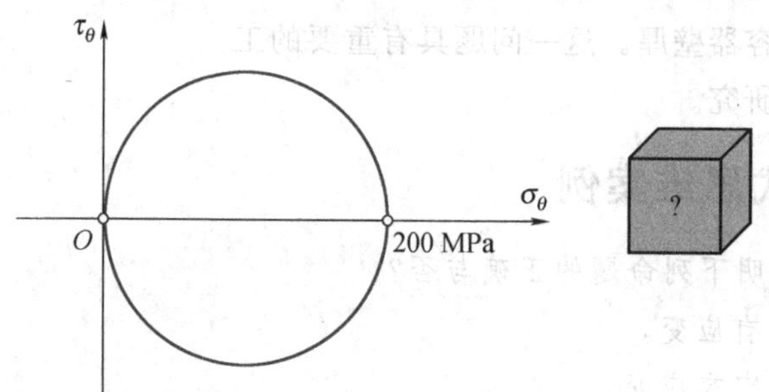

图 11-39　开放式思维案例 5 图

习题

11-1　木制构件中的微元受力如图所示，其中所示的角度为木纹方向与铅垂方向的夹角。试求：

(1) 面内平行于木纹方向的剪应力；

(2) 垂直于木纹方向的正应力。

11-2　层合板构件中微元受力如图所示，各层板之间用胶粘接，接缝方向如图中所示。若已知胶层剪应力不得超过 1 MPa。试分析是否满足这一要求。

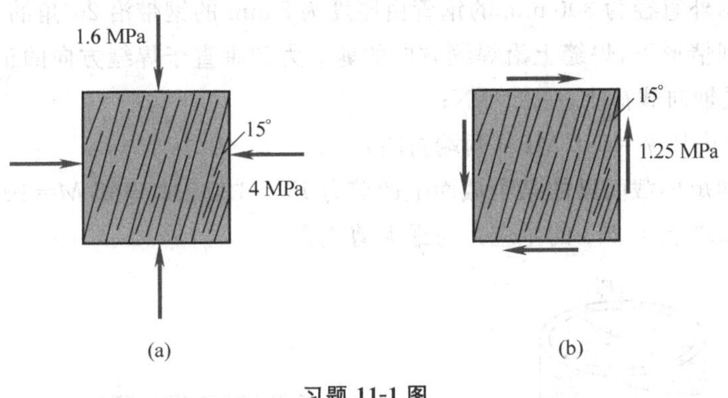

习题 11-1 图

11-3 从构件中取出的微元受力如图所示,其中 AC 为自由表面(无外力作用)。试求 σ_x 和 τ_{xy}。

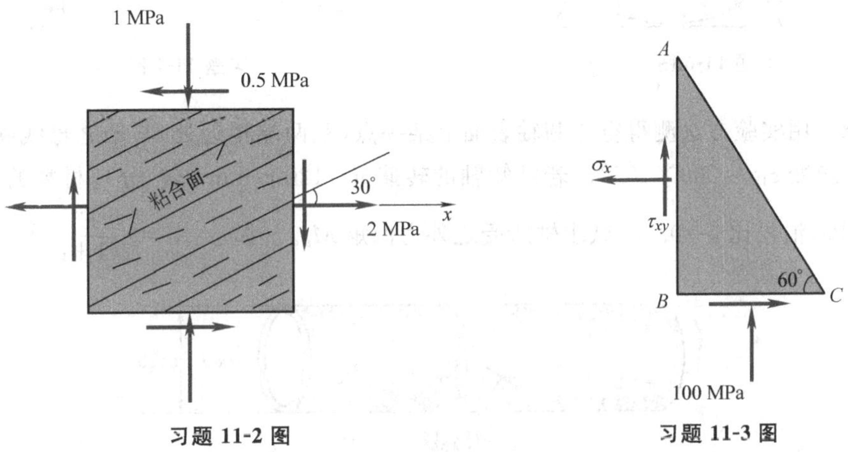

习题 11-2 图　　习题 11-3 图

11-4　构件微元表面 AC 上作用有数值为 14 MPa 的压应力,其余受力如图所示。试求 σ_x 和 τ_{xy}。

11-5　对于图示的应力状态,若要求其中的最大剪应力 $\tau_{max}<160$ MPa,试求 τ_{xy} 取何值。

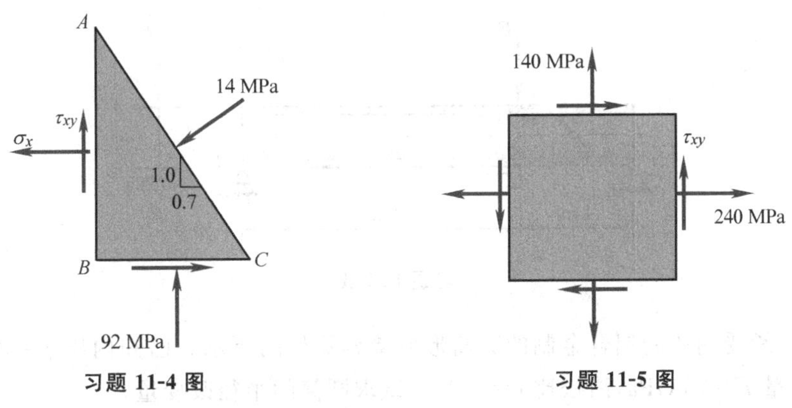

习题 11-4 图　　习题 11-5 图

11-6 图示外直径为300 mm的钢管由厚度为8 mm的钢带沿20°角的螺旋线卷曲焊接而成。试求下列情形下,焊缝上沿焊缝方向的剪应力和垂直于焊缝方向的正应力。

(1) 只承受轴向载荷 $F_P=250$ kN;

(2) 只承受内压 $p=5.0$ MPa(两端封闭)。

11-7 已知矩形截面梁的某个截面上的剪力 $F_Q=120$ kN,弯矩 $M=10$ kN·m,截面尺寸如图所示。试求点1、2、3的主应力与最大剪应力。

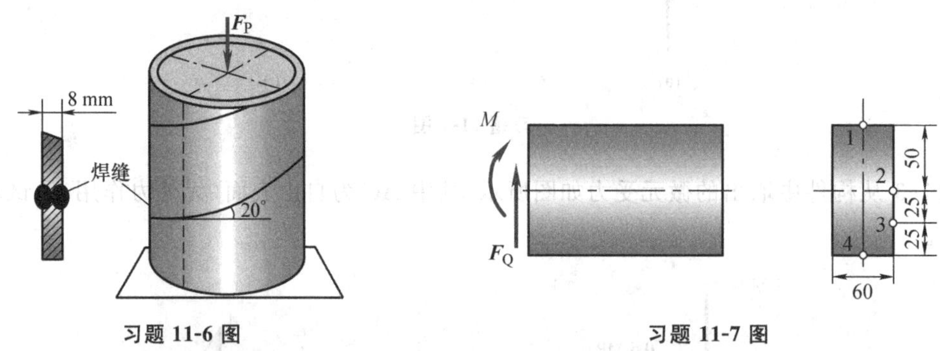

习题 11-6 图　　　　习题 11-7 图

11-8 用实验方法测得空心圆轴表面上某一点(距两端稍远处)与轴之母线夹45°角方向上的正应变 $\varepsilon_{45°}=200\times10^{-6}$。若已知轴的转速 $n=120$ r/min(转/分),材料的切变模量 $G=81$ GPa,泊松比 $\nu=0.28$,试求轴所受之外力偶矩 M_e。$\left(\text{提示}: G=\dfrac{E}{2(1+\nu)}\right)$

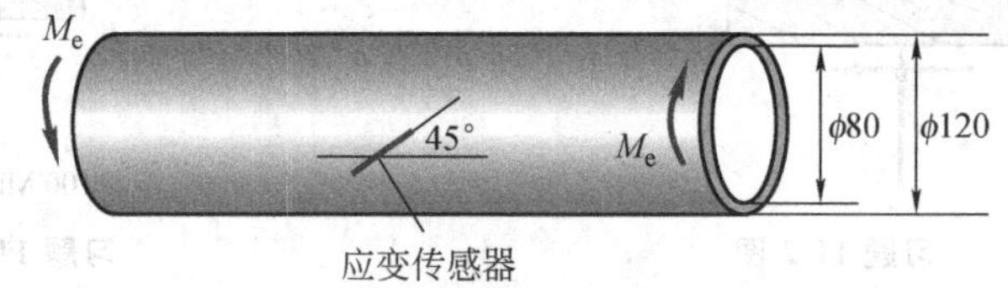

习题 11-8 图

11-9 No.28a普通热轧工字钢简支梁如图所示,今由贴在中性层上某点 K 处、与轴线夹角45°方向上的应变片测得 $\varepsilon_{45°}=-260\times10^{-6}$,已知钢材的弹性模量 $E=210$ GPa,泊松比 $\nu=0.28$。试求作用在梁上的载荷 $\boldsymbol{F}_P$。

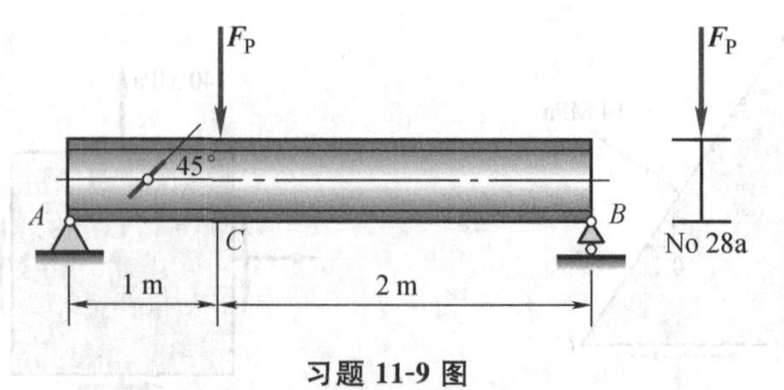

习题 11-9 图

11-10 承受内压的铝合金制的圆筒形薄壁容器如图所示。已知内压 $p=3.5$ MPa,材料的弹性模量 $E=75$ GPa,泊松比 $\nu=0.33$。试求圆筒的半径改变量。

11-11　利用 0°—60°—120°应变花测得钢制机器表面点 A 的应变数据：

$$\varepsilon_1 = 40 \times 10^{-6}, \quad \varepsilon_2 = 980 \times 10^{-6}, \quad \varepsilon_3 = 330 \times 10^{-6}$$

在图示坐标系中，确定：(1)应变分量 ε_x，ε_y，γ_{xy}；(2)主应变；(3)最大剪应变。(材料的泊松比 ν=0.29)

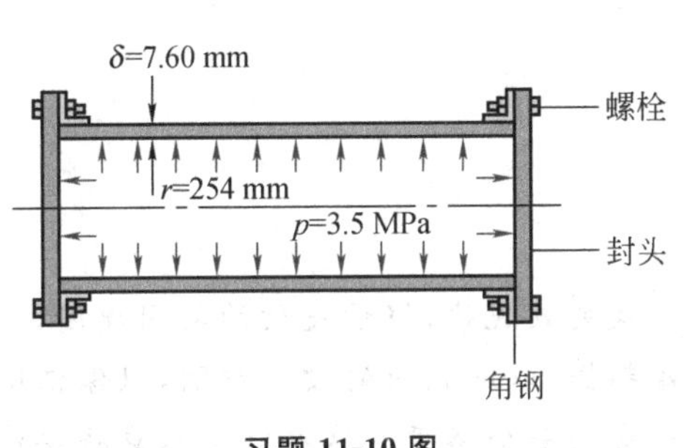

习题 11-10 图

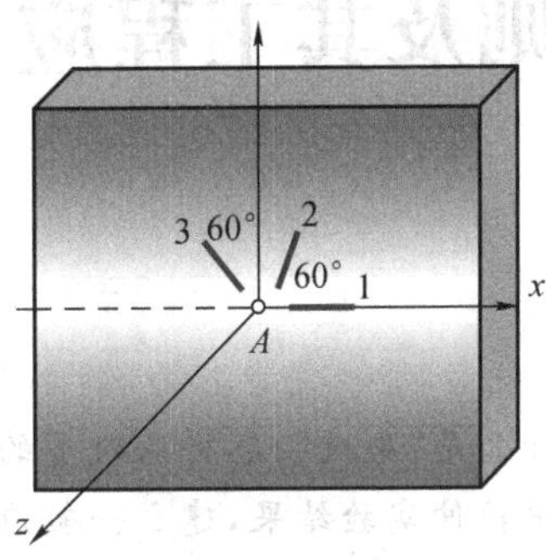

习题 11-11 图

第12章 一般应力状态下的强度设计准则及其工程应用

什么是"失效"；怎样从众多的失效现象中寻找失效规律；假设失效的共同原因，从而利用简单拉伸实验结果，建立一般应力状态的失效判据，以及相应的设计准则，以保证所设计的工程构件或工程结构不发生失效，并且具有一定的安全裕度。这些就是本章将要涉及的主要问题。

失效的类型很多，本章主要讨论静载荷作用下的强度失效。

失效与材料的力学行为密切相关，因此研究失效必须通过实验研究材料的力学行为。

实验是重要的，但到目前为止，人们所进行的材料力学行为与失效实验是很有限的。怎样利用有限的实验结果建立多种情形下的失效判据与设计准则，这是本章的重点。

12.1 强度设计的新问题

拉伸和弯曲强度问题中所建立的强度设计准则

$$\sigma \leqslant [\sigma]$$

是材料在单向应力状态下(图 12-1(a))不发生失效、并且具有一定的安全裕度的依据；扭转强度设计准则

$$\tau \leqslant [\tau]$$

则是材料在纯剪应力状态(图 12-1(b))下不发生失效、并且具有一定的安全裕度的依据。这些强度设计准则建立了工作应力与极限应力之间的关系。

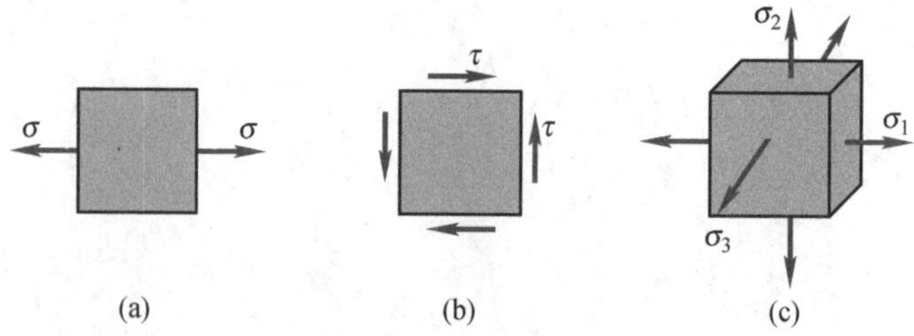

图 12-1 确定设计的新问题

对于一般应力状态(图 12-1(c))中为一般应力状态的主应力表达形式)，强度设计准则应该是什么？也就是设计准则中的不等号的左侧和右侧的项应该是什么？

$$? \leqslant ?$$

根据建立单向应力状态和纯剪应力状态强度设计准则的过程，可以知道，不等号的左侧的项应该与工作应力有关；而不等号右侧项应该与材料失效时的极限应力有关。

因此建立一般应力状态下的强度设计准则就是要建立工作应力与极限应力之间的关系。

大家知道，单向应力状态和纯剪应力状态下材料失效时的极限应力值，是直接由实验确定的。但是，一般应力状态下则不能。这是因为：一方面一般应力状态各式各样，可以说有无穷多种，不可能一一通过实验确定极限应力；另一方面，有些应力状态的实验，技术上难以实现。

大量的关于材料失效的实验结果以及工程构件强度失效的实例表明，一般应力状态虽然各式各样，但是材料在各种一般应力状态下的强度失效的形式却是共同的，而且是有限的。

大量实验结果表明，无论应力状态多么复杂，材料在常温、静载作用下主要发生两种形式的强度失效：一种是**屈服**；另一种是**断裂**。

对于同一种失效形式，有可能在引起失效的原因中包含着共同的因素。建立一般应力状态下的强度失效判据，就是提出关于材料在不同应力状态下失效共同原因的各种假说。根据这些假说，就有可能利用单向拉伸的实验结果，建立材料在一般应力状态下的失效判据；就可以预测材料在一般应力状态下，何时发生失效，以及怎样保证不发生失效，进而建立一般应力状态下强度设计准则。

本节将通过对屈服和断裂原因的假说，直接应用单向拉伸的实验结果，建立材料在各种应力状态下的屈服与断裂的强度设计准则。

关于断裂的准则有最大拉应力准则（第一强度理论）和最大拉应变准则（第二强度理论），由于最大拉应变准则只与少数材料的实验结果相吻合，工程上已经很少应用。关于屈服的准则主要有最大剪应力准则（第三强度理论）和畸变能密度准则（第四强度理论）。

12.2　关于脆性断裂的设计准则

关于断裂的强度理论有第一强度理论与第二强度理论，由于第二强度理论只与少数材料的实验结果相吻合，工程上已经很少应用。

12.2.1　最大拉应力准则（第一强度理论）

最大拉应力准则（maximum tensile stress criterion）又称为**第一强度理论**，最早由英国的兰金（Rankine. W. J. M.）提出，他认为引起材料断裂破坏的原因是由于最大正应力达到某个共同的极限值。对于拉、压强度相同的材料，这一理论现在已被修正为最大拉应力准则。

这一准则认为：*无论材料处于什么应力状态，只要发生脆性断裂，其共同原因都是由于微元内的最大拉应力 σ_{max} 达到了某个共同的极限值 σ_{max}^0。*

根据这一准则，“无论什么应力状态”（图 12-2(a)），当然包括单向应力状态。脆性材料单向拉伸实验结果表明，当横截面上的正应力 $\sigma=\sigma_b$ 时发生脆性断裂（图 12-2(b)）。对于单向拉伸，横截面上的正应力，就是微元所有方向面中的最大正应力，即 $\sigma_{max}=\sigma$；所以 σ_b 就是

所有应力状态发生脆性断裂的极限值:

$$\sigma_{max}^0 = \sigma_b \tag{a}$$

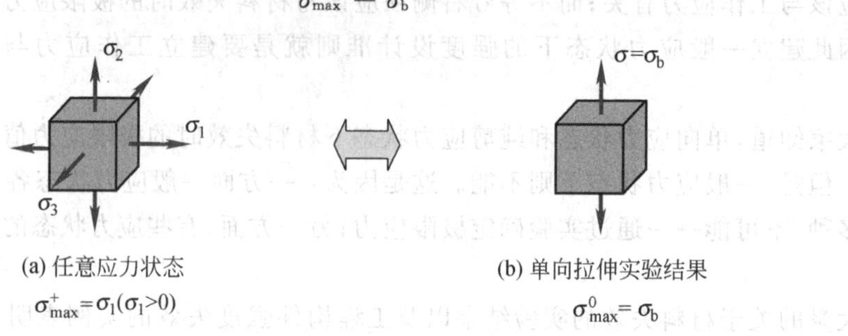

(a) 任意应力状态 $\sigma_{max}^+=\sigma_1(\sigma_1>0)$　　(b) 单向拉伸实验结果 $\sigma_{max}^0=\sigma_b$

图 12-2　最大拉应力准则

同时,无论什么应力状态,只要存在大于零的正应力,σ_1 就是最大拉应力

$$\sigma_{max} = \sigma_1 \tag{b}$$

比较图 12-2(a)和(b),由(a)、(b)二式,得到所有应力状态发生脆性断裂的失效判据为

$$\sigma_1 = \sigma_b \tag{12-1}$$

相应的设计准则为

$$\sigma_1 \leqslant [\sigma] = \frac{\sigma_b}{n_b} \tag{12-2}$$

式中,σ_b 为材料的强度极限;n_b 为对应的安全因数。

这一准则与均质的脆性材料(如玻璃、石膏以及某些陶瓷)的实验结果吻合得较好。

*12.2.2　最大拉应变准则(第二强度理论)

最大拉应变准则(maximum tensile strain criterion)又称为**第二强度理论**,也是关于无裂纹脆性材料构件的断裂失效的准则。

这一准则认为:无论材料处于什么应力状态,只要发生脆性断裂,其共同原因都是由于微元的最大拉应变 ε_1 达到了某个共同的极限值 ε_1^0。

根据这一准则以及胡克定律,单向应力状态的最大拉应变 $\varepsilon_{max}=\frac{\sigma_{max}}{E}=\frac{\sigma}{E}$,$\sigma$ 为横截面上的正应力;脆性材料单向拉伸实验结果表明(图 12-3(b)),当 $\sigma=\sigma_b$ 时,发生脆性断裂,这时的最大应变值为 $\varepsilon_{max}^0=\frac{\sigma_{max}}{E}=\frac{\sigma_b}{E}$;所以$\frac{\sigma_b}{E}$就是所有应力状态发生脆性断裂的极限值

$$\varepsilon_{max}^0 = \frac{\sigma_b}{E} \tag{c}$$

同时,对于主应力为 σ_1、σ_2、σ_3 的任意应力状态(图 12-3(a)),根据广义胡克定律,最大拉应变为

$$\varepsilon_{max} = \frac{\sigma_1}{E} - \nu\frac{\sigma_2}{E} - \nu\frac{\sigma_3}{E} = \frac{1}{E}(\sigma_1 - \nu\sigma_2 - \nu\sigma_3) \tag{d}$$

比较图 12-3(a)和(b),由(c)、(d)二式,得到所有应力状态发生脆性断裂的失效判据为

$$\sigma_1 - \nu(\sigma_2 + \sigma_3) = \sigma_b \tag{12-3}$$

相应的设计准则为

$$\sigma_1 - \nu(\sigma_2 + \sigma_3) \leqslant [\sigma] = \frac{\sigma_b}{n_b} \tag{12-4}$$

式中，σ_b 为材料的强度极限；n_b 为对应的安全因数。

这一准则只与少数脆性材料的实验结果吻合。

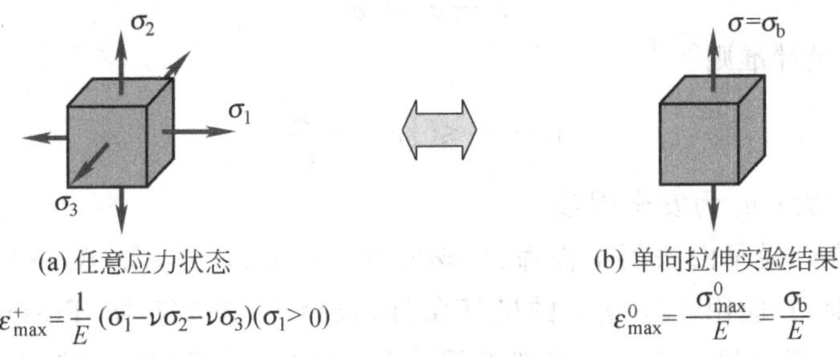

图 12-3　最大拉应变准则

12.3　关于屈服的设计准则

关于屈服的强度理论主要有第三强度理论和第四强度理论。

12.3.1　最大剪应力准则(第三强度理论)

最大剪应力准则(maximum shearing stress criterion)又称为**第三强度理论**。

这一准则认为：无论材料处于什么应力状态，只要发生屈服(或剪断)，其共同原因都是由于微元内的最大剪应力 τ_{max} 达到了某个共同的极限值 τ^0_{max}。

根据这一准则，由拉伸实验得到的屈服应力 σ_s，即可确定各种应力状态下发生屈服时最大剪应力的极限值 τ^0_{max}。

轴向拉伸实验发生屈服时，横截面上的正应力达到屈服强度，即 $\sigma=\sigma_s$(图 12-4(b))，此时最大剪应力

$$\tau_{max} = \frac{\sigma_1 - \sigma_3}{2} = \frac{\sigma}{2} = \frac{\sigma_s}{2}$$

因此，根据最大剪应力准则，$\sigma_s/2$ 即为所有应力状态下发生屈服时最大剪应力的极限值

$$\tau^0_{max} = \frac{\sigma_s}{2} \tag{e}$$

σ_2　σ_1　σ_3　$\sigma=\sigma_s$

(a) 任意应力状态　$\tau_{max}=\frac{\sigma_1-\sigma_3}{2}$

(b) 单向拉伸实验结果　$\tau^0_{max}=\frac{\sigma^0_1-\sigma^0_3}{2}=\frac{\sigma_s}{2}$

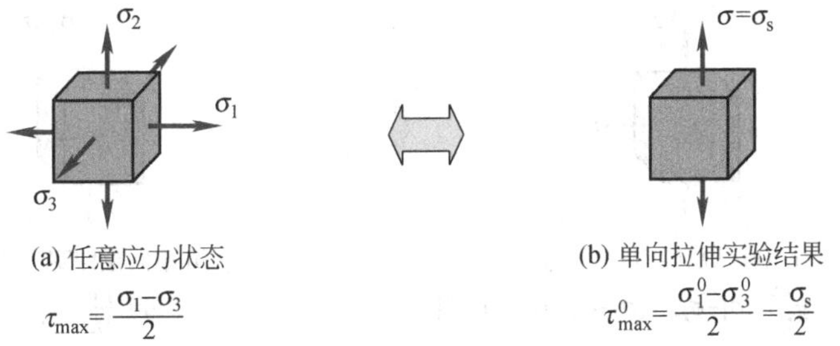

图 12-4　最大剪应力准则

同时,对于主应力为 σ_1、σ_2、σ_3 的任意应力状态(图 12-4(a)),其最大剪应力为

$$\tau_{\max} = \frac{\sigma_1 - \sigma_3}{2} \tag{f}$$

比较图 12-4(a)和(b),由(e)、(f)二式,任意应力状态发生屈服时的失效判据可以写成

$$\sigma_1 - \sigma_3 = \sigma_s \tag{12-5}$$

据此,得到相应的设计准则

$$\sigma_1 - \sigma_3 \leqslant [\sigma] = \frac{\sigma_s}{n_s} \tag{12-6}$$

式中,$[\sigma]$为许用应力;n_s 为安全因数。

最大剪应力准则最早由法国工程师、科学家库仑(Coulomb,C.-A. de)于 1773 年提出,是关于剪断的准则,并应用于建立土的破坏条件;1864 年特雷斯卡(Tresca)通过挤压实验研究屈服现象和屈服准则,将剪断准则发展为屈服准则,因而这一准则又称为特雷斯卡准则。

试验结果表明,这一准则能够较好地描述低强化韧性材料(例如退火钢)的屈服状态。

12.3.2 畸变能密度准则(第四强度理论)

畸变能密度准则(criterion of strain energy density corresponding to distortion)又称为**第四强度理论**。

这一准则认为:*无论材料处于什么应力状态,只要发生屈服(或剪断),其共同原因都是由于微元内的畸变能密度 v_d 达到了某个共同的极限值 v_d^0。*

根据这一准则,由拉伸屈服试验结果 σ_s,即可确定各种应力状态下发生屈服时畸变能密度的极限值 v_d^0。

因为单向拉伸实验至屈服时(图 12-5(b)),$\sigma_1 = \sigma_s$、$\sigma_2 = \sigma_3 = 0$,这时的畸变能密度,就是所有应力状态发生屈服时的极限值

$$v_d^0 = \frac{1+\nu}{6E}[(\sigma_1 - \sigma_2)^2 + (\sigma_2 - \sigma_3)^2 + (\sigma_3 - \sigma_1)^2] = \frac{1+\nu}{3E}\sigma_s^2 \tag{g}$$

同时,对于主应力为 σ_1、σ_2、σ_3 的任意应力状态(图 12-5(a)),其畸变能密度为

$$v_d = \frac{1+\nu}{6E}[(\sigma_1 - \sigma_2)^2 + (\sigma_2 - \sigma_3)^2 + (\sigma_3 - \sigma_1)^2] \tag{h}$$

比较图 12-5(a)和(b),由(g)、(h)二式,得到主应力为 σ_1、σ_2、σ_3 的任意应力状态屈服失效判据为

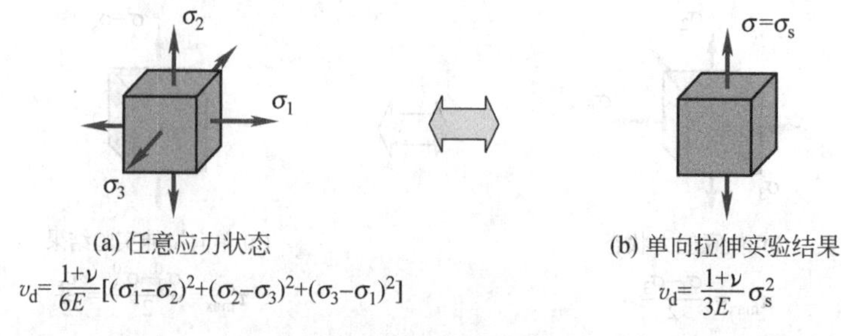

图 12-5 畸变能密度准则

$$\frac{1}{2}[(\sigma_1-\sigma_2)^2+(\sigma_2-\sigma_3)^2+(\sigma_3-\sigma_1)^2]=\sigma_s^2 \tag{12-7}$$

相应的设计准则为

$$\sqrt{\frac{1}{2}[(\sigma_1-\sigma_2)^2+(\sigma_2-\sigma_3)^2+(\sigma_3-\sigma_1)^2]}\leqslant[\sigma]=\frac{\sigma_s}{n_s} \tag{12-8}$$

畸变能密度准则由米泽斯(R. von Mises)于 1913 年从修正最大剪应力准则出发提出的。1924 年德国的亨奇(H. Hencky)从畸变能密度出发对这一准则作了解释,从而形成了畸变能密度准则,因此,这一准则又称为米泽斯准则。

1926 年,德国的洛德(Lode,W.)通过薄壁圆管同时承受轴向拉伸与内压力时的屈服实验,验证米泽斯准则。他发现,对于碳素钢和合金钢等韧性材料,米泽斯准则与实验结果吻合得相当好。其他大量的试验结果还表明,米泽斯准则能够很好地描述铜、镍、铝等大量工程韧性材料的屈服状态。

【例题 12-1】 已知灰铸铁构件上危险点处的应力状态。如图 12-6 所示。若铸铁拉伸许用应力为$[\sigma]^+=30$ MPa,试校核该点处的强度是否安全。

解: 根据所给的应力状态,在微元各个面上只有拉应力而无压应力。因此,可以认为灰铸铁在这种应力状态下可能发生脆性断裂,故采用最大拉应力准则,即

$$\sigma_1\leqslant[\sigma]^+$$

对于所给的平面应力状态,可算得非零主应力值为

$$\left.\begin{array}{l}\sigma'\\ \sigma''\end{array}\right\}=\frac{\sigma_x+\sigma_y}{2}\pm\frac{1}{2}\sqrt{(\sigma_x-\sigma_y)^2+4\tau_{xy}^2}$$

$$=\left\{\left[\frac{10+23}{2}\pm\frac{1}{2}\sqrt{(10-23)^2+4\times(-11)^2}\right]\times10^6\right\}\text{Pa}$$

$$=(16.5\pm12.78)\times10^6\,\text{Pa}=\begin{cases}29.28\text{ MPa}\\3.72\text{ MPa}\end{cases}$$

因为是平面应力状态,有一个主应力为零,故三个主应力分别为

$$\sigma_1=29.28\text{ MPa},\quad \sigma_2=3.72\text{ MPa},\quad \sigma_3=0$$

显然,

$$\sigma_1=29.28\text{ MPa}<[\sigma]=30\text{ MPa}$$

故此危险点强度是足够的。

【例题 12-2】 某结构上危险点处的应力状态如图 12-7 所示,其中$\sigma=116.7$ MPa,$\tau=46.3$ MPa。材料为钢,许用应力$[\sigma]=160$ MPa。试校核此结构是否安全。

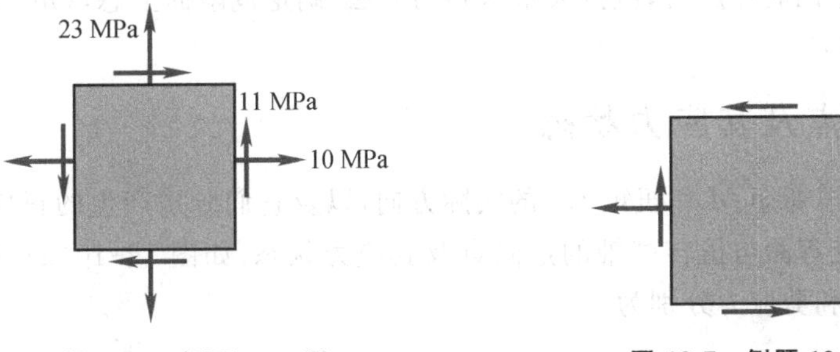

图 12-6　例题 12-1 图　　　图 12-7　例题 12-2 图

解：对于这种平面应力状态，不难求得非零的主应力为

$$\left.\begin{matrix}\sigma' \\ \sigma''\end{matrix}\right\} = \frac{\sigma}{2} \pm \frac{1}{2}\sqrt{\sigma^2 + 4\tau^2}$$

因为有一个主应力为零，故有

$$\left.\begin{aligned}\sigma_1 &= \frac{\sigma}{2} + \frac{1}{2}\sqrt{\sigma^2 + 4\tau^2} \\ \sigma_2 &= 0 \\ \sigma_3 &= \frac{\sigma}{2} - \frac{1}{2}\sqrt{\sigma^2 + 4\tau^2}\end{aligned}\right\} \tag{12-9}$$

钢材在这种应力状态下可能发生屈服，故可采用第三或第四强度理论进行强度计算。根据第三强度理论和第四强度理论，有

$$\sigma_1 - \sigma_3 = \sqrt{\sigma^2 + 4\tau^2} \leqslant [\sigma] \tag{12-10}$$

$$\sqrt{\frac{1}{2}[(\sigma_1 - \sigma_2)^2 + (\sigma_2 - \sigma_3)^2 + (\sigma_3 - \sigma_1)^2]} = \sqrt{\sigma^2 + 3\tau^2} \leqslant [\sigma] \tag{12-11}$$

将已知的 σ 和 τ 数值代入上述二式不等号的左侧，得

$$\begin{aligned}\sqrt{\sigma^2 + 4\tau^2} &= \sqrt{116.7^2 \times 10^{12} + 4 \times 46.3^2 \times 10^{12}}\,\text{Pa} \\ &= 149.0 \times 10^6\,\text{Pa} = 149.0\ \text{MPa} \\ \sqrt{\sigma^2 + 3\tau^2} &= \sqrt{116.7^2 \times 10^{12} + 3 \times 46.3^2 \times 10^{12}}\,\text{Pa} \\ &= 141.6 \times 10^6\,\text{Pa} = 141.6\ \text{MPa}\end{aligned}$$

二者均小于$[\sigma]=160$ MPa。可见，采用最大剪应力准则或畸变能密度准则进行强度校核，该结构都是安全的。

12.4 圆轴承受弯曲与扭转共同作用时的强度设计

12.4.1 计算简图

借助于带轮或齿轮传递功率的传动轴，如图12-8(a)所示。工作时在齿轮的齿上均有外力作用。将作用在齿轮上的力向轴的截面形心简化便得到与之等效的力和力偶，这表明轴将承受横向载荷和扭转载荷，如图12-8(b)所示。为简单起见，可以用轴线受力图代替图12-8(b)中的受力图，如图12-8(c)所示。这种图称为传动轴的计算简图。

为对承受弯曲与扭转共同作用下的圆轴进行强度设计，一般需画出弯矩图和扭矩图(剪力一般忽略不计)，并据此确定传动轴上可能的危险面。因为是圆截面，所以当危险面上有两个弯矩 M_y 和 M_z 同时作用时，应按矢量求和的方法，确定危险面上总弯矩 M 的大小与方向(图12-9(a)、(b))。

12.4.2 危险点及其应力状态

根据截面上的总弯矩 M 和扭矩 M_x 的实际方向，以及它们分别产生的正应力和剪应力分布，即可确定承受弯曲与扭转圆轴的危险点及其应力状态，如图12-10(a)、(b)所示。微元各面上的正应力和剪应力分别为

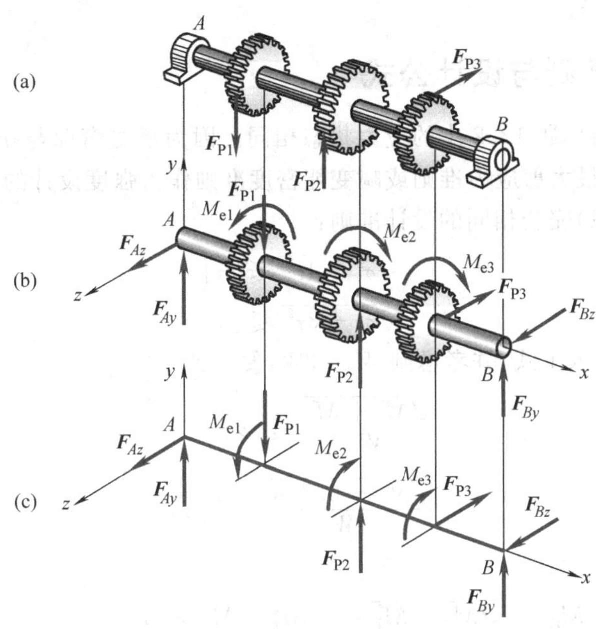

图 12-8　传动轴及其计算简图

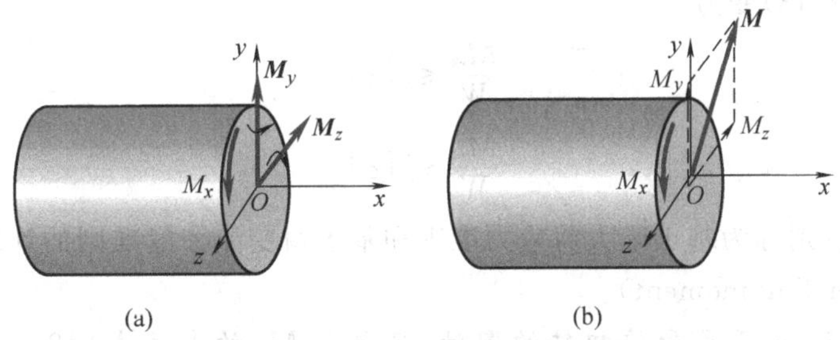

图 12-9　危险截面上的内力分量

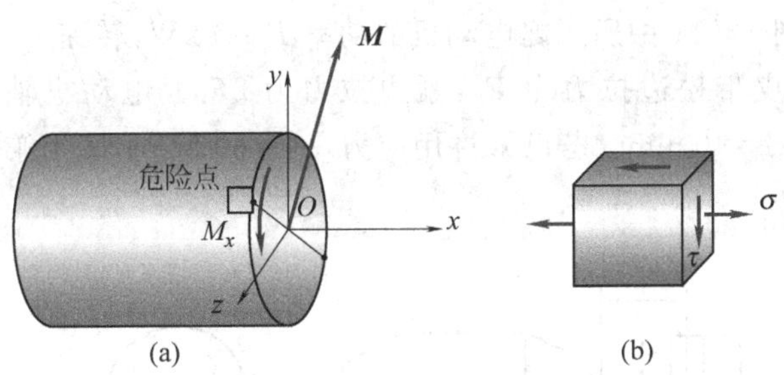

图 12-10　承受弯曲与承受扭转圆轴的危险点及其应力状态

$$\sigma=\frac{M}{W},\quad \tau=\frac{M_x}{W_{\mathrm{p}}}$$

其中，

$$W=\frac{\pi d^3}{32},\quad W_{\mathrm{p}}=\frac{\pi d^3}{16}$$

式中,d 为圆轴的直径。

12.4.3 设计准则与设计公式

这一应力状态与例题12-2中的应力状态相同。因为承受弯曲与扭转的圆轴一般由韧性材料制成,故可用最大剪应力准则或畸变能密度准则作为强度设计的依据。于是,得到与式(12-10)、式(12-11)完全相同的设计准则:

$$\sqrt{\sigma^2+4\tau^2}\leqslant[\sigma]$$

$$\sqrt{\sigma^2+3\tau^2}\leqslant[\sigma]$$

将 σ 和 τ 的表达式代入上式,并考虑到 $W_p=2W$,便得到

$$\frac{\sqrt{M^2+M_x^2}}{W}\leqslant[\sigma] \tag{12-12}$$

$$\frac{\sqrt{M^2+0.75M_x^2}}{W}\leqslant[\sigma] \tag{12-13}$$

引入记号

$$M_{r3}=\sqrt{M^2+M_x^2}=\sqrt{M_x^2+M_y^2+M_z^2} \tag{12-14}$$

$$M_{r4}=\sqrt{M^2+0.75M_x^2}=\sqrt{0.75M_x^2+M_y^2+M_z^2} \tag{12-15}$$

式(12-12)、式(12-13)变为

$$\frac{M_{r3}}{W}\leqslant[\sigma] \tag{12-16}$$

$$\frac{M_{r4}}{W}\leqslant[\sigma] \tag{12-17}$$

式中,M_{r3} 和 M_{r4} 分别称为基于最大剪应力准则和基于畸变能密度准则的**计算弯矩**或**相当弯矩**(equivalent bending moment)。

需要指出的是,对于承受纯扭转的圆轴,只要令 M_{r3} 的表达式(12-14)或 M_{r4} 的表达式(12-15)中的弯矩 $M_y=M_z=0$,即可进行同样的设计计算。

【例题12-3】 图12-11中所示之电动机的功率 $P=9$ kW,转速 $n=715$ r/min,带轮的直径 $D=250$ mm,皮带松边拉力为 $\boldsymbol{F}_P$,紧边拉力为 $2\boldsymbol{F}_P$。电动机轴外伸部分长度 $l=120$ mm,轴的直径 $d=40$ mm。若已知许用应力 $[\sigma]=60$ MPa,试用第三强度理论校核电动机轴的强度。

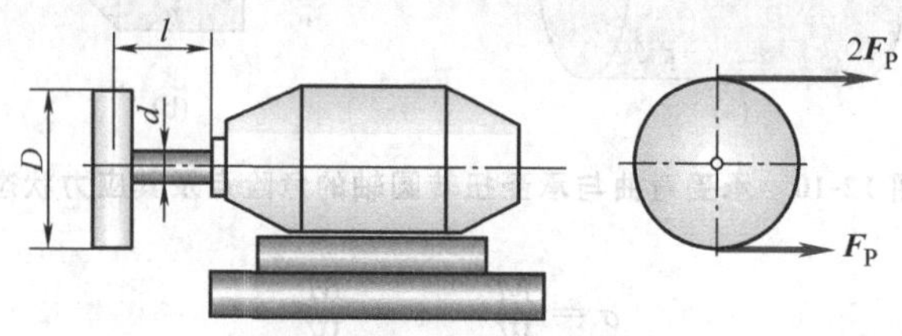

图12-11 例题12-3图

解:(1) 计算外加力偶的力偶矩以及皮带拉力

电动机通过带轮输出功率,因而承受由皮带拉力引起的扭转和弯曲共同作用。根据轴

传递的功率、轴的转速与外加力偶矩之间的关系，作用在带轮上的外加力偶矩为

$$M_e = 9549 \times \frac{P}{n} = 9549 \times \frac{9\text{kW}}{715\text{r/min}} = 120.2\ \text{N} \cdot \text{m}$$

根据作用在皮带上的拉力与外加力偶矩之间的关系，有

$$2F_P \times \frac{D}{2} - F_P \times \frac{D}{2} = M_e$$

于是，作用在皮带上的拉力

$$F_P = \frac{2M_e}{D} = \frac{2 \times 120.2\text{N} \cdot \text{m}}{250 \times 10^{-3}\text{m}} = 961.6\ \text{N}$$

(2) 确定危险面上的弯矩和扭矩

将作用在带轮上的皮带拉力向轴线简化，得到一个力和一个力偶，

$$F_R = 3F_P = 3 \times 961.6\text{N} = 2884.8\text{N},\quad M_e = 120.2\ \text{N} \cdot \text{m}$$

轴的左端可以看作自由端，右端可视为固定端约束。由于问题比较简单，可以不必画出弯矩图和扭矩图，就可以直接判断出固定端处的横截面为危险面，其上之弯矩和扭矩分别为

$$M_{\max} = F_R \times l = 3F_P \times l = 3 \times 961.6\text{N} \times 120 \times 10^{-3}\text{m} = 346.2\ \text{N} \cdot \text{m}$$

$$M_x = M_e = 120.2\ \text{N} \cdot \text{m}$$

应用第三强度理论，由式(12-12)，有

$$\frac{\sqrt{M^2 + M_x^2}}{W} = \frac{\sqrt{(346.2\text{N} \cdot \text{m})^2 + (120.2\text{N} \cdot \text{m})^2}}{\dfrac{\pi(40 \times 10^{-3}\text{m})^3}{32}}$$

$$= 58.32 \times 10^6\,\text{Pa} = 58.32\ \text{MPa} \leqslant [\sigma]$$

所以，电动机轴的强度是安全的。

【例题 12-4】 图 12-12(a)所示之圆杆 BD，左端固定，右端与刚性杆 AB 固结在一起。刚性杆的 A 端作用有平行于 y 坐标轴的力 $\boldsymbol{F}_P$。若已知 $F_P = 5$ kN，$a = 300$ mm，$l = 500$ mm，材料为 Q235 钢，许用应力$[\sigma] = 140$ MPa。试分别用第三强度理论和第四强度理论设计圆杆 BD 的直径 d。

解：(1) 将外力向轴线简化

将外力 $\boldsymbol{F}_P$ 向杆 BD 的 B 端简化，如图 12-12(b)所示，得到一个向上的力和一个绕 x 轴转动的力偶，其值分别为

$$F_P = 5\ \text{kN},$$

$$M_e = F_P \times a = 5 \times 10^3\ \text{N} \times 300 \times 10^{-3}\ \text{m} = 1500\ \text{N} \cdot \text{m}$$

(2) 确定危险截面以及其上的内力分量

杆 BD 相当于一端固定的悬臂梁，在自由端承受集中力和扭转力偶的作用，同时发生弯曲和扭转变形。

不难看出，杆 BD 的所有横截面上的扭矩都是相同的，弯矩却不同，在固定端 D 处弯矩取最大值。因此固定端处的横截面为危险面。此外，危险面上还存在剪力，考虑到剪力的影响较小，可以忽略不计。

危险面上的扭矩和弯矩的数值分别为

弯矩　$M_z = F_P \times l = 5 \times 10^3\ \text{N} \times 500 \times 10^{-3}\ \text{m} = 2500\ \text{N} \cdot \text{m}$,

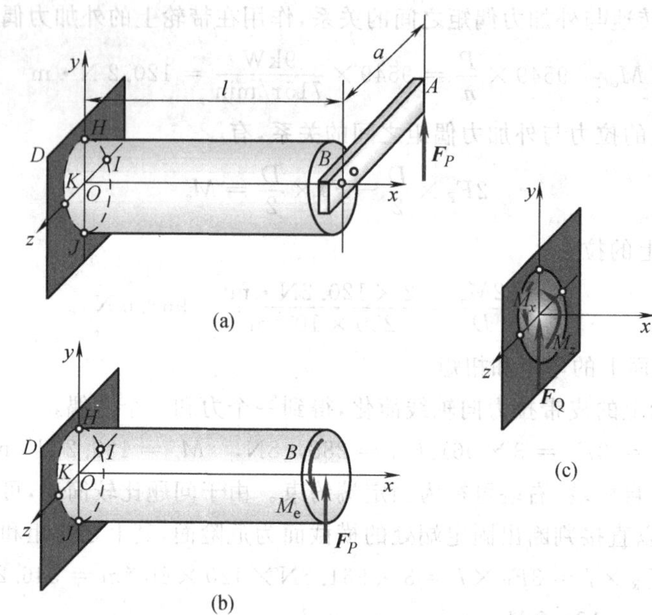

图 12-12 例题 12-4 图

$$\text{扭矩}\quad M_x = M_e = F_P \times a = 1500\ \text{N} \cdot \text{m}$$

(3) 应用设计准则设计 BD 杆的直径

应用最大剪应力准则和畸变能准则,由式(12-12)和式(12-13)有

$$\frac{\sqrt{M_z^2 + M_x^2}}{W} \leqslant [\sigma]$$

$$\frac{\sqrt{M_z^2 + 0.75M_x^2}}{W} \leqslant [\sigma]$$

其中

$$W = \frac{\pi d^3}{32}$$

于是,根据第三强度理论和第四强度理论设计轴的直径分别为

$$d \geqslant \sqrt[3]{\frac{32 \times \sqrt{M_z^2 + M_x^2}}{\pi[\sigma]}}$$

$$= \sqrt[3]{\frac{32 \times \sqrt{(2500\text{N} \cdot \text{m})^2 + (1500\text{N} \cdot \text{m})^2}}{\pi \times 140 \times 10^6\,\text{Pa}}}$$

$$= 0.0596\ \text{m} = 59.6\ \text{mm}$$

$$d \geqslant \sqrt[3]{\frac{32 \times \sqrt{M_z^2 + 0.75M_x^2}}{\pi[\sigma]}}$$

$$= \sqrt[3]{\frac{32 \times \sqrt{(2500\text{N} \cdot \text{m})^2 + 0.75 \times (1500\text{N} \cdot \text{m})^2}}{\pi \times 140 \times 10^6\,\text{Pa}}}$$

$$= 0.05896\ \text{m} = 59.0\ \text{mm}$$

12.5　圆柱形薄壁容器强度设计简述

12.5.1　圆柱形薄壁容器承受内压时的应力状态

第 11 章关于薄壁容器的应力分析已经得到容器的纵向应力和环向应力的计算式分别为

$$\left.\begin{aligned}\sigma_m &= \frac{pD}{4\delta}\\ \sigma_t &= \frac{pD}{2\delta}\end{aligned}\right\}\tag{12-18}$$

实际上，在容器内壁，由于内压作用，还存在垂直于内壁的径向应力，$\sigma_r=-p$。但是，对于薄壁容器，由于 $D/\delta\gg1$，故 $\sigma_r=-p$ 与 σ_m 和 σ_t 相比甚小。而且 σ_r 自内向外沿壁厚方向逐渐减小，至外壁时变为零。因此，在强度设计中忽略 σ_r 是合理的。因此作为薄壁容器设计依据的应力状态如图 12-13 所示。

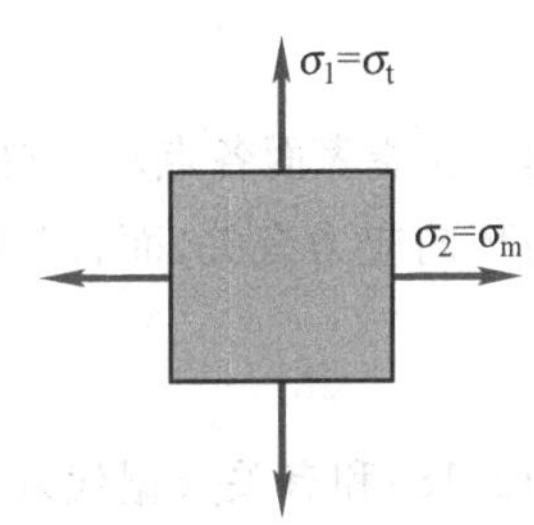

图 12-13　承受内压容器的应力状态

12.5.2　圆柱形薄壁容器承受内压时的强度设计

根据图 12-13 中所示的应力状态，σ_m、σ_t 都是主应力。于是按照代数值大小顺序，三个主应力分别为

$$\left.\begin{aligned}\sigma_1 &= \sigma_t = \frac{pD}{2\delta}\\ \sigma_2 &= \sigma_m = \frac{pD}{4\delta}\\ \sigma_3 &= 0\end{aligned}\right\}\tag{12-19}$$

以此为基础，考虑到薄壁容器由韧性材料制成，可以采用最大剪应力或畸变能密度准则进行强度设计。例如，应用最大剪应力准则，有

$$\sigma_1-\sigma_3=\frac{pD}{2\delta}-0\leqslant[\sigma]$$

由此得到壁厚的设计公式

$$\delta\geqslant\frac{pD}{2[\sigma]}+C\tag{12-20}$$

其中，C 为考虑加工、腐蚀等影响的附加壁厚量，有关的设计规范中都有明确的规定，不属于本书讨论的范围。

【例题 12-5】 图 12-14(a)所示承受内压的薄壁容器。为测量容器所承受的内压力值，在容器表面用电阻应变片测得环向应变 $\varepsilon_t=350\times10^{-6}$。若已知容器平均直径 $D=500$ mm，壁厚 $\delta=10$ mm，容器材料的弹性模量 $E=210$ GPa，泊松比 $\nu=0.25$。试确定容器所承受的内压力。

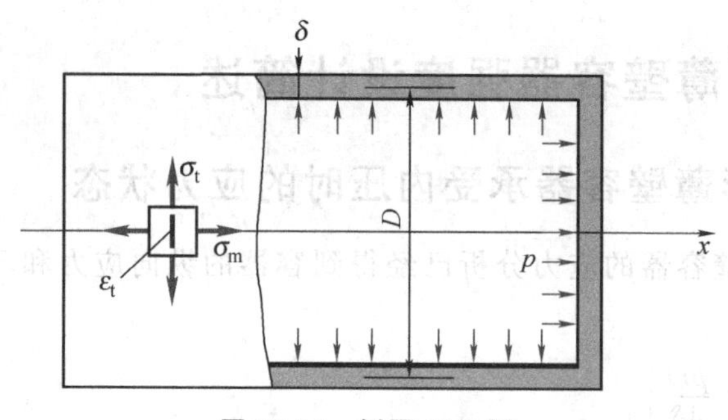

图 12-14 例题 12-5 图

解：容器表面各点均承受二向拉伸应力状态，如图 12-14 中所示。所测得的环向应变不仅与环向应力有关，而且与纵向应力有关。根据广义胡克定律，得

$$\varepsilon_t = \frac{\sigma_t}{E} - \nu \frac{\sigma_m}{E}$$

将式(12-18)和有关数据代入上式，解得容器所承受的内压：

$$p = \frac{2E\delta\varepsilon_t}{D(1-0.5\nu)} = \frac{2\times 210\times 10^9\,\mathrm{Pa}\times 10\times 10^{-3}\,\mathrm{m}\times 350\times 10^{-6}}{500\times 10^{-3}\,\mathrm{m}\times (1-0.5\times 0.25)}$$

$$= 3.36\times 10^6\,\mathrm{Pa} = 3.36\,\mathrm{MPa}$$

12.6 结论与讨论

12.6.1 要注意不同强度理论的适用范围

上述强度理论只适用于某种确定的失效形式。因此，在实际应用中，应当先判别将会发生什么形式的失效——屈服还是断裂，然后选用合适的强度理论。在大多数应力状态下，脆性材料将发生脆性断裂，因而应选用最大拉应力准则；而在大多数应力状态下，韧性材料将发生屈服和剪断，故应选用最大剪应力准则或畸变能密度准则。

但是，必须指出，材料的失效形式，不仅取决于材料的力学行为，而且与其所处的应力状态、温度和加载速度等都有一定的关系。试验表明，韧性材料在一定的条件下(例如低温或三向拉伸时)，会表现为脆性断裂；而脆性材料在一定的应力状态(例如三向压缩)下，会表现出塑性屈服或剪断。

12.6.2 要注意强度设计的全过程

上述强度理论并不包括强度设计的全过程，只是在确定了危险点及其应力状态之后的计算过程。因此，在对构件或零部件进行强度计算时，要根据强度设计步骤进行。特别要注意的是，在复杂受力形式下，要正确确定危险点的应力状态，并根据可能的失效形式选择合适的设计准则。

12.6.3 关于计算应力和应力强度

工程上为了计算方便起见，常常将设计准则中直接与许用应力$[\sigma]$相比较的量，称为计

算应力或**相当应力**(equivalent stress),用 σ_{ri} 表示,$i=1$、2、3、4,其中数码 1、2、3、4 分别表示了强度理论的序号。

近年来,一些科学技术文献中也将相当应力称为**应力强度**(stress strength),用 S_{i} 表示。不论是"计算应力"还是"应力强度",它们本身都没有确切的物理含义,只是为了计算方便而引进的名词和记号。

不同设计准则中的 σ_{ri} 和 S_{i} 都是主应力 σ_1、σ_2、σ_3 的不同函数:

$$\left.\begin{aligned}\sigma_{\mathrm{r1}} &= S_1 = \sigma_1 \\ \sigma_{\mathrm{r2}} &= S_2 = \sigma_1 - (\sigma_2 + \nu\sigma_3) \\ \sigma_{\mathrm{r3}} &= S_3 = \sigma_1 - \sigma_3 \\ \sigma_{\mathrm{r4}} &= S_4 = \sqrt{\frac{1}{2}\left[(\sigma_1-\sigma_2)^2+(\sigma_2-\sigma_3)^2+(\sigma_3-\sigma_1)^2\right]}\end{aligned}\right\} \tag{12-21}$$

于是,对于本书所介绍的四个设计准则可以概括为

$$\sigma_{ri} \leqslant [\sigma] \quad (i=1,2,3,4) \tag{12-22}$$

或

$$S_i \leqslant [\sigma] \quad (i=1,2,3,4) \tag{12-23}$$

12.6.4 开放式思维案例

案例 1　低碳钢处于图 12-15 所示 4 种应力状态下,根据最大剪应力准则,试分析:哪一个应力状态最先发生失效?

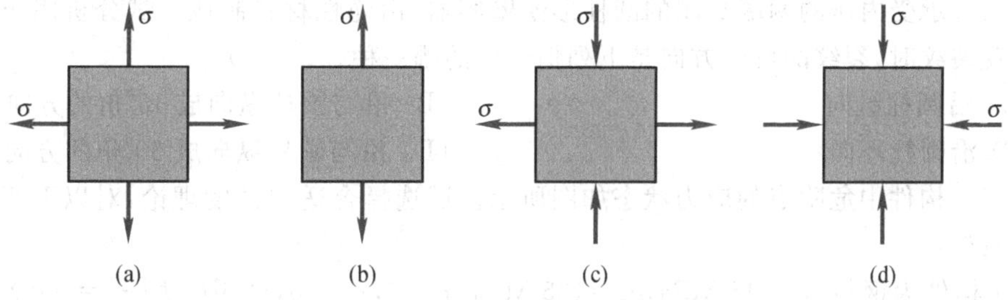

图 12-15　开放式思维案例 1 图

案例 2　低碳钢处于图 12-16 所示应力状态下,根据最大剪应力准则,试分析:哪一个应力状态最先发生失效?

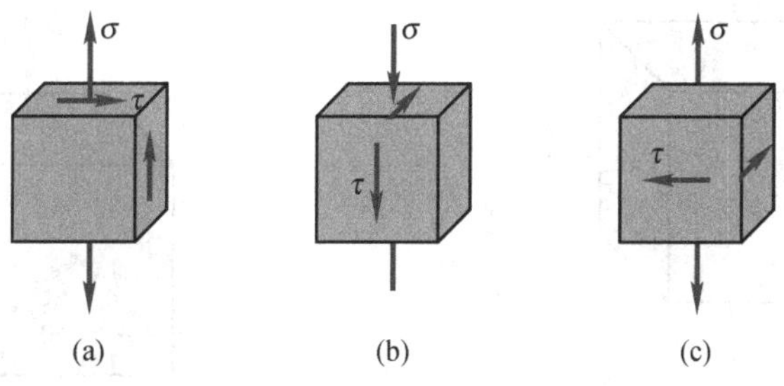

图 12-16　开放式思维案例 2 图

习题

12-1 对于建立材料在一般应力状态下的失效判据与设计准则,试判断下列论述的正确性。( )

(A) 逐一进行试验,确定极限应力

(B) 无需进行试验,只需关于失效原因的假说

(C) 需要进行某些试验,无需关于失效原因的假说

(D) 假设失效的共同原因,根据简单试验结果

12-2 对于图示的应力状态($\sigma_x > \sigma_y$),若为脆性材料,关于失效可能发生的平面有以下几种结论,请分析哪一种是正确的。( )

(A) 平行于 x 轴的平面

(B) 平行于 z 轴的平面

(C) 平行于 Oyz 坐标面的平面

(D) 平行于 Oxy 坐标面的平面

12-3 对于图示的应力状态,若 $\sigma_x = \sigma_y$,且为韧性材料,试根据最大剪应力准则,请分析:失效可能发生在下列情形中的哪一种。( )

(A) 平行于 y 轴、其法线与 x 轴的夹角为 45°的平面,或平行于 x 轴、其法线与 y 轴的夹角为 45°的平面内

(B) 仅为平行于 y 轴、其法线与 z 轴的夹角为 45°的平面

(C) 仅为平行于 z 轴、其法线与 x 轴的夹角为 45°的平面

(D) 仅为平行于 x 轴、其法线与 y 轴的夹角为 45°的平面

12-4 承受内压的两端封闭的圆柱形薄壁容器,由脆性材料制成。试分析因压力过大表面出现裂纹时,裂纹的可能方向是下列情形中的哪一种。( )

(A) 沿圆柱纵向

(B) 沿与圆柱纵向成 45°角的方向

(C) 沿圆柱环向

(D) 沿与圆柱纵向成 30°角的方向

12-5 构件中危险点的应力状态如图所示。试选择合适的强度理论,对以下两种情形作强度校核:

(1) 构件为钢制,$\sigma_x = 45$ MPa,$\sigma_y = 135$ MPa,$\sigma_z = 0$,$\tau_{xy} = 0$,许用应力$[\sigma] = 160$ MPa。

(2) 构件材料为灰铸铁,$\sigma_x = 20$ MPa,$\sigma_y = -25$ MPa,$\sigma_z = 30$ MPa,$\tau_{xy} = 0$,$[\sigma] = 30$ MPa。

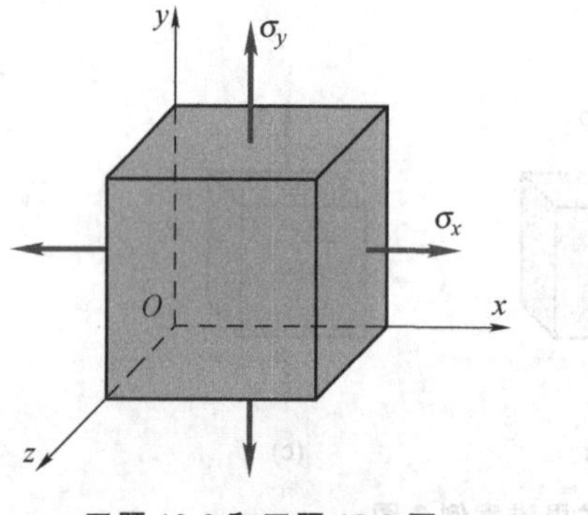

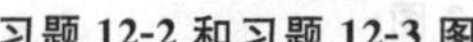
习题 12-2 和习题 12-3 图

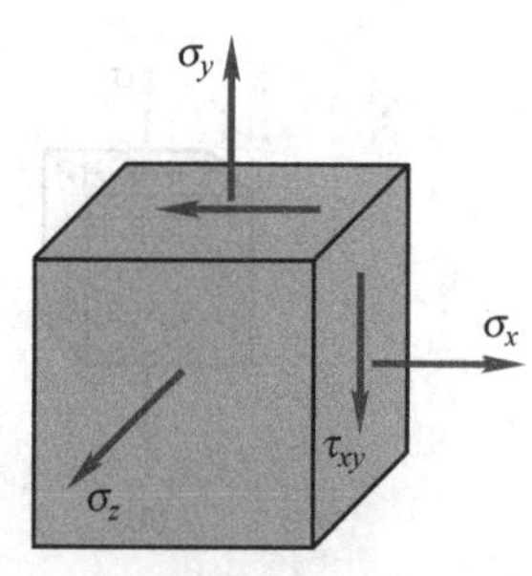

习题 12-5 图

12-6　对于图示平面应力状态，各应力分量的可能组合有以下几种情形，试按第三强度理论和第四强度理论分别计算此几种情形下的计算应力。

(1) $\sigma_x=40$ MPa，$\sigma_y=40$ MPa，$\tau_{xy}=60$ MPa；

(2) $\sigma_x=60$ MPa，$\sigma_y=-80$ MPa，$\tau_{xy}=-40$ MPa；

(3) $\sigma_x=-40$ MPa，$\sigma_y=50$ MPa，$\tau_{xy}=0$；

(4) $\sigma_x=0$，$\sigma_y=0$，$\tau_{xy}=45$ MPa。

12-7　铝合金制的零件上危险点的平面应力状态如图所示。已知材料的屈服应力 $\sigma_s=250$ MPa。试按下列准则，分别确定其安全因数：

(1) 最大剪应力准则；

(2) 畸变能密度准则。

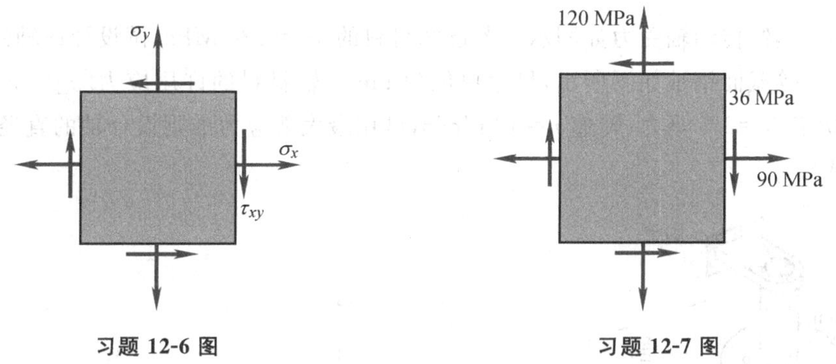

习题 12-6 图　　习题 12-7 图

12-8　铝合金制成的零件上某一点处的平面应力状态如图所示，其屈服应力 $\sigma_s=280$ MPa。试按最大切应力准则确定：

(1) 屈服时 σ_y 的代数值；

(2) 安全因数为 1.2 时的 σ_y 值。

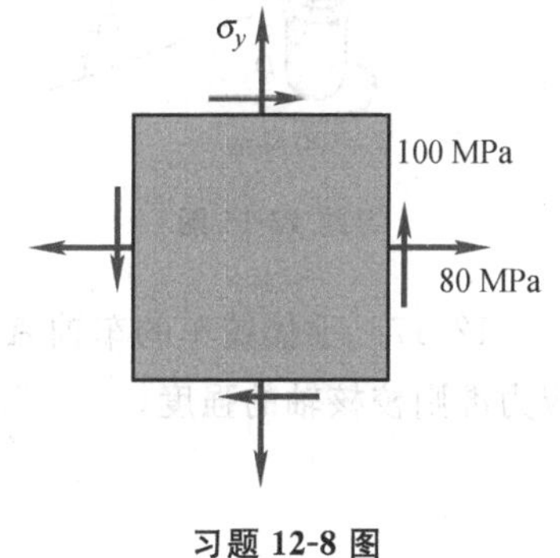

习题 12-8 图

12-9　铸铁压缩试件是由于剪切而破坏的。为什么在进行铸铁受压杆件的强度计算时却用了正应力强度条件？

12-10　若已知脆性材料的拉伸许用应力[σ]，试利用它建立纯切应力状态下的强度条件，并建立[σ]与[τ]之间的数值关系。若为韧性材料，则[σ]与[τ]之间的关系又怎样。

12-11　在拉伸和弯曲时曾经有 $\sigma_{max}\leqslant[\sigma]$ 的强度条件，现在又讲"对于韧性材料，要用最大剪应力准则或畸变能密度准则"，二者是否矛盾？从这里你可以得到什么结论。

12-12　承受内压的圆柱形薄壁容器，若已知内压 $p=1.5$ MPa，平均直径 $D=1$ m，材料为低碳钢，其许用应力[σ]$=100$ MPa，试按第三强度理论设计此容器的壁厚 δ。

12-13　薄壁圆柱形锅炉的平均直径为 1250 mm，最大内压为 23 个大气压(1 大气压$=0.1$ MPa)，在高温下工作时材料的屈服极限 $\sigma_s=182.5$ MPa。若规定安全系数为 1.8，试按最大剪应力准则设计锅炉的壁厚。

12-14 圆柱形锅炉的受力情况及截面尺寸如图所示。锅炉的自重为600 kN,可简化为均布载荷,其集度为q;锅炉内的压强$p=3.4$ MPa。已知材料为20锅炉钢,$\sigma_s=200$ MPa,规定安全系数$n=2$,试校核锅炉壁的强度。

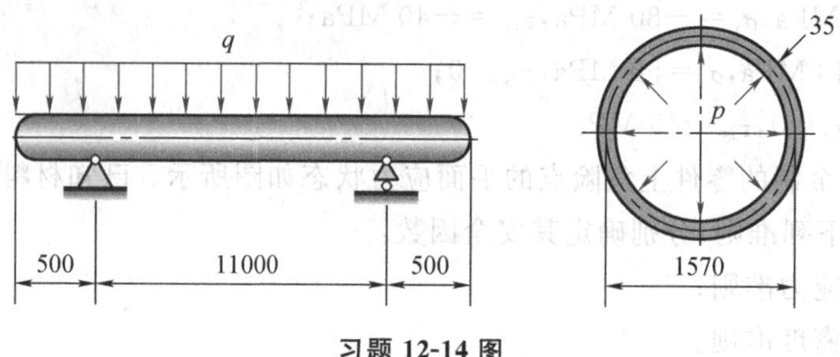

习题 12-14 图

12-15 钢制传动轴受力如图示。若已知材料的$[\sigma]=120$ MPa,试设计该轴的直径。

12-16 等截面钢轴如图所示,尺寸单位为mm。轴材料的许用应力$[\sigma]=60$ MPa。若轴传递的功率$N=2.5$马力,转速$n=12$ r/min,试用最大剪应力准则设计轴的直径(1马力=735.499 W)。

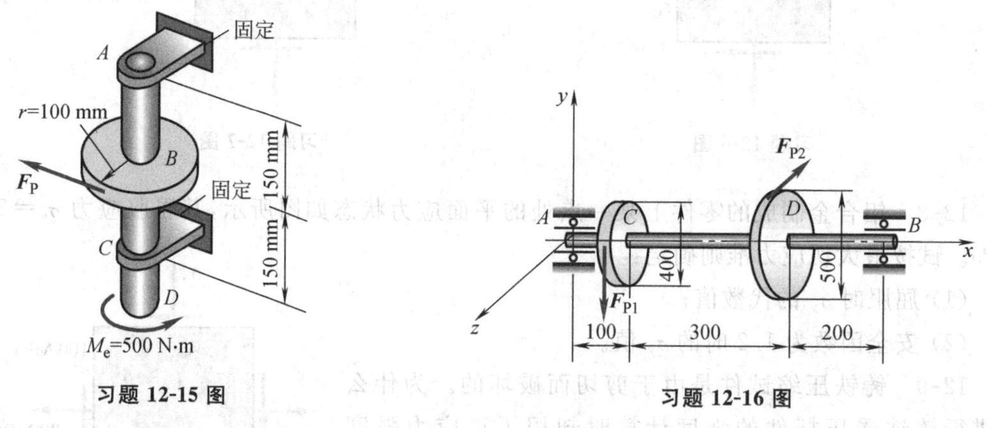

习题 12-15 图

习题 12-16 图

12-17 手摇铰车的车轴AB如图所示。轴材料的许用应力$[\sigma]=80$ MPa。试按最大剪应力准则校核轴的强度。

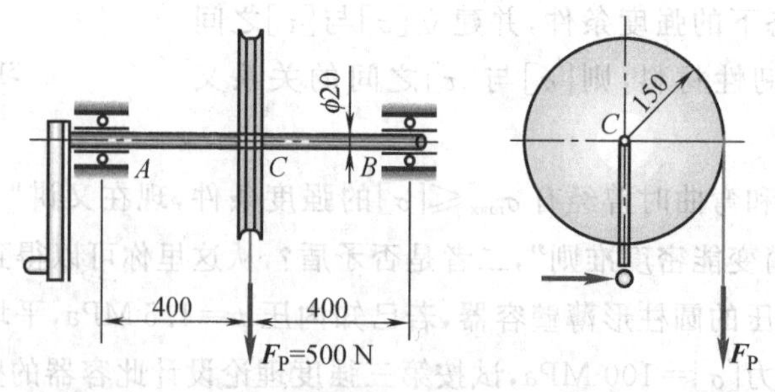

习题 12-17 图

*12-18 一圆截面悬臂梁如图所示,同时受到轴向力、横向力和扭转力偶矩的作用。

(1) 试指出危险截面和危险点的位置。

(2) 画出危险点的应力状态。

(3) 按最大剪应力准则建立的下面两个强度条件哪一个正确？

$$\frac{F_P}{A}+\sqrt{\left(\frac{M}{W}\right)^2+4\left(\frac{M_x}{W_p}\right)^2}\leqslant[\sigma]$$

$$\sqrt{\left(\frac{F_P}{A}+\frac{M}{W}\right)^2+4\left(\frac{M_x}{W_p}\right)^2}\leqslant[\sigma]$$

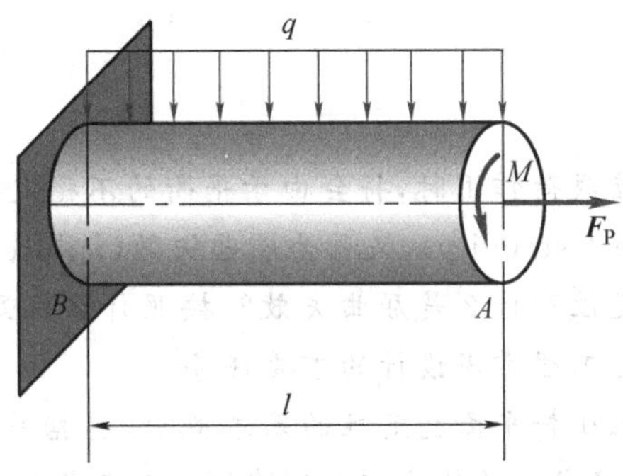

习题 12-18 图

第13章 压杆(柱)的稳定性分析与稳定性设计

细长杆件承受轴向压缩载荷作用时，将会由于平衡的不稳定性而发生失效，这种失效称为**稳定性失效**(failure by lost stability)，又称为**屈曲失效**(failure by buckling)。

什么是受压杆件的稳定性？什么是屈曲失效？按照什么准则进行设计，才能保证压杆安全可靠地工作？这些都是工程常规设计的重要任务。

本章首先介绍关于弹性压杆平衡稳定性的基本概念，包括平衡构形、平衡构形的分叉、分叉点、屈曲以及有关平衡稳定性的静力学判别准则。然后根据微弯的屈曲平衡构形，由平衡条件和小挠度微分方程以及端部约束条件，确定弹性压杆的临界力。最后，本章还将介绍工程中常用的压杆稳定性设计方法——安全因数法。

13.1 工程结构中的压杆(柱)

主要承受轴向压缩载荷的杆件，称为压杆(土木工程中称为柱)。压杆是桥梁结构、建筑物结构以及各种机械结构中常见的构件、零件或部件。图 13-1 中所示之汽车吊车中，大臂的举起是靠液压推动液压杆实现的。起吊重物时，液压杆将承受很大的轴向压缩力。当压缩力小于一定数值时，液压杆将会保持直线平衡状态，这时可以保证吊车正常工作；当压缩力大于一定数值时，液压杆将会在外界微小的扰动下，突然从直线平衡状态转变为弯曲的平衡

图 13-1 汽车吊车中的压杆

状态,从而导致吊车丧失正常工作能力——失效。自动翻斗汽车中的压杆(图 13-2)也有类似的问题。

桥梁的桁架结构中既有拉杆也有压杆,拉杆主要是强度问题,压杆则既有强度问题也有稳定性问题。细长压杆则主要是稳定性问题,如:加拿大魁北克大桥,是一座桁架结构、公路与铁路两用桥,设计时由于错误地忽略了桁架中压杆的稳定性问题,1907 年当一列火车通过时,虽然桥体的实际承载量远低于设计承载量,还是突然坍塌(图 13-3),造成 95 人死亡。9 年后的 1916 年 9 月 11 日又发生第二次坍塌。图 13-4 中所示的是经重新建造、现在依然运行的魁北克桥。为了减轻运行压力,在不远处又修建一座与之平行的悬索公路桥。

图 13-2　自动翻斗车中压杆

图 13-3　1907 年坍塌的加拿大魁北克桥

图 13-4　现在运行的加拿大魁北克桥

在建筑物中承受轴向压缩载荷的细长柱体(图 13-5(a)、(b)),在设计中也要考虑稳定性问题。此外,高架的高速铁路的桥墩柱同样需要考虑稳定性问题(图 13-6)。

(a)

(b)

图 13-5　建筑物中承受轴向压缩载荷的柱体

图 13-6　承受压缩载荷的高速铁路高架段的桥墩柱

13.2 基本概念

13.2.1 刚体平衡稳定性的概念

所谓稳定性,是指物体平衡的性质。刚体和弹性体的平衡都有稳定和不稳定问题。

图 13-7(a)所示为光滑刚性凸面上的刚性球,在重力与凸面约束力的作用下处于平衡状态。刚性球在微小扰动下偏离初始平衡位置(图 13-7(b)),扰动除去后,刚性球再也不能回到初始平衡位置。因此称这种情形下的初始平衡位置的平衡是不稳定的。对于图 13-7(c)所示的光滑刚性凹面上的刚性球,在重力与凹面约束力的作用下保持平衡。刚性球在微小扰动下偏离初始平衡位置(图 13-7(d)),扰动除去后,刚性球能够回到初始平衡位置。因此称这种情形下初始平衡位置的平衡是稳定的。对于图 13-7(e)所示之光滑刚性平面上的刚性球,在重力与平面约束力的作用下保持平衡。刚性球在微小扰动下偏离初始平衡位置,在任何新的位置都保持平衡(图 13-7(f))。因此称这种情形下的平衡是随遇的。

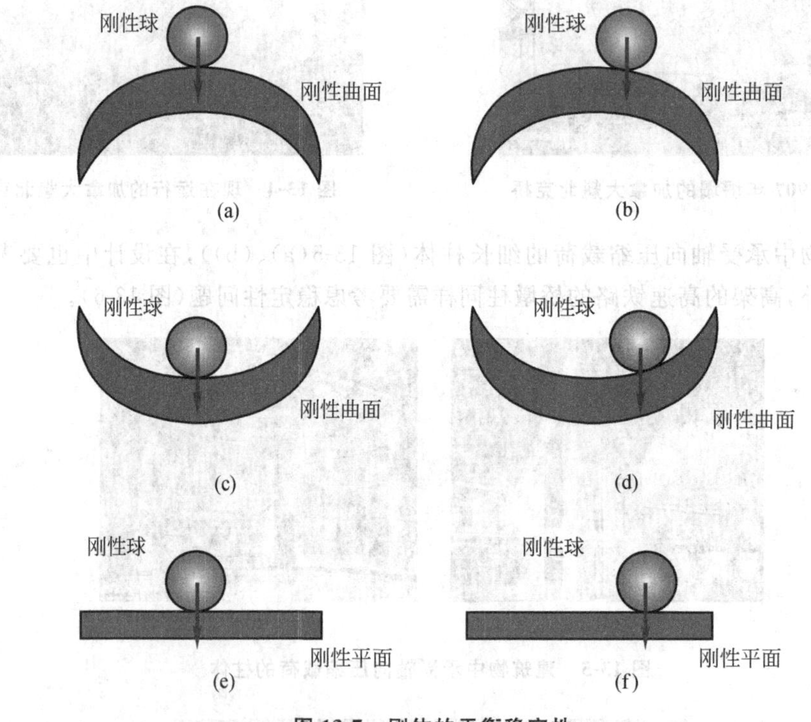

图 13-7 刚体的平衡稳定性

13.2.2 压杆的平衡构形、平衡路径及其分叉

结构构件、机器的零件或部件在压缩载荷或其他特定载荷作用下,在某一位置保持平衡,这一平衡位置称为**平衡构形**(equilibrium configuration)或**平衡状态**。

轴向受压的理想细长直杆(图 13-8(a)),当轴向压力 $\boldsymbol{F}_{\mathrm{P}}$ 小于一定数值时,压杆只有直线一种平衡构形。若以 Δ 表示压杆在弯曲时中间截面的侧向位移,则在 F_{P}-Δ 坐标中,当压力 F_{P} 小于某一数值时,F_{P}-Δ 关系由竖直线 AB 所描述,如图 13-8(b)所示。

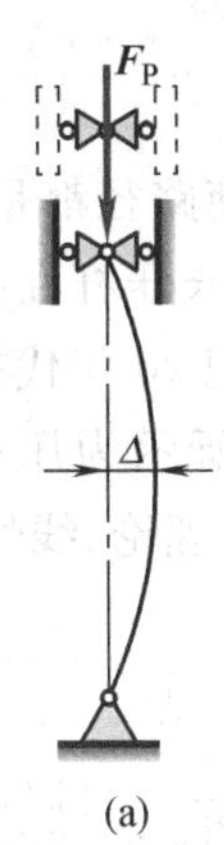

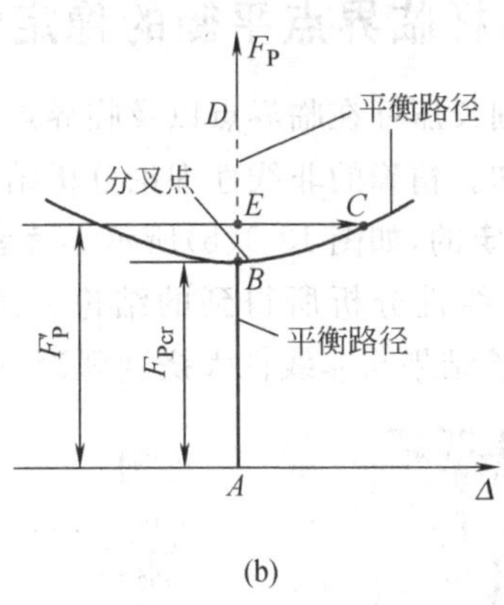

(a)　　　　(b)

图 13-8　压杆的平衡路径

当压力超过一定数值时，压杆仍可能具有直线的平衡构形，但在外界扰动下(例如施加微小的侧向力)，使其偏离直线构形，转变为弯曲的平衡构形，扰动除去后，不能再回到原来的直线平衡构形，而在某一弯曲构形下达到新的平衡。这表明，当压力大于一定数值时，压杆存在两种可能的平衡构形——直线的和弯曲的。前者侧向位移$\Delta=0$，后者$\Delta\neq0$。精确的非线性理论分析结果表明，在F_P-Δ坐标中，上述两种平衡构形分别由竖直线 BD(图 13-8(b)中的虚线)和曲线 BC(图 13-8(b)中实曲线)所表示。不同压缩载荷下的 F_P-Δ 曲线称为压杆的**平衡路径**(equilibrium path)。

可以看出，当压力小于某一数值时，平衡路径 AB 是唯一的，它对应着直线的平衡构形。当压力大于某一数值时，其平衡路径出现分支 BD 和 BC。其中一个分支 BD 对应着直线的平衡构形；另一个分支 BC 对应着弯曲的平衡构形。前者是不稳定的；后者是稳定的。这种出现分支平衡路径的现象称为**平衡构形分叉**(bifurcation of equilibrium configuration)或**平衡路径分叉**(bifurcation of equilibrium path)。

13.2.3　判别弹性平衡稳定性的静力学准则

当压缩载荷小于一定的数值时，微小外界**扰动**(disturbance)使压杆偏离直线平衡构形；外界扰动除去后，压杆仍能回复到直线平衡构形，则称直线平衡构形是**稳定的**(stable)；当压缩载荷大于一定的数值时，外界扰动使压杆偏离直线平衡构形，扰动除去后，压杆不能回复到直线平衡构形，则称直线平衡构形是**不稳定的**(unstable)。此即判别**压杆稳定性的静力学准则**(statical criterion for elastic stability)。

当压缩载荷大于一定的数值时，在任意微小的外界扰动下，压杆都要由直线的平衡构形转变为弯曲的平衡构形，这一过程称为**屈曲**(buckling)或**失稳**(lost stability)。对于细长压杆，由于屈曲过程中出现平衡路径的分叉，所以又称为**分叉屈曲**(bifurcation buckling)。

稳定的平衡构形与不稳定的平衡构形之间的分界点称为**临界点**(critical point)。对于细长压杆，因为从临界点开始，平衡路径出现分叉，故又称为分叉点。临界点所对应的载荷称为**临界载荷**(critical load)或**分叉载荷**(bifurcation load)，用 F_P 表示。

很多情形下，屈曲将导致构件失效，这种失效称为**屈曲失效**(failure by buckling)。由于屈曲失效往往具有突发性，常常会产生灾难性后果，因此工程设计中需要认真加以考虑。

13.2.4 细长压杆临界点平衡的稳定性

线性理论认为,细长压杆在临界点以及临界点以后的平衡路径都是随遇的,即载荷不增加,屈曲位移不断增加。精确的非线性理论分析结果表明,细长压杆在临界点以及临界点以后的平衡路径都是稳定的,如图 13-9(b)所示。著者于 20 世纪 90 年代初所作的细长杆稳定性实验结果证明了非线性分析所得到的结论。图 13-9(a)所示为压杆稳定性实验装置;图 13-9(b)所示为实验结果与非线性大挠度理论、初始后屈曲理论、线性理论结果的比较。

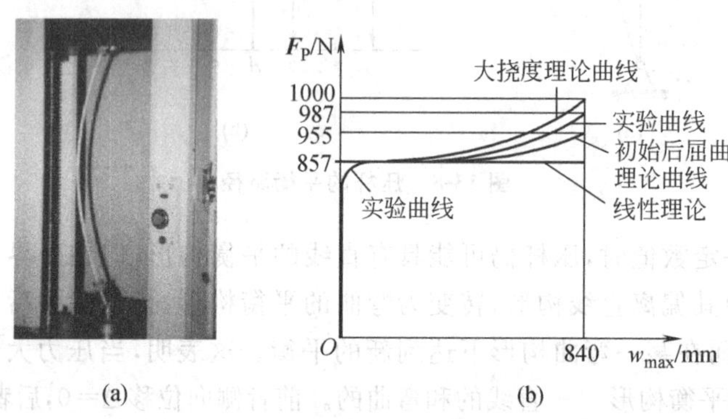

图 13-9 压杆稳定性实验装置与实验结果

由于超过临界点以后的平衡路径也是稳定的,所以,临界点以后结构仍然具有承载能力。这一结论对于某些工程具有重要意义。图 13-10(a)所示为我国紧凑型超高压输电线路为防止两相导线相互接近而设计的"相间绝缘间隔棒"的实验图片,其芯棒为玻璃纤维增强复合材料。图 13-10(b)所示为实际线路上的相间绝缘间隔棒。

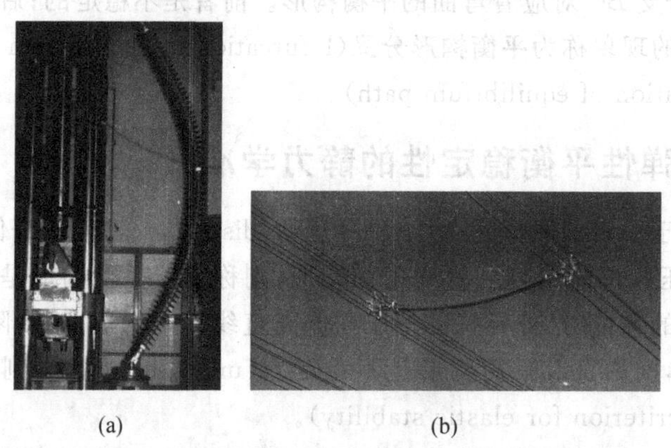

图 13-10 细长压杆压力超过临界值仍然具有承载能力

13.3 两端铰支压杆的临界载荷 欧拉公式

为简化分析,并且为了得到可应用于工程的、简明的表达式。在确定压杆的临界载荷时作如下简化:

(1) 剪切变形的影响可以忽略不计。

(2) 不考虑杆的轴向变形。

从图 13-8(b)所示的平衡路径可以看出，当 $\Delta \to 0$ 时 $F_P \to F_{Pcr}$。这表明，当 F_P 无限接近分叉载荷 F_{Pcr}时，在直线平衡构形附近无穷小的邻域内，存在微弯的平衡构形。根据这一平衡构形，由平衡条件和小挠度微分方程，以及端部约束条件，即可确定临界载荷。

考察图 13-11(a)所示两端铰支、承受轴向压缩载荷的理想直杆，由图 13-11(b)所示与直线平衡构形无限接近的微弯构形局部(图 13-11(c))的平衡条件，得到任意截面(位置坐标为 x)上的弯矩为

$$M(x) = F_P w(x) \tag{a}$$

根据小挠度微分方程

$$M = -EI\frac{d^2 w}{dx^2} \tag{b}$$

得到

$$\frac{d^2 w}{dx^2} + k^2 w = 0 \tag{13-1}$$

这是压杆在微弯曲状态下的平衡微分方程，是确定临界载荷的主要依据，其中

$$k^2 = \frac{F_P}{EI} \tag{13-2}$$

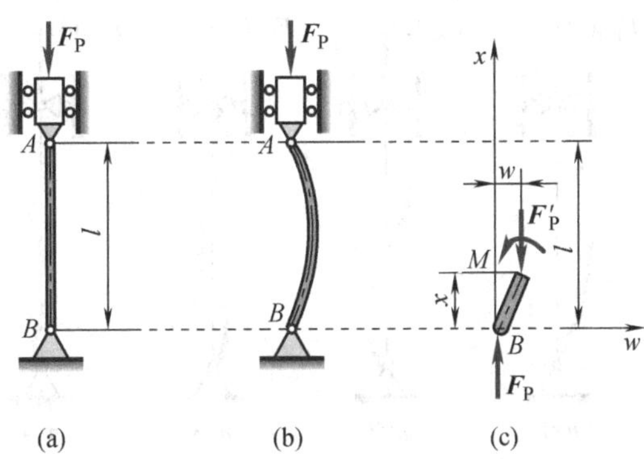

图 13-11　两端铰支的压杆

微分方程(13-1)的通解是

$$w = A\sin kx + B\cos kx \tag{13-3}$$

对于两端铰支的压杆，利用两端的位移边界条件：

$$w(0) = 0,\quad w(l) = 0$$

由式(13-3)得到

$$\left.\begin{aligned} 0 \cdot A + B = 0 \\ \sin kl \cdot A + \cos kl \cdot B = 0 \end{aligned}\right\} \tag{c}$$

方程组(c)中，A、B 不全为零的条件是

$$\begin{vmatrix} 0 & 1 \\ \sin kl & \cos kl \end{vmatrix} = 0 \tag{d}$$

由此解得

$$\sin kl = 0 \tag{13-4}$$

于是,有

$$kl = n\pi \quad (n = 1,2,\cdots)$$

将 $k=n\pi/l$ 代入式(13-2),即可得到所要求的临界载荷的表达式:

$$F_{\mathrm{Pcr}} = \frac{n^2\pi^2 EI}{l^2} \tag{13-5}$$

这一表达式称为**欧拉公式**。

当欧拉公式中 $n=1$ 时,所得到的就是具有实际意义的、最小的临界载荷:

$$F_{\mathrm{Pcr}} = \frac{\pi^2 EI}{l^2} \tag{13-6}$$

上述二式中,E 为压杆材料的弹性模量;I 为压杆横截面的形心主惯性矩:如果两端在各个方向上的约束都相同,I 则为压杆横截面的最小形心主惯性矩。

从式(c)中的第1式解出 $B=0$,连同 $k=n\pi/l$ 一齐代入式(13-3),得到与直线平衡构形无限接近的屈曲位移函数,又称为**屈曲模态**(buckling mode):

$$w(x) = A\sin\frac{n\pi x}{l} \tag{13-7}$$

其中,A 为不定常数,称为**屈曲模态幅值**(amplitude of buckling mode);n 为屈曲模态的正弦半波数。图13-12中所示分别为两端铰支细长压杆1～4阶的屈曲模态。

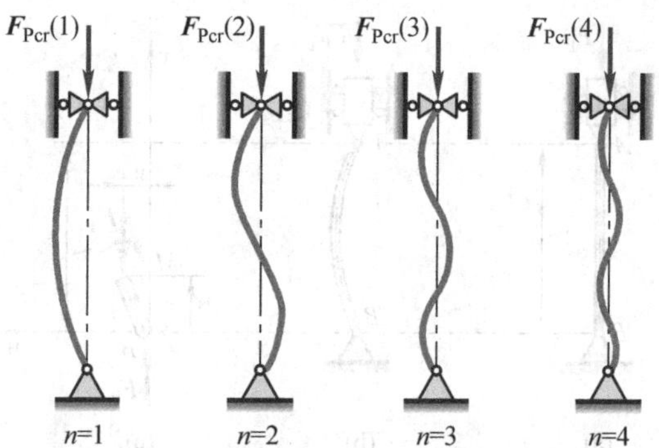

图13-12 两端铰支压杆的不同屈曲模态

式(13-7)表明,与直线平衡构形无限接近的微弯屈曲位移是不确定的,这与本小节一开始所假定的任意微弯屈曲构形是一致的。

13.4 不同刚性支承对压杆临界载荷的影响

不同刚性支承条件下的压杆,由静力学平衡方法得到的平衡微分方程和边界条件都可能各不相同,临界载荷的表达式亦因此而异,但基本分析方法和分析过程却是相同的。对于细长杆,这些公式可以写成通用形式:

$$F_{\mathrm{Pcr}} = \frac{\pi^2 EI}{(\mu l)^2} \tag{13-8}$$

其中,μl 为不同压杆屈曲后挠曲线上正弦半波的长度(图13-13),称为**有效长度**(effective length);μ 为反映不同支承影响的系数,称为**长度系数**(coefficient of length),可由屈曲后的

正弦半波长度与两端铰支压杆初始屈曲时的正弦半波长度的比值确定。

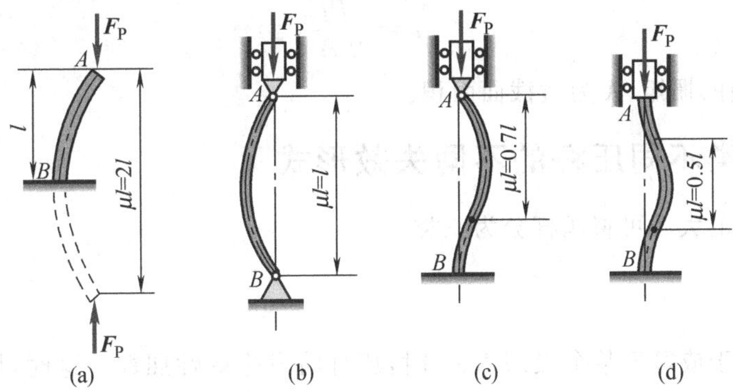

图 13-13　有效长度与长度系数

例如,一端固定,另一端自由的压杆,其微弯屈曲波形如图 13-13(a)所示,屈曲波形的正弦半波长度等于 $2l$。这表明,一端固定、另一端自由、杆长为 l 的压杆,其临界载荷相当于两端铰支、杆长为 $2l$ 压杆的临界载荷。所以长度系数 $\mu=2$。

又如,图 13-13(c)中所示一端铰支、另一端固定压杆的屈曲波形,其正弦半波长度等于 $0.7l$,因而,临界载荷与两端铰支、长度为 $0.7l$ 的压杆相同。

再如,图 13-13(d)中所示两端固定压杆的屈曲波形,其正弦半波长度等于 $0.5l$,因而,临界载荷与两端铰支、长度为 $0.5l$ 的压杆相同。

需要注意的是,上述临界载荷公式,只有在压杆的微弯屈曲状态下仍然处于弹性状态时才是成立的。

13.5　临界应力与临界应力总图

13.5.1　临界应力与长细比的概念

前面已经提到欧拉公式只有在弹性范围内才是适用的。这就要求在临界载荷作用下,压杆在直线平衡构形时,其横截面上的正应力小于或等于材料的比例极限,即

$$\sigma_{cr}=\frac{F_{Pcr}}{A}\leqslant\sigma_p \tag{13-9}$$

式中,σ_{cr}称为**临界应力**(critical stress);σ_p 为材料的比例极限。

对于某一压杆,当临界载荷 F_{Pcr} 尚未确定时,不能判断式(13-9)是否成立;当临界载荷确定后,如果式(13-9)不满足,则还需采用超过比例极限的临界载荷计算公式。这些都会给计算带来不便。

能否在计算临界载荷之前,预先判断哪一类压杆将发生弹性屈曲?哪一类压杆将发生超过比例极限的非弹性屈曲?哪一类压杆不发生屈曲而只有强度问题?回答当然是肯定的。为了说明这一问题,需要引进**长细比**(slenderness)的概念。

长细比是综合反映压杆长度、约束条件、截面尺寸和截面形状对压杆分叉载荷影响的量,用 λ 表示,由下式确定:

$$\lambda=\frac{\mu l}{i} \tag{13-10}$$

其中，i 为压杆横截面的惯性半径：

$$i=\sqrt{\frac{I}{A}} \tag{13-11}$$

式中，I 为横截面的惯矩；A 为横截面面积。

13.5.2 三类不同压杆的不同失效形式

根据长细比的大小可将压杆分为三类：

1. 细长杆

长细比 λ 大于或等于某个极限值 λ_p 时，压杆将发生**弹性屈曲**。这时，压杆在直线平衡构形下横截面上的正应力不超过材料的比例极限，这类压杆称为**细长杆**。

2. 中长杆

长细比 λ 小于 λ_p，但大于或等于另一个极限值 λ_s 时，压杆也会发生屈曲。这时，压杆在直线平衡构形下横截面上的正应力已经超过材料的比例极限，截面上某些部分已进入塑性状态。这种屈曲称为非弹性屈曲。这类压杆称为**中长杆**。

3. 粗短杆

长细比 λ 小于极限值 λ_s 时，压杆不会发生屈曲，但将会发生屈服。这类压杆称为**粗短杆**。

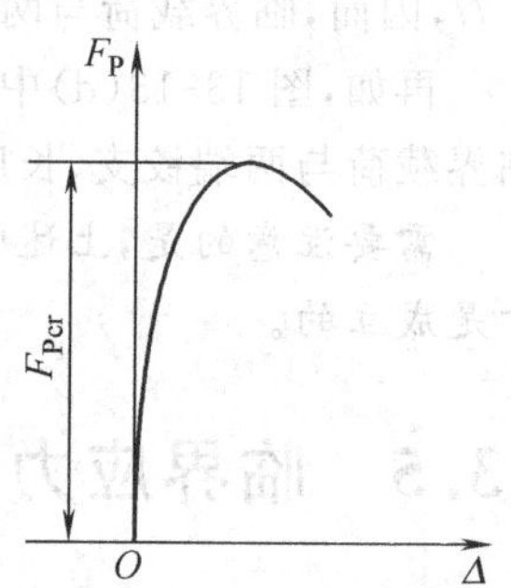

图 13-14 极值点屈曲

需要特别指出的是，细长杆和中长杆在轴向压缩载荷作用下，虽然都会发生屈曲，但这是两类不同的屈曲：从平衡路径看，细长杆的轴向压力超过临界力后(图 13-8(b))，平衡路径的分叉点即为临界点。这类屈曲称为分叉屈曲。中长杆在轴向压缩载荷作用下，其平衡路径无分叉和分叉点，只有极值点，如图 13-14 所示，这类屈曲称为**极值点屈曲**(limited point buckling)。

13.5.3 三类压杆的临界应力公式

对于细长杆，根据临界力公式(13-8)以及公式(13-9)，临界应力为

$$\sigma_{cr}=\frac{\pi^2 E}{\lambda^2} \tag{13-12}$$

对于中长杆，由于发生了塑性变形，理论计算比较复杂，工程中大多采用直线经验公式计算其临界应力，最常用的直线公式为

$$\sigma_{cr}=a-b\lambda \tag{13-13}$$

其中，a 和 b 为与材料有关的常数，单位为 MPa。常用工程材料的 a 和 b 数值列于表 13-1 中。

对于粗短杆，因为不发生屈曲，而只发生屈服(韧性材料)，故其临界应力即为材料的屈服应力，亦即：

$$\sigma_{cr}=\sigma_s \tag{13-14}$$

将上述各式乘以压杆的横截面面积，即得到三类压杆的临界载荷。

表 13-1　常用工程材料的 a 和 b 数值

材料(σ_s,σ_b的单位为 MPa)	a/MPa	b/MPa
Q235 钢($\sigma_s=235$,$\sigma_b\geqslant372$)	304	1.12
优质碳素钢($\sigma_s=306$,$\sigma_b\geqslant417$)	461	2.568
硅钢($\sigma_s=353$,$\sigma_b=510$)	578	3.744
铬钼钢	9807	5.296
铸铁	332.2	1.454
强铝	373	2.15
木材	28.7	0.19

13.5.4　临界应力总图与 λ_p、λ_s 值的确定

根据三种压杆的临界应力表达式,在 $O\sigma_{cr}\lambda$ 坐标系中可以作出 σ_{cr}-λ 关系曲线,称为**临界应力总图**(figures of critical stresses),如图 13-15 所示。

根据临界应力总图中所示之 σ_{cr}-λ 关系,可以确定区分不同材料三类压杆的长细比极限值 λ_p、λ_s。

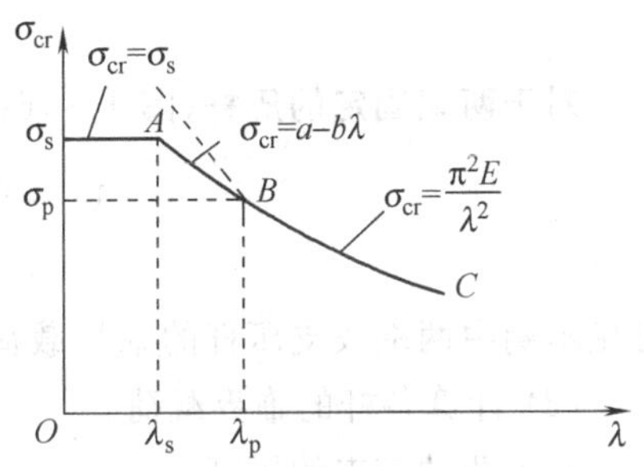

图 13-15　临界应力总图

令细长杆的临界应力等于材料的比例极限(图 13-15 中的 B 点),得到

$$\lambda_p=\sqrt{\frac{\pi^2E}{\sigma_p}}\tag{13-15}$$

对于不同的材料,由于 E、σ_p 各不相同,λ_p 的数值亦不相同。一旦给定 E、σ_p,即可算得 λ_p。例如,对于 Q235 钢,$E=206$ GPa、$\sigma_p=200$ MPa,由式(13-15)算得 $\lambda_p=101$。

若令中长杆的临界应力等于屈服强度(图 13-15 中的 A 点),得到

$$\lambda_s=\frac{a-\sigma_s}{b}\tag{13-16}$$

例如,对于 Q235 钢,$\sigma_s=235$ MPa, $a=304$ MPa,$b=1.12$ MPa,由式(13-16)可以算得 $\lambda_s=61.6$。

【例题 13-1】　图 13-16(a)、(b)中所示压杆,其直径均为 d,材料都是 Q235 钢,但二者长度和约束条件各不相同。

(1) 分析哪一根杆的临界载荷较大?

(2) 计算 $d=160$ mm,$E=206$ GPa 时,二杆的临界载荷。

解:(1) 计算长细比,判断哪一根杆的临界载荷大

因为 $\lambda=\mu l/i$,其中 $i=\sqrt{I/A}$,而二者均为圆截面且直径相同,故有

$$i=\sqrt{\frac{\pi d^4/64}{\pi d^2/4}}=\frac{d}{4}$$

因二者约束条件和杆长都不相同,所以 λ 也不一定相同。

对于两端铰支的压杆(图 13-16(a)),$\mu=1$,$l=5$ m,

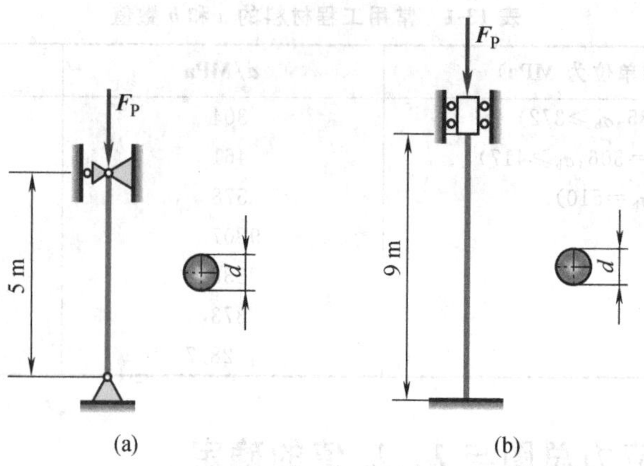

图 13-16 例题 11-1 图

$$\lambda_a = \frac{\mu l}{i} = \frac{1 \times 5 \text{ m}}{\frac{d}{4}} = \frac{20 \text{ m}}{d}$$

对于两端固定的压杆(图 13-16(b)),$\mu=0.5$,$l=9$ m,

$$\lambda_b = \frac{\mu l}{i} = \frac{0.5 \times 9 \text{ m}}{\frac{d}{4}} = \frac{18 \text{ m}}{d}$$

可见本例中两端铰支压杆的临界载荷,小于两端固定压杆的临界载荷。

(2) 计算各杆的临界载荷

对于两端铰支的压杆,

$$\lambda_a = \frac{\mu l}{i} = \frac{20 \text{ m}}{d} = \frac{20 \text{ m}}{0.16 \text{ m}} = 125 > \lambda_p = 101$$

属于细长杆,利用欧拉公式计算临界力

$$F_{Pcr} = \sigma_{cr} A = \frac{\pi^2 E}{\lambda^2} \times \frac{\pi d^2}{4} = \frac{\pi^2 \times 206 \times 10^9 \text{Pa}}{125^2} \times \frac{\pi \times (160 \times 10^{-3} \text{m})^2}{4}$$
$$= 2.6 \times 10^6 \text{ N} = 2.60 \times 10^3 \text{ kN}$$

对于两端固定的压杆,

$$\lambda_a = \frac{\mu l}{i} = \frac{18 \text{ m}}{d} = \frac{18 \text{ m}}{0.16 \text{ m}} = 112.5 > \lambda_p = 101$$

也属于细长杆,

$$F_{Pcr} = \sigma_{cr} A = \frac{\pi^2 E}{\lambda^2} \times \frac{\pi d^2}{4} = \frac{\pi^2 \times 206 \times 10^9 \text{Pa}}{112.5^2} \times \frac{\pi \times (160 \times 10^{-3} \text{m})^2}{4}$$
$$= 3.23 \times 10^6 \text{N} = 3.23 \times 10^3 \text{ kN}$$

最后,请读者思考以下几个问题:

(1) 本例中的两根压杆,在其他条件不变时,当杆长 l 减小一半时,其临界载荷将增加几倍?

(2) 对于以上二杆,如果改用高强度钢(屈服强度比 Q235 钢高 2 倍以上,E 相差不大)能否提高临界载荷?

【例题 13-2】 Q235 钢制成的矩形截面杆，两端约束以及所承受的压缩载荷如图 13-17 所示(图 13-17(a)为正视图；图 13-17(b)为俯视图)，在 A、B 两处为销钉连接。若已知 $l=2300$ mm，$b=40$ mm，$h=60$ mm，材料的弹性模量 $E=205$ GPa。试求此杆的临界载荷。

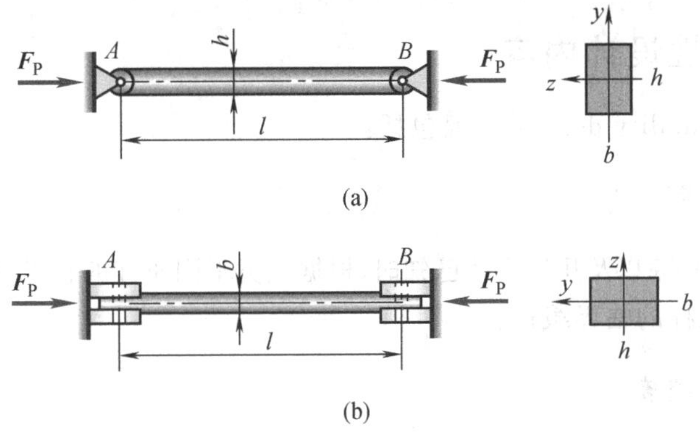

图 13-17　例题 11-2 图

解：给定的压杆在 A、B 两处为销钉连接，这种约束与球铰约束不同。在正视图平面内屈曲时，A、B 两处可以自由转动，相当于铰链；而在俯视图平面内屈曲时，A、B 二处不能转动，这时可近似视为固定端约束。又因为是矩形截面，压杆在正视图平面内屈曲时，截面将绕 z 轴转动；而在俯视图平面内屈曲时，截面将绕 y 轴转动。

根据以上分析，为了计算临界力，应首先计算压杆在两个平面内的长细比，以确定它将在哪一平面内发生屈曲。

在正视图平面(图 13-16(a))内：

$$I_z=\frac{bh^3}{12},\quad A=bh,\quad \mu=1.0$$

$$i_z=\sqrt{\frac{I_z}{A}}=\frac{h}{2\sqrt{3}}$$

$$\lambda_z=\frac{\mu l}{i_z}=\frac{\mu l}{\dfrac{h}{2\sqrt{3}}}=\frac{(1\times 2300\ \text{mm}\times 10^{-3})\times 2\sqrt{3}}{60\ \text{mm}\times 10^{-3}}=132.8>\lambda_p=101$$

在俯视图平面(图 13-16(b))内：

$$I_y=\frac{hb^3}{12},\quad A=bh,\quad \mu=0.5$$

$$i_y=\sqrt{\frac{I_y}{A}}=\frac{b}{2\sqrt{3}}$$

$$\lambda_y=\frac{\mu l}{i_y}=\frac{\mu l}{\dfrac{b}{2\sqrt{3}}}=\frac{(0.5\times 2300\times 10^{-3}\ \text{m})\times 2\sqrt{3}}{40\times 10^{-3}\ \text{m}}=99.6<\lambda_p=101$$

比较上述结果，可以看出，$\lambda_z>\lambda_y$。所以，压杆将在正视图平面内屈曲。又因为在这一平面内，压杆的长细比 $\lambda_z>\lambda_p$，属于细长杆，可以用欧拉公式计算压杆的临界载荷：

$$F_{Pcr} = \sigma_{cr}A = \frac{\pi^2 E}{\lambda_z^2} \times bh = \frac{\pi^2 \times 205 \times 10^9 \text{Pa} \times 40 \times 10^{-3} \text{m} \times 60 \times 10^{-3} \text{m}}{132.8^2}$$
$$= 276.2 \times 10^3 \text{N} = 276.2 \text{ kN}$$

13.6 压杆稳定性设计的安全因数法

13.6.1 稳定性设计内容

稳定性设计(stability design)一般包括:

1. 确定临界载荷

当压杆的材料、约束以及几何尺寸已知时,根据三类不同压杆的临界应力公式(式(13-8)~式(13-10)),确定压杆的临界载荷。

2. 稳定性安全校核

当外加载荷、杆件各部分尺寸、约束以及材料性能均为已知时,验证压杆是否满足稳定性设计准则。

13.6.2 安全因数法与稳定性安全条件

为了保证压杆具有足够的稳定性,设计中,必须使杆件所承受的实际压缩载荷(又称为工作载荷)小于杆件的临界载荷,并且具有一定的安全裕度。

压杆的稳定性设计一般采用安全因数法与稳定系数法。本书只介绍安全因数法。

采用安全因数法时,**稳定性安全条件**一般可表示为

$$n_w \geqslant [n]_{st} \tag{13-17}$$

这一条件又称为**稳定性设计准则**(criterion of design for stability)。式中,n_w 为工作安全因数,由下式确定:

$$n_w = \frac{F_{Pcr}}{F} = \frac{\sigma_{cr}A}{F} \tag{13-18}$$

式中,F 为压杆的工作载荷;A 为压杆的横截面面积。

式(13-17)中,$[n]_{st}$ 为规定的稳定安全因数。在静载荷作用下,稳定安全因数应略高于强度安全因数。这是因为实际压杆不可能是理想直杆,而是具有一定的初始缺陷(例如初曲率),压缩载荷也可能具有一定的偏心度。这些因素都会使压杆的临界载荷降低。对于钢材,取$[n]_{st}=1.8\sim3.0$;对于铸铁,取$[n]_{st}=5.0\sim5.5$;对于木材,取$[n]_{st}=2.8\sim3.2$。

13.6.3 稳定性设计过程

根据上述设计准则,进行压杆的稳定性设计,首先必须根据材料的弹性模量 E 与比例极限 σ_p,由式(13-15)和式(13-16)计算出长细比的极限值 λ_p、λ_s;再根据压杆的长度 l、横截面的惯性矩 I 和面积 A,以及两端的支承条件 μ,计算压杆的实际长细比 λ;然后比较压杆的实际长细比值与极限值,判断属于哪一类压杆,选择合适的临界应力公式,确定临界载荷;最后,由式(13-18)计算压杆的工作安全因数,并验算是否满足稳定性设计准则(式(13-17))。

对于简单结构，则需应用受力分析方法，首先确定哪些杆件承受压缩载荷，然后再按上述过程进行稳定性计算与设计。

【例题 13-3】 图 13-18 所示的结构中，梁 AB 为 No. 14 普通热轧工字钢，CD 为圆截面直杆，其直径为 $d=20$ mm，二者材料均为 Q235 钢。结构受力如图中所示，A、C、D 三处均为球铰约束。若已知 $F_P=25$ kN，$l_1=1.25$ m，$l_2=0.55$ m，$\sigma_s=235$ MPa。强度安全因数 $n_s=1.45$，稳定安全因数$[n]_{st}=1.8$。试校核此结构是否安全？

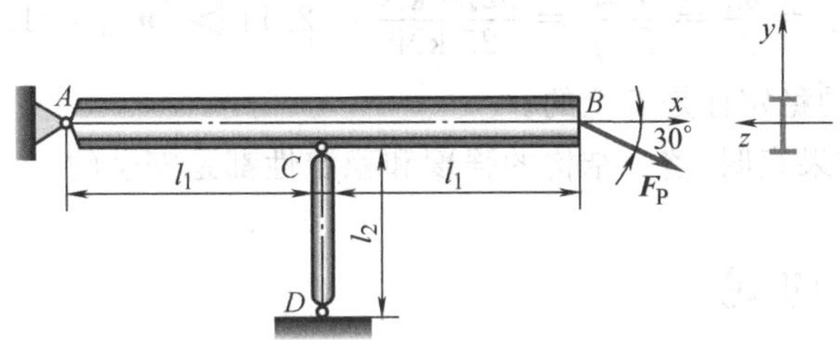

图 13-18　例题 11-3 图

解：在给定的结构中共有两个构件：梁 AB，承受拉伸与弯曲的组合作用，属于强度问题；杆 CD 承受压缩载荷，属于稳定性问题。现分别校核如下：

(1) 梁 AB 的强度校核

梁 AB 在截面 C 处弯矩最大，该处横截面为危险截面，其上的弯矩和轴力分别为

$$M_{max}=(F\sin 30^\circ)l_1=(25\text{kN}\times 10^3\times 0.5)\times 1.25\text{ m}$$
$$=15.63\times 10^3\text{N}\cdot\text{m}=15.63\text{ kN}\cdot\text{m}$$
$$F_N=F_P\cos 30^\circ=25\text{ kN}\times 10^3\times\cos 30^\circ=21.65\times 10^3\text{N}=21.65\text{ kN}$$

由型钢表查得 No. 14 普通热轧工字钢的

$$W_z=102\text{ cm}^3=102\times 10^3\text{ mm}^3$$
$$A=21.5\text{ cm}^2=21.5\times 10^2\text{ mm}^2$$

由此得到

$$\sigma_{max}=\frac{M_{max}}{W_z}+\frac{F_N}{A}=\frac{15.63\times 10^3\text{N}\cdot\text{m}}{102\times 10^3\times 10^{-9}\text{m}^3}+\frac{21.65\times 10^3\text{N}}{21.5\times 10^2\times 10^{-6}\text{m}^2}$$
$$=163.3\times 10^6\text{Pa}=163.3\text{ MPa}$$

Q235 钢的许用应力

$$[\sigma]=\frac{\sigma_s}{n_s}=\frac{235\text{MPa}}{1.45}=162\text{ MPa}$$

σ_{max}略大于$[\sigma]$，但$(\sigma_{max}-[\sigma])\times 100\%/[\sigma]=0.7\%<5\%$，工程上仍认为是安全的。

(2) 校核压杆 CD 的稳定性

由平衡方程求得压杆 CD 的轴向压力

$$F_{NCD}=2F_P\sin 30^\circ=F_P=25\text{ kN}$$

因为是圆截面杆，故惯性半径

$$i=\sqrt{\frac{I}{A}}=\frac{d}{4}=5\text{ mm}$$

又因为两端为球铰约束 $\mu=1.0$，所以

$$\lambda = \frac{\mu l}{i} = \frac{1.0 \times 0.55\ \text{m}}{5 \times 10^{-3}\ \text{m}} = 110 > \lambda_p = 101$$

这表明,压杆 CD 为细长杆,故需采用式(13-12)计算其临界应力

$$F_{Pcr} = \sigma_{cr} A = \frac{\pi^2 E}{\lambda^2} \times \frac{\pi d^2}{4} = \frac{\pi^2 \times 206 \times 10^9\ \text{Pa}}{110^2} \times \frac{\pi \times (20 \times 10^{-3}\ \text{m})^2}{4}$$

$$= 52.8 \times 10^3\ \text{N} = 52.8\ \text{kN}$$

于是,压杆的工作安全因数

$$n_w = \frac{\sigma_{cr}}{\sigma_w} = \frac{F_{Pcr}}{F_{NCD}} = \frac{52.8\ \text{kN}}{25\ \text{kN}} = 2.11 > [n]_{st} = 1.8$$

这一结果说明,压杆的稳定性是安全的。

上述两项计算结果表明,整个结构的强度和稳定性都是安全的。

13.7 结论与讨论

13.7.1 稳定性设计的重要性

由于受压杆的失稳而使整个结构发生坍塌,不仅会造成物质上的巨大损失,而且还危及人民的生命安全。在19世纪末,瑞士的一座铁桥,当一辆客车通过时,桥桁架中的压杆失稳,致使桥发生灾难性坍塌,大约有200人受难。前面提到加拿大魁北克桥和俄国的一些铁路桥梁也曾经由于压杆失稳而造成灾难性事故。

虽然科学家和工程师早就面对着这类灾害,进行了大量的研究,采取了很多预防措施,但直到现在还不能完全终止这种灾害的发生。

1983年10月4日,地处北京的某单位科研楼工地的钢管脚手架距地面5~6 m处突然外弓。刹那间,这座高达54.2 m、长17.25 m、总重565.4 kN的大型脚手架轰然坍塌,5人死亡,7人受伤,脚手架所用建筑材料大部分报废,经济损失4.6万元;工期推迟一个月,现场调查结果表明,脚手架结构本身存在严重缺陷,致使结构失稳坍塌,是这次灾难性事故的直接原因。

脚手架由里、外层竖杆和横杆绑结而成,如图13-19所示。

调查中发现支搭技术上存在以下问题:

(1) 钢管脚手架是在未经清理和夯实的地面上搭起的。这样在自重和外加载荷作用下必然使某些竖杆受力大,另外一些杆受力小。

(2) 脚手架未设"扫地横杆",各大横杆之间的距离太大,最大达2.2 m,超过规定值0.5 m。两横杆之间的竖杆,相当于两端铰支的压杆,横杆之间的距离越大,竖杆临界载荷便越小。

(3) 高层脚手架在每层均应设有与建筑墙体相连的牢固连接点。而这座脚手架竟有8层没有与墙体的连接点。

图13-19 脚手架中压杆的稳定性问题

(4) 这类脚手架的稳定安全因数规定为3.0,而

这座脚手架的安全因数，内层杆为 1.75；外层杆仅为 1.11。

这些便是导致脚手架失稳的必然因素。

13.7.2　影响压杆承载能力的因素

(1) 对于细长杆，由于其临界载荷为

$$F_{Pcr}=\frac{\pi^2 EI}{(\mu l)^2}$$

所以，影响承载能力的因素较多。临界载荷不仅与材料的弹性模量 E 有关，而且与长细比有关。长细比包含了截面形状、几何尺寸以及约束条件等多种因素。

(2) 对于中长杆，临界载荷

$$F_{Pcr}=\sigma_{cr}A=(a-b\lambda)A$$

影响其承载能力的主要是材料常数 a 和 b，以及压杆的长细比，当然还有压杆的横截面面积。

(3) 对于粗短杆，因为不发生屈曲，而只发生屈服或破坏，故

$$F_{Pcr}=\sigma_{cr}A=\sigma_s A$$

临界载荷主要取决于材料的屈服强度和杆件的横截面面积。

13.7.3　提高压杆承载能力的主要途径

为了提高压杆承载能力，必须综合考虑杆长、支承、截面的合理性以及材料性能等因素的影响。可能的措施有以下几方面。

1. 尽量减小压杆杆长

对于细长杆，其临界载荷与杆长平方成反比。因此，减小杆长可以显著地提高压杆承载能力，在某些情形下，通过改变结构或增加支点可以达到减小杆长、从而提高压杆承载能力的目的，例如，图 13-20(a)、(b)中所示之两种桁架，读者不难分析，两种桁架中的①、④杆均为压杆，但图 13-20(b)中压杆承载能力要远远高于图 13-20(a)中的压杆。

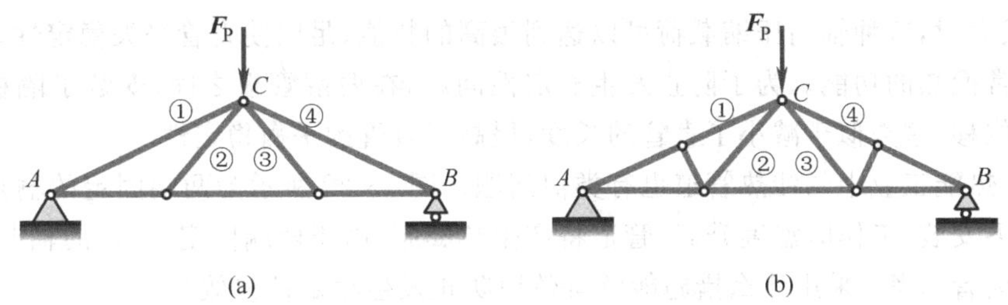

图 13-20　减小压杆的长度提高结构的承载能力

2. 增强支承的刚性

支承的刚性越大，压杆长度系数值越低，临界载荷越大，例如，将两端铰支的细长杆，变成两端固定约束的情形，临界载荷将呈数倍增加。

3. 合理选择截面形状

当压杆两端在各个方向弯曲平面内具有相同的约束条件时,压杆将在刚度最小的主轴平面内屈曲,这时,如果只增加截面某个方向的惯性矩(例如只增加矩形截面高度),并不能提高压杆的承载能力,最经济的办法是将截面设计成中空的,且使 $I_y = I_z$,从而加大横截面的惯性矩,并使截面对各个方向轴的惯性矩均相同。因此,对于一定的横截面面积,正方形截面或圆截面比矩形截面好;空心正方形或环形截面比实心截面好。

当压杆端部在不同的平面内具有不同的约束条件时,应采用最大与最小主惯性矩不等的截面(例如矩形截面),并使主惯性矩较小的平面内具有较强刚性的约束,尽量使两主惯性矩平面内,压杆的长细比相互接近。

4. 合理选用材料

在其他条件均相同的条件下,选用弹性模量大的材料,可以提高细长压杆的承载能力,例如钢杆临界载荷大于铜、铸铁或铝制压杆的临界载荷。但是,普通碳素钢,合金钢以及高强度钢的弹性模量数值相差不大。因此,对于细长杆,若选用高强度钢,对压杆临界载荷影响甚微,意义不大,反而造成材料的浪费。

但对于粗短杆或中长杆,其临界载荷与材料的比例极限或屈服强度有关,这时选用高强度钢会使临界载荷有所提高。

13.7.4 稳定性设计中需要注意的几个重要问题

(1) 正确地进行受力分析,准确地判断结构中哪些杆件承受压缩载荷,对于这些杆件必须按稳定性设计准则进行稳定性计算或稳定性设计。

如果构件的热膨胀受到限制,也会产生压缩载荷。这种压缩载荷超过一定数值,同样可能使构件或结构丧失平衡的稳定性。

图 13-21(a)中所示为除去封头的直管式换热器;图 13-21(b)中为结构原理简图。直管的两端胀接在管板上。直杆受热后沿轴线方向产生热膨胀,由于两端管板的限制,直管不能自由膨胀,因而产生轴向压缩载荷。当运行温度(一般为高温)与制造安装温度(一般为常温)相差很大时,这种轴向压缩载荷可以达到很高的数值,足以使直管丧失稳定性,导致换热器丧失正常换热的功能。为了防止发生稳定性问题,在两端管板之间,安装了隔板,限制直管的侧向位移,这类似于减小了直管的长度,提高了直管的平衡稳定性。

化工、热能工业中的涉热管道也有类似问题。图 13-22 所示为两端固定的输热管道,管道在室温下安装,工作时温度升高,管道将产生热膨胀,由于两端固定,固定的轴向移动受到限制。请读者思考:采用什么措施能够有效地防止发生稳定性失效?

(2) 要根据压杆端部约束条件以及截面的几何形状,正确判断可能在哪一个平面内发生屈曲,从而确定欧拉公式中的截面惯性矩,或压杆的长细比。

例如,图 13-23 所示为两端球铰约束细长杆的各种可能截面形状,请读者自行分析,压杆屈曲时横截面将绕哪一根轴转动?

(3) 确定压杆的长细比,判断属于哪一类压杆,采用合适的临界应力公式计算临界载荷。

(a)

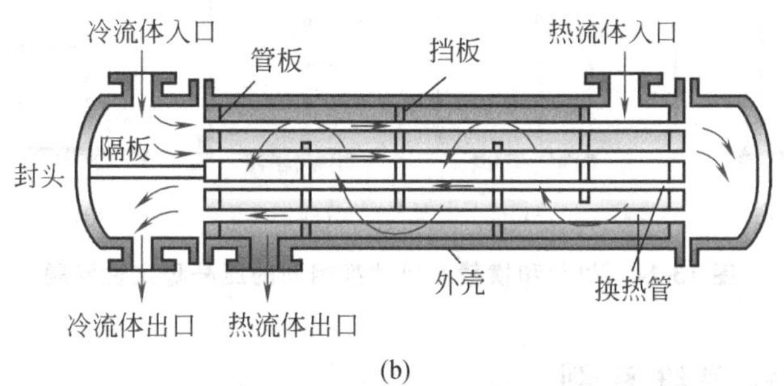

(b)

图 13-21　直管换热器中换热管的稳定性问题

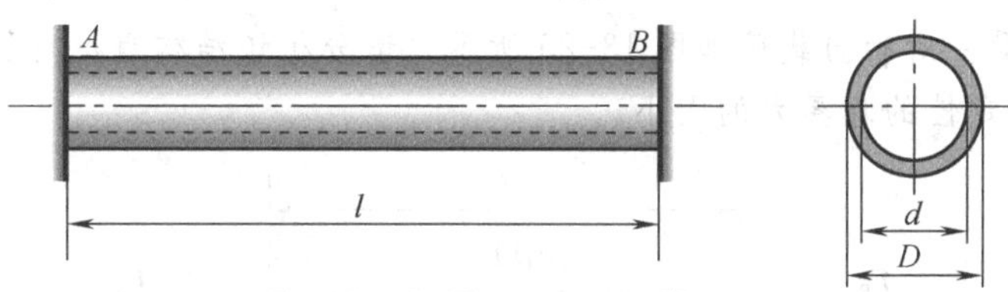

图 13-22　由热膨胀受限制引起的稳定性问题

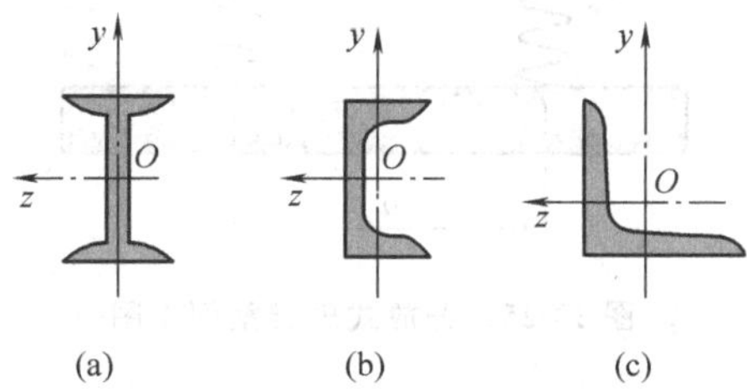

图 13-23　不同横截面形状压杆的稳定性问题

例如,图 13-24 所示的 4 根圆轴截面压杆,若材料和圆截面尺寸都相同,请读者判断哪一根杆最容易失稳？哪一根杆最不容易失稳？

(4) 应用稳定性设计准则进行稳定性安全校核或设计压杆横截面尺寸。

本章前面几节所讨论的压杆,都是理想化的,即压杆必须是直的,没有任何初始曲率;载荷作用线沿着压杆的中心线;由此导出的欧拉临界载荷公式只适用于应力不超过比例极限的情形。

工程实际中的压杆大都不满足上述理想化的要求。因此实际压杆的设计都是以经验公式为依据的。这些经验公式是以大量实验结果为基础建立起来的。

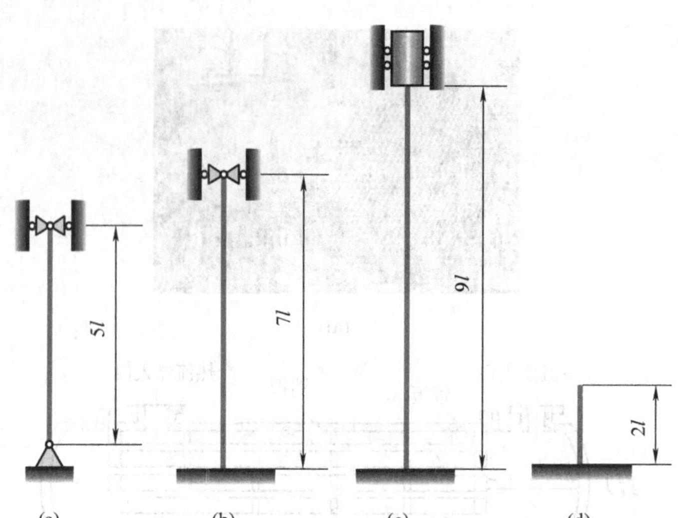

图 13-24 材料和横截面尺寸都相同的压杆稳定性问题

13.7.5 开放式思维案例

案例1 刚性杆 $ABCD$ 在 B、C 二处支承在刚度为 k 的弹簧上;弹簧下端固接在刚性地面上。刚性杆承受一对轴向载荷如图13-25所示。请分析该结构有没有稳定性问题?如果有,请确定保持稳定性的临界力的大小。

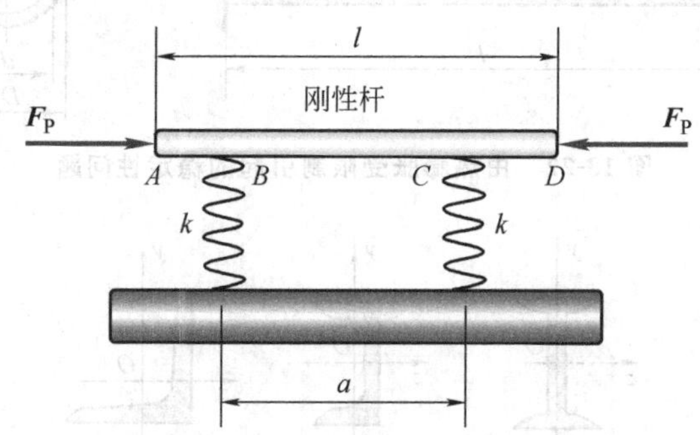

图 13-25 开放式思维案例1图

案例2 供热管道(图13-26)分段用"卡箍"固定在建筑物上,由于运行温度高于安装温度,在相邻的两个"卡箍"之间的一段管道可能会发生屈曲问题。请分析影响管道稳定承载能力(温差)的因素有哪些?可以采用哪些措施提高管道的稳定承载能力?

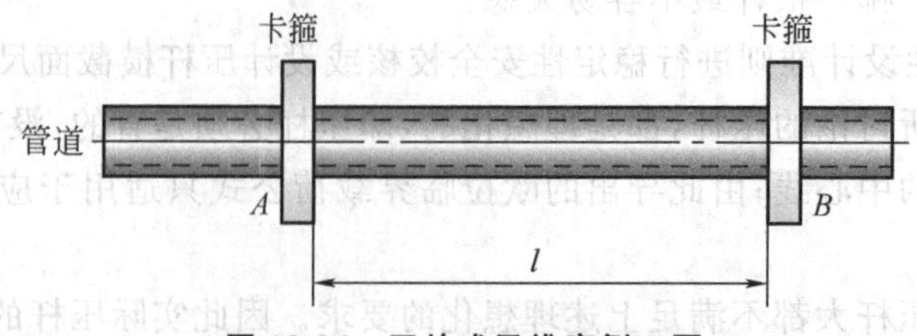

图 13-26 开放式思维案例2图

习题

13-1 关于钢制细长压杆承受轴向压力达到分叉载荷之后，还能不能继续承载有如下四种答案，试判断哪一种是正确的。(   )

(A) 不能。因为载荷达到临界值时屈曲位移将无限制地增加

(B) 能。因为压杆一直到折断时为止都有承载能力

(C) 能。只要横截面上的最大正应力不超过比例极限

(D) 不能。因为超过分叉载荷后，变形不再是弹性的

13-2 图示(a)、(b)、(c)、(d)四桁架的几何尺寸、圆杆的横截面直径、材料、加力点及加力方向均相同。关于四桁架所能承受的最大外力 F_{Pmax} 有如下四种结论，试判断哪一种是正确的。(   )

(A) $F_{Pmax}(a)=F_{Pmax}(c)<F_{Pmax}(b)=F_{Pmax}(d)$

(B) $F_{Pmax}(a)=F_{Pmax}(c)=F_{Pmax}(b)=F_{Pmax}(d)$

(C) $F_{Pmax}(a)=F_{Pmax}(d)<F_{Pmax}(b)=F_{Pmax}(c)$

(D) $F_{Pmax}(a)=F_{Pmax}(b)<F_{Pmax}(c)=F_{Pmax}(d)$

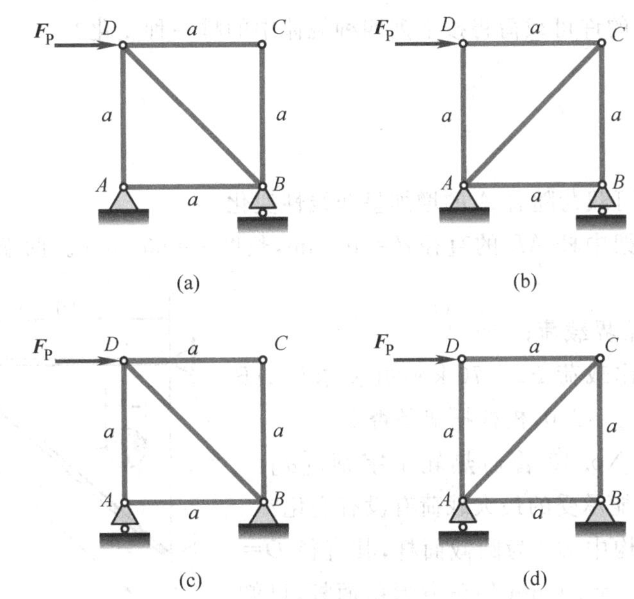

习题 13-2 图

13-3 一端固定、另一端由弹簧侧向支承的细长压杆，可采用欧拉公式 $F_{Pcr}=\pi^2 EI/(\mu l)^2$ 计算。试确定压杆的长度系数 μ 的取值范围。(   )

(A) $\mu>2.0$ (B) $0.7<\mu<2.0$

(C) $\mu<0.5$ (D) $0.5<\mu<0.7$

13-4 正三角形截面压杆，其两端为球铰链约束，加载方向通过压杆轴线。当载荷超过临界值，压杆发生屈曲时，横截面将绕哪一根轴转动？现有四种答案，请判断哪一种是正确的。(   )

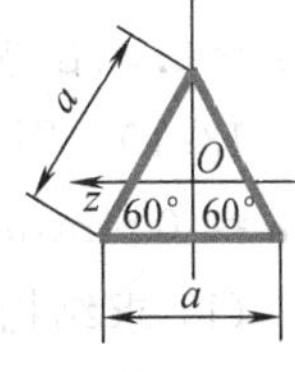

习题 13-4 图

(A) 绕 y 轴　　(B) 绕通过形心 C 的任意轴

(C) 绕 z 轴　　(D) 绕 y 轴或 z 轴

13-5　同样材料、同样截面尺寸和长度的两根管状大长细比压杆两端由球铰链支承，承受轴向压缩载荷，其中，管 a 内无内压作用，管 b 内有内压作用。关于二者横截面上的真实应力 $\sigma(\mathrm{a})$ 与 $\sigma(\mathrm{b})$、临界应力 $\sigma_{cr}(\mathrm{a})$ 与 $\sigma_{cr}(\mathrm{b})$ 之间的关系，有如下结论。试判断哪一结论是正确的。(　　)

(A) $\sigma(\mathrm{a})>\sigma(\mathrm{b}),\sigma_{cr}(\mathrm{a})=\sigma_{cr}(\mathrm{b})$　　(B) $\sigma(\mathrm{a})=\sigma(\mathrm{b}),\sigma_{cr}(\mathrm{a})<\sigma_{cr}(\mathrm{b})$

(C) $\sigma(\mathrm{a})<\sigma(\mathrm{b}),\sigma_{cr}(\mathrm{a})<\sigma_{cr}(\mathrm{b})$　　(D) $\sigma(\mathrm{a})<\sigma(\mathrm{b}),\sigma_{cr}(\mathrm{a})=\sigma_{cr}(\mathrm{b})$

13-6　提高钢制大长细比压杆承载能力有如下方法。试判断哪一种是最正确的。(　　)

(A) 减小杆长，减小长度系数，使压杆沿横截面两形心主轴方向的长细比相等

(B) 增加横截面面积，减小杆长

(C) 增加惯性矩，减小杆长

(D) 采用高强度钢

13-7　根据压杆稳定性设计准则，压杆的许可载荷 $[F_P]=\dfrac{\sigma_{cr}A}{[n]_{st}}$。当横截面面积 A 增加 1 倍时，试分析压杆的许可载荷将按下列四种规律中的哪一种变化？(　　)

(A) 增加 1 倍

(B) 增加 2 倍

(C) 增加 1/2

(D) 压杆的许可载荷随着 A 的增加呈非线性变化

13-8　图示托架中杆 AB 的直径 $d=40$ mm，长度 $l=800$ mm。两端可视为球铰链约束，材料为 Q235 钢。

(1) 求托架的临界载荷；

(2) 若已知工作载荷 $F_P=70$ kN，并要求杆 AB 的稳定安全因数 $[n]_{st}=2.0$，校核托架是否安全；

(3) 若横梁为 No. 18 普通热轧工字钢，$[\sigma]=160$ MPa，则托架所能承受的最大载荷有没有变化？

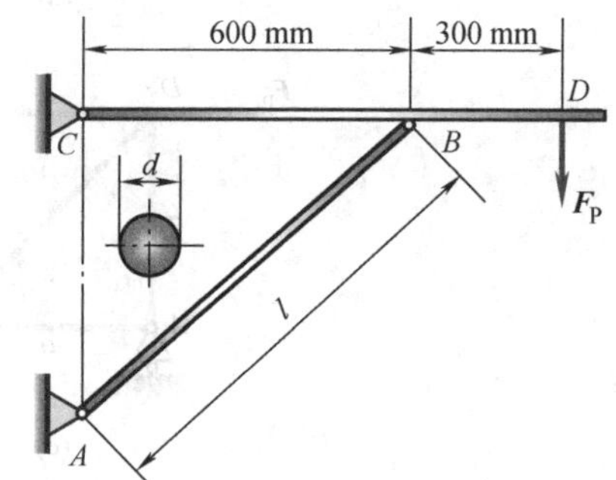

习题 13-8 图

13-9　图示结构中 BC 为圆截面杆，其直径 $D=80$ mm，AC 为边长 $A=70$ mm 的正方形截面杆，已知该结构的约束情况为 A 端固定，B、C 为球铰。两杆材料相同，为 Q235 钢，弹性模量 $E=210$ GPa，$\sigma_p=195$ MPa，$\sigma_s=235$ MPa。它们可以各自独立发生弯曲而互不影响。若该结构的稳定安全因数 $n_{st}=2.5$，试求所承受的最大安全压力。

13-10　图示正方形桁架结构，由五根圆截面钢杆组成，连接处均为铰链，各杆直径均为 $d=40$ mm，$a=1$ m。材料均为 Q235 钢，$E=200$ GPa，$[n]_{st}=1.8$。

(1) 求结构的许可载荷；

(2) 若 $\boldsymbol{F}_P$ 的方向与图中相反，问：许可载荷是否改变，若有改变应为多少？

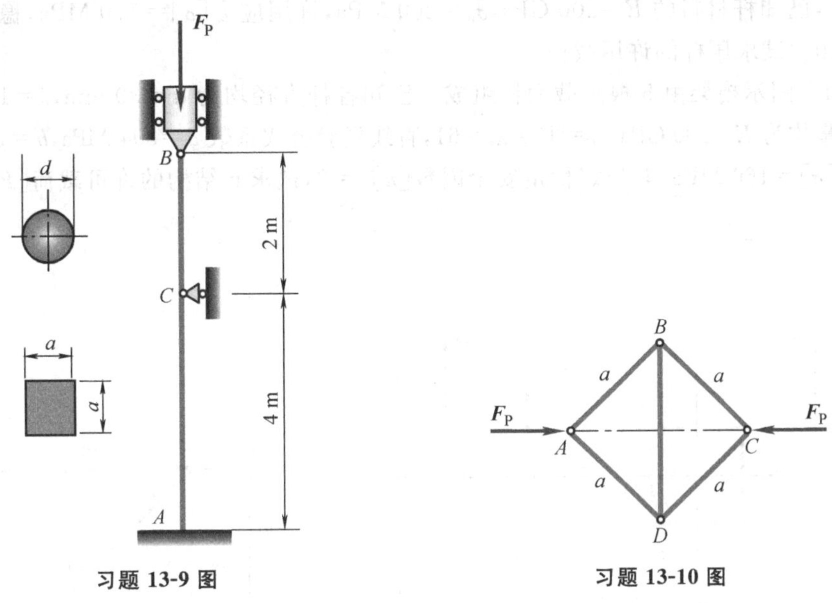

习题 13-9 图　　习题 13-10 图

13-11　图示结构中 AC 与 CD 杆均用 3 号钢制成，C、D 两处均为球铰。已知 $d=20$ mm，$b=100$ mm，$h=180$ mm；$E=200$ GPa，$\sigma_s=240$ MPa，$\sigma_b=400$ MPa；强度安全因数 $n=2.0$，稳定安全因数 $n_{st}=3.0$。试确定该结构的最大许可载荷。

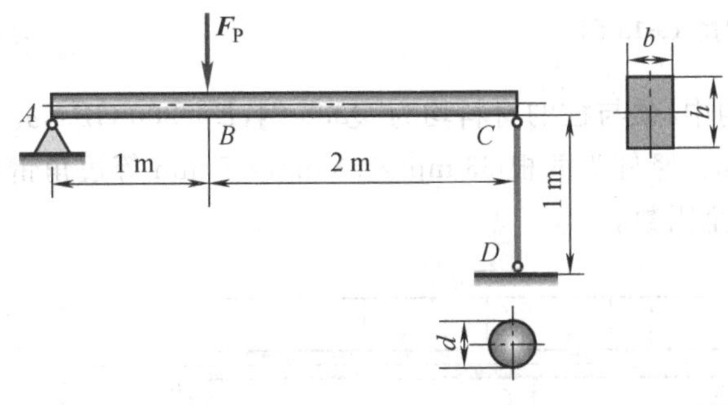

习题 13-11 图

13-12　图示两端固定的钢管在温度 $t_1=20$℃时安装，此时杆不受力。已知杆长 $l=6$ m，钢管内直径 $d=60$ mm，外直径 $D=70$ mm，材料为 Q235 钢，$E=206$ GPa。试问：当温度升高到多少度时，杆将失稳(材料的线膨胀系数 $\alpha=12.5\times10^{-6}$/℃)。

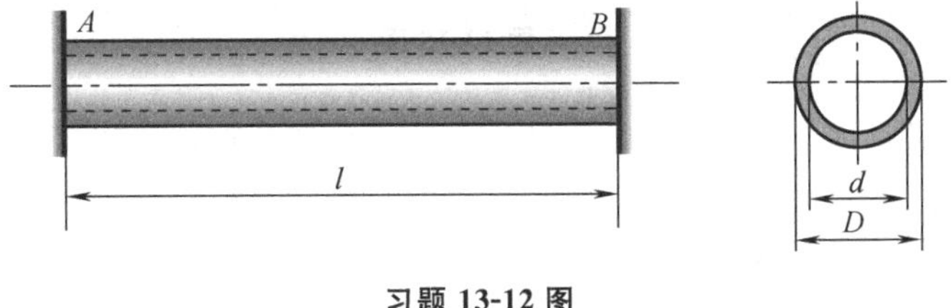

习题 13-12 图

13-13　上端铰支，下端固定，长 $l=5.5$ m 的压杆，由两根 10 号槽钢焊接而成. 槽钢截面对形心主惯轴 z 的惯性矩 $I_z=198.3$ cm^4，对 y 轴的惯性矩 $I_y=162.7$ cm^4，截面面积 $A=$

12.74 cm^2,已知杆材料的 $E=200$ GPa,$\sigma_p=200$ MPa,许用应力$[\sigma]=170$ MPa,稳定安全系数 $n_{st}=3.0$。试求压杆的许用载荷。

13-14 图示桁架由5根圆截面杆组成。已知各杆直径均为 $d=30$ mm,$l=1$ m。各杆的弹性模量均为 $E=200$ GPa,$\lambda_p=100$,$\lambda_s=61$,直线经验公式系数 $a=304$ MPa,$b=1.12$ MPa,许用应力$[\sigma]=160$ MPa,并规定稳定安全因数$[n]_{st}=3$,试求此结构的许可载荷$[F_P]$。

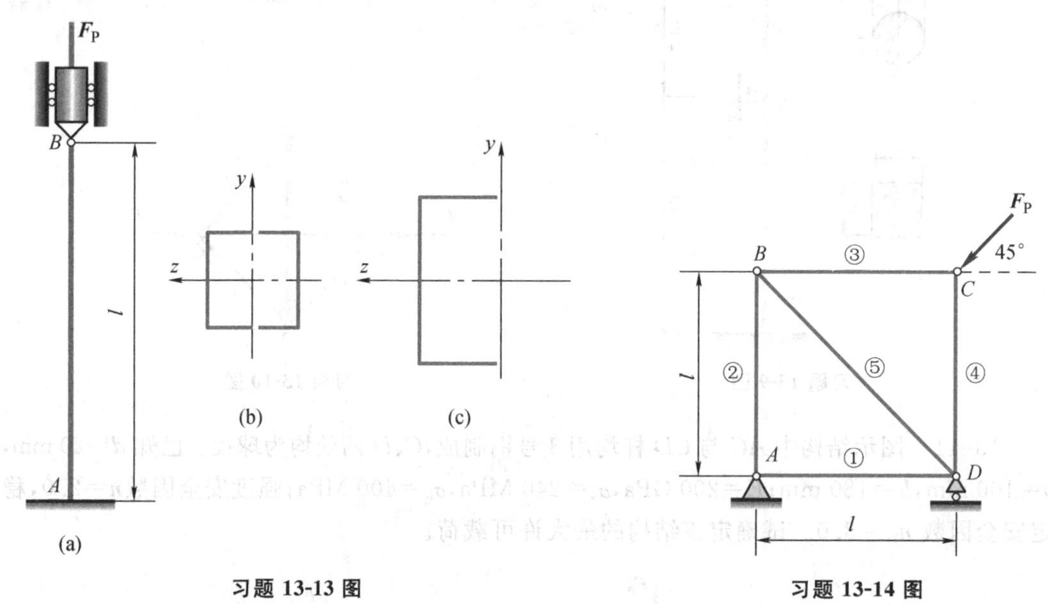

习题 13-13 图　　习题 13-14 图

13-15 图示结构中,梁与柱的材料均为Q235钢,$E=200$ GPa,$\sigma_s=240$ MPa,均匀分布载荷集度 $q=24$ kN/m。竖杆为两根63 mm×63 mm×5 mm等边角钢(连结成一整体)。试确定梁与柱的工作安全因数。

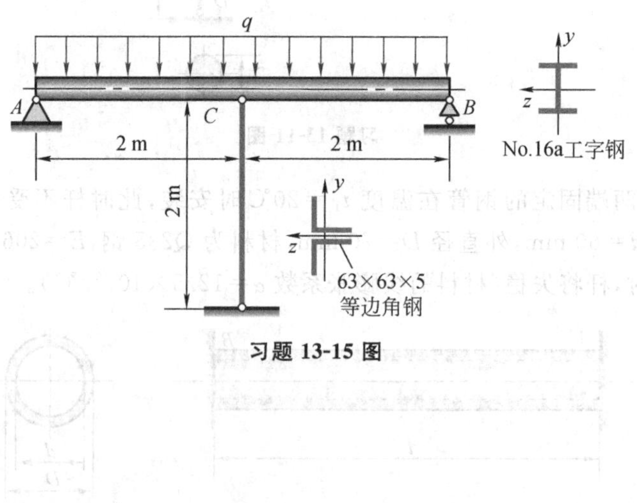

习题 13-15 图

专 题 篇

第 14 章　材料力学中的能量方法
第 15 章　简单的静不定系统
第 16 章　动载荷与动应力概述
第 17 章　疲劳强度与构件寿命估算概述

第14章 材料力学中的能量方法

承载的构件或结构发生变形时，加力点的位置都要发生变化，从而使载荷位能减少。如果不考虑加载过程中其他形式的能量损耗，根据机械能守恒定理，减少了的载荷位能，全部转变为应变能储存于构件或结构内。

据此，通过计算构件或结构的应变能，可以确定构件或结构在加力点处沿加力方向的位移。

但是，应用机械能守恒定理难以确定构件或结构上任意点沿任意方向的位移，也不能确定构件或结构上各点的位移函数。

应用更广泛的能量方法，不仅可以确定构件或结构上加力点沿加力方向的位移，而且可以确定构件或结构上任意点沿任意方向的位移；不仅可以确定特定点的位移，而且可以确定梁的位移函数。

本章将首先介绍常力功、变力功、应变能等基本概念以及基于这些基本概念的功的互等定理；然后介绍计算弹性体在外力作用下任意点沿任意方向位移的莫尔方法(莫尔积分)以及基于莫尔积分的图形互乘法；最后介绍卡氏第二定理。

14.1 基本概念

14.1.1 作用在弹性杆件上的力所作的常力功和变力功

作用在弹性杆件上的力，由于力作用点的位移是随着杆件受力和变形的增加而增加的，所以，这种情形下，力所作的功是变力作功，简称变力功。

前面所得到的结果表明，对于材料满足胡克定律又在小变形条件下工作的弹性杆件，作用在杆件上的力与位移呈线性关系(图 14-1)。这时，力所作的变力功(图 14-2(a))为

$$W = \frac{1}{2}F_{\mathrm{P}}\Delta \tag{14-1}$$

构件或结构在平衡力系的作用下，在一定的变形状态下保持平衡，这时，如果某种外界因素使这一变形状态发生改变，加力点将发生位移，原来作用在构件或结构上的力也要作功。因为发生位移前，力已经存在，所以，这时力所作之功不是变力功，而是常力功(图 14-2(b))：

$$W = F_{\mathrm{P}}\Delta' \tag{14-2}$$

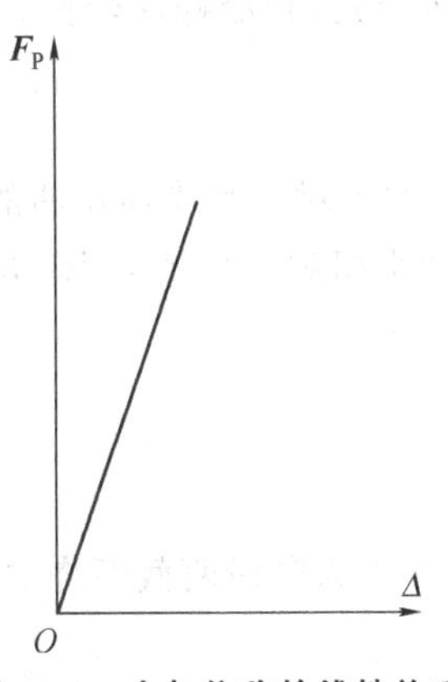

图 14-1 力与位移的线性关系

需要指出的是,上述功的表达式(14-1)和式(14-2)中,力和位移都是广义的。F_P 可以是一个力,也可以是一个力偶;当 F_P 是一个力时,对应的位移 Δ 和 Δ' 是线位移,当 F_P 是一个力偶时,对应的位移 Δ 和 Δ' 则是角位移。

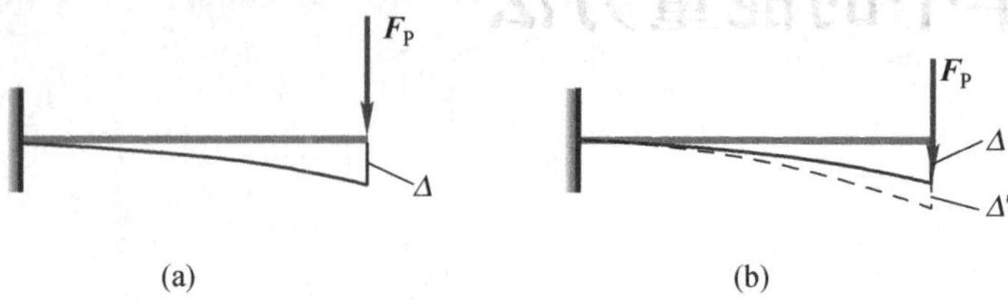

图 14-2 作用在弹性体上的力所作的常力功和变力功

14.1.2 杆件的弹性应变能

杆件在外力作用下发生弹性变形时,外力功转变为一种能量,储存于杆件内,从而使弹性杆件具有对外作功的能力,这种能量称为弹性应变能,简称**应变能**(strain energy),用 V_ε 表示。

考察微段杆件的受力和变形,应用弹性范围内力和变形之间的线性关系,可以得到微段的应变能表达式,然后通过积分即可得到计算杆件应变能的公式。

(1) 对于拉伸和压缩杆件(图 14-3),作用在 $\mathrm{d}x$ 微段上的轴力 F_N,使微段的两相邻横截面产生相对位移 $\Delta\mathrm{d}x$,轴力 F_N 因而作功,用 $\mathrm{d}W$ 表示,其值为

$$\mathrm{d}W=\frac{1}{2}F_N\Delta\mathrm{d}x$$

此功全部转变为微段的应变能。若用 $\mathrm{d}V$ 表示。于是有

$$\mathrm{d}V_\varepsilon=\mathrm{d}W=\frac{1}{2}F_N\Delta\mathrm{d}x$$

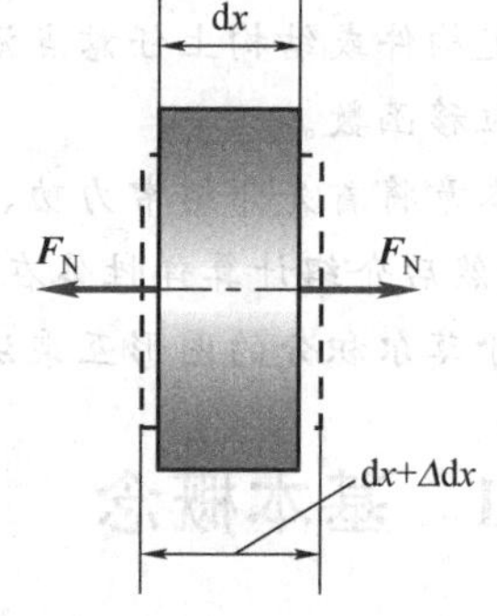

图 14-3 拉伸和压缩微段应变能

其中 $\mathrm{d}(\Delta l)$ 微段的轴向变形量:

$$\Delta\mathrm{d}x=\frac{F_N}{EA}\mathrm{d}x$$

代入上式,并沿杆件全长 l 上积分后,得到等截面杆件的应变能表达式:

$$V_\varepsilon=\int_0^l\frac{F_N^2}{2EA}\mathrm{d}x=\frac{F_N^2 l}{2EA}\tag{14-3}$$

(2) 对于承受纯弯曲的梁(图 14-4),作用在 $\mathrm{d}x$ 微段上的弯矩 M,使微段的两相邻横截面产生相对转角 $\mathrm{d}\theta$,弯矩 M 因而作功,其值为

$$\mathrm{d}W=\frac{1}{2}M\mathrm{d}\theta$$

$$\mathrm{d}V_\varepsilon=\mathrm{d}W=\frac{1}{2}M\mathrm{d}\theta$$

其中 $\mathrm{d}\theta$ 为微段两截面绕中性轴相对转动的角度,应用梁弯曲时的曲率公式

$$\frac{1}{\rho}=\frac{\mathrm{d}\theta}{\mathrm{d}x}=\frac{M}{EI},\quad \mathrm{d}\theta=\frac{M}{EI}\mathrm{d}x$$

代入上式，并沿梁的全长上积分后，得到等截面梁弯曲时的应变能的表达式

$$V_\varepsilon = \frac{1}{2}\int_0^l M\mathrm{d}\theta = \frac{M^2 l}{2EI} \tag{14-4}$$

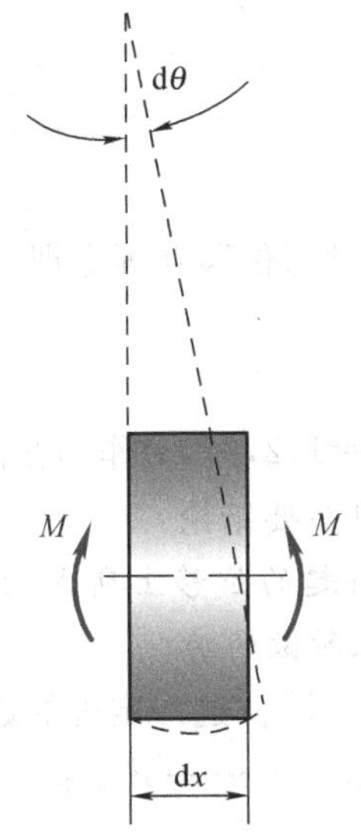

图 14-4　纯弯曲微段应变能

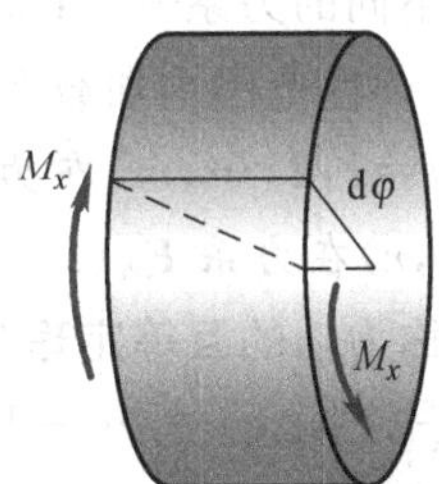

图 14-5　纯扭转微段应变能

(3) 对于承受扭转的圆轴(图 14-5)，作用在 dx 微段上的扭矩 M_x，使微段的两相邻横截面产生相对扭转角 dφ，扭矩 M_x 因而作功，其值为

$$\mathrm{d}W = \frac{1}{2}M_x\mathrm{d}\varphi$$

此功全部转变为微段梁的应变能。于是，有

$$\mathrm{d}V_\varepsilon = \mathrm{d}W = \frac{1}{2}M_x\mathrm{d}\varphi$$

应用圆轴微段两截面绕杆轴线的相对扭转角的公式：

$$\mathrm{d}\varphi = \frac{M_x}{GI_\mathrm{p}}\mathrm{d}x$$

代入上式，并沿圆轴的全长上积分后，得到等截面圆轴扭转时的应变能表达式

$$V_\varepsilon = \frac{1}{2}\int_0^l M_x\mathrm{d}\varphi = \frac{M_x^2 l}{2GI_\mathrm{p}} \tag{14-5}$$

(4) 对于一般受力形式，杆件的横截面上同时有轴力、弯矩和扭矩作用时，由于这三种内力分量引起的变形是互相独立的，因而总应变能等于三者单独作用时的应变能之和。于是，有

$$V_\varepsilon = \frac{F_\mathrm{N}^2 l}{2EA} + \frac{M^2 l}{2EI} + \frac{M_x^2 l}{2GI_\mathrm{p}} \tag{14-6}$$

对于杆件长度上各段的内力分量不等的情形，需要分段计算然后相加：

$$V_\varepsilon = \sum_i \frac{F_{\mathrm{N}i}^2 l_i}{2EA} + \sum_i \frac{M_i^2 l_i}{2EI} + \sum_i \frac{M_{xi}^2 l_i}{2GI_\mathrm{p}} \tag{14-7}$$

或者采用积分计算：

$$V_\varepsilon = \int_l \frac{F_N^2}{2EA}dx + \int_l \frac{M^2}{2EI}dx + \int_l \frac{M_x^2}{2GI_p}dx \tag{14-8}$$

需要注意的是,上述应变能表达式(14-3)～式(14-8)必须在小变形条件下,并且在弹性范围内加载时才适用。

14.2 互等定理

应用能量守恒原理和叠加原理,可以导出功的互等定理与位移互等定理。

14.2.1 功的互等定理

假设两个不同的力系——$\boldsymbol{F}_{Pi}(i=1,2,\cdots,m)$和$\boldsymbol{F}_{Sj}(j=1,2,\cdots,n)$作用在两个相同的梁(或结构)上,在弹性范围内加载和小变形的条件下,有下列重要结论:

力系$\boldsymbol{F}_{Pi}(i=1,2,\cdots,m)$在力系$\boldsymbol{F}_{Sj}(j=1,2,\cdots,n)$引起的位移上所做的功,等于力系$\boldsymbol{F}_{Sj}(j=1,2,\cdots,n)$在力系$\boldsymbol{F}_{Pi}(i=1,2,\cdots,m)$引起的位移上所做的功。

这一结论称为**功的互等定理**(reciprocal theorem of work)。这一定理的数学表达式为

$$F_{P1}\Delta_{SP1} + F_{P2}\Delta_{SP2} + \cdots + F_{Pm}\Delta_{SPm} = F_{S1}\Delta_{PS1} + F_{S2}\Delta_{PS2} + \cdots + F_{Sn}\Delta_{PSn} \tag{14-9a}$$

缩写为

$$\sum F_{Pi}\Delta_{SPi} = \sum F_{Sj}\Delta_{PSj} \tag{14-9b}$$

其中,Δ_{SPi}是力系$\boldsymbol{F}_{Sj}$在$\boldsymbol{F}_{Pi}$作用点处沿$\boldsymbol{F}_{Pi}$方向引起的位移(图14-6(a));Δ_{PSj}是力系$\boldsymbol{F}_{Pi}$在$\boldsymbol{F}_{Sj}$作用点处沿$\boldsymbol{F}_{Sj}$方向引起的位移(图14-6(b))。

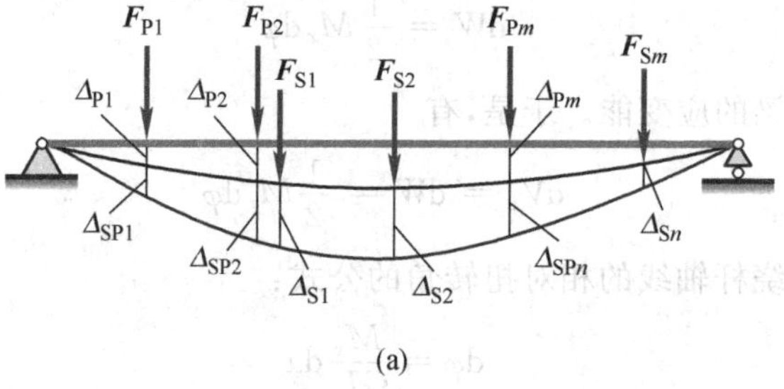

(a)

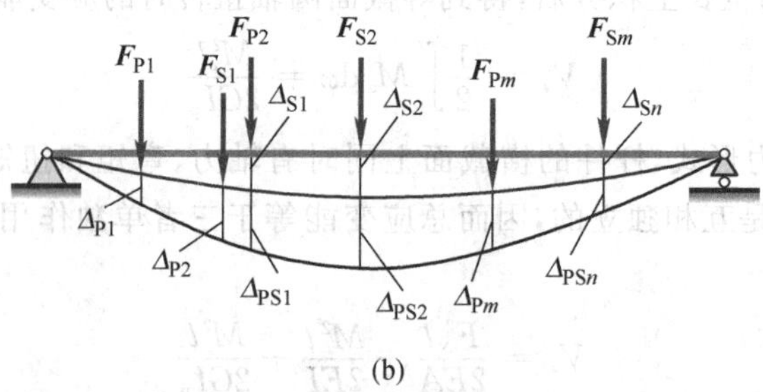

(b)

图14-6 功的互等定理

现在,以图14-7中所示的梁为例,证明如下。

考察两种加载过程:一种是先加$\boldsymbol{F}_{Pi}(i=1,2,\cdots,m)$后加$\boldsymbol{F}_{Sj}(j=1,2,\cdots,n)$(图14-7(a));

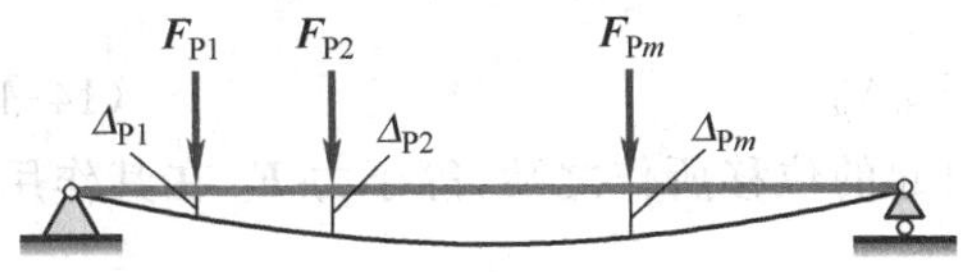

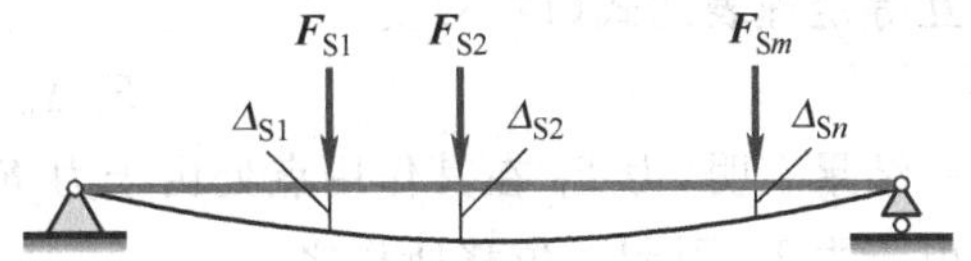

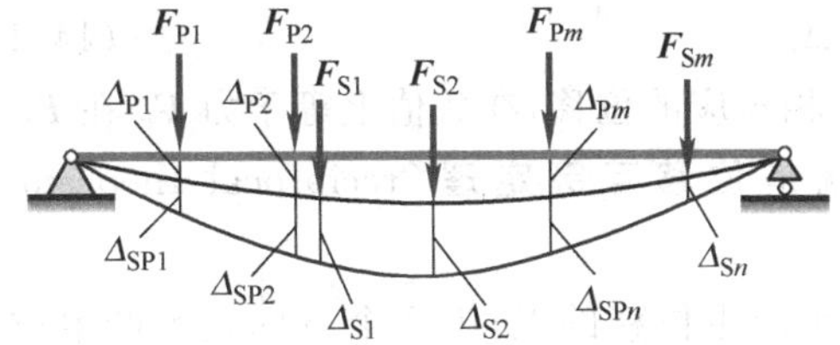

(a) 先加F_P力系再加F_S力系

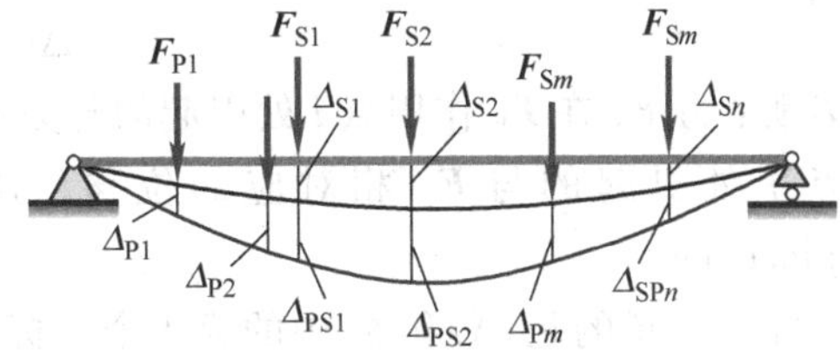

(b) 先加F_S力系再加F_P力系

图 14-7　两种加载过程

另一种是先加 $\boldsymbol{F}_{Sj}(j=1,2,\cdots,n)$再加 $\boldsymbol{F}_{Pi}(i=1,2,\cdots,m)$(图 14-7(b))。

两种情形下，外力所作的功包括 3 部分：两个力系在各自加力点的位移上所做的功和一个力系的力在另一个引起的这个力系加力点的位移上所作的功。前者为变力功；后者为常力功。不考虑能量损失，外力功全部转变为应变能：

$$
\begin{aligned}
V_\varepsilon(\mathrm{P}\to\mathrm{S}) = & \frac{1}{2}F_{P1}\Delta_{P1}+\frac{1}{2}F_{P2}\Delta_{P2}+\cdots+\frac{1}{2}F_{Pm}\Delta_{Pm} \\
& +\frac{1}{2}F_{S1}\Delta_{S1}+\frac{1}{2}F_{S2}\Delta_{S2}+\cdots+\frac{1}{2}F_{Sn}\Delta_{Sn} \\
& +F_{P1}\Delta_{SP1}+F_{P2}\Delta_{SP2}+\cdots+F_{Pm}\Delta_{SPm} \qquad \text{(a)}
\end{aligned}
$$

$$
\begin{aligned}
V_\varepsilon(\mathrm{S}\to\mathrm{P}) = & \frac{1}{2}F_{S1}\Delta_{S1}+\frac{1}{2}F_{S2}\Delta_{S2}+\cdots+\frac{1}{2}F_{Sn}\Delta_{Sn} \\
& +\frac{1}{2}F_{P1}\Delta_{P1}+\frac{1}{2}F_{P2}\Delta_{P2}+\cdots+\frac{1}{2}F_{Pm}\Delta_{Pm} \\
& +F_{S1}\Delta_{PS1}+F_{S2}\Delta_{PS2}+\cdots+F_{Sn}\Delta_{PSn} \qquad \text{(b)}
\end{aligned}
$$

上述二式中，$\Delta_{Pi}(i=1,2,\cdots,m)$和 $\Delta_{Sj}(j=1,2,\cdots,n)$分别为力 $\boldsymbol{F}_{Pi}$和 $\boldsymbol{F}_{Sj}$在自身作用点处、沿自身作用线方向引起的位移，因此，等号右边的第一行和第二行各项为各个力在加载过程中在自身位移上所作的功，故为变力功。$\Delta_{PSi}(i=1,2,\cdots,m)$和 $\Delta_{SPj}(j=1,2,\cdots,n)$分别为一个力系中的力在另一个力系中的力的作用点处引起的位移，因此上述二式等号右边的第三行为先加力系中各个力在后加力系中引起的位移上所作的功，故为常力功。

对于线性问题，根据叠加原理，变形状态与加力的顺序无关。因此，两种加力过程所产生的最后变形状态是相同的，故两种情形下所引起的应变能相等，即

$$
V_\varepsilon(\mathrm{P}\to\mathrm{S}) = V_\varepsilon(\mathrm{S}\to\mathrm{P}) \qquad \text{(c)}
$$

将式(a)和式(b)代入式(c)，消去等号两侧相同的项，即可得到所要证明的功的互等定理，即式(14-8)。

14.2.2　位移互等定理

当力系 $\boldsymbol{F}_{Pi}(i=1,2,\cdots,m)$和力系 $\boldsymbol{F}_{Sj}(j=1,2,\cdots,n)$中各自只有一个力 $\boldsymbol{F}_P$ 和 $\boldsymbol{F}_S$ 时，功

的互等定理表达式(14-8)变为

$$F_{Pi}\Delta_{ij} = F_{Sj}\Delta_{ji} \tag{14-10}$$

这一结果表明,力 $\boldsymbol{F}_P$ 在其作用点处由于力 $\boldsymbol{F}_S$ 引起的位移所作之功,等于力 $\boldsymbol{F}_S$ 在其作用点处由于力 $\boldsymbol{F}_P$ 引起的位移所作之功。

如果这两个力在数值上又相等,则由上式得到

$$\Delta_{ij} = \Delta_{ji} \tag{14-11}$$

这表明:力 $\boldsymbol{F}_S$ 在 $\boldsymbol{F}_P$ 作用点 i 处引起的与力 $\boldsymbol{F}_P$ 相对应的位移,在数值上等于力 $\boldsymbol{F}_P$ 在 $\boldsymbol{F}_S$ 作用点 j 处引起的与 $\boldsymbol{F}_S$ 相对应的位移。这就是**位移互等定理**(reciprocal theorem of displacement)。

需要注意的是,Δ_{ij} 和 Δ_{ji} 中的第 1 个下标表示产生位移的点;第 2 个下标表示产生位移的力的作用点。

还需要指出的是,在式(14-10)中,若力 $\boldsymbol{F}_{Pi}$、$\boldsymbol{F}_{Sj}$ 数值均等于 1 单位,这时的位移称为**单位位移**,用 δ 表示。则式(14-11)可以写成:

$$\delta_{ij} = \delta_{ji} \tag{14-12}$$

同样,上述功的互等定理表达式(14-8)和式(14-11)中,力和位移都是广义的。$\boldsymbol{F}_{Pi}$、$\boldsymbol{F}_{Sj}$ 可以是力,也可以是力偶;位移 Δ_{ij} 和 Δ_{ji} 可以是线位移,也可以是角位移。

图 14-8 中所示为几种位移互等的实例。

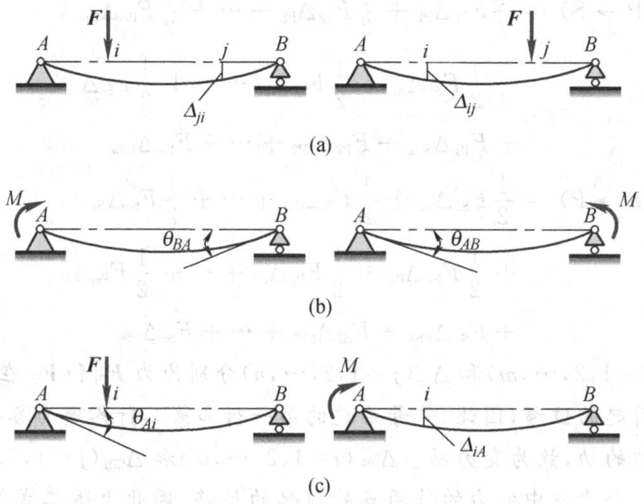

图 14-8 位移互等定理应用实例

在图 14-8(a)中,$\Delta_{ij}=\Delta_{ji}$;在图 14-8(b)中,$\theta_{BA}=\theta_{AB}$;在图 14-8(c)中,当 F 和 M 数值相等时,$\theta_{Ai}=\Delta_{iA}$。

【例题 14-1】 图 14-9(a)所示的悬臂梁,设其自由端只作用集中力 $\boldsymbol{F}$ 时,梁的应变能为 $V_\varepsilon(\boldsymbol{F})$;自由端只作用弯曲力偶 M 时,梁的应变能为 $V_\varepsilon(M)$。若同时施加 $\boldsymbol{F}$ 和 M 时,梁的应变能有以下四种答案,试判断哪几种是正确的。

(A) $V_\varepsilon(\boldsymbol{F})+V_\varepsilon(M)$

(B) $V_\varepsilon(\boldsymbol{F})+V_\varepsilon(M)+M\theta_F$($\theta_F$ 为 $\boldsymbol{F}$ 作用时自由端转角)

(C) $V_\varepsilon(\boldsymbol{F})+V_\varepsilon(M)+\frac{1}{2}Fw_M$($w_M$ 为 M 作用时自由端挠度)

(D) $V_\varepsilon(\boldsymbol{F})+V(M)+\frac{1}{2}[M\theta_F+Fw_M]$

解：正确答案是(B)和(D)。

因为，对于线性弹性的悬臂梁，先加 M 时，梁内的应变能为

$$V_\varepsilon(M)=\frac{1}{2}M\theta_M$$

再加 $\boldsymbol{F}$ 时，梁内应变能将增加：

$$\frac{1}{2}Fw_F+M\theta_F=V_\varepsilon(\boldsymbol{F})+M\theta_F$$

因为，梁的应变能与加载先后顺序无关，而只与最后的变形状态有关，所以，同时施加 $\boldsymbol{F}$、M 时的应变能与先加 M 后加 $\boldsymbol{F}$，或者与先加 $\boldsymbol{F}$ 后加 M 时的应变能完全相同。因此，同时施加 $\boldsymbol{F}$、M 时的应变能等于上述二项之和，即

$$V_\varepsilon(\boldsymbol{F},M)=V_\varepsilon(\boldsymbol{F})+V_\varepsilon(M)+M\theta_F$$

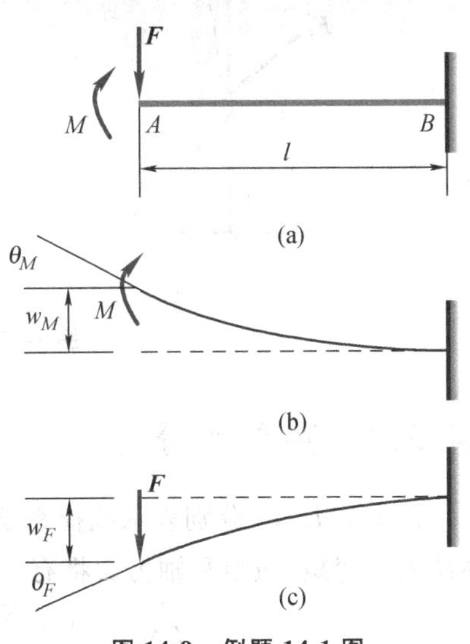

图 14-9　例题 14-1 图

根据功的互等定理，由图 14-9(b)和(c)，有：$M\theta_F=Fw_M$，故有

$$V_\varepsilon(\boldsymbol{F})+V_\varepsilon(M)+\frac{1}{2}[M\theta_F+Fw_M]=V_\varepsilon(\boldsymbol{F})+V_\varepsilon(M)+M\theta_F$$

因此答案(B)和(D)中应变能表达式是一致的。

14.3　莫尔方法

在小变形和弹性加载的条件下，应用外力功全部转变为弹性体应变能这一基本原理可以得到用于计算弹性构件或弹性系统上指定点沿指定方向的位移积分表达式，相应的积分称为“莫尔积分”。用莫尔积分确定位移的方法就是“莫尔方法”。

14.3.1　载荷系统与单位载荷系统

考察两个受力系统：一是所要求位移的载荷系统($\boldsymbol{F}_1,\boldsymbol{F}_2,\cdots,\boldsymbol{F}_n$)；另一是单位载荷系统(不失一般性，暂令 $\overline{\boldsymbol{F}}$ 作为单位载荷)。所谓单位载荷系统，就是结构和约束与载荷系统完全相同，只是在所要求的位移的那一点，沿着所要求的位移方向施加单位载荷 $\overline{\boldsymbol{F}}$。

以任意载荷作用的刚架 ABC 为例，图 14-10(a)所示即为载荷系统，其中实线为加载前的位置；虚线为加载变形后的位置。现要求 D 点在任意方向上的位移 Δ_D。

单位载荷系统的结构与载荷系统结构完全相同，为求 D 点在任意方向上的位移 Δ_D，将单位载荷 $\overline{\boldsymbol{F}}$ 施加在所要求的点 D，沿所求的位移 Δ_D 方向，如图 14-10(b)所示，这就是单位载荷系统。其中实线为加载前的位置；虚线为加载变形后的位置。

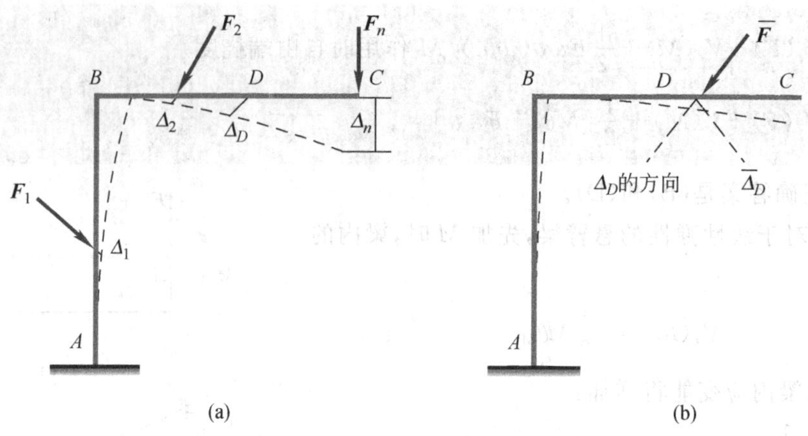

图 14-10 载荷系统与单位载荷系统

14.3.2 莫尔积分

以 M、M_x、$\boldsymbol{F}_{\mathrm{N}}$分别表示载荷系统的弯矩、扭矩和轴力；以 $\overline{M}$、$\overline{M_x}$、$\overline{\boldsymbol{F}_{\mathrm{N}}}$分别表示单位载荷系统的的弯矩、扭矩和轴力。将有

$$\overline{F}\Delta_D=\int_l\frac{M\overline{M}}{EI}\mathrm{d}x+\int_l\frac{M_x\,\overline{M_x}}{GI_{\mathrm{p}}}\mathrm{d}x+\int_l\frac{F_{\mathrm{N}}\,\overline{F_{\mathrm{N}}}}{EA}\mathrm{d}x \tag{14-13}$$

令上式中 $\overline{F}=1$，即可得到确定所要求 D 点位移 Δ_D 表达式：

$$\Delta_D=\int_l\frac{M\overline{M}}{EI}\mathrm{d}x+\int_l\frac{M_x\,\overline{M_x}}{GI_{\mathrm{p}}}\mathrm{d}x+\int_l\frac{F_{\mathrm{N}}\,\overline{F_{\mathrm{N}}}}{EA}\mathrm{d}x \tag{14-14}$$

此即莫尔积分。

14.3.3 莫尔积分的证明

(1) 考察载荷系统和单位载荷系统的外力功与应变能。对于载荷系统，如图 14-10(a)所示，外力 $\boldsymbol{F}_1,\boldsymbol{F}_2,\cdots,\boldsymbol{F}_n$ 在各自的位移 $\Delta_1,\Delta_2,\cdots,\Delta_n$ 上所作的功为

$$W(F_i)=\frac{1}{2}F_1\Delta_1+\frac{1}{2}F_2\Delta_2+\cdots+\frac{1}{2}F_n\Delta_n$$

应变能为

$$V_\varepsilon(F_i)=\int_l\frac{M^2}{2EI}\mathrm{d}x+\int_l\frac{M_x^2}{2GI_{\mathrm{p}}}\mathrm{d}x+\int_l\frac{F_{\mathrm{N}}^2}{2EA}\mathrm{d}x$$

应用外力功全部转变为弹性体应变能这一基本原理，由上述二式得到

$$\frac{1}{2}F_1\Delta_1+\frac{1}{2}F_2\Delta_2+\cdots+\frac{1}{2}F_n\Delta_n=\int_l\frac{M^2}{2EI}\mathrm{d}x+\int_l\frac{M_x^2}{2GI_{\mathrm{p}}}\mathrm{d}x+\int_l\frac{F_{\mathrm{N}}^2}{2EA}\mathrm{d}x \tag{a}$$

对于单位载荷系统，如图 14-10(b)所示，单位载荷 $\overline{\boldsymbol{F}}$ 在其相应的位移$\overline{\Delta}_D$上所作的功为

$$W(\overline{F})=\frac{1}{2}\overline{F}\,\overline{\Delta}_D$$

应变能为

$$V_\varepsilon(\overline{F})=\int_l\frac{\overline{M}^2}{2EI}\mathrm{d}x+\int_l\frac{\overline{M}_x^2}{2GI_{\mathrm{p}}}\mathrm{d}x+\int_l\frac{\overline{F}_{\mathrm{N}}^2}{2EA}\mathrm{d}x$$

同样外力功全部转变为弹性体应变能这一基本原理，由上述二式得到

$$\frac{1}{2}\overline{F}\,\overline{\Delta}_D = \int_l \frac{\overline{M}^2}{2EI}\mathrm{d}x + \int_l \frac{\overline{M}_x^2}{2GI_\mathrm{p}}\mathrm{d}x + \int_l \frac{\overline{F}_\mathrm{N}^2}{2EA}\mathrm{d}x \tag{b}$$

(2) 考察同一刚架结构先加单位载荷 $\overline{\boldsymbol{F}}$，在此基础上再施加实际载荷载荷系统 $\boldsymbol{F}_1$，$\boldsymbol{F}_2$，…，$\boldsymbol{F}_n$ 的外力功与应变能。

先加单位载荷 $\overline{\boldsymbol{F}}$，如图 14-11(a)所示，外力功转变为应变能，得到式(b)所示结果。在此基础上再施加实际载荷载荷系统 $\boldsymbol{F}_1,\boldsymbol{F}_2,\cdots,\boldsymbol{F}_n$，如图 14-11(b)所示。应用小变形的概念，施加在单位载荷引起的变形上的载荷所作的外力功和变形能，与施加在未变形结构上的外力功和变形能相同。但是，在施加载荷 $\boldsymbol{F}_1,\boldsymbol{F}_2,\cdots,\boldsymbol{F}_n$ 时，已经作用在结构上的单位载荷 $\overline{\boldsymbol{F}}$ 也在其作用点 D 的相应位移 Δ_D 作功，并且为常力功，即 $\overline{F}\Delta_D$。

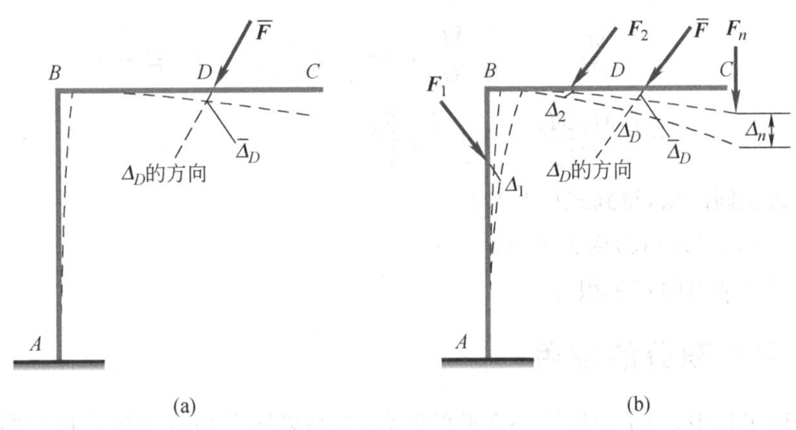

图 14-11　莫尔积分的证明

于是，先加单位载荷 $\overline{\boldsymbol{F}}$，再加实际载荷 $\boldsymbol{F}_1,\boldsymbol{F}_2,\cdots,\boldsymbol{F}_n$，终了时，外力功为

$$W(\overline{\boldsymbol{F}}+\boldsymbol{F}_i) = \frac{1}{2}\overline{F}\,\overline{\Delta}_D + \frac{1}{2}F_1\Delta_1 + \frac{1}{2}F_1\Delta_2 + \cdots + \frac{1}{2}F_n\Delta_\mathrm{n} + \overline{F}\Delta_D$$

相应的应变能为

$$V_\varepsilon(\overline{\boldsymbol{F}}+\boldsymbol{F}_i) = \int_l \frac{(M+\overline{M})^2}{2EI}\mathrm{d}x + \int_l \frac{(M_x+\overline{M}_x)^2}{2GI_\mathrm{p}}\mathrm{d}x + \int_l \frac{(F_\mathrm{N}+\overline{F}_\mathrm{N})^2}{2EA}\mathrm{d}x$$

将此式展开，有

$$V_\varepsilon(\overline{\boldsymbol{F}}+\boldsymbol{F}_i) = \int_l \frac{M^2}{2EI}\mathrm{d}x + \int_l \frac{M_x^2}{2GI_\mathrm{p}}\mathrm{d}x + \int_l \frac{F_\mathrm{N}^2}{2EA}\mathrm{d}x + \int_l \frac{\overline{M}^2}{2EI}\mathrm{d}x + \int_l \frac{\overline{M}_x^2}{2GI_\mathrm{p}}\mathrm{d}x$$
$$+ \int_l \frac{\overline{F_N}^2}{2EA}\mathrm{d}x + \int_l \frac{M\overline{M}}{EI}\mathrm{d}x + \int_l \frac{M_x\overline{M}_x}{GI_\mathrm{p}}\mathrm{d}x + \int_l \frac{F_\mathrm{N}\overline{F_\mathrm{N}}}{EA}\mathrm{d}x$$

外力功全部转变为弹性体应变能这一基本原理，

$$W(\overline{\boldsymbol{F}}+\boldsymbol{F}_i) = V_\varepsilon(\overline{\boldsymbol{F}}+\boldsymbol{F}_i)$$

于是由上述结果得到

$$\frac{1}{2}\overline{F}\,\overline{\Delta}_D + \frac{1}{2}F_1\Delta_1 + \frac{1}{2}F_1\Delta_2 + \cdots + \frac{1}{2}F_n\Delta_n + \overline{F}\Delta_D$$
$$= \int_l \frac{M^2}{2EI}\mathrm{d}x + \int_l \frac{M_x^2}{2GI_\mathrm{p}}\mathrm{d}x + \int_l \frac{F_\mathrm{N}^2}{2EA}\mathrm{d}x$$

$$+\int_l \frac{\overline{M}^2}{2EI}\mathrm{d}x+\int_l \frac{\overline{M}_x^2}{2GI_\mathrm{p}}\mathrm{d}x+\int_l \frac{\overline{F_\mathrm{N}}^2}{2EA}\mathrm{d}x$$

$$+\int_l \frac{M\overline{M}}{EI}\mathrm{d}x+\int_l \frac{M_x\overline{M}_x}{GI_\mathrm{p}}\mathrm{d}x+\int_l \frac{F_\mathrm{N}\overline{F_\mathrm{N}}}{EA}\mathrm{d}x \tag{c}$$

将式(a)和式(b)代入式(c),有

$$\int_l \frac{\overline{M}^2}{2EI}\mathrm{d}x+\int_l \frac{\overline{M}_x^2}{2GI_\mathrm{p}}\mathrm{d}x+\int_l \frac{\overline{F_\mathrm{N}}^2}{2EA}\mathrm{d}x+\int_l \frac{M^2}{2EI}\mathrm{d}x$$

$$+\int_l \frac{M_x^2}{2GI_\mathrm{p}}\mathrm{d}x+\int_l \frac{F_\mathrm{N}^2}{2EA}\mathrm{d}x+\overline{F}\Delta_D$$

$$=\int_l \frac{M^2}{2EI}\mathrm{d}x+\int_l \frac{M_x^2}{2GI_\mathrm{p}}\mathrm{d}x+\int_l \frac{F_\mathrm{N}^2}{2EA}\mathrm{d}x$$

$$+\int_l \frac{\overline{M}^2}{2EI}\mathrm{d}x+\int_l \frac{\overline{M}_x^2}{2GI_\mathrm{p}}\mathrm{d}x+\int_l \frac{\overline{F_\mathrm{N}}^2}{2EA}\mathrm{d}x+\int_l \frac{M\overline{M}}{EI}\mathrm{d}x$$

$$+\int_l \frac{M_x\overline{M}_x}{GI_\mathrm{p}}\mathrm{d}x+\int_l \frac{F_\mathrm{N}\overline{F_\mathrm{N}}}{EA}\mathrm{d}x$$

消去等号两边相同的项,得到式(14-13)。

当 $\overline{F}=1$ 时,式(14-13)变为式(14-14)。

这就是所要证明的莫尔积分。

14.3.4 莫尔积分的应用

上述推证工程中,一是应用了小变形的概念;二是采用了弹性范围内应变能表达式,因此,只有在小变形和弹性范围内加载时,才能应用莫尔积分。

莫尔积分既可以应用于直杆和直杆系统(刚架和桁架),也可以应用于小曲率的曲杆。

需要说明的是,莫尔积分中的力以及相应的位移都是广义的:可以是力也可以是力偶,与之对应的则为线位移和角位移。

根据以上分析,应用莫尔积分时,应遵循下列步骤:

(1) 建立单位载荷系统:在所求位移的点,沿所求位移方向加广义单位载荷。如果所要求的是线位移,则加单位集中力;若为角位移,则加单位集中力偶。

(2) 写出结构在给定的外部载荷作用下,各部分任意截面上的内力分量(F_N,M_x,M)的表达式,以及相同结构在单位载荷作用下,各部分任意截面上的内力分量($\overline{F_\mathrm{N}}$,$\overline{M_x}$,$\overline{M}$)的表达式。

(3) 利用式(14-14),计算各部分的莫尔积分。若为刚架、梁、轴等主要承受弯扭的构件,则可略去其中与轴力和剪力有关的积分;若为桁架,则莫尔积分中就只包括与轴力有关的项。

(4) 根据计算结果,判断位移的实际方向。若所得计算结果为正,则所求位移的方向与施加的单位载荷方向相同;若为负,则二者反向。

【例题 14-2】 半径为 R 的四分之一圆弧形平面曲杆，A 端固定，B 端承受铅垂平面内的载荷 $\boldsymbol{F}$ 的作用，如图 14-12(a)所示。曲杆弯曲刚度为 EI。若 F、R、EI 等均为已知。求 B 点的铅垂位移与水平位移。

解：本例采用莫尔积分法。

(1) 建立单位载荷系统

为求 B 点的铅垂位移和水平位移，必须首先建立各自的单位载荷系统，即在 B 点分别施加 1 单位的铅垂力和水平力，分别如图 14-12(b)和(c)所示。

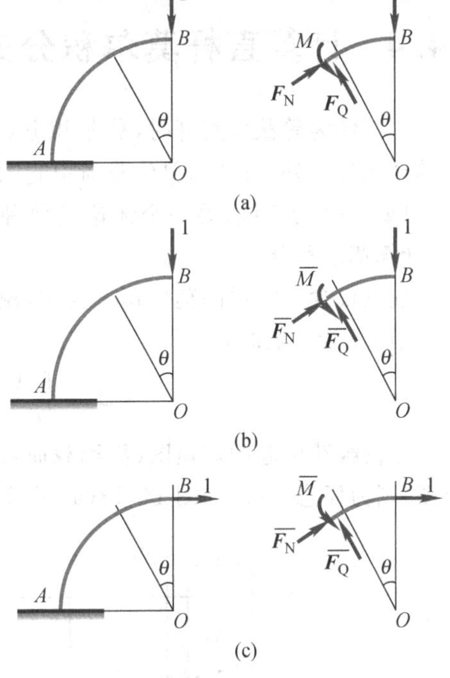

图 14-12　例题 14-2 图

(2) 建立外加载荷与单位载荷产生的内力分量表达式

采用截面法，从曲杆任意截面处(坐标为 θ)将曲杆截开，考察局部曲杆平衡，确定沿弧长方向变化的弯矩方程。

从图 14-12(a)、(b)、(c)可以看出，除了弯矩外，截面上还有剪力和轴向力作用，但二者引起的应变能要比弯矩引起的小得多，故其对变形的影响一般可以忽略不计。

规定凡使曲杆的曲率增加的弯矩为负，使曲杆的曲率减小的弯矩为正。

也可以不规定弯矩的正负号，而采用简便的方法：对于弯矩一律给以正号，单位载荷所引起的弯矩如果与载荷引起的弯矩方向相同时，积分为正，反之加上负号。这样，将使计算过程简化，而对结果毫无影响。

于是，根据截面法和平衡方程得到，各系统中的弯矩方程分别如下：

对于载荷系统：

$$M = FR\sin\theta \tag{a}$$

对于铅垂单位载荷系统：

$$\overline{M} = 1 \times R\sin\theta \tag{b}$$

对于水平单位载荷系统：

$$\overline{M} = 1 \times (R - R\cos\theta) \tag{c}$$

(3) 确定铅垂位移

将式(a)和式(b)代入莫尔积分(14-14)，得

$$\Delta_{By} = \int_s \frac{M\overline{M}}{EI}\mathrm{d}s = \int_0^{\pi/2} \frac{FR^3\sin^2\theta}{EI}\mathrm{d}\theta = \frac{FR^3}{EI}\,\frac{1}{2}\left(\theta - \frac{1}{2}\sin 2\theta\right)\bigg|_0^{\pi/2}$$

$$= \frac{\pi FR^3}{4EI}$$

(4) 确定水平位移

将式(a)和式(c)代入莫尔积分(14-14)，得

$$\Delta_{Bx}=\int_s \frac{M\overline{M}}{EI}\mathrm{d}s=\int_0^{\pi/2}\frac{FR^2\sin\theta-\frac{1}{2}FR^2\sin2\theta}{EI}R\,\mathrm{d}\theta$$

$$=\frac{FR^3}{EI}\left[\frac{1}{4}\cos2\theta-\cos\theta\right]_0^{\pi/2}=\frac{FR^3}{2EI}$$

14.4 计算直杆莫尔积分的图乘法

当杆件为等截面直杆时，莫尔积分(14-14)中各项的分母 EA、EI、GI_p 等均为常量，可以移至积分号外。这时，单位载荷引起的内力分量的图形与载荷引起的各个内力分量图形中，只要一个为直线，另一个无论是何种形状，都可以采用下述图形互乘的方法(简称图乘法)计算莫尔积分。

现以仅含弯矩项的莫尔积分为例，说明图乘法的原理和应用。

当 EI 为常数时，有

$$\Delta=\int_l \frac{\overline{M}M}{EI}\mathrm{d}x=\frac{1}{EI}\int_l \overline{M}M\mathrm{d}x \tag{a}$$

假设载荷引起的弯矩图(简称载荷弯矩图)为任意形状，单位载荷的弯矩图(简称单位弯矩图)则为任意直线，如图 14-13(a)所示。

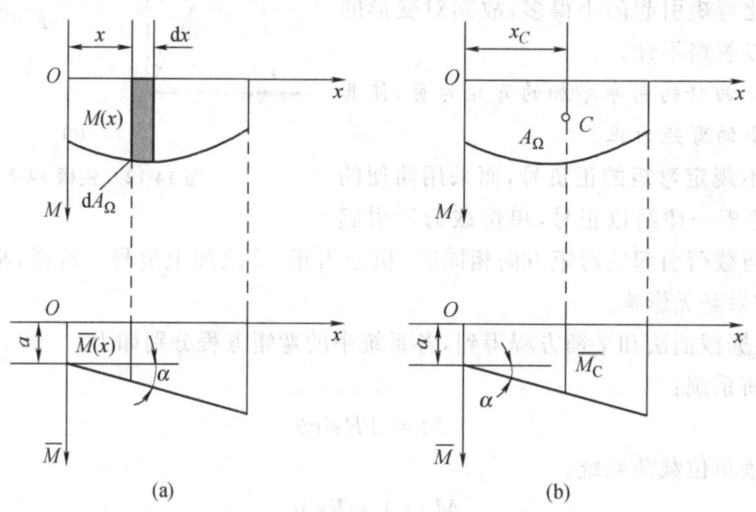

图 14-13 计算莫尔积分的图乘法

从图 14-13 中可以看出，任意点处的载荷弯矩图的微元面积为

$$\mathrm{d}A_\Omega=M(x)\mathrm{d}x \tag{b}$$

单位弯矩图上相应点的纵坐标可以表示为

$$\overline{M}(x)=a+x\tan\alpha \tag{c}$$

其中 α 为单位弯矩图直线与 x 轴的夹角。

利用式(b)和式(c)，莫尔积分(a)可以写成

$$\Delta=\frac{1}{EI}\int_l \overline{M}M\mathrm{d}x=\frac{1}{EI}\times a\int_{A_\Omega}\mathrm{d}A_\Omega+\frac{1}{EI}\times\tan\alpha\int_{A_\Omega}x\mathrm{d}A_\Omega \tag{d}$$

其中

$$\int_{A_\Omega} \mathrm{d}A_\Omega = A_\Omega \text{—— 载荷弯矩图的面积} \tag{e}$$

$$\int_{A_\Omega} x\mathrm{d}A_\Omega = x_C A_\Omega \text{—— 载荷弯矩图的面积对 } M \text{ 坐标轴的静矩} \tag{f}$$

将式(e)和式(f)代入式(d),得到

$$\Delta = \frac{1}{EI}\int_l \overline{M}M\mathrm{d}x = \frac{A_\Omega}{EI}(a + x_C\tan\alpha) = \frac{A_\Omega\overline{M}_C}{EI} \tag{14-15}$$

式中,

$$\overline{M}_C = a + x_C\tan\alpha$$

即为单位弯矩图上与载荷弯矩图形心处对应的纵坐标值,如图 14-13(b)所示。

当单位载荷引起的弯矩图的斜率变化时,图形互乘时需要分段进行,每一段内的斜率必须是相同的。这时式(14-15)变成

$$\Delta = \sum_{i=1}^{n} \frac{A_{\Omega i}\overline{M}_{Ci}}{EI} \tag{14-16}$$

式中,n 为 $\overline{M}$ 图的分段数。

上述图乘法的基本原理,也适用于计算其他内力分量 F_N、M_x 的莫尔积分。

为方便计算,表 14-1 中列出了一些常见图形的面积与形心坐标。

表 14-1 几种基本图形的面积与形心坐标

序号	图 形	面 积 A_Ω	形心坐标	
			x_C	$l-x_C$
1	C, x_C, l, h	$\frac{lh}{2}$	$\frac{2}{3}l$	$\frac{1}{3}l$
2	h_1, h_2, x_C, l	$\frac{(h_1+h_2)l}{2}$	$\frac{h_1+2h_2}{3(h_1+h_2)}l$	$\frac{2h_1+h_2}{3(h_1+h_2)}l$
3	a, b, C, h, x_C, l	$\frac{lh}{2}$	$\frac{a+l}{3}$	$\frac{b+l}{3}$
4	二次抛物线, 顶点, C, h, x_C, l	$\frac{lh}{3}$	$\frac{3}{4}l$	$\frac{1}{4}l$

续表

序号	图　形	面　积 A_Ω	形心坐标	
			x_C	$l-x_C$
5	二次抛物线之半 顶点 h C x_C l	$\frac{2}{3}lh$	$\frac{5}{8}l$	$\frac{3}{8}l$
6	二次抛物线 顶点 h C x_C l	$\frac{2}{3}lh$	$\frac{1}{2}l$	$\frac{1}{2}l$

需要指出的是，如果载荷弯矩图和单位弯矩图均为直线，则应用式(14-15)时，其等号右边的项，也可以写成

$$\Delta = \frac{\overline{A}_\Omega M_C}{EI} \tag{14-17}$$

这在很多情形下，会给具体计算带来方便。这一问题请读者在练习的过程中自己研究。

【例题 14-3】 简支梁受力如图 14-14(a)所示。若 F、a、EI 等均为已知，试用图乘法确定 C 点的挠度。

解：(1) 画出梁的弯矩图

梁在载荷作用下的弯矩图，如图 14-14(b)所示。

(2) 建立单位载荷系统，画出单位载荷作用下梁的弯矩图

在所要求位移处 C 施加单位载荷，画出单位载荷引起的弯矩($\overline{M}$)图，如图 14-14(c)所示。

(3) 图形互乘

因为单位载荷引起的弯矩图是一折线，所以图形互乘需要分段进行。根据 $\overline{M}$ 图的斜率变化，图形互乘时，可以分成 AC 和 CE 两段进行。但是，为了便于确定载荷弯矩图的形心位置以及形心处单位载荷弯矩图上 $\overline{M}$ 的数值，将 AC 和 CE 两段的载荷弯矩图都划分为两个直角三角形。

根据图 14-14(b)和(c)各个三角形的面积、其形心处单位载荷弯矩图上 $\overline{M}$ 的数值分别计算如下：

$$A_{\Omega 1} = \frac{1}{2}a \times \frac{Fa}{3} = \frac{Fa^2}{6},$$

$$\overline{M}_{C1} = \frac{2a}{3} \times \frac{1.5a}{2} \div \frac{3a}{2} = \frac{a}{3},$$

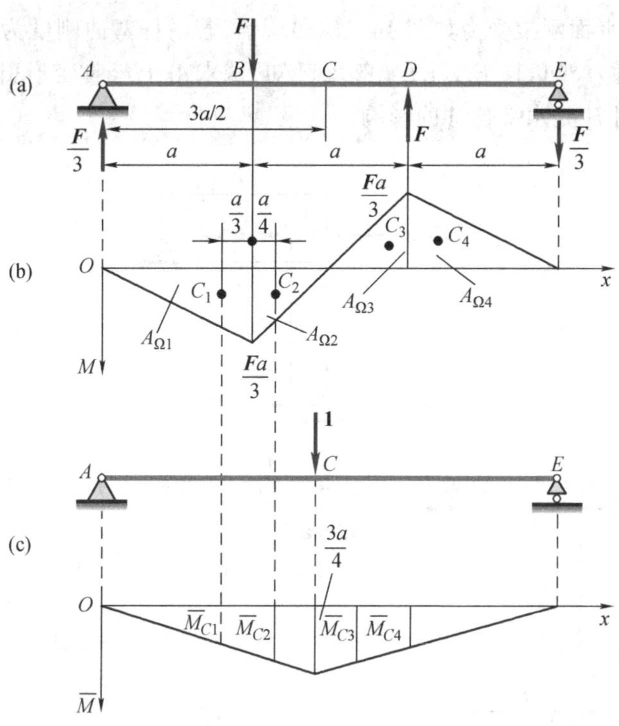

图 14-14　例题 14-3 图

$$A_{\Omega 2}=\frac{1}{2}\times 0.5a\times\frac{Fa}{3}=\frac{Fa^2}{12},$$

$$\overline{M}_{C2}=\frac{7a}{6}\times\frac{1.5a}{2}\div\frac{3a}{2}=\frac{7a}{12},$$

$$A_{\Omega 3}=-A_{\Omega 2}=-\frac{Fa^2}{12},$$

$$\overline{M}_{C3}=\overline{M}_{C2}=\frac{7a}{12},$$

$$A_{\Omega 4}=-A_{\Omega 1}=-\frac{Fa^2}{6},$$

$$\overline{M}_{C4}=\overline{M}_{C1}=\frac{a}{3}$$

应用图形互乘公式(14-16)，根据上述结果，可以得到梁在中点 C 处的挠度：

$$\begin{aligned}\Delta_C&=\sum_{i=1}^{4}\frac{A_{\Omega i}\overline{M}_{Ci}}{EI}\\&=\frac{1}{EI}\left[\frac{Fa^2}{6}\times\frac{a}{3}+\frac{Fa^2}{12}\times\frac{7a}{12}+\left(-\frac{Fa^2}{12}\right)\times\frac{7a}{12}+\left(-\frac{Fa^2}{6}\right)\times\frac{a}{3}\right]\\&=0\end{aligned}$$

读者如果画出这一梁的挠度曲线，或者根据反对称性，可以分析出 C 处的挠度等于零，证明上述结果是正确的。

本例的计算过程表明，进行图形互乘时载荷弯矩图的面积，以及单位载荷弯矩图上与载荷弯矩图形心处对应的 $\overline{M}_{Ci}$ 都是有正、负之分的。二者的正、负号由 M 图和 $\overline{M}$ 图分别确定。

【例题 14-4】 平面刚架受力如图 14-15(a)所示,若横杆弯曲刚度为 $2EI$,竖杆弯曲刚度为 EI,拉压刚度为 EA,且 EA、EI、l 等均已知,试求由于弯曲变形引起的 B 处的水平位移并分析轴力对 B 处水平位移的影响。

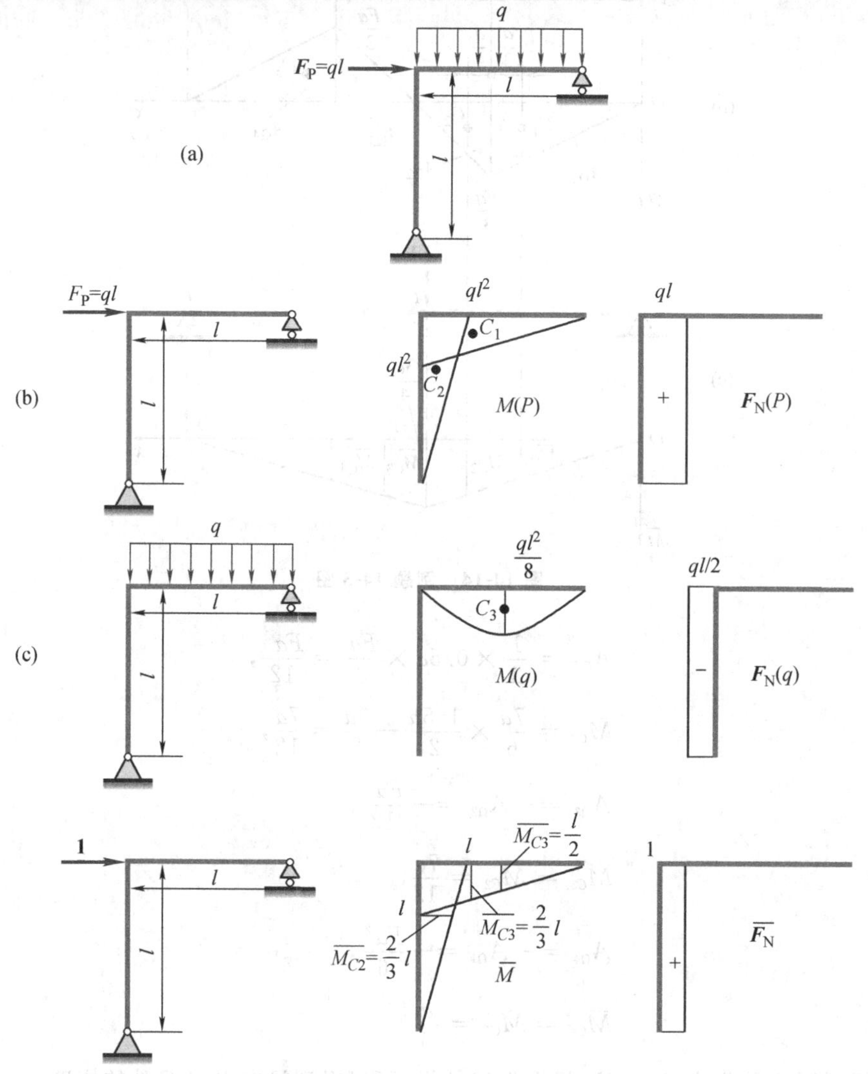

图 14-15 例题 14-4 图

解:(1) 计算弯矩引起的位移

首先,需要绘制刚架在载荷作用下的弯矩图。为计算曲线弯矩图面积和确定形心位置方便起见,应用叠加原理将集中载荷和均布载荷的弯矩图与轴力图分别画出,如图 14-15(b)和(c)所示。

然后,在 B 处沿水平方向施加单位载荷,并画出单位弯矩图和单位轴力图如图 14-15(d)所示。

应用图乘法,并以处于刚架同一侧的载荷弯矩图与单位弯矩图相乘时结果为正,异侧的

弯矩图相乘为负。于是，有

$$\Delta_B(M)=\sum_{i=1}^{2}\frac{A_{\Omega i}\overline{M}_{Ci}}{E_iI_i}$$

$$=\frac{\frac{1}{2}ql^2\times l\times\frac{2l}{3}+\frac{2}{3}\times\frac{1}{8}ql^2\times l\times\frac{l}{2}}{2EI}+\frac{\frac{1}{2}ql^2\times l\times\frac{2l}{3}}{EI}$$

$$=\frac{17}{24}\frac{ql^4}{EI}(\rightarrow) \tag{a}$$

（2）分析轴力的影响

根据刚架在载荷和单位载荷作用下的轴力图，应用图乘法，得到由轴力引起的 B 处的水平位移为

$$\Delta_B(F_{\mathrm{N}})=\sum_{i=1}^{2}\frac{A_{\Omega i}(F_{\mathrm{N}})\overline{F}_{\mathrm{N}Ci}}{E_iA_i}=\frac{ql\times l\times 1}{EA}-\frac{\frac{ql}{2}\times l\times 1}{EA}=\frac{ql^2}{2EA} \tag{b}$$

根据上述计算结果，即式(a)和(b)，轴力和弯矩所引起的点 B 的水平位移之比为

$$\frac{\Delta_B(F_{\mathrm{N}})}{\Delta_B(M)}=\frac{\frac{ql^2}{2EA}}{\frac{17}{24}\frac{ql^4}{EI}}=\frac{12}{17}\frac{I}{Al^2} \tag{c}$$

以高为 h 宽为 b 的矩形截面为例

$$\frac{\Delta_B(F_{\mathrm{N}})}{\Delta_B(M)}=\frac{12}{17}\frac{\frac{bh^3}{12}}{bhl^2}=\frac{1}{17}\left(\frac{h}{l}\right)^2 \tag{d}$$

当 $l/h=10$ 时，上述比值为 0.06，即轴力引起的位移小于弯矩引起位移的 0.1%。可见，在细长杆的情形下，忽略轴力的影响不会对计算结果产生明显的误差。

14.5　卡氏定理

14.5.1　卡氏定理

构件或结构在若干外部载荷 $\boldsymbol{F}_{\mathrm{P}1},\boldsymbol{F}_{\mathrm{P}2},\cdots,\boldsymbol{F}_{\mathrm{P}n}$ 作用下（图 14-16(a)），其内部储藏的应变位能 V_ε 是载荷 $F_{\mathrm{P}1},F_{\mathrm{P}2},\cdots,F_{\mathrm{P}n}$ 的函数

$$V_\varepsilon=V_\varepsilon(F_{\mathrm{P}1},F_{\mathrm{P}2},\cdots,F_{\mathrm{P}n}) \tag{14-18}$$

构件或结构的应变能对于某一个载荷的一阶偏导数，等于这一载荷的作用点处沿着这一载荷作用方向上的位移。其数学表达式为

$$\Delta_1=\frac{\partial V_\varepsilon}{\partial F_{\mathrm{P}1}},\quad \Delta_2=\frac{\partial V_\varepsilon}{\partial F_{\mathrm{P}2}},\quad \cdots,\quad \Delta_n=\frac{\partial V_\varepsilon}{\partial F_{\mathrm{P}n}} \tag{14-19}$$

这就是**卡氏定理**（Castigliano's theorem）。

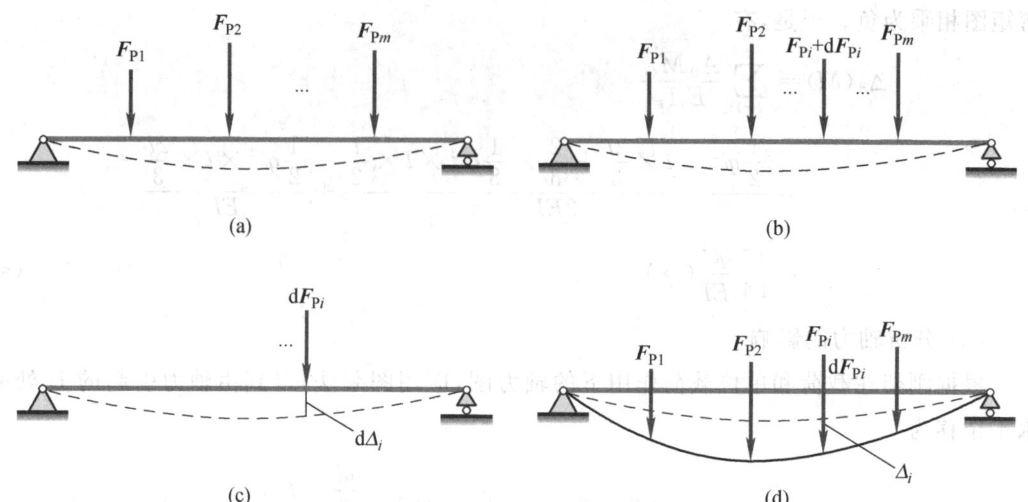

图 14-16　卡氏定理及其证明

14.5.2　卡氏定理的证明

下面以梁为例对这一定理作简单证明。

假设作用在构件或结构上的载荷系统 $\boldsymbol{F}_{P1},\boldsymbol{F}_{P2},\cdots,\boldsymbol{F}_{Pn}$ 中的每一个力都有一增量 $d\boldsymbol{F}_{P1}$，$d\boldsymbol{F}_{P2},\cdots,d\boldsymbol{F}_{Pn}$，根据全微分理论，以及式(14-18)，应变能的增量为

$$dV_\varepsilon=\frac{\partial V_\varepsilon}{\partial F_{P1}}dF_{P1}+\frac{\partial V_\varepsilon}{\partial F_{P2}}dF_{P2}+\cdots+\frac{\partial V_\varepsilon}{\partial F_{Pn}}dF_{Pn} \tag{14-20}$$

如果载荷系统 $\boldsymbol{F}_{P1},\boldsymbol{F}_{P2},\cdots,\boldsymbol{F}_{Pn}$ 中只有某一个力，例如第 i 个力 $\boldsymbol{F}_{Pi}$ 有一增量 $d\boldsymbol{F}_{Pi}$，则应变能的增量表达式(14-20)变为

$$dV_\varepsilon=\frac{\partial V_\varepsilon}{\partial F_{Pi}}dF_{Pi} \tag{14-21}$$

现在分别考察两种加载顺序情形下的应变能：

(1) 在构件或结构施加 $\boldsymbol{F}_{P1},\boldsymbol{F}_{P2},\cdots,\boldsymbol{F}_{Pi}+d\boldsymbol{F}_{Pi},\cdots,\boldsymbol{F}_{Pn}$，如图 14-16(b)所示，这时的应变能为

$$V'_\varepsilon=V_\varepsilon+dV_\varepsilon=V_\varepsilon(F_{P1},F_{P2},\cdots,F_{Pn})+\frac{\partial V_\varepsilon}{\partial F_{Pi}}dF_{Pi} \tag{a}$$

(2) 先在构件或结构上施加 $d\boldsymbol{F}_{Pi}$（图 14-17(c)），然后再施加 $\boldsymbol{F}_{P1},\boldsymbol{F}_{P2},\cdots,\boldsymbol{F}_{Pi},\cdots,\boldsymbol{F}_{Pn}$（图 14-17(d)），这时的应变能由三部分组成：

第 1 部分是施加 $d\boldsymbol{F}_{Pi}$ 引起的应变能，其值等于施加 $d\boldsymbol{F}_{Pi}$ 的过程中 $d\boldsymbol{F}_{Pi}$ 所作的功（变力功）：

$$\frac{1}{2}dF_{Pi}\times d\Delta_i$$

第 2 部分是 $\boldsymbol{F}_{P1},\boldsymbol{F}_{P2},\cdots,\boldsymbol{F}_{Pi},\cdots,\boldsymbol{F}_{Pn}$ 引起的应变能：

$$V_\varepsilon(F_{P1},F_{P2},\cdots,F_{Pn})$$

第 3 部分是施加 $\boldsymbol{F}_{P1},\boldsymbol{F}_{P2},\cdots,\boldsymbol{F}_{Pi},\cdots,\boldsymbol{F}_{Pn}$ 的过程中，力 $d\boldsymbol{F}_{Pi}$ 由于加力点随之位移而引起的应变能，其值等于 $d\boldsymbol{F}_{Pi}$ 与 $\boldsymbol{F}_{Pi}$ 加力点位移 Δ_i 的乘积，即 $d\boldsymbol{F}_{Pi}$ 在 $\boldsymbol{F}_{Pi}$ 加力点位移 Δ_i 上所作的

常力功：

$$\mathrm{d}F_{\mathrm{P}i}\times\Delta_i$$

将上述三部分应变能相加，便得到第 2 种加载顺序下的应变能，即

$$V'_{\varepsilon}=\frac{1}{2}\mathrm{d}F_{\mathrm{P}i}\times\mathrm{d}\Delta_i+V_{\varepsilon}\left(\boldsymbol{F}_{\mathrm{P1}},\boldsymbol{F}_{\mathrm{P2}},\cdots,\boldsymbol{F}_{\mathrm{P}n}\right)+\mathrm{d}F_{\mathrm{P}i}\times\Delta_i \tag{b}$$

根据力的独立作用原理，构件或结构的应变能只与其最终的变形状态有关，而与加载的顺序无关。这表明，两种加载顺序情形下的应变能应该是相等的，于是(a)、(b)二式相等，据此得到

$$\begin{aligned}&V_{\varepsilon}\left(F_{\mathrm{P1}},F_{\mathrm{P2}},\cdots,F_{\mathrm{P}n}\right)+\frac{\partial V_{\varepsilon}}{\partial F_{\mathrm{P}i}}\mathrm{d}F_{\mathrm{P}i}\\&=\frac{1}{2}\mathrm{d}F_{\mathrm{P}i}\times\mathrm{d}\Delta_i+V_{\varepsilon}\left(\boldsymbol{F}_{\mathrm{P1}},\boldsymbol{F}_{\mathrm{P2}},\cdots,\boldsymbol{F}_{\mathrm{P}n}\right)+\mathrm{d}F_{\mathrm{P}i}\times\Delta_i\end{aligned}$$

等号右边第 1 项相对于其他项为高阶项，可以将其略去，得到

$$\frac{\partial V_{\varepsilon}}{\partial F_{\mathrm{P}i}}=\Delta_i$$

于是，卡氏定理便得到证明。

14.5.3　卡氏定理的内力分量形式

各种受力形式下的应变能都是以内力分量的形式出现，而内力分量又都是外加载荷的函数。因此，应变能对载荷的偏导数都是以内力分量对载荷偏导数形式出现的。现将各种受力形式下，卡氏定理的形式分述如下。

对于轴向拉伸或压缩：

$$\Delta_i=\frac{\partial V_{\varepsilon}}{\partial F_{\mathrm{P}i}}=\frac{\partial}{\partial F_{\mathrm{P}i}}\left(\int_l\frac{F_{\mathrm{N}}^2}{2EA}\mathrm{d}x\right)=\int_l\frac{F_{\mathrm{N}}}{EA}\frac{\partial F_{\mathrm{N}}}{\partial F_{\mathrm{P}i}}\mathrm{d}x \tag{14-22}$$

对于圆轴扭转：

$$\Delta_i=\frac{\partial V_{\varepsilon}}{\partial F_{\mathrm{P}i}}=\frac{\partial}{\partial F_{\mathrm{P}i}}\left(\int_l\frac{M_x^2}{2GI_{\mathrm{p}}}\mathrm{d}x\right)=\int_l\frac{M^x}{GI_{\mathrm{p}}}\frac{\partial M_x}{\partial F_{\mathrm{P}i}}\mathrm{d}x \tag{14-23}$$

对于平面弯曲：

$$\Delta_i=\frac{\partial V_{\varepsilon}}{\partial F_{\mathrm{P}i}}=\frac{\partial}{\partial F_{\mathrm{P}i}}\left(\int_l\frac{M^2}{2EI}\mathrm{d}x\right)=\int_l\frac{M}{EI}\frac{\partial M}{\partial F_{\mathrm{P}i}}\mathrm{d}x \tag{14-24}$$

对于组合受力与变形形式：

$$\begin{aligned}\Delta_i=\frac{\partial V_{\varepsilon}}{\partial F_{\mathrm{P}i}}&=\int_l\frac{F_{\mathrm{N}}}{EA}\frac{\partial F_{\mathrm{N}}}{\partial F_{\mathrm{P}i}}\mathrm{d}x+\int_l\frac{M_x}{GI_{\mathrm{p}}}\frac{\partial M_x}{\partial F_{\mathrm{P}i}}\mathrm{d}x\\&\quad+\int_l\frac{M_y}{EI_y}\frac{\partial M_y}{\partial F_{\mathrm{P}i}}\mathrm{d}x+\int_l\frac{M_z}{EI_z}\frac{\partial M_z}{\partial F_{\mathrm{P}i}}\mathrm{d}x\end{aligned} \tag{14-25}$$

上述各式中 F_{P} 和 Δ 分别为广义力和广义位移。

需要指出的是：当应用卡氏定理确定没有外力作用的点之位移(或所求的位移与加力方向不一致)时，可在所求位移的点，沿着所求位移的方向假设一个力 F'_{P}(广义力)，写出所有力(包括 F'_{P})作用下的应变能 V 的表达式，并将其对 F'_{P} 求偏导数，然后再令其中的 F'_{P} 等于零，便得到所要求的位移。

最后，还必须指出，卡氏定理只适用于小变形情形，而且力与位移必须满足线性关系。

【例题 14-5】 图 14-17(a)所示悬臂梁在自由端受有集中力 $\boldsymbol{F}_P$，梁的长度为 l、弯曲刚度为 EI。若 F_P、l、EI 等均已知，并且忽略剪力影响，试求：

(1) 自由端 A 处的挠度；

(2) 梁中点 B 处的挠度。

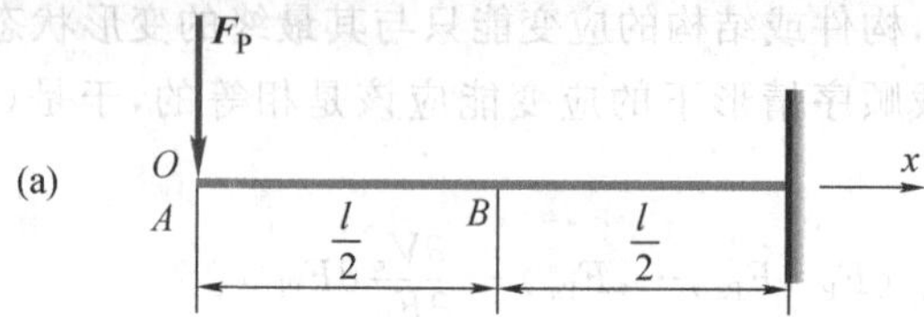

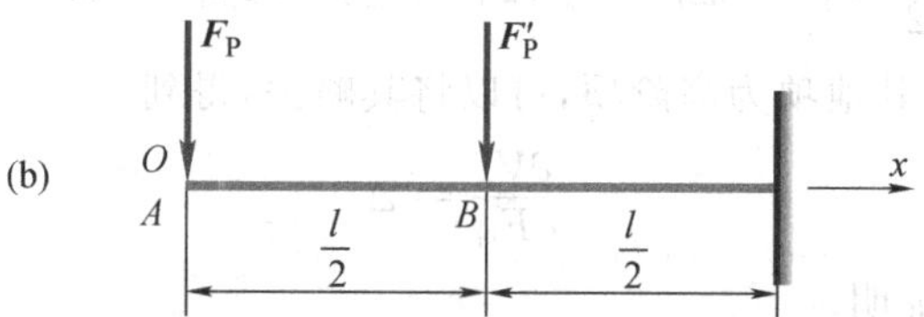

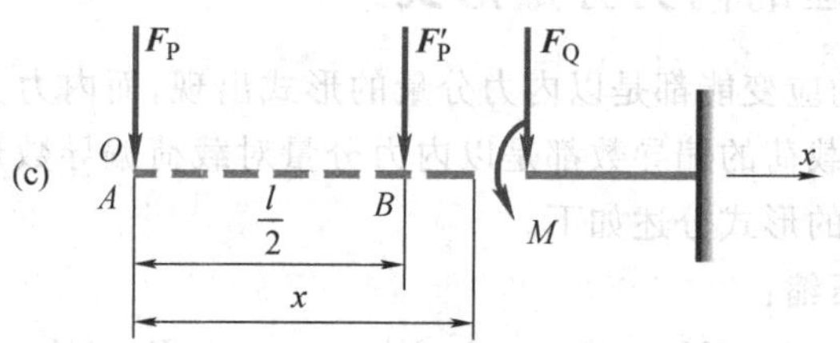

图 14-17 例题 14-5 图

解：(1) 求点 A 的挠度

因为点 A 有力 $\boldsymbol{F}_P$ 作用，所以可以直接应用平面弯曲时的卡氏定理表达式，

$$\Delta_A = \frac{\partial V_\varepsilon}{\partial F_P} = \frac{\partial}{\partial F_P}\left(\int_0^l \frac{M^2}{2EI}\mathrm{d}x\right) = \int_0^l \frac{M}{EI}\frac{\partial M}{\partial F_P}\mathrm{d}x \tag{a}$$

可以看出，应用这一定理时，并不要求写出应变能的表达式，而只要写出弯矩方程 $M(x)$ 即可。

应用力系简化的方法得到

$$\begin{aligned} M(x) &= -F_P x \quad (0 \leqslant x \leqslant l) \\ \frac{\partial M}{\partial F_P} &= -x \quad (0 \leqslant x \leqslant l) \end{aligned} \tag{b}$$

将式(b)代入式(a)，得

$$\Delta_A = \int_0^l \frac{M}{EI}\frac{\partial M}{\partial F_P}\mathrm{d}x = \int_0^l \frac{(-F_P x)}{EI}(-x)\mathrm{d}x = \frac{F_P l^3}{3EI} \tag{c}$$

所得结果为正，位移方向与力的方向一致。读者不难验证这一结果与由挠度微分方程积分所得到的结果是一致的。

(2) 求中点 B 处的挠度

由于 B 处没有外力作用,所为不能直接应用卡氏定理。为了应用卡氏定理,必须在 B 处作用一假想力 $\boldsymbol{F}'_{\mathrm{P}}$,其方向如图 14-17(b)所示,可以写出这时的弯矩方程为

$$\left.\begin{aligned} &M(x)=-F_{\mathrm{P}}x \quad \left(0\leqslant x\leqslant \frac{l}{2}\right)\\ &\frac{\partial M}{\partial F'_{\mathrm{P}}}=0 \quad \left(0\leqslant x\leqslant \frac{l}{2}\right)\\ &M(x)=-F_{\mathrm{P}}x-F'_{\mathrm{P}}\left(x-\frac{l}{2}\right) \quad \left(\frac{l}{2}\leqslant x\leqslant l\right)\\ &\frac{\partial M}{\partial F'_{\mathrm{P}}}=-\left(x-\frac{l}{2}\right) \quad \left(\frac{l}{2}\leqslant x\leqslant l\right)\end{aligned}\right\} \tag{d}$$

应用卡氏定理

$$\begin{aligned}\Delta_B&=\frac{\partial V}{\partial F'_{\mathrm{P}}}=\frac{\partial}{\partial F'_{\mathrm{P}}}\left(\int_0^l\frac{M^2}{2EI}\mathrm{d}x\right)\\ &=\int_0^{\frac{l}{2}}\frac{M_1}{EI}\frac{\partial M_1}{\partial F'_{\mathrm{P}}}\mathrm{d}x+\int_{\frac{l}{2}}^{l}\frac{M_2}{EI}\frac{\partial M_2}{\partial F'_{\mathrm{P}}}\mathrm{d}x\\ &=0+\frac{1}{EI}\int_{\frac{l}{2}}^{l}-\left(x-\frac{l}{2}\right)\left[-F_{\mathrm{P}}x-F'_{\mathrm{P}}\left(x-\frac{l}{2}\right)\right]\mathrm{d}x\end{aligned} \tag{e}$$

令式(e)中的 $F'_{\mathrm{P}}=0$,最后得到

$$\Delta_B=0+\frac{1}{EI}\int_{\frac{l}{2}}^{l}\left(F_{\mathrm{P}}x^2-\frac{1}{2}F_{\mathrm{P}}lx\right)\mathrm{d}x=\frac{5}{48}\frac{F_{\mathrm{P}}l^3}{EI}$$

14.6 结论与讨论

14.6.1 关于单位载荷的讨论

莫尔方法中的单位载荷是广义力:可以是力,也可以是力偶;与之相对应的位移也是广义的:既可以是线位移,也可以是角位移。当所求的位移为线位移时,单位载荷为集中力;当所求位移为角位移时,单位载荷为集中力偶。单位载荷和单位载荷偶的数值均为 1。

若要求的是两点(或两截面)间的相对位移,则在两点(或两截面)处同时施加一对方向相反的单位载荷。

14.6.2 关于相对位移

相对位移是指构件或结构上任意两个横截面之间的相对移动(一般用相对水平位移和相对铅垂位移表示)和相对转动(一般用相对转角表示)。

对于一个截面,如果没有截开,就只有这个截面的绝对位移,不存在相对位移。如图 14-18 所示。

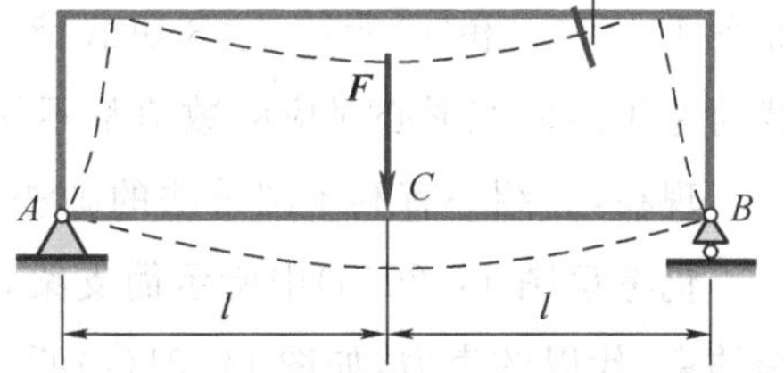

图 14-18 没有相对位移的情形

如果从一处将截面截开(图 14-19(a)),则在

截开处的两侧截面就可能产生相对位移,如图 14-19(b)所示。在平面问题中,截开处两侧截面将出现 3 种位移:相对水平方向位移 Δ_x、相对铅垂位移 Δ_y 以及相对转角 θ,如图 14-19(c)所示。

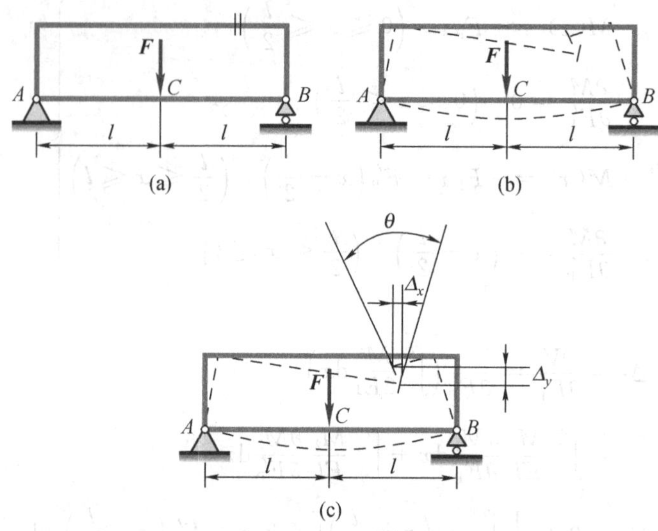

图 14-19 存在相对位移的情形

14.6.3 关于广义力和广义位移

在功的互等定理中,力和位移都是广义的。不管广义力和广义位移是什么,二者的乘积必须具有功的量纲。

14.6.4 应用图乘法时弯矩图的另一种画法

应用图乘法时,为了易于确定弯矩图的面积与弯矩图形的形心位置,有时需要对弯矩图的画法作一些改进。

以图 14-20(a)中所示的简支梁为例,按照常规的画法,其剪力图和弯矩图分别如图 14-20(b)和(c)所示。如果需要确定梁上点 D 处的挠度,则施加在点 D 处的单位载荷(图 14-20(d))所引起的弯矩如图 14-20(e)所示。根据图乘法,载荷弯矩图需要分成 3 块(图中的①、②、③)计算,于是,点 D 处的挠度由下式确定:

$$\Delta_D = \sum_{i=1}^{3} \frac{A_{\Omega i}\overline{M}_{Ci}}{E_i I_i}$$

如图 14-20(c)和(e)所示,这 3 块载荷弯矩图的面积中①和②的面积以及单位弯矩图上与载荷弯矩图面积形心对应的数值都不易确定。

现在,介绍一有利于图乘法的画法。

仍考察图 14-20(a)中所示简支梁,可以方便求得 A、B 两端约束力。此时解除 A、B 两端约束,代以约束力,如图 14-21(a)所示,则梁的受力与图 14-20(a)中的简支梁一样,外力

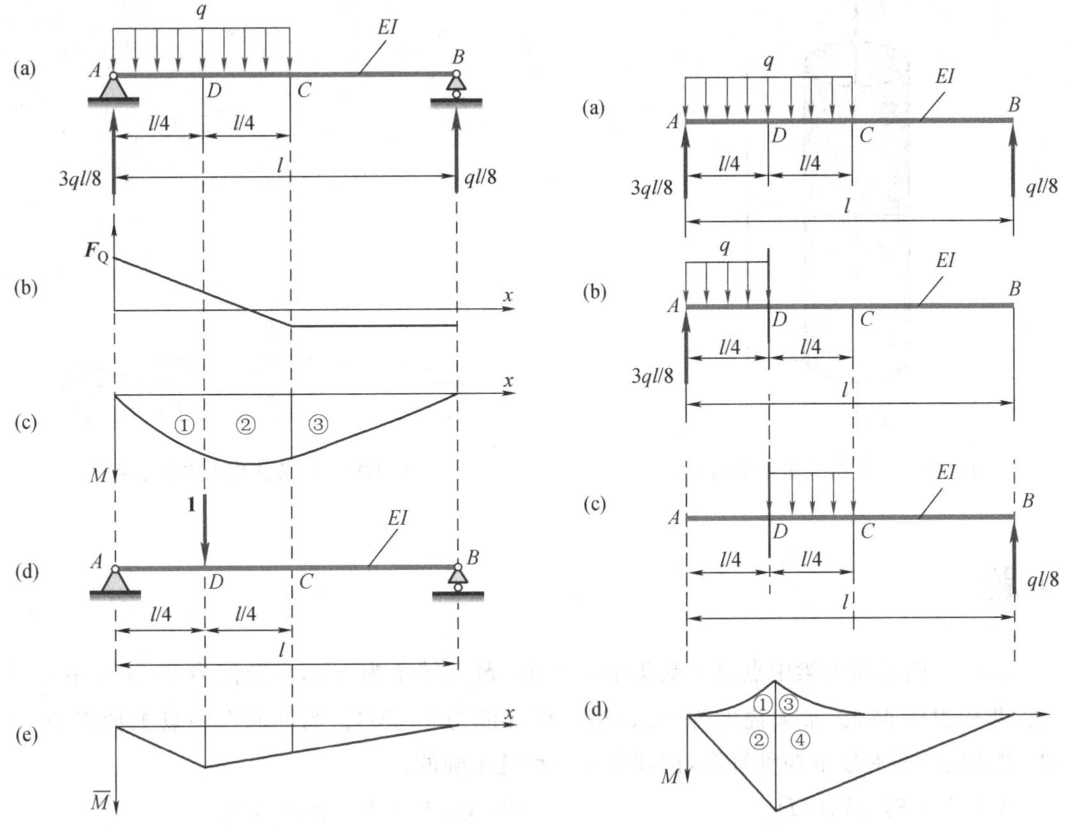

图 14-20　弯矩图的常规画法引起的问题

图 14-21　梁的弯矩图的另一种画法

等效，内力也等效。再以所要求位移的那一点 D 为界，将作用在梁的载荷分成左右两部分，分别如图 14-21(b)和(c)所示。分别画出左右两部分上的作用力在该梁上产生的弯矩图，如图 14-21(d)所示，横轴上下弯矩图叠加的结果就是图 14-20 中简支梁的弯矩图。亦即左右两部分外力产生的弯矩图与图 14-20(c)中所示的弯矩图是相同的。所以，可以将这一弯矩图作为图乘法的依据。读者不难发现，这时，图 14-21(d)中弯矩图的面积 $A_{\Omega1}$、$A_{\Omega2}$、$A_{\Omega3}$、$A_{\Omega4}$ 等容易计算，单位弯矩图上的 $\overline{M}_{C1}$、$\overline{M}_{C2}$、$\overline{M}_{C3}$、$\overline{M}_{C4}$ 等也容易确定。

建议有兴趣的读者，利用图 14-21 中所给的弯矩图，应用图乘法，确定 D 点的铅垂位移。

14.6.5　开放式思维案例

案例 1　实心圆柱体承受轴向拉伸，如图 14-22 所示。请分析有几种方法可以确定其体积改变量?

案例 2　等刚度简支梁，受力如图 14-23 所示。若 EI、l、F_P 等均为已知。请分析和研究确定梁变形前的轴线与变形后的轴线之间的面积的方法。

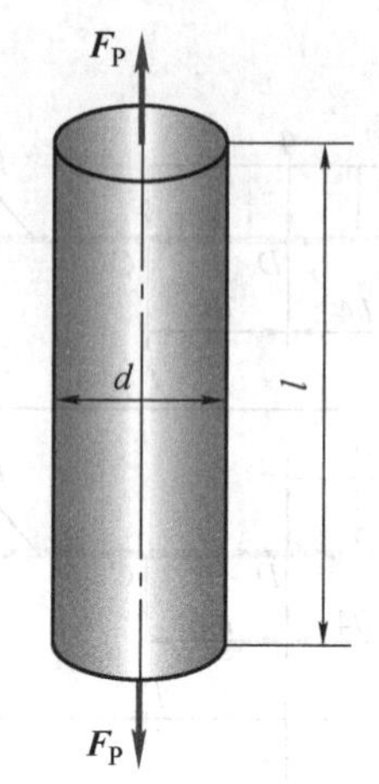

图 14-22 开放式思维案例 1 图

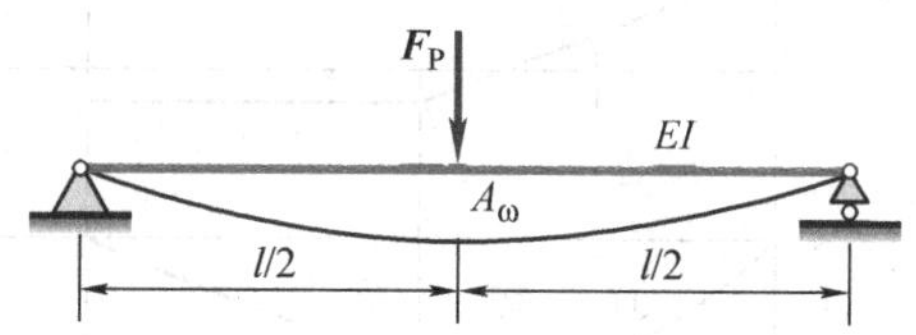

图 14-23 开放式思维案例 2 图

习题

14-1 图示简支梁中点只承受集中力 $\boldsymbol{F}$ 时，最大转角为 θ_{max}，应变能为 $V_\varepsilon(\boldsymbol{F})$；中点只承受集中力偶 M 时，最大挠度为 w_{max}，梁的应变能为 $V_\varepsilon(M)$。当同时在中点施加 $\boldsymbol{F}$ 和 M 时，梁的应变能有以下四种答案，试判断哪一种是正确的。(　　)

(A) $V_\varepsilon(\boldsymbol{F})+V_\varepsilon(M)$　　(B) $V_\varepsilon(\boldsymbol{F})+V_\varepsilon(M)+M\theta_{max}$

(C) $V_\varepsilon(\boldsymbol{F})+V_\varepsilon(M)+Fw_{max}$　　(D) $V_\varepsilon(\boldsymbol{F})+V_\varepsilon(M)+\frac{1}{2}(M\theta+Fw_{max})$

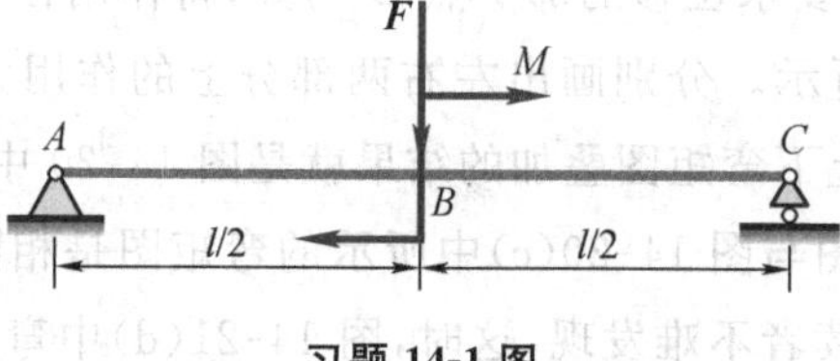

习题 14-1 图

14-2 一简支梁分别承受两种形式的单位载荷及其变形情况，如图所示，试根据位移互等定理判断以下四种答案中哪一种是正确的。(　　)

(A) $W_C=\theta_A'$　　(B) $W_C=\theta_A'+\theta_B'$

(C) $W_C'=\theta_A$　　(D) $W_C'=\theta_A+\theta_B$

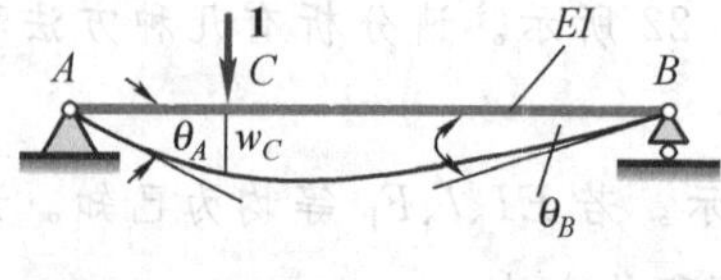

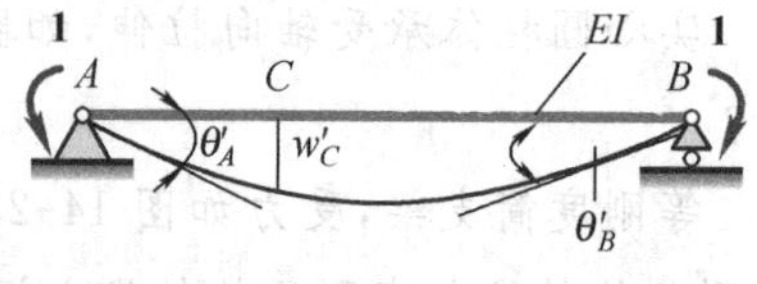

习题 14-2 图

14-3　设一梁在 n 个广义力 $F_1, F_2, \cdots, F_n$ 的共同作用下的外力功 $W=\frac{1}{2}\sum F_i\Delta_i$，关于式中 Δ_i 有以下四种答案，试判断哪一种是正确的。(　　)

(A) 广义力 F_i 在其作用处产生的挠度　　(B) 广义力 F_i 在其作用处产生的相应的位移

(C) n 个广义力在 F_i 作用处产生的挠度　　(D) n 个广义力在 F_i 作用处产生的广义位移

14-4　图示 M 和 $\overline{M}$ 图分别为同一等截面梁的载荷弯矩图和单位弯矩图，则在下列四种情形下，$\overline{A}_\Omega$ 与 M_{Ci} 或 $A_{\Omega i}$ 与 $\overline{M}_{Ci}$ 相乘，试判断哪一种是正确的。(　　)

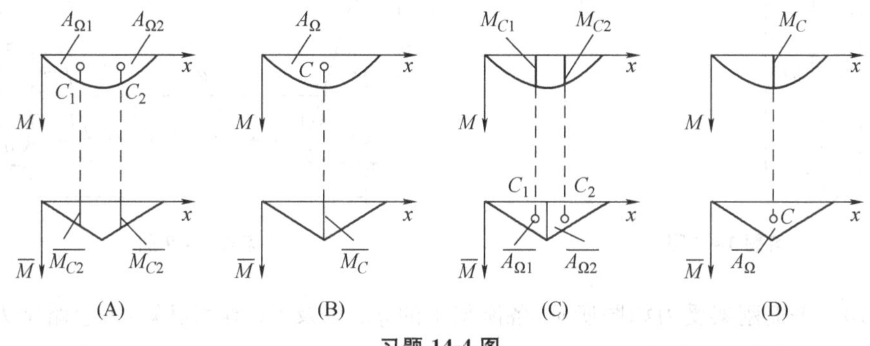

习题 14-4 图

14-5　试计算图示悬臂梁点 B 和点 C 的挠度、B 截面的转角，EI 为常数。

14-6　试求图示梁在已知载荷作用下 A 截面的转角及点 C 的挠度。EI 为常数。

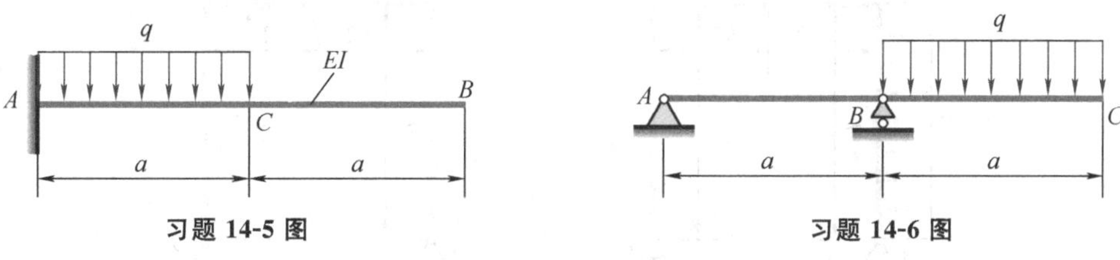

习题 14-5 图　　　　习题 14-6 图

14-7　图示各梁中 $\boldsymbol{F}$、M、q、l 以及弯曲刚度 EI 等均已知，忽略剪力影响。试用图乘法求点 A 的挠度和截面 B 的转角。

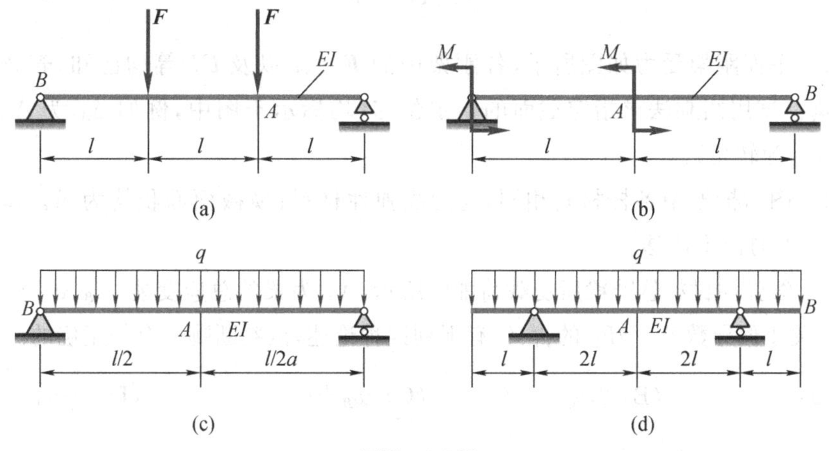

习题 14-7 图

14-8　图示平面刚架的各杆弯曲刚度 EI 均为常数，不考虑轴力和剪力影响，求节点 B 的水平位移和转角。

14-9　图示刚架各杆的弯曲刚度 EI 均相等，并为常数，不考虑轴力和剪力影响。试求 C、D 两点间的相对水平位移。

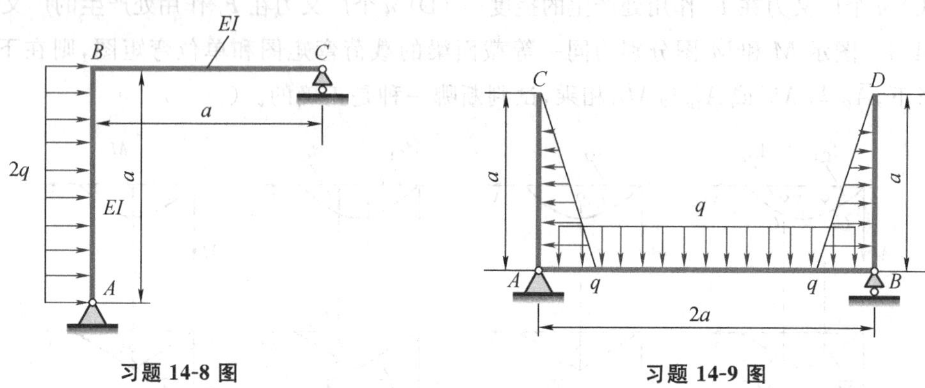

习题 14-8 图　　　　习题 14-9 图

14-10　平面刚架受力如图所示，各刚架中的 q、l 以及 EI 等均已知，若忽略轴力和剪力的影响。试用图乘法求指定截面的指定位移(均标示于图中，例如 Δ_{Bx}、Δ_{Cy} 分别为点 B 的水平位移和点 C 的铅垂位移)。

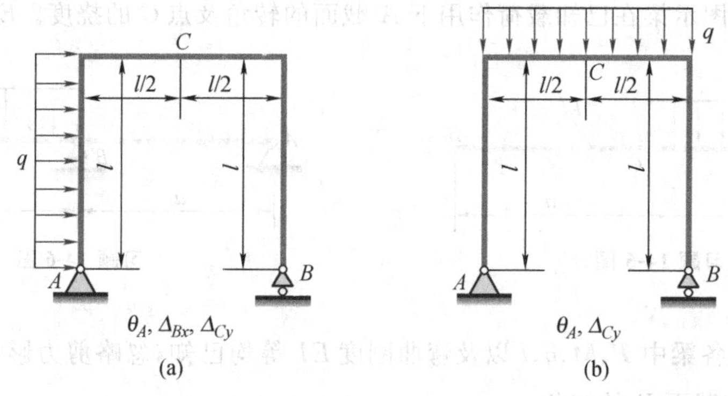

习题 14-10 图

14-11　平面刚架受力如图所示，各刚架中的 $\boldsymbol{F}$、q、l 以及 EI 等均已知，若忽略轴力和剪力的影响。试用图乘法求指定截面的指定位移(均标示于图中，例如 Δ_{AB} 为 A、B 两点的相对位移；θ_{CD} 为转角)。

14-12　图示桁架中各杆材料相同，均为线弹性材料；横截面面积均为 A。试用单位载荷法确定点 A 的铅垂位移。

14-13　线弹性材料悬臂梁所受载荷如图所示，V_ε 为梁的总应变能，w_B、w_C 分别为点 B、C 的挠度。关于偏导数 $\partial V_\varepsilon/\partial F_P$ 的含义，有下列四种论述，试判断哪一个是正确的。(　　)

(A) w_C　　(B) $2w_C$　　(C) w_B+w_C　　(D) $\dfrac{1}{2}w_C$

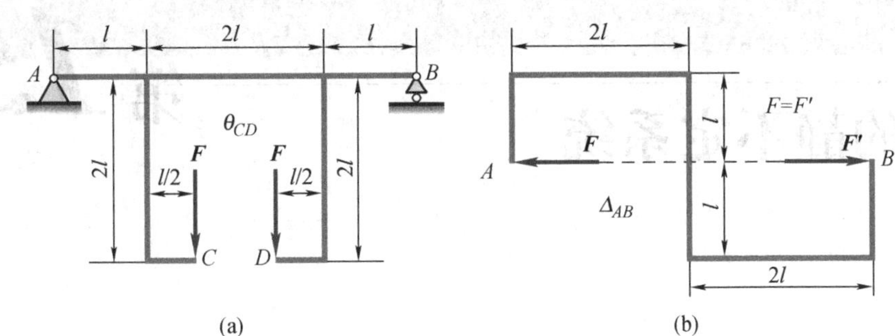

习题 14-11 图

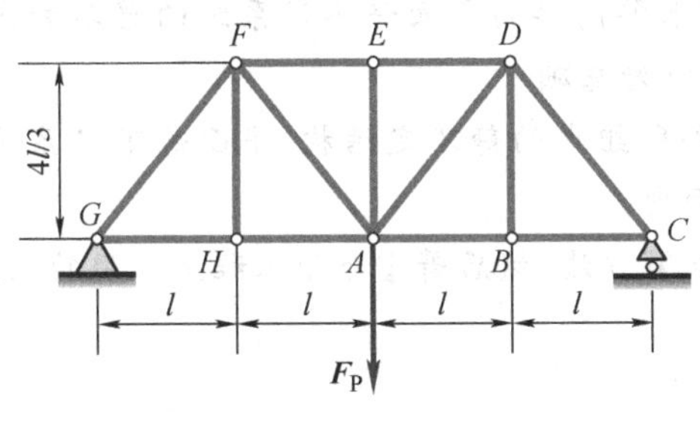

习题 14-12

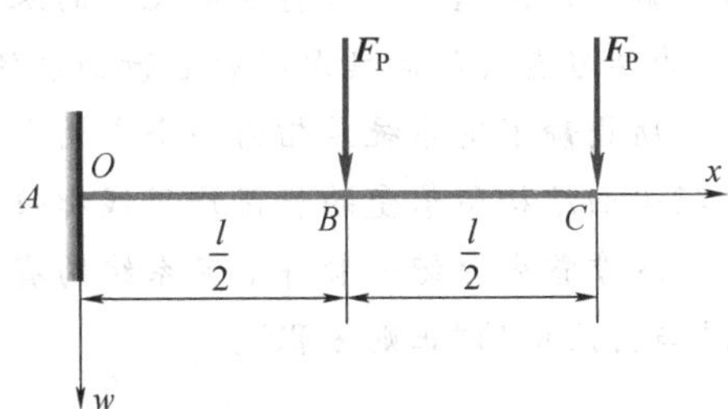

习题 14-13 图

14-14　线弹性材料的悬臂梁所受载荷如图所示，其中 $F'_P=F_P$，V_ε 为梁的总应变能，$V_{\varepsilon AB}$ 和 $V_{\varepsilon BC}$ 分别为 AB 和 BC 段梁的应变能，w_B、w_C 分别为点 B、C 的挠度。关于这些量之间的关系有下列四个等式，试判断哪一个是正确的。（　　）

(A) $\dfrac{\partial V_\varepsilon}{\partial F_P}=w_B+w_C$　　(B) $\dfrac{\partial V_\varepsilon}{\partial F_P}=w_B-w_C$

(C) $\dfrac{\partial V_{\varepsilon AB}}{\partial F_P}=w_B,\dfrac{\partial V_{\varepsilon BC}}{\partial F_P}=w_C$　　(D) $\dfrac{\partial V_{\varepsilon AB}}{\partial F_P}=w_B,\dfrac{\partial V_\varepsilon}{\partial F_P}=w_C$

14-15　线弹性材料悬臂梁所受载荷如图所示，V_ε 为梁的总应变能，关于偏导数 $\partial V_\varepsilon/\partial F_P$ 的含义有下列四种答案，试判断哪一种是正确的。（　　）

(A) $\dfrac{\partial V_\varepsilon}{\partial F_P}=2w_C$　　(B) $\dfrac{\partial V_\varepsilon}{\partial F_P}=\dfrac{1}{2}w_C$

(C) $\dfrac{\partial V_\varepsilon}{\partial F_P}=4w_C$　　(D) $\dfrac{\partial V_\varepsilon}{\partial F_P}=\dfrac{1}{4}w_C$

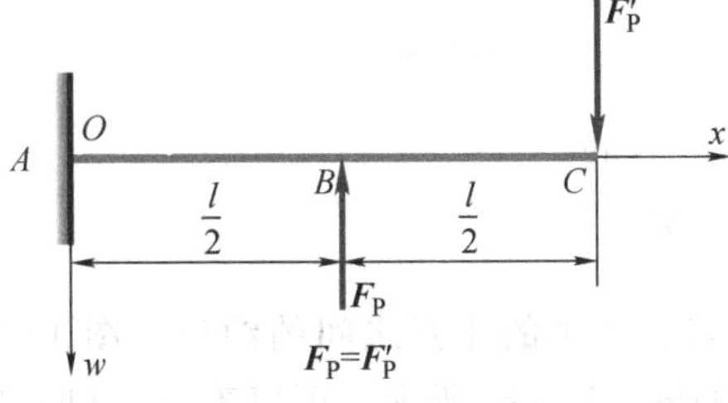

习题 14-14 图

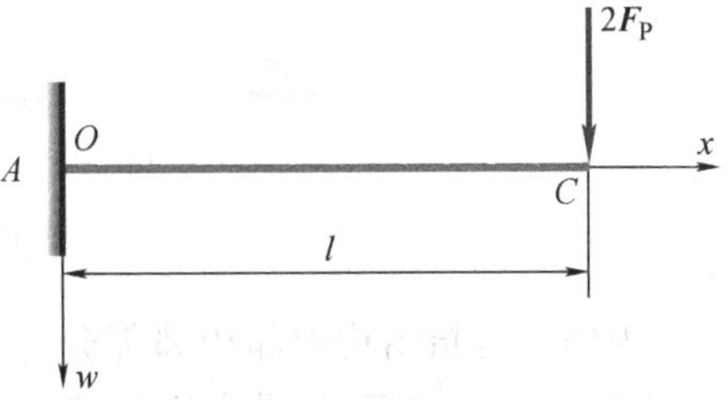

习题 14-15 图

第15章 简单的静不定系统

本书第2章、第5章和第10章曾经介绍了简单的拉压静不定问题、扭转静不定问题和弯曲静不定问题。本章将在前几章的基础上，介绍求解简单的平面静不定系统的思路和方法，为学习有关的后续课程和进行初步的工程设计打好基础。

所谓静不定系统是指由两个或两个以上的构件所组成的静不定结构；平面静不定系统是指平面结构所承受的载荷作用线都位于结构平面内。

本章首先介绍一般静不定系统的有关概念和求解方法，然后着重介绍工程上常用的"力法"与力法中的"正则方程"。

15.1 静不定问题的概念与方法

首先回顾一下第2章、第5章和第10章曾经介绍过的关于静定与静不定的基本概念：仅仅用平衡方程就可以解出全部未知力(包括约束反力与内力)的结构，称为静定结构，相应的问题称为**静定问题**(statically determinate problem)；如果结构上的未知力的个数多于独立平衡方程的数目，则仅仅根据平衡方程无法求得全部未知力，这种结构称为静不定结构或超静定结构，相应的问题称为**静不定问题**(statically indeterminate problem)或超静定问题。

15.1.1 外约束与内约束

外约束是指外部物体施加在结构上、限制结构运动或位移的约束。例如，静力学中所介绍的固定端约束、固定铰支座约束、辊轴约束等。图15-1中所示结构的约束均为外约束。

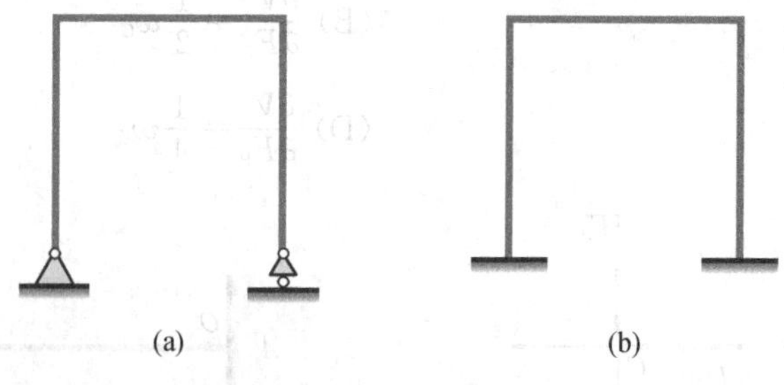

图15-1 结构上的外约束

内约束是指结构内部相邻部分为了满足变形协调而产生的相互之间的约束。图15-2(a)中所示之开口框架，受力后各部分的变形和位移如图15-2(b)所示。可以看出，这时开口处两侧截面的位移是自由的，因而相互之间没有约束。但是，对于闭合框架，受力后各部分的变形必须协调，如图 15-2(c)所示。这时，任意处左右两侧截面的位移不可能是自由的，而是相互约束的，这就是内约束。内约束同样产生相互约束力，与外约束力不同的是，内约束力总是成对出现的，如图 15-2(d)所示。

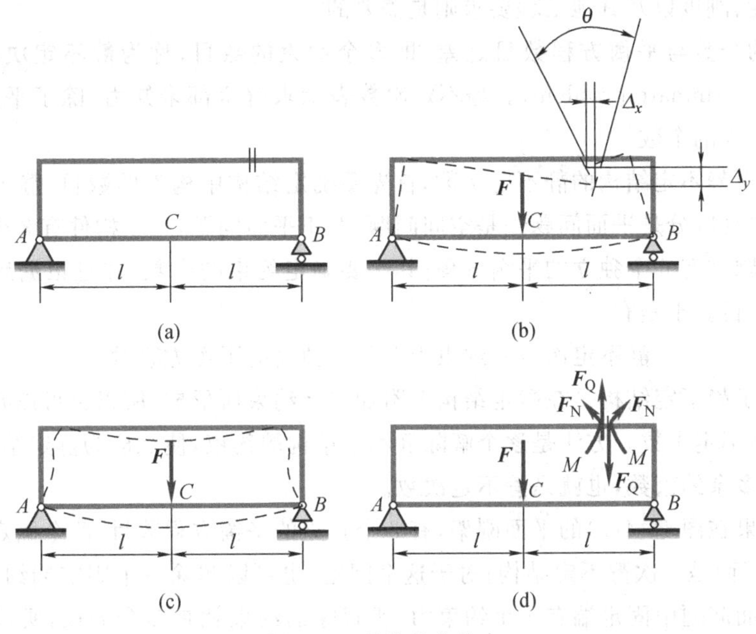

图 15-2　结构的内约束

15.1.2　不同类型的静不定结构

由于外约束力的个数多于独立平衡方程式数目而形成的静不定结构(图 15-3(a))，称为外力静不定结构。由于内约束力的个数多于独立平衡方程式数目而形成的静不定结构称为内力静不定结构，例如，图 15-3(b)中所示的结构，通过应用平衡方程可以确定外约束力，所以外力是静定的；但是应用平衡方程却无法确定杆件横截面上的内力。工程结构中常见的静不定结构可能既有外力静不定问题又有内力静不定问题，例如图 15-3(c)中所示之结构，即使通过求解静不定问题解出全部外约束力，却不能确定各杆的内力。

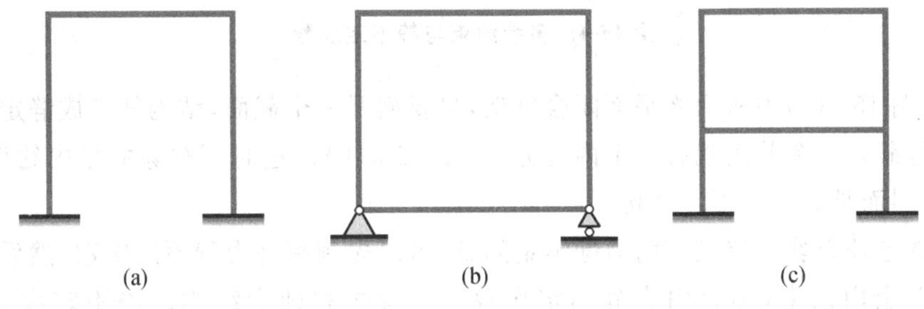

图 15-3　不同类型的静不定结构

15.1.3　静不定次数

静不定结构是相对于静定结构而言，约束数多于平衡方程的数目。因此，也可以说，静不定结构是在静定结构上再增加1个或若干个约束而形成的。

在静定结构上增加的这种约束,对于保持结构的静定性质是多余的,因而称为**多余约束**(redundant constraint)。这种"多余"只是对保证结构的平衡与几何不变性而言的,对于提高结构的强度、刚度以及其他工程要求则是需要的。

未知力的个数与平衡方程数目之差,即多余约束的数目,称为**静不定次数**(degree of statically indeterminate problem)。静不定次数表示求解全部未知力,除了平衡方程外,所需要的补充方程的个数。

因此,判断静不定结构的静不定次数,首先要确定结构中构件的数目(静力学中称为刚体的数目),并且区分是平面问题还是空间问题,对于平面问题,一个构件有3个独立的平衡方程,空间问题则有6个独立的平衡方程;其次要确定约束的个数,并且根据约束的性质确定约束力的数目。于是有

$$\text{静不定次数}=\text{约束力个数}-\text{独立的平衡方程数}$$

此外,由于静不定结构是在静定结构上附加多余约束所形成,所以也可以判断多余约束的个数确定静不定次数。方法是逐个解除静不定结构的约束,使之成为静定结构,所解除的约束数,即为多余约束数,也就是静不定次数。

例如,如果在图15-4(a)的平面刚架,有3个独立的平衡方程数目,两个固定端约束共有6个约束力,因而是3次静不定结构;对于这个问题,也可以解除一个固定端约束,使之变为静定结构,平面问题中固定端有3个约束力,所解除的约束就是多余约束,所以是3次静不定(图15-4(b))。

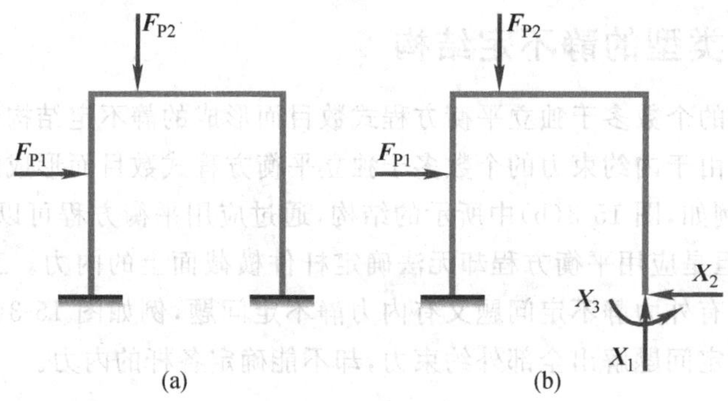

图15-4 多余约束与静不定次数1

又如,图15-5(a)中所示之平面闭合框架,只要截开一个截面,结构就变成静定的。因为平面问题每截开一个截面就有3个内力分量(图15-5(b)),这时所解除的是内约束,但也是多余约束,因而是3次静不定结构。

对于既是外力静不定又有内力静不定问题,可以先判断外力静不定次数,然后截开闭合框架解除多余内约束,确定内力静不定次数。二者之和即为结构的静不定次数。例如,图15-6(a)所示的结构,解除一个固定端约束(图15-6(b)),出现3个多余约束力;再将闭合框架截开出现3个未知内力分量(图15-6(c)),也是多余约束力。因此,结构为6次静不定结构。

多余约束的选择不是唯一的,例如,对于图15-7(a)中所示静不定结构,可以解除一个固

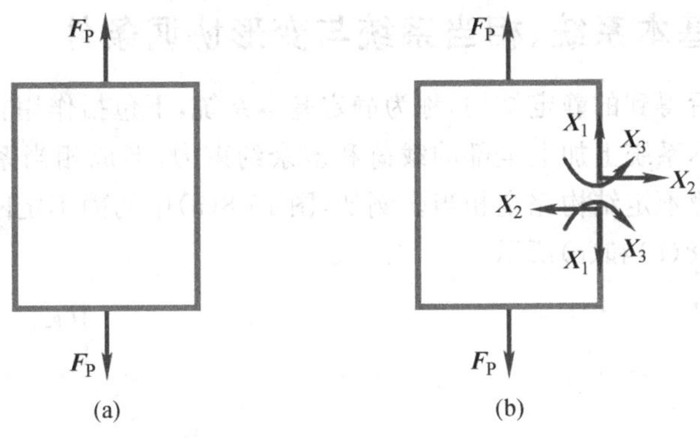

图 15-5　多余约束与静不定次数 2

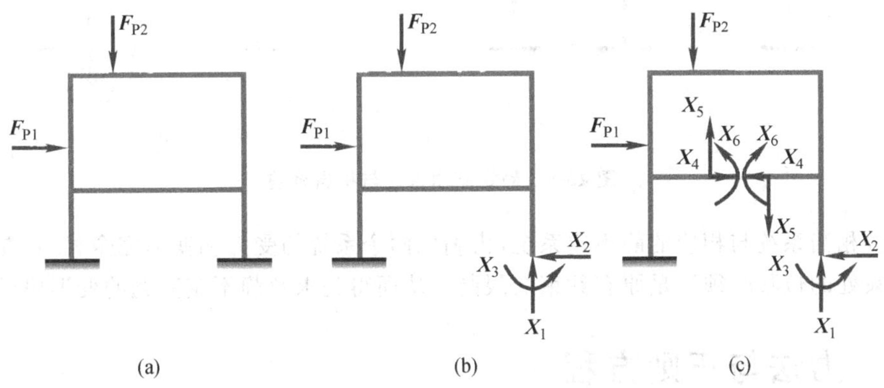

图 15-6　多余约束与静不定次数 3

定端的 3 个约束；也可以解除左侧固定端的 2 个转动约束和右侧固定端的转动约束和水平约束，如图 15-7(b)所示，这时解除多余约束后的结构是静定的。需要注意的是，所解除的约束必须是多余的，也就是解除的约束数必须等于多余约束数，既不能多也不能少。如果解除的约束数，少于多余约束个数，结构仍然是静不定的；如果解除的约束数多于多余约束个数，所得到的不是静定结构，而是几何可变的机构。例如图 15-7(c)中所示已经解除了 3 个外约束，又在横梁的一个横截面上解除了一个转动约束(平面问题一个横截面左右两侧互相有 3 个约束——水平约束、铅垂约束和转动约束)，所得到的为几何可变机构。因此，解除约束后的结构必须是静定的、几何不可变的。

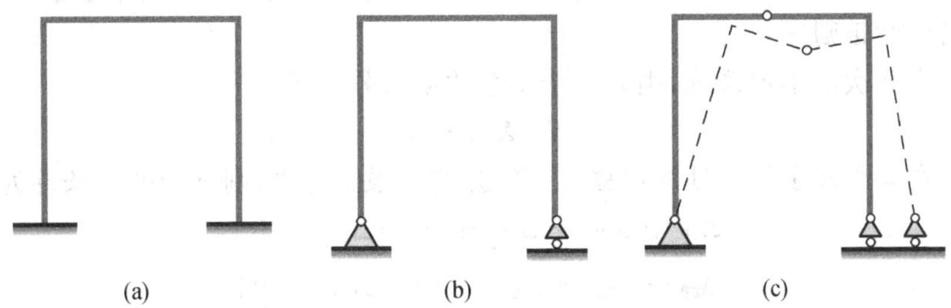

图 15-7　解除约束后的结构必须是静定、几何不可变的

15.1.4 静定基本系统、相当系统与变形协调条件

解除多余约束后得到的静定结构,称为静定基本系统,不包括作用在其上的载荷和多余约束力。在静定基本系统上加上全部的载荷和多余约束力,形成相当系统。相当系统的受力和变形与对应的静不定结构完全相当。例如,图 15-8(a)中的静不定刚架的静定基本系统和相当系统如图 15-8(b)和(c)所示。

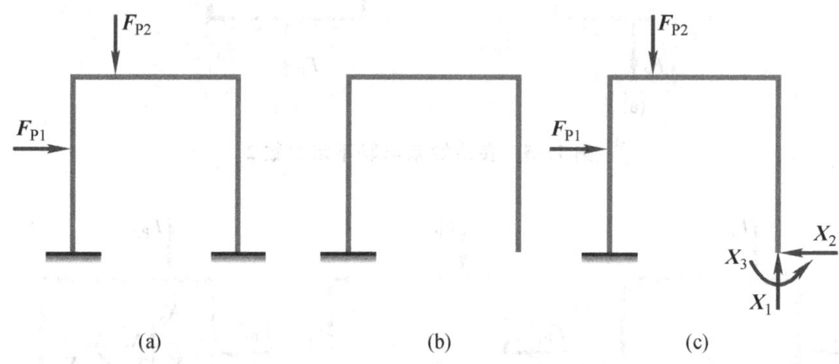

图 15-8 静定基本系统与相当系统

比较相当系统与相应的静不定系统,为确保两个系统的受力和变形完全相当,在解除的多余约束处的位移必须满足原有约束的限制。从而得到求解静不定问题的变形协调方程。

15.2 力法与正则方程

15.2.1 力法与位移法

由变形协调方程以及力和位移之间关系的物理方程,可以得到求解静不定系统的补充方程。在补充方程中如以位移作为未知量,而将未知力均表示为未知位移的形式,从而通过求解未知位移来求解未知力,这种方法称为"**位移法**"。

如果以力作为未知量,而将位移均表示为力的形式,从而解出未知力,进而亦可解得位移,此法称为"**力法**"。本书只介绍"**力法**"。

15.2.2 正则方程

在力法中,反映多余约束处位移受到限制的变形协调方程可以写成规则的未知力的线性方程组,称为"**正则方程**"。

对于一个 n 次静不定系统,则有 n 个多余约束力分别用

$$\boldsymbol{X}_1、\boldsymbol{X}_2、\cdots、\boldsymbol{X}_n$$

表示。如果在 n 个多余约束处的位移(广义的)均被限制为零,则 n 个变形条件为

$$\left.\begin{aligned}\Delta_{1P}+\Delta_{1X_1}+\Delta_{1X_2}+\cdots+\Delta_{1X_n}&=0\\ \Delta_{2P}+\Delta_{2X_1}+\Delta_{2X_2}+\cdots+\Delta_{2X_n}&=0\\ &\vdots\\ \Delta_{nP}+\Delta_{nX_1}+\Delta_{nX_2}+\cdots+\Delta_{nX_n}&=0\end{aligned}\right\}\tag{15-1}$$

其中

$$\Delta_{1P}、\Delta_{2P}、\cdots、\Delta_{nP}$$

为载荷单独作用在静定基本系统上时在多余约束处引起的位移，下标 P 不是指一个 $\boldsymbol{F}_P$ 力，而是指整个载荷系统；

$$\Delta_{1X_1}、\Delta_{2X_2}、\cdots、\Delta_{nX_n}$$

等分别为多余约束力单独作用在静定基本系统上，在多余约束处引起的位移。

位移中第一个下标表示多余约束处的位移方向；第二个下标表示引起位移的力。例如，Δ_{1P}为载荷在第一个多余约束力 $\boldsymbol{X}_1$ 方向引起的位移；Δ_{1X_1} 和 Δ_{1X_2} 则分别为多余约束力 $\boldsymbol{X}_1$ 和 $\boldsymbol{X}_2$ 在多余约束力 $\boldsymbol{X}_1$ 方向引起的位移；等等。

因此，式(15-1)中的第 1 个方程即表示载荷和全部多余约束力在 $\boldsymbol{X}_1$ 方向引起的位移之和为零。其余以此类推。

以图 15-9(a)中所示之 2 次静不定系统为例，将固定铰支座的 2 个约束作为多余约束，解除后代之以未知约束力 $\boldsymbol{X}_1$ 和 $\boldsymbol{X}_2$，得到相当系统如图 15-9(b)所示。将图 15-9(a)和(b)中的两个系统加以比较，在多余约束力 $\boldsymbol{X}_1$ 和 $\boldsymbol{X}_2$ 方向的水平位移和铅垂位移分别为零。于是，可以写出变形协调方程：

$$\left.\begin{aligned}\Delta_{1P}+\Delta_{1X_1}+\Delta_{1X_2}&=0\\ \Delta_{2P}+\Delta_{2X_1}+\Delta_{2X_2}&=0\end{aligned}\right\}$$

其中的位移项 $\Delta_{1P}、\Delta_{1X_1}、\Delta_{1X_2}$ 分别为载荷 $\boldsymbol{F}_P$、多余约束力 $\boldsymbol{X}_1$、$\boldsymbol{X}_2$ 在 $\boldsymbol{X}_1$ 方向(即水平方向)引起的位移；位移项 $\Delta_{2P}、\Delta_{2X_1}、\Delta_{2X_2}$ 分别为载荷 $\boldsymbol{F}_P$、多余约束力 $\boldsymbol{X}_1$、$\boldsymbol{X}_2$ 在 $\boldsymbol{X}_2$ 方向(即铅垂方向)引起的位移。这些位移分别如图 15-10(a)、(b)、(c)所示。

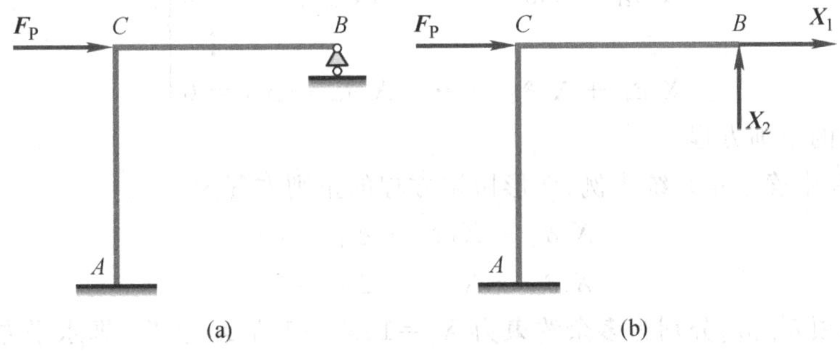

图 15-9　静不定系统的正则方程

引进单位位移的概念，则式(15-1)中的位移 $\Delta_{1X_1}、\Delta_{1X_2}、\cdots、\Delta_{nX_n}$ 等均可以表示成

$$\begin{aligned}\Delta_{1X_1}&=X_1\delta_{11}\\ \Delta_{1X_2}&=X_2\delta_{12}\\ &\vdots\\ \Delta_{1X_n}&=X_n\delta_{1n}\end{aligned}$$

等。其中

$$\delta_{11}、\delta_{12}、\cdots、\delta_{1n}$$

等为单位力引起的位移，它们的第 1 个下标表示多余约束处的位移方向；第 2 个下标表示所加单位力的方向。例如 δ_{12} 为在 $\boldsymbol{X}_2$ 的方向上施加单位力、在 $\boldsymbol{X}_1$ 方向引起的位移。这些位移

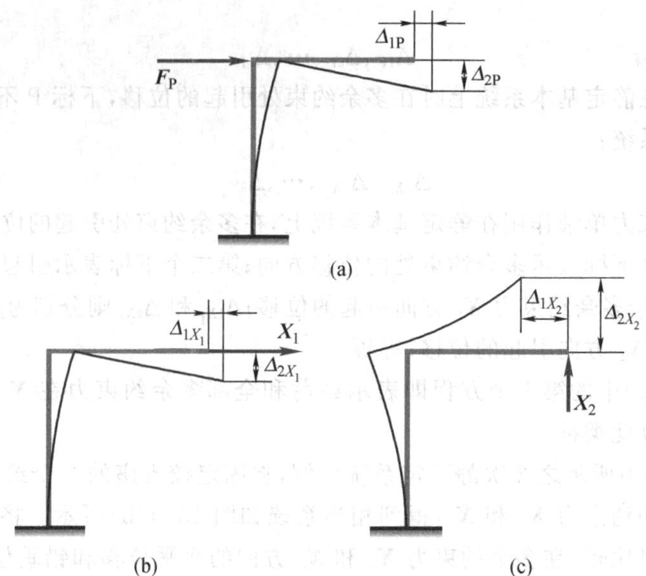

图 15-10 变形协调方程的中位移分量

称为单位位移。

对于线弹性问题，因为力与位移之间的线性关系，于是式(15-1)中的变形条件可以改写成：

$$\left.\begin{aligned} X_1\delta_{11}+X_2\delta_{12}+\cdots+X_n\delta_{1n}+\Delta_{1P}&=0\\ X_1\delta_{21}+X_2\delta_{22}+\cdots+X_n\delta_{2n}+\Delta_{2P}&=0\\ &\vdots\\ X_1\delta_{n1}+X_2\delta_{n2}+\cdots+X_n\delta_{nn}+\Delta_{nP}&=0 \end{aligned}\right\} \tag{15-2}$$

这就是力法中的正则方程。

以图 15-9 中静不定系统为例，变形协调方程的正则方程为

$$\left.\begin{aligned} X_1\delta_{11}+X_2\delta_{12}+\Delta_{1P}&=0\\ X_1\delta_{21}+X_2\delta_{22}+\Delta_{2P}&=0 \end{aligned}\right\}$$

其中单位位移项 δ_{11}、δ_{12}分别为多余约束力 $X_1=1$、$X_2=1$ 在 $\boldsymbol{X}_1$ 方向(即水平方向)引起的单位位移，位移项 Δ_{1P}则为载荷 $\boldsymbol{F}_P$ 在 $\boldsymbol{X}_1$ 方向(即水平方向)引起的位移；单位位移项 δ_{21}、δ_{22}分别为多余约束力 $X_1=1$、$X_2=1$ 在 $\boldsymbol{X}_2$ 方向(即铅垂方向)引起的单位位移，Δ_{2P}则为载荷 $\boldsymbol{F}_P$ 在 $\boldsymbol{X}_2$ 方向(即铅垂方向)引起的位移。这些位移分别如图 15-11(a)、(b)、(c)所示。

在理解和应用正则方程时，注意以下几点是很重要的：

(1) 不同的方程表示不同的多余约束方向的变形协调条件。对于外静不定，它表示绝对位移(线位移或角位移)等于零；对内静不定，则表示相对位移(相对移动或相对转动)等于零。

(2) 同一方程中的不同的项分别表示不同的多余约束力及载荷在同一个多余约束方向所引起的位移。

(3) 式中的单位位移都可根据它们各自的定义，利用能量法求得。对于曲杆用莫尔积分较为方便；对于直杆所组成的系统，用图形互乘法更方便。但是必须注意计算单位位移时

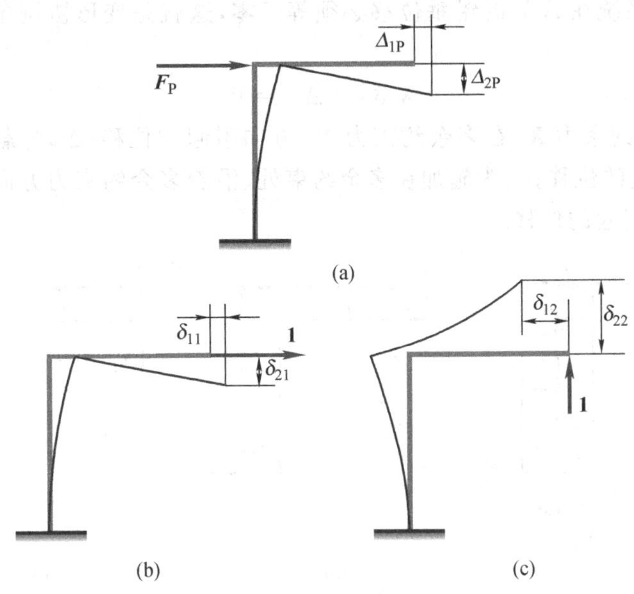

图 15-11　正则方程中的单位位移分量

的单位力都是分别加在静定基本系统的不同的多余约束方向。

(4) 根据位移互等定理，有

$$\delta_{ij} = \delta_{ji} \tag{15-3}$$

例如

$$\delta_{12} = \delta_{21}, \quad \delta_{23} = \delta_{32}, \quad \cdots$$

(5) 单位位移中两个下标号码相同，其值恒为正，即

$$\delta_{ii} > 0 \tag{15-4}$$

下标号码不同者则可能为正，亦可能为负，或为零。

【例题 15-1】 图 15-12(a)所示刚架中，各杆的弯曲刚度均为 EI，且 q、l、EI 等为已知，忽略剪力和轴力的影响，试确定固定端的约束力，并画出弯矩图。

解：(1) 分析约束和约束力，确定静不定次数

因为 A 处为辊轴约束，有 1 个铅垂方向的约束力；B 处为固定端约束，有 2 个约束力和 1 个约束力偶(图 15-12(a))，而平面力系只有 3 个独立的平衡方程，所以

$$4 - 3 = 1$$

据此，本例所示之刚架为 1 次静不定结构。有 1 个多余约束。

(2) 解除多余约束，建立静定基本系统与相当系统

因为只有 1 个约束是多余的，所以只要解除 1 个多余约束就可以得到相应的静定基本系统。现在，将 A 处的辊轴约束除去，得到的结构为静定结构，如图 15-12(b)所示，这就是本例的静定基本系统。

在静定基本系统上加上载荷以及多余约束力，得到相当系统，如图 15-12(c)所示。

(3) 建立正则方程

将图 15-12(c)所示之相当系统与图 15-12(a)所示的静不定系统相比较，两个系统完全

相当。因此，相当系统在 A 处的铅垂位移必须等于零，这就是变形协调条件。写成正则方程的形式，有

$$X_1\delta_{11}+\Delta_{1P}=0 \tag{a}$$

其中，$\delta_{11}X_1$ 为多余约束力 $\boldsymbol{X}_1$ 在多余约束力 $\boldsymbol{X}_1$ 方向引起的位移；Δ_{1P} 为载荷在多余约束力方向($\boldsymbol{X}_1$ 方向)引起的位移；δ_{11} 为施加在多余约束处、沿着多余约束力方向的单位载荷在多余约束力 $\boldsymbol{X}_1$ 方向引起的位移。

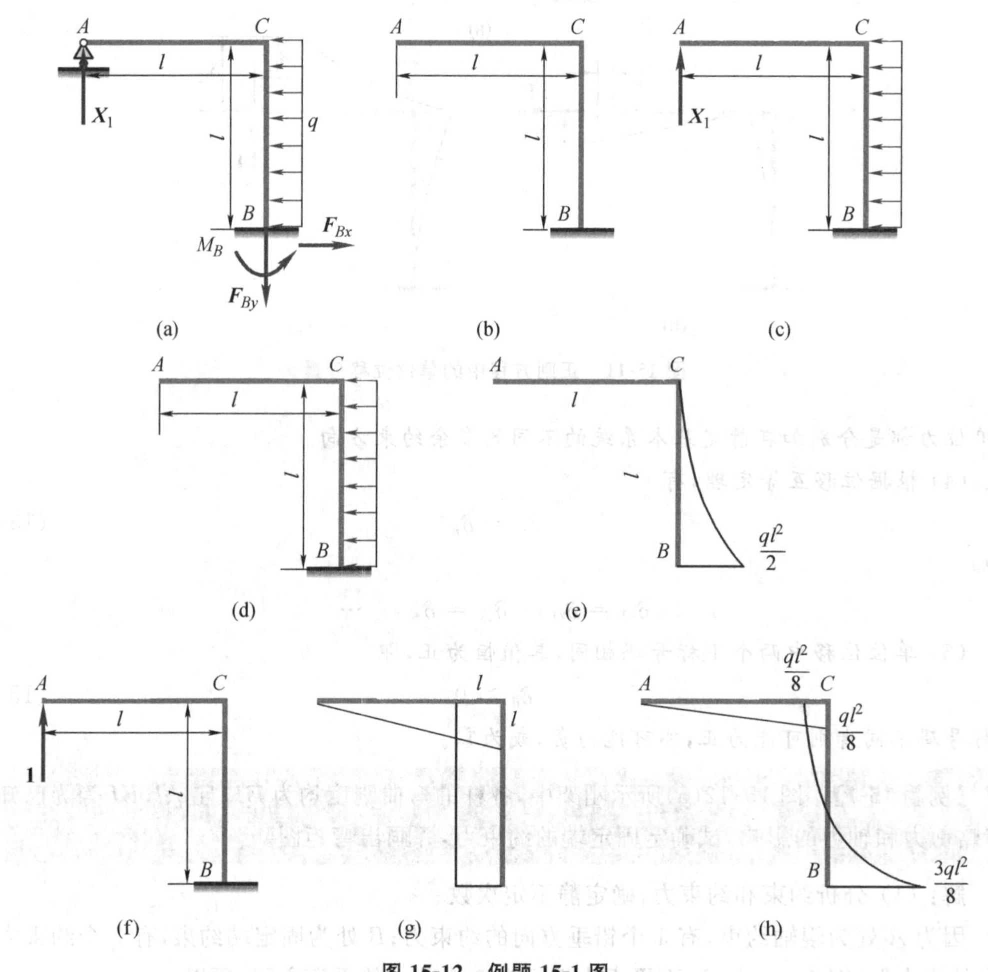

图 15-12 例题 15-1 图

(4) 建立单位载荷系统，计算正则方程中的位移

为了利用图乘法计算正则方程(a)中的各项位移，在静定基本系统上多余约束力 $\boldsymbol{X}_1$ 作用处沿着多余约束力的方向施加单位力，得到单位载荷系统如图 15-12(f)所示。

分别画出载荷系统(图 15-12(d))所产生的弯矩图，以及单位载荷系统引起的弯矩图，二者分别如图 15-12(e)和(g)所示。

于是，应用图乘法，由图 15-12(g)自乘，得

$$\delta_{11}=\frac{1}{EI}\left(\frac{1}{2}l\times l\times\frac{2}{3}l+l\times l\times l\right)=\frac{4l^3}{3EI} \tag{b}$$

由图 15-12(e)与(f)相乘，得到正则方程中的常数项

$$\Delta_{1P}=\frac{1}{EI}\left(-\frac{1}{3}\times\frac{ql^2}{2}\times l\times l\right)=-\frac{ql^4}{6EI} \tag{c}$$

将式(b)和式(c)代入式(a),有

$$X_1\delta_{11}+\Delta_{1P}=X_1\frac{4l^3}{3EI}-\frac{ql^4}{6EI}=0$$

化简后,解出

$$X_1=\frac{ql}{8} \tag{d}$$

(5) 求解全部约束力并画出弯矩图

利用图 15-12(a)所示的受力图,以及平面力系的平衡条件:

$$\left.\begin{aligned}&\sum F_x=0,\quad F_{Bx}-ql=0\\&\sum F_y=0,\quad X_1-F_{By}=0\\&\sum M_B=0,\quad -X_1l+ql\times\frac{l}{2}+M_B=0\end{aligned}\right\}$$

解得固定端的约束力:

$$F_{Bx}=ql,\quad F_{By}=\frac{ql}{8},\quad M_B=-\frac{3ql^2}{8} \tag{e}$$

其中 $\boldsymbol{F}_{Bx}$ 和 $\boldsymbol{F}_{By}$ 与图 15-12(a)中所设方向相同;M_B 的方向则与所设方向相反。

应用所得结果式(d)和式(e),即可画出所给静不定刚架的弯矩图,如图 15-12(h)所示。

【例题 15-2】 刚架受力及尺寸如图 15-13(a)所示,已知刚架的弯曲刚度为 EI,不考虑剪力和轴力的影响,试作刚架的弯矩图。

解:(1) 分析受力确定静不定次数

因为 A 处为固定端,有 3 个约束力——2 个约束力和 1 个约束力偶;B 处为固定铰支座,有 2 个约束力(图 15-13(a)),而平面力系只有 3 个独立的平衡方程,所以

$$3+2-3=2$$

因此,本例中的刚架为 2 次静不定结构,亦即有 2 个多余约束。

(2) 选择静定基本系统,建立相当系统

将 B 处的固定铰支座作为多余约束除去,得到静定基本系统,如图 15-13(b)所示;在静定基本系统上施加载荷和多余约束力,得到相当系统,如图 15-13(c)所示。

(3) 建立正则方程

将图 15-13(c)所示之相当系统与图 15-13(a)所示之静不定系统相比较,两个系统完全相当。因此,相当系统在 B 处的水平位移与铅垂位移都必须等于零,这一变形协调条件写成正则方程的形式,有

$$\begin{aligned}X_1\delta_{11}+X_2\delta_{12}+\Delta_{1P}=0\\X_1\delta_{12}+X_2\delta_{22}+\Delta_{2P}=0\end{aligned} \tag{a}$$

其中,$X_1\delta_{11}$ 为多余约束力 $\boldsymbol{X}_1$ 在多余约束力 $\boldsymbol{X}_1$ 方向引起的位移;$X_2\delta_{12}$ 为多余约束力 $\boldsymbol{X}_2$ 在多余约束力 $\boldsymbol{X}_1$ 方向引起的位移;Δ_{1P} 为载荷在多余约束力 $\boldsymbol{X}_1$ 方向引起的位移;δ_{11} 为施加在多余约束处、沿着多余约束力 $\boldsymbol{X}_1$ 方向的单位载荷在多余约束力 $\boldsymbol{X}_1$ 方向引起的位移;δ_{12} 为施加在多余约束处、沿着多余约束力 $\boldsymbol{X}_2$ 方向的单位载荷在多余约束力 $\boldsymbol{X}_1$ 方向引起的位

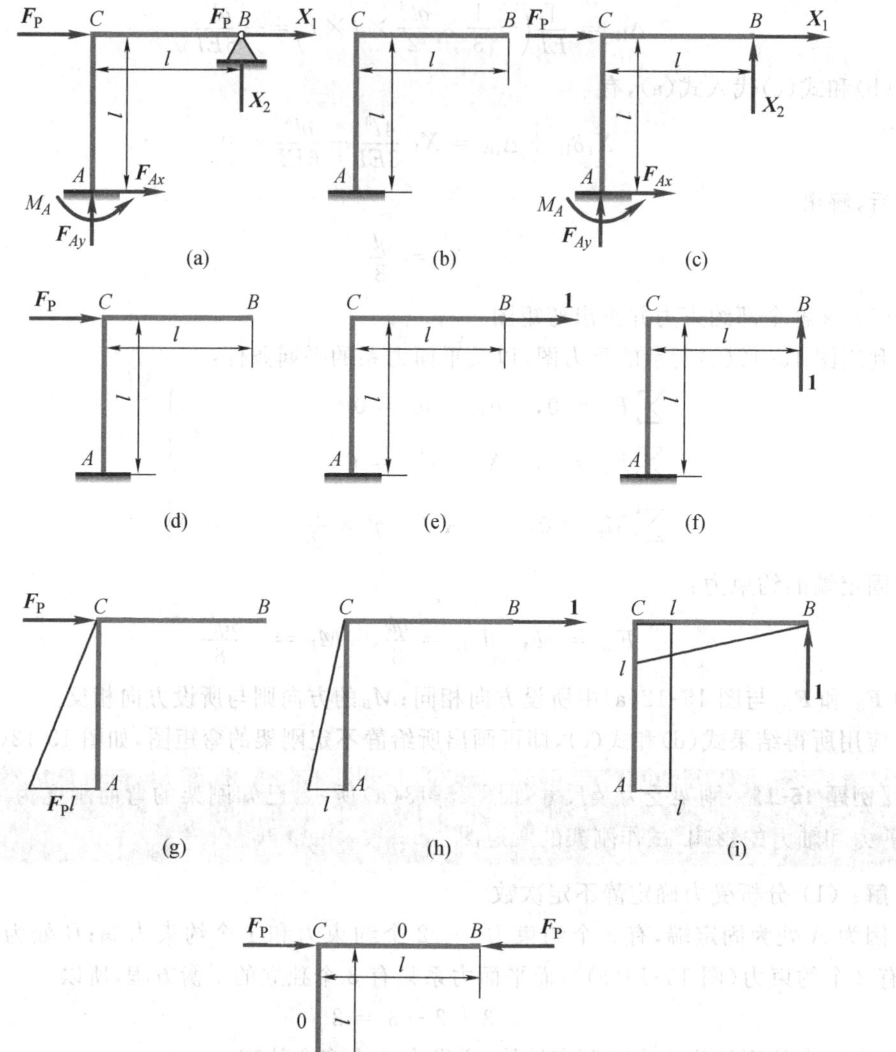

图 15-13 例题 15-2 图

移。$X_1\delta_{21}$为多余约束力 $\boldsymbol{X}_1$ 在多余约束力 $\boldsymbol{X}_2$ 方向引起的位移；$X_2\delta_{22}$为多余约束力 $\boldsymbol{X}_2$ 在多余约束力 $\boldsymbol{X}_2$ 方向引起的位移；Δ_{2P}为载荷在多余约束力 $\boldsymbol{X}_2$ 方向引起的位移；δ_{22}为施加在多余约束处、沿着多余约束力 $\boldsymbol{X}_2$ 方向的单位载荷在多余约束力 $\boldsymbol{X}_2$ 方向引起的位移；δ_{21}为施加在多余约束处、沿着多余约束力 $\boldsymbol{X}_1$ 方向的单位载荷在多余约束力 $\boldsymbol{X}_2$ 方向引起的位移。

(4) 建立单位载荷系统，计算正则方程中的位移

为了利用图乘法计算正则方程(a)中的各项位移，在静定基本系统上多余约束力 $\boldsymbol{X}_1$ 和 $\boldsymbol{X}_2$ 作用处沿着 $\boldsymbol{X}_1$ 和 $\boldsymbol{X}_2$ 的方向分别施加单位力，建立两个单位载荷系统分别如图 15-13(e)和(f)所示；载荷系统如图 15-13(d)所示。

分别画出载荷系统所产生的弯矩图(图 15-13(g))，以及单位载荷系统引起的弯矩图，

二者分别如图 15-13(h)和(i)所示。

应用图乘法，将图 15-13(g)分别与图 15-13(h)和(i)相乘，得到

$$\Delta_{1P}=\frac{1}{EI}\left(\frac{F_Pl\times l}{2}\times\frac{2l}{3}\right)=\frac{F_Pl^3}{3EI} \tag{b}$$

$$\Delta_{2P}=-\frac{1}{EI}\left(\frac{F_Pl\times l}{2}\times l\right)=-\frac{F_Pl^3}{2EI} \tag{c}$$

将图 15-13(h)与图 15-13(i)相乘，得到

$$\delta_{12}=\delta_{21}=-\frac{1}{EI}\left(\frac{l\times l}{2}\times l\right)=-\frac{l^3}{2EI} \tag{d}$$

图 15-13(h)自乘，以及图 15-13(i)自乘，得到

$$\delta_{11}=\frac{1}{EI}\left(\frac{l\times l}{2}\times\frac{2l}{3}\right)=\frac{l^3}{3EI} \tag{e}$$

$$\delta_{22}=\frac{1}{EI}\left(\frac{l\times l}{2}\times\frac{2l}{3}+l\times l\times l\right)=\frac{4l^3}{3EI} \tag{f}$$

将式(b)～式(f)代入式(a)，有

$$\left.\begin{aligned}2X_1-3X_2+2F_P&=0\\-3X_1+8X_2-3F_P&=0\end{aligned}\right\}$$

由此解出：

$$\left.\begin{aligned}X_2&=0\\X_1&=-F_P\end{aligned}\right\} \tag{g}$$

(5) 求解全部约束力并画出弯矩图

根据图 15-13(a)所示之受力图以及结果式(g)，求得固定端 A 处的约束力：

$$\left.\begin{aligned}F_{Ax}&=0\\F_{Ay}&=0\\M_A&=0_P\end{aligned}\right\} \tag{h}$$

由载荷以及全部约束力式(g)和式(h)，横梁和立柱上的弯矩均为零，如图 15-13(j)所示。

【例题 15-3】 刚架受力及尺寸如图 15-14(a)所示，已知刚架的弯曲刚度为 EI，试作刚架的弯矩图。

解：(1) 分析受力确定静不定次数

结构为平面刚架承受平面载荷，有 3 个独立的平衡方程，在 A 和 D 处共有 5 个未知约束力，故为 2 次静不定结构。

(2) 建立相当系统

将 D 处的约束作为多余约束，解除后加上多余约束力 X_1 和 X_2，得到与原静不定结构的相当系统，如图 15-14(b)所示。

(3) 建立正则方程

将相当系统与原来的静不定结构相比较，多余约束 D 处在多余约束力 X_1 和 X_2 方向的位移等于零，据此，可以写出如下正则方程：

$$\left.\begin{aligned}\delta_{11}X_1+\delta_{12}X_2+\Delta_{1P}&=0\\\delta_{21}X_1+\delta_{22}X_2+\Delta_{2P}&=0\end{aligned}\right\} \tag{a}$$

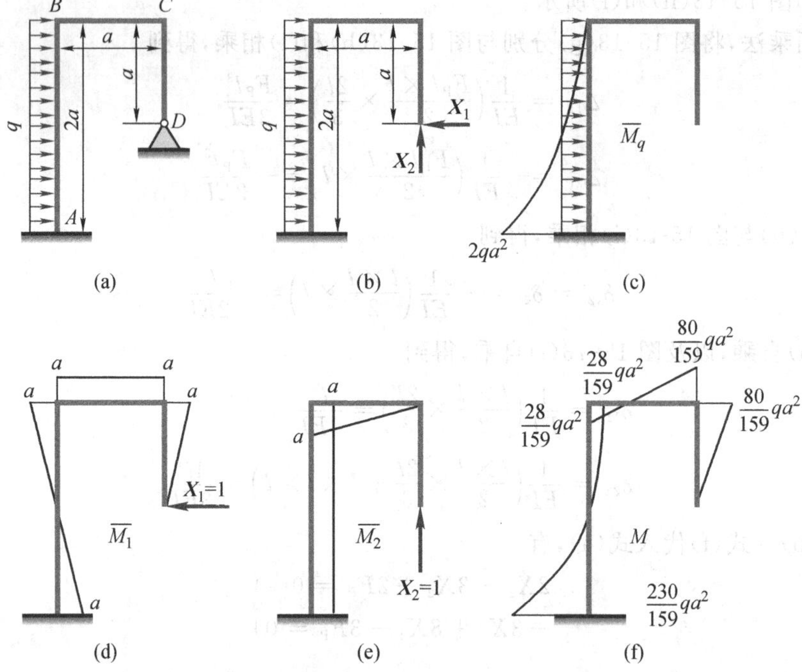

图 15-14 例题 15-3 图

(4) 计算正则方程中的位移项

为应用图乘法，首先分别画出载荷 q 和单位力 $X_1=1$ 和 $X_2=1$ 引起的弯矩图，如图 15-14(c)、(d)、(e)所示。

将载荷弯矩图(图 15-14(c))与单位力 $X_1=1$ 的弯矩图(图 15-14(d))相乘得到 Δ_{1P}；将载荷弯矩图(图 15-14(c))与单位力 $X_2=1$ 的弯矩图(图 15-14(e))相乘得到 Δ_{2P}；将单位力 $X_1=1$ 弯矩图(图 15-14(d))与单位力 $X_2=1$ 的弯矩图相乘得到 δ_{12}；将单位力 $X_1=1$ 弯矩图(图 15-14(d))自乘得到 δ_{11}；将单位力 $X_2=1$ 弯矩图(图 15-14(e))自乘得到 δ_{22}；同时考虑到 $\delta_{12}=\delta_{21}$，最后得到

$$\Delta_{1P}=-\frac{1}{EI}\left(\frac{1}{3}\times 2a\times 2qa^2\right)\times\frac{a}{2}=-\frac{2qa^4}{3EI} \tag{b}$$

$$\Delta_{2P}=-\frac{1}{EI}\left(\frac{1}{3}\times 2a\times 2qa^2\right)\times a=-\frac{4qa^4}{3EI} \tag{c}$$

$$\delta_{11}=\frac{1}{EI}\left[3\times\left(\frac{1}{2}\times a\times a\right)\times\frac{2a}{3}+(a\times a)\times a\right]=\frac{2a^3}{EI} \tag{d}$$

$$\delta_{12}=\delta_{21}=-\frac{1}{EI}\left[\left(\frac{1}{2}\times a\times a\right)\times a\right]=-\frac{a^3}{2EI} \tag{e}$$

$$\delta_{22}=\frac{1}{EI}\left[\left(\frac{1}{2}\times a\times a\right)\times\frac{2a}{3}+(a\times 2a)\times a\right]=\frac{7a^3}{3EI} \tag{f}$$

(5) 求解正则方程

将式(b)～式(f)代入式(a)得到

$$\left.\begin{aligned}\frac{2a^3}{EI}X_1-\frac{a^3}{2EI}X_2-\frac{2qa^4}{3EI}=0\\-\frac{a^3}{2EI}X_1+\frac{7a^3}{3EI}X_2-\frac{4qa^4}{3EI}=0\end{aligned}\right\}\tag{g}$$

化简后解得

$$\left.\begin{aligned}X_1=\frac{80}{159}qa\\X_2=\frac{36}{53}qa\end{aligned}\right\}$$

所得结果均为正值，这表明，图 15-14(b)中所设的多余约束力的方向与实际方向一致。

(6) 画出静不定结构的弯矩图

求出多余约束力之后，根据图 15-14(b)所示之相当系统的受力，可以画出静不定结构的弯矩图如图 15-14(f)所示。其中最大弯矩为

$$M_{\max}=\frac{130}{159}qa^2$$

15.3　对称性与反对称性在求解静不定问题中的应用

利用对称性和反对称性以及小变形的概念，可以在求解静不定问题之前，将某些未知约束力变为已知(包括等于零)，从而少解联立方程甚至无须求解联立方程。

15.3.1　对称结构的对称变形

若结构的几何形状、尺寸、构件材料及约束条件均对称于某一轴，则这样的结构称为**对称结构**(symmetric structure)。在不同的载荷作用下，对称结构可能产生对称变形、反对称变形或一般变形。如能正确而巧妙地应用对称性和反对称性，不仅可以推知某些未知量，而且可以使分析和计算过程大为简化。

当对称结构承受对称载荷时，其约束力、内力分量以及位移都是对称的，亦即不存在反对称的约束力、内力分量以及位移。这一结论可以用正则方程的解加以佐证。

以图 15-15(a)中的二次静不定对称结构为例，这一结构有一铅垂方向的对称轴。将其从对称截面处截开，在截开的截面上有轴力、剪力和弯矩 3 个内力分量，分别用 $\boldsymbol{X}_1$、$\boldsymbol{X}_2$ 和 $\boldsymbol{X}_3$ 表示。3 个内力分量中轴力($\boldsymbol{X}_1$)和弯矩($\boldsymbol{X}_2$)都是对称的，而剪力($\boldsymbol{X}_3$)则是反对称的。于是，静不定结构的相当系统如图 15-15(b)所示。下面用反映变形协调的正则方程证明反对称的内力分量——剪力($\boldsymbol{X}_3$)等于零。

由于截开处两侧截面没有相对位移，所以变形协调条件切开截面的两侧截面的水平相对位移、铅垂相对位移和相对转角都等于零。体现变形协调的正则方程为

$$\left.\begin{aligned}\delta_{11}X_1+\delta_{12}X_2+\delta_{13}X_3+\Delta_{1P}=0\\\delta_{21}X_1+\delta_{22}X_2+\delta_{23}X_3+\Delta_{2P}=0\\\delta_{31}X_1+\delta_{32}X_2+\delta_{33}X_3+\Delta_{3P}=0\end{aligned}\right\}\tag{a}$$

为计算正则方程中的位移项，采用图乘法。

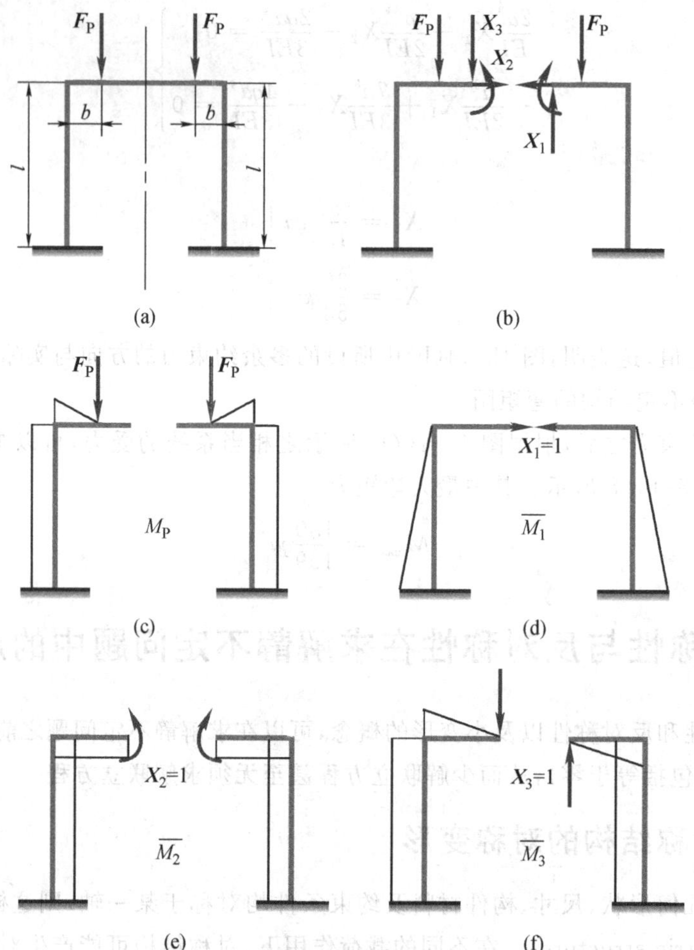

图 15-15 对称结构承受对称载荷

静定基本系统在载荷作用下的弯矩图(M_P)如图 15-15(c)所示;单位多余约束力 $X_1=1$、$X_2=1$ 和 $X_3=1$ 引起的弯矩图($\overline{M_1}$)、($\overline{M_2}$)和($\overline{M_3}$),分别如图 15-15(d)、(e)和(f)所示。

上述弯矩图中,$\overline{M_3}$图是反对称的,其余都是对称的。采用图乘法,M_P 图与$\overline{M_1}$图、$\overline{M_2}$图相乘得到 Δ_{1P} 和 Δ_{2P};$\overline{M_1}$图与$\overline{M_2}$图相乘得到 δ_{12} 和 δ_{21};$\overline{M_1}$图自乘得到 δ_{11};$\overline{M_2}$图自乘得到 δ_{22}。由于这些弯矩图都是对称的,所以都不等于零。

而$\overline{M_3}$图是反对称的,所以 M_P 图与$\overline{M_3}$图相乘得到 $\Delta_{3P}=0$;$\overline{M_3}$图与$\overline{M_1}$图相乘得到 $\delta_{31}=\delta_{13}=0$;$\overline{M_2}$图与$\overline{M_3}$图相乘得到 $\delta_{23}=\delta_{32}=0$;只有$\overline{M_3}$图自乘得到 δ_{33} 不等于零。

将上述分析结果代入正则方程(a)得到

$$\left.\begin{aligned}\delta_{11}X_1+\delta_{12}X_2+0\times X_3+\Delta_{1P}&=0\\ \delta_{21}X_1+\delta_{22}X_2+0\times X_3+\Delta_{2P}&=0\\ 0\times X_1+0\times X_2+\delta_{33}X_3+0&=0\end{aligned}\right\}\qquad\text{(b)}$$

方程(b)中的第三式给出反对称内力分量——剪力

$$X_3=0$$

15.3.2　对称结构的反对称变形

当对称结构承受反对称载荷时，其上的约束力、内力分量以及位移都具有反对称的特征。

所谓反对称载荷是指，若将结构对称轴一侧的载荷反向，载荷系统便变为对称的，则原来的载荷系统称为反对称载荷。约束力、内力分量以及位移的反对称含义与载荷反对称的含义相同。根据反对称特征也可以确定某些未知量，使计算过程简化。

以图 15-16(a)所示的三次静不定结构为例。考虑到 Ⅰ—Ⅰ 为结构的对称轴，载荷是反对称的。这时，为保证反对称性，A、E 二处的约束力应大小相等，方向如图 15-16(a)所示，故为三次静不定。

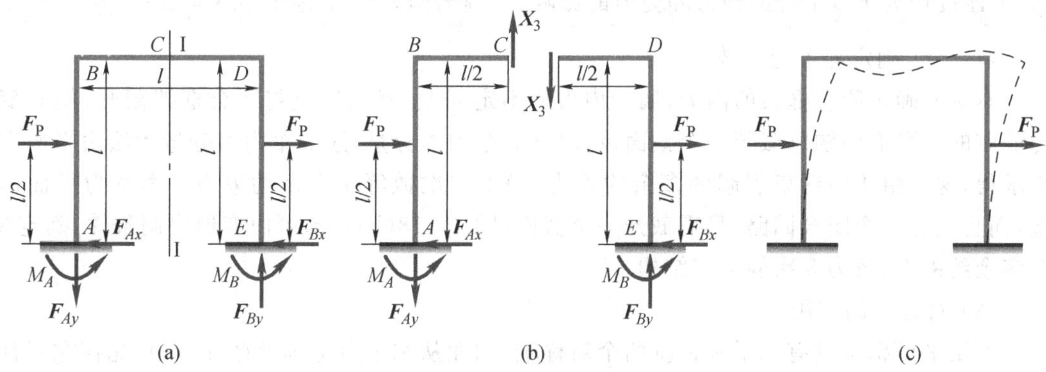

图 15-16　对称结构的反对称变形

如果从对称轴处截面 C 截开，则两侧截面上的未知轴力 $\boldsymbol{X}_1$、未知弯矩 X_2 和未知剪力 $\boldsymbol{X}_3$ 都应当是反对称的。对于未知剪力当然是正确的；但对于未知轴力和未知弯矩则是不正确的(图 15-16(b))，因为同一截面两侧的内力分量为作用力与反作用力关系，即大小相等、方向相反。这样，只有 $X_1=X_2=0$ 才能满足内力分量为反对称的要求。

从实际变形看，如图 15-16(c)所示，由于载荷反对称，对称竖杆的变形完全相同，因此在小变形条件下，B、D 两端的水平位移相同，横杆 BD 不发生轴向变形，故其轴力为零。此外，水平杆 BC 和 CD 两端的弯曲变形是反对称的，在截面 C(变形后位移至 C')处为变形曲线的拐点，即该处曲率 $1/\rho=0$，因而该截面上的弯矩 $X_2=0$。

经过以上分析，多余未知数减少为 1 个。这时在载荷和多余约束力 $\boldsymbol{X}_3$ 作用下，C 处两侧截面的相对铅垂位移为零。由此不难写出求解 $\boldsymbol{X}_3$ 的变形协调方程：

$$\Delta_3 = 0$$

15.3.3　对称结构的一般变形及其简化

对称结构在一般载荷作用下将产生一般变形，即既非对称变形，亦非反对称变形。但是，可以将一般载荷分解为对称载荷与反对称载荷叠加的结果，同样可以使问题得到简化。以图 15-17(a)中所示的结构为例，它可以分解为图 15-17(b)中的对称载荷与图 15-17(c)中的反对称载荷的叠加。

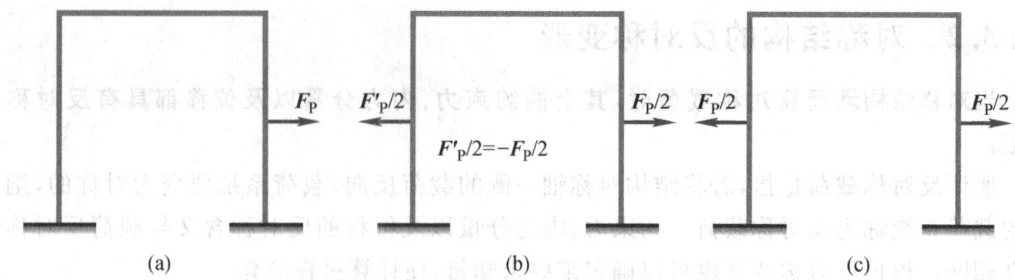

图 15-17 对称结构的一般变形及其简化

【例题 15-4】 闭合框架各部分尺寸与受力如图 15-18(a)所示。已知 $a=l/2$,各杆的弯曲刚度均为 EI,不考虑轴力和剪力的影响,试画出框架的弯矩图。

解:(1) 确定静不定次数

本例要确定闭合框架的内力,属于内力静不定问题,必须通过将闭合框架截开,使其变为静定的。平面问题每截开一个截面,将出现3个内力分量,这3个内力分量无法由平衡方程求得,这是由于内约束引起的多余约束力,静不定次数等于多余约束力。本例为平面框架,而且只有一个闭合回路,只需截开一个截面(图 15-18(b)),即可由变形协调条件,确定3个多余约束力,故为3次静不定结构。

(2) 对称性的应用

所给平面框架具有水平和铅垂两个对称轴,因而从水平对称轴处截开时,只能存在对称的内力分量——弯矩 X_1 和轴力 $\boldsymbol{X}_2$;反对称内力分量——剪力 $\boldsymbol{X}_3$ 等于零。又因为框架具有铅垂对称轴,左右两侧竖杆横截面上的轴力 $\boldsymbol{X}_2$ 必然大小相等方向相同,二者与载荷 $\boldsymbol{F}_P$ 构成平衡力系,于是轴力 $\boldsymbol{X}_2$ 由未知变为已知(图 15-18(c))

$$F_P-2X_2=0,\quad X_2=\frac{F_P}{2}\tag{a}$$

据此,只有弯矩 X_1 一个未知量。

(3) 变形协调与正则方程

将截开一个截面的框架作为静定基本系统(图 15-18(d));在静定基本系统上施加载荷 $\boldsymbol{F}_P$ 和 $\boldsymbol{F}_P/2$(已经由未知变为已知的 $X_2=\dfrac{F_P}{2}$同样作为载荷)和多余约束力 $\boldsymbol{X}_1$,得到相当系统如图 15-18(e)所示。

将相当系统与原静不定框架比较,在截开处上、下两侧截面的相对转角等于零。此即变形协调条件,写成正则方程为

$$X_1\delta_{11}+\Delta_{1P}=0\tag{b}$$

其中,$\delta_{11}X_1$ 为多余约束力 $\boldsymbol{X}_1$ 在多余约束力 $\boldsymbol{X}_1$ 方向引起的相对转角;Δ_{1P} 为载荷在多余约束力方向($\boldsymbol{X}_1$ 方向)引起的相对转角;δ_{11} 为施加在多余约束处、沿着多余约束力方向的单位载荷在多余约束力 $\boldsymbol{X}_1$ 方向引起的相对转角。

(4) 建立单位载荷系统,计算正则方程中的位移

为了利用图乘法计算正则方程(a)中的各项位移,在静定基本系统上多余约束力 X_1 作用处沿着多余约束力的方向施加单位力,得到单位载荷系统如图 15-18(h)所示。

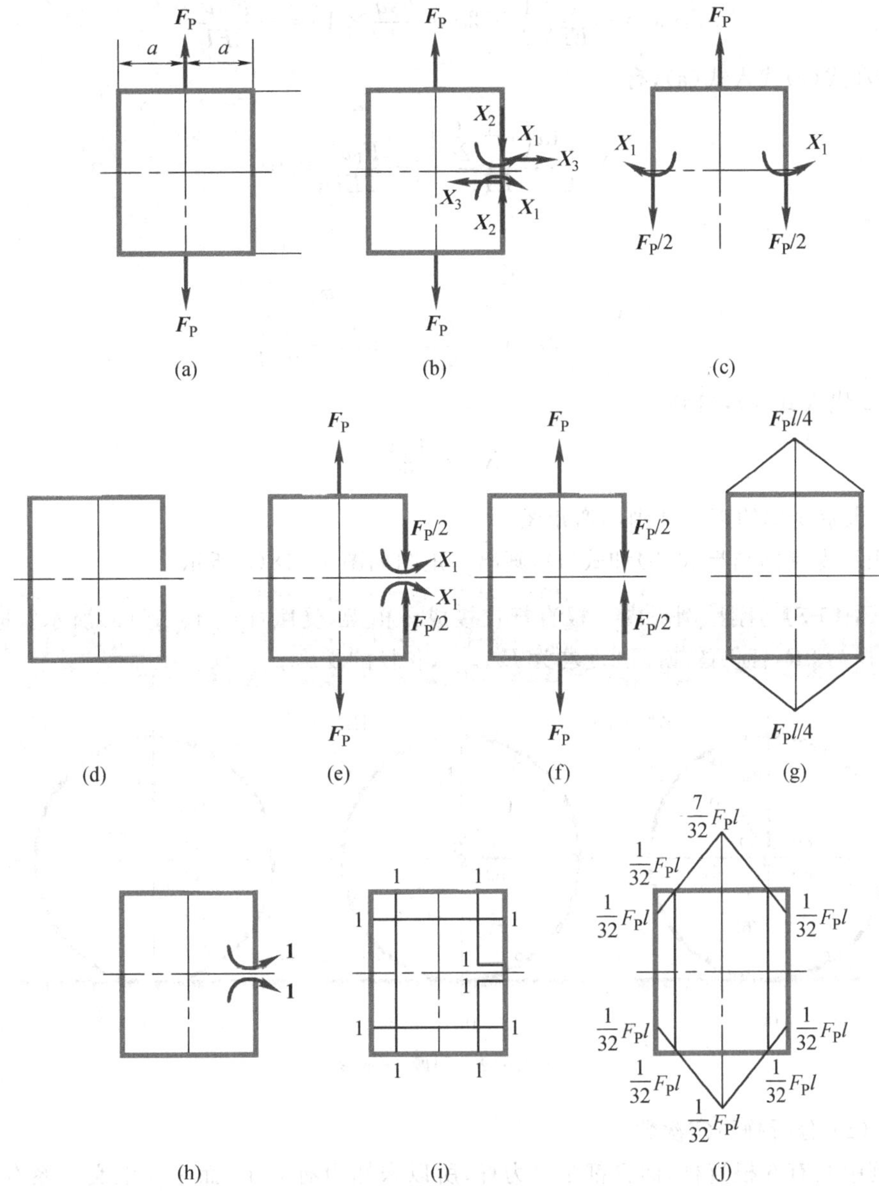

图 15-18　例题 15-4 图

分别画出载荷系统(图 15-18(f))所产生的弯矩图,以及单位载荷系统引起的弯矩图,二者分别如图 15-18(g)和(i)所示。

于是,应用图乘法,由图 15-18(i)自乘,得

$$\delta_{11}=\frac{1}{EI}[2(2a\times1\times1)+2(l\times1\times1)]=\frac{4a\left(1+\dfrac{l}{2a}\right)}{EI} \tag{c}$$

将载荷弯矩图(图 15-18(g))与单位载荷弯矩图(图 15-18(i))相乘,得到正则方程中的常数项

$$\Delta_{1P} = -\frac{1}{EI}\left(\frac{1}{2}\times 2a\times\frac{F_{P}a}{2}\times 1\right) = -\frac{F_{P}a^{2}}{2EI} \tag{d}$$

将式(b)和式(c)代入式(a),有

$$X_{1}\left[\frac{4a\left(1+\dfrac{l}{2a}\right)}{EI}\right]-\frac{F_{P}a^{2}}{2EI}=0$$

化简后,解出

$$X_{1}=\frac{\dfrac{F_{P}a^{2}}{2}}{4a\left(1+\dfrac{l}{2a}\right)}=\frac{F_{P}a}{8\left(1+\dfrac{l}{2a}\right)} \tag{e}$$

将 $a=l/2$ 代入式(e),得到

$$X_{1}=\frac{F_{P}l}{32} \tag{f}$$

(5) 求解全部约束力并画出弯矩图

利用所得到的结果式(b)和式(f),画出弯矩图如图 15-18(j)所示。

【例题 15-5】 刚性圆环内 6 根直杆铰接成一桁架,受载如图 15-19(a)所示。刚性环的内直径为 $2R$,杆件的拉压刚度均为 EA。求各杆的受力。

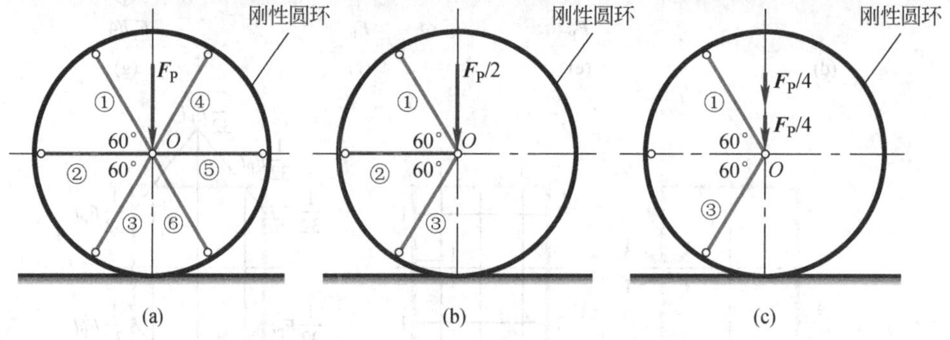

图 15-19 例题 15-5 图

解:(1) 分析静不定次数

本例中共有 6 根直杆,而且都是二力杆,所以未知力有 6 个,而平面汇交力系有 2 个独立的平衡方程。因此,本例中的结构为 6−2=4(次)静不定结构。

(2) 应用对称性

本结构具有对称轴,因此可以沿铅垂对称轴,将载荷与结构分成左右两部分,两部分对称杆件的受力相等。考察左半部分的受力与平衡,如图 15-19(b)所示。显然,对于由 3 根杆组成的桁架,是 1 次静不定系统。

(3) 应用反对称性

对于图 15-19(b)中的 1 次静不定系统,是一个对称结构,②杆的轴线就是对称轴,而载荷 $\boldsymbol{F}_{P}/2$ 可以分解为两个数值相同(都是 $\boldsymbol{F}_{P}/4$)、方向相同的力,这两个力是反对称的。应用反对称性:①杆和③杆的受力大小相等、方向反对称(即①杆受拉;③杆受压);②杆不受力。

综上所述,应用汇交力系的平衡方程或力多边形,解得

$$F_{N1}=F_{N3}=F_{N4}=F_{N6}=\frac{\sqrt{2}}{4}F_P$$

$$F_{N2}=F_{N5}=0$$

15.4 空间静不定结构的特殊情形

一般空间静不定问题的分析都比较复杂,本节仅讨论工程上常见的一种特殊情形,即平面结构承受垂直于结构平面的载荷情形。

当平面结构承受平面内载荷时,根据小变形的概念,结构只在自身的平面内发生位移,称为**面内位移**(displacement in plane);仅发生结构平面以外的位移,这种位移称为**面外位移**(displacement out of plane)。

但是,当平面结构承受垂直于其自身平面的载荷时,则将只产生面外位移而不产生面内位移。

图 15-20(a)、(b)中所示分别为小变形条件下只发生面内位移和只发生面外位移的情形。

上述结论不难由能量方法得到证明。例如对于线性结构,可采用莫尔法。当平面结构承受面内载荷时,其内力都在结构平面内;为求面外位移,需施加垂直于结构平面的单位载荷,它们所产生的内力均处在垂直于结构平面内,在结构平面内引起的内力均为零,因而由莫尔法计算得面外位移等于零。

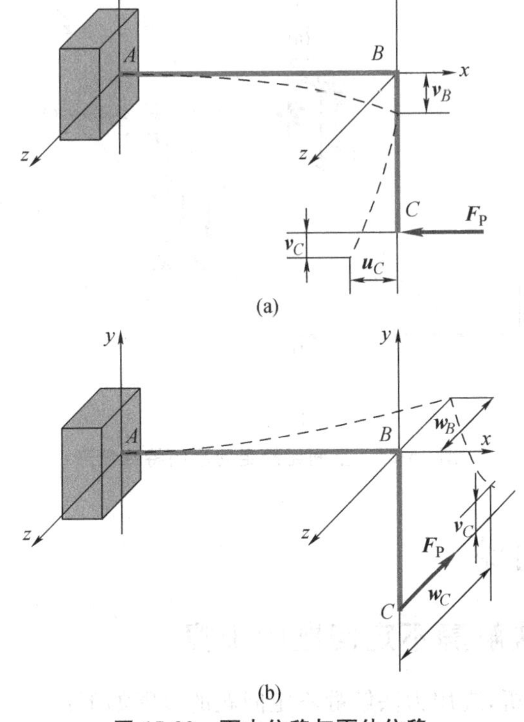

图 15-20 面内位移与面外位移

对于载荷垂直于结构平面的情形,采用类似的方法可以确定面内位移等于零。

根据以上分析,可以使某些空间静不定问题大为简化。载荷垂直于静不定结构平面时即属此例。

例如固定端约束,当平面结构承受一般空间力系时,有6个约束力;但当载荷垂直于结构平面时,由于没有面内位移,与这些位移相对应的约束力便等于零。因而,只剩下与面外位移相对应的3个约束力。

图15-21(a)中所示的两端固定的平面结构,在一般空间力系作用下为6次静不定。当载荷垂直于结构平面时,两个固定端共有6个非面内约束力,另有6个面内约束力为零,故3个面内力平衡方程自然满足。

再应用对称性,从加力点处截开,其横截面上便只有对称的非面内的内力分量 X_3(未知弯矩)。因此,只要建立一个变形协调方程,即可求得未知弯矩,进而应用平衡方程解出全部未知约束力。

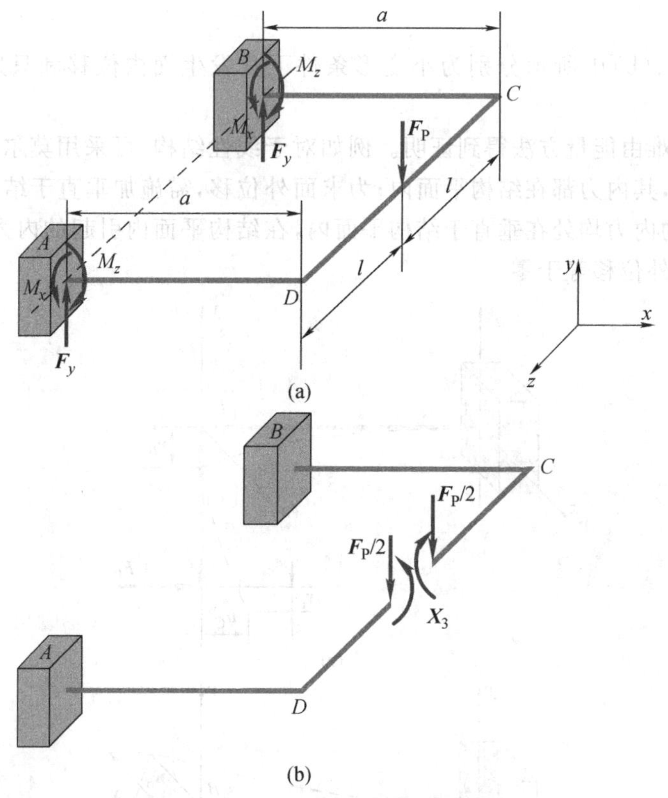

图 15-21　空间超静定问题的特殊情形

15.5　结论与讨论

15.5.1　应用力法解静不定问题的步骤

根据以上各节的分析,应用力法解静不定问题的步骤如下:

（1）判断问题的性质与静不定次数。

对于给定的结构，在解题前应先判断它是静定的还是静不定的；是外力静不定还是内力静不定，并进而确定它们的静不定次数。

（2）判断哪些约束是真正的多余约束，并分析可供选择的基本系统，注意利用对称性，确定合适的基本系统。

（3）在基本系统上加上给定的外部载荷及多余约束力，建立相当系统。

（4）将相当系统与原静不定系统比较，在多余约束处，寻找变形条件，并写出相应的正则方程。

（5）在基本系统的不同的多余约束方向分别施加广义单位力（当多余约束力为集中力时，施加单位力；多余约束力为力偶时，则施加单位力偶），建立若干个单位载荷系统，并列出内力方程或作内力图。

（6）用莫尔积分或图形互乘法计算单位位移与载荷引起的位移。

（7）将相应的位移代入正则方程，解出全部多余约束力。

（8）画出在载荷和多余约束力作用在基本系统上引起的内力图，作为强度和刚度计算的依据。

15.5.2　关于静定基本系统的不同选择

求解静不定问题时，静定基本系统可以有不同的选择，选择静定基本系统的原则是：必须是静定的、几何不可变的系统。

例如，对于图 15-22(a)中静不定刚架，其静定基可以有 3 种不同的选择，分别如图 15-22(b)、(c)和(d)所示。图 15-22(e)中所示则不是静定基，而是一个可动机构。因为，原来的静不定结构，是 2 次静不定，只有 2 个约束是多余的，因此，只能解除 2 个约束。图 15-22(e)中的结构相对于图 15-22(a)中的静不定结构，解除了 3 个约束，而其中有一个约束并不是多余约束。

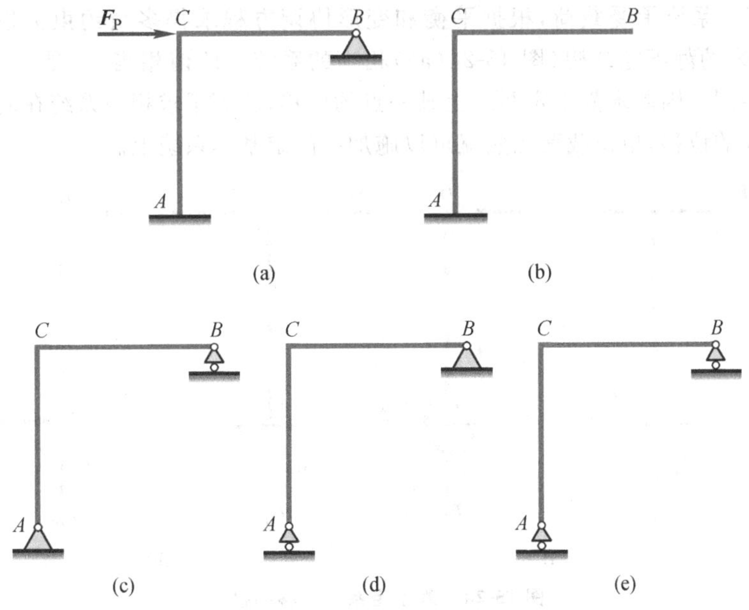

图 15-22　静定基的不同选择

15.5.3 静不定系统的位移计算

当静不定系统的全部未知力确定之后,应用能量法,可以确定系统上任意点沿任意方向的位移。

现在的问题是:如果采用单位载荷法确定静不定结构(例如图 15-23(a)中的结构)上某一点的位移时,单位力加在静不定系统上(图 15-23(b))还是加在解除多余约束后的静定基本系统上(图 15-23(c))。

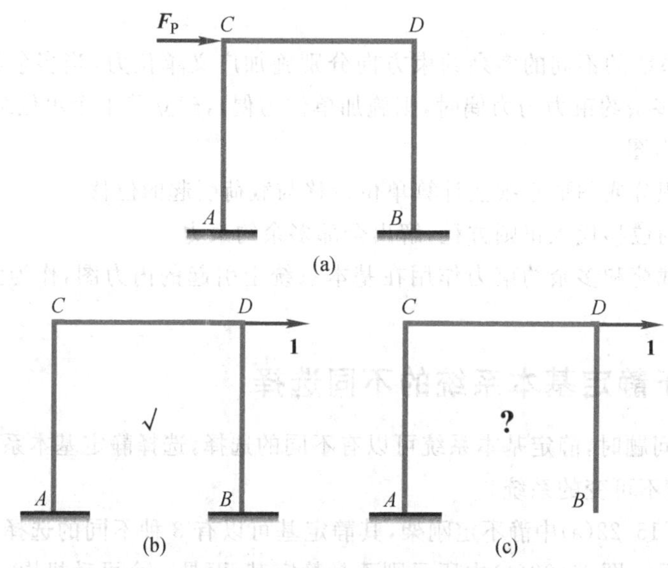

图 15-23 静不定系统位移的确定

单位力加在静不定系统上,当然是正确的;加在静定基本系统上也是正确的。这是因为:当静定基本系统承受载荷,根据平衡和变形协调方程求得多余约束力以后(图 15-24(b)),是与原来的静不定结构(图 15-24(a))相当的系统。所谓相当,就是两个系统的受力和变形完全相同。因此求静不定系统上某一点的位移,就等于求相当系统在同一点的位移。为求相当系统的位移,单位载荷当然就可以施加在静定基本系统上。

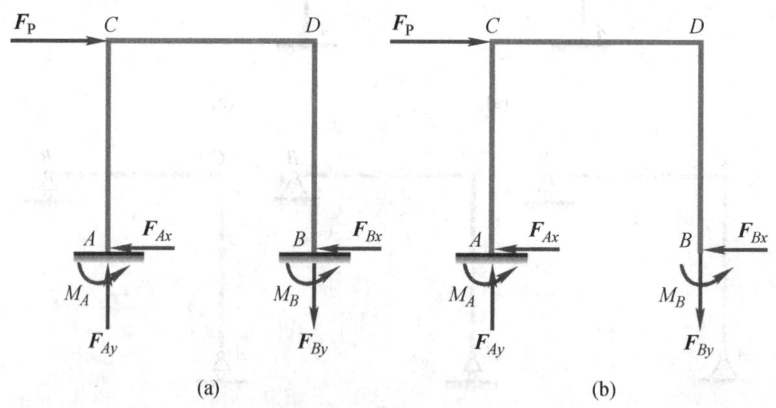

图 15-24 静不定系统位移的确定

15.5.4　关于力偶对称性的判断方法

判断力偶是对称还是反对称比较好的方法是用力偶矩矢量判断：如果力偶矩矢量反对称，则其对应的力偶就是对称的（例如图 15-25(a)）；反之，凡力偶矩矢量对称者，其所对应的力偶一定是反对称的（例如图 15-25(b)）。

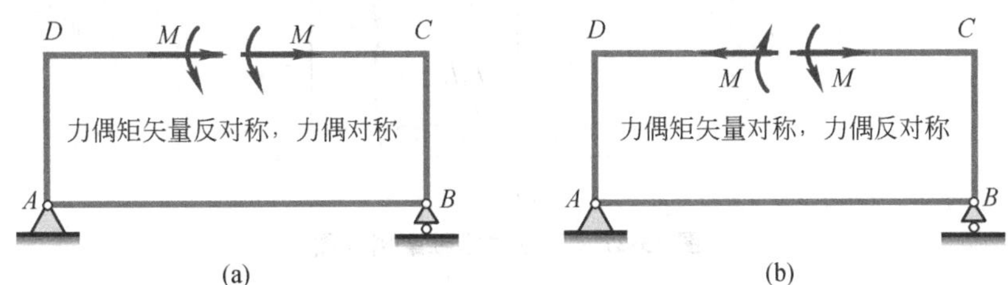

图 15-25　力偶对称性的判断

15.5.5　开放式思维案例

案例 1　一个似乎怪异的结果。本章例题 15-2 所得到的结果如图 15-26(a)所示，这个结果似乎有点怪异。因为如果 B 处没有支承，竖杆将会发生弯曲变形，横杆没有变形但有位移，这样，B 处将既有水平位移又有铅垂位移，当这两种位移受到固定铰支座的限制时，应该既会产生水平方向的约束力，也会产生铅垂方向的约束力。而所得的结果只有水平约束力，从而使得横梁和竖杆的弯矩都等于零。那么：

(1) 这一结果到底是正确的还是错误的？

(2) 如果是正确的，如何从另一方面证明其正确性？

(3) 如果是错误的，错在何处？正确结论应该是什么？

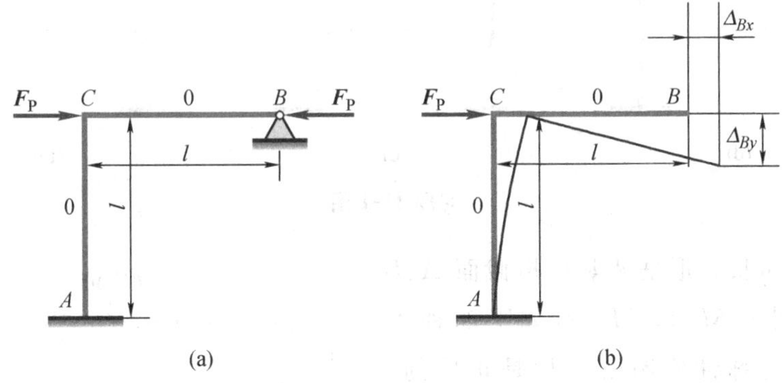

图 15-26　开放式思维案例 1 图

案例 2　不等刚度的闭合框架受力和各部分尺寸如图 15-27 所示。请分析研究各刚度比值变化与各杆弯矩之间的关系。轴力和剪力的影响可以忽略不计。

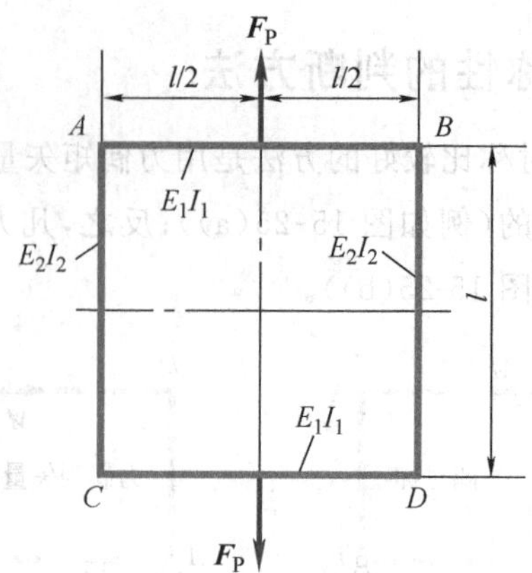

图 15-27 开放式思维案例 2 图

习题

15-1 试判断下列图示各静不定结构的静不定次数。

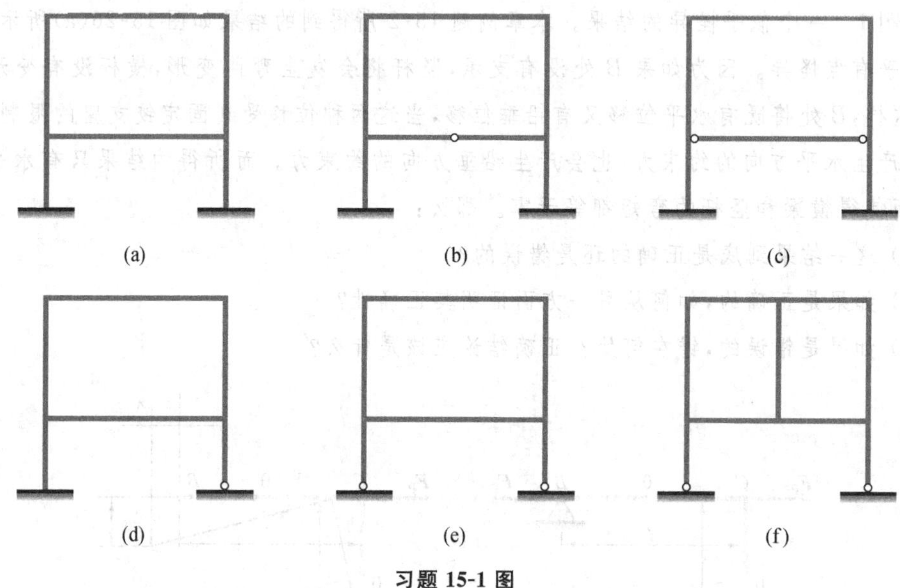

习题 15-1 图

15-2 图示长方形框架竖杆横截面 A、B 上的弯矩分别为 M_A 和 M_B，有如下四种答案，试由结构对称性判断哪一种是正确的。( )

(A) $M_A=0, M_B\neq 0$

(B) $M_A\neq 0, M_B=0$

(C) $M_A=M_B=0$

(D) $M_A\neq 0, M_B\neq 0$

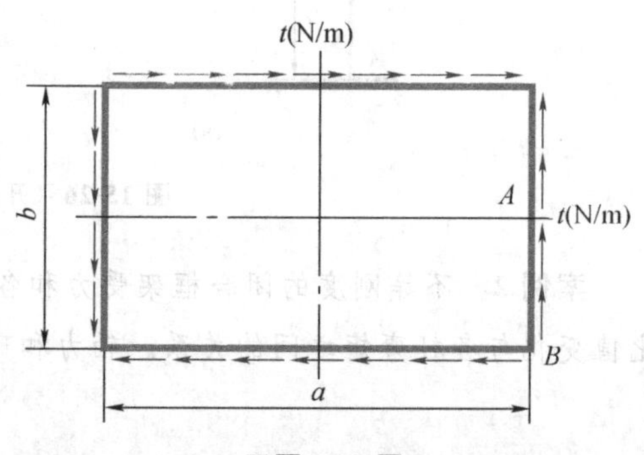

习题 15-2 图

15-3　如图所示的闭合矩形框架，各杆 EI 相等。若取其四分之一部分（ABC 部分）作为相当系统，有如下四种答案，试判断哪一种是正确的。（　　）

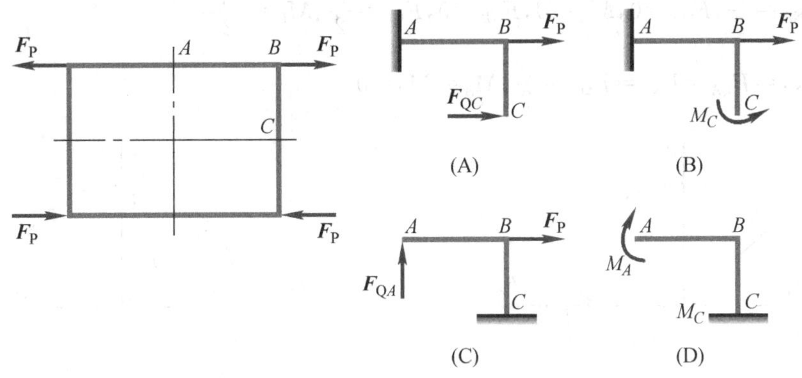

习题 15-3 图

15-4　关于求解图(a)所示的静不定结构，解除多余约束力有图(b)、(c)、(d)、(e)所示四种选择，试判断下列结论哪一种是正确的。（　　）

(A) (b)、(c)、(d)都正确　　(B) (b)、(d)正确

(C) (b)、(c)、(e)正确　　(D) 仅(e)正确

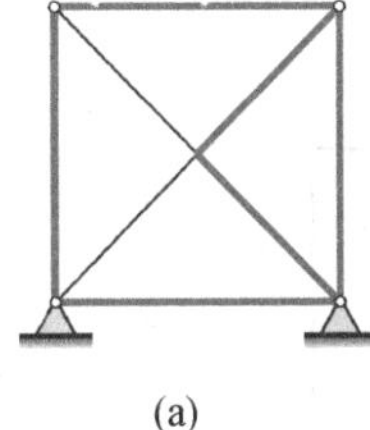

(a)

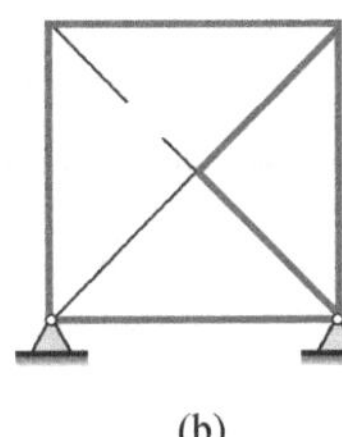

(b)

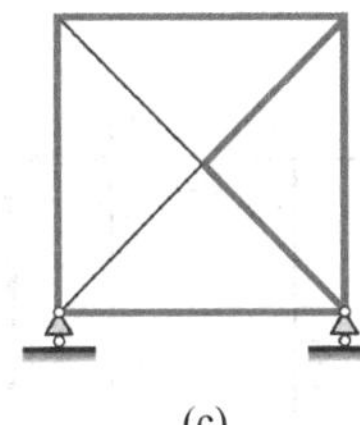

(c)

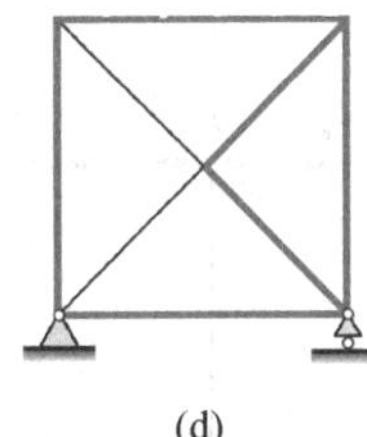

(d)

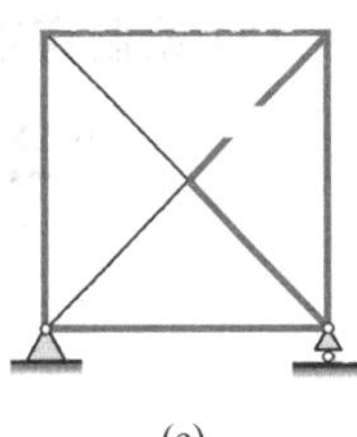

(e)

习题 15-4 图

15-5　两个弯曲刚度 EI 相同、半径为 R 的半圆环，在 A、C 二处铰链连接，加力方式如图所示。关于 A、B 二处截面上的内力分量的绝对值，有如下四种结论，试分析哪一种是正确的。（　　）

(A) $F_{QA}=F, M_A=0, F_{NB}=F, M_B=FR$

(B) $F_{QA}=F, M_A=0, F_{NB}=\dfrac{F}{2}, M_B=\dfrac{FR}{2}$

(C) $F_{QA}=\dfrac{F}{2}, M_A=0, F_{NB}=F, M_B=FR$

(D) $F_{QA}=\dfrac{F}{2}, M_A=0, F_{NB}=\dfrac{F}{2}, M_B=\dfrac{FR}{2}$

15-6　两个弯曲刚度 EI 相同、半径为 R 的半圆环，在 A、C 二处铰链连接，加力方式如图所示。关于 A、B 二处截面上的内力分量数值有以下四种结论，试分析哪一种是正确的。（　　）

(A) $F_{NA}=F/2, M_A=0, F_{NB}=\dfrac{F}{2}$，$F_{QA}$、$F_{NB}$、$M_B$ 需求解静不定才能确定

(B) $F_{NA}=F/2, F_{QA}=\frac{F}{\pi}, M_A=\frac{F}{\pi}, F_{NB}=\frac{F}{\pi}, F_{QB}=\frac{F}{2}$、$M_B=\left(\frac{F}{2}-\frac{F}{\pi}\right)R$

(C) $F_{NA}=\frac{F}{2}, F_{QA}=0, M_A=0, F_{NB}=0, F_{QB}=\frac{F}{2}$、$M_B=\frac{FR}{2}$

(D) $F_{NA}=F_{QA}=F_{NB}=F_{QB}=\frac{F}{2}, M_A=M_B=0$

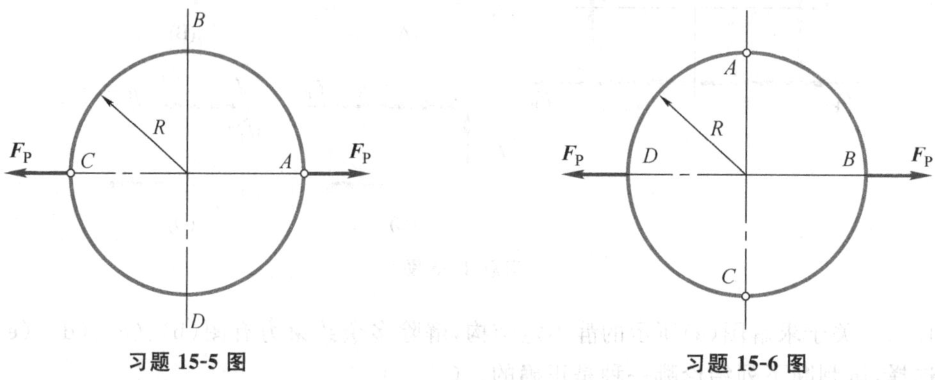

习题 15-5 图　　习题 15-6 图

15-7　各杆弯曲刚度均为 EI 的平面刚架承受载荷如图所示，且已知 F_P、l、EI。

(1) 确定支座处的约束力；

(2) 绘制弯矩图。

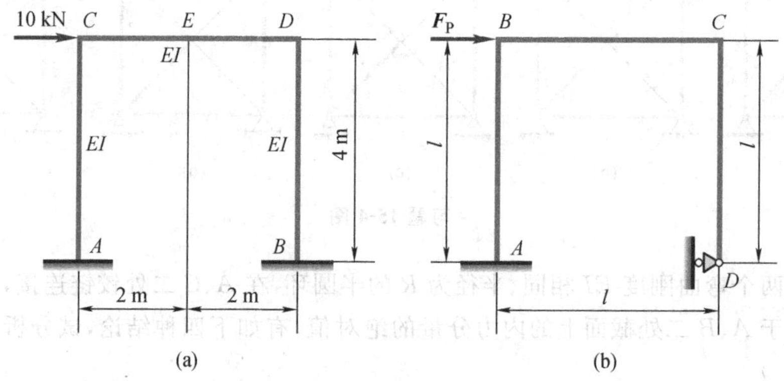

习题 15-7 图

15-8　图示刚架中各杆弯曲刚度 EI 均为常数，q、l、EI 等均已知。若忽略轴力和剪力影响，试确定其约束力，并画出弯矩图，确定绝对值最大的弯矩值及其所在横截面。

15-9　平面刚架各杆的刚度均为 EI，所受载荷如图所示，图中的 M_0 为作用在刚架平面内的弯曲力偶。忽略轴力和剪力影响，试应用对称性和反对称性确定其约束力，并画出弯矩图。

15-10　各杆弯曲刚度均为 EI 的平面刚架承受载荷如图所示，且已知 F_P、l、EI。试利用对称性或反对称性，求：

(1) 支座处的约束力；

(2) 绘制弯矩图；

(3) 加力点 E 的水平位移。

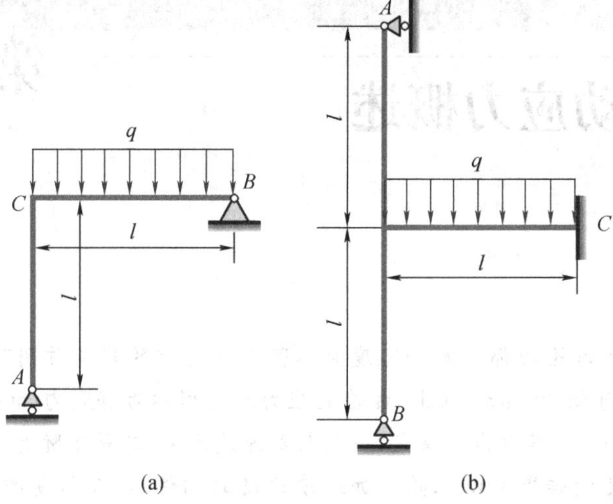

习题 15-8 图

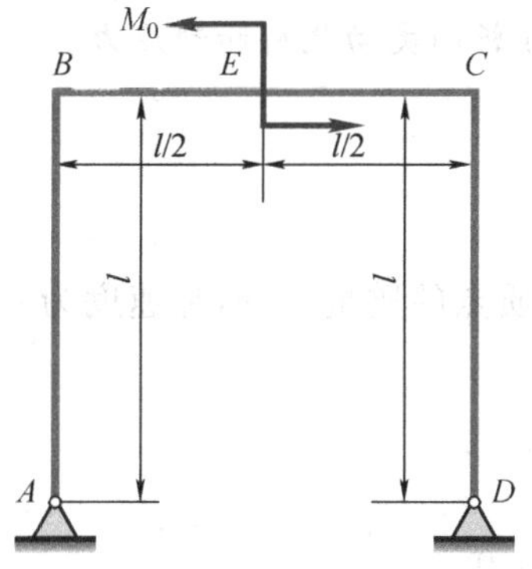

习题 15-9 图

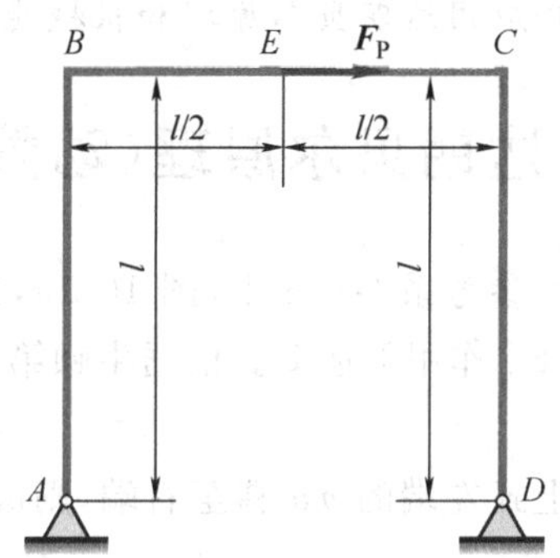

习题 15-10 图

第16章 动载荷与动应力概述

本书前面几章所讨论的都是无加速度且不随时间变化的载荷作用下所产生的变形和应力，这种载荷称为**静载荷**(statical load)，相应的应力和变形称为**静应力**(statical stresses)和**静变形**(statical deformation)。静应力的特点，一是与加速度无关；二是不随时间的改变而变化。

工程中一些高速旋转或者以很高的加速度运动的构件，以及承受冲击物作用的构件，其上作用的载荷，称为**动载荷**(dynamical load)。构件上由于动载荷引起的应力，称为**动应力**(dynamic stress)。这种应力有时会达到很高的数值，从而导致构件或零件失效。

本章将应用达朗贝尔原理和机械能守恒定律，分析两类动载荷和动应力。

16.1 达朗贝尔原理(动静法)

在惯性参考系 $Oxyz$ 中(图 16-1)，设一非自由质点的质量为 m，加速度为 $\boldsymbol{a}$，在主动力 $\boldsymbol{F}$、约束力 $\boldsymbol{F}_N$ 作用下运动。根据牛顿第二定律，有

$$m\boldsymbol{a} = \boldsymbol{F} + \boldsymbol{F}_N$$

若将上式左端的 $m\boldsymbol{a}$ 移至右端，则成为

$$\boldsymbol{F} + \boldsymbol{F}_N - m\boldsymbol{a} = 0 \tag{a}$$

令

$$\boldsymbol{F}_I = -m\boldsymbol{a} \tag{16-1}$$

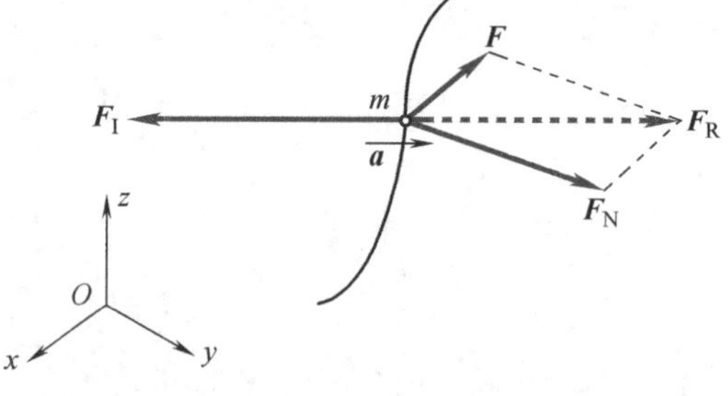

图 16-1 质点的惯性力与达朗贝尔原理

假想 $\boldsymbol{F}_I$ 是一个力，它的大小等于质点的质量与加速度的乘积，方向与质点加速度的方向相反。因其与质点的惯性有关，故称为**达朗贝尔惯性力**(d'Alembert inertial force)，简称**惯性力**(inertial force)。

于是，式(a)可以改写成

$$\boldsymbol{F}+\boldsymbol{F}_{\mathrm{N}}+\boldsymbol{F}_{\mathrm{I}}=0 \tag{16-2}$$

这一方程形式上类似静力学平衡方程。可见，由于引入了达朗贝尔惯性力，质点动力学问题转化为形式上的静力学平衡问题。

式(16-2)就是形式上的平衡方程的矢量形式。这表明，假想在运动的质点上加上惯性力 $\boldsymbol{F}_{\mathrm{I}}=-m\boldsymbol{a}$，即可认为作用在质点上的主动力、约束力以及惯性力，在形式上组成平衡力系。此即**达朗贝尔原理**(d'Alembert principle)，这样处理动力学的方法称为**动静法**(method of kineto statics)。

应用上述方程时，除了要分析主动力、约束力外，还必须分析惯性力，并假想地加在质点上。其余过程与静力学完全相同。

值得注意的是，惯性力只是为了应用静力学方法求解动力学问题而假设的虚拟力，所谓的平衡方程，仍然反映了真实力与运动之间的关系。

16.2　等加速度直线运动时构件上的惯性力与动应力

对于以等加速度作直线运动构件，只要确定其上各点的加速度 $\boldsymbol{a}$，就可以应用达朗贝尔原理施加惯性力，如果为集中质量 m，则惯性力为集中力，由式(16-1)确定：

$$\boldsymbol{F}_{\mathrm{I}}=-m\boldsymbol{a}$$

如果是连续分布质量，则作用在质量微元上的惯性力为

$$\mathrm{d}\boldsymbol{F}_{\mathrm{I}}=-\mathrm{d}m\boldsymbol{a} \tag{16-3}$$

然后，按照静载荷作用下的应力分析方法对构件进行应力计算以及强度与刚度设计。

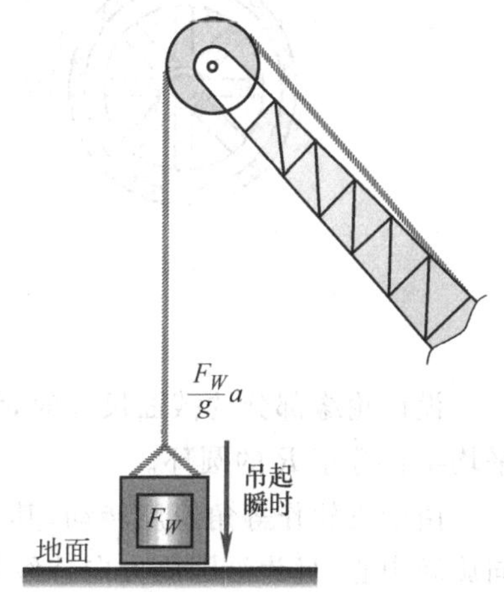

图 16-2　吊起重物时钢丝绳的动载荷

以图 16-2 中的起重机起吊重物为例，在开始吊起重物的瞬时，重物具有向上的加速度 $\boldsymbol{a}$，重物上便有方向向下的惯性力，如图 16-2 所示。这时吊起重物的钢丝绳，除了承受重物的重量，还承受由此而产生的惯性力，这一惯性力就是钢丝绳所受的动载荷；而重物的重量则是钢丝绳的静载荷。作用在钢丝绳的总载荷是动载荷与静载荷之和：

$$F_{\mathrm{T}}=F_{\mathrm{I}}+F_{\mathrm{st}}=ma+F_W=\frac{F_W}{g}a+F_W \tag{16-4}$$

式中，F_{T} 为总载荷；F_{st} 与 F_{I} 分别为静载荷与惯性力引起的动载荷。

按照单向拉伸时杆件的应力公式，钢丝绳横截面上的总正应力为

$$\sigma_{\mathrm{T}}=\sigma_{\mathrm{st}}+\sigma_{\mathrm{I}}=\frac{F_{\mathrm{N}}}{A}=\frac{F_{\mathrm{T}}}{A} \tag{16-5}$$

其中

$$\sigma_{\mathrm{st}}=\frac{F_W}{A},\quad \sigma_{\mathrm{I}}=\frac{F_I}{A}=\frac{ma}{A}=\frac{F_W}{Ag}a \tag{16-6}$$

分别为静应力和动应力。

根据上述二式，总正应力表达式可以写成静应力乘以一个大于 1 的系数的形式：

$$\sigma_T = \sigma_{st} + \sigma_I = \left(1 + \frac{a}{g}\right)\sigma_{st} = K_I\sigma_{st} \tag{16-7}$$

式中，系数 K_I 称为**动载系数或动荷系数**(coefficient in dynamic load)。对于作等加速度直线运动的构件，根据式(16-7)，动荷系数

$$K_I = 1 + \frac{a}{g} \tag{16-8}$$

16.3 旋转构件的受力分析与动应力计算

旋转构件由于动应力而引起的失效问题在工程中也是很常见的。处理这类问题时，首先是分析构件的运动，确定其加速度，然后应用达朗贝尔原理，在构件上施加惯性力，最后按照静载荷的分析方法，确定构件的内力和应力。

考察图 16-3(a)中所示之以等角速度 ω 旋转的飞轮。飞轮材料密度为 ρ，轮缘平均半径为 R，轮缘部分的横截面面积为 A。

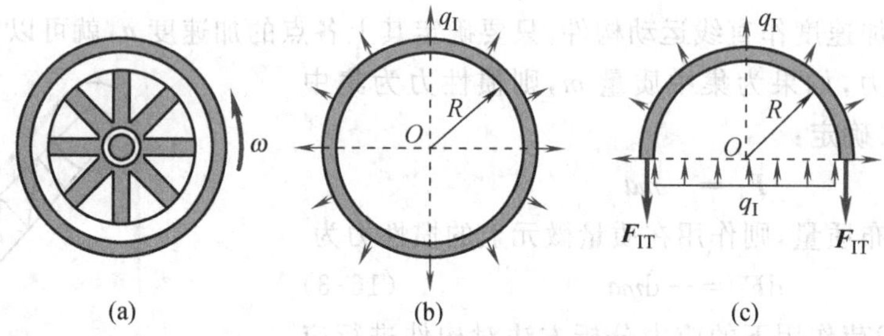

图 16-3 飞轮中的动应力

设计轮缘部分的截面尺寸时，为简单起见，可以不考虑轮辐的影响，从而将飞轮简化为平均半径等于 R 的圆环。

由于飞轮作等角速度转动，其上各点均只有向心加速度，故惯性力均沿着半径方向、背向旋转中心，且为沿圆周方向连续均匀分布力，如图 16-3(b)所示，其中 q_I 为均匀分布惯性力的集度。

沿直径方向将圆环截开，其受力如图 16-3(c)所示，其中 $\boldsymbol{F}_{IT}$ 为圆环横截面上的环向拉力。

为求 q_I，考察圆环上弧长为 $\mathrm{d}s$ 的微段

$$\mathrm{d}s = R\mathrm{d}\theta \tag{a}$$

圆环微段的质量为

$$\mathrm{d}m = \rho A\,\mathrm{d}s = \rho AR\,\mathrm{d}\theta \tag{b}$$

于是，微段质量的向心加速度为

$$a_n = R\omega^2 \tag{c}$$

方向指向圆心。圆环上微段质量的惯性力大小为

$$\mathrm{d}F_I = R\omega^2\,\mathrm{d}m = R\omega^2\rho AR\,\mathrm{d}\theta \tag{d}$$

其方向背向圆心。于是，均匀分布惯性力的集度为

$$q_I = \frac{\mathrm{d}F_I}{\mathrm{d}s} = \frac{\mathrm{d}F_I}{R\mathrm{d}\theta} = R\omega^2\,\mathrm{d}m = R\omega^2\rho A \tag{e}$$

均匀分布惯性力的合力在竖直方向上的投影，可以用类似薄壁容器应力分析中的简化方法求得(参见第 11 章)。

$$F_{\mathrm{I}y}=q_{\mathrm{I}}\times D=q_{\mathrm{I}}\times 2R=2R^2\omega^2\rho A \tag{f}$$

考察图 16-3(c)所示之半圆环的平衡，由平衡方程，

$$\sum F_y=0 \tag{g}$$

有

$$2F_{\mathrm{IT}}-F_{\mathrm{I}y}=0 \tag{h}$$

将式(f)代入式(h)，得到

$$F_{\mathrm{IT}}=R^2\omega^2\rho A=v^2\rho A \tag{i}$$

其中，v 为飞轮轮缘上任意点的切向速度。

$$v=R\omega \tag{j}$$

当轮缘厚度远小于半径 R 时，圆环横截面上的正应力可视为均匀分布，并用 σ_{It} 表示。于是，由式(i)可得飞轮轮缘横截面上的正应力为

$$\sigma_{\mathrm{It}}=\frac{F_{\mathrm{IT}}}{A}=\rho v^2 \tag{k}$$

这说明，飞轮以等角速度转动时，其轮缘中的正应力与轮缘上点的速度平方成正比，如图 16-4(b)所示。

设计飞轮时，必须使总应力满足强度条件

$$\sigma_{\mathrm{IT}}\leqslant[\sigma] \tag{l}$$

于是，由式(k)和式(l)，得到一个重要结果

$$v\leqslant\sqrt{\frac{[\sigma]}{\rho}} \tag{16-9}$$

这一结果表明，为保证飞轮具有足够的强度，对飞轮轮缘点的速度必须加以限制，使之满足式(16-9)。工程上将这一速度称为**极限速度**(limited velocity)；对应的转动速度称为**极限转速**(limited rotational velocity)。

上述结果还表明：飞轮中的总应力与轮缘的横截面面积无关。因此，增加轮缘部分的横截面面积，无助于降低飞轮轮缘横截面上的总应力，对于提高飞轮的强度没有任何意义。

【例题 16-1】 图 16-4(a)所示结构中，钢制 AB 轴的中点处固结一与之垂直的均质杆 CD，二者的直径均为 d。长度 $AC=CB=CD=l$。轴 AB 以等角速度 ω 绕自身轴旋转。已知：$l=0.6$ m，$d=80$ mm，$\omega=40$ rad/s；材料重度 $\gamma=78$ kN/m^3，许用应力$[\sigma]=70$ MPa。试校核：轴 AB 和杆 CD 的强度是否安全。

解：(1) 分析运动状态，确定动载荷

当轴 AB 以 ω 等角速度旋转时，杆 CD 上的各个质点具有数值不同的向心加速度，其值为

$$a_{\mathrm{n}}=x\omega^2 \tag{a}$$

式中，x 为质点到 AB 轴线的距离。AB 轴上各质点，因距轴线 AB 极近，加速度 a_{n} 很小，故不予考虑。

杆 CD 上各质点到轴线 AB 的距离各不相等，因而各点的加速度和惯性力亦不相同。

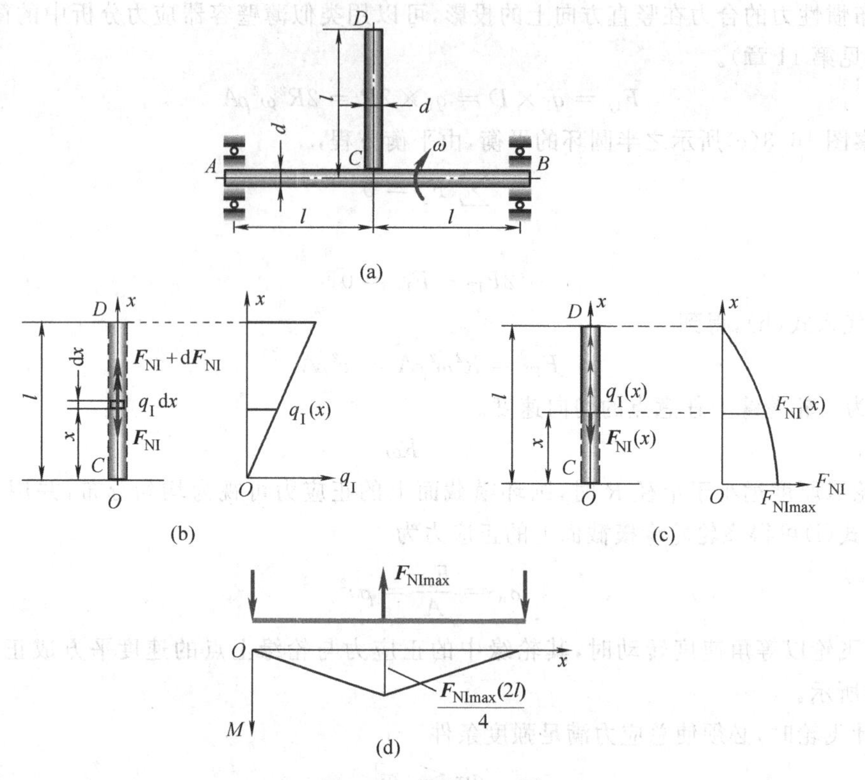

图 16-4 例题 16-1 图

为了确定作用在杆 CD 上的最大轴力，以及杆 CD 作用在轴 AB 上的最大载荷。首先必须确定杆 CD 上的动载荷——沿杆 CD 轴线方向分布的惯性力。

为此，在杆 CD 上建立 Ox 坐标，如图 16-4(b)所示。设沿杆 CD 轴线方向单位长度上的惯性力为 q_I，则微段长度 dx 上的惯性力为

$$q_I dx = (dm)a_n = \left(\frac{A\gamma}{g}dx\right)(x\omega^2) \tag{b}$$

由此得到

$$q_I = \frac{A\gamma\omega^2}{g}x \tag{c}$$

其中，A 为杆 CD 的横截面面积；g 为重力加速度。

式(c)表明：杆 CD 上各点的轴向惯性力与各点到轴线 AB 的距离 x 成正比，如图 16-4(b)所示。

为求杆 CD 横截面上的轴力，并确定轴力最大的作用面，用假想截面从任意处(坐标为 x)将杆截开，假设这一横截面上的轴力为 F_{NI}，考察截面以上部分的平衡，如图 16-4(c)中所示。

建立平衡方程

$$\sum F_x = 0: \quad -F_{NI} + \int_x^l q_I dx = 0 \tag{d}$$

将式(c)代入式(d)，解得

$$F_{NI} = \int_x^l q_I dx = \int_x^l \frac{A\gamma\omega^2}{g}x\,dx = \frac{A\gamma\omega^2}{2g}(l^2 - x^2) \tag{e}$$

根据上述结果，CD 杆上的轴力分布如图 16-4(c)所示：在 $x=0$ 的横截面上，即杆 CD 与轴 AB 相交处的 C 截面上，杆 CD 横截面上的轴力最大，其值为

$$F_{\mathrm{NImax}}=\frac{A\gamma\omega^2}{2g}(l^2-0^2)=\frac{A\gamma\omega^2}{2g}l^2 \tag{f}$$

(2) 画轴 AB 的弯矩图，确定最大弯矩

上面所得到的最大轴力，也是作用在轴 AB 上的最大横向载荷。于是，可以画出轴 AB 的弯矩图，如图 16-4(d)所示。轴中点截面上的弯矩最大，其值为

$$M_{\mathrm{Imax}}=\frac{F_{\mathrm{NImax}}(2l)}{4}=\frac{A\gamma\omega^2 l^3}{4g} \tag{g}$$

(3) 应力计算与强度校核

对于杆 CD，最大拉应力发生在截面 C 处，其值为

$$\sigma_{\mathrm{Imax}}=\frac{F_{\mathrm{NImax}}}{A}=\frac{\gamma\omega^2 l^2}{2g} \tag{h}$$

将已知数据代入式(h)，得到

$$\sigma_{\mathrm{Imax}}=\frac{\gamma\omega^2 l^2}{2g}=\frac{7.8\times10^4\,\mathrm{kg/m^3}\times(40\,\mathrm{rad/s})^2\times(0.6\,\mathrm{m})^2}{2\times9.81\,\mathrm{m/s^2}}=2.29\ \mathrm{MPa}$$

对于轴 AB，最大弯曲正应力为

$$\sigma_{\mathrm{Imax}}=\frac{M_{\mathrm{Imax}}}{W}=\frac{A\gamma\omega^2 l^3}{4g}\times\frac{1}{W}=\frac{2\gamma\omega^2 l^3}{gd}$$

将已知数据代入上式，得到

$$\sigma_{\mathrm{Imax}}=\frac{2\times7.8\times10^4\,\mathrm{kg/m^3}\times(40\,\mathrm{rad/s})^2\times(0.6\,\mathrm{m})^3}{9.81\,\mathrm{m/s^2}\times80\times10^{-3}\,\mathrm{m}}=68.7\ \mathrm{MPa}$$

16.4　构件上的冲击载荷与冲击应力计算

具有一定速度的运动物体，向着静止的构件冲击时，冲击物的速度在很短的时间内发生了很大变化，即：冲击物得到了很大的负值加速度。这表明，冲击物受到与其运动方向相反的很大的力作用。同时，冲击物也将很大的力施加于被冲击的构件上，这种力工程上称为**“冲击力”**或**“冲击载荷”**(impact load)。工程实际中的打桩、锻造都是利用这种冲击力。在很多场合下，冲击力往往会造成灾难性后果。例如高速公路上的汽车追尾事故以及其他形式的交通事故中，撞击物以及被撞击物在巨大冲击力的作用下都将会严重损毁(图 16-5)。

图 16-5　交通事故中冲击力引起的损毁

2001年9月11日上午(美国东部时间,北京时间9月11日晚上)恐怖分子劫持了5架民航客机撞击美国纽约世界贸易中心和华盛顿五角大楼等处(图16-6(a))。包括美国纽约地标性建筑世界贸易中心双塔在内的6座建筑被完全摧毁,其他23座高层建筑遭到破坏,美国国防部总部所在地五角大楼也遭到局部损毁。

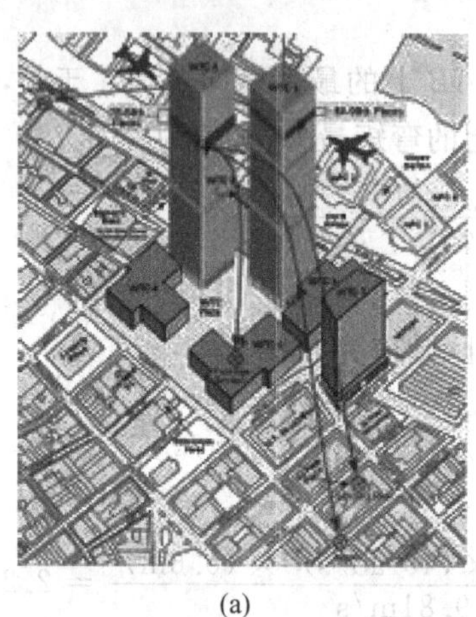

(a)

(b)

图16-6 "9·11"恐怖袭击造成的灾难性后果

上午8时46分40秒,美国航空公司11次航班(一架满载燃料的波音767飞机)以大约每小时490英里的速度撞向世界贸易中心北楼(WTC1),撞击位置为大楼北方94至98层之间。上午9时02分54秒,美国联合航空175次航班(另一架满载燃油的波音767飞机)以大约每小时590英里的时速撞入世界贸易中心南楼(WTC2)78至84层处,并引起巨大爆炸(图16-6(b))。

上午9时59分04秒,世界贸易中心南楼倒塌。上午10时28分31秒,世界贸易中心北楼从上到下坍塌,在撞击点以上的楼层无人生还。北楼之所以要比南楼晚倒塌,主要有三个原因:撞击点较高、飞机速度较慢,受影响楼层的防火系统已经被部分更新。

这一系列袭击导致3000多人死亡,并造成数千亿美元的直接和间接经济损失。

16.4.1 计算冲击载荷所用的基本假定

由于冲击过程中,构件上的应力和变形分布比较复杂,因此,精确地计算冲击载荷,以及被冲击构件中由冲击载荷引起的应力和变形,是很困难的。工程中大都采用简化计算方法,这种简化计算基于以下假设:

(1) 假设冲击物的变形可以忽略不计;从开始冲击到冲击产生最大位移时,冲击物与被冲击构件一起运动,而不发生回弹。

(2) 忽略被冲击构件的质量,认为冲击载荷引起的应力和变形,在冲击瞬时遍及被冲击构件;并假设被冲击构件仍处在弹性范围内。

(3) 假设冲击过程中没有其他形式的能量转换,机械能守恒定律仍成立。

16.4.2 机械能守恒定律的应用

现以简支梁为例,说明应用机械能守恒定律计算冲击载荷的简化方法。

图 16-7(a)中所示之简支梁，在其上方高度 h 处，有一重量为 F_W 的物体，自由下落后，冲击在梁的中点。

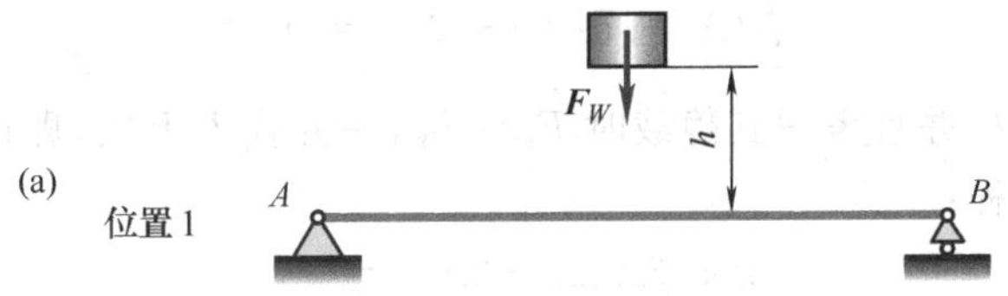

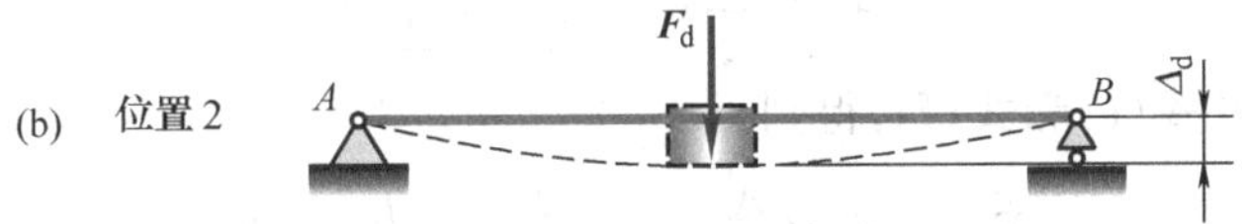

图 16-7　冲击载荷的简化计算方法

冲击终了时，冲击载荷及梁中点的位移都达到最大值，二者分别用 $\boldsymbol{F}_d$ 和 Δ_d 表示，其中的下标 d 表示冲击力引起的动载荷，以区别惯性力引起的动载荷。

该梁可以视为一线性弹簧，弹簧的刚度系数为 k。

设冲击之前、梁没有发生变形时的位置为位置 1(图 16-7(a))；冲击终了的瞬时，即梁和重物运动到梁的最大变形时的位置为位置 2(图 16-7(b))。考察这两个位置时系统的动能和势能。

重物下落前和冲击终了时，其速度均为零，因而在位置 1 和 2，系统的动能均为零，即

$$T_1 = T_2 = 0 \tag{a}$$

以位置 1 为势能零点，即系统在位置 1 的势能为零，即

$$V_1 = 0 \tag{b}$$

重物和梁(弹簧)在位置 2 时的势能分别记为 $V_2(F_W)$ 和 $V_2(k)$：

$$V_2(F_W) = -F_W(h + \Delta_d) \tag{c}$$

$$V_2(k) = \frac{1}{2}k\Delta_d^2 \tag{d}$$

上述二式中，$V_2(F_W)$ 为重物的重力从位置 2 回到位置 1(势能零点)所作的功，因为力与位移方向相反，故为负值；$V_2(k)$ 为梁发生变形(从位置 1 到位置 2)后，储存在梁内的应变能，又称为弹性势能，数值上等于冲击力从位置 1 到位置 2 时所作的功。

因为假设在冲击过程中，被冲击构件仍在弹性范围内，故冲击力 F_d 和冲击位移 Δ_d 之间存在线性关系，即

$$F_d = k\Delta_d \tag{e}$$

这一表达式与静载荷作用下力与位移的关系相似：

$$F_s = k\Delta_s \tag{f}$$

上述二式中 k 为类似线性弹簧刚度系数，动载与静载时弹簧的刚度系数相同。式(f)中的 Δ_s 为 $\boldsymbol{F}_d$ 作为静载施加在冲击处时，梁在该处的位移。

因为系统上只作用有惯性力和重力，二者均为保守力。故重物下落前(位置 1)到冲击终了后(位置 2)，系统的机械能守恒，即

$$T_1 + V_1 = T_2 + V_2 \tag{g}$$

将式(a)～式(d)代入式(g)后，有

$$\frac{1}{2}k\Delta_d^2 - F_W(h + \Delta_d) = 0 \tag{h}$$

再从式(f)中解出常数 k，并且考虑到静载时 $F_s = F_W$，一并代入上式，即可消去常数 k，从而得到关于 Δ_d 的二次方程：

$$\Delta_d^2 - 2\Delta_s\Delta_d - 2\Delta_s h = 0 \tag{i}$$

由此解出

$$\Delta_d = \Delta_s\left(1 + \sqrt{1 + \frac{2h}{\Delta_s}}\right) \tag{16-10}$$

根据解(16-10)以及式(e)和式(f)，得到

$$F_d = F_s \times \frac{\Delta_d}{\Delta_s} = F_W\left(1 + \sqrt{1 + \frac{2h}{\Delta_s}}\right) \tag{16-11}$$

这一结果表明，最大冲击载荷与静位移有关，即与梁的刚度有关：梁的刚度越小，静位移越大，冲击载荷将相应地减小。设计承受冲击载荷的构件时，应当充分利用这一特性，以减小构件所承受的冲击力。

若令式(16-11)中 $h=0$，得到

$$F_d = 2F_W \tag{16-12}$$

这等于将重物突然放置在梁上，这时梁上的实际载荷是重物重量的两倍。这时的载荷称为突加载荷。

16.4.3 冲击时的动荷系数

为计算方便，工程上通常也将式(16-11)写成动荷系数的形式：

$$F_d = K_d F_s \tag{16-13}$$

其中，K_d 为冲击时的动荷系数，它表示构件承受的冲击载荷是静载荷的若干倍数。

对于图16-7中所示之简支梁，由式(16-11)，动荷系数

$$K_d = 1 + \sqrt{1 + \frac{2h}{\Delta_s}} \tag{16-14}$$

构件中由冲击载荷引起的应力和位移也可以写成动荷系数的形式：

$$\sigma_d = K_d \sigma_s \tag{16-15}$$

$$\Delta_d = K_d \Delta_s \tag{16-16}$$

【例题16-2】 图16-8所示之悬臂梁，A 端固定，自由端 B 的上方有一重物自由落下，撞击到梁上。已知：梁材料为木材，弹性模量 $E=10$ GPa；梁长 $l=2$ m；截面为 120×200 mm^2 的矩形，重物高度为 40 mm。重量 $F_W=1$ kN。试求：

(1) 梁所受的冲击载荷；

(2) 梁横截面上的最大冲击正应力与最大冲击挠度。

解：(1) 梁横截面上的最大静应力和冲击处最大挠度

悬臂梁在静载荷 F_W 的作用下，横截面上的最大正应力发生在固定端处弯矩最大的截面上，其值为

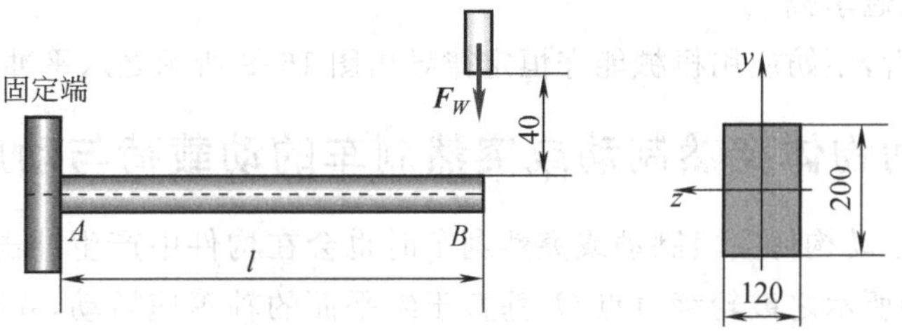

图 16-8　例题 16-2 图

$$\sigma_{\mathrm{smax}}=\frac{M_{\max}}{W}=\frac{F_W l}{\frac{bh^2}{6}}=\frac{1\times10^3\times2\times6}{120\times200^2\times10^{-9}}\mathrm{Pa}=2.5\ \mathrm{MPa} \tag{a}$$

由梁的挠度表，可以查得自由端承受集中力的悬臂梁的最大挠度发生在自由端处，其值为

$$w_{\mathrm{smax}}=\frac{F_W l^3}{3EI}=\frac{F_W l^3}{3\times E\times\frac{bh^3}{12}}=\frac{4F_W l^3}{E\times b\times h^3}$$

$$=\frac{4\times1\times10^3\times2^3}{10\times10^9\times120\times200^3\times10^{-12}}\mathrm{m}=\frac{10}{3}\ \mathrm{mm} \tag{b}$$

(2) 确定动荷系数

根据式(16-14)和本例的已知数据，动荷系数

$$K_{\mathrm{d}}=1+\sqrt{1+\frac{2h}{\Delta_{\mathrm{s}}}}=1+\sqrt{1+\frac{2\times40}{\frac{10}{3}}}=6 \tag{c}$$

(3) 计算冲击载荷、最大冲击应力和最大冲击挠度

冲击载荷：

$$F_{\mathrm{d}}=K_{\mathrm{d}}F_{\mathrm{s}}=K_{\mathrm{d}}F_W=6\times1\times10^3\mathrm{N}=6\times10^3\mathrm{N}=6\ \mathrm{kN}$$

最大冲击应力：

$$\sigma_{\mathrm{dmax}}=K_{\mathrm{d}}\sigma_{\mathrm{smax}}=6\times2.5\mathrm{MPa}=15\ \mathrm{MPa}$$

最大冲击挠度：

$$w_{\mathrm{dmax}}=K_{\mathrm{d}}w_{\mathrm{smax}}=6\times\frac{10}{3}\ \mathrm{mm}=20\ \mathrm{mm}$$

16.5　结论与讨论

16.5.1　不同情形下动荷系数具有不同的形式

比较式(16-14)和式(16-8)，可以看出，冲击载荷的动荷系数与等加速度运动构件的动荷系数，有着明显的差别。即使同是冲击载荷，有初速度的落体冲击与没有初速度的自由落体冲击时的动荷系数也是不同的。落体冲击与非落体冲击(例如，图 16-9 所示之水平冲击)时的动荷系数，也是不同。

因此，使用动荷系数计算动载荷与动应力时一定要选择与动载荷情形相一致的动荷系数表达式,切勿张冠李戴。

有兴趣的读者,不妨应用机械能守恒定律导出图 16-9 所示之水平冲击时的动荷系数。

16.5.2 运动物体突然制动或突然刹车的动载荷与动应力

运动物体或运动构件突然制动或突然刹车时也会在构件中产生冲击载荷与冲击应力。例如,图 16-10 中所示之鼓轮绕过点 O、垂直于纸平面的轴等速转动,并且绕在其上的缆绳带动重物以等速度升降。当鼓轮突然被制动而停止转动时,悬挂重物的缆绳就会受到很大的冲击载荷作用。

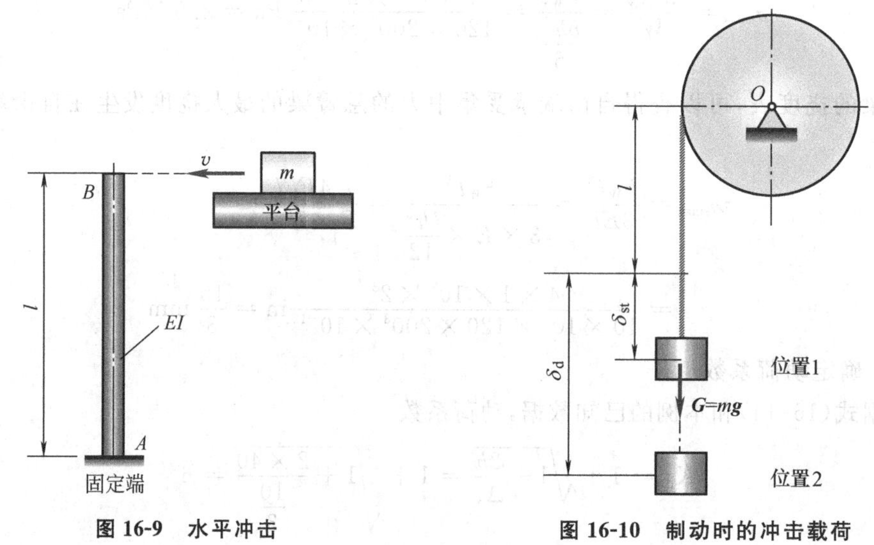

图 16-9 水平冲击　　图 16-10 制动时的冲击载荷

这种情形下,如果能够正确选择势能零点,分析重物在不同位置时的动能和势能,应用机械能守恒定律也可以确定缆绳受的冲击载荷。为了简化,可以不考虑鼓轮的质量。有兴趣的读者也可以一试。

16.5.3 减小冲击力的有效措施

大多数情形下,冲击力对于机械和结构的破坏作用非常突出,经常会造成人民生命和财产的巨大损失。因此,除了有益的冲击力(如冲击锤、打桩机)外,工程上都要采取一些有效的措施,防止发生冲击,或者当冲击无法避免时尽量减小冲击力。

减小冲击力最有效的办法是减小冲击物和被冲击物的刚性、增加其弹性,吸收冲击发生时的能量。简而言之,就是尽量做到“软接触”,避免“硬接触”。汽车驾驶室中的安全带、前置气囊,都能起到减小冲击力的作用。如果二者同时发挥作用,当发生事故时,驾驶员的生命安全有可能得到保障。

图 16-11(a)中的驾驶员系好安全带,事故时气囊弹出,受的伤害就比较小;图 16-11(b)中的驾驶员没有系安全带,事故时虽然气囊也即时弹出,受的伤害就比较大,甚至还会有生命危险。当高速行驶的汽车发生碰撞时,所产生的冲击力可能超过司机体重的 20 倍,可以将驾乘人员抛离座位,或者抛出车外。安全带的作用是在汽车发生碰撞事故时,吸收碰撞能

量，减轻对驾乘人员的伤害程度。汽车事故调查结果表明：当车辆发生正面碰撞时，如果系了安全带，可以使死亡率减少 57%；侧面碰撞时，可以减少 44%；翻车时可以减少 80%。

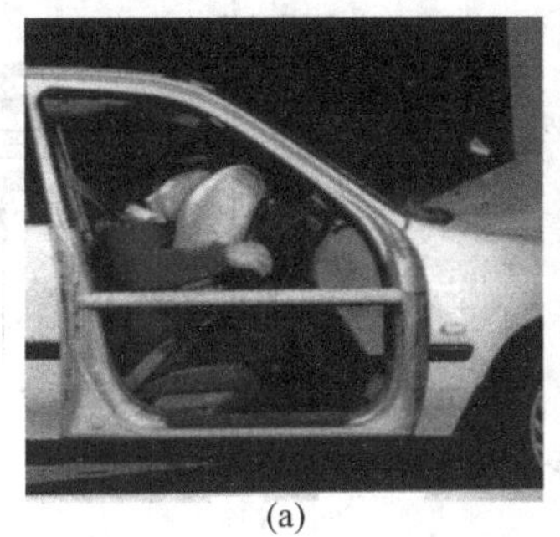

(a)

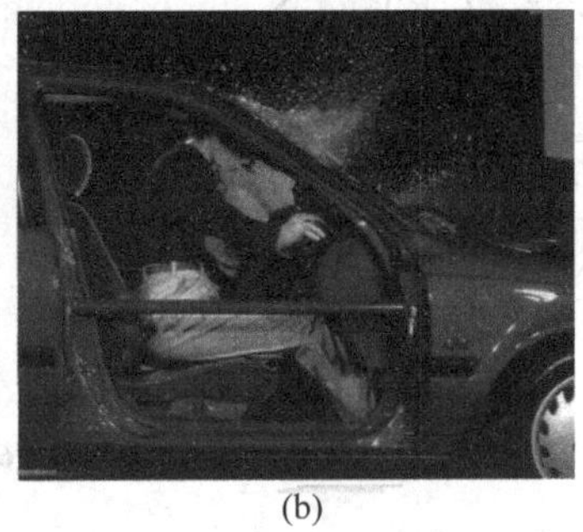

(b)

图 16-11　减小冲击力的伤害，安全带与气囊相辅相成

图 16-12 所示为采用碳纤维复合材料研发的桥墩抗冲击力的防护装置。

(a)

(b)

图 16-12　桥墩抗冲击力的防护措施

习题

16-1　图示的 No. 20a 普通热轧槽钢以等减速度下降，若在 0.2 s 时间内速度由 1.8 m/s 降至 0.6 m/s，已知：$l=6$ m，$b=1$ m。试求槽钢中最大的弯曲正应力。

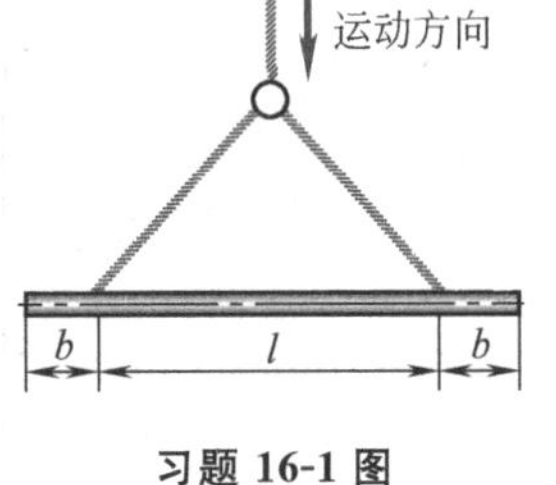

习题 16-1 图

16-2　钢制圆轴 AB 上装有一开孔的匀质圆盘如图所示。圆盘厚度为 δ，孔直径 300 mm。圆盘和轴一起以等角速度 ω 转动。若已知：$\delta=30$ mm，$a=1000$ mm，$e=300$ mm；轴直径 $d=120$ mm，$\omega=40$ rad/s；圆盘材料密度 $\rho=7.8\times10^3$ kg/m^3。试求由于开孔引起的轴内最大弯曲正应力（提示：可以将圆盘上的孔作为一负质量（$-$m），计算由这一负质量引起的惯性力）。

16-3　质量为 m 的匀质矩形平板用两根平行且等长的轻杆悬挂着，如图所示。已知：平板的尺寸为 h、l。若将平板在图示位置无初速度释放，试求此瞬时两杆所受的轴向力。

16-4　计算图示汽轮机叶片的受力时，可近似将叶片视为等截面匀质杆。若已知叶轮的转速 $n=3000$ r/min，叶片长度 $l=250$ mm，叶片根部处叶轮的半径 $R=600$ mm。试求叶片根部横截面上的最大拉应力。

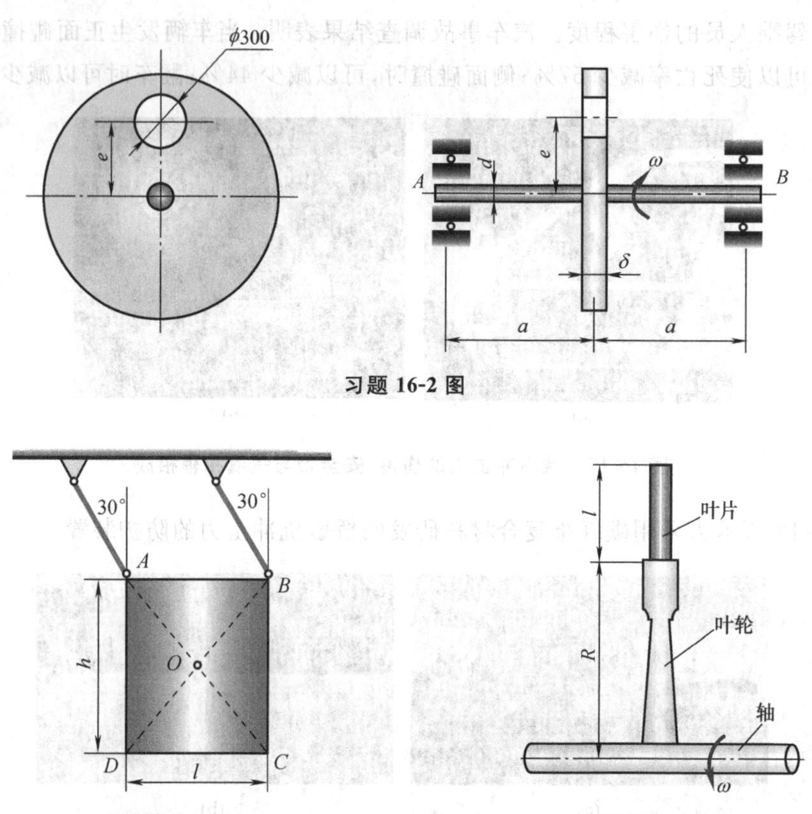

习题 16-2 图

习题 16-3 图

习题 16-4 图

16-5 图示圆截面钢杆，直径 $d=20$ mm，杆长 $l=2$ m，冲击物的重量 $F=500$ N，沿杆轴自高 $H=100$ mm 处自由落下，材料的弹性模量 $E=210$ GPa，试在下列两种情况下计算杆内横截面上的最大正应力。不计杆和小盘的质量，小盘可视为刚性的。

(1) 冲击物直接落在小盘上；

(2) 小盘上放有弹簧，弹簧刚度系数 $k=200$ N/mm。

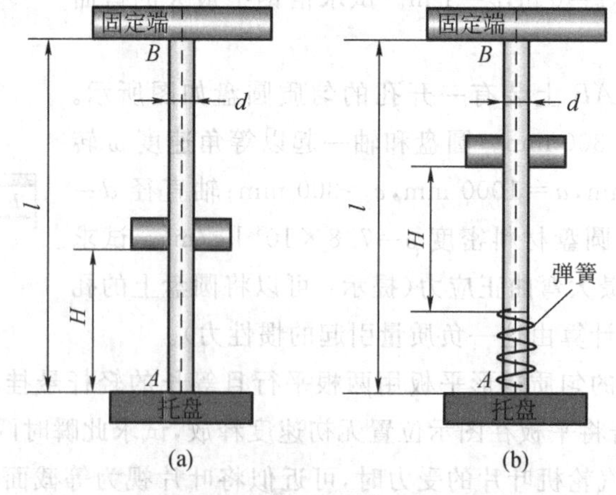

习题 16-5 图

16-6　图示结构中，重量为 F_W 的重物 C 可以绕 A 轴（垂直于纸面）转动，重物在铅垂位置时，具有水平速度 v，然后冲击到 AB 梁的中点。梁的长度为 l、材料的弹性模量为 E；梁横截面的惯性矩为 I、弯曲截面系数为 W。如果 l、E、F_W、I、W、v 等均为已知。试求梁内的最大弯曲正应力。

16-7　铰车起吊重量为 $F_W=50$ kN 的重物，以等速度 $v=1.6$ m/s 下降。当重物与铰车之间的钢索长度 $l=240$ m 时，突然刹住铰车。若钢索横截面积 $A=1000\ \text{mm}^2$。试求钢索内的最大正应力（不计钢索自重）。

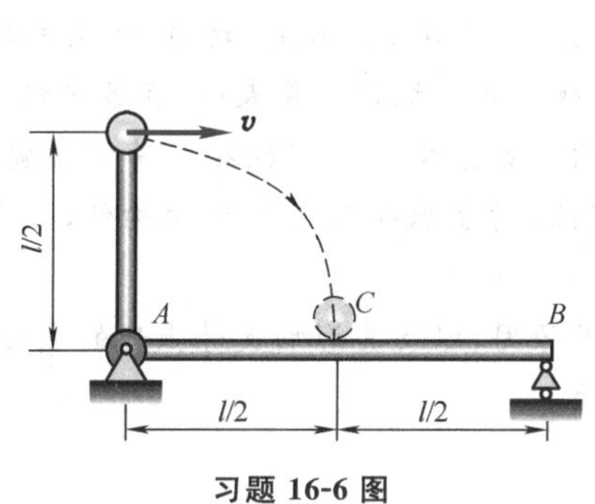

习题 16-6 图

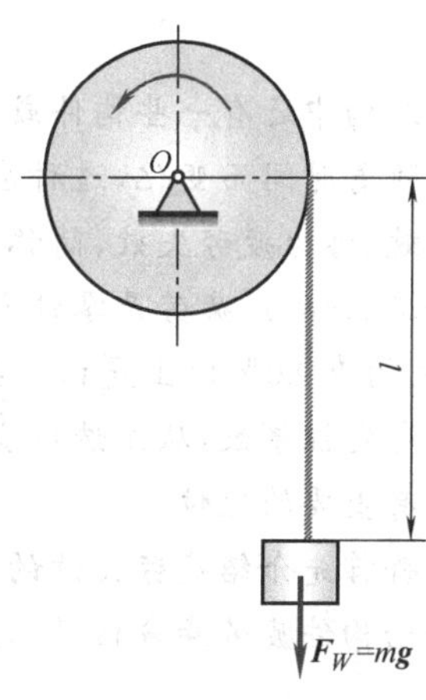

习题 16-7 图

16-8　图示等截面刚架，重物自高度 H 自由下落，试计算截面 A 的最大铅垂位移和刚架内的最大正应力。已知：$F=300$ N，$H=50$ mm，$E=200$ GPa。刚架的质量忽略不计。

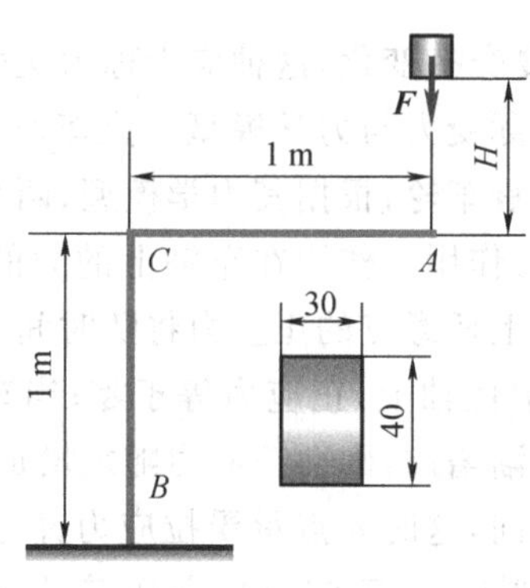

习题 16-8 图

第17章 疲劳强度与构件寿命估算概述

工程结构中还有一些构件或零部件中的应力虽然与加速度无关，但是，这些应力的大小或方向却随着时间而变化，这种应力称为**交变应力**(alternative stress)。在交变应力作用下发生的失效，称为疲劳失效，简称为**疲劳**(fatigue)。对于矿山、冶金、动力、运输机械以及航空航天等工业部门，疲劳是零件或构件的主要失效形式。统计结果表明，在各种机械的断裂事故中，大约有80%以上是由于疲劳失效引起的。疲劳失效过程往往不易被察觉，所以常常表现为突发性事故，从而造成灾难性后果。因此，对于承受交变应力的构件，疲劳分析在设计中占有重要的地位。

本章将首先介绍疲劳失效的主要特征与失效原因，以及其影响疲劳强度的主要因素；然后简单讨论构件疲劳寿命估算的基本理论与方法。

17.1 疲劳强度概述

17.1.1 承受交变应力的火车车轴

一点的应力随着时间作反复交替变化，这种应力称为交变应力。

图17-1所示为火车车轴实际受力与力学模型。火车车箱及其装载的人和物的重量施加在车轮外侧的车轴上，路轨支承车轮，根据其力学模型，两个车轮之间的车轴承受纯弯曲，即横截面上只有弯矩而没有剪力作用。作用在车轴上的力的大小和方向都没有改变，但轴在火车运行的过程中，其横截面上任意点的正应力将随时间的变化而不断改变。例如，横截面上的a点，在瞬时1时，位于中性轴上，正应力等于零；当车轴按顺时针方向旋转时，a点随之转动，其到中性轴的距离逐渐增加，因而正应力随之增加；在瞬时2时，a点将转到横截面的最上端，根据弯矩的实际方向，这时a点承受拉应力并且达到最大值；从瞬时2到瞬时3，a点的拉应力将逐渐减小，在瞬时3，正应力减小到零；轴继续转动时，a点随之从瞬时3的位置向瞬时4的位置转动，其上正应力由拉应力变为压应力，且压应力逐渐增加，到瞬时4时压应力达到最大值；瞬时4以后a点压应力将不断减小，回到初始位置时正应力又回复到零。如此周而复始，a点的正应力随时间变化的曲线如图17-2所示。

结构或其零部件在交变应力作用下，将会发生疲劳失效或疲劳破坏。由于这种破坏前往往没有明显破坏前兆，所以引起的各种事故具有突发性和灾难性。1998年6月3日上午，一辆运载287人的德国城际特快列车(ICE)从德国慕尼黑开往汉堡，由于车轮的疲劳撕裂，在途经小镇艾雪德附近时突然脱轨。短短180秒内，时速200公里的火车冲向树丛和桥梁，300吨重的双线路桥被撞得完全坍塌，列车的8节车厢依次相撞在一起，挤得仅剩下一

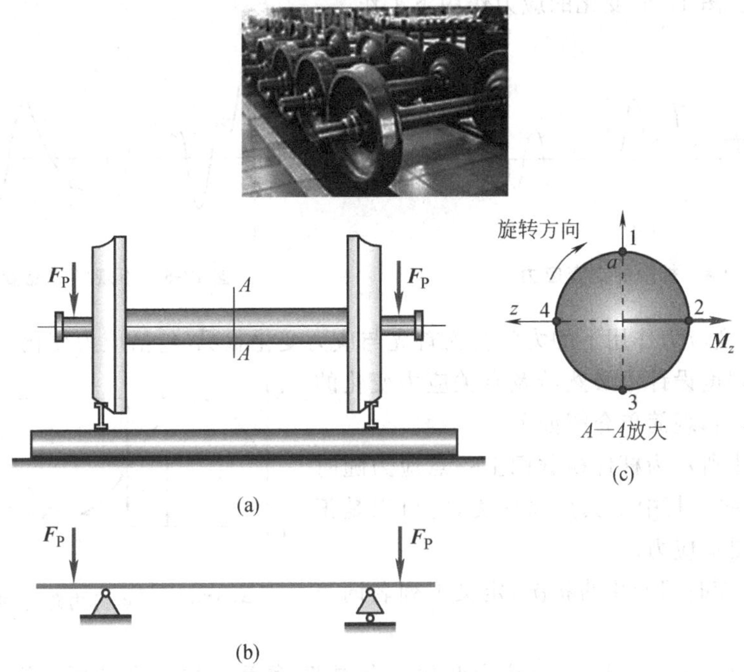

图 17-1　火车车轴横截面上一点应力随时间的变化

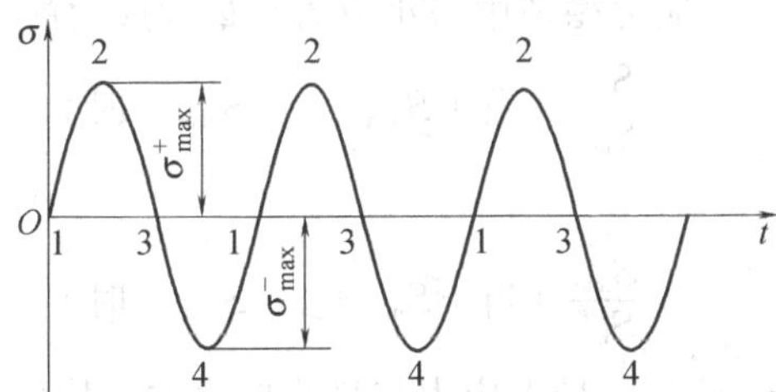

图 17-2　火车车轴横截面上一点应力随时间变化曲线

节车厢的长度。这场列车事故造成 101 人死亡，88 人重伤，106 人轻伤，遇难者还包括两名儿童，生还的 18 名儿童中有 6 人失去了母亲。图 17-3 所示为事故现场。

图 17-3　高速列车车轮的疲劳撕裂引发的倾覆事故

17.1.2　交变应力的名词和术语

承受交变应力作用的构件或零部件，有的在规则(图 17-4)变化的应力作用下工作，也有的在不规则(图 17-5)变化的应力作用下工作。

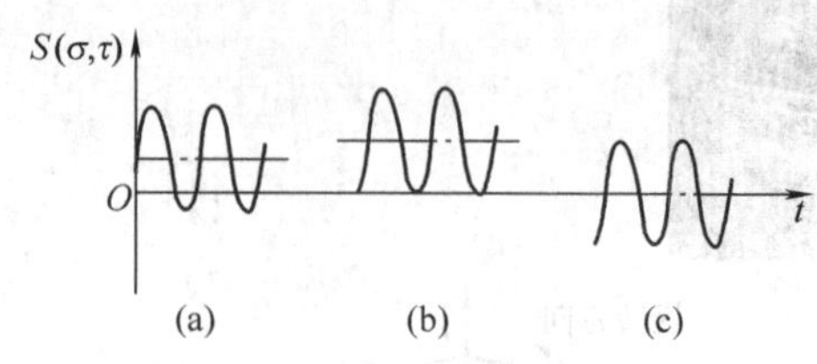

图 17-4 规则的交变应力

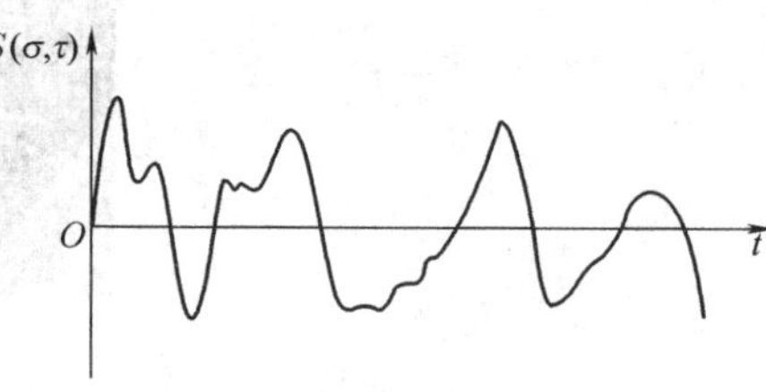

图 17-5 不规则的交变应力

材料在交变应力作用下的力学行为首先与应力变化状况(包括应力变化幅度)有很大关系。因此,在强度设计中必然涉及有关应力变化的若干名词和术语,现简单介绍如下。

图 17-6 中所示为杆件横截面上一点应力随时间 t 的变化曲线。其中 S 为广义应力,它可以是正应力,也可以是剪应力。

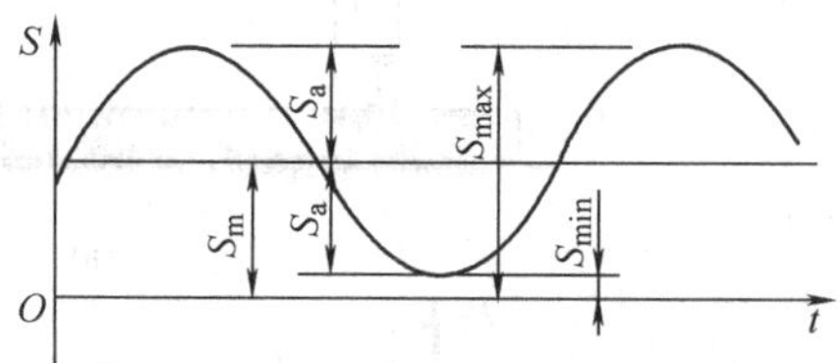

图 17-6 一点应力随时间变化曲线

根据应力随时间变化的状况,定义下列名词与术语:

应力循环(stress cycle)——应力变化一个周期,称为一次应力循环。例如应力从最大值变到最小值,再从最小值变到最大值。

应力比(stress ratio)——应力循环中最小应力与最大应力的比值,用 r 表示:

$$r=\frac{S_{\min}}{S_{\max}}\ (\text{当} \mid S_{\min}\mid \leqslant \mid S_{\max}\mid \text{时}) \tag{17-1a}$$

或

$$r=\frac{S_{\max}}{S_{\min}}\ (\text{当} \mid S_{\min}\mid \geqslant \mid S_{\max}\mid \text{时}) \tag{17-1b}$$

平均应力(average stress)——最大应力与最小应力的平均值,用 S_m 表示:

$$S_m=\frac{S_{\max}+S_{\min}}{2} \tag{17-2}$$

应力幅值(stress amplitude)——最大应力与最小应力差值的一半,用 S_a 表示:

$$S_a=\frac{S_{\max}-S_{\min}}{2} \tag{17-3}$$

最大应力(maximum stress)——应力循环中的最大值:

$$S_{\max}=S_m+S_a \tag{17-4}$$

最小应力(minimum stress)——应力循环中的最小值:

$$S_{\min}=S_m-S_a \tag{17-5}$$

对称循环(symmetrical reversed cycle)——应力循环中应力数值与正负号都反复变化,且有 $S_{\max}=-S_{\min}$,这种应力循环称为对称循环。这时,

$$r=-1,\quad S_m=0,\quad S_a=S_{\max}$$

脉冲循环(fluctuating cycle)——应力循环中,只有应力数值随时间变化,应力的正负号不发生变化,且最小应力等于零($S_{\min}=0$),这种应力循环称为脉冲循环。这时,

$$r=0$$

静应力(statical stress)——静载荷作用时的应力,静应力是交变应力的特例。在静应力作用下：

$$r=1,\quad S_{\max}=S_{\min}=S_{\mathrm{m}},\quad S_{\mathrm{a}}=0$$

需要注意的是：应力循环指一点的应力随时间的变化循环,最大应力与最小应力等都是指一点的应力循环中的数值。它们既不是指横截面上由于应力分布不均匀所引起的最大和最小应力,也不是指一点应力状态中的最大和最小应力。

上述广义应力记号 S 泛指正应力和剪应力。若为拉、压交变或反复弯曲交变,则所有符号中的 S 均为 σ;若为反复扭转交变,则所有 S 均为 τ,其余关系不变。

上述应力均未计及应力集中的影响,即由理论应力公式算得。如

$$\sigma=\frac{F_{\mathrm{N}}}{A}\quad(\text{拉伸})$$

$$\sigma=\frac{M_z y}{I_z},\quad \sigma=\frac{M_y z}{I_y}\quad(\text{平面弯曲})$$

$$\tau=\frac{M_x\rho}{I_{\mathrm{p}}}\quad(\text{圆截面杆扭转})$$

这些应力统称为**名义应力**(nominal stress)。

17.2　疲劳失效特征

大量的试验结果以及实际零件和部件的破坏现象表明,构件在交变应力作用下发生失效时,具有以下明显的特征：

(1) 破坏时的名义应力值远低于材料在静载荷作用下的强度极限,甚至低于屈服应力。

(2) 构件在一定量的交变应力作用下发生破坏有一个过程,即需要经过一定数量的应力循环。

(3) 构件在破坏前没有明显的塑性变形,即使塑性很好的材料,也会呈现脆性断裂。

(4) 同一疲劳破坏断口,一般都有明显的光滑区域与颗粒状区域。

上述破坏特征与疲劳破坏的起源和传递过程(统称“损伤传递过程”)密切相关。

经典理论认为：在一定数值的交变应力作用下,金属零件或构件表面处的某些晶粒(图 17-7(a)),经过若干次应力循环之后,其原子晶格开始发生剪切与滑移,逐渐形成**滑移带**(slip bands)。随着应力循环次数的增加,滑移带变宽并不断延伸。这样的滑移带可以在某个滑移面上产生初始疲劳裂纹,如图 17-7(b)所示;也可以逐步积累,在零件或构件表面

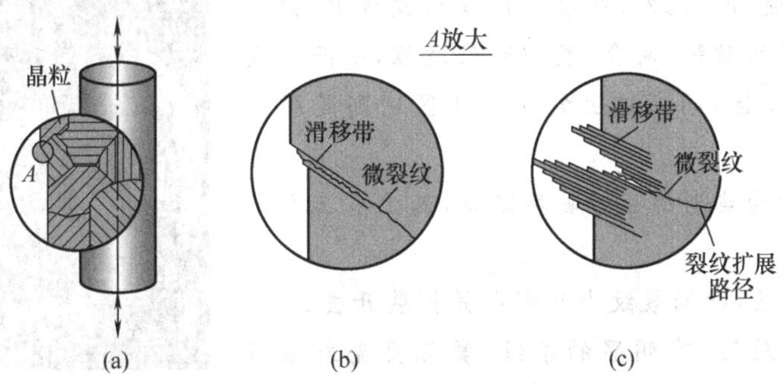

图 17-7　由滑移带形成的初始疲劳裂纹

形成切口样的凸起与凹陷,在"切口"尖端处由于应力集中,因而产生初始疲劳裂纹,如图17-7(c)所示。初始疲劳裂纹最初只在单个晶粒中发生,并沿着滑移面扩展,在裂纹尖端应力集中作用下,裂纹从单个晶粒贯穿到若干晶粒。图17-8中所示为滑移带的微观图像。

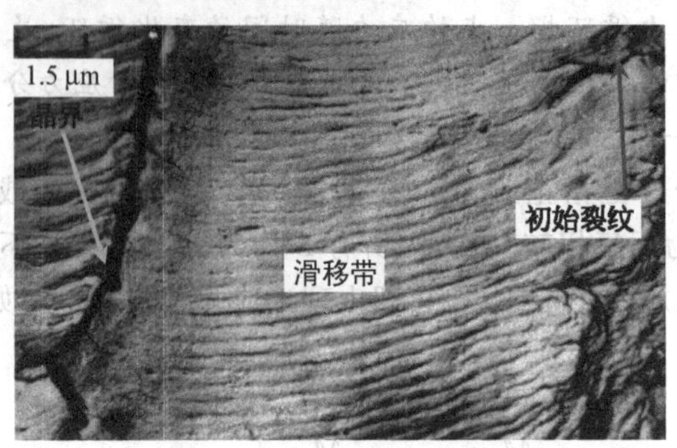

图 17-8 滑移带的微观图形

金属晶粒的边界以及夹杂物与金属相交界处,由于强度较低因而也可能是初始裂纹的发源地。

近年来,新的疲劳理论认为疲劳起源是由于位错运动所引起的。所谓**位错**(dislocation),是指金属原子晶格的某些空穴、缺陷或错位。微观尺度的塑性变形就能引起位错在原子晶格间运动。从这个意义上讲,可以认为,位错通过运动聚集在一起,便形成了初始的疲劳裂纹。这些裂纹长度一般为10^{-4} m～10^{-7} m的量级,故称为**微裂纹**(microcrack)。

形成微裂纹后,在微裂纹处又形成新的应力集中,在这种应力集中和应力反复交变的条件下,微裂纹不断扩展、相互贯通,形成较大的裂纹,其长度大于10^{-4} m,能为裸眼所见,故称为**宏观裂纹**(macrocrack)。

再经过若干次应力循环后,宏观裂纹继续扩展,致使截面削弱,类似在构件上形成尖锐的"切口"。这种切口造成的应力集中使局部区域内的应力达到很大数值。结果,在较低的名义应力数值下构件便发生破坏。

根据以上分析,由于裂纹的形成和扩展需要经过一定的应力循环次数,因而疲劳破坏需要经过一定的时间过程。由于宏观裂纹的扩展,在构件上形成尖锐的"切口",在切口的附近不仅形成局部的应力集中,而且使局部的材料处于三向拉伸应力状态,在这种应力状态下,即使塑性很好的材料也会发生脆性断裂。所以疲劳破坏时没有明显塑性变形。此外,在裂纹扩展的过程中,由于应力反复交变,裂纹时张、时合,类似研磨过程,从而形成疲劳断口上的光滑区;而断口上的颗粒状区域则是脆性断裂的特征。

图17-9所示为典型的疲劳破坏断口,其上有三个不同的区域:

① 为疲劳源区,初始裂纹由此形成并扩展开去;

② 为疲劳扩展区,有明显的条纹,类似贝壳或被海浪冲击后的海滩,它是由裂纹的传播所形成的;

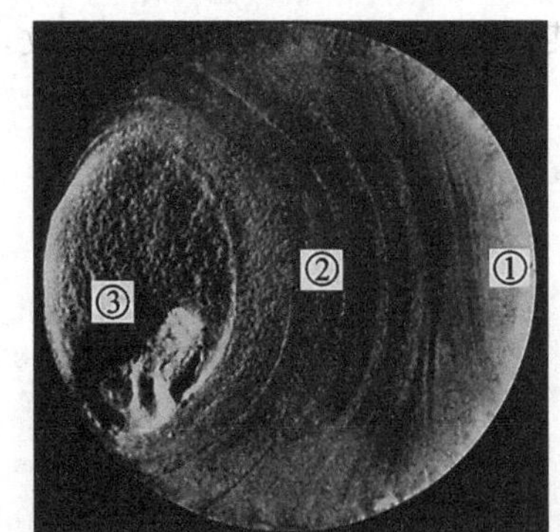

图 17-9 疲劳破坏断口

③ 为瞬间断裂区。

需要指出的是，裂纹的生成和扩展是一个复杂过程，它与构件的外形、尺寸、应力变化情况以及所处的介质等都有关系。因此，对于承受交变应力的构件，不仅在设计中要考虑疲劳问题，而且在使用期限需进行中修或大修，以检测构件是否发生裂纹及裂纹扩展的情况。对于某些维系人民生命的重要构件，还需要作经常性的检测。

乘坐过火车的读者可能会注意到，火车停站后，都有铁路工人用小铁锤轻轻敲击车厢车轴的情景。这便是检测车轴是否发生裂纹，以防止发生突然事故的一种简易手段。因为火车车厢及所载旅客的重力方向不变，而车轴不断转动，其横截面上任意一点的位置均随时间不断变化，故该点的应力亦随时间而变化，车轴因而可能发生疲劳破坏。用小铁锤敲击车轴，可以从声音直观判断是否存在裂纹以及裂纹扩展的程度。高速列车因为是全封闭的，上述检测疲劳裂纹工作难以进行，因而列车每天运行结束后都要回到检测工厂进行检测和维护。

17.3　疲劳极限与应力-寿命曲线

所谓疲劳极限是指经过无穷多次应力循环而不发生破坏时的最大应力值。又称为**持久极限**(endurance limit)。

为了确定疲劳极限，需要用若干光滑小尺寸试样（图 17-10(a)），在专用的疲劳试验机上进行试验，图 17-10(b)中所示为对称循环疲劳试验机。

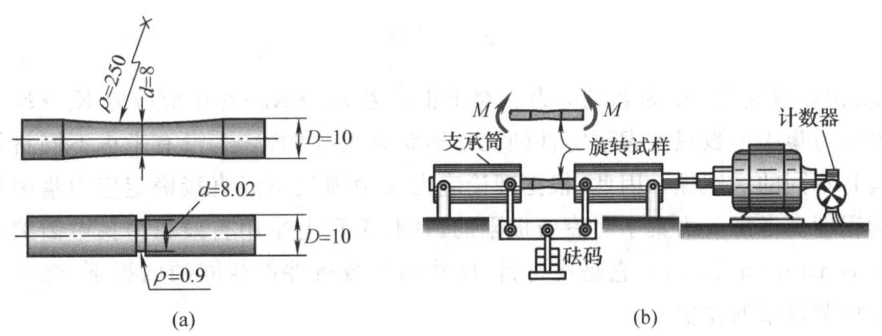

图 17-10　疲劳试样与对称循环疲劳试验机简图

将试样分成若干组，各组中的试样最大应力值分别由高到低（即不同的应力水平），经历应力循环，直至发生疲劳破坏。记录下每根试样中最大应力 S_{max}（名义应力）以及发生破坏时所经历的应力循环次数（又称寿命）N。将这些试验数据标在 S-N 坐标中，如图 17-11 所示。可以看出，疲劳试验结果具有明显的分散性，但是通过这些点可以画出一条曲线表明试件寿命随其承受的应力而变化的趋势。这条曲线称为应力-寿命曲线，简称 S-N 曲线。

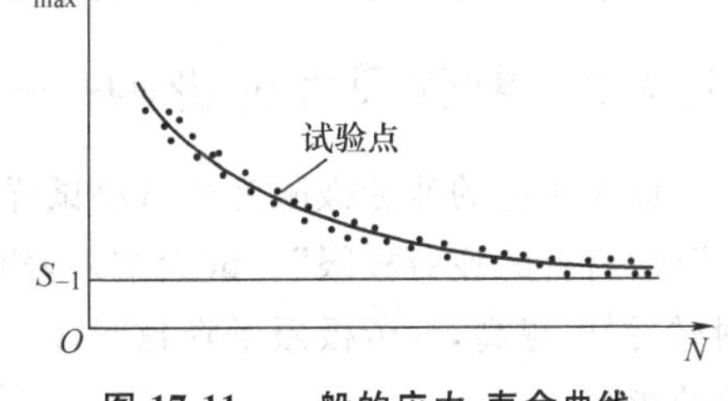

图 17-11　一般的应力-寿命曲线

S-N 曲线若有水平渐近线，则表示试样经历无穷多次应力循环而不发生破坏，渐近线的纵坐标即为光滑小试样的疲劳极限。对于应力比为 r 的情形，其疲劳极限用 S_r 表示；对称循环下的疲劳极限为 S_{-1}。

所谓“无穷多次”应力循环，在试验中是难以实现的。工程设计中通常规定：对于 S-N 曲线有水平渐近线的材料(如结构钢)，若经历 10^7 次应力循环而不破坏，即认为可承受无穷多次应力循环；对于 S-N 曲线没有水平渐近线的材料(例如铝合金)，规定某一循环次数(例如 2×10^7 次)下不破坏时的最大应力作为条件疲劳极限。

17.4 影响疲劳寿命的因素

光滑小试样的疲劳极限，并不是零件的疲劳极限，零件的疲劳极限则与零件状态和工作条件有关。零件状态包括应力集中、尺寸、表面加工质量和表面强化处理等因素；工作条件包括载荷特性、介质和温度等因素。其中载荷特性包括应力状态、应力比、加载顺序和载荷频率等。

17.4.1 应力集中的影响——有效应力集中因数

在构件或零件截面形状和尺寸突变处(如阶梯轴轴肩圆角、开孔、切槽等)，局部应力远远大于按一般理论公式算得的数值，这种现象称为应力集中。显然，应力集中的存在不仅有利于形成初始的疲劳裂纹，而且有利于裂纹的扩展，从而降低零件的疲劳极限。

在弹性范围内，应力集中处的最大应力(又称峰值应力)与名义应力的比值称为**理论应力集中因数**。用 K_t 表示，即

$$K_t=\frac{S_{max}}{S_n} \tag{17-6}$$

式中，S_{max}为峰值应力；S_n 为名义应力。对于正应力 $K_t\to K_{t\sigma}$；对于剪应力 $K_t\to K_{t\tau}$。

理论应力集中因数只考虑了零件的几何形状和尺寸的影响，没有考虑不同材料对于应力集中具有不同的敏感性。因此，根据理论应力集中因数不能直接确定应力集中对疲劳极限的影响程度。考虑应力集中对疲劳极限的影响，工程上采用**有效应力集中因数**(effective stress concentration factor)，它是在材料、尺寸和加载条件都相同的前提下，光滑试样与缺口试样的疲劳极限的比值

$$K_f=\frac{S_{-1}}{S'_{-1}} \tag{17-7}$$

式中，S_{-1} 和 S'_{-1} 分别为光滑试样与缺口试样的疲劳极限，S 仍为广义应力记号。

有效应力集中因数不仅与零件的形状和尺寸有关，而且与材料有关。前者由理论应力集中因数反映；后者由**缺口敏感因数**(notch sensitivity factor)q 反映。三者之间有如下关系

$$K_f=1+q(K_t-1) \tag{17-8}$$

此式对于正应力和剪应力的应力集中都适用。

17.4.2 零件尺寸的影响——尺寸因数

前面所讲的疲劳极限为光滑小试样(直径 6～10 mm)的试验结果，称为“试样的疲劳极限”或“材料的疲劳极限”。试验结果表明，随着试样直径的增加，疲劳极限将下降，而且对于钢材，强度越高，疲劳极限下降越明显。因此，当零件尺寸大于标准试样尺寸时，必须考虑尺寸的影响。

尺寸引起疲劳极限降低的原因主要有以下几种：一是毛坯质量因尺寸而异，大尺寸毛坯所包含的缩孔、裂纹、夹杂物等要比小尺寸毛坯多；二是大尺寸零件表面积和表层体积都比较大，而裂纹源一般都在表面或表面层下，故形成疲劳源的概率也比较大；三是应力梯度的影响：如图 17-12 所示，若大、小零件的最大应力均相同，在相同的表层厚度内，大尺寸零件的材料所承受的平均应力要高于小尺寸零件，这些都有利于初始裂纹的形成和扩展，因而使疲劳极限降低。

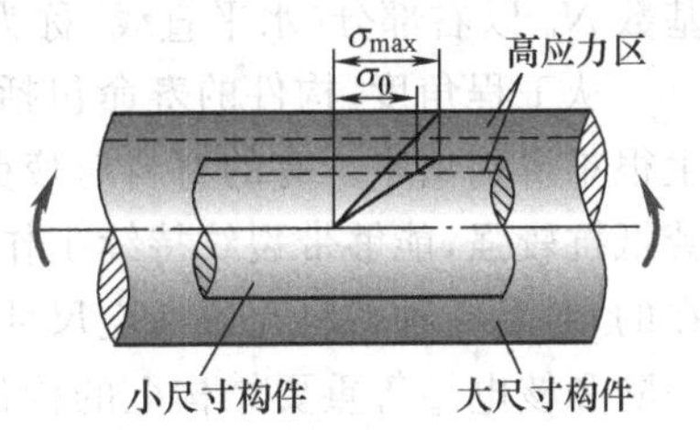

图 17-12　尺寸对疲劳极限的影响

零件尺寸对疲劳极限的影响用尺寸因数 ε 度量：

$$\varepsilon=\frac{(\sigma_{-1})_{d}}{\sigma_{-1}} \tag{17-9}$$

式中，σ_{-1} 和 $(\sigma_{-1})_{d}$ 分别为试样和光滑零件在对称循环下的疲劳极限。式(17-9)也适用于剪应力循环的情形。

17.4.3　表面加工质量的影响——表面质量因数

零件承受弯曲或扭转时，表层应力最大，对于几何形状有突变的拉压构件，表层处也会出现较大的峰值应力。因此，表面加工质量将会直接影响裂纹的形成和扩展，从而影响零件的疲劳极限。

表面加工质量对疲劳极限的影响，用表面质量因数 β 度量：

$$\beta=\frac{(\sigma_{-1})_{\beta}}{\sigma_{-1}} \tag{17-10}$$

式中，σ_{-1} 和 $(\sigma_{-1})_{\beta}$ 分别为磨削加工和其他加工时的对称循环疲劳极限。

上述各种影响零件疲劳极限的因数都可以从有关的设计手册中查到。本书不再赘述。

17.5　基于无限寿命的疲劳强度设计方法

17.5.1　构件寿命的概念

若将 S_{max}-N 试验数据标在 $\lg S$-$\lg N$ 坐标中，所得到应力-寿命曲线可近似视为由两段直线所组成，如图 17-13 所示。两直线的交点之横坐标值 N_0，称为循环基数；与循环基数对应的应力值(交点的纵坐标)即为疲劳极限。因为循环基数都比较大(10^6 次以上)，故按疲劳极限进行强度设计，称为无限寿命设计。双对数坐标中 $\lg S$-$\lg N$ 曲线的斜直线部分，可以表示成

$$S_i^m N_i = C \tag{17-11}$$

式中，m 和 C 均为与材料有关的常数。斜直线上一点的纵坐标为试样所承受的最大应力 S_i，在这一应力水平下试样发生疲劳破坏的寿命为 N_i。S_i 称为在规定寿命 N_i 下的条件疲劳极限。按照

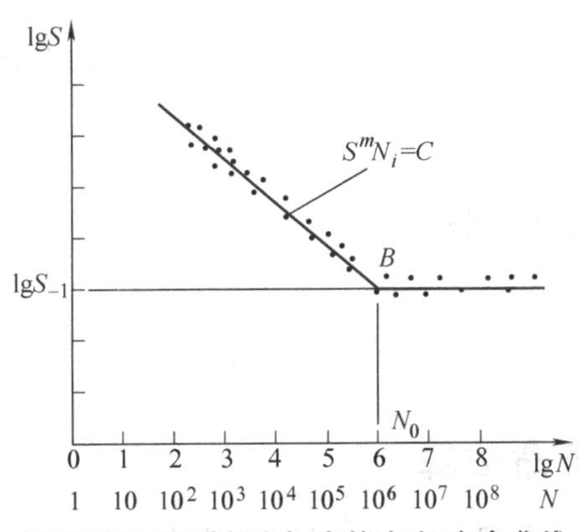

图 17-13　双对数坐标中的应力-寿命曲线

条件疲劳极限进行强度设计,称为有限寿命设计。因此,双对数坐标中 lgS-lgN 曲线上循环基数 N_0 以右部分(水平直线)称为无限寿命区;以左部分(斜直线)称为有限寿命区。

从工程角度,构件的寿命包括裂纹萌生期和裂纹扩展期,在传统的 S-N 曲线中,裂纹萌生很难辨别出来。有的材料对疲劳抵抗较弱,一旦形成初始裂纹很快就破坏;有的材料对疲劳抵抗较强,能够带裂纹持续工作相当长一段时间。对前一种材料,设计上是不允许裂纹存在的;对后一种材料允许一定尺寸的裂纹存在,这是有限寿命设计的基本思路。对于航空,国防和核电站等重要结构上的构件设计,如能保证在安全的条件下,延长使用寿命,则具有重大意义。

17.5.2 无限寿命设计方法——安全因数法

若交变应力的应力幅均保持不变,则称为**等幅交变应力**(alternative stress with equal amplitude)。

工程设计中一般都是根据静载设计准则首先确定构件或零部件的初步尺寸,然后再根据疲劳强度设计准则对危险部位作疲劳强度校核。通常将疲劳强度设计准则写成安全因数的形式,即

$$n \geqslant [n] \tag{17-12}$$

式中,n 为零部件的工作安全因数,又称计算安全因数;$[n]$为规定安全因数,又称许用安全因数。

当材料较均匀,且载荷和应力计算精确时,取$[n]=1.3$;当材料均匀程度较差、载荷和应力计算精确度又不高时,取$[n]=1.5\sim1.8$;当材料均匀程度和载荷、应力计算精确度都很差时取$[n]=1.8\sim2.5$。

疲劳强度计算的主要工作是计算工作安全因数 n。

17.5.3 等幅对称应力循环下的工作安全因数

在对称应力循环下,应力比 $r=-1$,对于正应力循环,平均应力 $\sigma_m=0$,应力幅 $\sigma_a=\sigma_{max}$;对于剪应力循环,则有 $\tau_m=0,\tau_a=\tau_{max}$。考虑到上一节中关于应力集中、尺寸和表面加工质量的影响,正应力和剪应力循环时的工作安全因数分别为

$$n_\sigma=\frac{\sigma_{-1}}{\dfrac{K_{f\sigma}}{\varepsilon\beta}\sigma_a} \tag{17-13}$$

$$n_\tau=\frac{\tau_{-1}}{\dfrac{K_{f\tau}}{\varepsilon\beta}\tau_a} \tag{17-14}$$

其中,n_σ、n_τ——工作安全因数;

σ_{-1}、τ_{-1}——光滑小试样在对称应力循环下的疲劳极限;

$K_{f\sigma}$、$K_{f\tau}$——有效应力集中因数;

ε——尺寸因数;

β——表面质量因数。

17.5.4 等幅交变应力作用下的疲劳寿命估算

对于等幅应力循环,可以根据光滑小试样的 S-N 曲线,也可以根据构件或零件的 S-N

曲线，确定给定应力幅下的寿命。

以对称循环为例，根据光滑小试样的 S-N 曲线确定疲劳寿命时，首先需要确定构件或零件上的可能危险点，并根据载荷变化状况，确定危险点应力循环中的最大应力或应力幅（$S_{max}=S_a$）；然后考虑应力集中、尺寸、表面质量等因素的影响，得到 $K_{fS}S_a/\varepsilon\beta$。据此，由 S-N 曲线，求得在应力 $S=K_{fS}S_a/\varepsilon\beta$ 作用下发生疲劳断裂时所需的应力循环数 N，此即所要求的寿命（图 17-14(a)）。

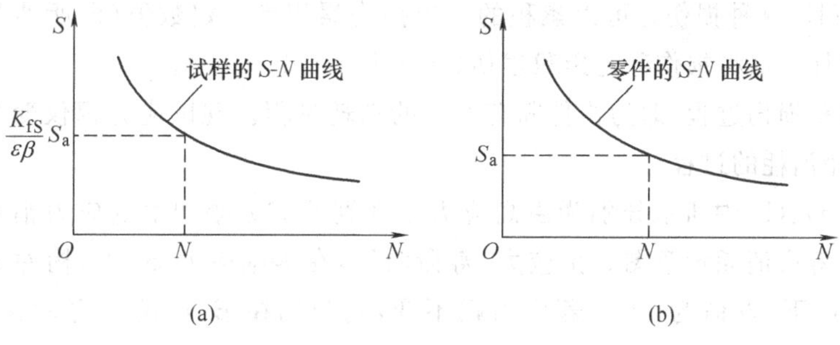

图 17-14　等幅应力循环时疲劳寿命估算

当根据零件试验所得到的应力-寿命曲线确定疲劳寿命时，由于试验结果已经包含了应力集中、尺寸和表面质量的影响，在确定了危险点的应力幅 S_a 之后，可直接根据 S_a 由 S-N 曲线求得这一应力水平下发生疲劳断裂时的循环次数 N（图 17-14(b)）。

17.6　基于累积损伤概念的有限寿命估算

17.6.1　基本概念

大多数机械零件和结构构件所承受的交变应力，应力幅是变化的。这种变化有的是规则的，有的则是随机的。这些统称为**变幅交变应力**（alternative stress with varying amplitude）。图 17-15(a)和(b)中所示分别为周期性变幅交变应力和随机变幅交变应力的应力与时间关系曲线。

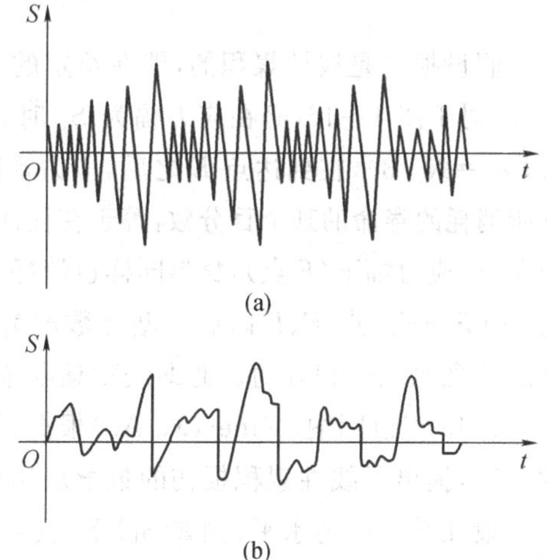

图 17-15　规则的与随机的变幅交变应力

在等幅交变应力的疲劳强度设计中，采用的是控制危险点应力循环中的最大应力不得大于疲劳极限这一准则。若将这一准则用于变幅交变应力下的疲劳强度设计，则显得过于保守。这是因为变幅交变应力作用下，最大应力有时超过疲劳极限，有时则低于疲劳极限，而且，在很多情形下，高幅应力的循环次数远远低于低幅应力的循环次数。而在确定的应力幅下，发生疲劳破坏需要一定量的应力循环次数。超过疲劳极限的高幅应力，若其循环次数较少时，则不一定会引起构件的疲劳破坏。

显然,在变幅应力循环下,若仍然沿用等幅应力循环时的设计准则,则是不合理的。本节将讨论基于线性累积损伤理论的变幅交变应力循环时的疲劳强度设计准则。

17.6.2 线性累积损伤理论——迈因纳准则

变幅应力循环下疲劳强度设计的基本思想是,允许构件上危险点应力循环中的最大应力值超过疲劳极限。当最大应力超过疲劳极限时,构件内部就会产生一定量的**损伤**(damage)。而且,这种损伤是可以累积的。当损伤累积到一定数值(即所谓"临界值")时,便发生疲劳破坏。这种损伤称为**累积损伤**(cumulative damage)。

构件的累积损伤过程,即为构件固有寿命的消耗过程。现以应力幅仅变化一次的情形为例,说明寿命消耗的过程。

图17-16(a)、(b)中所示分别为由高应力幅降到低应力幅和由低应力幅升到高应力幅的二级加载时寿命消耗示意图。由应力-寿命曲线,在等幅应力 S_1 下,构件的寿命为 N_1;在等幅应力 S_2 下,寿命为 N_2。若应力幅不变,则分别在 B、D 两点寿命耗尽,发生疲劳破坏。

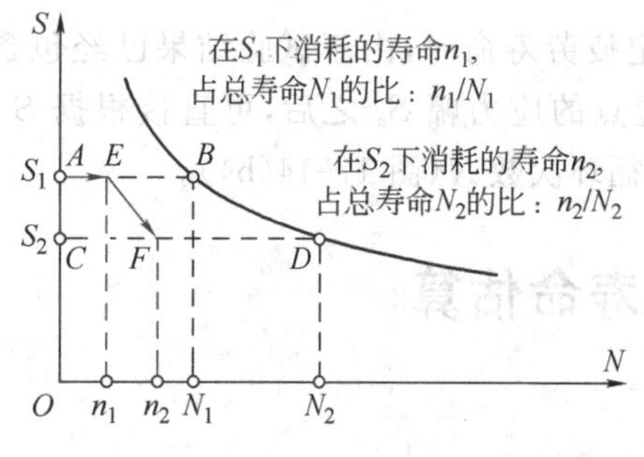

(a) 构件寿命的消耗过程——应力由高到低

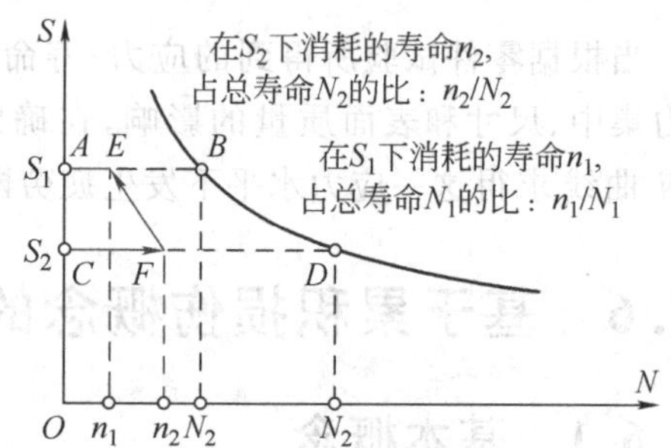

(b) 构件寿命的消耗过程——应力由低到高

图17-16 变幅应力循环下的寿命消耗过程

假设损伤是线性累积的,即在给定的应力水平下,经历一次应力循环产生等量的损伤。例如,对于图17-16(a)在应力幅为 S_1 时,经过应力循环从 A 至 E,材料消耗了寿命的1/3(即 $n_1=N_1/3$),在到达点 E 之后,应力幅降至 S_2(自 E 至 F)。假设:材料在一个应力水平下所消耗的寿命的某个百分数,等于在任何另一个不同的应力水平下所消耗的寿命的百分数。则在 S_2 应力幅下(F 点),材料同样也消耗了寿命的1/3(即 $n_2=N_2/3$)。对于图17-16(b),则为 $C\to F\to E$。点 E、F 以后的循环数即为在各自应力水平下的剩余寿命,它们对于各自寿命总数之比也是相等的。此即**线性累积损伤理论**(linear theory of cumulative damage)。

1945年迈因纳(Miner,M. A.)根据材料损伤时吸收净功(不考虑其他形式的能量损耗)的原理,提出了线性累积损伤的数学表达式。

设在某一应力水平(例如 S_1)下,发生疲劳断裂($N=N_1$)和部分损伤($N=n_1$)时材料所吸收的净功分别为 W 和 W_1,则有

$$\frac{W_1}{W}=\frac{n_1}{N_1} \tag{a}$$

在另一应力水平(例如 S_2)下,同样有

$$\frac{W_2}{W} = \frac{n_2}{N_2} \tag{b}$$

对于任意应力水平(S_i,$i=1,2,\cdots,n$),亦有

$$\frac{W_i}{W} = \frac{n_i}{N_i} \quad (i = 1,2,\cdots,k) \tag{c}$$

上述各式中的W,均为发生疲劳破坏时材料吸收的净功,它与应力水平无关,因而都是相等的。

经过k次应力幅的改变,构件发生疲劳破坏时,有

$$W_1 + W_2 + \cdots + W_k = W \tag{17-15}$$

将式(a)、式(b)、式(c)代入上式后,得

$$\sum_{i=1}^{k} \frac{n_i}{N_i} = 1 \tag{17-16}$$

此即关于线性累积损伤的基本方程,称为**迈因纳准则**(Miner Criterion),其中n_i/N_i称为应力水平S_i($i=1,2,\cdots,k$)下的损伤率。

以上分析均为光滑小试样的情形。

迈因纳准则在不少情形下与试验结果吻合得很好,而且也比较简单,因而不少工程部门将其用于疲劳寿命预测。但是迈因纳准则也有一定的局限性:

(1) 只考虑了超过疲劳极限的应力产生的损伤,而实际上,构件受力变形便有损伤发生。

(2) 没有考虑缺口根部的塑性变形所产生的残余应力,这种残余应力同样会引起损伤,因而影响疲劳寿命。

(3) 没有考虑加载顺序对寿命的影响。

(4) 不能区分裂纹发生与裂纹扩展两个阶段不同的疲劳特性。

(5) 在不同的应力幅下都必须是正弦波形的对称循环。

17.6.3　周期性变幅交变应力时的疲劳寿命估算

作为变幅应力循环疲劳问题的简单情形,下面讨论周期性变幅交变应力时的疲劳寿命估算。

承受变幅交变应力(仍以对称循环为例)作用的零件,当载荷谱(或应力谱)中有若干应力循环的应力幅超过疲劳极限时,应按累积损伤理论估算零件的疲劳寿命。

由线性累积损伤的迈因纳准则,发生疲劳断裂时有

$$\sum_{i=1}^{k} \frac{n_i}{N_i} = 1$$

其中,N_i和n_i分别为应力水平S_i下的固有寿命和应力循环次数。设零件的总寿命为N,将上式改写为

$$N\sum_{i=1}^{k} \frac{1}{N_i} \cdot \frac{n_i}{N} = 1 \tag{17-17}$$

于是,得到估算零件寿命N的公式为

$$N=\frac{1}{\sum_{i=1}^{k}\frac{1}{N_i}\cdot\frac{n_i}{N}} \tag{17-18}$$

式中，N_i 由 S-N 曲线和 S_i 确定；比值 n_i/N 中的 N 虽为未知，但对于规则变化的载荷谱(图 17-17)，n_i/N 却是已知的，它等于一个周期(T)内的比值 $n_i^{\mathrm{T}}/N_{\mathrm{T}}$，$n_i^{\mathrm{T}}$ 为一个周期内在应力水平 S_i 下的循环数；N_{T} 为一个周期内在所有应力水平下的循环总数(不考虑应力水平低于疲劳极限的应力循环数)。

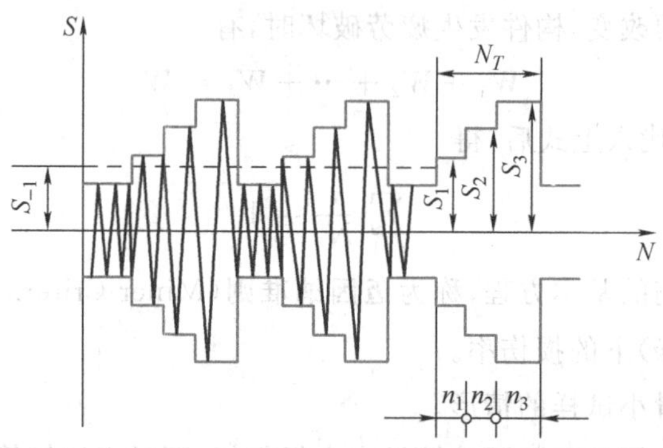

图 17-17 规则变化的载荷谱

根据迈因纳准则，还可以计算构件或零件的剩余寿命，下面举例说明。

【例题 17-1】 低合金结构钢试样在不同应力幅水平下的疲劳寿命分别为

σ_i/MPa	N_i(循环数)
550	1500
510	10050
480	20800
450	50500
410	125000
380	275000

一材料相同的试样在承受下列应力幅和相应的循环次数后仍未发生疲劳破坏：

σ_i/MPa	N_i(循环数)
510	3000
450	1200
380	80000

假设均为对称循环。试问该试样再承受 $\sigma_a=480$ MPa 的对称应力循环时，还能经受多少次应力循环才会发生疲劳破坏?

解：设尚能经受 n_4 次应力循环才发生疲劳破坏，由迈因纳准则，有

$$\frac{n_1}{N_1}+\frac{n_2}{N_2}+\frac{n_3}{N_3}+\frac{n_4}{N_4}=1$$

其中，

$$N_1 = 10500\text{ 次},\ n_1 = 3000\text{ 次}\quad(\sigma_1 = 510\text{ MPa})$$
$$N_2 = 50500\text{ 次},\ n_2 = 12000\text{ 次}\quad(\sigma_2 = 450\text{ MPa})$$
$$N_3 = 275000\text{ 次},\ n_3 = 80000\text{ 次}\quad(\sigma_3 = 380\text{ MPa})$$
$$N_4 = 20800\text{ 次},\ n_4 = ?\quad(\sigma_4 = 480\text{ MPa})$$

代入上式后得

$$\frac{3000}{10050} + \frac{12000}{50500} + \frac{80000}{275000} + \frac{n_4}{20800} = 1$$

由此解得在 $\sigma_a = 480$ MPa 的应力水平下尚能经受的应力循环次数为

$$n_4 = 3598\text{ 次}$$

此即为所给零件的剩余寿命。

17.7　结论与讨论

17.7.1　提高构件疲劳强度的途径

所谓提高疲劳强度，通常是指在不改变构件的基本尺寸和材料的前提下，通过减小应力集中和改善表面质量，以提高构件的疲劳极限。通常有以下一些途径：

(1) 缓和应力集中

截面突变处的应力集中是产生裂纹以及裂纹扩展的重要原因，通过适当加大截面突变处的过渡圆角以及其他措施，有利于缓和应力集中，从而可以明显地提高构件的疲劳强度。

(2) 提高构件表面层质量

在应力非均匀分布的情形(例如弯曲和扭转)下，疲劳裂纹大都从构件表面开始形成和扩展。因此，通过机械的或化学的方法对构件表面进行强化处理，改善表面层质量，将使构件的疲劳强度有明显的提高。

表面热处理和化学处理(例如表面高频淬火、渗碳、渗氮和氰化等)，冷压机械加工(例如表面滚压和喷丸处理等)，都有助于提高构件表面层的质量。

这些表面处理，一方面可以使构件表面的材料强度提高；另一方面可以在表面层中产生残余压应力，抑制疲劳裂纹的形成和扩展。

喷丸处理方法，近年来得到广泛应用，并取得了明显的效益。这种方法是将很小的钢丸、铸铁丸、玻璃丸或其他硬度较大的小丸以很高的速度喷射到构件表面上，使表面材料产生塑性变形而强化，同时产生较大的残余压应力。

17.7.2　开放式思维案例

案例 1　仪表的微型元件，下端固定、上端自由，在自由端承受不规则振荡力作用如图 17-18 所示。元件工作一段时间以后发生断裂。而且类似的问题常有发生。请分析：

(1) 元件是疲劳破坏还是非疲劳破坏？并请简述判断的依据。

(2) 提出改进的设计方案以避免发生类似的破坏。

案例 2　汽车的挡风玻璃意外地发生了一条不大的裂纹，如图 17-19 所示。请分析采取什么有效而简单的措施，可以防止裂纹继续扩展？

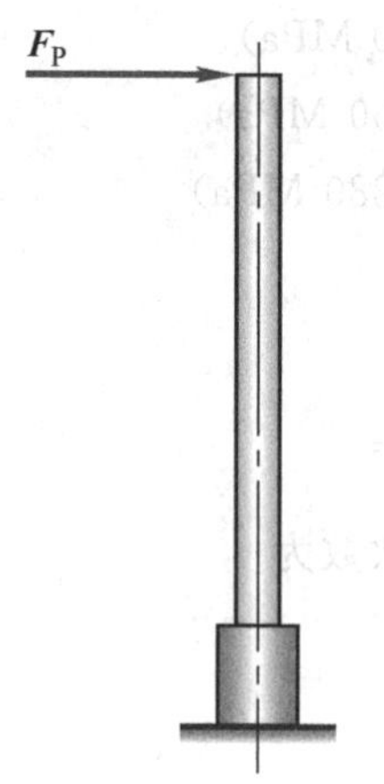

图 17-18 开放式思维案例 1 图

图 17-19 开放式思维案例 2 图

习题

17-1 试确定下列各题中轴上点 B 的应力比:

(1) 图(a)为轴固定不动,滑轮绕轴转动,滑轮上作用着不变载荷 F_P;

(2) 图(b)为轴与滑轮固结成一体而转动,滑轮上作用着不变载荷 F_P。

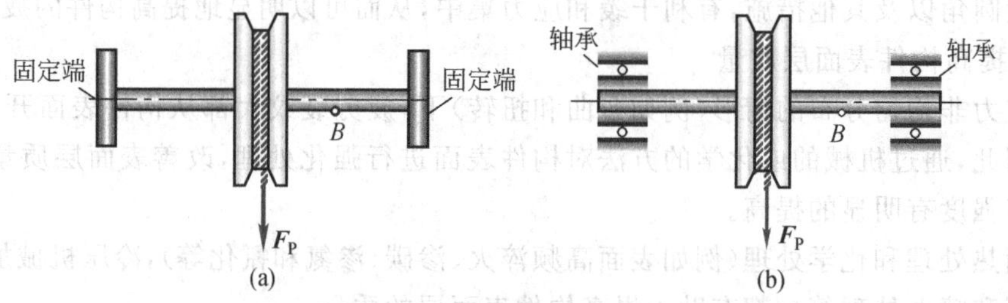

习题 17-1 图

17-2 确定下列各题中构件上指定点 B 的应力比:

(1) 图(a)为一端固定的圆轴,在自由端处装有一绕轴转动的轮子,轮上有一偏心质量 m。

(2) 图(b)为旋转轴,其上安装有偏心零件 AC。

(3) 图(c)为梁上安装有偏心转子电机,引起振动,梁的静载挠度为 δ,振幅为 a。

(4) 图(d)为小齿轮(主动轮)驱动大齿轮时,小齿轮上的点 B。

17-3 已知某种零件的疲劳极限为 20MPa,零件承受规则变化的变幅对称交变应力,每一周期内所有超过疲劳极限的应力水平下的循环总数为 $N_T=5750$。零件在各个应力水平 σ_{ai} 下每个周期内的循环次数 n_i^T 以及寿命数 N_i 列于下表中。试用迈因纳准则估算零件的寿命。

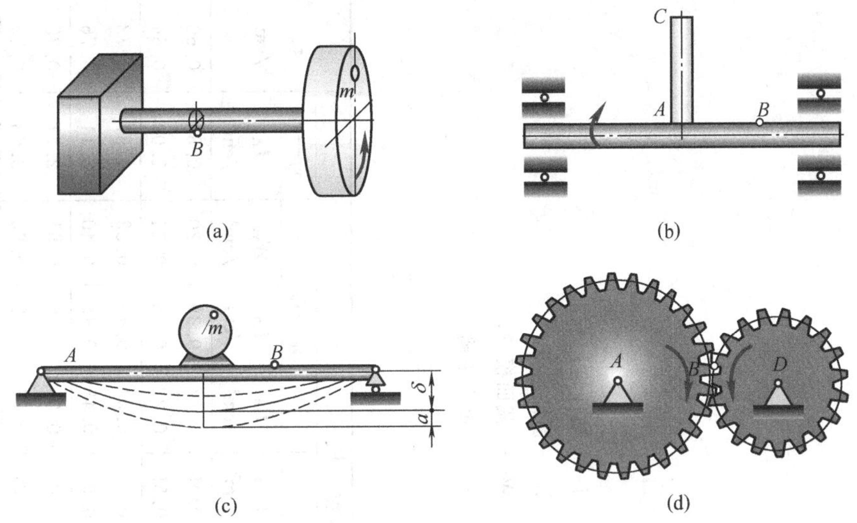

习题 17-2 图

i	σ_{ai}	n_i^T	N_i
	MPa	次	次
1	500	1	9.0×10^3
2	475	6	1.16×10^4
3	423	140	2.10×10^4
4	362	1360	4.70×10^4
5	287	10000	1.55×10^5
6	212	46000	8.70×10^5
7	137	140000	∞
8	63	302500	∞

17-4　某种零件受规则变化的变幅对称交变应力，已知零件的疲劳极限为 19 MPa，$N_T=115091$ 次，σ_{ai}、n_i^T、N_i 均列于下表中。试用迈因纳准则确定零件的寿命。

i	σ_{ai}	n_i^T	N_i
	MPa	次	次
1	350	11	5.6×10^4
2	332	80	7.4×10^4
3	298	1400	1.3×10^5
4	254	13600	2.8×10^5
5	201	100000	1.25×10^6
6	149	460000	∞
7	96	1400000	∞
8	44	3025000	∞

附录A　型钢规格表

表1　热轧等边角钢(GB 9787—88)

符号意义：

b——长边宽度；　　I——惯性矩；

d——长边厚度；　　i——惯性半径；

r——内圆弧半径；　　W——截面模量；

r_1——边端内圆弧半径；　　z_0——重心距离。

角钢号数	尺寸/mm			截面面积/cm²	理论重量/(kg/m)	外表面积/(m²/m)	参考数值										z_0/cm
							x—x			x_0—x_0			y_0—y_0			x_1—x_1	
	b	d	r				I_x/cm⁴	i_x/cm	W_x/cm³	I_{x0}/cm⁴	i_{x0}/cm	W_{x0}/cm³	I_{y0}/cm⁴	i_{y0}/cm	W_{y0}/cm³	I_{x1}/cm⁴	
2	20	3	3.5	1.132	0.889	0.078	0.40	0.59	0.29	0.63	0.75	0.45	0.17	0.39	0.20	0.81	0.60
		4		1.459	1.145	0.077	0.50	0.58	0.36	0.78	0.73	0.55	0.22	0.38	0.24	1.09	0.64
2.5	25	3		1.432	1.124	0.098	0.82	0.76	0.46	1.29	0.95	0.73	0.34	0.49	0.33	1.57	0.73
		4		1.859	1.459	0.097	1.03	0.74	0.59	1.62	0.93	0.92	0.43	0.48	0.40	2.11	0.76
3.0	30	3	4.5	1.749	1.373	0.117	1.46	0.91	0.68	2.31	1.15	1.09	0.61	0.59	0.51	2.71	0.85
		4		2.276	1.786	0.117	1.84	0.90	0.87	2.92	1.13	1.37	0.77	0.58	0.62	3.63	0.89
3.6	36	3	4.5	2.109	1.656	0.141	2.58	1.11	0.99	4.09	1.39	1.61	1.07	0.71	0.76	4.68	1.00
		4		2.756	2.163	0.141	3.29	1.09	1.28	5.22	1.38	2.05	1.37	0.70	0.93	6.25	1.04
		5		3.382	2.654	0.141	3.95	1.08	1.56	6.24	1.36	2.45	1.65	0.70	1.09	7.84	1.07

续表

角钢号数	尺寸/mm			截面面积/cm^2	理论重量/(kg/m)	外表面积/(m^2/m)	参考数值										z_0/cm
							$x—x$			$x_0—x_0$			$y_0—y_0$			$x_1—x_1$	
	b	d	r				I_x/cm^4	i_x/cm	W_x/cm^3	I_{x0}/cm^4	i_{x0}/cm	W_{x0}/cm^3	I_{y0}/cm^4	i_{y0}/cm	W_{y0}/cm^3	I_{x1}/cm^4	
4.0	40	3	5	2.359	1.852	0.157	3.59	1.23	1.23	5.69	1.55	2.01	1.49	0.79	0.96	6.41	1.09
		4		3.086	2.422	0.157	4.60	1.22	1.60	7.29	1.54	2.58	1.91	0.79	1.19	8.56	1.13
		5		3.791	2.976	0.156	5.53	1.21	1.96	8.76	1.52	3.01	2.30	0.78	1.39	10.74	1.17
4.5	45	3	5	2.659	2.088	0.177	5.17	1.40	1.58	8.20	1.76	2.58	2.14	0.90	1.24	9.12	1.22
		4		3.486	2.736	0.177	6.65	1.38	2.05	10.56	1.74	3.32	2.75	0.89	1.54	12.18	1.26
		5		4.292	3.369	0.176	8.04	1.37	2.51	12.74	1.72	4.00	3.33	0.88	1.81	15.25	1.30
		6		5.076	3.985	0.176	9.33	1.36	2.95	14.76	1.70	4.64	3.89	0.88	2.06	18.36	1.33
5	50	3	5.5	2.971	2.332	0.197	7.18	1.55	1.96	11.37	1.96	3.22	2.98	1.00	1.57	12.50	1.34
		4		3.897	3.059	0.197	9.26	1.54	2.56	14.70	1.94	4.16	3.82	0.99	1.96	16.60	1.38
		5		4.803	3.770	0.196	11.21	1.53	3.13	17.79	1.92	5.03	4.64	0.98	2.31	20.90	1.42
		6		5.688	4.465	0.196	13.05	1.52	3.68	20.68	1.91	5.85	5.42	0.98	2.63	25.14	1.46
5.6	56	3	6	3.343	2.624	0.221	10.19	1.75	2.48	16.14	2.20	4.08	4.24	1.13	2.02	17.56	1.48
		4		4.390	3.446	0.220	13.18	1.73	3.24	20.92	2.18	5.28	5.46	1.11	2.52	23.43	1.53
5.6	56	5	6	5.415	4.251	0.220	16.02	1.72	3.97	25.42	2.17	6.42	6.61	1.10	2.98	29.33	1.57
		8	7	8.367	6.568	0.219	23.63	1.68	6.03	37.37	2.11	9.44	9.89	1.09	4.16	47.24	1.68
6.3	63	4	7	4.978	3.907	0.248	19.03	1.96	4.13	30.17	2.46	6.78	7.89	1.26	3.29	33.35	1.70
		5		6.143	4.822	0.248	23.17	1.94	5.08	36.77	2.45	8.25	9.57	1.25	3.90	41.73	1.74
		6		7.288	5.721	0.247	27.12	1.93	6.00	43.03	2.43	9.66	11.20	1.24	4.46	50.14	1.78
		8		9.515	7.469	0.247	34.46	1.90	7.75	54.56	2.40	12.25	14.33	1.23	5.47	67.11	1.85
		10		11.657	9.151	0.246	41.09	1.88	9.39	64.85	2.36	14.56	17.33	1.22	6.36	84.31	1.93
7	70	4	8	5.570	4.372	0.275	26.39	2.18	5.14	41.80	2.74	8.44	10.99	1.40	4.17	45.74	1.86
		5		6.875	5.397	0.275	32.21	2.16	6.32	51.08	2.73	10.32	13.34	1.39	4.95	57.21	1.91
		6		8.160	6.406	0.275	37.77	2.15	7.48	59.93	2.71	12.11	15.61	1.38	5.67	68.73	1.95
		7		9.424	7.398	0.275	43.09	2.14	8.59	68.35	2.69	13.81	17.82	1.38	6.34	80.29	1.99
		8		10.667	8.373	0.274	48.17	2.12	9.68	76.37	2.68	15.43	19.98	1.37	6.98	91.92	2.03

续表

角钢号数	尺寸/mm			截面面积/cm²	理论重量/(kg/m)	外表面积/(m²/m)	参考数值										
							$x-x$			x_0-x_0			y_0-y_0			x_1-x_1	z_0
	b	d	r				I_x/cm⁴	i_x/cm	W_x/cm³	I_{x0}/cm⁴	i_{x0}/cm	W_{x0}/cm³	I_{y0}/cm⁴	i_{y0}/cm	W_{y0}/cm³	I_{x1}/cm⁴	/cm
7.5	75	5	9	7.367	5.818	0.295	39.97	2.33	7.32	63.30	2.92	11.94	16.63	1.50	5.77	70.56	2.04
		6		8.797	6.905	0.294	46.95	2.31	8.64	74.38	2.90	14.02	19.51	1.49	6.67	84.55	2.07
		7		10.160	7.976	0.294	53.57	2.30	9.93	84.96	2.89	16.02	22.18	1.48	7.44	98.71	2.11
		8		11.503	9.030	0.294	59.96	2.28	11.20	95.07	2.88	17.93	24.86	1.47	8.19	112.97	2.15
		10		14.126	11.089	0.293	71.98	2.26	13.64	113.92	2.84	21.48	30.05	1.46	9.56	141.71	2.22
8	80	5	9	7.912	6.211	0.315	48.79	2.48	8.34	77.33	3.13	13.67	20.25	1.60	6.66	85.36	2.15
		6		9.397	7.376	0.314	57.35	2.47	9.87	90.98	3.11	16.08	23.72	1.59	7.65	102.50	2.19
		7		10.860	8.525	0.314	65.58	2.46	11.37	104.07	3.10	18.40	27.09	1.58	8.58	119.70	2.23
		8		12.303	9.658	0.314	73.49	2.44	12.83	116.60	3.08	20.61	30.39	1.57	9.46	136.97	2.27
		10		15.126	11.874	0.313	88.43	2.42	15.64	140.09	3.04	24.76	36.77	1.56	11.08	171.74	2.35
9	90	6	10	10.637	8.350	0.354	82.77	2.79	12.61	131.26	3.51	20.63	34.28	1.80	9.95	145.87	2.44
		7		12.301	9.656	0.354	94.83	2.78	14.54	150.47	3.50	23.64	39.18	1.78	11.19	170.30	2.48
		8		13.944	10.946	0.353	106.47	2.76	16.42	168.97	3.48	26.55	43.97	1.78	12.35	194.80	2.52
		10		17.167	13.476	0.353	128.58	2.74	20.07	203.90	3.45	32.04	53.26	1.76	14.52	244.07	2.59
		12		20.306	15.940	0.352	149.22	2.71	23.57	236.21	3.41	37.12	62.22	1.75	16.49	293.76	2.67
10	100	6	12	11.932	9.366	0.393	114.95	3.01	15.68	181.98	3.90	25.74	47.92	2.00	12.69	200.07	2.67
		7		13.796	10.830	0.393	131.86	3.09	18.10	208.97	3.89	29.55	54.74	1.99	14.26	233.54	2.71
		8		15.638	12.276	0.393	148.24	3.08	20.47	235.07	3.88	33.24	61.41	1.98	15.75	267.09	2.76
		10		19.261	15.120	0.392	179.51	3.05	25.06	284.68	3.84	40.26	74.35	1.96	18.54	334.48	2.84
		12		22.800	17.898	0.391	208.90	3.03	29.48	330.95	3.81	46.80	86.84	1.95	21.08	402.34	2.91
		14		26.256	20.611	0.391	236.53	3.00	33.73	374.06	3.77	52.90	99.00	1.94	23.44	470.75	2.99
		16		29.627	23.257	0.390	262.53	2.98	37.82	414.16	3.74	58.57	110.89	1.94	25.63	539.80	3.06

续表

角钢号数	尺寸/mm			截面面积 /cm²	理论重量 /(kg/m)	外表面积 /(m²/m)	参考数值										z_0 /cm
							$x—x$			$x_0—x_0$			$y_0—y_0$			$x_1—x_1$	
	b	d	r				I_x /cm⁴	i_x /cm	W_x /cm³	I_{x0} /cm⁴	i_{x0} /cm	W_{x0} /cm³	I_{y0} /cm⁴	i_{y0} /cm	W_{y0} /cm³	I_{x1} /cm⁴	
11	110	7	12	15.196	11.928	0.433	177.16	3.41	22.05	280.94	4.30	36.12	73.38	2.20	17.51	310.64	2.96
		8		17.238	13.532	0.433	199.46	3.40	24.95	316.49	4.28	40.69	82.42	2.19	19.39	355.20	3.01
		10		21.261	16.690	0.432	242.19	3.38	30.60	384.39	4.25	49.42	99.98	2.17	22.91	444.65	3.09
		12		25.200	19.782	0.431	282.55	3.35	36.05	448.17	4.22	57.62	116.93	2.15	26.15	534.60	3.16
		14		29.056	22.809	0.431	320.71	3.32	41.31	508.01	4.18	65.31	133.40	2.14	29.14	625.16	3.24
12.5	125	8	14	19.750	15.504	0.492	297.03	3.88	32.52	470.89	4.88	53.28	123.16	2.50	25.86	521.01	3.37
		10		24.373	19.133	0.491	361.67	3.85	39.97	573.89	4.85	64.93	149.46	2.48	30.62	651.93	3.45
		12		28.912	22.696	0.491	423.16	3.83	41.17	671.44	4.82	75.96	174.88	2.46	35.03	783.42	3.53
		14		33.367	26.193	0.490	481.65	3.80	54.16	763.73	4.78	86.41	199.57	2.45	39.13	915.61	3.61
14	140	10	14	27.373	21.488	0.551	514.65	4.34	50.58	817.27	5.46	82.56	212.04	2.78	39.20	915.11	3.82
		12		32.512	25.522	0.551	603.68	4.31	59.80	958.79	5.43	96.85	248.57	2.76	45.02	1099.28	3.90
		14		37.567	29.490	0.550	688.81	4.28	68.75	1093.56	5.40	110.47	284.06	2.75	50.45	1284.22	3.98
		16		42.539	33.393	0.549	770.24	4.26	77.46	1221.81	5.36	123.42	318.67	2.74	55.55	1470.07	4.06
16	160	10	16	31.502	24.729	0.630	779.53	4.98	66.70	1237.30	6.27	109.36	321.76	3.20	52.76	1365.33	4.31
		12		37.441	29.391	0.630	916.58	4.95	78.98	1455.68	6.24	128.67	377.49	3.18	60.74	1639.57	4.39
		14		43.296	33.987	0.629	1048.36	4.92	90.95	1665.02	6.20	147.17	431.70	3.16	68.244	1914.68	4.47
		16		49.067	38.518	0.629	1175.08	4.89	102.63	1865.57	6.17	164.89	484.59	3.14	75.31	2190.82	4.55
18	180	12	16	42.241	33.159	0.710	1321.35	5.59	100.82	2100.10	7.05	165.00	542.61	3.58	78.41	2332.80	4.89
		14		48.896	38.388	0.709	1514.48	5.56	116.25	2407.42	7.02	189.14	625.53	3.56	88.38	2723.48	4.97
		16		55.467	43.542	0.709	1700.99	5.54	131.13	2703.37	6.98	212.40	698.60	3.55	97.83	3115.29	5.05
		18		61.955	48.634	0.708	1875.12	5.50	145.64	2988.24	6.94	234.78	762.01	3.51	105.14	3502.43	5.13
20	200	14	18	54.642	42.894	0.788	2103.55	6.20	144.70	3343.26	7.82	236.40	863.83	3.98	111.82	3734.10	5.46
		16		62.013	48.680	0.788	2366.15	6.18	163.65	3760.89	7.79	265.93	971.41	3.96	123.96	4270.39	5.54
		18		69.301	54.401	0.787	2620.64	6.15	182.22	4164.54	7.75	294.48	1076.74	3.94	135.52	4808.13	5.62
		20		76.505	60.056	0.787	2867.30	6.12	200.42	4554.55	7.72	322.06	1180.04	3.93	146.55	5347.51	5.69
		24		90.661	71.168	0.785	2338.25	6.07	236.17	5294.97	7.64	374.41	1381.53	3.90	166.55	6457.16	5.87

注：截面图中的 $r_1=\frac{1}{3}d$ 及表中 r 值的数据用于孔型设计，不作交货条件。

表 2 热轧不等边角钢(GB 9788—88)

符号意义：

B——长边宽度； b——短边宽度；

d——长边厚度； r——内圆弧半径；

r_1——边端内圆弧半径； I——惯性矩；

i——惯性半径； W——截面模量；

x_0——重心距离； y_0——重心距离。

角钢号数	尺寸/mm				截面面积 /cm²	理论重量 /(kg/m)	外表面积 /(m²/m)	参考数值													
								x—x			y—y			$x_1—x_1$		$y_1—y_1$		u—u			
	B	b	d	r				I_x /cm⁴	i_x /cm	W_x /cm³	I_y /cm⁴	i_y /cm	W_y /cm³	I_{x1} /cm⁴	y_0 /cm	I_{y1} /cm⁴	x_0 /cm	I_u /cm⁴	i_u /cm	W_u /cm³	tan α
2.5/1.6	25	16	3	3.5	1.162	0.912	0.080	0.70	0.78	0.43	0.22	0.44	0.19	1.56	0.86	0.43	0.42	0.14	0.34	0.16	0.392
			4		1.499	1.176	0.079	0.88	0.77	0.55	0.27	0.43	0.24	2.09	0.90	0.59	0.46	0.17	0.34	0.20	0.381
3.2/2	32	20	3		1.492	1.171	0.102	1.53	1.01	0.72	0.46	0.55	0.30	3.27	1.08	0.82	0.49	0.28	0.43	0.25	0.382
			4		1.939	1.522	0.101	1.93	1.00	0.93	0.57	0.54	0.39	4.37	1.12	1.12	0.53	0.35	0.42	0.32	0.374
4/2.5	40	25	3	4	1.890	1.484	0.127	3.08	1.28	1.15	0.93	0.70	0.49	6.39	1.32	1.59	0.59	0.56	0.54	0.40	0.386
			4		2.467	1.936	0.127	3.93	1.26	1.49	1.18	0.69	0.63	8.53	1.37	2.14	0.63	0.71	0.54	0.52	0.381
4.5/2.8	45	28	3	5	2.149	1.687	0.143	4.45	1.44	1.47	1.34	0.79	0.62	9.10	1.47	2.23	0.64	0.80	0.61	0.51	0.383
			4		2.806	2.203	0.143	5.69	1.42	1.91	1.70	0.78	0.80	12.13	1.51	3.00	0.68	1.02	0.60	0.66	0.380
5/3.2	50	32	3	5.5	2.431	1.908	0.161	6.24	1.60	1.84	2.02	0.91	0.82	12.49	1.60	3.31	0.73	1.20	0.70	0.68	0.404
			4		3.177	2.494	0.160	8.02	1.59	2.39	2.58	0.90	1.06	16.65	1.65	4.45	0.77	1.53	0.69	0.87	0.402
5.6/3.6	56	36	3	6	2.743	2.153	0.181	8.88	1.80	2.32	2.92	1.03	1.05	17.54	1.78	4.70	0.80	1.73	0.79	0.87	0.408
			4		3.590	2.818	0.180	11.45	1.79	3.03	3.76	1.02	1.37	23.39	1.82	6.33	0.85	2.23	0.79	1.13	0.408
			5		4.415	3.466	0.180	13.86	1.77	3.71	4.49	1.01	1.65	29.25	1.87	7.94	0.88	2.67	0.78	1.36	0.404
6.3/4	63	40	4	7	4.058	3.185	0.202	16.49	2.02	3.87	5.23	1.14	1.70	33.30	2.04	8.63	0.92	3.12	0.88	1.40	0.398
			5		4.993	3.920	0.202	20.02	2.00	4.74	6.31	1.12	2.71	41.63	2.08	10.86	0.95	3.76	0.87	1.71	0.396
			6		5.908	4.638	0.201	23.36	1.96	5.59	7.29	1.11	2.43	49.98	2.12	13.12	0.99	4.34	0.86	1.99	0.393
			7		6.802	5.339	0.201	26.53	1.98	6.40	8.24	1.10	2.78	58.07	2.15	15.47	1.03	4.97	0.86	2.29	0.389

续表

角钢号数	尺寸/mm				截面面积	理论重量	外表面积	参考数值													
								$x—x$			$y—y$			$x_1—x_1$		$y_1—y_1$		$u—u$			
	B	b	d	r	/cm²	/(kg/m)	/(m²/m)	I_x /cm⁴	i_x /cm	W_x /cm³	I_y /cm⁴	i_y /cm	W_y /cm³	I_{x1} /cm⁴	y_0 /cm	I_{y1} /cm⁴	x_0 /cm	I_u /cm⁴	i_u /cm	W_u /cm³	$\tan\alpha$
7/4.5	70	45	4	7.5	4.547	3.570	0.226	23.17	2.26	4.86	7.55	1.29	2.17	45.92	2.24	12.26	1.02	4.40	0.98	1.77	0.410
			5		5.609	4.403	0.225	27.95	2.23	5.92	9.13	1.28	2.65	57.10	2.28	15.39	1.06	5.40	0.98	2.19	0.407
			6		6.647	5.218	0.225	32.54	2.21	6.95	10.62	1.26	3.12	68.35	2.32	18.58	1.09	6.35	0.98	2.59	0.404
			7		7.657	6.011	0.225	37.22	2.20	8.03	12.01	1.25	3.57	79.99	2.36	21.84	1.13	7.16	0.97	2.94	0.402
(7.5/5)	75	50	5	8	6.125	4.808	0.245	34.86	2.39	6.83	12.61	1.44	3.30	70.00	2.40	21.04	1.17	7.41	1.10	2.74	0.435
			6		7.260	5.699	0.245	41.12	2.38	8.12	14.70	1.42	3.88	84.30	2.44	25.37	1.21	8.54	1.08	3.19	0.435
			8		9.467	7.431	0.244	52.39	2.35	10.52	18.53	1.40	4.99	112.50	2.52	34.23	1.29	10.87	1.07	4.10	0.429
			10		11.590	9.098	0.244	62.71	2.33	12.79	21.96	1.38	6.04	140.80	2.60	43.43	1.36	13.10	1.06	4.99	0.423
8/5	80	50	5	8	6.375	5.005	0.255	41.96	2.56	7.78	12.82	1.42	3.32	85.21	2.60	21.06	1.14	7.66	1.10	2.74	0.388
			6		7.560	5.935	0.255	49.49	2.56	9.25	14.95	1.41	3.91	102.53	2.65	25.41	1.18	8.85	1.08	3.20	0.387
			7		8.724	6.848	0.255	56.16	2.54	10.58	16.96	1.39	4.48	119.33	2.69	29.82	1.21	10.18	1.08	3.70	0.384
			8		9.867	7.745	0.254	62.83	2.52	11.92	18.85	1.38	5.03	136.41	2.73	34.32	1.25	11.38	1.07	4.16	0.381
9/5.6	90	56	5	9	7.212	5.661	0.287	60.45	2.90	9.92	18.32	1.59	4.21	121.32	2.91	29.53	1.25	10.98	1.23	3.49	0.385
			6		8.557	6.717	0.286	71.03	2.88	11.74	21.42	1.58	4.96	145.59	2.95	35.58	1.29	12.90	1.23	4.18	0.384
			7		9.880	7.756	0.286	81.01	2.86	13.49	24.36	1.57	5.70	169.66	3.00	41.71	1.33	14.67	1.22	4.72	0.382
			8		11.183	8.779	0.286	91.03	2.85	15.27	27.15	1.56	6.41	194.17	3.04	47.93	1.36	16.34	1.21	5.29	0.380
10/6.3	100	63	6	10	9.617	7.550	0.320	99.06	3.21	14.64	30.94	1.79	6.35	199.71	3.24	50.50	1.43	18.42	1.38	5.25	0.394
			7		11.111	8.722	0.320	113.45	3.29	16.88	35.26	1.78	7.29	233.00	3.28	59.14	1.47	21.00	1.38	6.02	0.393
			8		12.584	9.878	0.319	127.37	3.18	19.08	39.39	1.77	8.21	266.32	3.32	67.88	1.50	23.50	1.37	6.78	0.391
			10		15.467	12.142	0.319	153.81	3.15	23.32	47.12	1.74	9.98	333.06	3.40	85.73	1.58	28.33	1.35	8.24	0.387
10/8	100	80	6	10	10.637	8.350	0.354	107.04	3.17	15.19	61.24	2.40	10.16	199.83	2.95	102.68	1.97	31.65	1.72	8.37	0.627
			7		12.301	9.656	0.354	122.73	3.16	17.52	70.08	2.39	11.71	233.20	3.00	119.98	2.01	36.17	1.72	9.60	0.626
			8		13.944	10.946	0.353	137.92	3.14	19.81	78.58	2.37	13.21	266.61	3.04	137.37	2.05	40.58	1.71	10.80	0.625
			10		17.167	13.476	0.353	166.87	3.12	24.24	94.65	2.35	16.12	333.63	3.12	172.48	2.13	49.10	1.69	13.12	0.622
11/7	110	70	6	10	10.637	8.350	0.354	133.37	3.54	17.85	42.92	2.01	7.90	265.78	3.53	69.08	1.57	25.36	1.54	6.53	0.403
			7		12.301	9.656	0.354	153.00	3.53	20.60	49.01	2.00	9.09	310.07	3.57	80.82	1.61	28.95	1.53	7.50	0.402
			8		13.944	10.946	0.353	172.04	3.51	23.30	54.87	1.98	10.25	354.39	3.62	92.70	1.65	32.45	1.53	8.45	0.401
			10		17.167	13.476	0.353	208.39	3.48	28.54	65.88	1.96	12.48	443.13	3.70	116.83	1.72	39.20	1.51	10.29	0.397
12.5/8	125	80	7	11	14.096	11.066	0.403	277.98	4.02	26.86	74.42	2.30	12.01	454.99	4.01	120.32	1.80	43.81	1.76	9.92	0.408
			8		15.989	12.551	0.403	256.77	4.01	30.41	83.49	2.28	13.56	519.99	4.06	137.85	1.84	49.15	1.75	11.18	0.407
			10		19.712	15.474	0.402	312.04	3.98	37.33	100.67	2.26	16.56	650.09	4.14	173.40	1.92	59.45	1.74	13.64	0.404
			12		23.351	18.330	0.402	364.41	3.95	44.01	116.67	2.24	19.43	780.39	4.22	209.67	2.00	69.35	1.72	16.01	0.400

续表

角钢号数	尺寸/mm				截面面积 /cm²	理论重量 /(kg/m)	外表面积 /(m²/m)	参考数值															
								$x—x$			$y—y$			$x_1—x_1$		$y_1—y_1$		$u—u$			
	B	b	d	r				I_x /cm⁴	i_x /cm	W_x /cm³	I_y /cm⁴	i_y /cm	W_y /cm³	I_{x1} /cm⁴	y_0 /cm	I_{y1} /cm⁴	x_0 /cm	I_u /cm⁴	i_u /cm	W_u /cm³	$\tan\alpha$
14/9	140	90	8	12	18.038	14.160	0.453	365.64	4.50	38.48	120.69	2.59	17.34	730.53	4.50	195.79	2.04	70.83	1.98	14.31	0.411
			10		22.261	17.475	0.452	445.50	4.47	47.31	146.03	2.56	21.22	913.20	4.58	245.92	2.12	85.82	1.96	17.48	0.409
			12		26.400	20.724	0.451	521.59	4.44	55.87	169.79	2.54	24.95	1096.09	4.66	296.89	2.19	100.21	1.95	20.54	0.406
			14		30.456	23.908	0.451	594.10	4.42	64.18	192.10	2.51	28.54	1279.26	4.74	348.82	2.27	114.13	1.94	23.52	0.403
16/10	160	100	10	13	25.315	19.872	0.512	668.69	5.14	62.13	205.03	2.85	26.56	1362.89	5.24	336.59	2.28	121.74	2.19	21.92	0.390
			12		30.054	23.592	0.511	784.91	5.11	73.49	239.06	2.82	31.28	1635.56	5.32	405.94	2.36	142.33	2.17	25.79	0.388
			14		34.709	27.247	0.510	896.30	5.08	84.56	271.20	2.80	35.83	1908.50	5.40	476.42	2.43	162.23	2.16	29.56	0.385
			16		39.281	30.835	0.510	1003.04	5.05	95.33	301.60	2.77	40.24	2181.79	5.48	548.22	2.51	182.57	2.16	33.44	0.382
18/11	180	110	10	14	28.373	22.273	0.571	956.25	5.80	78.96	278.11	3.13	32.49	1940.40	5.89	447.22	2.44	166.50	2.42	26.88	0.376
			12		33.712	26.464	0.571	1124.72	5.78	93.53	325.03	3.10	38.32	2328.38	5.98	538.94	2.52	194.87	2.40	31.66	0.374
			14		38.967	30.589	0.570	1286.91	5.75	107.76	369.55	3.08	43.97	2716.60	6.06	631.95	2.59	222.30	2.39	36.32	0.372
			16		44.139	34.649	0.569	1443.06	5.72	121.64	411.85	3.06	49.44	3105.15	6.14	726.46	2.67	248.94	2.38	40.87	0.369
20/12.5	200	125	12		37.912	29.761	0.641	1570.90	6.44	116.73	483.16	3.57	49.99	3193.85	6.54	787.74	2.83	285.79	2.74	41.23	0.392
			14		43.867	34.436	0.640	1800.97	6.41	134.65	550.83	3.54	57.44	3726.17	6.02	922.47	2.91	326.58	2.73	47.34	0.390
			16		49.739	39.045	0.639	2023.35	6.38	152.18	615.44	3.52	64.69	4258.86	6.70	1058.86	2.99	366.21	2.71	53.32	0.388
			18		55.526	43.588	0.639	2238.30	6.35	169.33	677.19	3.49	71.74	4792.00	6.78	1197.13	3.06	404.83	2.70	59.18	0.385

注：1. 括号内型号不推荐使用。2. 截面图中的 $r_1=\frac{1}{3}d$ 及表中 r 的数据用于孔型设计，不作交货条件。

表3 热轧工字钢(GB 706—88)

符号意义：

h——高度；

b——腿宽度；

d——腰厚度；

t——平均腿厚度；

r——内圆弧半径；

r_1——腿端圆弧半径；

I——惯性矩；

W——截面模量；

i——惯性半径；

S——半截面的静矩。

型号	尺寸/mm						截面面积/cm²	理论重量/(kg/m)	参考数值						
									x—x				y—y		
	h	b	d	t	r	r_1			I_x/cm^4	W_x/cm^3	i_x/cm	$I_x:S_x/cm$	I_y/cm^4	W_y/cm^3	i_y/cm
10	100	68	4.5	7.6	6.5	3.3	14.3	11.2	245	49	4.14	8.59	33	9.72	1.52
12.6	126	74	5	8.4	7	3.5	18.1	14.2	488.43	77.529	5.195	10.85	46.906	12.677	1.609
14	140	80	5.5	9.1	7.5	3.8	21.5	16.9	712	102	5.76	12	64.4	16.1	1.73
16	160	88	6	9.9	8	4	26.1	20.5	1130	141	6.58	13.8	93.1	21.2	1.89
18	180	94	6.5	10.7	8.5	4.3	30.6	24.1	1660	185	7.36	15.4	122	26	2
20a	200	100	7	11.4	9	4.5	35.5	27.9	2370	237	8.15	17.2	158	31.5	2.12
20b	200	102	9	11.4	9	4.5	39.5	31.1	2500	250	7.96	16.9	169	33.1	2.06
22a	220	110	7.5	12.3	9.5	4.8	42	33	3400	309	8.99	18.9	225	40.9	2.31
22b	220	112	9.5	12.3	9.5	4.8	46.4	36.4	3570	325	8.78	18.7	239	42.7	2.27
25a	250	116	8	13	10	5	48.5	38.1	5023.54	401.88	10.18	21.58	280.046	48.283	2.403
25b	250	118	10	13	10	5	53.5	42	5283.96	422.72	9.938	21.27	309.297	52.423	2.404
28a	280	122	8.5	13.7	10.5	5.3	55.45	43.4	7114.14	508.15	11.32	24.62	345.051	56.565	2.495
28b	280	124	10.5	13.7	10.5	5.3	61.05	47.9	7480	534.29	11.08	24.24	379.496	61.209	2.493
32a	320	130	9.5	15	11.5	5.8	67.05	52.7	11 075.5	629.2	12.84	27.46	459.93	70.758	2.619
32b	320	132	11.5	15	11.5	5.8	73.45	57.7	11 621.4	726.33	12.58	27.09	501.53	75.989	2.614
32c	320	134	13.5	15	11.5	5.8	79.95	62.8	12 167.5	760.47	12.34	26.77	543.81	81.166	2.608
36a	360	136	10	15.8	12	6	76.3	59.9	15 760	875	14.4	30.7	552	81.2	2.69

续表

型号	尺寸/mm						截面面积/cm^2	理论重量/(kg/m)	参考数值						
									x—x				y—y		
	h	b	d	t	r	r_1			I_x/cm^4	W_x/cm^3	i_x/cm	$I_x:S_x/cm$	I_y/cm^4	W_y/cm^3	i_y/cm
36b	360	138	12	15.8	12	6	83.5	65.6	16 530	919	14.1	30.3	582	84.3	2.64
36c	360	140	14	15.8	12	6	90.7	71.2	17 310	962	13.8	29.9	612	87.4	2.6
40a	400	142	10.5	16.5	12.5	6.3	86.1	67.6	21 720	1090	15.9	34.1	660	93.2	2.77
40b	400	144	12.5	16.5	12.5	6.3	94.1	73.8	22 780	1140	15.6	33.6	692	96.2	2.71
40c	400	146	14.5	16.5	12.5	6.3	102	80.1	23 850	1190	15.2	33.2	727	99.6	2.65
45a	450	150	11.5	18	13.5	6.8	102	80.4	32 240	1430	17.7	38.6	855	114	2.89
45b	450	152	13.5	18	13.5	6.8	111	87.4	33 760	1500	17.4	38	894	118	2.84
45c	450	154	15.5	18	13.5	6.8	120	94.5	35 280	1570	17.1	37.6	938	122	2.79
50a	500	158	12	20	14	7	119	93.6	46 470	1860	19.7	42.8	1120	142	3.07
50b	500	160	14	20	14	7	129	101	48 560	1940	19.4	42.4	1170	146	3.01
50c	500	162	16	20	14	7	139	109	50 640	2080	19	41.8	1220	151	2.96
56a	560	166	12.5	21	14.5	7.3	135.25	106.2	65 585.6	2342.31	22.02	47.73	1370.16	165.08	3.182
56b	560	168	14.5	21	14.5	7.3	146.45	115	68 512.5	2446.69	21.63	47.17	1486.75	174.25	3.162
56c	560	170	16.5	21	14.5	7.3	157.85	123.9	71 439.4	2551.41	21.27	46.66	1558.39	183.34	3.158
63a	630	176	13	22	15	7.5	154.9	121.6	93 916.2	2981.47	24.62	54.17	1700.55	193.24	3.314
63b	630	178	15	22	15	7.5	167.5	131.5	98 083.6	3163.38	24.2	53.51	1812.07	203.6	3.289
63c	630	180	17	22	15	7.5	180.1	141	102 251.1	3298.42	23.82	52.92	1924.91	213.88	3.268

注：截面图和表中标注的圆弧半径 r、r_1 的数据用于孔型设计，不作交货条件。

表 4 热轧槽钢(GB 707—88)

符号意义：

h——高度；
b——腿宽度；
d——腰厚度；
t——平均腿厚度；
r——内圆弧半径；
r_1——腿端圆弧半径；
I——惯性矩；
W——截面模量；
i——惯性半径；
z_0——y—y 轴与 y_1—y_1 轴间距。

型号	尺寸/mm						截面面积/cm²	理论重量/(kg/m)	参考数值							
									x—x			y—y			y₁—y₁	z_0/cm
	h	b	d	t	r	r_1			W_x/cm³	I_x/cm⁴	i_x/cm	W_y/cm³	I_y/cm⁴	i_y/cm	I_{y1}/cm⁴	
5	50	37	4.5	7	7	3.5	6.93	5.44	10.4	26	1.94	3.55	8.3	1.1	20.9	1.35
6.3	63	40	4.8	7.5	7.5	3.75	8.444	6.63	16.123	50.786	2.453	4.50	11.872	1.185	28.38	1.36
8	80	43	5	8	8	4	10.24	8.04	25.3	101.3	3.15	5.79	16.6	1.27	37.4	1.43
10	100	48	5.3	8.5	8.5	4.25	12.74	10	39.7	198.3	3.95	7.8	25.6	1.41	54.9	1.52
12.6	126	53	5.5	9	9	4.5	15.69	12.37	62.137	391.466	4.953	10.242	37.99	1.567	77.09	1.59
14a	140	58	6	9.5	9.5	4.75	18.51	14.53	80.5	563.7	5.52	13.01	53.2	1.7	107.1	1.71
14b	140	60	8	9.5	9.5	4.75	21.31	16.73	87.1	609.4	5.35	14.12	61.1	1.69	120.6	1.67
16a	160	63	6.5	10	10	5	21.95	17.23	108.3	866.2	6.28	16.3	73.3	1.83	144.1	1.8
16	160	65	8.5	10	10	5	25.15	19.74	116.8	934.5	6.1	17.55	83.4	1.82	160.8	1.75
18a	180	68	7	10.5	10.5	5.25	25.69	20.17	141.4	1272.7	7.04	20.03	98.6	1.96	189.7	1.88
18	180	70	9	10.5	10.5	5.25	29.29	22.99	152.2	1369.9	6.84	21.52	111	1.95	210.1	1.84
20a	200	73	7	11	11	5.5	28.83	22.63	178	1780.4	7.86	24.2	128	2.11	244	2.01
20	200	75	9	11	11	5.5	32.83	25.77	191.4	1913.7	7.64	25.88	143.6	2.09	268.4	1.95
22a	220	77	7	11.5	11.5	5.75	31.84	24.99	217.6	2393.9	8.67	28.17	157.8	2.23	298.2	2.1

续表

型号	尺寸/mm						截面面积	理论重量	参考数值							
									$x—x$			$y—y$			$y_1—y_1$	z_0
	h	b	d	t	r	r_1	$/cm^2$	/(kg/m)	W_x/cm^3	I_x/cm^4	i_x/cm	W_y/cm^3	I_y/cm^4	i_y/cm	I_{y1}/cm^4	/cm
22	220	79	9	11.5	11.5	5.75	36.24	28.45	233.8	2571.4	8.42	30.05	176.4	2.21	326.3	2.03
25a	250	78	7	12	12	6	34.91	27.47	269.597	3369.62	9.823	30.607	175.529	2.243	322.256	2.065
25b	250	80	9	12	12	6	39.91	31.39	282.402	3530.04	9.405	32.657	196.421	2.218	353.187	1.982
25c	250	82	11	12	12	6	44.91	35.32	295.236	3690.45	9.065	35.926	218.415	2.206	384.133	1.921
28a	280	82	7.5	12.5	12.5	6.25	40.02	31.42	340.328	4764.59	10.91	35.718	217.989	2.333	387.566	2.097
28b	280	84	9.5	12.5	12.5	6.25	45.62	35.81	366.46	5130.45	10.6	37.929	242.144	2.304	427.589	2.016
28c	280	86	11.5	12.5	12.5	6.25	51.22	40.21	392.594	5496.32	10.35	40.301	267.602	2.286	426.597	1.951
32a	320	88	8	14	14	7	48.7	38.22	474.879	7598.06	12.49	46.473	304.787	2.502	552.31	2.242
32b	320	90	10	14	14	7	55.1	43.25	509.012	8144.2	12.15	49.157	336.332	2.471	592.933	2.158
32c	320	92	12	14	14	7	61.5	48.28	543.145	8690.33	11.88	52.642	374.175	2.467	643.299	2.092
36a	360	96	9	16	16	8	60.89	47.8	659.7	11 874.2	13.97	63.54	455	2.73	818.4	2.44
36b	360	98	11	16	16	8	68.09	53.45	702.9	12 651.8	13.63	66.85	496.7	2.7	880.4	2.37
36c	360	100	13	16	16	8	75.29	50.1	746.1	13 429.4	13.36	70.02	536.4	2.67	947.9	2.34
40a	400	100	10.5	18	18	9	75.05	58.91	878.9	17 577.9	15.30	78.83	592	2.81	1067.7	2.49
40b	400	102	12.5	18	18	9	83.05	65.19	932.2	18 644.5	14.98	82.52	640	2.78	1135.6	2.44
40c	400	104	14.5	18	18	9	91.05	71.47	985.6	19 711.2	14.71	86.19	687.8	2.75	1220.7	2.42

注：截面图和表中标注的圆弧半径 r、r_1 的数据用于孔型设计，不作交货条件。

附录B 习题答案

第 1 章

略

第 2 章

2-1 略

2-2 $\Delta l_{AC}=2.95\ \text{mm}$,$\Delta l_{AD}=5.29\ \text{mm}$

2-3 4.50 mm

2-4 $\sigma_A=13.4\ \text{MPa}<[\sigma]$,安全； $\sigma_B=25.5\text{MPa}<[\sigma]$,安全

2-5 $h=118\ \text{mm}$,$b=35.4\ \text{mm}$

2-6 $[F_P]=67.3\ \text{kN}$

2-7 $[F_P]=\min(57.6\ \text{kN},60\ \text{kN})=57.6\ \text{kN}$

2-8 螺杆相对移动 6.334 mm;$\sigma_{钢缆}=109.7\text{MPa}<[\sigma]$,安全

2-9 $\sigma_{AB}=123\text{MPa}<[\sigma]$,安全

2-10 拉杆角钢 20×20×4;压杆角钢 40×40×5

2-11 (1) 活塞杆的正应力：$\sigma=75.9\ \text{MPa}$,工作安全因数：$n=3.95$

(2) 螺栓数取整：16

2-12 杆②轴力为 0；杆①轴力为 10 kN；杆③轴力为－10 kN

2-13 $F_{N1}=\frac{5}{6}F_P,F_{N1}=\frac{1}{3}F_P,F_{N1}=\frac{1}{6}F_P$

2-14 A 端约束力$\frac{7F_P}{4}$

2-15 $\sigma_1=16.2\ \text{MPa}$,$\sigma_2=45.9\ \text{MPa}$

2-16 $\sigma_{AC}=-100.8\ \text{MPa}$,$\sigma_{CD}=-50.4\ \text{MPa}$,$\sigma_{DB}=-100.8\ \text{MPa}$

2-17 $\sigma_{钢}=-175\ \text{MPa}$,$\sigma_{铝}=-61.25\ \text{MPa}$

2-18 (1) 所加载荷：$F_P=172.1\text{kN}$；(2) 铜芯应力：$\sigma_{cu}=84\ \text{MPa}$

2-19 加力点位置：$x=\frac{5}{6}b$

第 3 章

3-1 (B) 3-2 (A) 3-3 (B) 3-4 (B) 3-5 (C) 3-6 (C) 3-7 (D)

第 4 章

4-1 $d=15.2\ \text{mm}$

4-2 $[F_P]=134.4\ \text{kN}$

4-3 $b\geqslant 178.6\ \text{mm}$

4-4 (1) $\sigma_c=3.33$ MPa；(2) $b\geqslant525$ mm

4-5 $l=100$ mm；$a=10$ mm

第 5 章

5-1 (A) 5-2 (C) 5-3 (D)

5-4 (1) $\tau_{max}=47.7$MPa(BC端)；(2) $\varphi_{max}=2.271\times10^{-2}$rad

5-5 (1) $\tau_{1max}=70.7$MPa；(2) $M_r=\frac{2\pi M_x}{I_p}\cdot\frac{r^4}{4}$，$\frac{M_r}{M_x}=6.25\%$；

(3) $\tau_{2max}=75.4$ MPa，$\frac{\Delta\tau}{\tau}=6.67\%$

5-6 $T_{max}=2.88$ kN·m

5-7 略

5-8 (1) $\tau_A=20.4$MPa，$\gamma_A=0.248\times10^{-3}$；

(2) $\tau_{max}=40.7$MPa，$\theta=1.14°/\text{m}$

5-9 $d=111$ mm

5-10 $\frac{M_{实心}}{M_{空心}}=0.941$

5-11 $\tau_{max}=21.6$ MPa$\leqslant[\tau]$

5-12 $\tau_{max}=23.1$ MPa$\leqslant[\tau]$

5-13 $\tau_1=49.4$ MPa<60 MPa，AC段满足强度要求；$\tau_2=21.3$ MPa<60 MPa，DB段满足强度要求；AC段最大单位长度扭转角为$\varphi_1=1.77°/\text{m}<2°/\text{m}$，满足刚度要求。$DB$段最大单位长度扭转角为$\varphi_2=0.435°/\text{m}<2°/\text{m}$，满足刚度要求

5-14 $M_A=\frac{32}{33}M_e$，$M_B=\frac{1}{33}M_e$

第 6 章

6-1 (B)

6-2 (B)、(C)、(D)

6-3～6-4 略

6-5 外伸梁：A处为固定铰支座，B处为辊轴，C处自由；全梁承受向下的均匀分布载荷$q=15$ N/m，梁中最大弯矩$M_{max}=13.3$ kN·m

6-6 (a) $|F_Q|_{max}=5$ kN，$|M|_{max}=10$ kN·m

(b) $|F_Q|_{max}=15$ kN，$|M|_{max}=25$ kN·m

(c) $|F_Q|_{max}=ql$，$|M|_{max}=1.5ql^2$

(d) $|F_Q|_{max}=1.25ql$，$|M|_{max}=\frac{25}{32}ql^2$

(e) $|F_Q|_{max}=ql$，$|M|_{max}=ql^2$

(f) $|F_Q|_{max}=0.5ql$，$|M|_{max}=0.125ql^2$

(g) $|F_Q|_{max}=15$ kN，$|M|_{max}=40$ kN·m

(h) $|F_Q|_{max}=8$ kN，$|M|_{max}=10$ kN·m

(i) $|F_Q|_{max}=14\ kN, |M|_{max}=20\ kN \cdot m$

(j) $|F_Q|_{max}=280\ kN, |M|_{max}=545\ kN \cdot m$

(k) $|F_Q|_{max}=1.5ql, |M|_{max}=\frac{21}{8}ql^2$

(l) $|F_Q|_{max}=\frac{M_e}{3a}, |M|_{max}=2M_e$

6-7 (a) $|M|_{max}=F_1a+F_2a$; (b) $|M|_{max}=ql^2$

(c) $|M|_{max}=F_Pl$; (d) $|M|_{max}=ql^2$

6-8 (B)

第 7 章

7-1 $I_y=\frac{hb^3}{12}, I_z=\frac{bh^3}{4}, I_{yz}=-\frac{b^2h^2}{12}$

7-2 (a) $I_y=2.023\times10^6\ mm^4, I_z=5.843\times10^6\ mm^4$

(b) $I_y=1.674\times10^6\ mm^4, I_z=4.239\times10^6\ mm^4$

7-3 (C)

7-4 $I_{y0}=1.77\times10^{-5}\ m^4, I_z=1.20\times10^{-5}\ m^4, \alpha_0=-22.78°$

7-5 (A)

7-6 (C)

7-7 $\sigma_A=2.54\ MPa, \sigma_B=-1.62\ MPa$

7-8 $\sigma_{max}=24.74\ MPa$

7-9 平放 $\sigma_{max}=3.91\ MPa$;竖放 $\sigma_{max}=1.95\ MPa$

7-10 σ_{max}(实心)$=113.7\ MPa$,σ_{max}(空心)$=100.3\ MPa$,强度安全

7-11 C:$\sigma_{max}^+=28.35\ MPa, \sigma_{max}^-=45.18\ MPa$;$D$:$\sigma_{max}^+=60.24\ MPa>[\sigma]^+, \sigma_{max}^-=37.8\ MPa$。强度不安全

7-12 $[q]=15.68\ kN/m$

7-13 B:$\sigma_{max}^+=27.2\ MPa, \sigma_{max}^-=46\ MPa$;

C:$\sigma_{max}^+=28.8\ MPa$。强度安全

7-14 B:$\sigma_{max}^+=24.1MPa, \sigma_{max}^-=52.2\ MPa$。

C:$\sigma_{max}^+=12.1\ MPa, \sigma_{max}^-=26.2\ MPa$。

倒置:B:$\sigma_{max}^+=12.1\ MPa>[\sigma]$不合理。

7-15 工字钢 No. 16

7-16 $a=1.384\ m$

7-17 $[q]=19\ kN/m$,外伸段长度 $x=1.74\ m$

7-18 28a 号工字钢

7-19 (a) $\frac{h}{b}=\sqrt{2}$; (b) $\frac{h}{b}=\sqrt{3}$

7-20 分布力合力 $F_N=143\ kN$,作用点到中性轴的建立 $y=70\ mm$

第 8 章

8-1 (B) 8-2 (D) 8-3 (D) 8-4 (D) 8-5 (A) 8-6 (D)

8-7 A类钉子 $F_{QA}=224$ N,B类钉子 $F_{QB}=518.6$ N

8-8 略

第 9 章

9-1 (D) 9-2 (B)

9-3 $\sigma_A=-6$ MPa, $\sigma_B=-1$ MPa, $\sigma_C=11$ MPa, $\sigma_D=6$ MPa

9-4 (1) 矩形截面: $b=35.6$ mm, $h=71.2$ mm; (2) 圆截面: $d=52.4$ mm

9-5 No.16 工字钢

9-6 $\dfrac{\sigma_{(a)}}{\sigma_{(b)}}=\dfrac{4}{3}$

9-7 $[F_P]=4.19$ kN

9-8～9-9 略

9-10 切槽截面上 $\sigma_{max}=140$MPa

9-11 (1) $\sigma_a=\dfrac{6lF_P}{b^2h^2}(b\cos\beta-h\sin\beta)$; (2) $\beta=\arctan\dfrac{b}{h}$

9-12 $\sigma_{max}=160.3$ MPa$>[\sigma]$,但不超过5%,可以认为是安全的

第 10 章

10-1 (D)

10-2～10-4 略

10-5 $w_B=\dfrac{M_e a}{2EI}(2l-a)$, $\theta_B=\dfrac{M_e a}{EI}$

10-6 (a) $w_A=\dfrac{7ql^4}{384EI}(\uparrow)$, $\theta_B=\dfrac{ql^3}{12EI}$(逆时针);

(b) $w_A=\dfrac{5ql^4}{24EI}(\downarrow)$, $\theta_B=\dfrac{ql^3}{12EI}$(顺时针)

10-7 (a)

10-8 $w_C=2.46\times10^{-5}$ m,刚度安全

10-9 $d=112$ mm

10-10 两根 No.22a 槽钢

10-11 $I_z=6.7\times10^8\,\mathrm{mm}^4$

10-12 (1) $F_C=5F_P/4$; (2) 弯矩减小50%; 挠度减小约40%

10-13 $F_B=8.75$ kN

10-14 (A)

10-15 A端: $F_{RA}=10.86$ kN$(\uparrow)$, $M_A=1942$ N·m(逆时针);

D端: $F_{RD}=1.144$ kN$(\uparrow)$, $M_D=-1942$ N·m(顺时针)

第 11 章

11-1 (a) $\tau=0.6$ MPa, $\sigma=-3.84$ MPa; (b) $\tau=-1.38$ MPa, $\sigma=-0.625$ MPa

11-2 $|\tau_\theta|=1.55$ MPa$>[\sigma]$,不满足

11-3 $\sigma_x = -33.3$ MPa, $\tau_{xy} = -\tau_{yx} = -57.7$ MPa

11-4 $\sigma_x = 37.97$ MPa, $\tau_{xy} = -74.25$ MPa

11-5 $|\tau_{xy}| < 120$ MPa

11-6 (1) $\sigma_\theta = -30.69$ MPa, $\tau_\theta = -10.95$ MPa;
(2) $\sigma_\theta = 50.97$ MPa, $\tau_\theta = -14.66$ MPa

11-7 1 点：$\sigma_1 = \sigma_2 = 0$, $\sigma_3 = -100$ MPa, $\tau_{\max} = 50$ MPa；2 点：$\sigma_1 = 30$ MPa, $\sigma_2 = 0$, $\sigma_3 = -30$ MPa, $\tau_{\max} = 30$ MPa；3 点：$\sigma_1 = 58.6$ MPa, $\sigma_2 = 0$, $\sigma_3 = -8.6$ MPa, $\tau_{\max} = 67.2$ MPa；4 点：$\sigma_1 = 100$ MPa, $\sigma_2 = \sigma_3 = 0$, $\tau_{\max} = 50$ MPa

11-8 $M_e = 8.822$ kN·m

11-9 $F_P = 133$ kN

11-10 $\Delta r = 0.34$ mm

11-11 $\varepsilon_x = 40\mu$, $\varepsilon_y = 860\mu$, $\varepsilon_z = 750\mu$, $\varepsilon_a = -106\mu$, $\varepsilon_b = 1006\mu$, $\varepsilon_c = -368\mu$, $\gamma_{\max} = 1374\mu$

第 12 章

12-1 (D) 12-2 (C) 12-3 (A) 12-4 (A)

12-5 (1) $\sigma_{r_3} = 135$ MPa；(2) $\sigma_{r1} = 30$ MPa

12-6 (1) $\sigma_{r3} = 120$ MPa；$\sigma_{r_4} = 111.4$ MPa；
(2) $\sigma_{r3} = 161.2$ MPa；$\sigma_{r4} = 140$ MPa；
(3) $\sigma_{r3} = 90$ MPa；$\sigma_{r4} = 78.1$ MPa；
(4) $\sigma_{r3} = 90$ MPa；$\sigma_{r4} = 77.9$ MPa

12-7 (1) $\sigma_{r3} = 144$ MPa；$n = 1.736$；
(2) $\sigma_{r3} = 125$ MPa；$n = 2.0$

12-8 (1) $\sigma_y = 230$ MPa 或 $\sigma_y = -116$ MPa；
(2) $\sigma_y = 168$ MPa 或 $\sigma_y = -40$ MPa

12-9～12-11 略

12-12 $\delta = 7.5$ mm

12-13 $\delta \geqslant 14.2$ mm

12-14 中间截面最下面的点 $\sigma_{r3} = 76.2$ MPa；$\sigma_{r4} = 66.9$ MPa；中间截面最上面的点 $\sigma_{r3} = 76.2$ MPa；$\sigma_{r4} = 66.9$ MPa

12-15 $d = 37.6$ mm

12-16 $d = 65.8$ mm

12-17 $\sigma_{r3} = 159$ MPa $> [\sigma]$，所以车轴 AB 不安全

12-18 (3) 第二个表达式正确

第 13 章

13-1 (C) 13-2 (A) 13-3 (B) 13-4 (B) 13-5 (D) 13-6 (A) 13-7 (D)

13-8 (1) $F_{Pcr} = 118$ kN；(2) $n_w = 1.685$ 不安全；(3) $F_{P\max} = 73.5$ kN

13-9 $[F_P] = 211.7$ kN

13-10 (1) $[F_P] = 189.6$kN；(2) $[F_P] = 68.9$ kN

13-11 $[F_P]=15.5\ \text{kN}$

13-12 临界温度 66.6℃

13-13 $[F_P]=72.1\ \text{kN}$

13-14 $[F_P]=37\ \text{kN}$

13-15 安全因数:梁 $n=3.03$; 柱 $n_{st}=3.86$

第 14 章

14-1 (A) 14-2 (D) 14-3 (D) 14-4 (A)

14-5 $\Delta_B=\dfrac{7qa^4}{24EI}(\downarrow)$,$\theta_B=\dfrac{ql^3}{6EI}(\hookleftarrow)$,$\Delta_C=\dfrac{ql^4}{8EI}(\downarrow)$

14-6 $\theta_A=\dfrac{qa^3}{12EI}$(逆时针),$\Delta_C=\dfrac{7qa^4}{24EI}(\downarrow)$

14-7 (a) $\Delta_A=\dfrac{5F_Pl^3}{6EI}(\downarrow)$,$\theta_B=\dfrac{F_Pl^2}{EI}$(顺时针);

(b) $\Delta_A=\dfrac{Ml^2}{4EI}(\uparrow)$,$\theta_B=\dfrac{5Ml}{12EI}$(顺时针);

(c) $\Delta_A=\dfrac{29ql^4}{38EI}(\downarrow)$,$\theta_B=\dfrac{9ql^3}{24EI}$(顺时针);

(d) $\Delta_A=\dfrac{7ql^4}{3EI}(\downarrow)$,$\theta_B=\dfrac{3ql^3}{2EI}$(逆时针)

14-8 $\Delta_{Bx}=\dfrac{3qa^4}{4EI}(\rightarrow)$,$\theta_B=\dfrac{qa^3}{3EI}$(顺时针)

14-9 $\Delta_{CD}=\dfrac{4qa^4}{15EI}$(靠近)

14-10 (a) $\Delta_{Bx}=\dfrac{11ql^4}{24EI}(\rightarrow)$,$\Delta_{Cy}=\dfrac{ql^4}{32EI}(\downarrow)$,$\theta_A=\dfrac{ql^3}{2EI}$(顺时针);

(b) $\Delta_{Cy}=\dfrac{5ql^4}{384EI}(\downarrow)$,$\theta_A=\dfrac{ql^3}{24EI}$(逆时针)

14-11 (a) $\theta_{CD}=\dfrac{21F_Pl^3}{4EI}$; (b) $\Delta_{CD}=\dfrac{16F_Pl^3}{3EI}$

14-12 $\Delta_{Ay}=4.29\dfrac{F_Pl}{EA}$

14-13 (C) 14-14 (A) 14-15 (A)

第 15 章

15-1 (a) 6 次; (b) 5 次; (c) 4 次; (d) 5 次; (e) 4 次; (f) 7 次

15-2 (A) 15-3 (A) 15-4 (D) 15-5 (D) 15-6 (C)

15-7 (a) 对称面上轴力和弯矩均为 0;剪力 $F_Q=4.286\ \text{kN}$;

(b) 辊轴支座处约束力等于 $F_P/10$

15-8 (a) 支座 B 处的水平约束力为 $ql/16$(向左);

(b) A 处的约束力为 $ql/28$(向左),B 处的约束力为 $3ql/7$(向上)

15-9 支座 A、D 二处无水平约束力,二处的反对称竖直方向约束力 $F_{Ay}=F_{Dy}=M_0/l$

15-10　对称面上剪力 $F_Q=\frac{3F_P}{7}$，$\Delta_{Ey}=\frac{F_P l^3}{12EI}(\leftarrow)$

第　16　章

16-1　$\sigma_{dmax}=59.1\ \text{MPa}$

16-2　$\sigma_{dmax}=23.4\ \text{MPa}$

16-3　$F_A=\frac{mg}{4l}(\sqrt{3}l+h)$，$F_B=\frac{mg}{4l}(\sqrt{3}l-h)$

16-4　$\sigma_{dmax}=140\ \text{MPa}$(叶片根部应力最大)

16-5　(1) $\sigma_{dmax}=184.4\ \text{MPa}$；(2) $\sigma_{dmax}=158.6\ \text{MPa}$

16-6　$\sigma_{dmax}=\frac{mgl}{4W}\left(1+\sqrt{1+\frac{48EI(v^2+gl)}{mg^2l^3}}\right)$

16-7　$\sigma_d=157\ \text{MPa}$

16-8　$\sigma_{dmax}=167.3\ \text{MPa}$，$w_d(A)=74.3\ \text{mm}$

第　17　章

17-1　(1) $r=1$；(2) $r=-1$

17-2　(1) $r=-1$；(2) $r=1$；(3) $r=\frac{\delta-a}{\delta+a}$；(4) $r=0$

17-3　3.743×10^5 次

17-4　8.185×10^5 次

附录C 索　　引

B

本构方程(constitutive equations)　187
比例极限(proportional limit)　44
变幅交变应力(alternative stress with varying amplitude)　353
变形协调方程(compatibility equation)　187
变形协调关系或变形协调条件(compatibility relations of deformation)　31
泊松比(Poisson's ratio)　24
不连续(discontinuity)　34
不稳定的(unstable)　253

C

长度系数(coefficient of length)　256
材料的力学行为(behaviors of materials)　3
材料科学(materials science)　3
材料力学(mechanics of materials)　3
长细比(slenderness)　257
持久极限(endurance limit)　349
冲击载荷(impact load)　335
纯剪应力状态(shearing state of stress)　200
纯弯曲(pure bending)　112
脆性材料(brittle materials)　46

D

达朗贝尔惯性力(d'Alembert inertial force)　330
达朗贝尔原理(d'Alembert principle)　331
单位长度相对扭转角(angle of twist per unit length of the shaft)　63
单向应力状态(one dimensional state of stress)　200
等幅交变应力(alternative stress with equal amplitude)　352
叠加法(superposition method)　177
动荷系数(coefficient in dynamic load)　332
动静法(method of kineto statics)　331
动应力(dynamic stress)　330
动载荷(dynamical load)　330
对称结构(symmetric structure)　315
对称面(symmetric plane)　112
对称循环(symmetrical reversed cycle)　346
多余约束(redundant constraint)　30,304

F

分叉屈曲(bifurcation buckling)　253
分叉载荷(bifurcation load)　253

G

杆 bars　3
杆件 rods　3
刚度(stiffness)　3
刚度设计准则(criterion for stiffness design)　184
刚架(rigid frame)　93
各向同性(isotropy)　7
各向同性假定(isotropy assumption)　7
各向异性(anisotropy)　7
工程设计(engineering design)　3
功的互等定理(reciprocal theorem of work)　278
固体力学(solid mechanics)　3
惯性半径(radius of gyration)　106
惯性积(product of inertia)　105
惯性矩(moment of inertia)　105
惯性力(inertial force)　330
广义胡克定律(generalization Hooke's law)　213

H

横弯曲(transverse bending) 113
横向载荷(transverse load) 150
宏观裂纹(macrocrack) 348
胡克定律(Hooke's law) 11
滑移带(slip bands) 347
环向应力(hoop stress) 225

J

截面二次极矩(second polar moment of an area) 105
截面二次轴矩(second moment of an area) 105
截面法(section-method) 12
截面核心(kern of a cross-section) 162
截面收缩率(percentage reduction in area of cross-section) 46
截面一次矩(first moment of an area) 104
积分法(integration method) 175
畸变能密度(strain-energy density corresponding to the distortion) 216
畸变能密度准则(criterion of strain energy density corresponding to distortion) 236
极惯性矩(polar moment of inertia) 105
极限速度(limited velocity) 333
极限转速(limited rotational velocity) 333
极值点屈曲(limited point buckling) 258
挤压应力(bearing stresses) 52
计算弯矩或相当弯矩(equivalent bending moment) 240
剪力(shearing force) 12
剪力方程(equation of shearing force) 86
剪力图(diagram of shearing force) 90
剪流(shearing flow) 139
剪切(shearing) 5
剪切胡克定律(Hooke's law in shearing) 63
剪切中心(shearing center) 149
剪应变(shearing strain) 11
剪应力(shearing stress) 10
剪应力成对定理(theorem of conjugate shearing stress) 62
交变应力(alternative stress) 344
结晶各向异性(anisotropy of crystallographic) 7
颈缩(necking) 46
静变形(statical deformation) 330
静定问题(statically determinate problem) 302
静不定次数(degree of statically indeterminate problem) 30,304
静不定问题(statically indeterminate problem) 302
静矩(static moment) 104
静应力(statical stress) 330,347
静载荷(statical load) 330
局部应力(localized stresses) 34
均匀连续性假定(homogenization and continuity assumption) 7

K

卡氏定理(Castigliano's theorem) 291
控制面(contral section) 20
控制面(control cross-section) 83
框架(frame) 93

L

拉伸或压缩(tension or compression) 5
拉伸(或压缩)刚度(tensile or compression stiffness) 22
累积损伤(cumulative damage) 354
力学性能(mechanical properties) 3
梁(beam) 7,79
临界点(critical point) 253
临界应力(critical stress) 257
临界载荷(critical load) 253
临界应力总图(figures of critical stresses) 259

M

迈因纳准则(Miner Criterion) 355
脉冲循环(fluctuating cycle) 346
名义应力(nominal stress) 347
面内位移(displacement in plane) 321
面内最大剪应力(maximum shearing stresses in plane) 204
面外位移(displacement out of plane) 321
莫尔应力圆(Mohr circle for stresses) 207

N

挠度(deflection) 172

挠度方程(deflection equation) 172
挠度曲线(deflection curve) 171
内力分量(components of internal forces) 12
扭矩(twist moment) 12,59
扭矩图(diagram of torsion moment) 60
扭转(torsion) 6,58
扭转变形(twist deformation) 61
扭转刚度(torsional stiffness) 64
扭转截面模量(section modulus in torsion) 64

P

疲劳(fatigue) 344
平衡构形(equilibrium configuration) 252
平衡构形分叉(bifurcation of equilibrium configuration) 253
平衡路径(equilibrium path) 253
平衡路径分叉(bifurcation of equilibrium path) 253
平均应力(mean stress) 216,346
平面假定(plane assumption) 114
平面弯曲(plane bending) 112
平面应力状态(plane state of stresses) 200

Q

强度(strength) 3
强度极限 σ_b(strength limit) 46
强度设计(strength design) 27
强度设计准则(criterion for strength design) 27
翘曲(warping) 72
切变模量(shearing modulus) 12,63
切应变(shearing strain) 11
屈服(yield) 45
屈服应力(yield stress) 45
屈曲(buckling) 253
屈曲模态(buckling mode) 256
屈曲模态幅值(amplitude of buckling mode) 256
屈曲失效(failure by buckling) 250
屈曲失效(failure by buckling) 253
缺口敏感因数(notch sensitivity factor) 350

R

扰动(disturbance) 253
韧性材料(ductile materials) 46
软化阶段(softing stage) 46

S

三向应力状态应力圆(stress circle of three dimensional stress-state) 211
伸长率(percentage elongation) 46
失稳(lost stability) 253
失效(failure) 3
双向弯曲(bending in two plane) 156
水平位移(horizontal displacement) 172
塑性变形(plastic deformation) 45
损伤(damage) 354

T

弹性(elasticity) 45
弹性变形(elastic deformation) 45
弹性极限(elastic limit) 45
弹性模量(杨氏模量)(modulus of elasticity or Young's modulus) 11,43
弹性曲线(elastic curve) 171
特征性能(characteristic properties) 43
体积改变能密度(strain-energy density corresponding to the change of volume) 216
条件屈服应力(conditional yield stress) 45

W

外伸梁(overhanding beam) 91
弯矩(bending moment) 12
弯矩方程(equation of bending moment) 86
弯矩图(diagram of bending moment) 90
弯曲(bemding) 6,79
弯曲刚度(bending stiffness) 115
弯曲截面模量(the section modulus of bending) 116
危险应力(critical stress) 27
微裂纹(microcrack) 348
位错(dislocation) 348
位移(displacement) 172
位移互等定理(reciprocal theorem of displacement) 280
稳定的(stable) 253
稳定性(stability) 3

稳定性设计(stability design) 262
稳定性设计准则(criterion of design for stability) 262
稳定性失效(failure by lost stability) 250

X

线性累积损伤理论(linear theory of cumulative damage) 354
线应变(normal strain) 11
相当应力(equivalent stress) 245
相对扭转角(relative angle of twist) 69
小挠度微分方程(differencial equation for small deflection) 174
斜弯曲(skew bending) 156
形心(centroid of an area) 104
许用应力(allowable stress) 27
许用载荷(allowable load) 28

Y

永久变形(permanent deformation) 45
压杆稳定性的静力学准则(statical criterion for elastic stability) 253
杨氏模量(Young's modulus) 12
应变能(strain energy) 215,276
应变能密度(strain-energy density) 215
应变硬化(strain hard) 49
应力(stresses) 10
应力比(stress ratio) 346
应力分析(stress analysis) 3
应力幅值(stress amplitude) 346
应力集中(stress concentration) 34
应力集中因数(factor of stress concentration) 34
应力强度(stress strength) 245
应力循环(stress cycle) 346
应力-应变曲线(σ-ε 曲线)(stress-strain curve) 43
应力圆(stress circle) 206
应力状态(stress state at a point) 198
有效长度(effective length) 256
有效应力集中因数(effective stress concentration factor) 350

Z

柱(column) 7
正应变(normal strain) 11
正应力(normal stress) 10
中性面(neutral surface) 113
中性轴(neutral axis) 113,157
轴(shaft) 7
轴力(normal force) 12
轴力图(diagram of normal force) 20
轴向载荷(normal load) 20
主方向(principal direction) 203
主惯性矩(principal moment of inertia of an area) 109
主平面(principal plane) 202
主应变(principal strain) 214
主应力(principal stress) 203
主轴(principal axes) 109
主轴平面(plane including principal axes) 112
转角(slope) 172
纵向应力(longitudinal stress) 225
组合受力与变形(complex loads and deformation) 7
最大剪应力准则(maximum shearing stress criterion) 235
最大拉应变准则(maximum tensile strain criterion) 234
最大拉应力准则(maximum tensile stress criterion) 233
最大应力(maximum stress) 346
最小应力(minimum stress) 346

主要参考书目

[1] 范钦珊,殷雅俊.材料力学[M].2版.北京:清华大学出版社,2008.
[2] 范钦珊.材料力学[M].北京:清华大学出版社,2004.
[3] 范钦珊.材料力学教程(Ⅰ)[M].北京:高等教育出版社,1995.
[4] 范钦珊.材料力学教程(Ⅱ)[M].北京:高等教育出版社,1996.
[5] 范钦珊.材料力学[M].北京:高等教育出版社,2000.
[6] 别辽耶夫 H M,等.材料力学[M].15版.王光远,干光瑜,顾震隆,等,译.北京:高等教育出版社,1992.
[7] Johnston B. Mechanics of Materials[M]. 6th. NewYork: McGraw Hill,2012.
[8] Roylance D. Mechanics of Materials[M]. NewYork: John Wiley & Sons Inc. ,1996.
[9] Benham P P,Crawford R J. Mechanics of Engineering Materials[M]. London: Longman,1987.